人工智能专业教材丛书
高等院校信息类新专业规划教材

最优控制原理

李树荣　编著

北京邮电大学出版社
www.buptpress.com

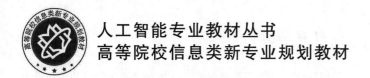

内容简介

本书首先介绍了与课程相关的高等数学知识，包括泛函分析基础与最优化方法，这样做的目的是加强学生的专业基础，然后重点阐述了最优控制原理及求解方法。本书的主要内容包括变分法、极大（小）值原理、线性二次型最优控制、动态规划、近似动态规划、微分对策、H_2 与 H_∞ 最优控制以及随机系统的最优滤波与控制等。学生在学习本书的内容时，除了需要具有扎实的高等数学基础，还需要掌握科学、人工智能类学科的专业基础知识，以及较强的计算机编程能力等。

本书可作为高等院校人工智能类、控制科学类、计算机类、电子类、机械工程类等专业的教材，也可作为经管类等非理工科类专业学生在进行交叉学科学习时的参考教材，还可作为相关领域科技人员的参考书。

图书在版编目(CIP)数据

最优控制原理 / 李树荣编著 . -- 北京 ：北京邮电大学出版社，2024.3

ISBN 978-7-5635-7084-3

Ⅰ. ①最… Ⅱ. ①李… Ⅲ. ①最佳控制－高等学校－教材 Ⅳ. ①O232

中国国家版本馆 CIP 数据核字(2023)第 245937 号

策划编辑： 姚　顺　　**责任编辑：** 王小莹　　**责任校对：** 张会良　　**封面设计：** 七星博纳

出版发行： 北京邮电大学出版社
社　　址： 北京市海淀区西土城路 10 号
邮政编码： 100876
发 行 部： 电话：010-62282185　传真：010-62283578
E-mail： publish@bupt. edu. cn
经　　销： 各地新华书店
印　　刷： 保定市中画美凯印刷有限公司
开　　本： 787 mm×1 092 mm　1/16
印　　张： 21.5
字　　数： 575 千字
版　　次： 2024 年 3 月第 1 版
印　　次： 2024 年 3 月第 1 次印刷

ISBN 978-7-5635-7084-3　　定价：59.00 元

·如有印装质量问题，请与北京邮电大学出版社发行部联系·

人工智能专业教材丛书

编委会

前 言

近年来人工智能越来越受到人们的关注，许多人工智能的产品也走入了人们的生活，如智能驾驶、智慧交通、智能家居、智能物流、智慧医疗等。最优控制是人工智能领域的重要课程之一。人工智能中的许多问题都可以在最优控制的框架下解决，如最小时间控制、最小能量控制、最优路由、最优路径规划、最优仓储、最优投资组合等。因此需要撰写适应当代人工智能发展要求的最优控制教材。

最优控制问题可以简单地表述为对于一个受控系统及其所受的约束条件，如何设计一个控制器使得设定的性能指标达到最优(极大或者极小)。针对该问题，1958 年，苏联数学家列夫·庞特里亚金提出并证明了极大值原理，而 1956 年美国数学家理查德·贝尔曼创立了动态规划。

本书第 0 章为绪论，主要内容由以下 10 章构成。

第 1 章介绍了本书中要用到的一些数学预备知识，主要包括泛函分析的基础知识，如函数空间及其范数、内积空间、希尔伯特空间等，还介绍了约束最优化问题，重点介绍了不等式约束非线性规划中的库恩-塔克条件，并给出了证明过程。读者如果熟悉此部分内容，可以略过。

第 2 章介绍了泛函及其变分，给出了变分运算法则。泛函达到极值的必要条件在于其一次变分等于零，因此得到了一组驻值微分方程。对于积分型泛函，该章推导出了泛函极值问题的欧拉方程及其横截条件。对于有微分方程约束的情形，通过引入伴随状态，可将约束泛函极值问题转变成无约束泛函极值问题，从而得到欧拉方程及其横截条件。对于终端状态受限或终端时刻自由的泛函极值问题，该章也分别对其进行了阐述，并给出了极值问题的必要条件。该章还讲述了基于变分法的最优控制问题。通过该章的推导过程可以看到，最优控制的必要条件最终转化为对一组常微分方程两点边值问题的求解。

第 3 章阐述了极小值原理并给出了极小值原理的数学证明，讨论了基于极小值原理的几种特殊最优控制，如 Bang-Bang 控制、最小时间控制、最小燃料控制等，尤其花了较大篇幅详细介绍了线性定常系统的最小时间控制、开关次数定理，并且通过例子，阐述了时间最优问题的开关线的计算与绘制以及最优控制的求解等，对于最小燃料控制，也通过实例进行了详细的论述。

第 4 章讲述了线性系统二次型指标最优控制问题，主要讨论了线性最优调节器设计

(Linear Quadratic Regulator, LQR)问题。该类最优控制具有所熟知的状态反馈形式,因此这类问题在工程实践中经常遇到。首先,该章讲述了时变系统的LQR问题,推导出了一个黎卡提矩阵常微分方程,且对于时域为无穷大的LQR问题,基于系统一致完全能控、一致完全能观等假设,推出了LQR最优控制问题的解,同时证明了最优闭环系统是全局渐近稳定的。其次,该章对定常系统的LQR问题以及几类特殊的LQR最优控制问题进行了论述,并介绍了微分黎卡提方程与代数黎卡提方程的求解。最后,该章介绍了采用MATLAB中最优控制工具箱求解LQR最优控制问题的几个实例。

第5章讲述了离散系统极小值原理。该章首先讲解了离散变分法;其次基于离散变分法,得出了离散最优控制问题的必要条件;再次讨论了连续与离散最优控制必要条件之间的关系,给出了一般离散系统最优控制问题的极小值原理;最后重点讨论了离散LQR问题。

第6章讲述了动态规划原理。该章首先论述了贝尔曼最优性原理并给出了基于该原理的嵌套方程,讲述了如何将嵌套方程的计算方法转化为递归迭代算法;其次讨论了动态规划与静态规划之间的关系;再次列举了动态规划的几种应用实例,如最短路径问题、最优生产计划的制订等;最后讨论了基于动态规划的离散系统的最优控制、离散LQR问题的求解,并讨论了连续系统的最优控制问题的动态规划法,推导出了哈密顿-雅克比-贝尔曼方程(HJB方程),同时给出了其在连续LQR问题中的应用。

第7章讲述了近似动态规划。动态规划问题需要通过求解HJB方程来实现。然而,非线性HJB方程通常很难求解。另外,系统模型可能会存在不确定性,包括参数不准确性、无法建模的高频动态特性和未知扰动等,这都使得最优控制问题变得很复杂。该章采用强化学习框架,阐述了值迭代、策略迭代、Q学习、时间差分算法等几种常见的强化学习算法原理;随后,在强化学习的基础上,介绍了近似动态规划的原理,并着重介绍了基于核函数的近似动态规划方法的求解流程。这些方法允许最优决策系统顺序地学习最优解,可有效避免常规动态规划的维数灾难问题。

第8章讲述了微分对策问题。微分对策问题可以看作一类多博弈者参与的最优控制问题。限于篇幅,该章主要讲述了双人零和微分对策问题,阐述了双人极小值原理及其推导过程,并导出了双人零和微分对策问题的哈密顿-雅可比-艾萨柯(Hamilton-Jacobi-Isaacs, HJI)方程,重点讨论了双人零和的LQR微分对策问题的求解,讨论了双人零和微分对策问题在非线性H_∞问题中的应用。该章还通过实例介绍了微分对策在空战拦截等场景中的应用。

第9章讲述了H_2与H_∞控制。该章介绍了信号与系统的H_2与H_∞范数、系统的H_2与H_∞性能、线性矩阵不等式、矩阵黎卡提方程的性质,论述了如何设计H_2状态反馈控制器、H_2状态估计器、H_2输出反馈控制器、H_∞状态反馈控制器、H_∞状态估计器、H_∞输出反馈控制器等内容。

第10章讲述了随机最优滤波与随机最优控制。该章讲述了最小方差估计、随机线性微分方程、连续随机线性系统与离散随机线性系统的卡尔曼滤波、扩展卡尔曼滤波等,并介绍了扩展卡尔曼滤波在同时定位与地图构建中的应用;最后讲述了随机线性系统的最优控制问题以及线性二次型高斯(LQG)最优控制问题。

本书第 1～10 章在每一章都配以例题与习题。本书可以作为相关学科的高年级本科生与研究生的教材。通过对本课程的学习，读者可以掌握最优控制问题的解决方法并能够解决实际问题。

本书力求简明讲解最优控制原理。读者应当具备一定的高等数学基础，并学习过“自动控制原理”与“线性系统理论”等课程。

本书是作者对多年来主讲的“最优控制”“最优控制与状态估计”等课程教学素材的总结。在本书编写过程中，作者受到了已故中国科学院院士、著名自动控制专家、清华大学卢强教授的鼓励与支持，谨以此书向卢强院士表达最深切的缅怀。同时衷心感谢北京航空航天大学贾英民教授对作者的支持与帮助，感谢北京邮电大学有关领导的大力支持。研究生刘哲、王柏梗、李若南、祝景阳、李真、李冠霖、王鹏、高鑫茹、纪仁桔、陈昌等同学聆听过作者主讲的课程并对本书素材进行了组织与整理，在此也表示衷心感谢。

最后，由于作者水平有限，书中错误之处难免，恳请读者谅解。

作者

于北京邮电大学

目　录

第 0 章　绪论 ········· 1

0.1　最优控制的定义 ········· 1

0.2　最优控制的目标 ········· 3

0.3　动力学方程 ········· 3

0.4　约束条件 ········· 4

0.5　最优控制的解法 ········· 4

0.6　最优控制的发展与应用 ········· 5

第 1 章　数学预备知识 ········· 7

1.1　函数空间及泛函 ········· 7

1.1.1　线性空间 ········· 7

1.1.2　算子与线性泛函 ········· 9

1.2　赋范线性空间 ········· 12

1.2.1　范数及其重要不等式 ········· 12

1.2.2　赋范线性空间 ········· 15

1.3　内积与希尔伯特空间 ········· 19

1.4　广义傅里叶级数与正交化过程 ········· 21

1.4.1　傅里叶级数 ········· 21

1.4.2　格兰姆-施密特正交化过程 ········· 24

1.5　无约束最优化问题 ········· 25

1.6　等式约束下的最优化 ········· 28

1.7　具有不等式约束的最优化 ········· 29

1.7.1　不等式约束下优化的必要条件 ········· 30

1.7.2　不等式约束下优化问题的二阶充分条件 ········· 36

1.8 最优化问题的数值解法…… 39
1.8.1 无约束优化数值计算方法…… 39
1.8.2 约束优化问题的数值优化算法…… 42
1.8.3 模拟退火算法…… 44
1.8.4 遗传算法…… 45
本章小结 …… 46
习题 …… 46

第2章 变分法及其应用 …… 49

2.1 泛函的极值…… 49
2.2 变分的定义与运算…… 50
2.3 欧拉方程…… 52
2.3.1 初始时刻与终端时刻固定情形…… 52
2.3.2 向量情形…… 58
2.3.3 具有微分方程约束情形…… 61
2.3.4 终端状态受限情形…… 63
2.3.5 终端时刻可变情形…… 64
2.3.6 维斯特拉斯-欧德曼角隅条件 …… 67
2.4 基于变分法的连续控制系统最优控制…… 69
2.4.1 初始时刻、终端时刻固定与终端状态自由情形 …… 69
2.4.2 终端时刻固定终端状态受限情形…… 74
2.4.3 终端时刻自由情形…… 75
2.5 基于梯度法的最优控制问题数值求解…… 78
本章小结 …… 80
习题 …… 80

第3章 极小值原理 …… 83

3.1 极小值原理的证明…… 83
3.1.1 定常情形下的极小值原理…… 84
3.1.2 时变情形下的极小值原理…… 90
3.2 最优控制问题的转化…… 93
3.3 控制受限下的最优控制问题…… 95
3.4 时间最优控制…… 99
3.4.1 时间最优控制问题的数学描述…… 99
3.4.2 线性定常系统的时间最优控制…… 99

3.4.3 用开关线法求解时间最优控制问题的方法 …… 105
3.5 燃料最优控制 …… 113
本章小结…… 118
习题…… 119

第4章 线性二次型最优控制……121

4.1 问题的提出 …… 121
4.2 有限时间 LQR 问题 …… 121
4.3 有限时间最优输出控制问题 …… 127
4.3.1 有限时间最优输出调节器问题 …… 127
4.3.2 有限时间最优输出跟踪问题 …… 128
4.4 终端时刻为无穷的 LQR 问题 …… 130
4.5 无穷终端时刻的定常 LQR 问题 …… 135
4.5.1 无穷终端时刻的定常 LQR 问题的解 …… 135
4.5.2 指标带有状态与控制乘积交叉项的 LQR 问题 …… 138
4.5.3 具有特定指数衰减度的 LQR 问题 …… 139
4.6 有扰动输入的 LQR 问题 …… 141
4.6.1 有导数约束的 LQR 问题 …… 141
4.6.2 包含阶跃扰动的 LQR 问题 …… 143
4.7 黎卡提方程的求解 …… 145
4.8 单输入单输出闭环 LQR 系统的频域特性 …… 148
4.8.1 SISO 最优闭环系统的幅值裕度…… 149
4.8.2 SISO 最优闭环系统的相位裕度…… 150
4.9 LQR 工具箱的使用说明…… 151
本章小结…… 153
习题…… 154

第5章 离散系统最优控制……157

5.1 离散变分法与欧拉方程 …… 157
5.2 基于离散变分法的最优控制 …… 158
5.3 离散变分法与连续变分法计算结果对比 …… 160
5.3.1 连续变分法求解 …… 160
5.3.2 离散变分法求解 …… 161
5.4 离散系统极小值原理 …… 162
5.5 离散线性二次型最优状态调节器 …… 163

5.5.1 有限时间离散状态调节器 …… 164
5.5.2 无限时间离散定常线性二次型状态调节器 …… 165
本章小结 …… 167
习题 …… 167

第6章 动态规划 …… 169

6.1 问题的提出 …… 169
6.2 动态规划的构成 …… 170
6.3 动态规划计算 …… 172
6.3.1 最优性原理 …… 172
6.3.2 数值计算 …… 173
6.4 离散 LQR 问题的动态规划解法 …… 180
6.5 动态规划与静态规划的关系 …… 182
6.6 连续系统的动态规划 …… 184
6.6.1 哈密顿-雅克比-贝尔曼方程推导 …… 184
6.6.2 连续线性系统的 LQR 问题 …… 185
本章小结 …… 187
习题 …… 188

第7章 近似动态规划 …… 190

7.1 函数近似方法 …… 190
7.2 确定情形下的 ADP …… 193
7.2.1 反馈系统的 ADP 机制 …… 194
7.2.2 ADP 算法的实现 …… 196
7.2.3 离散时间 LQR 求解 …… 199
7.2.4 确定情形下的 Q 学习算法 …… 204
7.2.5 基于核函数近似的 ADP …… 206
7.3 随机情形下的 ADP …… 207
7.3.1 马尔可夫过程 …… 208
7.3.2 策略迭代与值迭代算法 …… 210
7.3.3 随机情形下的 Q 学习算法 …… 212
本章小结 …… 213
习题 …… 213

第8章 微分对策 …… 214

8.1 双人零和微分对策 …… 214

8.2 双方极值原理 …… 217
8.2.1 定常情形的双方极值原理 …… 217
8.2.2 时变情形下的双方极值原理 …… 222
8.3 微分对策的动态规划法 …… 223
8.4 应用实例 …… 224
8.5 无穷时域二次型双人零和微分对策 …… 233
8.5.1 耗散系统 …… 234
8.5.2 二次型指标双人零和微分对策 …… 235
8.6 非线性 H_∞ 控制 …… 237
8.6.1 全状态信息下的非线性 H_∞ 控制 …… 237
8.6.2 输出动态反馈非线性 H_∞ 控制 …… 241
本章小结…… 242
习题…… 242

第 9 章 H_2 与 H_∞ 控制 …… 244

9.1 信号与系统的范数 …… 244
9.1.1 信号的范数 …… 244
9.1.2 系统的范数 …… 245
9.1.3 代数黎卡提方程的性质 …… 249
9.2 线性矩阵不等式 …… 254
9.3 H_2 最优控制 …… 256
9.3.1 H_2 最优状态反馈 …… 257
9.3.2 H_2 最优观测器设计 …… 259
9.3.3 输出动态反馈 H_2 最优控制器 …… 260
9.4 H_∞ 最优控制器设计 …… 262
9.4.1 全信息状态下的 H_∞ 最优控制 …… 262
9.4.2 H_∞ 最优观测器(滤波器) …… 266
9.4.3 输出动态反馈 H_∞ 控制 …… 268
9.5 动态反馈 H_∞ 控制的进一步讨论 …… 270
9.6 LMI 工具箱的使用说明 …… 273
本章小结…… 277
习题…… 277

第 10 章 随机系统的最优滤波与控制 …… 279

10.1 线性最小方差估计…… 279

10.1.1 线性最小方差估计推导…… 279
10.1.2 线性最小方差估计的几何性质…… 281
10.1.3 随机线性微分方程…… 282
10.2 连续线性系统的卡尔曼滤波…… 284
10.2.1 卡尔曼滤波器的推导…… 285
10.2.2 连续系统卡尔曼滤波的稳定性…… 288
10.2.3 闭环系统的卡尔曼滤波…… 289
10.3 离散随机线性系统的卡尔曼滤波…… 291
10.3.1 离散卡尔曼滤波器…… 291
10.3.2 离散卡尔曼滤波的稳定性…… 293
10.3.3 限定记忆滤波…… 294
10.4 扩展卡尔曼滤波…… 295
10.4.1 扩展卡尔曼滤波公式推导…… 295
10.4.2 EKF 应用:同时定位与地图创建 …… 298
10.5 随机线性系统二次型高斯最优控制…… 303
10.5.1 随机线性系统二次型指标最优控制…… 305
10.5.2 随机线性系统二次型高斯控制器…… 306
本章小结…… 308
习题…… 308
参考文献…… 310
附录…… 316
附录 A 矩阵知识 …… 316
附录 B 线性系统的能控性与能观性 …… 321
附录 C 概率论与随机过程 …… 326

第 0 章
绪 论

0.1 最优控制的定义

为了解什么是最优控制，首先来看下面的例子。

第 1 个例子：登月舱最优控制。

如图 0.1 所示，登月舱利用发动机产生与月球方向相反的推力，以使登月舱在月球上软着陆。在这个过程中，要求系统消耗的燃料最小，从而保证登月舱有足够燃料返回地球。

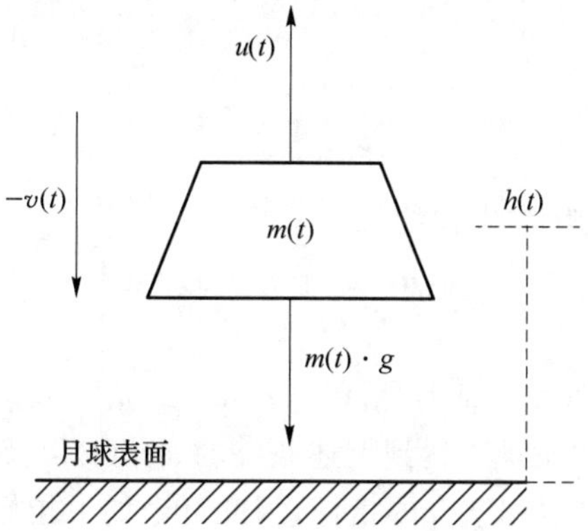

图 0.1 登月舱示意图

设登月舱质量为 m，高度为 h，初始速度为 v，发动机推力为 u，月球表面的重力加速度为 g。设无燃料登月舱质量为 M，初始燃料总质量为 F_0，初始高度为 h_0，初始速度为 v_0。则登月舱的动力学方程为：

$$\begin{cases} \dot{h}(t)=v(t) \\ \dot{v}(t)=-g+\dfrac{u(t)}{m(t)} \\ \dot{m}(t)=-ku(t) \end{cases} \tag{0-1-1}$$

初始条件为：

$$h(0)=h_0, v(0)=v_0, m(0)=M+F_0 \tag{0-1-2}$$

终端条件为：

$$h(t_f)=0, v(t_f)=0 \tag{0-1-3}$$

控制力约束条件为：

$$0\leqslant u\leqslant u_{\max} \tag{0-1-4}$$

最优指标：

$$J=\max_u m(t_f)\text{或者 } J=-\min_u m(t_f) \tag{0-1-5}$$

第 2 个例子:防天拦截问题。

防天拦截问题一般指己方发射导弹拦截对方的远程火箭。设 $\boldsymbol{x}$ 表示导弹与目标物的相对位移,$\boldsymbol{x}\in\mathbb{R}^3$,$\boldsymbol{v}\in\mathbb{R}^3$ 表示相对速度,$\boldsymbol{a}(t)\in\mathbb{R}^3$ 表示由空气动力、地心引力所产生的相对加速度分量,是关于 $\boldsymbol{x},\boldsymbol{v}$ 的函数。

设 m 是导弹质量,$f(t)$是推力大小,$\boldsymbol{u}$ 表示拦截器的推力方向,用单位向量表示,c 为有效喷气速度,设为常数。于是拦截器与目标的相对动力学方程为：

$$\begin{cases}\dot{\boldsymbol{x}}=\boldsymbol{v}\\ \dot{\boldsymbol{v}}=\boldsymbol{a}(t)+\dfrac{f(t)}{m(t)}\boldsymbol{u}\\ \dot{m}(t)=-\dfrac{f(t)}{c}\end{cases} \tag{0-1-6}$$

初始条件为：

$$\boldsymbol{x}(0)=\boldsymbol{x}_0,\quad \boldsymbol{v}(0)=\boldsymbol{v}_0,\quad m(0)=m_0 \tag{0-1-7}$$

为了实现拦截,既要控制导弹方向 $\boldsymbol{u}$,又要控制推力大小 $f(t)$。所以控制变量包括 $\boldsymbol{u}$ 与 $f(t)$。

推力约束满足

$$0\leqslant f(t)\leqslant f_{\max} \tag{0-1-8}$$

而方向 $\boldsymbol{u}=(u_x.u_y,u_z)^{\mathrm{T}}$ 满足代数方程约束

$$\boldsymbol{u}^{\mathrm{T}}\boldsymbol{u}=u_x^2+u_y^2+u_z^2=1 \tag{0-1-9}$$

实现拦截的终端条件为：

$$\boldsymbol{x}(\boldsymbol{t}_f)=\boldsymbol{0},\quad m(t_f)\geqslant m_{\mathrm{e}} \tag{0-1-10}$$

其中 m_{e} 是燃料耗尽后导弹的质量。达到上述条件的 $\boldsymbol{u}$,$f(t)$以及 t_f 并不唯一。为了尽快实现拦截,可以综合考虑时间与燃料相结合的指标,因此可令如下指标最小：

$$J(\boldsymbol{u}^*)=\min_{\boldsymbol{u}}\int_0^{t_f}[1+f(t)]\mathrm{d}t \tag{0-1-11}$$

由以上两个例子,可以发现,最优控制问题实质上是一类如下动态优化问题：

$$\begin{aligned}&\min_{\boldsymbol{u},\boldsymbol{x}} J(\boldsymbol{u},\boldsymbol{x})\\ &\text{s. t.}\quad f(\dot{\boldsymbol{x}},\boldsymbol{x},\boldsymbol{u})=\boldsymbol{0},\quad \boldsymbol{x}(t_0)=x_0\\ &\boldsymbol{x}\in\boldsymbol{\Omega}_x,\boldsymbol{u}\in\boldsymbol{\Omega}_u\end{aligned} \tag{0-1-12}$$

其中,$\boldsymbol{x}\in\mathbb{R}^n$,$\boldsymbol{u}\in\mathbb{R}^m$ 分别表示系统的状态与控制变量,$\boldsymbol{\Omega}_x\subset\mathbb{R}^n$,$\boldsymbol{\Omega}_u\subset\mathbb{R}^m$ 表示状态与控制变量的约束集合。$\boldsymbol{f}(\dot{\boldsymbol{x}},\boldsymbol{x},\boldsymbol{u})=0$ 称为系统的动力学方程。如果该最优化问题是可解的并且能得到最优解,则所解得的 $\boldsymbol{u}$ 称为最优控制或者最优决策。

对于离散情形,可如下描述,设计最优控制序列 $\boldsymbol{u}^*=(\boldsymbol{u}^*(0),\boldsymbol{u}^*(1),\cdots,\boldsymbol{u}^*(N-1))^{\mathrm{T}}$ 使

得如下指标最小：

$$J(\boldsymbol{u}^*) = \min_{\boldsymbol{u}(0),\cdots,\boldsymbol{u}(N-1)} K(\boldsymbol{x}(N)) + \sum_{k=0}^{N-1} L(\boldsymbol{x}(k),\boldsymbol{u}(k)) \tag{0-1-13}$$

同时系统受限于如下动力学方程约束：

$$\text{s.t.} \quad \boldsymbol{x}(k+1)=f(\boldsymbol{x}(k),\boldsymbol{u}(k)),\boldsymbol{x}(0)=\boldsymbol{x}_0,\boldsymbol{x}(k)\in\boldsymbol{\Omega}_x\subset\mathbb{R}^n,\boldsymbol{u}(k)\in\boldsymbol{\Omega}_u\subset\mathbb{R}^m \tag{0-1-14}$$

其中 $\boldsymbol{\Omega}_u$ 是闭集。

从上面的讨论可以看出，一个最优控制的构成，应包括最优控制的目标、动力学方程以及约束条件等。下面将逐一进行说明。

0.2 最优控制的目标

最优控制的目标也称为目标泛函、性能指标或者代价泛函等，是一个标量泛函，它表示最优控制所要达到的极值，可能是全局极值，也可能是局部极值。

最优控制的目标泛函不一定是单目标，也可能是多目标。对于多目标泛函，需要在多个单目标之间取得折中，从而获得满意的多目标最优控制。其中一个常用的方法是加权法，即分析对各个单目标的重视程度，对于重视程度高的，权值设置大一些，通过对多目标加权（权值之和等于 1），可将多目标最优控制问题转化为单目标最优控制问题。

在最优控制中，常用的目标泛函有如下 3 种情形。

- 第一种情形：性能指标只与终端状态与终端时刻有关，

$$J=\min_{\boldsymbol{u}} K[\boldsymbol{x}(t_f),t_f] \tag{0-2-1}$$

这类问题称为梅耶（Mayer）问题。

- 第二种情形：性能指标为积分形式，

$$J = \min_{\boldsymbol{u}} \int_{t_0}^{t_f} L(\boldsymbol{x}(t),t)\mathrm{d}t \tag{0-2-2}$$

这类问题称为拉格朗日（Lagrange）问题。

- 第三种情形：性能指标为第一种情形与第二种情形的组合，

$$J = \min_{\boldsymbol{u}}\{K[\boldsymbol{x}(t_f),t_f] + \int_{t_0}^{t_f} L[\boldsymbol{x}(t),t]\mathrm{d}t\} \tag{0-2-3}$$

这类问题称为波尔扎（Bolza）问题。

在实际应用中，最优目标一般选择为跟踪误差最小、消耗能量最小、时间最小、燃料最小、产量最高、利润值最大或者风险最小等。

0.3 动力学方程

从上文来看，最优控制问题的数学描述是动态优化问题。里面有一组微分方程，可以将其看为微分方程约束。对应于实际问题，这组微分方程对应的就是控制对象的动力学模型，也称为系统的动力学方程。这个动力学方程要符合系统的物理规律、化学规律以及各种科学规律。一般来说，动力学方程要满足因果性、能够通过改变系统控制以获取期望的最优控制性能。

通常系统的建模方法有机理建模与实验建模两种。机理建模也称为第一原则建模。通常利用已知的物理系统的物理定律来建模，如牛顿定律、能量或物质守恒定律等。实验建模通常针对的是黑箱系统，即仅已知系统的输入-输出外部数据信息，而对系统的内部构成一无所知。实验建模在控制领域通常称为系统辨识。这种建模方法正是当代人工智能所关注的热点之一。

按照微分方程是常微或者偏微的特点，系统模型可以分为集中参数模型与分布参数模型，对应的最优控制称为集中参数最优控制与分布参数最优控制。

按照系统参数是否显含时间 t 来分，如果系统参数不依赖时间 t 或者为常数，则称动力学方程为定常系统，否则称为时变系统。

按照连续与离散的特点，动力学方程可以是连续的，也可以是离散的。

按照确定性与随机的特点，动力学方程可以是确定性微分方程，也可以是随机微分方程。

当然还有其他数学模型，它们称为混杂动力学系统，模型中既有连续变量，又有逻辑谓词。这类模型也是当前人工智能领域所关注的。

通常所获得的动力学方程都是开环模型。一旦获得控制系统的动力学方程，就可进行稳定性、能控性、能观性等特性的分析。这些特性有时对设计一个稳定的最优闭环控制器是至关重要的。

0.4 约束条件

这里所说的约束条件，指不包括系统动力学方程的其他约束条件，一般分为等式约束与不等式约束。

等式约束一般通过一组代数方程来描述。不等式约束一般由一组不等式来刻画。在数学规划中，等式或者不等式约束确定了系统的一个可行解集。在最优控制中，这些约束也扮演了可行解集的角色。

0.5 最优控制的解法

求解最优控制问题的经典方法是变分法，文献[11]、[37]、[41]、[60]、[77]、[80]、[99]、[102]、[107]、[111]、[115]等都有讨论。变分法可以用来处理积分型性能指标的极值问题。令泛函的变分等于零，可得到最优曲线所满足的驻值方程。驻值方程是一组微分方程，通过求解该微分方程就可获得极值问题的最优解。

经典变分要求容许曲线必须具有足够阶次的导数，这是一个苛刻的要求，因为很多最优控制问题的最优解可能是不连续曲线，如继电器型开关型函数。还有可能就是曲线连续但是不可导，如 $y=|x|$ 这类曲线在原点处不可导等。此时不能再采用传统变分法，这时该如何处理这类问题呢？在 20 世纪 50 年代，苏联数学家列夫·庞特里亚金提出了极大值原理，针对的就是曲线不可导、控制受限及控制不连续等一类最优控制问题。该原理的通俗解释就是：如果最优控制问题有解，则该最优控制也一定使得系统的哈密顿函数达到最优，可参考文献[93]、[99]等。

动态规划法由美国数学家理查德·贝尔曼在 20 个世纪 50 年代提出。其基本思想是可以将一个多段过程的决策分解成几个相似的子过程的决策进行求解。由于每次只需执行一个子程序的运行，可以大大提高计算效率。但是在每个子阶段的实现过程中，会产生各种状态而且不得不将其存储起来以供未来调用，所以它需要的存储空间将会增大。一般来说，为了提高算法的搜索效率，可以选择动态规划算法，如果可以接受其在空间上的复杂度。但是当变量维数很大时，需要存储的数据会急剧膨胀而导致维数灾难问题。因此，即使在当代计算机功能大为提高的情况下，想实现一个大规模的动态规划算法也很困难。连续情形下则需要求解哈密顿-雅克比-贝尔曼(Hamilton-Jacobi-Bellman，HJB)方程，这是一个偏微分方程，求解非常复杂，基本上不可能求得解析解，可参考文献[6]、[7]、[70]等。因此，发展出了最优控制的数值解法等。这些数值解法大体可以分为两类：间接法和直接法。

间接法需要近似连续必要条件的解，即需要求解伴随方程。这些方法包括两点边值法、龙格-库塔法、多点打靶法、有限差分法、伪谱法、拟线性化法和配点法等。间接法的优点是精确度高，但其也有不少缺陷：首先，必须推导出最优必要条件的解析形式，但对于大多数问题这样的推导是非常烦琐的；其次，收敛半径一般比较小，因此需要一个好的初值猜测；最后，必须提供伴随状态向量的猜测，这个猜测非常困难，因为伴随向量不像控制变量和状态变量一样拥有实际意义，可参考文献[10]、[22]、[28]、[29]、[36]、[53]、[57]、[59]等。

直接法能够将连续最优控制问题转化为非线性规划问题。这样就可以利用非线性规划算法求解，克服间接法的缺陷。直接法有着如下的优点：不必推导最优条件；收敛半径较大，不需要太好的初值猜测；不需要猜测同态变量。在直接法中，使用正交函数对最优控制问题进行逼近求解有着广泛的应用。使用正交函数对最优控制问题中的控制变量和状态变量进行逼近，既保留了直接法求解最优控制问题的优势，同时也拥有了正交函数逼近求解收敛速度较快的优点，可参考文献[8]、[14]、[19]、[20]、[21]、[30]、[61]、[63]等。

近年来随着人工智能技术的发展，又产生了很多基于人工智能的最优控制求解算法，如迭代动态规划、近似动态规划与强化学习[23,47,66,70,105,108]等。

0.6 最优控制的发展与应用

自动控制的发展经历了经典控制理论与现代控制理论两个时期。20个世纪30年代至20世纪40年代，基于频率域的反馈调节理论属于经典控制阶段。此阶段主要以单输入单输出(SISO)系统为主，采用的工具是传递函数以及在复数域上系统稳定性判据。第二次世界大战以后，随着人们对于多输入多输出耦合系统、非线性系统等分析与控制的需求日益增加，控制论(Cybernetics)有了长足的发展，最优控制就是在20个世纪50年代末诞生的。

经过几十年的发展，最优控制又发展出很多新的分支，如鲁棒最优控制，H_2与H_∞最优控制，微分对策、迭代动态规划、近似动态规划。很多算法已经软件化与商业化，如MATLAB、Python等商业化软件中都有最优控制、最优滤波、H_2与H_∞最优控制等算法的工具箱，这为最优控制在实际中的应用增加了极大便利。

最优控制自诞生以来，首先在航天航空领域得到广泛应用，如上文登月舱的登陆与返回、航天器的入轨与变轨、火箭的空中拦截、火箭的最优轨迹规划、最优滤波与控制等都成功应用了最优控制技术。现代社会，无人机的应用越来越多，多机编队、协调同步控制等都要用到最优控制技术，参考文献[83]、[97]、[104]、[109]等。

在石油工业中,文献[85]和[86]提出采用最优控制技术的聚合物驱、化学驱采油策略可以大大提高经济效益。而文献[76]则给出了基于动态规划法的聚合物驱采油的最优控制策略。文献[94]对化工行业所面临的最优控制问题进行了探讨。文献[89]提出了输电系统的最优控制策略。文献[112]讨论了数控加工过程中的最优轨迹规划问题。文献[91]讨论了车辆最优控制问题。文献[72]采用最优控制研究了金融衍生品定价问题。文献[12]则探讨了金融最优控制理论与方法。

随着人工智能越来越受到人民的关注,作为核心技术之一的最优控制将会有越来越宽广应用舞台。

第1章

数学预备知识

本章主要介绍一些跟本书密切相关的数学预备知识，包括泛函分析与静态规划两部分。泛函分析部分介绍了函数空间及其范数、巴拿赫空间与希尔伯特空间等基本概念。静态规划则主要介绍了无约束静态规划与有约束静态规划，重点给出了库恩-塔克条件（Kuhn-Tucker Condition）的证明过程，并回顾了最优化问题的数值计算方法。

1.1　函数空间及泛函

1.1.1　线性空间

在本书中，除非特别指明，一般用$\mathbb{R}$表示实数域，$\mathbb{C}$表示复数域，$\mathbb{Q}$表示有理数域，$\mathbb{N}$表示自然数。

定义 1.1.1　称$\boldsymbol{V}$是由向量$\boldsymbol{v}_1,\boldsymbol{v}_2,\cdots$在实数域$\mathbb{R}$上生成的一个实线性空间，如果这个向量空间的元素满足如下两类运算法则。

(1) 加法法则

① 对$\boldsymbol{V}$中的任意一对$\boldsymbol{v}_1,\boldsymbol{v}_2$，都有$\boldsymbol{V}$中唯一的一个元素$\boldsymbol{v}_1+\boldsymbol{v}_2$与之对应，称为$\boldsymbol{v}_1$与$\boldsymbol{v}_2$的和；

② $(\boldsymbol{v}_1+\boldsymbol{v}_2)+\boldsymbol{v}_3=\boldsymbol{v}_1+(\boldsymbol{v}_2+\boldsymbol{v}_3)$；

③ 存在一个矢量$\boldsymbol{0}$，使得对任意的$\boldsymbol{v}\in\boldsymbol{V}$，$\boldsymbol{v}+\boldsymbol{0}=\boldsymbol{v}$；

④ 对任意一个$\boldsymbol{v}\in\boldsymbol{V}$，都有唯一一个$\boldsymbol{u}\in\boldsymbol{V}$，使得$\boldsymbol{u}+\boldsymbol{v}=\boldsymbol{0}$，记为$\boldsymbol{u}=-\boldsymbol{v}$，称为$\boldsymbol{v}$的逆。

(2) 标量乘法法则

对任意一个$\boldsymbol{v}\in\boldsymbol{V}$，令常数$\alpha\in\mathbb{R}$，存在唯一一个矢量$\alpha\boldsymbol{v}\in\boldsymbol{V}$，称为$\boldsymbol{v}$与$\alpha$的乘积。满足：

① $\alpha(\beta\boldsymbol{v})=(\alpha\beta)\boldsymbol{v}$（结合律）；

② $(\alpha+\beta)\boldsymbol{v}=\alpha\boldsymbol{v}+\beta\boldsymbol{v}$（分配律）；

③ $\alpha(\boldsymbol{u}+\boldsymbol{v})=\alpha\boldsymbol{v}+\alpha\boldsymbol{v}$（分配律）；

④ $1\cdot\boldsymbol{v}=\boldsymbol{v}\cdot 1$。

为了验证一个集合是不是一个线性子空间，首先必须在集合里定义加法法则与标量乘法法则。然后对于任意的 $\boldsymbol{u},\boldsymbol{v}\in\boldsymbol{V}$，检查 $\alpha\boldsymbol{u}+\beta\boldsymbol{v}$ 是否属于 $\boldsymbol{V}$，$\alpha\in\mathbb{R}$，$\beta\in\mathbb{R}$。

例 1.1.1 由 n 个有序数组 $(a_1,a_2,\cdots,a_n)$，$a_i\in\mathbb{R}$ 的全体构成的集合是一个笛卡儿空间，可以验证笛卡儿空间是一个线性空间。

例 1.1.2 令 $\boldsymbol{P}$ 是关于变量 x、系数属于$\mathbb{R}$ 的多项式全体的集合，可以验证 $\boldsymbol{P}$ 是一个线性空间。

例 1.1.3 令 $\mathrm{C}[a,b]$ 是由在闭区间 $[a,b]$ 上所有连续实函数的全体构成的集合，其中 C 表示英文单词 Continous(连续的)的首字母，在如下加法与乘法规则下是一个线性空间：

$$\forall f,g\in \mathrm{C}[a,b]$$
$$(f+g)(x)=f(x)+g(x)$$
$$(\alpha f)(x)=\alpha f(x)$$

例 1.1.4 令 $\boldsymbol{P}$ 是关于变量 x，系数为正数的全体多项式集合，则 $\boldsymbol{P}$ 不是一个线性空间，因为 $p(x)\in\boldsymbol{P}$，但是 $-p(x)\notin\boldsymbol{P}$。

定义 1.1.2 集合 $\boldsymbol{S}\subset\boldsymbol{V}$ 是 $\boldsymbol{V}$ 的一个子空间，如果对于定义在 $\boldsymbol{V}$ 上的加法与标量乘法，$\boldsymbol{S}$ 也是一个线性空间，即 $\boldsymbol{S}$ 对加法与标量乘法运算是封闭的且包含零元素。一个子空间是平凡的，如果它仅仅包含零元素；否则其称为非平凡子空间。

容易验证，两个子空间的交与并也是子空间。

令 $\boldsymbol{S}_1,\boldsymbol{S}_2$ 是 $\boldsymbol{V}$ 的两个子空间，若 $\boldsymbol{S}_1+\boldsymbol{S}_2=\boldsymbol{V}$ 且 $\boldsymbol{S}_1\cap\boldsymbol{S}_2=\{\boldsymbol{0}\}$，则 $\boldsymbol{S}_1$ 与 $\boldsymbol{S}_2$ 称为互补子空间，记 $\boldsymbol{V}=\boldsymbol{S}_1\oplus\boldsymbol{S}_2$，称 $\boldsymbol{V}$ 为 $\boldsymbol{S}_1$ 与 $\boldsymbol{S}_2$ 的直和。

任何一个线性空间都存在一个数目最大的线性无关组。这个最大线性无关组称为空间的基。最大无关组包含元素的个数，称为空间的维数。最大无关组如果仅有有限个元素，则称为有限维空间，如 n 维笛卡儿空间。最大无关组如果有无限个向量，则称为无穷维空间，例如，系数属于$\mathbb{R}$ 的关于变量 x 的多项式全体的集合 $\boldsymbol{P}$ 就是一个无穷维空间。

例 1.1.5 令 $\mathrm{C}^2[0,1]$ 表示在 $[0,1]$ 上所有 2 阶导数存在的函数集合，$\boldsymbol{V}\subset\mathrm{C}^2[0,1]$ 是由满足如下常微分方程

$$\frac{\mathrm{d}^2u}{\mathrm{d}x^2}-k^2u=0,\quad k>0$$

的函数构成的集合，易验证这一集合构成一个线性空间。试确定该空间的维数。

解：由定常系统常微分方程的解知，至少存在两个解 e^{-kx}，e^{kx}。下面来验证一下 e^{-kx}，e^{kx} 是线性无关的。考察线性组合关系

$$c_1\mathrm{e}^{-kx}+c_2\mathrm{e}^{kx}=0$$

两边对 x 求导，得

$$k(-c_1\mathrm{e}^{-kx}+c_2\mathrm{e}^{kx})=0$$

联立求解，得 $c_1=c_2=0$。因此 e^{-kx} 与 e^{kx} 线性无关。如果有 3 个满足方程的解 u_1,u_2,u_3，则考察

$$c_1u_1+c_2u_2+c_3u_3=0$$
$$c_1\dot{u}_1+c_2\dot{u}_2+c_3\dot{u}_3=0$$
$$c_1\ddot{u}_1+c_2\ddot{u}_2+c_3\ddot{u}_3=0$$

或

$$\begin{pmatrix} u_1 & u_2 & u_3 \\ \dot{u}_1 & \dot{u}_2 & \dot{u}_3 \\ \ddot{u}_1 & \ddot{u}_2 & \ddot{u}_3 \end{pmatrix}\begin{pmatrix} c_1 \\ c_2 \\ c_3 \end{pmatrix}=\boldsymbol{0}$$

但是

$$\det\begin{pmatrix} u_1 & u_2 & u_3 \\ \dot{u}_1 & \dot{u}_2 & \dot{u}_3 \\ \ddot{u}_1 & \ddot{u}_2 & \ddot{u}_3 \end{pmatrix}=u_1(\dot{u}_2\ddot{u}_3-\ddot{u}_2\dot{u}_3)+u_2(\ddot{u}_1\dot{u}_3-\ddot{u}_3\dot{u}_1)+u_3(\ddot{u}_2\dot{u}_1-\dot{u}_2\ddot{u}_1)$$

由于 $\ddot{u}_i=k^2u_i$,所以

$$\det\begin{pmatrix} u_1 & u_2 & u_3 \\ \dot{u}_1 & \dot{u}_2 & \dot{u}_3 \\ \ddot{u}_1 & \ddot{u}_2 & \ddot{u}_3 \end{pmatrix}=k^2u_1(\dot{u}_2u_3-u_2\dot{u}_3)+k^2u_2(u_1\dot{u}_3-u_3\dot{u}_1)+k^2u_3(u_2\dot{u}_1-\dot{u}_2u_1)=0$$

这说明 u_1,u_2,u_3 线性相关,从而 **V** 的维数为 2,基为 e^{-kx} 与 e^{kx}。事实上,对如下的一个线性定常微分方程例子

$$y^{(n)}+a_1y^{(n-1)}+\cdots+a_ny=0,\quad a_i\in\mathbb{R},\quad i=1,\cdots,n \tag{1-1-1}$$

其中,$y^{(i)}$ 表示 y 的第 i 阶导数,则满足式(1-1-1)的解构成 $C^n[0,1]$(表示在$[0,1]$上存在 n 阶导数的函数结合)中的一个 n 维子空间 **V**。令

$$\begin{aligned} x_1&=y \\ x_2&=\dot{y} \\ &\vdots \\ x_n&=y^{(n-1)} \end{aligned} \tag{1-1-2}$$

则式(1-1-1)可以写成矢量微分方程:

$$\begin{pmatrix} \dot{x}_1 \\ \dot{x}_2 \\ \vdots \\ \dot{x}_n \end{pmatrix}=\begin{pmatrix} 0 & 1 & \cdots & 0 \\ 0 & 0 & \cdots & 0 \\ \vdots & \vdots & & \vdots \\ -a_n & -a_{n-1} & \cdots & a_1 \end{pmatrix}\begin{pmatrix} x_1 \\ x_2 \\ \vdots \\ x_n \end{pmatrix} \tag{1-1-3}$$

令

$$\mathbf{A}\triangleq\begin{pmatrix} 0 & 1 & \cdots & 0 \\ 0 & 0 & \cdots & 0 \\ \vdots & \vdots & & \vdots \\ -a_n & -a_{n-1} & \cdots & a_1 \end{pmatrix}$$

式(1-1-3)是一个齐次线性常微分方程,有 n 个特征根,所以有 n 个线性无关解,记为 $e^{\mathbf{A}t}$。$e^{\mathbf{A}t}$ 也称为状态转移矩阵是非奇异的。满足式(1-1-2)的解都可以写成 $e^{\mathbf{A}t}\gamma$ 的形式,所以 **V** 是 $C^n[0,1]$的一个 n 维子空间。

1.1.2 算子与线性泛函

在一个线性空间中,如果有一个映射 $\boldsymbol{T}$,将线性空间 $\boldsymbol{U}$ 中的一个元素 $\boldsymbol{u}\in\boldsymbol{U}$ 映射到线性空间 **V** 中的唯一元素 $\boldsymbol{v}\in\boldsymbol{V}$,其中 $\boldsymbol{v}$ 称为映射 $\boldsymbol{T}$ 的像,则称 $\boldsymbol{T}$ 为一个变换,在泛函分析中,一般称这种变换为算子。

定义 1.1.3 一个算子 $\boldsymbol{T}$ 是线性的,如果它满足如下关系:

① $\boldsymbol{T}(\alpha\boldsymbol{u})=\alpha\boldsymbol{T}(\boldsymbol{u}),\ \forall\boldsymbol{u}\in\boldsymbol{U},\alpha\in\mathbb{R}$(齐次性);

② $\boldsymbol{T}(\boldsymbol{u}_1+\boldsymbol{u}_2)=\boldsymbol{T}(\boldsymbol{u}_1)+\boldsymbol{T}(\boldsymbol{u}_2),\ \forall\boldsymbol{u}_1\in\boldsymbol{U},\boldsymbol{u}_2\in\boldsymbol{U}$(可加性)。

一个算子如果不满足上述关系，则称为非线性算子。可以直接用如下关系来检验一个变换是否线性：

$$\boldsymbol{T}(\alpha\boldsymbol{u}_1+\beta\boldsymbol{u}_2)=\alpha\boldsymbol{T}(\boldsymbol{u}_1)+\beta\boldsymbol{T}(\boldsymbol{u}_2),\quad \forall\, \boldsymbol{u}_1\in\boldsymbol{U},\boldsymbol{u}_2\in\boldsymbol{U} \tag{1-1-4}$$

如果 $\boldsymbol{u}_1\neq\boldsymbol{u}_2$，$\boldsymbol{T}(\boldsymbol{u}_1)\neq\boldsymbol{T}(\boldsymbol{u}_2)$，$\forall\,\boldsymbol{u}_1\in\boldsymbol{U},\boldsymbol{u}_2\in\boldsymbol{U}$，则称算子 $\boldsymbol{T}$ 为单射。记 $\boldsymbol{U}$ 在算子 $\boldsymbol{T}$ 下的像为 $\mathrm{Im}(\boldsymbol{T})$，则 $\mathrm{Im}(\boldsymbol{T})\subseteq\boldsymbol{V}$。如果 $\mathrm{Im}(\boldsymbol{T})=\boldsymbol{V}$，则称 $\boldsymbol{T}$ 为满射，如果 $\boldsymbol{T}$ 既是单射又是满射，则称 $\boldsymbol{T}$ 为 1-1 映射。

一个变换 $\boldsymbol{T}$ 的核空间定义如下：$\boldsymbol{N}(\boldsymbol{T})=\{\boldsymbol{u}\mid\boldsymbol{u}\in\boldsymbol{U},\boldsymbol{T}(\boldsymbol{u})=\boldsymbol{0}\}$。$\mathrm{Im}(\boldsymbol{T})\subseteq\boldsymbol{V}$ 在 $\boldsymbol{V}$ 中的秩，称为变换 $\boldsymbol{T}$ 的秩，记为 $\mathrm{rank}(\boldsymbol{T})$。

例 1.1.6 设 $\boldsymbol{U}=\mathrm{C}^2[a,b]$是在$[a,b]$上二阶导数存在的函数集合，$\boldsymbol{V}=\mathrm{C}[a,b]$是在$[0,1]$上连续函数的集合，令 $\boldsymbol{T}$ 为如下算子：

$$\boldsymbol{T}u=c_1(x)u+c_2(x)\frac{\mathrm{d}^2u}{\mathrm{d}t^2}$$

则易验证变换 $\boldsymbol{T}$ 线性的。

例 1.1.7 令

$$\boldsymbol{T}:\ \mathrm{C}[0,1]\to\mathbb{R}$$
$$\boldsymbol{T}u=c\text{（常数）}$$

则算子不是线性变换。

例 1.1.8 令矩阵 $\boldsymbol{T}$ 是一个 $m\times n$ 维实数矩阵，则 $\boldsymbol{T}$ 是一个将欧几里得空间$\mathbb{R}^n$映射到另一个欧几里得空间$\mathbb{R}^m$的线性变换。令$\{\phi_1,\phi_2,\cdots,\phi_n\}$为$\mathbb{R}^n$空间的一组基，$\{\psi_1,\psi_2,\cdots,\psi_m\}$为$\mathbb{R}^m$的一组基。

则

$$\boldsymbol{T}(\phi_i)=\sum_{j=1}^{m}t_{ji}\psi_j \tag{1-1-5}$$

对于

$$\boldsymbol{u}=\sum_{i=1}^{n}\alpha_i\phi_i,\quad \boldsymbol{v}=\sum_{j=1}^{m}\beta_j\psi_j \tag{1-1-6}$$

称$(\alpha_1,\cdots,\alpha_n)$，$(\beta_1,\cdots,\beta_m)$分别为 $\boldsymbol{u}$，$\boldsymbol{v}$ 在基$\{\phi_1,\phi_2,\cdots,\phi_n\}$与$\{\psi_1,\psi_2,\cdots,\psi_m\}$的坐标。

$$\boldsymbol{T}(\boldsymbol{u})=\sum_{i=1}^{n}\alpha_i\boldsymbol{T}(\phi_i)=\sum_{j=1}^{m}\beta_j\psi_j \tag{1-1-7}$$

由式(1-1-6)知，

$$\sum_{j=1}^{m}\beta_j\psi_j-\sum_{i=1}^{n}\alpha_i\Big(\sum_{j=1}^{m}t_{ji}\psi_j\Big)=\boldsymbol{0} \tag{1-1-8}$$

可得

$$\sum_{j=1}^{m}\Big(\beta_j-\sum_{j=1}^{m}t_{ji}\alpha_i\Big)=\boldsymbol{0} \tag{1-1-9}$$

写成矩阵形式

$$\begin{pmatrix}\beta_1\\ \beta_2\\ \vdots\\ \beta_m\end{pmatrix}=\begin{pmatrix}t_{11} & t_{12} & \cdots & t_{1n}\\ t_{21} & t_{22} & \cdots & t_{2n}\\ \vdots & \vdots & & \vdots\\ t_{m1} & t_{m2} & \cdots & t_{mn}\end{pmatrix}\begin{pmatrix}\alpha_1\\ \alpha_2\\ \vdots\\ \alpha_n\end{pmatrix} \tag{1-1-10}$$

矩阵$\{t_{ij}\}$称为线性变换在基$\{\phi_1,\phi_2,\cdots,\phi_n\}$与$\{\psi_1,\psi_2,\cdots,\psi_m\}$上的表示。

定义 1.1.4 令 $\boldsymbol{U}$ 为一个定义在$\mathbb{R}^n$上的线性空间，若 $\boldsymbol{L}$ 是一个将 $\boldsymbol{U}$ 映射到实数域$\mathbb{R}$上的线性算子，则称该算子为线性泛函。

线性泛函是一类特殊的线性算子。线性泛函所生成的子空间与定义域子空间成对偶关系或共轭关系，称为 $\boldsymbol{U}$ 的共轭，记为 $\boldsymbol{U}'$。

记$\{\phi_1,\phi_2,\cdots,\phi_n\}$为 $\boldsymbol{U}$ 的一组基，定义如下线性泛函 l_i，

$$\forall \boldsymbol{u}=\sum_{i=1}^{n}\alpha_i\phi_i,\quad l_i(\boldsymbol{u})=\alpha_i\in\mathbb{R} \tag{1-1-11}$$

称 l_i 为泛函的第 i 个坐标。我们来检验 l_i 为线性泛函。

对于 $\forall \boldsymbol{u}=\sum_{i=1}^{n}\alpha_i\phi_i,\boldsymbol{v}=\sum_{i=1}^{n}\beta_i\phi_i$，令 μ,λ 为标量函数。

$$\begin{aligned} l_i(\mu\boldsymbol{u}+\lambda\boldsymbol{v}) &= l_i(\mu\sum_{i=1}^{n}\alpha_i\phi_i+\lambda\sum_{i=1}^{n}\beta_i\phi_i)=l_i(\sum_{i=1}^{n}(\mu\alpha_i+\lambda\beta_i)\phi_i) \\ &= \mu\alpha_j+\lambda\beta_i=\mu l_j(\boldsymbol{u})+\lambda l_j(\boldsymbol{v}) \end{aligned} \tag{1-1-12}$$

注意$\{\phi_1,\phi_2,\cdots,\phi_n\}$与$\{l_1,l_2,\cdots,l_n\}$的关系为：

$$l_i(\phi_j)=\delta_{ij} \tag{1-1-13}$$

因为$\{\phi_1,\phi_2,\cdots,\phi_n\}$是线性无关的，所以$\{l_1,l_2,\cdots,l_n\}$也是线性无关的，$\{l_1,l_2,\cdots,l_n\}$构成对偶空间 $\boldsymbol{U}'$的一组基，称为对偶基。所以，对于有限维空间，$\boldsymbol{U}$ 与 $\boldsymbol{U}'$有相同的维数。

例 1.1.9 在笛卡儿空间定义的

$$f(\boldsymbol{x})=\sum_{i=1}^{n}f_ix_i \tag{1-1-14}$$

就是一个线性泛函。

例 1.1.10 令 $\boldsymbol{V}=\mathrm{C}[a,b]$，定义如下泛函：

$$l(v)=\int_0^1 f(x)v(x)\mathrm{d}x \tag{1-1-15}$$

其中 f 是一个任意函数。容易验证这是一个线性泛函。

记 $\mathrm{L}_2[0,1]$ 表示平方可积函数空间，令 $\boldsymbol{S}$ 是 $\mathrm{L}_2[0,1]$ 中的一个 n 维子空间。$\boldsymbol{S}$ 的一组基为$\{\phi_1,\phi_2,\cdots,\phi_n\}$。则对式(1-1-15) 定义的线性泛函，任取 $\boldsymbol{v}\in\boldsymbol{S},\boldsymbol{v}=\sum_{i-1}^{n}\alpha_i\phi_i(x)$，

$$l(v)=\int_0^1 f(x)\sum_{i-1}^{n}\alpha_i\phi_i(x)\mathrm{d}x=\sum_{i=1}^{n}\alpha_i\int_0^1 f(x)\phi_i(x)\mathrm{d}x=\sum_{i=1}^{n}\alpha_ib_i \tag{1-1-16a}$$

$$b_i=\int_0^1 f(x)\phi_i(x)\mathrm{d}x \tag{1-1-16b}$$

称为线性泛函 $l(v)$在 $\boldsymbol{S}$ 上的表示。

定义 1.1.5(双线性泛函) 令 $\boldsymbol{U}$ 和 $\boldsymbol{V}$ 是定义在实数域上的两个向量空间。算子 $\boldsymbol{B}:\boldsymbol{U}\times\boldsymbol{V}\to\mathbb{R}$，将矢量对$(\boldsymbol{u},\boldsymbol{v})$，$\boldsymbol{u}\in\boldsymbol{U}$，$\boldsymbol{v}\in\boldsymbol{V}$，映射到一个标量域内，记为 $\boldsymbol{B}(\boldsymbol{u},\boldsymbol{v})$。如果 $\boldsymbol{B}(\boldsymbol{u},\boldsymbol{v})$满足如下条件：

$$\boldsymbol{B}(\alpha\boldsymbol{u}_1+\beta\boldsymbol{u}_2,\mu\boldsymbol{v}_1+\lambda\boldsymbol{v}_2)=\alpha\mu\boldsymbol{B}(\boldsymbol{u}_1,\boldsymbol{v}_1)+\alpha\lambda\boldsymbol{B}(\boldsymbol{u}_1,\boldsymbol{v}_2)+\beta\mu(\boldsymbol{u}_2,\boldsymbol{v}_1)+\beta\lambda(\boldsymbol{u}_2,\boldsymbol{v}_2) \tag{1-1-17}$$

对 $\forall \boldsymbol{u}_1,\boldsymbol{u}_2\in U,\boldsymbol{v}_1,\boldsymbol{v}_2\in\boldsymbol{V}$ 以及标量 α,β,μ,λ，则称 $\boldsymbol{B}(\boldsymbol{u},\boldsymbol{v})$为一个双线性泛函。

对于有限维线性空间，我们也可以用矩阵表示出一个双线性泛函。

考虑一个有限维线性空间上的双线性泛函 $\boldsymbol{B}(\boldsymbol{u},\boldsymbol{v})$，假定空间 $\boldsymbol{U}$ 是 m 维的，空间 $\boldsymbol{V}$ 是 n 维

的。令$\{\phi_i\}$是$\boldsymbol{U}$的一组基，$\{\psi_i\}$是$\boldsymbol{V}$的一组基，因此对于$\boldsymbol{u}\in\boldsymbol{U},\boldsymbol{v}\in\boldsymbol{V}$，

$$\boldsymbol{u}=\sum_{i=1}^{m}\alpha_i\phi_i,\quad \boldsymbol{v}=\sum_{j=1}^{n}\beta_j\phi_j,\quad \alpha_i,\beta_i\in\mathbb{R} \tag{1-1-18}$$

那么

$$\boldsymbol{B}(\boldsymbol{u},\boldsymbol{v})=\boldsymbol{B}(\sum_{i=1}^{m}\alpha_i\phi_i,\sum_{j=1}^{n}\beta_j\psi_j)=\sum_{i=1}^{m}\sum_{j=1}^{n}\alpha_i\beta_j\boldsymbol{B}(\phi_i,\psi_j)=\sum_{i=1}^{m}\sum_{j=1}^{n}\alpha_i\beta_j b_{ij}=\alpha^{\mathrm{T}}\boldsymbol{B}\beta \tag{1-1-19a}$$

$$b_{ij}=\boldsymbol{B}(\phi_i,\psi_j) \tag{1-1-19b}$$

矩阵$\boldsymbol{B}$是双线性泛函$\boldsymbol{B}(\boldsymbol{u},\boldsymbol{v})$相对于基$\{\phi_i\}$与$\{\psi_i\}$的表示。

定义 1.1.6 对于一个双线性泛函$\boldsymbol{B}(\boldsymbol{u},\boldsymbol{v})\to\mathbb{R}$，$(\boldsymbol{u},\boldsymbol{v}\in\boldsymbol{U})$，如果$\boldsymbol{B}(\boldsymbol{u},\boldsymbol{v})=\boldsymbol{B}(\boldsymbol{v},\boldsymbol{u})$，则称$\boldsymbol{B}(\boldsymbol{u},\boldsymbol{v})$是对称的。如果$\boldsymbol{B}(\boldsymbol{u},\boldsymbol{u})=0$，则称双线性泛函是斜对称的。

注意，如果$\boldsymbol{B}(\cdot,\cdot)$是对称的，则

$$b_{ij}=\boldsymbol{B}(\phi_i,\psi_j)=\boldsymbol{B}(\psi_j,\phi_i)=b_{ji} \tag{1-1-20}$$

同样，如果$\boldsymbol{B}(\cdot,\cdot)$是斜对称的，则

$$\boldsymbol{B}(\boldsymbol{u}+\boldsymbol{v},\boldsymbol{u}+\boldsymbol{v})=\boldsymbol{B}(\boldsymbol{u},\boldsymbol{u})+\boldsymbol{B}(\boldsymbol{u},\boldsymbol{v})+\boldsymbol{B}(\boldsymbol{v},\boldsymbol{u})+\boldsymbol{B}(\boldsymbol{v},\boldsymbol{v})=0 \tag{1-1-21}$$

所以$b_{ij}=-b_{ji}$。

任何一个双线性泛函，都可表示成一个对称泛函与一个斜对称泛函的和：

$$\boldsymbol{B}(\boldsymbol{u},\boldsymbol{v})=\frac{1}{2}[\boldsymbol{B}(\boldsymbol{u},\boldsymbol{v})+\boldsymbol{B}(\boldsymbol{v},\boldsymbol{u})]+\frac{1}{2}[\boldsymbol{B}(\boldsymbol{u},\boldsymbol{v})-\boldsymbol{B}(\boldsymbol{v},\boldsymbol{u})]=\boldsymbol{B}_{\mathrm{s}}(\boldsymbol{u},\boldsymbol{v})+\boldsymbol{B}_{\mathrm{ss}}(\boldsymbol{u},\boldsymbol{v}) \tag{1-1-22}$$

定义 1.1.7(二次型泛函) 令$\boldsymbol{U}$是一个线性空间，$\boldsymbol{B}(\cdot,\cdot)$是$\boldsymbol{U}$上的一个双线性泛函，$\boldsymbol{U}$上的一个泛函$\boldsymbol{Q}(\boldsymbol{u})$是一个二次型泛函，如果

$$\boldsymbol{Q}(\alpha\boldsymbol{u})=\alpha^2\boldsymbol{Q}(\boldsymbol{u}) \tag{1-1-23}$$

显然在$\boldsymbol{B}(\cdot,\cdot)$中，令$\boldsymbol{u}=\boldsymbol{v}$，则双线性泛函就是一个二次型泛函$\boldsymbol{Q}(\boldsymbol{u})=\boldsymbol{B}(\boldsymbol{u},\boldsymbol{u})$。

注意：因为

$$\boldsymbol{Q}(\boldsymbol{u})=\boldsymbol{B}(\boldsymbol{u},\boldsymbol{u})=\boldsymbol{B}_{\mathrm{s}}(\boldsymbol{u},\boldsymbol{u})+\boldsymbol{B}_{\mathrm{ss}}(\boldsymbol{u},\boldsymbol{u})=\boldsymbol{B}_{\mathrm{s}}(\boldsymbol{u},\boldsymbol{u}) \tag{1-1-24}$$

所以二次型就是双线性泛函的对称部分。

在$\mathbb{R}^n$空间中，我们熟知的二次型

$$\boldsymbol{Q}(\boldsymbol{u})=\boldsymbol{u}^{\mathrm{T}}\boldsymbol{S}\boldsymbol{u},\quad \boldsymbol{u}\in\mathbb{R}^n \tag{1-1-25}$$

其中，$\boldsymbol{S}$是对称矩阵，就是一类二次型泛函。

如果对于任意的$\boldsymbol{u}\neq\boldsymbol{0}\in\mathbb{R}^n$，$\boldsymbol{Q}(\boldsymbol{u})=\boldsymbol{u}^{\mathrm{T}}\boldsymbol{S}\boldsymbol{u}\geqslant(\leqslant)0$，则称$\boldsymbol{S}$为半正定(半负定)矩阵，简记为$\boldsymbol{S}\geqslant(\leqslant)0$；如果$\boldsymbol{u}\neq\boldsymbol{0}\in\mathbb{R}^n$，$\boldsymbol{Q}(\boldsymbol{u})=\boldsymbol{u}^{\mathrm{T}}\boldsymbol{S}\boldsymbol{u}>(<)0$，则称$\boldsymbol{S}$称为正定(负定)矩阵，简记为$\boldsymbol{S}>(<)0$。

1.2 赋范线性空间

1.2.1 范数及其重要不等式

在线性空间中，为了分析的必要，需要引入一种度量，来表征空间中两个元素之间的逼近

程度。这个度量称为范数,也叫距离,需要满足关于范数的 3 个条件。

定义 1.2.1 令 $\boldsymbol{V}$ 是一个定义在实数域$\mathbb{R}$上的线性空间,$\boldsymbol{V}$ 上的范数是一个映射,它将 $\boldsymbol{V}$ 中的任意变量 $\boldsymbol{u}\in\boldsymbol{V}$ 映射到一个实数,记为$\|\boldsymbol{u}\|$,满足如下条件:

① $\|\boldsymbol{u}\|\geqslant 0,\quad \forall \boldsymbol{u}\in\boldsymbol{V},\quad \|\boldsymbol{u}\|=0\Leftrightarrow \boldsymbol{u}=\boldsymbol{0}$;

② $\|\alpha\boldsymbol{u}\|=|\alpha|\,|\boldsymbol{u}|$,$\alpha\in\mathbb{R}$(齐次性);

③ $\|\boldsymbol{u}+\boldsymbol{v}\|\leqslant\|\boldsymbol{u}\|+\|\boldsymbol{v}\|,\quad \forall \boldsymbol{u},\boldsymbol{v}\in\boldsymbol{V}$(三角不等式)。

以上 3 个条件又称为范数三公理。

有了范数的定义,就可以给出空间中两点的度量,称为由范数诱导的距离:

$$d(\boldsymbol{u},\boldsymbol{v})=\|\boldsymbol{u}-\boldsymbol{v}\|,\quad \forall \boldsymbol{u},\boldsymbol{v}\in\boldsymbol{V} \tag{1-2-1}$$

显然范数$\|\cdot\|$是空间 $\boldsymbol{V}$ 上的一个特殊泛函:$\|\cdot\|$: $\boldsymbol{V}\times\boldsymbol{V}\to\mathbb{R}$ 。

例 1.2.1 在 n 维笛卡儿空间 $\boldsymbol{V}$ 中,$\forall \boldsymbol{x}\in\boldsymbol{V}$,定义范数为:

$$\|\boldsymbol{x}\|=\sqrt{\sum_{i=1}^{n}x_i^2} \tag{1-2-2}$$

这就是我们所熟知的欧几里得距离。

可以验证,式(1-2-2)满足公理三条件。

在范数三公理中,需要验证三角不等式成立,可能需要如下一些不等式。

(1) 赫尔德(Hölder)不等式

① 有限和形式:

$$\sum_{i=1}^{n}|x_iy_i|\leqslant\left(\sum_{i=1}^{n}|x_i|^p\right)^{\frac{1}{p}}\left(\sum_{i=1}^{n}|y_i|^q\right)^{\frac{1}{q}} \tag{1-2-3}$$

② 无限和形式:

对于$\sum\limits_{i=1}^{\infty}|x_i|^p\leqslant\infty,\quad \sum\limits_{i=1}^{\infty}|y_i|^q\leqslant\infty$ 有

$$\sum_{i=1}^{\infty}|x_iy_i|\leqslant\left(\sum_{i=1}^{\infty}|x_i|^p\right)^{\frac{1}{p}}\left(\sum_{i=1}^{\infty}|y_i|^q\right)^{\frac{1}{q}} \tag{1-2-4}$$

③ 积分形式:

对于$\int_{\Omega}|x|^p\mathrm{d}t<\infty,\quad \int_{\Omega}|y|^q\mathrm{d}t<\infty$,则

$$\int_{\Omega}|xy|\,\mathrm{d}t\leqslant\left(\int_{\Omega}|x|^p\mathrm{d}t\right)^{\frac{1}{p}}\left(\int_{\Omega}|y|^q\mathrm{d}t\right)^{\frac{1}{q}} \tag{1-2-5}$$

(2) 闵可夫斯基(Minkowski)不等式

① 有限和形式:

$$\left(\sum_{i=1}^{n}|x_i\pm y_i|^p\right)^{\frac{1}{p}}\leqslant\left(\sum_{i=1}^{n}|x_i|^p\right)^{\frac{1}{p}}+\left(\sum_{i=1}^{n}|y_i|^p\right)^{\frac{1}{p}} \tag{1-2-6}$$

② 无限和形式:

对于$\sum\limits_{i=1}^{\infty}|x_i|^p\leqslant\infty,\quad \sum\limits_{i=1}^{\infty}|y_i|^q\leqslant\infty$ 有

$$\left(\sum_{i=1}^{\infty}|x_i\pm y_i|^p\right)^{\frac{1}{p}}\leqslant\left(\sum_{i=1}^{\infty}|x_i|^p\right)^{\frac{1}{p}}+\left(\sum_{i=1}^{\infty}|y_i|^p\right)^{\frac{1}{p}} \tag{1-2-7}$$

③ 积分形式:

对于$\int_{\Omega}|x|^p\mathrm{d}t<\infty,\quad \int_{\Omega}|y|^q\mathrm{d}t<\infty$,则

$$\left(\int_{\Omega}|x \pm y|^{p} \mathrm{d}t\right)^{\frac{1}{p}} \leqslant \left(\int_{\Omega}|x|^{p} \mathrm{d}t\right)^{\frac{1}{p}}\left(\int_{\Omega}|y|^{p} \mathrm{d}t\right)^{\frac{1}{p}} \tag{1-2-8}$$

例 1.2.2 令 $\mathbf{V}=\mathrm{C}[0,t_0]$是在闭区间$[0,t_0]$上连续实值函数的全体,定义范数如下:

$$\|x\|_{\infty}=\max_{0\leqslant t\leqslant t_0}|x(t)| \tag{1-2-9}$$

其称为上范数或者∞范数。

范数条件①与②很容易验证。为了证明三角不等式,考虑

$$\begin{aligned}\|x-y\|_{\infty} &= \max_{0\leqslant t\leqslant t_0}|x(t)-z(t)+z(t)-y(t)| \\ &\leqslant \max_{0\leqslant t\leqslant t_0}\{|x(t)-z(t)|+|z(t)-y(t)|\} \\ &\leqslant \max_{0\leqslant t\leqslant t_0}|x(t)-z(t)|+\sup_{0\leqslant t\leqslant t_0}|z(t)-y(t)| \\ &= \|x-z\|_{\infty}+\|z-y\|_{\infty}\end{aligned}$$

因此$\|\cdot\|_{\infty}$是 $\mathrm{C}[0,t_0]$上的范数。两个元素之间的距离定义为:

$$d_{\infty}(x,y)=\max_{0\leqslant t\leqslant t_0}|x(t)-y(t)| \tag{1-2-10}$$

在 $\mathbf{V}=\mathrm{C}[0,t_0]$上还可以定义另外两个范数。

L_1 范数:

$$\|x\|_{\mathrm{L}_1}=\int_0^{t_0}|x(t)|\mathrm{d}t \tag{1-2-11}$$

L_2 范数:

$$\|x\|_{\mathrm{L}_2}=\left[\int_0^{t_0}|x(t)|^2\mathrm{d}t\right]^{\frac{1}{2}} \tag{1-2-12}$$

利用闵可夫斯基不等式,可以很容易验证三角不等式。

定义 1.2.2($\mathbf{L}_p$ 空间) $\mathrm{L}_p[0,T]$,$1\leqslant p<\infty$,是由所有在$[0,T]$上符合勒贝格(Lebesgue)测度的可测标量函数组成的集合,且满足

$$\|\boldsymbol{u}\|_p=\left[\int_0^T|u(t)|^p\mathrm{d}t\right]^{\frac{1}{p}}<\infty \tag{1-2-13}$$

利用闵可夫斯基不等式可以验证$\|\boldsymbol{u}\|_p$ 是 L_p 空间的一个范数。

我们可以将范数推广到矢值函数情形。令 $\boldsymbol{Y}$ 为由所有如下形式的矢值组成的集合:

$$\boldsymbol{Y}=\begin{pmatrix} y_1(t) \\ y_2(t) \\ \vdots \\ y_n(t)\end{pmatrix} \tag{1-2-14}$$

其中 $y_i(t)\in \mathrm{C}[a,b]$, $i=1,\cdots,n$。我们也可以定义 $y(t)$的几种范数,如下所示。

① 无穷大范数:

$$\|y(t)\|_{\infty}=\max_{a\leqslant t\leqslant b}\{|y_i(t)|,i=1,\cdots,n\} \tag{1-2-15}$$

② 1-范数:

$$\|y(t)\|_1=\max_{a\leqslant t\leqslant b}\left\{\sum_{i=1}^n|y_i(t)|\right\} \tag{1-2-16}$$

③ 欧几里得范数:

$$\|y(t)\|=\max_{a\leqslant t\leqslant b}\sqrt{\sum_{i=1}^n|y_i(t)|^2} \tag{1-2-17}$$

④ L_1 与 L_2 范数：

$$\|y(t)\|_{L_1} = \int_a^b \sum_{i=1}^n |y_i(t)| \mathrm{d}t \tag{1-2-18a}$$

$$\|y(t)\|_{L_2} = \sqrt{\int_a^b \sum_{i=1}^n |y_i(t)|^2 \mathrm{d}t} \tag{1-2-18b}$$

注 1.2.1 如果函数取不到极大值，那么范数定义可以用上确界来代替。例如，函数

$$f(x)=\begin{cases} x, & |x|<1 \\ 0, & |x|\geqslant 1 \end{cases}$$

没有极值。因为对 $\forall x_1=1-\varepsilon,\varepsilon>0$，总可以选择一个 x_2，使得 $f(x_2)>f(x_1)$，如取

$$x_2=1-\frac{\varepsilon}{2}$$

对于函数 $f(x)$ 来说，$\sup\limits_x f(x)=1$。

注 1.2.2 函数 $F(x)$ 的上确界定义如下：

$$\sup_x F(x)=\min\{M, F(x)\leqslant M, \forall x\}$$

类似地，函数 $F(x)$ 的下确界定义如下：

$$\inf_x F(x)=\max\{M, F(x)\geqslant M, \forall x\}$$

1.2.2 赋范线性空间

定义 1.2.3(赋范线性空间) 一个定义了范数的线性空间称为赋范线性空间。

下面给出算子的连续性定义。前面已经讲过，泛函 $\boldsymbol{T}$ 是一种算子，它将某空间的元素映射到实数域。

定义 1.2.4(连续算子) 算子 $\boldsymbol{T}$ 是一个从赋范空间 $\boldsymbol{U}$ 到赋范空间 $\boldsymbol{V}$ 的一个映射，我们称 $\boldsymbol{T}$ 是连续的，如果存在一个整数 M，使得

$$\|\boldsymbol{T}\boldsymbol{u}_1-\boldsymbol{T}\boldsymbol{u}_2\|_V\leqslant M\|\boldsymbol{u}_1-\boldsymbol{u}_2\|_U, \forall \boldsymbol{u}_1,\boldsymbol{u}_2\in \boldsymbol{U} \tag{1-2-19}$$

这里 $\|\cdot\|_U$，$\|\cdot\|_V$ 分别为 $\boldsymbol{U}$ 与 $\boldsymbol{V}$ 的范数。

定义 1.2.5 算子 $\boldsymbol{T}$ 是有界的，如果存在一个整数 M，使得

$$\|\boldsymbol{T}\boldsymbol{u}\|_V\leqslant M\|\boldsymbol{u}\|_U, \quad \forall \boldsymbol{u}\in \boldsymbol{U} \tag{1-2-20}$$

一般地，算子的范数定义如下：

$$\|\boldsymbol{T}\|=\inf\{M: \|\boldsymbol{T}\boldsymbol{u}\|_V\leqslant M\|\boldsymbol{u}\|_U\} \tag{1-2-21}$$

或者

$$\|\boldsymbol{T}\|=\sup\{\|\boldsymbol{T}\boldsymbol{u}\|_V: \|\boldsymbol{u}\|_U=1\} \tag{1-2-22}$$

或者

$$\|\boldsymbol{T}\|=\sup\{\frac{\|\boldsymbol{T}\boldsymbol{u}\|_V}{\|\boldsymbol{u}\|_U}: \|\boldsymbol{u}\|_U\neq 0\} \tag{1-2-23}$$

定理 1.2.1 令 $\boldsymbol{V}$ 是一个有限维的线性赋范空间，令 $\{\phi_k\}_{k=1}^n$ 是 $\boldsymbol{V}$ 的一组基，那么对 $\boldsymbol{u}\in V$ 的级数表达式中，每个系数都是有界的。

即对于

$$\boldsymbol{u} = \sum_{i=1}^n \alpha_i\phi_i \tag{1-2-24}$$

存在一个 $M>0$，使得

$$|\alpha_i| \leqslant M\|\boldsymbol{u}\|, i=1,\cdots,n \tag{1-2-25}$$

定理 1.2.2 令 $\boldsymbol{T}:\boldsymbol{U}\to\boldsymbol{V}$ 是一个线性变换,其中 $\boldsymbol{U}$ 与 $\boldsymbol{V}$ 是赋范的线性空间。如果 $\boldsymbol{U}$ 是有限维的,则 $\boldsymbol{T}$ 是连续的。

证明: 对于有限维来说,线性变换的连续性与有界性是等价的。因此只需证明 $\boldsymbol{T}$ 是有界的即可。由

$$\boldsymbol{u} = \sum_{i=1}^{n} \alpha_i \phi_i$$

所以

$$\boldsymbol{Tu} = \sum_{i=1}^{n} \alpha_i (T\phi_i)$$

$$\|\boldsymbol{Tu}\| \leqslant \sum_{i=1}^{n} |\alpha_i| \|\boldsymbol{T}\phi_i\| \leqslant C_0 (\sum_{i=1}^{n} |\alpha_i|)$$

其中 $C_0 = \max\limits_{i=1,\cdots,n} \{\boldsymbol{T}\phi_i\}$,再利用定理 1.2.1,得证。

对于欧几里得空间$\mathbb{R}^n$来说,线性变换(矩阵)$\boldsymbol{T}$ 的范数一般由矢量范数诱导得出:

① $\|\boldsymbol{x}\|_\infty = \max\limits_{1\leqslant i\leqslant n} |x_i|$, $\|\boldsymbol{T}\|_\infty = \max\limits_{1\leqslant i\leqslant n} \sum_{j=1}^{n} |t_{ij}|$;

② $\|\boldsymbol{x}\| = \sum_{i=1}^{n} |x_i|$, $\|\boldsymbol{T}\| = \max\limits_{1\leqslant j\leqslant n} \sum_{i=1}^{n} |t_{ij}|$;

③ $\|\boldsymbol{x}\| = \sqrt{\sum_{i=1}^{n} x_i^2}$, $\|\boldsymbol{T}\| = \sqrt{\lambda_{\max}(\boldsymbol{T}\boldsymbol{T}^{\mathrm{T}})}$。

其中 $\lambda_{\max}(\cdot)$表示矩阵的最大特征根,矩阵范数的公式可由矢量范数导出。

定义 1.2.6(完备性) 在一个赋范空间中,如果每个收敛的序列的极限也在这个赋范空间中,则称这个赋范空间是完备的,如果存在收敛序列的极限不在赋范空间内,则称赋范空间不完备。

定义 1.2.7(收敛) 设$\{u_n\}$是赋范空间$(\boldsymbol{V}, \|\cdot\|)$中的一个序列,称它收敛于 $\boldsymbol{u}_0$,如果对于每个 $\varepsilon>0$,存在一个正整数 N,独立于 u,使得

$$\|\boldsymbol{u}_n - \boldsymbol{u}_0\| < \varepsilon, \quad \forall n > N$$

极限值将依赖所定义的范数。

例 1.2.3 考虑 $C[0,1]$上的序列 $u_n(x) = x^n$,则该序列收敛于 u_0,

$$u_0(x) = \begin{cases} 0, & 0<x<1 \\ 1, & x=1 \end{cases}$$

显然 u_0 不连续。由于

$$\sup_{0\leqslant x\leqslant 1} |u_n(x) - u_0(x)| = 1$$

该序列不一致收敛。

例 1.2.4 考虑序列 $u_n(x) = n^2 x \mathrm{e}^{-nx} \in C[0,1]$,当 $0\leqslant x\leqslant 1$,在无穷大范数意义下,易证该序列收敛于 0,即

$$\sup_{0\leqslant x\leqslant 1} |u_n(x) - 0| \to 0$$

然而,如果采用 L_1 范数,则

$$\lim_{n\to\infty} \int_0^1 n^2 x \mathrm{e}^{-nx} \mathrm{d}x = 1$$

即在 L_1 范数下，极限是1。这说明极限值依赖范数的选取。

例 1.2.5 考虑如下序列：

$$u_n(x)=\begin{cases}1-nx, & 0\leqslant x\leqslant \dfrac{1}{n}\\ 0, & \dfrac{1}{n}<x\leqslant 1\end{cases}$$

采用 L_2 范数，判断其收敛性并求极限。

解： 事实上

$$\int_0^1 |u_n(x)|^2 \mathrm{d}x)^{\frac{1}{2}}=\left(\int_0^{\frac{1}{n}}(1-nx)^2\mathrm{d}x\right)^{\frac{1}{2}}=\sqrt{\frac{1}{3n}}$$

所以当 $n\to\infty$ 时，在 L_2 范数下，$u_n(x)$ 一致收敛于0。

定义 1.2.8(柯西列) 设 $\{\boldsymbol{u}_n\}$ 是赋范空间 $(\boldsymbol{V},\|\cdot\|)$ 中的一个序列，称它是一个柯西列，如果对于 $\varepsilon>0$，存在一个正整数 N，使得

$$\|\boldsymbol{u}_n-\boldsymbol{u}_m\|<\varepsilon,\quad \forall n,m>N。$$

推论 1.2.1 一个赋范空间的任意一个收敛序列都是柯西列。

并不是每个柯西列都收敛，但是如果赋范空间的任意柯西列都收敛于该空间内的一个元素。则称这个赋范空间是完备的。

定义 1.2.9 一个完备的赋范空间称为巴拿赫(Banach)空间。

如果 $\boldsymbol{V}$ 是一个不完备的赋范空间，我们可以通过添加所有柯西列的极限点到 $\boldsymbol{V}$，生成一个新的空间 $\overline{\boldsymbol{V}}$，$\boldsymbol{V}\subset\overline{\boldsymbol{V}}_0$。$\overline{\boldsymbol{V}}$ 称为 $\boldsymbol{V}$ 的完备化。例如，实数集合 $\mathbb{R}$ 以绝对值为范数时是一个完备赋范空间，但是有理数集合 $\mathbb{Q}$ 以绝对值为范数时就不是一个完备赋范空间。

例 1.2.6 令 $\boldsymbol{V}=C[0,1]$ 是在闭区间 $[0,t_0]$ 上所有连续实函数的集合，范数为 $\|x\|_\infty=\sup\limits_{0\leqslant t\leqslant t_0}|x(t)|$。我们将看到 $\{C[0,1],\|\cdot\|_\infty\}$ 是完备的。因此这是一个 Banach 空间。

实际上，令 $\{x_n(t)\}$ 是 $\{C[0,1],\|\cdot\|_\infty\}$ 中的任意一个柯西列，任意给定一个 ε，存在 $N(\varepsilon)$ 使得

$$|x_n(t)-x_m(t)|\leqslant\|x_n-x_m\|\leqslant\varepsilon,\quad m,n>N,\quad \forall t$$

因为 t 任意，序列 $\{x_n(t)\}$ 逐点收敛于一个函数 $x(t)$。因为 $N(\varepsilon)$ 不依赖 t，这说明 $\{x_n(t)\}$ 一致收敛于 $x(t)$。因为 $x(t)$ 是一致收敛连续函数序列的极限，所以 $x(t)$ 在 $[0,1]$ 上也连续。因此，$x(t)\in C[0,1]$，且 $\lim\limits_{n\to\infty}\{x_n-x\}\to 0$。

例 1.2.7 考虑空间 $C[-1,1]$，现在考虑另一个范数：L_2 范数。

$$\|x-y\|_{L_2}=\sqrt{\int_0^{t_0}|x(t)-y(t)|^2}$$

可以看出 $\{C[-1,1],\|\cdot\|_0\}$ 是一个赋范空间，但是不完备。

我们通过一个反例来说明。考虑 $C[-1,1]$ 中的一个连续函数序列：

$$x_k(t)=\frac{1}{2}+\frac{1}{\pi}\arctan kt,\quad -1\leqslant t\leqslant 1$$

这个序列是一个柯西序列，且 $\lim\limits_{m,n\to\infty}\int_{-1}^{1}[x_m(t)-x_n(t)]^2=0$。但是这个序列的极限却是一个不连续函数：

$$x(t)=\begin{cases}1, & 0<t<1\\ \dfrac{1}{2}, & t=0\\ 0, & 1\leqslant t<0\end{cases}$$

例 1.2.8 令 $\boldsymbol{V}=\mathrm{C}[0,1]$，具有 L_2 范数，$\mathrm{C}[0,1]$的完备化就是 $\mathrm{L}_2[0,1]$，即在勒贝格积分意义下所有定义在[0,1]区间上的平方可积函数集合，满足

$$\int_0^1 |x(t)|^2<\infty$$

显然集合 $\boldsymbol{V}=\mathrm{C}[0,1]$在 L_2 范数下不能充满 $\mathrm{L}_2[0,1]$，但是可以在 $\boldsymbol{V}$ 中添加所有柯西列的极限生成 $\mathrm{L}_2[0,1]$。事实上，$\mathrm{L}_2[0,1]$中包含很多不连续的函数，但是平方可积的。比如，$u(x)=x^{-\frac{1}{3}}$属于 $\mathrm{L}_2[0,1]$，但是 $u(x)=x^{-\frac{2}{3}}$不属于 $\mathrm{L}_2[0,1]$。

例 1.2.9 定义在[0,1]上的狄利克雷函数

$$u(x)=\begin{cases}1, & x\text{ 为有理数}\\ 0, & x\text{ 为无理数}\end{cases}$$

在黎曼积分意义下不可积，但是勒贝格可积，而且积分值是 0。按照范数的定义，如果$\|u\|=0$需要 $u=0$。为了克服上面遇到的问题，使得在 $L_2[0,1]$中，L_2 范数有意义。我们引入几乎处处的(almost everywhere)概念，即如果

$$\int_0^1 |u(x)-v(x)|^2\mathrm{d}x=0$$

则 $u(x)=v(x)$几乎处处成立。

定义 1.2.10(闭包) 如果一个集合包括它所有极限点，则这个集合是闭集。令 $\boldsymbol{S}$ 是一个赋范空间的子集，它所有极限点的并称为 $\boldsymbol{S}$ 的闭包，记为 $\overline{\boldsymbol{S}}$，显然 $\overline{\boldsymbol{S}}\supset\boldsymbol{S}$。如果 $\boldsymbol{S}$ 是闭集，则 $\overline{\boldsymbol{S}}=\boldsymbol{S}$。

当极限点增加到一个开集构成闭包后，这些新的点将全部靠近 $\boldsymbol{S}$ 里的点。给定 $\overline{\boldsymbol{S}}$ 里的任意一个矢量 $v\in\overline{\boldsymbol{S}}$，在 $\boldsymbol{S}$ 中存在一个矢量可以任意程度逼近 v，则称 $\boldsymbol{S}$ 在 $\overline{\boldsymbol{S}}$ 里是稠密的。其严格定义如下：

定义 1.2.11(稠密性) 令$\boldsymbol{S}_1$ 和$\boldsymbol{S}_2$ 是赋范空间 $\boldsymbol{V}$ 的两个子空间，$\boldsymbol{S}_1\subset\boldsymbol{S}_2$，称 $\boldsymbol{S}_1$ 在 $\boldsymbol{S}_2$ 中是稠密的，如果对$\forall\, v\in\boldsymbol{S}_2$，及 $\varepsilon>0$，存在 $u\in\boldsymbol{S}_1$，使得$\|\boldsymbol{v}-\boldsymbol{u}\|_V<\varepsilon$。

例如，有理数域在实数域上是稠密的，所有多项式集合在 $\mathrm{L}_2[a,b]$中是稠密的。

定义 1.2.12(可分性) 一个赋范空间 $\boldsymbol{V}$ 是可分的，如果在 $\boldsymbol{V}$ 中存在一个可数集且在 $\boldsymbol{V}$ 中是稠密的。

例如，在通常的长度意义下，实数是可分的，因为有理数在里面是稠密的。一个赋范空间中可能包括不止一个可数与稠密的子集，空间$\mathbb{R}^n$是可分的。$\mathrm{L}_2[a,b]$也是可分的，因为具有有理系数的多项式在 $\mathrm{L}_2[a,b]$中是稠密的。

定义 1.2.13 对于两个赋范线性空间$(\boldsymbol{V}_1,\|\cdot\|_1)$，$(\boldsymbol{V}_2,\|\cdot\|_2)$，如果存在一个连续的 1-1 映射 $\boldsymbol{T}$，且$\boldsymbol{T}^{-1}$也是连续的，则称$\boldsymbol{V}_1$ 与$\boldsymbol{V}_2$ 是拓扑同胚。如果存在一个从$\boldsymbol{V}_1$ 到$\boldsymbol{V}_2$ 的 1-1 映射 $\boldsymbol{T}$，使得 $\boldsymbol{T}(a\boldsymbol{u}_1+b\boldsymbol{u}_2)=a\boldsymbol{T}\boldsymbol{u}_1+b\boldsymbol{T}\boldsymbol{u}_2$，则称 $\boldsymbol{T}$ 为线性同构映射。如果存在一个从$\boldsymbol{V}_1$ 到$\boldsymbol{V}_2$ 的 1-1 映射 $\boldsymbol{T}$，使得$\|\boldsymbol{u}_1-\boldsymbol{u}_2\|=\|\boldsymbol{T}\boldsymbol{u}_1-\boldsymbol{T}\boldsymbol{u}_2\|$，则两个赋范线性空间是等距同构的。

定理 1.2.3 对于两个赋范线性空间$(\boldsymbol{V}_1,\|\cdot\|_1)$，$(\boldsymbol{V}_2,\|\cdot\|_2)$，若存在线性同构映射 $\boldsymbol{T}$：$\boldsymbol{V}_1\to\boldsymbol{V}_2$，且存在 $0<c_1<c_2$，对于$\forall\,\boldsymbol{u}\in\boldsymbol{V}_1$，成立

$$c_1\|\boldsymbol{T}\boldsymbol{u}\|_2\leqslant\|\boldsymbol{u}\|_1\leqslant c_2\|\boldsymbol{T}\boldsymbol{u}\|_2$$

则$\boldsymbol{V}_1$与$\boldsymbol{V}_2$拓扑同胚。

定义 1.2.14 一个有限维赋范线性空间又称为闵克夫斯基空间。

这里不加证明地给出如下结论,详细证明可参考文献[74]。

定理 1.2.4 任意实 n 维赋范线性空间$(\boldsymbol{V}_1, \|\cdot\|_1)$与欧氏空间$(\mathbb{R}^n, \|\cdot\|_2)$是代数同构且拓扑同胚的。

推论 1.2.2 任意 n 维赋范线性空间都是等价的(线性同构拓扑同胚)。

推论 1.2.3 n 维赋范线性空间上的任意范数都是等价的。

推论 1.2.4 任意 n 维赋范线性空间是完备的。

推论 1.2.5 一个赋范线性空间中任何有限维子空间都是闭子空间。

注 1.2.2 在后面的章节中,所讨论的最优控制系统一般都是实有限维的,若 $\boldsymbol{x}(t)\in\boldsymbol{V}_1$,$\boldsymbol{V}_1$ 是 n 维赋范线性空间,则在同构的意义下,书中经常描述为 $\boldsymbol{x}\in\mathbb{R}^n$,因为对欧氏空间毕竟更熟悉。

1.3 内积与希尔伯特空间

下面定义内积空间,该空间具有与欧几里得空间相同的特性,可以描述矢量的夹角、正交性等。

定义 1.3.1 一个线性空间 $\boldsymbol{V}$ 的内积是一个双线性泛函,它将 $\boldsymbol{V}\times\boldsymbol{V}\to\mathbb{R}$,记为$\langle\boldsymbol{u},\boldsymbol{v}\rangle$,满足如下公理:对于 $\forall\,\boldsymbol{u}_1,\boldsymbol{u}_2,\boldsymbol{v}\in\boldsymbol{V},\alpha\in\mathbb{R}$,

① $\langle\boldsymbol{u},\boldsymbol{v}\rangle=\langle\boldsymbol{v},\boldsymbol{u}\rangle$(对称性);

② $\langle\alpha\boldsymbol{u},\boldsymbol{v}\rangle=\alpha\langle\boldsymbol{u},\boldsymbol{v}\rangle$(齐次性);

③ $\langle\boldsymbol{u}_1+\boldsymbol{u}_2,\boldsymbol{v}\rangle=\langle\boldsymbol{u}_1,\boldsymbol{v}\rangle+\langle\boldsymbol{u}_2,\boldsymbol{v}\rangle$(分配律);

④ $\langle\boldsymbol{u},\boldsymbol{u}\rangle\geqslant 0$ 且若$\langle\boldsymbol{u},\boldsymbol{u}\rangle=0$,当且仅当 $\boldsymbol{u}=\boldsymbol{0}$。

由内积,我们可以定义自然范数

$$\|\boldsymbol{u}\|=\sqrt{\langle\boldsymbol{u},\boldsymbol{u}\rangle} \tag{1-3-1}$$

在赫尔德(Hölder)不等式中,令 $p=q=2$,可以得出柯西-施瓦兹(Cauchy-Schwarz)不等式,

$$|\langle\boldsymbol{u},\boldsymbol{v}\rangle|\leqslant\sqrt{\langle\boldsymbol{u},\boldsymbol{u}\rangle\langle\boldsymbol{v},\boldsymbol{v}\rangle}=\|\boldsymbol{u}\|\,\|\boldsymbol{v}\| \tag{1-3-2}$$

等式只有在 $\boldsymbol{u},\boldsymbol{v}$ 是线性相关的时候成立。

定义 1.3.2 一个可以在上面定义内积的线性空间称为内积空间。

引理 1.3.1(内积的连续性) 如果 $\boldsymbol{u}_n\to\boldsymbol{u}$,那么$\langle\boldsymbol{u}_n,\boldsymbol{v}\rangle\to\langle\boldsymbol{u},\boldsymbol{v}\rangle$, $\forall\,\boldsymbol{v}$。

定义 1.3.3 一个内积空间 $\boldsymbol{V}$ 的两个矢量 $\boldsymbol{u},\boldsymbol{v}\in\boldsymbol{V}$ 是正交的,如果

$$\langle\boldsymbol{u},\boldsymbol{v}\rangle=0$$

一组非零矢量集合$\{\boldsymbol{u}_1,\boldsymbol{u}_2,\cdots,\}$是正交集,如果集合内任意两个互不相同的矢量都正交。

易证,如果 $\boldsymbol{u},\boldsymbol{v}\in\boldsymbol{V}$ 是正交的,则

$$\|(\boldsymbol{u}+\boldsymbol{v})\|^2=\|\boldsymbol{u}\|^2+\|\boldsymbol{v}\|^2 \tag{1-3-3}$$

引理 1.3.2 令 $\boldsymbol{V}$ 是一个内积空间,如果$\langle\boldsymbol{u},\boldsymbol{v}\rangle=0$, $\forall\,\boldsymbol{v}\in\boldsymbol{V}$,那么 $\boldsymbol{u}=\boldsymbol{0}$。

引理 1.3.2 也称为变分基本定理。

定义 1.3.4 非零矢量集合$\{u_1,u_2,\cdots,\}$是规范正交集,如果

$$\langle \boldsymbol{u}_i, \boldsymbol{u}_j \rangle = \delta_{ij} \tag{1-3-4}$$

定理 1.3.1 任意一组非零规范正交基都线性无关。

定义 1.3.5(正交补) 令 $\boldsymbol{V}$ 是一个内积空间，$\boldsymbol{M}$ 是 $\boldsymbol{V}$ 的一个子空间，$\boldsymbol{M}$ 的正交补也是一个子空间，记为 $\boldsymbol{M}^{\perp}$，定义如下：

$$\boldsymbol{M}^{\perp} = \{\boldsymbol{u} \in \boldsymbol{V} : \langle \boldsymbol{u}, \boldsymbol{v} \rangle = 0, \forall \boldsymbol{v} \in \boldsymbol{M}\}$$

如果 $\boldsymbol{M} = \varnothing$，其中 $\varnothing$ 表示空集，则 $\boldsymbol{M}^{\perp} = \boldsymbol{V}$。

定义 1.3.6(正交投影) 一个映射 P 是在一个内积空间 V 上的投影，如果 P 的值域与 P 的核空间相互正交。

定义 1.3.7 一个完备的内积空间，称为希尔伯特(Hilbert)空间。

希尔伯特空间更像一个欧几里得空间，一个可分的希尔伯特空间具有可数个规范正交基。

令 $\boldsymbol{H}$ 是一个希尔伯特空间，令 $\boldsymbol{S}$ 是 $\boldsymbol{H}$ 的一个子集。令 $\boldsymbol{L}(\boldsymbol{S})$ 表示由 $\boldsymbol{S}$ 中元素的线性组合生成的子空间，一般来说它不一定是闭集。如果 $\boldsymbol{L}(\boldsymbol{S})$ 仅仅包含有限个线性无关矢量，那么 $\boldsymbol{L}(\boldsymbol{S})$ 是有限维子空间，因此是闭集。如果 $\boldsymbol{L}(\boldsymbol{S})$ 是无限维的，则 $\boldsymbol{L}(\boldsymbol{S})$ 与它的闭包 $\overline{\boldsymbol{L}}(\boldsymbol{S})$ 不一样。例如，集合 $\{1, x, x^2, \cdots\}$ 生成了多项式空间 $\boldsymbol{P}(x)$，但是 $\boldsymbol{P}(x)$ 的闭包是 $\boldsymbol{L}_2[a,b]$。

定义 1.3.8 一个希尔伯特空间 $\boldsymbol{H}$ 是可分的，如果存在一组可数的元素 $\{\phi_n\}$，$\phi_n \in \boldsymbol{H}$，使得 $\{\phi_n\}$ 的任意有限线性组合在 $\boldsymbol{H}$ 中是稠密的。

从另一个角度来说，如果给定了 $\boldsymbol{H}$ 中的一个元素 u，以及 $\varepsilon > 0$，存在一个正整数 N，即一组标量 $\alpha_1, \alpha_2, \cdots, \alpha_N$，使得 $\left\| \boldsymbol{u} - \sum_{i=1}^{N} \alpha_i \phi_i \right\| \leqslant \varepsilon$。集合 $\{\phi_n\}$ 称为由 $\{\phi_n\}$ 张成。

一个可分希尔伯特空间包含一个由可数线性无关向量张成的集合，这组线性无关向量可以转化为规范正交基。所以有人把可分希尔伯特空间直接定义为具有可数规范正交基的希尔伯特空间。任何一个有限维赋范线性空间都是可分的。

定理 1.3.2 令 $\boldsymbol{H}$ 是一个希尔伯特空间，$\boldsymbol{S}$ 是 $\boldsymbol{H}$ 的一个子集。则

① $\boldsymbol{S}^{\perp} = \{0\}$ 当且仅当 $\boldsymbol{S}$ 在 $\boldsymbol{H}$ 中是稠密的；

② 如果 $\boldsymbol{S}$ 是闭集，且 $\boldsymbol{S}^{\perp} = \{0\}$，则 $\boldsymbol{S} = \boldsymbol{H}$；

③ $\boldsymbol{S}^{\perp\perp} = (\boldsymbol{S}^{\perp})^{\perp} = \overline{\boldsymbol{S}}$；

④ 如果 $\boldsymbol{S}$ 是闭集，则 $\boldsymbol{S}^{\perp\perp} = (\boldsymbol{S}^{\perp})^{\perp} = \boldsymbol{S}$。

定理 1.3.3(投影定理) 令 $\boldsymbol{S}$ 是希尔伯特空间 $\boldsymbol{H}$ 的子空间，则下列论述都是正确的：

① $\boldsymbol{H} = \boldsymbol{S} + \boldsymbol{S}^{\perp}$；

② $\forall \boldsymbol{u} \in \boldsymbol{H}$，都可以表示成 $\boldsymbol{u} = \boldsymbol{v} + \boldsymbol{w}, \boldsymbol{v} \in \boldsymbol{S}, \boldsymbol{w} \in \boldsymbol{S}^{\perp}$；

③ 存在唯一的一个正交投影 Proj，使得 $\mathrm{Proj}(\boldsymbol{H}) = \boldsymbol{S}$。

定理 1.3.4(最佳逼近定理) 令 $\boldsymbol{H}$ 是一个希尔伯特空间，$\boldsymbol{S}$ 是 $\boldsymbol{H}$ 的一个闭子空间。令 Proj 是以 $\boldsymbol{S}$ 为像集的正交投影，那么对于任何的 $\boldsymbol{u}_0 \in \boldsymbol{H}$，下列不等式满足

$$\| \boldsymbol{u}_0 - \mathrm{Proj}(\boldsymbol{u}_0) \| \leqslant \| \boldsymbol{u}_0 - \boldsymbol{u} \|$$

或等价地

$$\| \boldsymbol{u}_0 - \mathrm{Proj}(\boldsymbol{u}_0) \| = \inf\{ \| \boldsymbol{u}_0 - \boldsymbol{u} \|, \boldsymbol{u} \in \boldsymbol{S}\}$$

也就是说，对于 $\boldsymbol{u}_0 \in \boldsymbol{H}$，在 $\boldsymbol{S}$ 中对 $\boldsymbol{u}_0$ 的最佳逼近就是 $\boldsymbol{u}_0$ 在 $\boldsymbol{S}$ 上的投影。

证明： 略。

例 1.3.1 令 $\boldsymbol{H} = \mathrm{L}_2[0,\pi]$，令 $\boldsymbol{S}$ 是在闭区间 $[0,\pi]$ 上全体常数函数的集合。在 $\boldsymbol{S}$ 上采用 $\mathrm{L}_2[0,\pi]$ 上的范数，我们可以证明 $\boldsymbol{S}$ 是完备的。只要证明 $\boldsymbol{S}$ 中的每个柯西列都有极限属于 $\boldsymbol{S}$。

令 $u_1=c_1, u_2=c_2, \cdots, u_n=c_n$ 是 $\boldsymbol{S}$ 中的一个柯西列，其中 c_1 是实数。

我们有

$$\| u_m - u_n \|_{\mathrm{L2}} = \left[\int_0^{\pi} | c_m - c_n | \mathrm{d}x\right]^{\frac{1}{2}} = \sqrt{\pi}\, | c_m - c_n |$$

因此 $\{u_1, u_2, \cdots, u_n\}$ 是柯西列的充分必要条件是 $\{c_1, c_2, \cdots, c_n\}$ 是实数域上的柯西列。由布尔查诺-柯西准则，$\{c_1, c_2, \cdots, c_n\}$ 有极限 $c_0 \in \mathbb{R}$。因此 $\{u_1, u_2, \cdots, u_n\}$ 在 $\boldsymbol{S}$ 也有极限，

$$\lim_{n\to\infty} \| u_0 - u_n \|_{\mathrm{L2}} = \lim_{n\to\infty} \sqrt{\pi}\, | c_0 - c_n | = 0$$

因此极限 $u_0 = c_0$，这说明 $\boldsymbol{S}$ 中的每个柯西列都有 $\boldsymbol{S}$ 中的极限，因此 $\boldsymbol{S}$ 是完备的，它是 $\mathrm{L}_2[0,\pi]$ 的线性子空间。

1.4 广义傅里叶级数与正交化过程

1.4.1 傅里叶级数

一个内积空间 $\boldsymbol{V}$ 的正交基是一组正交向量集合 $\{\phi_1, \cdots, \phi_m, \cdots\}$，使得对于 $\boldsymbol{V}$ 中的任意元都可以写成

$$\boldsymbol{u} = \sum_{i=1}^{\infty} \alpha_i \phi_i \tag{1-4-1}$$

如果

$$\langle \phi_i, \phi_j \rangle = \delta_{ij} \tag{1-4-2}$$

则称该基为规范正交基。

希尔伯特空间 $\boldsymbol{H}$ 的一个规范正交基 $\{\phi_1, \cdots, \phi_m, \cdots\}$ 是完全的或者最大的，当且仅当 $\boldsymbol{x}=\boldsymbol{0}$ 时，$\langle \boldsymbol{x}, \phi_i \rangle = 0, i=1,2,\cdots$，也就是说，只有零元与该基正交。

令 $\{\phi_1, \cdots, \phi_m, \cdots\}$ 是希尔伯特空间的一组规范正交基，标量 $\alpha = \langle \boldsymbol{u}, \phi_i \rangle$ 称为 $\boldsymbol{u} \in \boldsymbol{H}$ 在基 $\{\phi_n\}$ 上的傅里叶系数，$\sum\limits_{i=1}^{\infty} \alpha_i \phi_i$ 称为 $\boldsymbol{u}$ 的傅里叶级数。

引理 1.4.1(贝赛尔不等式) 令 $\{\phi_1, \cdots, \phi_m, \cdots\}$ 是内积空间 $\boldsymbol{V}$ 的一个规范正交基，取该基的前 N 个元，即 $\{\phi_1, \cdots, \phi_N\}$，则有如下关系式：

$$\begin{aligned}0 \leqslant \left\| \boldsymbol{u} - \sum_{i=1}^{N} \langle \boldsymbol{u}, \phi_i \rangle \phi_i \right\|^2 &= \left\langle \boldsymbol{u} - \sum_{i=1}^{N} \langle \boldsymbol{u}, \phi_i \rangle \phi_i, \boldsymbol{u} - \sum_{i=1}^{N} \langle \boldsymbol{u}, \phi_i \rangle \phi \right\rangle \\ &= \|\boldsymbol{u}\|^2 - 2\langle \boldsymbol{u}, \phi_i \rangle \langle \boldsymbol{u}, \phi_i \rangle + \sum_{i,j=1}^{N} \langle \boldsymbol{u}, \phi_i \rangle \langle \boldsymbol{u}, \phi_i \rangle \langle \phi_i, \phi_j \rangle \\ &= \|\boldsymbol{u}\|^2 - \sum_{i=1}^{N} \left| \langle \boldsymbol{u}, \phi_i \rangle \right|^2 \end{aligned} \tag{1-4-3}$$

因此

$$\|\boldsymbol{u}\|^2 \geqslant \sum_{i=1}^{N} | \langle \boldsymbol{u}, \phi_i \rangle |^2 \tag{1-4-4}$$

因为不等式左端不依赖 N，这个所谓的贝赛尔不等式对于任意可数项的和都成立：

$$\|\boldsymbol{u}\|^2 \geqslant \sum_{i=1} \left| \langle \boldsymbol{u}, \phi_i \rangle \right|^2 \tag{1-4-5}$$

引理 1.4.2 令$\{\phi_n\}$是希尔伯特空间$\boldsymbol{H}$的一个可数规范正交基，那么下面论述成立：

① 无穷级数$\sum_{i=1}^{\infty}\alpha_i\phi_i$收敛的充分必要条件是实数级数$\sum_{i=1}^{\infty}|\alpha_i|^2$收敛，$\alpha_i$是标量。

② 如果$\sum_{i=1}^{\infty}\alpha_i\phi_i$收敛，且

$$\boldsymbol{u} = \sum_{i=1}^{\infty}\alpha_i\phi_i = \sum_{i=1}^{\infty}\beta_i\phi_i \tag{1-4-6}$$

那么$\alpha_i=\beta_i, i=1,2,\cdots$，且

$$\|\boldsymbol{u}\|^2 = \sum_{i=1}^{\infty}|\alpha_i|^2 \tag{1-4-7}$$

证明： ① 必要性，假设$\sum_{i=1}^{\infty}\alpha_i\phi_i$收敛，令$\boldsymbol{u} == \sum_{i=1}^{\infty}\alpha_i\phi_i$，则

$$\lim_{N\to\infty}\left\|\sum_{i=1}^{\infty}\alpha_i\phi_i - \sum_{i=1}^{N}\alpha_i\phi_i\right\|^2 = 0 \tag{1-4-8}$$

因为内积是连续的，

$$\langle \boldsymbol{u}, \phi_m \rangle = \alpha_m \tag{1-4-9}$$

考虑贝塞尔不等式，我们有

$$\sum_{m=1}^{\infty}|\langle \boldsymbol{u}, \phi_m \rangle|^2 = \sum_{m=1}^{\infty}|\alpha_m|^2 \leqslant \|\boldsymbol{u}\| \tag{1-4-10}$$

这说明$\sum_{m=1}^{\infty}|\alpha_m|^2$是收敛的。

② 充分性：假设$\sum_{m=1}^{\infty}|\alpha_m|^2$收敛，考虑有限项级数$S_n = \sum_{i=1}^{n}\alpha_i\phi_i$，我们有

$$\|S_n - S_m\|^2 = \left\langle \sum_{i=m+1}^{n}\alpha_i\phi_i, \sum_{i=m+1}^{n}\alpha_i\phi_i \right\rangle = \sum_{i=m+1}^{n}|\alpha_i|^2 \tag{1-4-11}$$

这说明$\{S_n\}$是柯西列，因为$\boldsymbol{H}$是完备的，$\{S_n\}$在$\boldsymbol{H}$收敛，因此级数$\sum_{i=1}^{\infty}\alpha_i\phi_i$收敛。

由于$\boldsymbol{u} = \sum_{i=1}^{\infty}\alpha_i\phi_i$，

$$\langle \boldsymbol{u}, \boldsymbol{u} \rangle = \left\langle \sum_{i=1}^{\infty}\alpha_i\phi_i, \sum_{i=1}^{\infty}\alpha_i\phi_i \right\rangle = \sum_{i=1}^{\infty}|\alpha_i|^2\langle \phi_i, \phi_i \rangle = \sum_{i=1}^{\infty}|\alpha_i|^2 \tag{1-4-12}$$

如果

$$\boldsymbol{u} = \sum_{i=1}^{\infty}\alpha_i\phi_i = \sum_{i=1}^{\infty}\beta_i\phi_i \tag{1-4-13}$$

则

$$\sum_{i=1}^{\infty}(\alpha_i - \beta)\phi_i = 0 \tag{1-4-14}$$

因而

$$\sum_{i=1}^{\infty}|(\alpha_i - \beta_i)|^2 = 0 \tag{1-4-15}$$

于是 $\alpha_i=\beta_i, i=1,2,\cdots$。

引理 1.4.3 令 $\boldsymbol{V}$ 是一个内积空间，$\boldsymbol{S}$ 是由有限个规范正交基 $\{\phi_i\}_{i=1}^n$ 张成的子空间，那么 $\boldsymbol{V}$ 在 $\boldsymbol{S}$ 上的投影为：

$$\operatorname{Proj}(\boldsymbol{u}) = \sum_{i=1}^{n}\langle \boldsymbol{u},\phi_i\rangle \phi_i \tag{1-4-16}$$

证明： 首先投影 Proj 是线性的。现在我们证明 Proj 是一个投影。

$$\begin{aligned}\operatorname{Proj}[\operatorname{Proj}(\boldsymbol{u})] &= \sum_{i=1}^{n}\langle \boldsymbol{u},\phi_i\rangle \operatorname{Proj}\phi_i = \sum_{i=1}^{n}\langle \boldsymbol{u},\phi_i\rangle \sum_{j=1}^{n}\langle \phi_i,\phi_j\rangle \phi_j \\ &= \sum_{i=1}^{n}\langle \boldsymbol{u},\phi_i\rangle \phi_i = \operatorname{Proj}(\boldsymbol{u})\end{aligned} \tag{1-4-17}$$

而且，由定义知，$\operatorname{Im}(\operatorname{Proj}) \subset \boldsymbol{S}$，也就是说，对于 $\boldsymbol{u} = \sum_{i=1}^{n}\alpha_i\phi_i \in \boldsymbol{S}$，我们有 $\operatorname{Proj}(\boldsymbol{u}) = \boldsymbol{u}$ $(\alpha_i = (\boldsymbol{u},\phi_i))$，因此 $\operatorname{Im}(\operatorname{Proj}) = \boldsymbol{S}$。

现在还需要证明 Proj 是正交的。令 $\boldsymbol{v}\in N(\operatorname{Proj})$，$N(\operatorname{Proj})$ 表示 Proj 的核空间。令 $\boldsymbol{u}\in \operatorname{Im}(\operatorname{Proj})=\boldsymbol{S}$，所以 $\operatorname{Proj}(\boldsymbol{u})=\boldsymbol{u}$，且

$$\begin{aligned}\langle \boldsymbol{v},\boldsymbol{u}\rangle &= \langle \boldsymbol{v},\operatorname{Proj}(\boldsymbol{u})\rangle = \left\langle \boldsymbol{v},\sum_{i=1}^{n}(\boldsymbol{u},\phi_i)\phi_i\right\rangle = \sum_{i=1}^{n}\langle \boldsymbol{v},\phi_i\rangle\langle \boldsymbol{u},\phi_i\rangle \\ &= \left\langle \sum_{i=1}^{n}(\boldsymbol{v},\phi_i)\phi_i,\boldsymbol{u}\right\rangle = \langle \operatorname{Proj}\boldsymbol{v},\boldsymbol{u}\rangle\end{aligned} \tag{1-4-18}$$

因为 $\boldsymbol{v}\in N(\operatorname{Proj})$，所以 $\operatorname{Proj}\boldsymbol{v}=\boldsymbol{0}$，所以 $N(\operatorname{Proj})\perp \operatorname{Im}(\operatorname{Proj})$，这证明了 Proj 是正交的。

因此引理 1.4.3 可以换个方式叙述：给定希尔伯特空间 $\boldsymbol{H}$ 中任意一个元素，以及一个规范正交基 $\{\phi_n\}$，级数 $\sum_{i=1}^{\infty}\langle \boldsymbol{u},\phi_i\rangle \phi_i$ 收敛于闭子空间 $\boldsymbol{S}$ 中的一个元素 $\boldsymbol{u}_0 = \operatorname{Proj}\boldsymbol{u}$，其中 $\boldsymbol{S}$ 由 $\{\phi_n\}$ 所张成。矢量差 $\boldsymbol{u}-\boldsymbol{u}_0$ 跟 $\boldsymbol{S}$ 正交。

上面引理的结论可以推广到无穷维空间的可数个规范正交基上。

引理 1.4.4 令 $\boldsymbol{S}$ 是一个由 $\boldsymbol{H}$ 中可数个规范正交基 $\{\phi_n\}$ 张成的闭子空间，则 $\boldsymbol{S}$ 中的每个元素都可以唯一写成

$$\boldsymbol{u} = \sum_{i=1}\langle \boldsymbol{u},\phi_i\rangle \phi_i \tag{1-4-19}$$

因为 $\boldsymbol{S}$ 是闭集，所以 $\boldsymbol{S}$ 中的每一个元素 $\boldsymbol{u}\in\boldsymbol{S}$，都可以表示成 $\boldsymbol{u} = \lim\limits_{N\to\infty}\sum_{i=1}^{M}\alpha_i\phi_i, M\geqslant N$，所以

$$\left\|\boldsymbol{u}-\sum_{i=1}^{M}\langle \boldsymbol{u},\phi_j\rangle \phi_j\right\| \leqslant \left\|\boldsymbol{u}-\sum_{i=1}^{N}\langle \boldsymbol{u},\phi_j\rangle \phi_j\right\| \tag{1-4-20}$$

当 $N\to\infty$ 时，结论得证。

下面，我们将给出关于广义傅里叶级数的重要定理。

定理 1.4.1(傅里叶级数定理) 对于希尔伯特空间的任意一个正交规范基，则下面的结论都是等价的：

① 傅里叶级数展开式，$\boldsymbol{H}$ 中的任意一个元素 $\boldsymbol{u}\in\boldsymbol{H}$，都可以表示成

$$\boldsymbol{u} = \sum_{i}\langle \boldsymbol{u},\phi_i\rangle \phi_i \tag{1-4-21}$$

② 帕赛瓦尔(Parseval)等式，对于 $\boldsymbol{H}$ 空间的任意一对矢量 $\boldsymbol{u},\boldsymbol{v}$，我们有

$$\langle \boldsymbol{u},\boldsymbol{v}\rangle = \sum_i \langle \boldsymbol{u},\phi_i\rangle\langle \boldsymbol{v},\phi_i\rangle \tag{1-4-22}$$

③ 对于任意 $\boldsymbol{u}\in \boldsymbol{H}$,我们有

$$\|\boldsymbol{u}\|^2 = \sum_i |\langle \boldsymbol{u},\phi_i\rangle|^2 \tag{1-4-23}$$

④ $\boldsymbol{H}$ 中任意包含规范正交基 $\{\phi_n\}$ 的子空间,在 $\boldsymbol{H}$ 中都是稠密的。

证明: 结论①和②是显然的,因为 $\{\phi_n\}$ 是正交规范基。结论②和③也是显然的,只要令 $u=v$。

结论④等价于说 $\boldsymbol{H}$ 在 $\boldsymbol{S}$ 的闭包 $\overline{\boldsymbol{S}}$ 上的投影,是一致的。结合引理 1.4.4 可知,结论④等价于结论①。

例 1.4.1(傅里叶三角级数) 记希尔伯特空间 $L_2[-\pi,\pi]$,则集合

$$\{\phi_n\}_{i=1}^{\infty}=\{1,\cos x,\sin x,\cos 2x,\sin 2x,\cdots,\cos nx,\sin nx,\cdots\} \tag{1-4-24}$$

是 $L_2[-\pi,\pi]$ 的一组正交基。规范化后的正交基为:

$$\{\phi_n\}_{i=1}^{\infty}=\left\{\frac{2}{\sqrt{\pi}},\frac{2}{\sqrt{\pi}}\cos x,\frac{2}{\sqrt{\pi}}\sin x,\frac{2}{\sqrt{\pi}}\cos 2x,\frac{2}{\sqrt{\pi}}\sin 2x,\cdots,\frac{2}{\sqrt{\pi}}\cos nx,\frac{2}{\sqrt{\pi}}\sin nx,\cdots\right\} \tag{1-4-25}$$

则 $\forall \boldsymbol{u}\in L_2[-\pi,\pi]$,有

$$u(x)=\frac{2a_0}{\sqrt{\pi}}+\frac{1}{\sqrt{\pi}}\sum_{i=1}^{\infty}(a_i\cos ix+b_i\sin ix) \tag{1-4-26}$$

其中

$$a_0=\left\langle \boldsymbol{u},\frac{2}{\sqrt{\pi}}\right\rangle,\ a_i=\langle \boldsymbol{u},\cos ix\rangle,\ b_i=\langle \boldsymbol{u},\sin ix\rangle,\quad i=1,2,\cdots \tag{1-4-27}$$

则 $\boldsymbol{u}\in L_2[-\pi,\pi]$ 的范数可以用傅里叶级数的系数来表示:

$$\|\boldsymbol{u}\|_{L_2}^2 = a_0^2+\sum_{i=1}^{\infty}(a_i^2+b_i^2) \tag{1-4-28}$$

1.4.2 格兰姆-施密特正交化过程

一个格兰姆-施密特(Gram-Schmidt)正交化过程可描述如下,令 $\{\psi_1,\cdots,\psi_m,\cdots\}$ 是内积空间 $\mathbf{V}$ 的一个线性无关向量组,则可以通过如下过程构造规范正交基。

第一步:令 $\varphi_1=\psi_1$,则 $\phi_1=\dfrac{\varphi_1}{\|\varphi_1\|}$。

第二步:令 $\varphi_2=\psi_2-\langle\psi_2,\phi_1\rangle\phi_1$,则 $\phi_2=\dfrac{\varphi_2}{\|\varphi_2\|}$。

第三步:令 $\varphi_3=\psi_3-\langle\psi_3,\phi_1\rangle\phi_1-\langle\psi_3,\phi_2\rangle\phi_2$,则 $\phi_3=\dfrac{\varphi_3}{\|\varphi_3\|}$。

…

第 n 步:令 $\varphi_n=\psi_n-\sum\limits_{i=1}^{n-1}\langle\psi_n,\phi_i\rangle\phi_i$,则 $\phi_n=\dfrac{\varphi_n}{\|\varphi_n\|},\cdots$。

由此得到内积空间 $\mathbf{V}$ 的一组规范正交基 $\{\phi_1,\cdots,\phi_m,\cdots\}$。

例 1.4.2 勒让德(Legendre)多项式:在区间[−1,1]上连续函数的全体 C[−1,1],按内积

$$\langle x,y\rangle=\int_{-1}^{1}x(t)y(t)\mathrm{d}t \tag{1-4-29}$$

构成一个内积空间，其完备的内积空间就是 $L_2[-1,1]$。

令 $\psi_1=1,\psi_2=t,\psi_3=t^3,\cdots$为一组线性无关组，构造规范正交基。

解：令 $\varphi_1=1$，则

$$\phi_1=\frac{\varphi_1}{\|\varphi_1\|}=\frac{1}{\sqrt{2}} \tag{1-4-30}$$

令 $\varphi_2=t-\langle t,1\rangle=t$，则

$$\phi_2=\frac{\varphi_2}{\|\varphi_2\|}=\sqrt{\frac{3}{2}}t \tag{1-4-31}$$

类似可以求出

$$\phi_3=\sqrt{\frac{5}{2}}\cdot\frac{1}{2}(3t^2-1) \tag{1-4-32}$$

依次得

$$\phi_n=\sqrt{\frac{2n+1}{2}}\cdot P_n(t) \tag{1-4-33}$$

其中

$$P_n(t)=\frac{1}{2^n n!}\frac{d^n}{dt^n}[(t^2-1)^n] \tag{1-4-34}$$

称为 n 阶勒让德多项式，而$\{\phi_1,\cdots,\phi_m,\cdots\}$为规范正交基。

$\{P_n(t)\}$的前 5 项为：

$$P_0=1,\quad P_1=t,\quad P_2=\frac{1}{2}(3t^2-1),\quad P_3=\frac{1}{2}(5t^2-3t),\quad P_4=\frac{1}{8}(35t^4-30t^2+3) \tag{1-4-35}$$

1.5 无约束最优化问题

本节开始将介绍最优化问题。首先我们考虑一个定义在实数轴上的函数最小值问题。令 $C^2(\mathbb{R})$表示定义在实数域$\mathbb{R}$上的二次可微实函数全体。

假设 $f\in C^2(\mathbb{R})$，我们称点 $u^*\in\mathbb{R}$ 是函数 f 的全局极小点，当且仅当对所有的 $x\in\mathbb{R}$，都有 $f(x^*)\leqslant f(x)$。令 $N_\varepsilon(x^*)$表示以 x^* 为中心且以 ε 为半径的 ε-邻域，也就是说，$N_\varepsilon(x^*)$是一个开区间$(x^*-\varepsilon,x^*+\varepsilon)$。称 x^* 是函数 f 的一个局部极小点，当且仅当存在 $\varepsilon>0$ 使得对所有 $x\in N_\varepsilon(x^*)$都有 $f(x^*)\leqslant f(x)$。

下面的定理给出了一个关于 x^* 是最优解的必要条件。

定理 1.5.1 若 $x^*\in\mathbb{R}$ 是函数 $f\in C^2(\mathbb{R})$的局部极小解，则

$$\left.\frac{df(x)}{dx}\right|_{x=x^*}=0 \tag{1-5-1}$$

证明：假设 $x^*\in U$ 是 f 的局部极小值，则存在一个关于 x^* 的 ε 邻域 $N_\varepsilon(x^*)$，使得对于所有 $x\in N_\varepsilon(x^*)$都有 $f(x^*)\leqslant f(x)$。由于 $f\in C^2(\mathbb{R})$，从而 f 在 x^* 附近的二阶泰勒展开式为：

$$f(x)=f(x^*)+\frac{df(x^*)}{dx}(x-x^*)+\frac{1}{2}\frac{d^2f(x^*)}{dx^2}(x-x^*)^2+O(|x-x^*|^3) \tag{1-5-2}$$

用反证法，假设 $\mathrm{d}f(x^*)/\mathrm{d}x\neq 0$，则可选择足够小的 $x-x^*$，使得

$$\left|\frac{\mathrm{d}f(x^*)}{\mathrm{d}x}(x-x^*)\right|>\left|\frac{1}{2}\frac{\mathrm{d}^2f(x^*)}{\mathrm{d}x^2}(x-x^*)^2+O(|x-x^*|^3)\right|$$

也就意味着，对于满足不等式的 x 有

$$\mathrm{sgn}[f(x)-f(x^*)]=\mathrm{sgn}\left[\frac{\mathrm{d}f(x^*)}{\mathrm{d}x}(x-x^*)\right]$$

由于我们可以选择 $x-x^*$ 为正值也可以选择其为负值，那么就意味着存在 x 使得$f(x)<f(x^*)$，这与 x^* 是局部极小解相矛盾，因而假设不成立。

如果 $x^*\in U$，使得 $\mathrm{d}f(x^*)/\mathrm{d}x=0$，称 x^* 为 $f(x)$的驻点，$\mathrm{d}f(x^*)/\mathrm{d}x=0$ 称为驻值方程或驻点条件。

例 1.5.1 驻点条件仅仅是极值问题的必要条件。考虑函数 $f(x)=x^3$。在这个例子中，当 $x=0$ 时有 $\mathrm{d}f/\mathrm{d}x=3x^2=0$，但 $x^*=0$ 只是函数 F 的一个驻点。这个点既不是极小值点也不是极大值点，如图 1.5.1 所示。

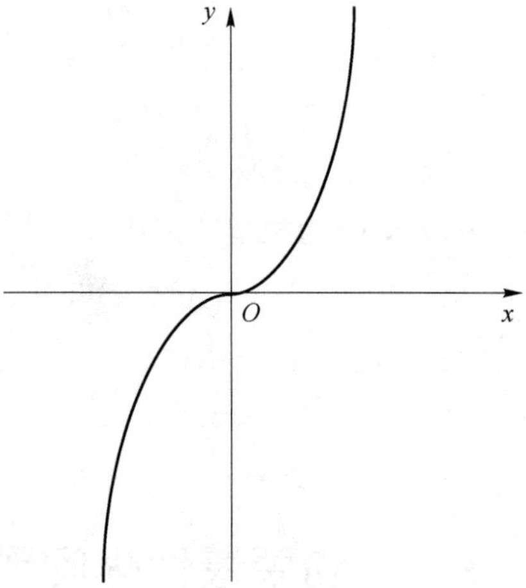

图 1.5.1 $y=x^3$ 轨迹图

以下定理给出了存在局部极小解的充分条件。

定理 1.5.2(极小值的充分条件) 设 $f\in C^2(\mathbb{R})$，并令 $x^*\in R$ 满足

$$0=\left.\frac{\mathrm{d}f(x)}{\mathrm{d}x}\right|_{x=x^*} \tag{1-5-3}$$

$$0<\left.\frac{\mathrm{d}^2f(x)}{\mathrm{d}x^2}\right|_{x=x^*} \tag{1-5-4}$$

那么，x^* 是函数 f 的局部极小值点。

证明： 再次利用 f 在 x^* 附近的二阶泰勒级数展开式：

$$f(x)-f(x^*)=\frac{\mathrm{d}f(x^*)}{\mathrm{d}x}(x-x^*)+\frac{1}{2}\frac{\mathrm{d}^2f(x^*)}{\mathrm{d}x^2}(x-x^*)^2+O(|x-x^*|^3) \tag{1-5-5}$$

假设 $\mathrm{d}f(x^*)/\mathrm{d}x=0$，那么式(1-5-5)可以整理为：

$$f(x)-f(x^*)=\frac{1}{2}\frac{\mathrm{d}^2f(x^*)}{\mathrm{d}x^2}(x-x^*)^2+O(|x-x^*|^3) \tag{1-5-6}$$

从而，只要选择充分小的$|x-x^*|$，就可以使得余项满足 $O(|x-x^*|^3)$。事实上，只要选择 ε 使得对所有 $x\in[x^*-\varepsilon,x^*+\varepsilon]$满足

$$\frac{1}{2}\left|\frac{\mathrm{d}^2f(x^*)}{\mathrm{d}x^2}(x-x^*)^2\right|>|O(|x-x^*|^3)| \tag{1-5-7}$$

则对所有 $x\in[x^*-\varepsilon,x^*+\varepsilon]$，式(1-5-6)可表示为：

$$f(x)-f(x^*)\approx\frac{1}{2}\frac{\mathrm{d}^2f(x^*)}{\mathrm{d}x^2}(x-x^*)^2\geqslant 0 \tag{1-5-8}$$

从而，x^* 是局部极小解。

这里，我们假设 $f\in C^2(\mathbb{R})$。如果 $f\in C^2[x_0,x_f]$，那么必要条件是不正确的。在 $[x_0,x_f]$ 内求函数 f 的最小值问题是一类带有约束条件的最小值问题，这将在 1.6 节讨论。

定义 1.5.1 设 $f\in C^2[x_0,x_f]$，若对所有的 $x_1,x_2\in\mathbb{R}$ 且 $\lambda\in[0,1]$，都满足

$$f(\lambda x_1+(1-\lambda)x_2)\leqslant\lambda f(x_1)+(1-\lambda)f(x_2) \tag{1-5-9}$$

则称 f 为凸函数。

定理 1.5.3 设 $f\in C^2[x_0,x_f]$ 是凸函数，那么当且仅当

$$\frac{\mathrm{d}f(x^*)}{\mathrm{d}x}=0 \tag{1-5-10}$$

x^* 是 f 的全局最小解。

证明： 由定理 1.5.1 可以很明显得出，若 x^* 是全局最小值的解，那么它同时是一个局部极小值的点，因而 $\mathrm{d}f(x^*)/\mathrm{d}x=0$。

反之，则需要利用函数 f 的凸性。特别有

$$f(x)\geqslant f(x^*)+\frac{\mathrm{d}f(x^*)}{\mathrm{d}x}(x-x^*) \tag{1-5-11}$$

如果假设 $\mathrm{d}f(x^*)/\mathrm{d}x=0$，则对任一 $u\in\mathbb{R}$ 都有

$$\frac{\mathrm{d}f(x^*)}{\mathrm{d}x}(x-x^*)=0$$

利用上述凸性条件可得对所有 $x\in\mathbb{R}$ 都满足 $f(x)\geqslant f(x^*)$。

对于定义域为高维欧几里得空间的情形，令 $\boldsymbol{x}=(x_1,x_2,\cdots,x_n)^{\mathrm{T}}\in\mathbb{R}^n$，令 $f:\mathbb{R}^n\to\mathbb{R}$ 是二次可微函数，记为 $f\in C^2(\mathbb{R}^n)$，其定义域为$\mathbb{R}^n$。在这种情况下，极值一阶必要条件为：

$$\left.\frac{\partial f}{\partial\boldsymbol{x}}\right|_{x=x^*}=\begin{pmatrix}\partial f/\partial x_1\\ \partial f/\partial x_2\\ \vdots\\ \partial f/\partial x_n\end{pmatrix}_{x=x^*}=\mathbf{0}$$

或者

$$\nabla f(x^*)=(\partial f/\partial x_1,\partial f/\partial x_2,\cdots,\partial f/\partial x_n)_{x=x^*}=\mathbf{0}$$

其中∇f 表示函数 f 的梯度，用行向量表示。

极值二阶导数条件 $\mathrm{d}^2f/\mathrm{d}x^2>0$ 将被被替换为 $\boldsymbol{H}_f>0$，其中 $\boldsymbol{H}_f$ 为函数 f 的海色(Hesse)矩阵，定义如下：

$$\boldsymbol{H}_f\triangleq\frac{\partial^2 f}{\partial\boldsymbol{x}^2}=\begin{pmatrix}\dfrac{\partial^2 f}{\partial x_1^2} & \dfrac{\partial^2 f}{\partial x_1\partial x_2} & \cdots & \dfrac{\partial^2 f}{\partial x_1\partial x_n}\\ \dfrac{\partial^2 f}{\partial x_1\partial x_2} & \dfrac{\partial^2 f}{\partial x_2^2} & \cdots & \dfrac{\partial^2 f}{\partial x_2\partial x_n}\\ \vdots & \vdots & & \vdots\\ \dfrac{\partial^2 f}{\partial x_n\partial x_1} & \dfrac{\partial^2 f}{\partial x_n\partial x_2} & \cdots & \dfrac{\partial^2 f}{\partial x_n^2}\end{pmatrix}$$

$\boldsymbol{H}_f>\mathbf{0}$ 表示矩阵是正定的，$\boldsymbol{H}_f\geqslant\mathbf{0}$ 表示矩阵是半正定的，与之对应，$\boldsymbol{H}_f<\mathbf{0}$ 表示矩阵是负定的，$\boldsymbol{H}_f\leqslant\mathbf{0}$ 表示矩阵是半负定的。

定理 1.5.4 设函数 $f:\mathbb{R}^n\to\mathbb{R}$ 在点 $\boldsymbol{x}$ 处可微，若存在一个向量 $\boldsymbol{d}$ 使得$\nabla F(\boldsymbol{x})\boldsymbol{d}<0$，那么就

存在 $\varepsilon>0$ 使得对所有的 $\lambda\in(0,\varepsilon)$ 都有 $f(\boldsymbol{x}+\lambda\boldsymbol{d})<f(\boldsymbol{x})$。

证明： 由 f 是可微的，可得

$$f(\boldsymbol{x}+\lambda\boldsymbol{d})=f(\boldsymbol{x})+\lambda\,\nabla f(\boldsymbol{x})\boldsymbol{d}+O(\lambda^2) \tag{1-5-12}$$

这正是函数 f 在 $\boldsymbol{x}$ 附近的一阶泰勒展开式。其中，$O(\lambda^2)$ 是余项，且当 $\lambda\to 0$ 时，余项将趋于零。

假设 $\nabla f(\boldsymbol{x})\boldsymbol{d}<0$，可得存在 $\varepsilon>0$ 使得对所有 $\lambda\in(0,\varepsilon)$ 满足

$$\nabla f(\boldsymbol{x})\boldsymbol{d}+O(\lambda^2)<0 \tag{1-5-13}$$

结合式(1-5-12)，则得 $f(\boldsymbol{x}+\lambda\boldsymbol{d})-f(\boldsymbol{x})<0$，从而定理得以证明。

推论 1.5.1 若 $\boldsymbol{x}^*$ 是可微函数 $f:\mathbb{R}^n\to\mathbb{R}$ 的局部极小值解，则 $\nabla f(\boldsymbol{x}^*)=\boldsymbol{0}$。

证明： 用反证法。假设 $\nabla f(\boldsymbol{x}^*)\neq\boldsymbol{0}$，$\boldsymbol{x}^*$ 还是局部极小解。则选取 $\boldsymbol{d}=-\nabla f(\boldsymbol{x}^*)$，可得

$$\nabla f(\boldsymbol{x}^*)\boldsymbol{d}=-\|\nabla f(\boldsymbol{x}^*)\|^2<0$$

由定理 1.5.4 可知，必然存在 $\varepsilon>0$ 使得对于 $\lambda\in(0,\varepsilon)$ 有 $f(\boldsymbol{x}^*+\lambda\boldsymbol{d})<f(\boldsymbol{x}^*)$，而这与假设 $\boldsymbol{x}^*$ 是局部极小值解相矛盾。

定理 1.5.5 设 $f:\mathbb{R}^n\to\mathbb{R}$ 在 $\boldsymbol{x}^*$ 处是二次可微的，若 $\nabla f(\boldsymbol{x}^*)=0$，并且海色矩阵 $\boldsymbol{H}_f(x^*)>0$，那么 $\boldsymbol{x}^*$ 是局部极小值解。

证明： 由于 f 是二阶可微的，则 f 在 $\boldsymbol{x}^*$ 处的二阶泰勒级数可表达为：

$$f(\boldsymbol{x})=f(\boldsymbol{x}^*)+\nabla f(\boldsymbol{x}^*)(\boldsymbol{x}-\boldsymbol{x}^*)+\frac{1}{2}(\boldsymbol{u}-\boldsymbol{u}^*)^{\mathrm{T}}\boldsymbol{H}_f(\boldsymbol{x}^*)(\boldsymbol{x}-\boldsymbol{x}^*)+O(\|\boldsymbol{x}-\boldsymbol{x}^*\|^3)$$

由假设 $\nabla f(\boldsymbol{x}^*)=0$，而 $O(\|\boldsymbol{x}-\boldsymbol{x}^*\|^3)$ 是关于二次型的高阶无穷小量，则上述展开式可近似为：

$$f(\boldsymbol{x})-f(\boldsymbol{x}^*)\approx\frac{1}{2}(\boldsymbol{x}-\boldsymbol{x}^*)^{\mathrm{T}}\boldsymbol{H}_f(\boldsymbol{x}^*)(\boldsymbol{x}-\boldsymbol{x}^*)$$

由于海色矩阵是正定的，所以 $f(\boldsymbol{x})-f(\boldsymbol{x}^*)\geqslant 0$。推出 $\boldsymbol{x}^*$ 是局部极小解。

1.6 等式约束下的最优化

考虑 $f\in C^2(\mathbb{R}^n)$ 的条件极值问题，假设最优解 $\boldsymbol{x}^*$ 需要满足一系列等式约束。用数学模型描述就是：

$$\min_{\boldsymbol{x}} f(x_1,\cdots,x_n) \tag{1-6-1a}$$

$$\text{s.t.}\quad \boldsymbol{G}(x_1,\cdots,x_n)=\begin{cases} g_1(x_1,\cdots,x_n)=0\\ g_2(x_1,\cdots,x_n)=0\\ \quad\vdots\\ g_m(x_1,\cdots,x_n)=0\end{cases} \tag{1-6-1b}$$

其中 $m<n$，且 $g_i:\mathbb{R}^n\to\mathbb{R}\ (i=1,\cdots,m)$ 是分段连续并且可以对 x 求偏导数。

记

$$g_{ix}=\frac{\partial g_i}{\partial\boldsymbol{x}}\triangleq\left(\frac{\partial g_i}{\partial x_1},\frac{\partial g_i}{\partial x_2},\cdots,\frac{\partial g_i}{\partial x_n}\right)^{\mathrm{T}},\quad \boldsymbol{G}_x=\frac{\partial\boldsymbol{G}}{\partial\boldsymbol{x}}\triangleq(g_{1x},g_{2x},\cdots,g_{mx})^{\mathrm{T}}\in\mathbb{R}^{m\times n}$$

由于有 $m<n$，假定 $\boldsymbol{G}_x$ 在某点处行满秩，则式(1-6-1b)满足隐函数存在定理，那么理论上可以将 $x_1,\cdots,x_m$ 按照 $x_{m+1},\cdots,x_n$ 表示出来。将 $x_1,\cdots,x_m$ 代回到 $f(x_1,\cdots,x_n)$ 中，可得到仅

由 $x_{m+1},\cdots,x_n$ 表示的函数。然后利用前面关于无约束最小化问题的结论，可以获取最小值解 $\boldsymbol{x}^*$ 的充分必要条件。

然而通过求解约束方程 $g_i(\boldsymbol{x})=0$ 以获得参数化的解是困难的。因此这里介绍采用拉格朗日(Lagrange)乘子法，即引入一组标量 $\lambda_1,\cdots,\lambda_m$，称其为拉格朗日乘子，并令 $\lambda_i g_i(\boldsymbol{x})=0(i=1,\cdots,m)$，从而可定义增广的极值函数为：

$$L(\boldsymbol{x}) = f(\boldsymbol{x}) + \sum_{i=1}^{m}\lambda_i g_i(\boldsymbol{x}) \tag{1-6-2}$$

由于 $\lambda_i g_i(\boldsymbol{x})=0$，增广的极值函数(1-6-2)与原始极值问题(1-6-1)是等价的，也就是说 $L(\boldsymbol{x})=f(\boldsymbol{x})$。因而约束问题的最小解可通过解如下方程组获得：

$$\begin{cases} \dfrac{\partial L}{\partial \boldsymbol{x}}=\boldsymbol{0} \\ \dfrac{\partial L}{\partial \boldsymbol{\lambda}}=\begin{pmatrix} g_1 \\ \vdots \\ g_m \end{pmatrix}=\boldsymbol{0} \end{cases} \tag{1-6-3}$$

例 1.6.1 考虑如下条件极值问题：

$$F(\boldsymbol{x}^*)=\min_{\boldsymbol{x}}(3x_1^2+4x_2^2)$$

约束条件为：

$$g_1(\boldsymbol{x})=2x_1-3x_2-10=0$$

该问题的增广极值函数为：

$$\begin{aligned} L(\boldsymbol{x}) &= F(\boldsymbol{x})+\lambda g_1(\boldsymbol{x}) \\ &= 3x_1^2+4x_2^2+\lambda(2x_1-3x_2-10) \end{aligned}$$

利用必要条件求解该最小化问题，即 $\boldsymbol{x}^*$ 和 λ 必须满足方程组(1-6-3)。所以得

$$\begin{cases} \begin{pmatrix} \dfrac{\partial L}{\partial x_1} \\ \dfrac{\partial L}{\partial x_2} \end{pmatrix}=\begin{pmatrix} 6x_1+2\lambda \\ 8x_2-3\lambda \end{pmatrix}=\boldsymbol{0} \\ L_\lambda=2x_1-3x_2-10=0 \end{cases}$$

共有 3 个线性方程，并包含有 3 个未知量 x_1，x_2 和 λ，联立求解得

$$\begin{pmatrix} x_1^* \\ x_2^* \\ \lambda^* \end{pmatrix}=\begin{pmatrix} 80/43 \\ -90/43 \\ 240/43 \end{pmatrix}$$

1.7 具有不等式约束的最优化

对于带有不等式约束的最小化问题，仍然可以利用拉格朗日乘子的思想来解决，得到一个称为库恩-塔克(Kuhn-Tucker)条件的必要条件。

1.7.1 不等式约束下优化的必要条件

为了推导库恩-塔克条件,需要一些预备知识。

定理 1.7.1(函数极值定理) 设 $\boldsymbol{U}\subset\mathbb{R}^n$ 为一非空闭集,$f:\mathbb{R}^n\to\mathbb{R}$ 是定义在集合 $\boldsymbol{U}$ 上的连续函数,那么 f 在集合 $\boldsymbol{U}$ 上将有最小值与最大值。

这个定理的证明可以在很多数学分析教材中找到。

设 $\boldsymbol{U}$ 表示$\mathbb{R}^n$的一个凸子集,$\bar{\boldsymbol{x}}$ 是在 $\boldsymbol{U}$ 之外的点,则可以定义 $\bar{\boldsymbol{x}}$ 到 $\boldsymbol{U}$ 的最短距离。即在 $\boldsymbol{U}$ 内存在一点$\boldsymbol{x}^*$,使得$\|\bar{\boldsymbol{x}}-\boldsymbol{x}^*\|\leqslant\|\bar{\boldsymbol{x}}-\boldsymbol{x}\|$,$\forall\,\boldsymbol{x}\in\boldsymbol{U}$,如图 1.7.1 所示。

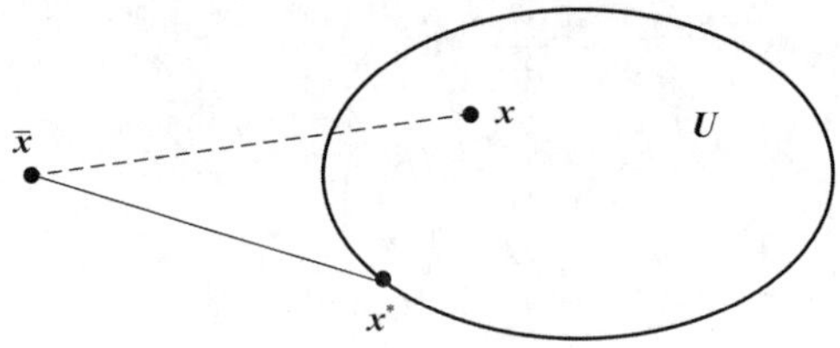

图 1.7.1 最小距离定理几何示意图

下面的定理描述了从 $\bar{\boldsymbol{x}}$ 到 $\boldsymbol{U}$ 上的点是最短距离的充分必要条件。

定理 1.7.2(最小距离定理) 设 $\boldsymbol{U}$ 为定义在$\mathbb{R}^n$上的一非空闭凸集,假设 $\bar{\boldsymbol{x}}\notin\boldsymbol{U}$,那么存在唯一的点$\boldsymbol{x}^*\in\boldsymbol{U}$ 使得对所有 $\boldsymbol{x}\in\boldsymbol{U}$ 都有$\|\bar{\boldsymbol{x}}-\boldsymbol{x}^*\|\leqslant\|\bar{\boldsymbol{x}}-\boldsymbol{x}\|$,而且,当且仅当对所有的 $\boldsymbol{x}\in\boldsymbol{U}$ 都有$(\bar{\boldsymbol{x}}-\boldsymbol{x}^*)^{\mathrm{T}}(\boldsymbol{x}-\boldsymbol{x}^*)\leqslant 0$ 时,$\boldsymbol{x}^*$ 是最小距离点。

证明: 先定义一个距离函数

$$f(\boldsymbol{x})=\|\bar{\boldsymbol{x}}-\boldsymbol{x}\|$$

显然 $f(\boldsymbol{x})$在 $\boldsymbol{U}$ 上是连续的,由极值定理 1.7.1,存在一个极小值点$\boldsymbol{x}^*$。

现在假设存在另外一个最小点 $\boldsymbol{x}'$ 使得$\|\bar{\boldsymbol{x}}-\boldsymbol{x}^*\|=\|\bar{\boldsymbol{x}}-\boldsymbol{x}'\|=\gamma$。由于 U 是凸集,所以 $\dfrac{\boldsymbol{x}^*+\boldsymbol{x}'}{2}\in\boldsymbol{U}$,利用柯西-许瓦兹(Cauchy-Schwarz)不等式可知

$$\left\|\bar{\boldsymbol{x}}-\frac{\boldsymbol{x}^*+\boldsymbol{x}'}{2}\right\|\leqslant\frac{1}{2}\|\bar{\boldsymbol{x}}-\boldsymbol{x}^*\|+\frac{1}{2}\|\bar{\boldsymbol{x}}-\boldsymbol{x}'\|=\gamma$$

$\boldsymbol{x}^*$ 和 $\boldsymbol{x}'$都是最小解,但等式必须得到满足。在柯西-许瓦兹不等式中,当且仅当存在某些实数 λ 使得 $\bar{\boldsymbol{x}}-\boldsymbol{x}^*=\lambda(\bar{\boldsymbol{x}}-\boldsymbol{x}')$时等式才得以成立。由于 $\|\bar{\boldsymbol{x}}-\boldsymbol{x}^*\|=\|\bar{\boldsymbol{x}}-\boldsymbol{x}'\|=\gamma$,因此可以得出$|\lambda|=1$。

显然 $\lambda\neq-1$,因为这可以推出

$$\bar{\boldsymbol{x}}=\frac{\boldsymbol{x}^*+\boldsymbol{x}'}{2}\in\boldsymbol{U}$$

与假设 $\bar{\boldsymbol{x}}\notin\boldsymbol{U}$ 是相矛盾的。因而,$\lambda=1$,进而可得到$\boldsymbol{x}^*=\boldsymbol{x}'$,这说明最小距离点是唯一的。

现在考虑任一点 $\boldsymbol{x}\in\boldsymbol{U}$,由于$\|\boldsymbol{x}^*-\boldsymbol{x}\|^2\geqslant 0$,那么

$$\|\bar{\boldsymbol{x}}-\boldsymbol{x}\|^2=\|\bar{\boldsymbol{x}}-\boldsymbol{x}^*+\boldsymbol{x}^*-\boldsymbol{x}\|^2=\|\bar{\boldsymbol{x}}-\boldsymbol{x}^*\|^2+\|\boldsymbol{x}^*-\boldsymbol{x}\|^2+2\,(\boldsymbol{x}^*-\boldsymbol{x})^{\mathrm{T}}(\bar{\boldsymbol{x}}-\boldsymbol{x}^*)$$

假设对所有 $\boldsymbol{x}\in\boldsymbol{U}$ 都有$(\boldsymbol{x}^*-\boldsymbol{x})^{\mathrm{T}}(\bar{\boldsymbol{x}}-\boldsymbol{x}^*)\geqslant 0$,即$(\boldsymbol{x}-\boldsymbol{x}^*)^{\mathrm{T}}(\bar{\boldsymbol{x}}-\boldsymbol{x}^*)\leqslant 0$,那么显然有

$$\|\bar{\boldsymbol{x}}-\boldsymbol{x}\|^2\geqslant\|\bar{\boldsymbol{x}}-\boldsymbol{x}^*\|^2$$

可知$\boldsymbol{x}^*$ 是最小距离解。因此,如果对于所有 $\boldsymbol{x}\in\boldsymbol{U}$ 都有$(\bar{\boldsymbol{x}}-\boldsymbol{x}^*)^{\mathrm{T}}(\boldsymbol{x}-\boldsymbol{x}^*)\leqslant 0$,那么$\boldsymbol{x}^*$ 是最小距离解。

反之，若从一开始就知道了$\boldsymbol{x}^*$是最小解，则意味着对于所有 $\boldsymbol{x}\in\boldsymbol{U}$ 都有

$$\|\bar{\boldsymbol{x}}-\boldsymbol{u}\|^2\geqslant\|\bar{\boldsymbol{x}}-\boldsymbol{x}^*\|^2$$

由 $\boldsymbol{U}$ 的凸性可知，当 $0\leqslant\lambda\leqslant1$ 时，有$\boldsymbol{x}^*+\lambda(\boldsymbol{x}-\boldsymbol{x}^*)\in\boldsymbol{U}$。因而可得

$$\|\bar{\boldsymbol{x}}-\boldsymbol{x}^*-\lambda(\boldsymbol{x}-\boldsymbol{x}^*)\|^2=\|\bar{\boldsymbol{x}}-\boldsymbol{x}^*\|^2+\lambda^2\|\boldsymbol{x}-\boldsymbol{x}^*\|^2-2\lambda(\bar{\boldsymbol{x}}-\boldsymbol{x}^*)^{\mathrm{T}}(\boldsymbol{x}-\boldsymbol{x}^*)\geqslant\|\bar{\boldsymbol{x}}-\boldsymbol{x}^*\|^2$$

从而，对于 $0\leqslant\lambda\leqslant1$，有

$$2\lambda(\bar{\boldsymbol{x}}-\boldsymbol{x}^*)^{\mathrm{T}}(\boldsymbol{x}-\boldsymbol{x}^*)\leqslant\lambda^2\|\boldsymbol{x}-\boldsymbol{x}^*\|^2$$

不等式两端同除以 $\lambda>0$，并令 $\lambda\to0$，从而可得对于任一 $\boldsymbol{x}\in\boldsymbol{U}$ 有$(\bar{\boldsymbol{x}}-\boldsymbol{x}^*)^{\mathrm{T}}(\boldsymbol{x}-\boldsymbol{x}^*)\leqslant0$，则从另一个方向推出需要的结论。

证毕！

下面介绍分离定理。这是凸分析中的一个重要结果，我们总可以找到一个超平面从给定点对一个凸集进行分离。图 1.7.2 是这一定理的几何表示。

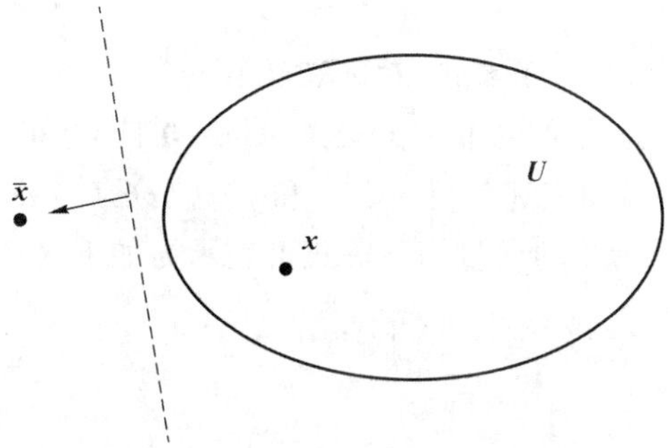

图 1.7.2　分离定理几何示意图

定理 1.7.3(分离定理)　设 $\boldsymbol{U}$ 是空间$\mathbb{R}^n$上的非空闭凸集，且 $\bar{\boldsymbol{x}}\notin\boldsymbol{U}$，那么存在一个非零向量 $\boldsymbol{\lambda}$ 和一个标量 α 使得对所有 $\boldsymbol{x}\in\boldsymbol{U}$ 都有 $\boldsymbol{\lambda}^{\mathrm{T}}\bar{\boldsymbol{x}}>\alpha$ 且 $\boldsymbol{\lambda}^{\mathrm{T}}\boldsymbol{x}\leqslant\alpha$。

证明：设 $\boldsymbol{U}$ 是非空闭凸集，且 $\bar{\boldsymbol{x}}\notin\boldsymbol{U}$。由最小距离定理可知，在 $\boldsymbol{U}$ 中存在唯一的最小点$\boldsymbol{x}^*$使得对所有 $\boldsymbol{x}\in\boldsymbol{U}$ 都有$(\bar{\boldsymbol{x}}-\boldsymbol{x}^*)^{\mathrm{T}}(\boldsymbol{x}-\boldsymbol{x}^*)\leqslant0$。

令 $\boldsymbol{\lambda}=\bar{\boldsymbol{x}}-\boldsymbol{x}^*$，$\alpha=[\boldsymbol{x}^*]^{\mathrm{T}}(\bar{\boldsymbol{x}}-\boldsymbol{x}^*)=\boldsymbol{\lambda}^{\mathrm{T}}\boldsymbol{x}^*$，则对所有 $\boldsymbol{x}\in\boldsymbol{U}$ 有$\boldsymbol{\lambda}^{\mathrm{T}}\boldsymbol{x}\leqslant\alpha$，从而得出

$$\boldsymbol{\lambda}^{\mathrm{T}}\bar{\boldsymbol{x}}-\alpha=(\bar{\boldsymbol{x}}-\boldsymbol{x}^*)^{\mathrm{T}}(\bar{\boldsymbol{x}}-\boldsymbol{x}^*)=\|\bar{\boldsymbol{x}}-\boldsymbol{x}^*\|^2>0$$

证毕！

下面介绍两个重要引理，它们也称为选择性定理，其主要描述如下。

引理 1.7.1(Farkas 引理)　设 $\boldsymbol{A}$ 是一个 $m\times n$ 维矩阵，$\boldsymbol{c}$ 是 n 维向量，那么下面的两个系统必有其中一个有解：

$$\text{系统 1：对 }\boldsymbol{x}\in\mathbb{R}^n,\ \boldsymbol{A}\boldsymbol{x}<\boldsymbol{0}\text{ 且 }\boldsymbol{c}^{\mathrm{T}}\boldsymbol{x}>\boldsymbol{0}\tag{1-7-1}$$

$$\text{系统 2：对 }\boldsymbol{v}\in\mathbb{R}^m,\ \boldsymbol{A}^{\mathrm{T}}\boldsymbol{v}=\boldsymbol{c}\text{ 且 }\boldsymbol{v}>\boldsymbol{0}\tag{1-7-2}$$

其中 $\boldsymbol{v}>\boldsymbol{0}$ 表示矢量 $\boldsymbol{v}$ 的每个元素都大于或等于零，$\boldsymbol{v}<\boldsymbol{0}$ 表示矢量 $\boldsymbol{v}$ 的每个元素都小于或等于零。后面 $\boldsymbol{v}>\boldsymbol{0}$ 也记为 $\boldsymbol{v}\geqslant\boldsymbol{0}$，$\boldsymbol{v}<\boldsymbol{0}$ 记为 $\boldsymbol{v}\leqslant\boldsymbol{0}$。这仅为一种记号，因为矢量不能比较大小。

证明：假设系统 2 有解，则意味着存在 $\boldsymbol{v}>0$，使得 $\boldsymbol{A}^{\mathrm{T}}\boldsymbol{v}=\boldsymbol{c}$。设 $\boldsymbol{x}$ 能使 $\boldsymbol{A}\boldsymbol{x}<\boldsymbol{0}$ 成立，那么 $\boldsymbol{c}^{\mathrm{T}}\boldsymbol{x}=\boldsymbol{v}^{\mathrm{T}}\boldsymbol{A}\boldsymbol{x}\leqslant0$，表明系统 1 无解。

现在假设系统 2 无解。由集合

$$\boldsymbol{U}(\boldsymbol{v})=\{\boldsymbol{x}:\boldsymbol{x}=\boldsymbol{A}^{\mathrm{T}}\boldsymbol{v},\boldsymbol{v}>\boldsymbol{0}\}$$

可知 $\boldsymbol{U}(\boldsymbol{v})$是一个闭凸集。由于系统 2 无解，显然就会有 $\boldsymbol{c}\notin\boldsymbol{U}$。可以利用最小距离定理来验

证最小点$\boldsymbol{x}^*\in\boldsymbol{U}$的存在性。

而且，这个定理表明当且仅当对所有$\boldsymbol{x}\in\boldsymbol{U}$都有$(\boldsymbol{x}-\boldsymbol{x}^*)^{\mathrm{T}}(\boldsymbol{c}-\boldsymbol{x}^*)\leqslant 0$时，$\boldsymbol{x}^*$是最小点。令$\boldsymbol{\lambda}=(\boldsymbol{c}-\boldsymbol{x}^*)\neq\boldsymbol{0}$，$\alpha=[\boldsymbol{x}^*]^{\mathrm{T}}(\boldsymbol{c}-\boldsymbol{x}^*)=\boldsymbol{\lambda}^{\mathrm{T}}\boldsymbol{x}^*$，则对所有$\boldsymbol{x}\in\boldsymbol{U}$有$\boldsymbol{\lambda}^{\mathrm{T}}\boldsymbol{x}\leqslant\alpha$。注意到

$$\boldsymbol{\lambda}^{\mathrm{T}}\boldsymbol{c}-\alpha=(\boldsymbol{c}-\boldsymbol{u}^*)^{\mathrm{T}}(\boldsymbol{c}-\boldsymbol{u}^*)=\|\boldsymbol{c}-\boldsymbol{u}^*\|^2>0$$

已经表明存在一个非零向量$\boldsymbol{\lambda}$和α使得对所有$\boldsymbol{x}\in\boldsymbol{U}$都有$\boldsymbol{\lambda}^{\mathrm{T}}\boldsymbol{c}>\alpha$且$\boldsymbol{\lambda}^{\mathrm{T}}\boldsymbol{x}\leqslant\alpha$。这也正如图1.7.2所示。

由于$\boldsymbol{0}\in\boldsymbol{U}$，因此$\alpha\geqslant 0$就意味着$\boldsymbol{\lambda}^{\mathrm{T}}\boldsymbol{c}>0$，进而对所有$\boldsymbol{v}>\boldsymbol{0}$都有$\alpha\geqslant\boldsymbol{\lambda}^{\mathrm{T}}\boldsymbol{A}^{\mathrm{T}}\boldsymbol{v}=\boldsymbol{v}^{\mathrm{T}}\boldsymbol{A}\boldsymbol{\lambda}$。由于$\boldsymbol{v}>\boldsymbol{0}$可以取为任意大的数，那么$\alpha\geqslant\boldsymbol{v}^{\mathrm{T}}\boldsymbol{A}\boldsymbol{\lambda}$就意味着$\boldsymbol{A}\boldsymbol{\lambda}<\boldsymbol{0}$。因而可得出结论，向量$\boldsymbol{\lambda}\in\mathbb{R}^n$能使得$\boldsymbol{A}\lambda<\boldsymbol{0}$且$\boldsymbol{c}^{\mathrm{T}}\boldsymbol{\lambda}>0$，这也正是系统1所描述的。

证毕！

定理1.7.4(Gordon定理)　设$\boldsymbol{A}$是一个$m\times n$维矩阵，那么下面的两个系统必定其中一个有解：

$$\text{系统 1：对 } \boldsymbol{x}\in\mathbb{R}^n,\ \boldsymbol{A}\boldsymbol{x}<\boldsymbol{0} \tag{1-7-3}$$

$$\text{系统 2：对非零 } \boldsymbol{v}\in\mathbb{R}^m,\ \boldsymbol{A}^{\mathrm{T}}\boldsymbol{v}=\boldsymbol{0}\text{ 且 }\boldsymbol{v}>\boldsymbol{0} \tag{1-7-4}$$

证明：注意到系统1可重新表述为对$\boldsymbol{x}\in\mathbb{R}^n$和$s>0(s\in\mathbb{R})$要满足$\boldsymbol{A}\boldsymbol{x}+\boldsymbol{e}s<\boldsymbol{0}$，其中$\boldsymbol{e}=(1,1,\cdots,1)^{\mathrm{T}}$是$m$维元素全为1的向量。不等式可表示为如下：

$$\forall\begin{pmatrix}\boldsymbol{x}\\ s\end{pmatrix}\in\mathbb{R}^{n+1}$$

$$\boldsymbol{0}\geqslant(\boldsymbol{A}\quad\boldsymbol{e})\begin{pmatrix}\boldsymbol{x}\\ s\end{pmatrix}$$

$$0<(0\quad\cdots\quad 0\quad 1)\begin{pmatrix}\boldsymbol{x}\\ s\end{pmatrix}$$

在Farkas定理中对偶系统的形式为：对$\boldsymbol{v}\in\mathbb{R}^m$，

$$\begin{pmatrix}0\\ 1\end{pmatrix}=\begin{pmatrix}\boldsymbol{A}^{\mathrm{T}}\\ \boldsymbol{e}^{\mathrm{T}}\end{pmatrix}\boldsymbol{v}$$

$$\boldsymbol{0}<\boldsymbol{v}$$

即对$\boldsymbol{v}\in\mathbb{R}^m$，有$\boldsymbol{A}^{\mathrm{T}}\boldsymbol{v}=\boldsymbol{0}$，$\boldsymbol{e}^{\mathrm{T}}\boldsymbol{v}=1$且$\boldsymbol{v}>\boldsymbol{0}$，与系统2是等价的。

现在我们回到如下有不等式约束的最优化问题：

$$\min_x f(x_1,\cdots,x_n) \tag{1-7-5}$$

$$\text{s. t.}\begin{cases}g_1(x_1,\cdots,x_n)\leqslant 0\\ g_2(x_1,\cdots,x_n)\leqslant 0\\ \vdots\\ g_m(x_1,\cdots,x_n)\leqslant 0\end{cases}$$

其中$f(\boldsymbol{x})\in C^2(\mathbb{R}^n)$，$g_i(\boldsymbol{x})\in C^2(\mathbb{R}^n)$，$i=1,2,\cdots,m$，$m<n$。

令

$$\boldsymbol{U}=\{\boldsymbol{x}:g_i(\boldsymbol{x})\leqslant 0,i=1,\cdots,m\} \tag{1-7-6}$$

表示可行解集。那么最小化问题就表述为寻找最优的$\boldsymbol{x}^*\in\boldsymbol{U}$使得对所有$\boldsymbol{x}\in\boldsymbol{U}$都有$f(\boldsymbol{x}^*)\leqslant f(\boldsymbol{x})$。最小值点被约束在由不等式$g_i(\boldsymbol{x})\leqslant 0$所表示的集合$\boldsymbol{U}$内。

假设$\hat{\boldsymbol{x}}$是一个可行解，则对于某个约束$g_i(\hat{\boldsymbol{x}})\leqslant 0$，有以下两种可能。

(1) $g_i(\hat{\boldsymbol{x}})<0$,此时 $\hat{\boldsymbol{x}}$ 不在约束的边界上,而在约束的内部,该约束对于微小变动不起限制作用,称为无效约束。

(2) $g_i(\hat{\boldsymbol{x}})=0$,此时 $\hat{\boldsymbol{x}}$ 在约束的边界上,该约束对于微小的变动会起到限制作用,称为有效约束。

显然,所有等式约束都是有效约束。

为了说明最小值解的几何特点,需要引入可行方向锥与下降方向锥这些概念。

定义 1.7.1 设 $\boldsymbol{U}$ 是满足式(1-7-6)的可行集,定义如下集合 $\boldsymbol{U}_f$,称为在 $\boldsymbol{x}$ 处的可行方向锥:

$$\boldsymbol{U}_f(\boldsymbol{x})=\{\boldsymbol{d}:\boldsymbol{d}\neq 0 \text{ 且 } \boldsymbol{x}+\lambda\boldsymbol{d}\in\boldsymbol{U},\forall\lambda\in(0,\varepsilon),\varepsilon>0\} \tag{1-7-7}$$

其中每一个非零向量 $\boldsymbol{d}\in\boldsymbol{U}_f$ 称作可行方向。

定义 1.7.2 定义如下集合 $\boldsymbol{U}_d$,称为在 $\boldsymbol{x}$ 处的下降方向锥:

$$\boldsymbol{U}_d(\boldsymbol{x})=\{\boldsymbol{d}:f(\boldsymbol{x}+\lambda\boldsymbol{d})<f(\boldsymbol{x}),\forall\lambda\in(0,\varepsilon),\varepsilon>0\} \tag{1-7-8}$$

每一个非零向量 $\boldsymbol{d}\in\boldsymbol{U}_d$ 称作下降方向或修正方向。

图 1.7.3 描述了可行方向锥与下降方向锥之间的关系。从图中很明显可以看出,如果在可行集中存在 f 的最小解,那么下降锥与可行锥的交集会是一个空集。引理 1.7.2 可以证明这一情形。

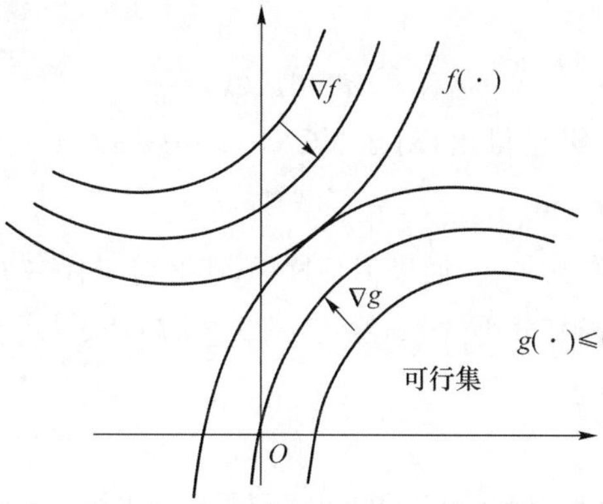

图 1.7.3 可行方向锥与下降方向锥之间的关系

引理 1.7.2(可行方向引理) 设函数 $f:\mathbb{R}^n\to\mathbb{R}$ 在非空可行集 $\boldsymbol{U}\subset\mathbb{R}^n$ 内是可微的,其中可行集由下式所表示:

$$\boldsymbol{U}=\{\boldsymbol{x}:g_i(\boldsymbol{x})\leqslant 0,\quad i-1,\cdots,m\} \tag{1-7-9}$$

若 $\boldsymbol{x}^*\in\boldsymbol{U}$ 是 f 的最小解,则 $\boldsymbol{U}_f(\boldsymbol{x}^*)\cap\boldsymbol{U}_d(\boldsymbol{x}^*)=\varnothing$。

证明:采用反证法来进行证明。假设存在向量 $\boldsymbol{d}\in\boldsymbol{U}_f(x^*)\cap\boldsymbol{U}_d(\boldsymbol{x}^*)$,则存在 $\varepsilon_1>0$ 使得对任一 $\lambda\in(0,\varepsilon_1)$ 都有

$$f(\boldsymbol{x}^*+\lambda\boldsymbol{d})<f(\boldsymbol{x}^*)$$

由可行方向锥的定义可知,存在 ε_2 使得对所有 $\lambda\in(0,\varepsilon_2)$ 都有

$$\boldsymbol{x}^*+\lambda\boldsymbol{d}\in\boldsymbol{U}$$

很明显这与假设 $\boldsymbol{x}^*\in\boldsymbol{U}$ 是最小点相矛盾,因而 $\boldsymbol{U}_f(\boldsymbol{x}^*)\cap\boldsymbol{U}_d(\boldsymbol{x}^*)=\varnothing$。

下降方向锥 $\boldsymbol{U}_d(\boldsymbol{x})$ 可由函数 f 的梯度来描述,即

$$\boldsymbol{U}_d(\boldsymbol{d})=\{\boldsymbol{d}:\nabla f(\boldsymbol{x})\boldsymbol{d}<0\}$$

其中∇表示梯度，可行方向锥$\boldsymbol{U}_f(x)$的类似描述可由引理 1.7.3 给出。

证毕！

引理 1.7.3 设可行集$\boldsymbol{U}$:$\boldsymbol{U}=\{\boldsymbol{x}:g_i(\boldsymbol{x})\leqslant 0, i=1,\cdots,m\}$，给定一个可行点$\boldsymbol{x}\in\boldsymbol{U}$，令$g_1$, $g_2,\cdots,g_l,l\leqslant m$表示所有有效约束的全体。假设

$$\nabla g \triangleq \begin{pmatrix} \nabla g_1 \\ \vdots \\ \nabla g_2 \end{pmatrix}$$

是线性无关的；若定义集合

$$\underline{\boldsymbol{U}}_f(x)=\{\boldsymbol{d}:\nabla g(\boldsymbol{x})\boldsymbol{d}<0, i=1,2,\cdots,l\} \tag{1-7-10a}$$

$$\overline{\boldsymbol{U}}_f(x)=\{\boldsymbol{d}:\nabla g(\boldsymbol{x})\boldsymbol{d}<0, i=1,2,\cdots,l\} \tag{1-7-10b}$$

则有$\underline{\boldsymbol{U}}_f(\boldsymbol{x})\subseteq\boldsymbol{U}_f(\boldsymbol{x})\subseteq\overline{\boldsymbol{U}}_f(\boldsymbol{x})$。

证明： 若设$\boldsymbol{d}\in\underline{\boldsymbol{U}}_f$，那么对于给定的$\boldsymbol{x}$，则存在$\varepsilon_1$使得对$\lambda\in(0,\varepsilon_1)$有

$$\boldsymbol{x}+\lambda\boldsymbol{d}\in\boldsymbol{U}$$

对于$i=l+1,\cdots,m,g_i(\boldsymbol{x})<0$且$g_i$是连续的，且存在$\varepsilon_2>0$使得对$\lambda\in(0,\varepsilon_2)$有

$$g_i(\boldsymbol{x}+\lambda\boldsymbol{d})<0,\quad i=l+1,\cdots,m$$

由于$\boldsymbol{d}\in\underline{\boldsymbol{U}}_f$，因此对于$i=1,\cdots,m$则有$\nabla g_i(\boldsymbol{x})\boldsymbol{d}<0$。于是，由引理 1.7.2，存在$\varepsilon_3$使得对$\lambda\in(0,\varepsilon_3)$且$i=1,\cdots,l$有

$$g_i(\boldsymbol{x}+\lambda\boldsymbol{d})<g_i(\boldsymbol{x})=0$$

由上述 3 个关系式可以明显得出，对于$\lambda\in(0,\min\limits_i(\varepsilon_i))$，$x+\lambda\boldsymbol{d}$是$U$内的可行点，从而$\boldsymbol{d}\in\boldsymbol{U}_f(\boldsymbol{x})$，这就意味着$\underline{\boldsymbol{U}}_f\subseteq\boldsymbol{U}_f$。

同理，若$\boldsymbol{d}\in\boldsymbol{U}_f$，则必定有$\boldsymbol{d}\in\overline{\boldsymbol{U}}_f$。如果不是这样，那么对于任一$i=1,\cdots,l$就有$\nabla g_i(\boldsymbol{x})\boldsymbol{d}>0$。根据可行方向引理，对于所有充分小的$|\lambda|$会有$g_i(\boldsymbol{x}+\lambda\boldsymbol{d})>g_i(\boldsymbol{x})=0$，从而与假设$\boldsymbol{d}\in\boldsymbol{U}_f$相矛盾，因此$\boldsymbol{U}_f\subseteq\overline{\boldsymbol{U}}_f$。

证毕！

基于上面的一系列定理和引理，可以得出以下的不等式约束最小化问题的必要条件定理。

定理 1.7.5〔库恩-塔克(Kuhn-Tucker)条件〕 设$\boldsymbol{x}^*\in\mathbb{R}^n$是满足约束$g_i(\boldsymbol{x}^*)\leqslant 0$的$f(\boldsymbol{x})$的最小点。令$g_1,g_2,\cdots,g_l$表示在$\boldsymbol{x}^*$处的有效约束集，并假设$\nabla g(\boldsymbol{x}^*)$是线性无关的，那么存在标量$\lambda_i\geqslant 0, i=1,2,\cdots,l$使得

$$\nabla f(\boldsymbol{x}^*)+\sum_{i=1}^{l}\lambda_i\,\nabla g_i(\boldsymbol{x}^*)=\boldsymbol{0} \tag{1-7-11}$$

证明： 设$\boldsymbol{x}^*$是可行集内的局部极小点，可行集表示为$U=\{x:g_i(\boldsymbol{x})\leqslant 0, i=1,\cdots,m\}$，

记有效约束为：

$$g_1,g_2,\cdots,g_l$$

那么易知$\boldsymbol{x}^*$是局部极小点就意味着$U_f(\boldsymbol{x}^*)\cap U_d(\boldsymbol{x}^*)=\varnothing$，也即

$$\underline{U}_f(\boldsymbol{x}^*)\cap U_d(\boldsymbol{x}^*)=\varnothing$$

从而不存在向量$\boldsymbol{d}$能使得对每个$i,i=1,2,\cdots,l$，都有$\nabla f(x^*)\boldsymbol{d}<0$且$\nabla g_i(x^*)\boldsymbol{d}<0$。令$\boldsymbol{A}$是由$\nabla f(\boldsymbol{x}^*)$和$\nabla g_i(\boldsymbol{x}^*)$的转置组成的矩阵，那么不存在$\boldsymbol{d}$能使得$\boldsymbol{Ad}<\boldsymbol{0}$，也就是不存在$\boldsymbol{d}$能使得

$$\boldsymbol{A x}=\begin{pmatrix}\nabla f(x^*)\\ \nabla g_1(x^*)\\ \vdots\\ \nabla g_l(x^*)\end{pmatrix}\boldsymbol{d}<\boldsymbol{0}$$

由 Gordon 定理可得，对于相应另一个问题，有一个解 $\boldsymbol{\mu}$ 能使得 $\boldsymbol{\mu}>\boldsymbol{0}$ 且 $\boldsymbol{A}^{\mathrm{T}}\boldsymbol{\mu}=\boldsymbol{0}$。展开表达式，可得

$$\boldsymbol{0}=\boldsymbol{A}^{\mathrm{T}}\boldsymbol{\mu}=\{[\nabla f(\boldsymbol{u}^*)]^{\mathrm{T}}\quad[\nabla g_1(\boldsymbol{u}^*)]^{\mathrm{T}}\quad\cdots\quad[\nabla g_l(\boldsymbol{u}^*)]^{\mathrm{T}}\}\begin{pmatrix}\mu_0\\ \mu_1\\ \vdots\\ \mu_l\end{pmatrix}$$

其中 $\mu_0>0$，否则若 $\mu_0=0$，则$\nabla g_i, i=1,\cdots,l$ 就会是线性相关的。将表达式两端同除以 μ_0 并展开上述方程就可得到如下方程：

$$[\nabla f(\boldsymbol{x}^*)]^{\mathrm{T}}+\sum_{i=1}^{l}\lambda_i[\nabla g_i(\boldsymbol{x}^*)]^{\mathrm{T}}=\boldsymbol{0} \tag{1-7-12}$$

将式(1-7-12)两边转置，就得到了式(1-7-11)。

证毕！

库恩-塔克条件的一种等价形式是可设置与无效约束相关联的拉格朗日乘子为零，从而将无效约束移除。即对于所有 $i=1,\cdots,m$，

$$\nabla f(\boldsymbol{x}^*)+\sum_{i=1}^{m}\lambda_i\,\nabla g_i(\boldsymbol{x}^*)=\boldsymbol{0} \tag{1-7-13a}$$

$$\lambda_i g_i(\boldsymbol{x}^*)=0 \tag{1-7-13b}$$

$$\lambda_i\geqslant 0 \tag{1-7-13c}$$

例 1.7.1 最小化 $f(x)=-x^2$，且受约束于$-1\leqslant x\leqslant 2$。将约束条件分为两部分：

$$G_1(x)=-1-x\leqslant 0$$

$$G_2(x)=x-2\leqslant 0$$

令

$$\begin{aligned}L(x)&=F(x)+\lambda_1G_1(x)+\lambda_2G_2(x)\\&=-x^2+\lambda_1(-1-x)+\lambda_2(x-2)\end{aligned}$$

由库恩-塔克定理可得，若 x^* 是局部极小值，则存在 $\lambda_1\geqslant 0$ 和 $\lambda_2\geqslant 0$ 使得$\nabla L(x^*)=0$。由 L 的表达式可得

$$0-\nabla L(x^*)=-2x^*-\lambda_1+\lambda_2$$

由库恩-塔克条件，可知

$$0=\lambda_1G_1(x^*)=\lambda_1(-1-x^*)$$

$$0=\lambda_2G_2(x^*)=\lambda_2(x^*-2)$$

这些条件限制了 λ_i 和 x^*：

① 当 $\lambda_1=0$ 或者 $x^*=-1$ 时，第一个条件得到满足，当 $\lambda_2=0$ 或者 $x^*=-2$ 时，第二个条件得到满足；

② 假设 $\lambda_1=0$ 且 $\lambda_2\neq 0$，则 $x^*=2$ 且 $\lambda_2=4>0$，满足库恩-塔克条件，再假设 $\lambda_1\neq 0$ 且 $\lambda_2=0$，则 $x^*=-1$，且可得 $\lambda_1=2>0$，也满足库恩-塔克条件；

③ 假设 $\lambda_1=0$ 且 $\lambda_2=0$，则可得 $x^*=2$，也满足库恩-塔克条件。

因而,该问题有 3 个局部极值。事实上,其中两个是局部极小值,另一个是局部极大值。

例 1.7.2 求 $f(x)=(x_1-1)^2+x_2^2$ 的极小值, s. t. $g_1(x)=2kx_1-x_2^2\leqslant 0,k>0$。

解:构造拉格朗日函数为:

$$L(\boldsymbol{x})=f(\boldsymbol{x})+\lambda_1 g_1(\boldsymbol{x})=(x_1-1)^2+x_2^2+\lambda_1(2kx_1-x_2^2)$$

由库恩-塔克条件可得

$$\nabla L(\boldsymbol{x}^*)=\nabla f(\boldsymbol{x})+\lambda_1\nabla g_1(\boldsymbol{x})=(2(x_1-1)+\lambda_1 2k,2x_2-2\lambda_1 x_2)=\boldsymbol{0}$$

其中,梯度是行向量。

由第二个库恩-塔克条件可得

$$0=\lambda_1 G_1(x)=\lambda_1(2kx_1-x_2^2)$$

其中,$\lambda_1>0$。若 $\lambda_1=0$,则库恩-塔克条件就为

$$\begin{pmatrix}2(x_1-1)\\2x_2\end{pmatrix}=\boldsymbol{0}$$

这意味着 $x_1=1$ 且 $x_2=0$。如果将之代回到 $g_1(x)$中,则得 $G_1(x)=2k$,对于任意 $k>0$ 这显然是不可行的。所以唯一可能的选择就是 $\lambda_1>0$。针对 λ_1 这一特殊的选择,需要求解如下 3 个方程:

$$0=2x_1+\lambda_1 2k-2$$
$$0=2(1-\lambda)x_2$$
$$0=2kx_1-x_2^2$$

当 $\lambda_1=1$ 或者 $x_2=0$ 时,第二个方程得到满足。若 $\lambda_1=1$,则第一个方程就意味着 $x_1=1-k$,第三个方程意味着 $x_2=\pm\sqrt{2k(1-k)}$。因而,可得到一对库恩-塔克点$(x_1,x_2)=(1-k,\pm\sqrt{2k(1-k)})$,且 $\lambda_1=1$。如果 $x_2=0$,则另外一个方程成立,那么第三个方程就意味着 $x_1=0$ 且 $\lambda_1=1/k$,这也就是第三个库恩-塔克点。所有这些解都是局部可行极小解。

1.7.2 不等式约束下优化问题的二阶充分条件

设 $f:\mathbb{R}^n\to\mathbb{R}$,$g_i:\mathbb{R}^n\to\mathbb{R}$ $(i=1,\cdots m)$是二阶可微的,令

$$\boldsymbol{U}=\{\boldsymbol{x}:g_i(\boldsymbol{x})\leqslant 0,i=1,\cdots m\}$$

表示可行解集。上一节中给出的库恩-塔克条件对$\boldsymbol{x}^*$只是必要条件。本节我们考虑上述约束问题的局部极小的充分条件。

回顾无约束优化问题,充分条件是通过令 f 的海色矩阵在$\boldsymbol{x}^*$处正定来获得的。

我们现在考虑上述问题的拉格朗日函数。拉格朗日函数为:

$$L(\boldsymbol{x})=f(\boldsymbol{x})+\sum_{i=1}^{m}\lambda_i g_i(\boldsymbol{x}) \tag{1-7-14}$$

其中 λ_i 为拉格朗日乘子。

选取如下一组有效约束:

$$g_1(x)=0,\quad g_1(x)=0,\cdots,g_l(x)=0 \tag{1-7-15}$$

对应的拉格朗日函数为:

$$L(x)=f(x)+\sum_{i=1}^{l}\lambda_i g_i(x) \tag{1-7-16}$$

注意到一阶库恩-塔克条件等价在 $x=x^*$ 处令 $\nabla L(\boldsymbol{x}^*)=0$，这类似于之前的无约束优化问题的情况。并且由于 $g_i(\boldsymbol{x}^*)=0$，我们可以很容易得出

$$L(\boldsymbol{x}^*)=f(\boldsymbol{x}^*) \tag{1-7-17}$$

因此对 $L(\boldsymbol{x}^*)$ 的极小化就是对 f 的极小化。

引理 1.7.4 假设 $\boldsymbol{x}^*$ 是不等式约束优化问题的满足库恩-塔克条件的点，如果拉格朗日函数的海色矩阵在 $\boldsymbol{x}^*$ 的一个 ε 邻域内是半正定的，则 $\boldsymbol{x}^*$ 是一个局部极小值点。

证明： 由库恩-塔克条件，可知 $\nabla L(\boldsymbol{x}^*)=0$。而且我们可以看到 $L(\boldsymbol{x})$ 在 U 上是凸的，从而 $L(\boldsymbol{x}^*)\leqslant L(\boldsymbol{x})$。如前文所述，如果 $\boldsymbol{x}^*$ 是 $L(\boldsymbol{x})$ 的极小点，则也是 $f(\boldsymbol{x}^*)$ 在 U 上的极小点。

这个证明与无约束极值问题的充分条件类似，但是有局限性。我们给出一个如下的另一个充分条件定理。

如果 $\boldsymbol{x}^*$ 是一个满足库恩-塔克条件的点，那么存在一组拉格朗日乘子 $\lambda_1,\lambda_2,\cdots,\lambda_m$。我们令 $I^+=\{i:\lambda_i>0\}$，$I^0=\{i:\lambda_i=0\}$，令 $\boldsymbol{H}_L(\boldsymbol{x}^*)$ 为拉格朗日函数在 $\boldsymbol{x}^*$ 处的海色矩阵。

定理 1.7.6（二阶库恩-塔克充分条件） 对于带不等式约束的最优化极小值问题，令 $\boldsymbol{x}^*$ 满足其库恩-塔克条件，定义方向锥：

$$\boldsymbol{C}=\left\{\boldsymbol{d}\neq 0\;\middle|\;\begin{matrix}\nabla g_i\boldsymbol{d}=0,i\in I^+\\ \nabla g_i\boldsymbol{d}\leqslant 0,i\in I^0\end{matrix}\right\} \tag{1-7-18}$$

若对于所有 $\boldsymbol{d}\in\boldsymbol{C}$ 都有 $\boldsymbol{d}^{\mathrm{T}}\boldsymbol{H}_L\boldsymbol{d}>0$，则 $\boldsymbol{x}^*$ 是该约束极值问题的一个极小点。

证明： 假设 $\boldsymbol{x}^*$ 不是局部极值，那么存在一个收敛到 $\boldsymbol{x}^*$ 的序列 $\{\boldsymbol{x}_k\}$，使得对所有 k 都有 $f(\boldsymbol{x}_k)\leqslant f(\boldsymbol{x}^*)$。定义

$$\boldsymbol{d}_k=\frac{\boldsymbol{x}_k-\boldsymbol{x}^*}{\|\boldsymbol{x}_k-\boldsymbol{x}^*\|},\quad \lambda_k=\|\boldsymbol{x}_k-\boldsymbol{x}^*\|$$

则 $\boldsymbol{x}_k=\boldsymbol{x}^*+\lambda_k\boldsymbol{d}_k$，其中 $\|\boldsymbol{d}_k\|=1$；且当 $k\to\infty$ 时，$\lambda_k\to 0$。由于 $\|\boldsymbol{d}_k\|=1$，则存在一个有界序列，该序列存在一个收敛到 $\boldsymbol{d}$ 且 $\|\boldsymbol{d}_k\|=1$ 的收敛子列。此外，可以得到

$$0\geqslant f(\boldsymbol{x}^*+\lambda_k\boldsymbol{d}_k)-f(\boldsymbol{x}^*)=\lambda_k\nabla f(\boldsymbol{x}^*)\boldsymbol{d}_k+\frac{1}{2}\lambda_k^2\boldsymbol{d}_k^{\mathrm{T}}\boldsymbol{H}_f(\boldsymbol{x}^*)\boldsymbol{d}_k+O(\lambda_k^3)$$

$$0\geqslant g_i(\boldsymbol{x}^*+\lambda_k\boldsymbol{d}_k)-g_i(\boldsymbol{x}^*)=\lambda_k\nabla g_i(\boldsymbol{x}^*)\boldsymbol{d}_k+\frac{1}{2}\lambda_k^2\boldsymbol{d}_k^{\mathrm{T}}\boldsymbol{H}_{g_i}(\boldsymbol{x}^*)\boldsymbol{d}_k+O(\lambda_k^3),i\in I$$

上述两不等式式两端同除以 λ_k，并令 $k\to\infty$，得

$$\begin{cases}\nabla f(\boldsymbol{x}^*)\boldsymbol{d}\leqslant 0\\ \nabla \boldsymbol{g}_i(\boldsymbol{x}^*)\boldsymbol{d}\leqslant 0\end{cases} \tag{1-7-19}$$

由于 $\boldsymbol{x}^*$ 是满足库恩-塔克条件的点，从而可得

$$\nabla f(\boldsymbol{x}^*)+\sum_{i\in I}\lambda_i\nabla g_i(\boldsymbol{x}^*)=\boldsymbol{0}$$

将其与 $\boldsymbol{d}$ 做内积，并利用不等式(1-7-19)，则对于 $\boldsymbol{d}\in\boldsymbol{C}$，则一阶库恩-塔克条件可化简为：

$$\nabla f(\boldsymbol{x}^*)\boldsymbol{d}=0 \tag{1-7-20}$$

$$\nabla g_i(\boldsymbol{x}^*)\boldsymbol{d}=0,\quad i\in I^+ \tag{1-7-21a}$$

$$\nabla g_i(\boldsymbol{x}^*)\boldsymbol{d}\leqslant 0,\quad i\in I^0 \tag{1-7-21b}$$

将式(1-7-21)两端乘以 λ_i，$i\in I$ 并相加，则得

$$0\geqslant\frac{\lambda_k^2}{2}\boldsymbol{d}_k^{\mathrm{T}}\boldsymbol{H}_L\boldsymbol{d}_k+O(\lambda_k^3) \tag{1-7-22}$$

然后再除以 λ_k^2，并取 $k\to\infty$，则得 $\boldsymbol{d}^{\mathrm{T}}\boldsymbol{H}_L\boldsymbol{d}\leqslant 0$。这与假设相矛盾。因此 $\boldsymbol{x}^*$ 是一个局部极值点。

证毕！

例 1.7.3 考虑如下不等式约束极值问题：

$$\min_x f(x)=-\min_x x^2$$

$$\text{s.t.}\quad g_1(x)=-1-x\leqslant 0$$

$$g_2(x)=x-2\leqslant 0$$

解：其增广的拉格朗日函数为：

$$L(x)=f(x)+\sum_{i\in I}\lambda_i g_i(x)$$

注意到不管 λ_i 为何值，拉格朗日函数的海色矩阵为：

$$H_L(x)=-2$$

因而，对于任意选取的锥 $\boldsymbol{C}$ 有 $d^{\mathrm{T}}H_L(x^*)d<0$。所以在该例子中，利用库恩-塔克条件得到的驻点不是局部极小点。

例 1.7.4 我们现在用充分条件来检验例 1.7.3 中定义的局部极小问题。其中，

$$f(\boldsymbol{x})=(x_1-1)2+x_2^2$$

$$g_1(\boldsymbol{x})=2kx_1-x_2^2\leqslant 0$$

而且 $k>0$。

解：在例 1.8.1 中，我们找到满足库恩-塔克条件的 3 个点，它们分别是

$$x^{(1)}=(0,0)\qquad (k>0,\lambda_1=1/k)$$

$$x^{(2)}=(1-k,\sqrt{2k(1-k)})\qquad (0<k<1,\lambda_1=1)$$

$$x^{(3)}=(1-k,-\sqrt{2k(1-k)})\qquad (0<k<1,\lambda_1=1)$$

注意到对 $x^{(2)}$ 和 $x^{(3)}$ 应用充分条件的结果是相似的，所以这里只分析 $x^{(2)}$。首先将充分条件应用到 $x^{(1)}$ 上，锥 $\boldsymbol{C}$ 为：

$$\boldsymbol{C}=\{d\neq 0:kd_1=x_2d_2\}$$

注意，只要 $k>1$，

$$\boldsymbol{H}_L(x^{(1)})=\begin{pmatrix}2 & 0\\ 0 & 2((k-1)/k)\end{pmatrix}$$

就是正定的。因此当 $k>1$ 时，$x^{(1)}$ 是一个局部极小值。然而，如果 $k=1$，尽管可以证明 $x^{(1)}$ 解决了约束极小化问题，但是可以得出 $\boldsymbol{d}^{\mathrm{T}}\boldsymbol{H}_L(x^{(1)})\boldsymbol{d}=2d_1^2=0$，此时利用充分条件不能确定这种情况的局部极小值。

对于 $x^{(2)}$，如果 $0<k<1$，则相应的锥为：

$$\boldsymbol{C}=\{d\neq 0:kd_1=\sqrt{2k(1-k)}d_2\}$$

因为对于 $\lambda_1=1$ 时的库恩-塔克点，我们可以算出

$$\boldsymbol{H}_L(x^{(2)})=\begin{pmatrix}2 & 0\\ 0 & 0\end{pmatrix}$$

这意味着，对于 $\boldsymbol{C}$ 中的任意一个 $\boldsymbol{d}$，我们有 $\boldsymbol{d}^{\mathrm{T}}\boldsymbol{H}_L(x^{(2)})\boldsymbol{d}=2d_1^2>0$。这表明对于 $0<k<1$，$x^{(2)}$ 是一个局部极小值。

注意这里 $H_L(\boldsymbol{x}^{(2)})$ 是半正定。但利用定理 1.7.6 仍可以决定某驻点是不是局部极小点。

1.8 最优化问题的数值解法

在实际工程应用中，优化问题往往是复杂与大规模的。因此需要用到数值计算，本节介绍几种常用的数值计算方法。

1.8.1 无约束优化数值计算方法

对于无约束优化问题，其目标函数的数学表达为：

$$\min f(\boldsymbol{x})$$

其中，$\boldsymbol{x}=(x_1,x_2,\cdots,x_n)^{\mathrm{T}}\in\mathbb{R}^n$。

1. 最速下降法

最速下降法基于梯度下降法，其基本思想为从给定的初始点$\boldsymbol{x}^{(k)}$出发，沿负方向$\boldsymbol{d}^{(k)}$，同时确定步长λ_k，使目标函数沿该搜索方向达到最大下降，通过数次迭代最终达到函数极值。

最速下降法的迭代公式为：

$$\boldsymbol{x}^{(k+1)}=\boldsymbol{x}^{(k)}+\lambda_k\boldsymbol{d}^{(k)} \tag{1-8-1}$$

其中，$\boldsymbol{d}^{(k)}$为从$\boldsymbol{x}^{(k)}$出发的搜索方向。设方向$\boldsymbol{d}^{(k)}$为单位向量，按方向$\boldsymbol{d}^{(k)}$和步长λ_k进行搜索，对$f(\boldsymbol{x}^{(k)}+\lambda_k\boldsymbol{d}^{(k)})$进行泰勒展开可得：

$$f(\boldsymbol{x}^{(k)}+\lambda_k\boldsymbol{d}^{(k)})=f(\boldsymbol{x}^{(k)})+\lambda_k\nabla f(\boldsymbol{x}^{(k)})^{\mathrm{T}}+o(\lambda) \tag{1-8-2}$$

可得$\boldsymbol{x}^{(k)}$处的变化率：

$$\lim_{t\to 0}\frac{f(\boldsymbol{x}^{(k)}+\lambda_k\boldsymbol{d}^{(k)})-f(\boldsymbol{x}^{(k)})}{\lambda_k}=\lim_{t\to 0}\frac{\lambda_k\nabla f\ (\boldsymbol{x}^{(k)})^{\mathrm{T}}\ \boldsymbol{d}^{(k)}+o(\lambda)}{\lambda_k}=\nabla f\ (\boldsymbol{x}^{(k)})^{\mathrm{T}}\ \boldsymbol{d}^{(k)} \tag{1-8-3}$$

可知$\boldsymbol{x}^{(k)}$下降最快的方向即$\boldsymbol{x}^{(k)}$处函数变化率最大的方向，即$\nabla f\ (\boldsymbol{x}^{(k)})^{\mathrm{T}}\ \boldsymbol{d}^{(k)}$最小。由于

$$\nabla f\ (\boldsymbol{x}^{(k)})^{\mathrm{T}}\ \boldsymbol{d}^{(k)}=\|\nabla f(\boldsymbol{x}^{(k)})\|\cdot\|\boldsymbol{d}^{(k)}\|\cdot\cos\theta \tag{1-8-4}$$

其中显然可得$\cos\theta=-1$时有最速下降方向$-\nabla f(\boldsymbol{x}^{(k)})$，可知函数最速下降方向即负梯度方向。因此，在最速下降法中，搜索方向取$\boldsymbol{x}^{(k)}$处的最速下降方向，即

$$\boldsymbol{d}^{(k)}=-\nabla f(\boldsymbol{x}^{(k)}) \tag{1-8-5}$$

λ_k为从$\boldsymbol{x}^{(k)}$沿搜索方向$\boldsymbol{d}^{(k)}$进行一维搜索的步长，即λ_k满足

$$f(\boldsymbol{x}^{(k)}+\lambda_k\boldsymbol{d}^{(k)})=\min_{\lambda\geqslant 0}f(\boldsymbol{x}^{(k)}+\lambda_k\boldsymbol{d}^{(k)}) \tag{1-8-6}$$

由此可得最速下降法的计算步骤：

步骤1：给定初始点$x^{(1)}\in\mathbb{R}^n$。允许误差$0<\varepsilon\ll 1$；令$k=1$。

步骤2：计算搜索方向$\boldsymbol{d}^{(k)}=-\nabla f(\boldsymbol{x}^{(k)})$。

步骤3：若$\|\boldsymbol{d}^{(k)}\|\leqslant\varepsilon$，即误差位于设置的允许范围内，则达到终止条件时停止计算；否则进行迭代，从$\boldsymbol{x}^{(k)}$沿搜索方向$\boldsymbol{d}^{(k)}$进行一维搜索，求λ_k满足

$$f(\boldsymbol{x}^{(k)}+\lambda_k\boldsymbol{d}^{(k)})=\min_{\lambda\geqslant 0}f(\boldsymbol{x}^{(k)}+\lambda_k\boldsymbol{d}^{(k)})。$$

步骤4：令$\boldsymbol{x}^{(k+1)}=\boldsymbol{x}^{(k)}+\lambda_k\boldsymbol{d}^{(k)}$，$k=k+1$，返回步骤2。

2. 牛顿法和拟牛顿法

设$f(\boldsymbol{x})$为实函数且二次可微，$\boldsymbol{x}^{(k)}$为$f(\boldsymbol{x})$极值的一个估计。将$f(\boldsymbol{x})$在$\boldsymbol{x}^{(k)}$处进行泰勒展开并取其二阶近似，可得

$$f(\boldsymbol{x}) \approx \phi(\boldsymbol{x}) = f(\boldsymbol{x}^{(k)}) + \nabla f(\boldsymbol{x}^{(k)})^{\mathrm{T}}(\boldsymbol{x}-\boldsymbol{x}^{(k)}) + \frac{1}{2}(\boldsymbol{x}-\boldsymbol{x}^{(k)})^{\mathrm{T}} \nabla^2 f(\boldsymbol{x}^{(k)})(\boldsymbol{x}-\boldsymbol{x}^{(k)}) \tag{1-8-7}$$

其中，$\nabla^2 f(\boldsymbol{x}^{(k)})$为 $f(\boldsymbol{x})$在$\boldsymbol{x}^{(k)}$处的海色矩阵 $\boldsymbol{H}(\boldsymbol{x}^{(k)})$。因此，求 $f(\boldsymbol{x})$的极值即转化为求 $\phi(\boldsymbol{x})$的极值。令

$$\nabla\phi(\boldsymbol{x}) = \boldsymbol{0} \tag{1-8-8}$$

即

$$\nabla f(\boldsymbol{x}^{(k)}) + \nabla^2 f(\boldsymbol{x}^{(k)})(\boldsymbol{x}-\boldsymbol{x}^{(k)}) = \boldsymbol{0} \tag{1-8-9}$$

设$\nabla^2 f(\boldsymbol{x}^{(k)})$为可逆矩阵，可得牛顿法迭代公式为

$$\boldsymbol{x}^{(k+1)} = \boldsymbol{x}^{(k)} - \nabla^2 f(\boldsymbol{x}^{(k)})^{-1} \nabla f(\boldsymbol{x}^{(k)}) \tag{1-8-10}$$

由此可得牛顿法的计算步骤：

步骤 1：给定初始点 $x^{(1)} \in \mathbb{R}^n$，误差精度 $0<\varepsilon\ll 1$；令 $k=1$。

步骤 2：计算海色矩阵 $\boldsymbol{H}(\boldsymbol{x}^{(k)})$，令$\boldsymbol{d}^{(k)} = -\boldsymbol{H}(\boldsymbol{x}^{(k)})^{-1}\nabla f(\boldsymbol{x}^{(k)})$。

步骤 3：从$\boldsymbol{x}^{(k)}$沿搜索方向$\boldsymbol{d}^{(k)}$进行一维搜索，求步长 λ_k 满足

$$f(\boldsymbol{x}^{(k)} + \lambda_k \boldsymbol{d}^{(k)}) = \min_{\lambda \geqslant 0} f(\boldsymbol{x}^{(k)} + \lambda_k \boldsymbol{d}^{(k)})$$

步骤 4：若$\|\nabla f(\boldsymbol{x}^{(k+1)})\| \leqslant \varepsilon$，即精度达到设置条件，则停止计算；否则令$\boldsymbol{x}^{(k+1)} = \boldsymbol{x}^{(k)} + \lambda_k \boldsymbol{d}^{(k)}$，$k=k+1$，返回步骤 2。

由于牛顿法中要求海色矩阵为可逆矩阵，因此具有一定的极限性。为推广牛顿法并提高计算效率，可构造近似矩阵并取代牛顿法中海色矩阵的逆，这样就得到了拟牛顿法。

令$\boldsymbol{p}^{(k)} = \boldsymbol{x}^{(k+1)} - \boldsymbol{x}^{(k)}$，$\boldsymbol{q}^{(k)} = \nabla f(\boldsymbol{x}^{(k+1)}) - \nabla f(\boldsymbol{x}^{(k)})$，则拟牛顿法中取代海色矩阵逆矩阵的矩阵 $\boldsymbol{H}_{k+1}$需满足

$$\boldsymbol{H}_{k+1} = \boldsymbol{H}_k + \Delta\boldsymbol{H}_k \tag{1-8-11}$$

其中，$\Delta\boldsymbol{H}_k$ 为校正矩阵。$\boldsymbol{H}_1$ 为任意 n 阶对称正定矩阵，通常选择 n 阶单位矩阵。常见的确定 $\boldsymbol{H}_{k+1}$的方法包括秩 1 校正和 DFP 校正等。

秩 1 校正：

$$\boldsymbol{H}_{k+1} = \boldsymbol{H}_k + \frac{(\boldsymbol{p}^{(k)} - \boldsymbol{H}_k\boldsymbol{q}^{(k)})(\boldsymbol{p}^{(k)} - \boldsymbol{H}_k\boldsymbol{q}^{(k)})^{\mathrm{T}}}{(\boldsymbol{q}^{(k)})^{\mathrm{T}}(\boldsymbol{p}^{(k)} - \boldsymbol{H}_k\boldsymbol{q}^{(k)})} \tag{1-8-12}$$

DFP 校正：

$$\boldsymbol{H}_{k+1} = \boldsymbol{H}_k + \frac{\boldsymbol{p}^{(k)}(\boldsymbol{p}^{(k)})^{\mathrm{T}}}{(\boldsymbol{p}^{(k)})^{\mathrm{T}}\boldsymbol{q}^{(k)}} - \frac{\boldsymbol{H}_k\boldsymbol{q}^{(k)}(\boldsymbol{q}^{(k)})^{\mathrm{T}}\boldsymbol{H}_k}{(\boldsymbol{q}^{(k)})^{\mathrm{T}}\boldsymbol{H}_k\boldsymbol{q}^{(k)}} \tag{1-8-13}$$

3. 共轭梯度法

首先引入共轭方向的概念。

定义 1.9.1 设 $\boldsymbol{A}$ 为 $n\times n$ 对称的正定矩阵，若$\mathbb{R}^n$中两个方向$\boldsymbol{d}^{(1)}$和$\boldsymbol{d}^{(2)}$满足

$$(\boldsymbol{d}^{(1)})^{\mathrm{T}}\boldsymbol{A}\boldsymbol{d}^{(2)} = 0 \tag{1-8-14}$$

则两个方向关于 $\boldsymbol{A}$ 共轭(正交)。若$\mathbb{R}^n$中 k 个方向$\boldsymbol{d}^{(1)},\boldsymbol{d}^{(2)},\cdots,\boldsymbol{d}^{(k)}$两两正交，则该组为 $\boldsymbol{A}$ 的 k 个共轭方向。

共轭梯度法的基本思想为将共轭方向结合最速下降法，通过已知点处的梯度构造一组共轭方向，并沿该组方向进行搜索。对于一般函数 $f(\boldsymbol{x})$，共轭梯度法的计算步骤如下：

步骤 1：给定初始点$\boldsymbol{x}^{(1)}$，允许误差 $\varepsilon>0$；令 $\boldsymbol{y}^{(1)} = \boldsymbol{x}^{(1)}$，$\boldsymbol{d}^{(1)} = -\nabla f(\boldsymbol{y}^{(1)})$，$k=j=1$。

步骤 2：若$\|\nabla f(\boldsymbol{y}^{(j)})\| < \varepsilon$，则终止计算；否则进行迭代，求步长 λ_j 满足

$$f(\boldsymbol{y}^{(j)}+\lambda_j \boldsymbol{d}^{(j)})=\min_{\lambda\geqslant 0} f(\boldsymbol{y}^{(j)}+\lambda \boldsymbol{d}^{(j)})$$

令

$$\boldsymbol{y}^{(j+1)}=\boldsymbol{y}^{(j)}+\lambda_j \boldsymbol{d}^{(j)}$$

步骤 3：若 $j<n$，转步骤 4；否则转步骤 5。

步骤 4：令 $\boldsymbol{d}^{(j+1)}=-\nabla f(\boldsymbol{y}^{(j+1)})+\beta_j \boldsymbol{d}^{(j)}$，其中因子 β_j 有多种计算公式，如

$$\beta_j=\frac{\|\nabla f(\boldsymbol{y}^{(j+1)})\|^2}{\|\nabla f(\boldsymbol{y}^{(j)})\|^2}$$

令 $j=j+1$，返回步骤 2。

步骤 5：令 $\boldsymbol{x}^{(k+1)}=\boldsymbol{y}^{(n+1)}$，$\boldsymbol{y}^{(1)}=\boldsymbol{x}^{(k+1)}$，$\boldsymbol{d}^{(1)}=-\nabla f(\boldsymbol{y}^{(1)})$；令 $j=1$，$k=k+1$，返回步骤 2。

4. 单纯形搜索法

单纯形搜索法为一种求解无约束最优化问题的直接方法，其中单纯形是指 n 维空间$\mathbb{R}^n$中具有 $n+1$ 个顶点的凸多面体。单纯形搜索法的基本思想为给定$\mathbb{R}^n$内的单纯形并求解其 $n+1$ 个顶点处得到的函数值，选择最高点(函数值最大的点)和最低点(函数值最小的点)，通过反射、扩展、压缩等方法求出更好的点，取代最高点构成新的单纯形(或向最低点收缩形成新单纯形逼近最小点)。

由此单纯形搜索法的计算步骤如下：

步骤 1：给定初始单纯形满足顶点 $\boldsymbol{x}^{(i)}\in\mathbb{R}^n$，$i=1,2,\cdots,n+1$；反射系数 $\alpha>0$，扩展系数 $\gamma>1$，压缩系数 $\beta\in(0,1)$，允许误差 $\varepsilon>0$。

步骤 2：计算该单纯形 $n+1$ 个顶点处的函数值 $f(\boldsymbol{x}^{(i)})$，并确定最高点 $\boldsymbol{x}^{(h)}$、次高点 $\boldsymbol{x}^{(g)}$、最低点 $\boldsymbol{x}^{(l)}$；计算除最高点 $\boldsymbol{x}^{(h)}$ 外其余 n 个顶点的函数值 $f(\bar{\boldsymbol{x}})$ 及其形心

$$\bar{\boldsymbol{x}}=\frac{1}{n}\left[\sum_{i=1}^{n+1}\boldsymbol{x}^{(i)}-\boldsymbol{x}^{(h)}\right]$$

步骤 3：进行反射操作，令

$$\boldsymbol{x}^{(n+2)}=\bar{\boldsymbol{x}}+\alpha(\bar{\boldsymbol{x}}-\boldsymbol{x}^{(h)})$$

并计算其函数值 $f(\boldsymbol{x}^{(n+2)})$。

步骤 4：若 $f(\boldsymbol{x}^{(n+2)})<f(\boldsymbol{x}^{(l)})$，则执行扩展操作，令

$$\boldsymbol{x}^{(n+3)}=\bar{\boldsymbol{x}}+\gamma(\boldsymbol{x}^{(n+2)}-\bar{\boldsymbol{x}})$$

计算其函数值 $f(\boldsymbol{x}^{(n+3)})$ 并转步骤 5；

若 $f(\boldsymbol{x}^{(l)})\leqslant f(\boldsymbol{x}^{(n+2)})\leqslant f(\boldsymbol{x}^{(g)})$，则令

$$\boldsymbol{x}^{(h)}=\boldsymbol{x}^{(n+2)}$$

计算函数值 $f(\boldsymbol{x}^{(h)})$ 并转步骤 7；

若 $f(\boldsymbol{x}^{(n+2)})>f(\boldsymbol{x}^{(g)})$，则执行压缩操作，令

$$f(\boldsymbol{x}^{(h')})=\min\{f(\boldsymbol{x}^{(h)}),f(\boldsymbol{x}^{(n+2)})\}$$

其中 $h'\in\{h,n+2\}$。

令

$$\boldsymbol{x}^{(n+4)}=\bar{\boldsymbol{x}}+\beta(\boldsymbol{x}^{(h')}-\bar{\boldsymbol{x}})$$

计算函数值 $f(\boldsymbol{x}^{(n+4)})$ 并转步骤 6。

步骤 5：若 $f(\boldsymbol{x}^{(n+3)})<f(\boldsymbol{x}^{(n+2)})$，则令 $\boldsymbol{x}^{(h)}=\boldsymbol{x}^{(n+3)}$ 并转步骤 7；否则令 $\boldsymbol{x}^{(h)}=\boldsymbol{x}^{(n+2)}$ 并转步骤 7。

步骤 6：若 $f(\boldsymbol{x}^{(n+4)})<f(\boldsymbol{x}^{(h')})$，则令 $\boldsymbol{x}^{(h)}=\boldsymbol{x}^{(n+4)}$；否则进行收缩操作，令

$$\boldsymbol{x}^{(i)}=\boldsymbol{x}^{(i)}+\frac{1}{2}(\boldsymbol{x}^{(l)}-\boldsymbol{x}^{(i)})$$

计算 $f(\boldsymbol{x}^{(i)})$ 并转步骤 7。

步骤 7：若

$$\left\{\frac{1}{n+1}\sum_{i=1}^{n+1}[f(\boldsymbol{x}^{(i)})-f(\bar{\boldsymbol{x}})]^2\right\}^{\frac{1}{2}}<\varepsilon$$

则认为满足收敛准则并停止计算；否则令 $k=k+1$ 返回步骤 2。

1.8.2 约束优化问题的数值优化算法

有约束的极值问题数学表示为：

$$\begin{aligned}&\min f(\boldsymbol{x})\\ &\text{s.t.}\quad \boldsymbol{x}\in\mathbb{R}^n\\ &\qquad\quad g_i(\boldsymbol{x})\geqslant 0,i=1,\cdots,m\\ &\qquad\quad h_j(\boldsymbol{x})=0,j=1,\cdots,l\end{aligned}\tag{1-8-15}$$

其中，$g_i(\boldsymbol{x})\geqslant 0$ 为不等式约束，$h_j(\boldsymbol{x})=0$ 为等式约束。在有约束的极值问题中，由于约束条件的存在限制了自变量的可行域，因此不能简单地用无约束极值条件处理约束问题。常用的处理约束最优化问题的确定性方法有惩罚函数法（包括外点罚函数法和内点罚函数法）、梯度投影法等。

1. 外点罚函数法

对于非线性约束条件的处理方法之一是将目标函数与约束条件结合组成增广函数，从而将原约束问题转化为求增广函数极值的无约束问题。例如，对于等式约束问题，可定义增广函数

$$F_1(\boldsymbol{x},\sigma)=f(\boldsymbol{x})+\sigma\sum_{j=1}^{l}h_j^2(\boldsymbol{x})\tag{1-8-16}$$

其中，σ 为很大的正数。则原问题可转化为无约束极值问题：

$$\min F_1(\boldsymbol{x},\sigma)\tag{1-8-17}$$

同理，对不等式约束问题，可定义增广函数

$$F_2(\boldsymbol{x},\sigma)=f(\boldsymbol{x})+\sigma\sum_{i=1}^{m}[\max\{0,-g_i(\boldsymbol{x})\}]^2\tag{1-8-18}$$

其中，σ 为很大的正数。则原问题可转化为无约束极值问题：

$$\min F_2(\boldsymbol{x},\sigma)\tag{1-8-19}$$

对上述情况加以推广，对于一般形式的无约束优化问题，可定义函数

$$F(\boldsymbol{x},\sigma)=f(\boldsymbol{x})+\sigma P(\boldsymbol{x})\tag{1-8-20}$$

其中，$\sigma P(\boldsymbol{x})$ 称为罚项；σ 为罚因子，通常为一个很大的正数；$P(\boldsymbol{x})$ 为连续函数，称为罚函数，具有如下形式：

$$P(\boldsymbol{x})=\sum_{i=1}^{m}\phi(g_i(\boldsymbol{x}))+\sum_{j=1}^{l}\varphi(h_j(\boldsymbol{x}))\tag{1-8-21}$$

其中，ϕ 和 φ 为连续函数，且满足

$$\begin{cases}\phi(\boldsymbol{y})=0, & \boldsymbol{y}\geqslant 0\\ \phi(\boldsymbol{y})>0, & \boldsymbol{y}<0\\ \varphi(\boldsymbol{y})=0, & \boldsymbol{y}=0\\ \varphi(\boldsymbol{y})>0, & \boldsymbol{y}\neq 0\end{cases} \tag{1-8-22}$$

因此,原约束问题即可转化为无约束问题:

$$\min F(\boldsymbol{x},\sigma)=f(\boldsymbol{x})+\sigma P(\boldsymbol{x}) \tag{1-8-23}$$

由此外点罚函数法的计算步骤如下:

步骤 1: 给定初始点$\boldsymbol{x}^{(0)}$、初始罚因子 σ_1、放大系数 $c>1$、允许误差 $\varepsilon>0$;令 $k=1$。

步骤 2: 取$\boldsymbol{x}^{(k-1)}$为初点,求解无约束极值问题得极小点$\boldsymbol{x}^{(k)}$,其中无约束极值问题为:

$$\min f(\boldsymbol{x})+\sigma_k P(\boldsymbol{x}) \tag{1-8-24}$$

步骤 3: 若 $\sigma_k P(\boldsymbol{x}^{(k)})<\varepsilon$,则终止计算;否则令 $\sigma_{k+1}=c\sigma_k$,$k=k+1$,返回步骤 2。

2. 内点罚函数法

内点罚函数法又称为碰壁函数法,其基本思想为从可行域内点出发,始终保持在可行域内部进行搜索。因此,其适用于约束条件只包含不等式约束的问题。

为保证迭代取得的点位于可行域内部,定义障碍函数

$$G(\boldsymbol{x},r)=f(\boldsymbol{x})+rB(\boldsymbol{x}) \tag{1-8-25}$$

其中,$B(\boldsymbol{x})$为连续函数,$\boldsymbol{x}$ 趋向可行域边界时满足 $B(\boldsymbol{x})\to\infty$;$r$ 为很小的正数。

因此原问题可转化为求下列问题的近似解:

$$\min G(\boldsymbol{x},r) \tag{1-8-26}$$

$$\text{s. t.}\quad \boldsymbol{x}\in \text{int}\, S$$

由此内点罚函数法的计算步骤如下:

步骤 1: 给定初始点$\boldsymbol{x}^{(0)}\in \text{int}\, S$、初始参数 r_1、缩小系数 $0<\beta<1$、允许误差 $\varepsilon>0$;令 $k=1$。

步骤 2: 取$\boldsymbol{x}^{(k-1)}$为初点求解极值问题的极小点$\boldsymbol{x}^{(k)}$,其中极值问题为:

$$\min f(\boldsymbol{x})+r_k B(\boldsymbol{x})$$

$$\text{s. t.}\quad \boldsymbol{x}\in \text{int}\, S$$

步骤 3: 若 $r_k B(\boldsymbol{x}^{(k)})<\varepsilon$,则终止计算;否则令 $r_{k+1}=\beta r_k$,$k=k+1$,返回步骤 2。

3. 梯度投影法

引入梯度投影法前,首先引入投影矩阵的概念。

定义 1.9.2 设 n 阶矩阵 $\boldsymbol{P}$ 满足 $\boldsymbol{P}=\boldsymbol{P}^{\mathrm{T}}$ 且 $\boldsymbol{P}^2=\boldsymbol{P}$,则 $\boldsymbol{P}$ 为投影矩阵。

梯度投影法的基本思想与梯度下降法等类似,均为从可行点出发沿可行方向进行搜索。其与无约束极值问题的不同点在于,当迭代出发点位于可行域边界时,将该点梯度投影至 $\boldsymbol{M}$ 的零空间,其中,$\boldsymbol{M}$ 为以起约束作用或部分起约束作用的梯度为行构造的矩阵。

由此梯度投影法的计算步骤如下:

步骤 1: 针对约束优化问题

$$\min f(\boldsymbol{x})$$

$$\text{s. t.}\quad \boldsymbol{A}\boldsymbol{x}\geqslant \boldsymbol{b},\quad \boldsymbol{E}\boldsymbol{x}=\boldsymbol{e}$$

给定初始可行点$\boldsymbol{x}^{(1)}$,令 $k=1$。

步骤 2: 在$\boldsymbol{x}^{(k)}$处将 $\boldsymbol{A}$ 和 $\boldsymbol{b}$ 分解为$\begin{pmatrix}\boldsymbol{A}_1\\ \boldsymbol{A}_2\end{pmatrix}$,$\begin{pmatrix}\boldsymbol{b}_1\\ \boldsymbol{b}_2\end{pmatrix}$,使得 $\boldsymbol{A}_1\boldsymbol{x}^{(k)}=\boldsymbol{b}_1$,$\boldsymbol{A}_2\boldsymbol{x}^{(k)}>\boldsymbol{b}_2$。

步骤 3： 令 $\boldsymbol{M}=\begin{pmatrix}\boldsymbol{A}_1\\ \boldsymbol{E}\end{pmatrix}$。若 $\boldsymbol{M}$ 为空，则令 $\boldsymbol{P}$ 为单位矩阵 $\boldsymbol{I}$；否则令 $\boldsymbol{P}=\boldsymbol{I}-\boldsymbol{M}^T(\boldsymbol{M}\boldsymbol{M}^T)^{-1}\boldsymbol{M}$。

步骤 4： 令 $\boldsymbol{d}^{(k)}=-\boldsymbol{P}\nabla f(\boldsymbol{x}^{(k)})$。若 $\boldsymbol{d}^{(k)}\neq 0$，转步骤 6；否则转步骤 5。

步骤 5： 若 $\boldsymbol{M}$ 为空，则终止迭代计算；否则令

$$\boldsymbol{W}=(\boldsymbol{M}\boldsymbol{M}^T)^{-1}\boldsymbol{M}\nabla f(\boldsymbol{x}^{(k)})=\begin{pmatrix}\boldsymbol{u}\\ \boldsymbol{v}\end{pmatrix}$$

若 $\boldsymbol{u}\geqslant 0$ 则终止计算；若 $\boldsymbol{u}$ 包含负分量，则选择一个负分量 u_j 进行修正，即删去 $\boldsymbol{A}_1$ 中对应的 u_j 分量，返回步骤 3。

步骤 6： 求下列极值问题，得到最优步长 λ_k。

$$\begin{aligned}&\min f(\boldsymbol{x}^{(k)}+\lambda\boldsymbol{d}^{(k)})\\ &\text{s. t.}\quad 0\leqslant\lambda\leqslant\lambda_{\max}\end{aligned}$$

令 $\boldsymbol{x}^{(k+1)}=\boldsymbol{x}^{(k)}+\lambda_k\boldsymbol{d}^{(k)}$，$k=k+1$，返回步骤 2。

1.8.3 模拟退火算法

模拟退火算法参考的是物理学中系统冷却退火过程中内部原子结构变化的热力学原理：若对高温状态下的液态金属进行缓慢退火冷却，则金属原子能够从处于无序运动状态到自行生成有序排列的晶体，此时达到能量最低状态，称为基态。

对于随机性方法，为避免其陷入局部最优解，保证其尽可能搜索到全局最优解，通常会加入一定的随机性因素。在模拟退火算法中，人们使用 Metropolis 准则以增强算法的全局搜索能力，其基本思想为对于次优解以一定概率接受。

求解全局优化问题的模拟退火算法步骤如下：

步骤 1： 给定初始温度 T_0、终止温度 T_f，以及退火过程中的温度更新策略。由模拟退火原理特性可知，初始温度通常设置为较高值，而终止温度则设置为较低值，作为基态；温度更新函数决定了算法迭代次数。同时，给定一个初始解 $\boldsymbol{x}_0$ 并计算其对应的函数值 $V(\boldsymbol{x}_0)$。

步骤 2： 根据温度更新函数更新当前温度。

步骤 3： 对当前解随机施加扰动产生更新解 $\boldsymbol{x}_{t+1}$，计算对应的函数值 $V(\boldsymbol{x}_t)$ 及 $\Delta V=V(\boldsymbol{x}_t')-V(\boldsymbol{x}_t)$.

步骤 4： 通过 Metropolis 准则判断是否接受更新解。Metropolis 准则以概率接受新状态，可概括为：若更新解 $\boldsymbol{x}_t'$ 优于当前解 $\boldsymbol{x}_t$，则接受更新解作为该步迭代得到的新解；若更新解次于当前解，则以一定概率接受更新解作为新解。应用 Metropolis 准则可使得算法迭代过程中存在一定概率跳出局部最优解，避免算法陷入局部最优解。模拟退火算法中的具体表达如下：

$$\begin{cases}\boldsymbol{x}_{t+1}=\boldsymbol{x}_t', & \Delta V<0 \text{ 或 } p\geqslant\exp\left(-\dfrac{\Delta V}{T}\right)\\ \boldsymbol{x}_{t+1}=\boldsymbol{x}_t, & \text{其他}\end{cases}$$

若 $\Delta V<0$，即更新解优于当前解，则接受更新解作为该步的迭代结果；若 $\Delta V\geqslant 0$，则以一定概率 p 接受次优解作为该步的迭代结果，其中 p 为(0,1)内的随机数。

步骤 5： 判断是否达到终止条件。若满足终止条件则结束计算并输出最终解，否则返回步骤 2。

1.8.4 遗传算法

遗传算法的基本原理是按照设定的编码方式生成包含数个个体的初始群体作为父代，通过对群体内个体进行交叉、编译、选择等操作，生成由新个体组成的群体作为子代，相当于完成了一代遗传进化过程。其中，对于生成个体的评价指标，采用根据优化问题目标函数构造的适应度函数进行评价。最终，经过预先设定的进化代数或运行时间，以得到最佳适应度的个体作为最优解。下面对基本遗传算法的具体实现步骤进行说明。

步骤1：初始化群体。随机生成包含 N 个染色体（个体）的初始种群，并将该种群记为 $P_0=\{X_1,X_2,\cdots,X_n\}$。生成过程包括了编码策略和个体生成策略。每个代表问题可行解的个体在遗传算法中需要通过数位编码进行表示，其中常见的编码方式包括二进制编码和实数编码等。二进制编码中，每个个体映射为由数个0或1组成的字符串，其中每位0或1代表染色体中的一位基因。

进行完遗传操作后得到的个体再通过解码操作进行还原并通过适应度函数进行评估和选择操作。若为实数编码，则染色体个体 $X=\{x_1,x_2,\cdots,x_i,\cdots,x_n\}$，$1\leqslant i\leqslant n$，满足 $x_i\in\mathbb{R}$。针对部分排序问题，如旅行商问题、调度问题等，则可采用顺序编码，染色体个体 $X=\{x_1,x_2,\cdots,x_i,\cdots,x_n\}$，$1\leqslant i,j\leqslant n$，满足 $i\neq j$ 时，要求 $x_i\neq x_j$，$x_i\in\mathbb{N}$。初始种群则针对选择的编码策略产生。例如，对于二进制编码，则每位基因可通过随机方式产生：

$$x_i=\begin{cases}1, & r>0.5\\0, & r\leqslant 0.5\end{cases}$$

其中，r 是一个介于0和1之间的随机实数。

针对实数编码，同样可采用随机方式进行初始化：生成介于0和1之间的随机数 r 并得到 $[a_i,b_i]$ 内的实数变量：

$$x_i=a_i+r(b_i-a_i),\quad i=1,2,\cdots,l$$

步骤2：设计并计算适应度函数。适应度函数是遗传算法中评价群体中个体质量的定量指标，根据实际问题，通过对目标函数进行变换而生成。常见的适应度函数设计有如下若干种形式。

- 线性变换，变换形式如下：

$$F=a^k\cdot f+b^k \tag{1-8-27}$$

其中 f 为目标函数，F 为适应度函数，a，b 为设定的参数。$k=1$ 为静态线性变换，否则为动态线性变换，k 值随迭代次数增加而变化。

- 幂律变换，变换形式如下：

$$F=f^a \tag{1-8-28}$$

显然，$a=1$ 时，适应度函数值即转化为目标函数值。

步骤3：选择。对于遗传算法，每代迭代过程中，都需要从父代种群中选择合适的个体进行遗传交叉等操作产生子代。为保证进化同时避免陷入局部最优解，选择策略应在适应度高个体具有高选择概率的同时保持物种多样性。因此，通常将群体中每个个体被选择的概率与适应度关联，数学表达如下：

$$P_i=\frac{F_i}{\sum\limits_{i=1}^{n}F_i},\quad i=1,2,\cdots,n \tag{1-8-29}$$

其中，F 为适应度，n 为种群规模。

步骤 4： 进行交叉操作。与生物界的遗传原理类似，随机选择两个父代染色体，交叉操作通过交换部分基因完成。常用的交叉操作包括单点交叉和双点交叉等。单点交叉为选择某个基因位置作为交叉点，父代个体交换交叉点右侧部分得到子代新个体；双点交叉则为在个体中随机选择两个交叉点，交换两交叉点间的部分得到新个体并将其作为子代个体。同时，在进行交叉操作时，通常设定交叉率 p_c 表示种群中交叉产生的个体数与种群总个体数的比值。设置合适的交叉率能够在得到全局最优解的同时提高算法的运行速度。

步骤 5： 进行变异操作。变异操作是将染色体中部分基因位通过等位基因进行替换的操作。例如，对于二进制编码，变异操作即将该基因位进行反转。对于实数编码的染色体，每位基因的变异方式为：

$$x_j = x_k + \mu \tag{1-8-30}$$

其中 μ 为变异步长。变异后的个体需保证满足原优化问题的约束条件。

与交叉操作类似，变异操作同样需要设定交叉率 p_m，即每个基因位都有 p_m 的概率进行突变操作。

步骤 6： 终止条件判断。通常终止条件设定为最大迭代次数，若达到最大迭代次数则结束运行并输出最高适应度个体；否则，返回步骤 2 继续运行。终止条件也可设定为一定的搜索精度。

本章小结

本章主要介绍基础知识。读者如果想更深入学习本章的相关知识，可以参看文献[55]、[67]、[74]、[75]、[90]、[92]、[110]、[114]等。读者如果对该部分知识已经掌握，可以直接跳过本章节内容。

习　题

1. 令 V 是由 $a=(a_1,a_2)$ 元素组成的集合，定义如下加法和标量乘法：

$$a+b=(a_1b_1,a_2b_2)$$

$$\alpha a=(\alpha a,\alpha b)$$

问：V 是否构成了一个线性向量空间？如果是，写出单位向量与逆向量。

2. 判断下列集合是不是线性矢量空间：

(1) P_1：所有次数小于或等于 n 的多项式构成的集合；

(2) P_2：所有次数等于 n 的多项式构成的集合。

3. 证明：两个子空间的交集还是一个子空间。

4. 证明：两个子空间的并集是子空间。

5. 证明：如果 $W=U\oplus V$，则 $\forall w\in W$，则 w 可唯一表示成 $w=u+v, u\in U, v\in V$。

6. 计算下列子空间的并集与交集：

(1) $U=\{x\in R^3, x_1+x_2+x_3=0\}, V=\{x\in R^3, x_1=x_3\}$；

(2) $U=\{x\in R^3, x_1=x_2=0\}, V=\{x\in R^3, x_1=x_3\}$。

7. 计算如下常微分方程的解张成的子空间的一组基。

(1) $\frac{\mathrm{d}^4 x}{\mathrm{d}t^4}-k^4 x=0$, $k>0$;

(2) $\frac{\mathrm{d}^2 x}{\mathrm{d}t^2}+2\frac{\mathrm{d}x}{\mathrm{d}t}+2x=0$。

8. 令 T_1 和 T_2 是如下的两个线性算子:

$$T_1 x=\{x_1-x_3, x_2+x_3, 0\}$$
$$T_2 x=\{2x_1-x_2, x_1, x_2-x_3\}$$

计算:

(1) T_1+T_2;

(2) $T_1 T_2$;

(3) $T_2 T_1$。

9. 证明:线性空间的一个线性变换的值域与核空间是子空间。

10. 若 $U=P_3$ 是由次数小于或等于3的实系数多项式构成的子空间,$V=P_1$ 是由次数小于或等于1的实系数多项式构成的子空间,令 $D=\frac{d^2}{\mathrm{d}x^2}$ 是一个线性算子,求算子 D 在两个空间的基上的矩阵表示。

11. 若 $V=P_3$ 是由次数小于或等于3的实系数多项式构成的子空间,$\{1, x, x^2, x^3\}$ 是一组基,求:

(1) $P(x)$ 到 $P(x+1)$ 的线性变换 T_1 的表示;

(2) $P(x)$ 的 $\dot{P}(x)$ 线性变换 T_2 的表示,$\dot{P}(x)$ 表示导数;

(3) T_1+T_2 与 $T_1 T_2$ 的表示。

12. 证明:如果 $p(x)$ 在 $[a,b]$ 上连续,且 $0<c_1<p(x)<c_2$, $\forall x\in[a,b]$, $u(t)\in \mathrm{L}_2[a,b]$ 令

$$\|u\|=\left[\int_a^a u^2 p(x)\mathrm{d}x\right]^{\frac{1}{2}}$$

则 $\|u\|$ 是 $\mathrm{L}_2[a,b]$ 的一个范数。

13. 计算如下函数的范数:

(1) $u=\sin\pi x-x$,求 $\mathrm{L}_2[0,1]$-范数;

(2) $u=\sqrt[3]{x}$,求 $\mathrm{L}_2[0,1]$-范数;

(3) $u(x)=xy(1-x)(1-y)$, $0\leqslant x\leqslant 1$, $0\leqslant 1$, $y\leqslant 1$ 求 $\mathrm{L}_2[0,1]$-范数。

14. 证明:对一个内积空间,下面3条结论是相互等价的。

(1) 平行四边形法则 $\|u+v\|^2+\|u-v\|^2=2(\|u\|^2+\|v\|^2)$;

(2) $(u,v)=\frac{1}{2}[\|u+v\|^2-\|u-v\|^2]$;

(3) $\|\|u\|-\|v\|\|\leqslant\|u-v\|$。

15. 证明:若 $u(\tau), v(\tau)\in \mathrm{C}[0,t]$, $t>0$,则

$$(u,v)=\int_0^t u(t-\tau)v(\tau)\mathrm{d}t$$

是一个内积。

16. 计算如下函数对在 $[0,1]$ 区间上的内积:

(1) $u=x-x^2$，$v=\sin \pi x$；

(2) $u=1+x, v=3x^2+1$。

17. 令 $V=C[-1,1]$，表示在$[-1,1]$上连续的全体函数空间，具有 L_2 内积，若 S 是由全体奇函数 $f(-x)=-f(x)$ 构成的子空间，求 $S^{\perp}$。

18. 利用拉格朗日乘子法求解下列极小值问题：

(1) $J(x)=x_1+x_2$，s. t. $G(x)=x_1+x_2^2=0$；

(2) $J(x)=x_1^2+x_2^2+2x_2^2-x_1-x_2x_3$，s. t. $G(x)=x_1+x_2+x_3-35=0$。

19. 构图问题：

(1) 用一条长度为 l 的线段，构造一个面积最大的矩形；

(2) 用最小长度的曲线，构造一个面积为 a^2 的矩形；

(3) 画出(1)、(2)两种情形的几何图形。

20. (1)利用条件极值，证明 $x^2y^2z^2$ 在球 $x^2+y^2+z^2=r^2$ 上的最小值为$(r^2/3)^3$；

(2) 求证 $x^2+y^2+z^2$ 在 $x^2y^2z^2=(r^2/3)^3$ 上的最大值为 r^2。

21. 利用库恩-塔克条件求解如下极小值问题：

(1) $J(x)=x_1^2+x_2^2$，s. t. $G_1=x_1+x_2-1=0$，$x_2\leqslant a$；

(2) $J(x)=x_1^2+x_2^2+x_3^2+x_4^2$，s. t. $G_1=x_1+x_2+x_3+x_4-1=0$，$x_4\leqslant a$；

(3) $J(x)=x_1^2+x_2^2$，s. t. $G_1=x_1+x_2-1=0$，$G_2=x_1-x_2+1\geqslant 0$，$x_1\geqslant 0$，$x_2\geqslant 0$；

(4) $J(x)=x_1^2+x_2^2+2x_1-2x_2$，s. t. $G_1=x_1-x_2-1\leqslant 0, G_2=x_1^2+x_2+1\leqslant 0, x_1\geqslant 0, x_2\geqslant 0$。

22. 图形设计问题：

(1) 求可画在椭圆形里的最大周长的矩形，即在约束 $x^2/a^2+y^2/b^2=1$ 下求 $4(x+y)$的最大值；

(2) 求面积以 $4xy$ 为最大且可以画在椭圆 $x^2/a^2+y^2/b^2=1$ 内的矩形。

23. 假设要设计一个长方体油罐箱，已知材料的外部表面积是 S，问：如何设计邮箱的长、宽、高，可使得油箱装最多的油？

第2章

变分法及其应用

本章主要介绍了经典变分法及其在最优控制中的应用。采用经典的变分法，可以得到泛函极值存在的必要条件。由于该必要条件可以得到一组微分方程的求解，因此基于变分法的最优控制问题求解将转化为一组常微分方程的两点边值问题求解。

变分是数学分析的一个分支，主要用来研究积分型泛函的极值问题，其在数学、力学、自动控制等科学与工程领域具有广泛的应用。

2.1 泛函的极值

变分的提出，是为了处理泛函的极值问题。这里首先介绍泛函的极值方面的有关知识。

定义 2.1.1 令 $\boldsymbol{Y}$ 是一个赋范线性空间的子集，若对于任意的 $\boldsymbol{y}\in\boldsymbol{Y}$，有映射 $J:\boldsymbol{Y}\to\mathbb{R}$，则称 J 为定义在 $\boldsymbol{Y}$ 上的泛函，记为 $J(\boldsymbol{y})$，称 $\boldsymbol{y}$ 为泛函 $J(\boldsymbol{y})$ 的宗量，$\boldsymbol{Y}$ 为 $J(\boldsymbol{y})$ 的定义域(或称为容许集)。

定义 2.1.2 对于泛函 $J(\boldsymbol{y})$，如果存在 $\boldsymbol{y}^*\in\boldsymbol{Y}$，对于 $\forall\,\boldsymbol{y}\in\boldsymbol{Y}$，都有 $J(\boldsymbol{y})\geqslant J(\boldsymbol{y}^*)$，则称 $J(\boldsymbol{y}^*)$ 是泛函 $J(\boldsymbol{y})$ 在 $\boldsymbol{Y}$ 上的极小值，$\boldsymbol{y}^*$ 称为泛函 $J(\boldsymbol{y})$ 极小值解。反之，若对于 $\forall\,\boldsymbol{y}\in\boldsymbol{Y}$ 都有 $J(\boldsymbol{y})\leqslant J(\boldsymbol{y}^*)$，则称 $J(\boldsymbol{y}^*)$ 是泛函 $J(\boldsymbol{y})$ 在 $\boldsymbol{Y}$ 上的极大值，$\boldsymbol{y}^*$ 称为泛函 $J(\boldsymbol{y})$ 极大值解。

一般简称 $\boldsymbol{y}^*$ 为泛函极值问题的最优解或最优曲线。

与函数极值不同，对泛函来说，若对两条曲线的逼近度的要求不同，则可能得到不同的极值。

例如，若 $y_1,y_2\in \mathrm{C}[a,b]$，定义距离(范数)如下：

$$d_0(y_1(t),y_2(t))=\max_{a\leqslant t\leqslant b}\{|y_1(t)-y_2(t)|\} \tag{2-1-1}$$

在式(2-1-1)的意义下，如果 $d_0(y_1,y_2)$ 足够小，则称两条曲线 $y_1(t),y_2(t)$ 绝对逼近。

若 $y_1,y_2\in \mathrm{C}^r[a,b]$，$\mathrm{C}^r[a,b]$ 表示 $[a,b]$ 上所有 r 阶可导的函数集合，除了要求绝对逼近之外，还要求它们的 1 阶至 r 阶导数的曲线也要逼近，则需定义如下距离：

$$d_r(y_1(t),y_2(t))=\max_{a\leqslant t\leqslant b}\{|y_1(t)-y_2(t)|,|\dot{y}_1(t)-\dot{y}_2(t)|,\cdots,|y_1^{(r)}(t)-y_2^{(r)}(t)|\} \tag{2-1-2}$$

在式(2-1-2)的意义下，如果 $d(y_1,y_2)$ 足够小，则称两条曲线 $y_1(t),y_2(t)$ 是 r 阶逼近的。

若仅仅要求两条曲线按照式(2-1-1)绝对逼近，所得到的泛函极值称为强极值；若要求曲线按照式(2-1-2)的意义逼近，所得到的泛函极值则称为弱极值。如果 $y^*(t)$是强极值的解，则一定也是弱极值的解；反之，则不成立，即弱极值解不一定是强极值解。强极值曲线和弱极值曲线分别如图 2.1.1 和图 2.1.2 所示。

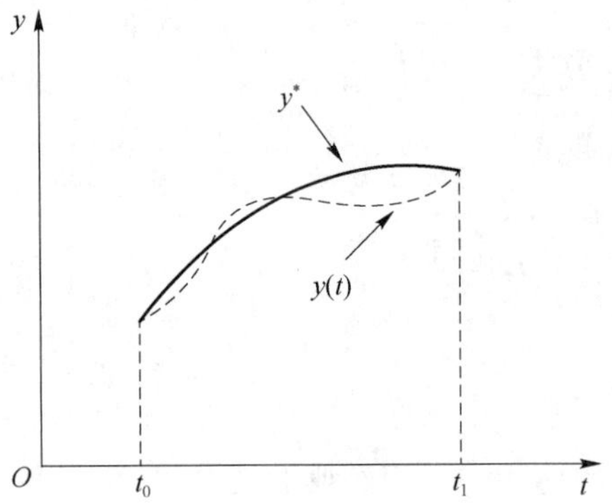

图 2.1.1　强极值曲线

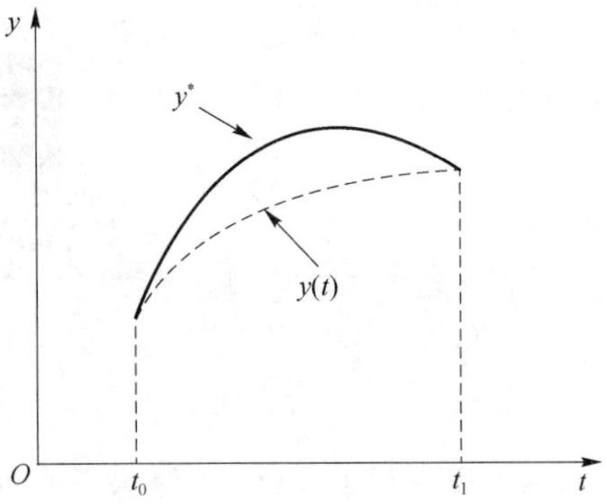

图 2.1.2　弱极值曲线

我们常碰到的泛函极值问题都是局部极值。若 $y^*(t)$是泛函 $J(y(t))$的某个局部极值问题的解，则在要求的距离意义下，我们可以定义它的一个 ε 邻区，如图 2.1.3 所示。

定义 2.1.3　集合 $D=\{y|d(y,y^*)\leqslant\varepsilon\}$称为 $C^r[a,b]$内的一个关于 $y^*(t)$的一个 ε-邻区，其中距离定义见式(2-1-2)。

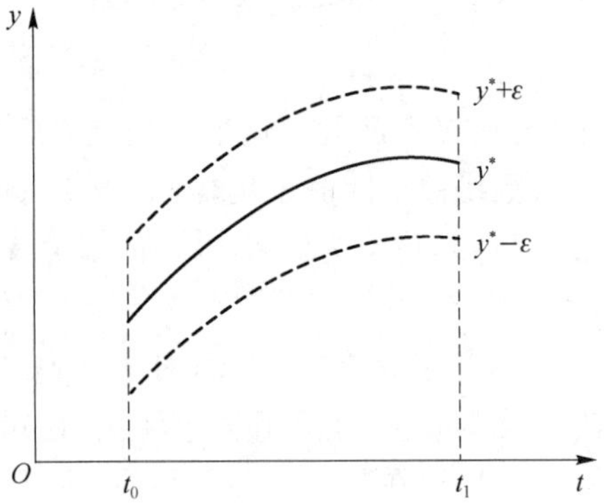

图 2.1.3　ε-邻区示意图

2.2　变分的定义与运算

类似于微分算子，变分也是一个算子，其定义如下。

定义 2.2.1　令 $y(t),y^*(t)\in\mathbf{Y}$，则 $y^*(t)$的变分记为 δy，其定义如下：

$$\delta y=y-y^* \tag{2-2-1}$$

或者

$$\delta y=\varepsilon\eta \tag{2-2-2}$$

其中 $\varepsilon>0$ 是一个任意小的实数。

显然变分 δ 是一个算子，若 $\dot{y}$ 表示 y 的一阶导数，则 $\dot{y}^*(t)$ 的变分定义为：

$$\delta\dot{y}=\dot{y}-\dot{y}^* \tag{2-2-3}$$

或者

$$\delta\dot{y}=\varepsilon\dot{\eta},\varepsilon>0 \tag{2-2-4}$$

我们知道一个全微分算子 d 可以作用到函数 $F(x_1,x_2,x_3)$，其定义如下：

$$\mathrm{d}F(x_1,x_2,x_3)=F_{x_1}\mathrm{d}x_1+F_{x_2}\mathrm{d}x_2+F_{x_3}\mathrm{d}x_3 \tag{2-2-5}$$

我们称之为 $F(x_1,x_2,x_3)$ 的一次全微分。其中 $F_{x_i}=\partial F/\partial x_i$。

同样，一个变分算子也可以作用于一个泛函 $J(y,\dot{y})$。我们计算 $J(y,\dot{y})$ 的增量，

$$\Delta J(y,\dot{y})=J(y,\dot{y})-J(y^*,\dot{y}^*)=J_y\delta y+J_{\dot{y}}\delta\dot{y}+O(\delta^2y,\delta^2\dot{y}) \tag{2-2-6}$$

定义 2.2.2 泛函 J 的增量的线性主部称为泛函的一次变分，可简称为泛函的变分，记为 δJ。

显然，泛函 $J(y,\dot{y})$ 的变分为：

$$\delta J=J_y\delta y+J_{\dot{y}}\delta\dot{y} \tag{2-2-7}$$

如果采用式(2-2-4)表示，泛函 J 变分还可定义如下：

$$\delta J(y^*)=\varepsilon\left[\frac{\mathrm{d}J(y^*+\varepsilon\eta)}{\mathrm{d}\varepsilon}\bigg|_{\varepsilon=0}\right] \tag{2-2-8}$$

事实上，若按照式(2-2-8)，则

$$\begin{aligned}\delta J&=\varepsilon\left[\frac{\mathrm{d}}{\mathrm{d}\varepsilon}(J(y^*+\varepsilon\eta,\dot{y}^*+\varepsilon\dot{\eta}))\bigg|_{\varepsilon=0}\right]\\&=J_y\varepsilon\eta+J_{\dot{y}}\varepsilon\dot{\eta}=J_y\delta y+J_{\dot{y}}\delta\dot{y}\end{aligned} \tag{2-2-9}$$

因此两种泛函变分的定义是等价的。

跟微分算子一样，将变分算子应用于泛函 $F_1,F_2,G(u,v)$，满足下面运算法则：

$$\delta(F_1+F_2)=\delta F_1+\delta F_2 \tag{2-2-10a}$$

$$\delta(F_1F_2)=\delta F_1F_2+F_1\delta F_2 \tag{2-2-10b}$$

$$\delta\left(\frac{F_1}{F_2}\right)=\frac{\delta F_1F_2-F_1\delta F_2}{F_2^2} \tag{2-2-10c}$$

$$\delta(F_1)^n=n(F_1)^{n-1}\delta F_1 \tag{2-2-10d}$$

$$\delta G(u,v)=\frac{\partial G}{\partial u}\delta u+\frac{\partial G}{\partial v}\delta v \tag{2-2-10e}$$

$$\frac{\mathrm{d}}{\mathrm{d}t}(\delta y)=\varepsilon\frac{\mathrm{d}}{\mathrm{d}t}(\eta)=\varepsilon\frac{\mathrm{d}\eta}{\mathrm{d}t}=\delta\left(\frac{\mathrm{d}y}{\mathrm{d}t}\right)=\delta\dot{y} \tag{2-2-10f}$$

$$\delta\left(\int_a^b y\,\mathrm{d}t\right)=\varepsilon\delta\int_a^b\eta\,\mathrm{d}t=\delta\int_a^b\varepsilon\eta\,\mathrm{d}t=\int_a^b\delta y\,\mathrm{d}t \tag{2-2-10g}$$

对于一个泛函 $J(y,\dot{y})$，可在 $y^*(t)$ 处按泰勒级数展开成

$$J(y,\dot{y})=J(y^*,\dot{y}^*)+\delta J+\delta^2J+\cdots \tag{2-2-11}$$

其中，δJ 称为 J 在 $y^*(t)$ 处的一次变分，简称为 J 的变分；δ^2J 称为 J 在 $y^*(t)$ 处的二阶变分，依次类推。

定理 2.2.1 假定 $J(y,\dot{y})$ 是对 $y,\dot{y}$ 可求偏导的，则 $y^*,\dot{y}^*$ 是泛函 $J(y,\dot{y})$ 的一个局部极小解的必要条件是

$$\delta J=0 \tag{2-2-12}$$

证明： 令 $y(t)=y^*+\varepsilon\eta,\dot{y}(t)=y^*+\varepsilon\eta$，则 $J(y,\dot{y})$ 是关于变量 ε 的函数，显然当 $\varepsilon=0$ 时，

J 达到极值，由于 ε 不受限，极值的必要条件为驻值方程：

$$\left.\frac{\mathrm{d}J(y^*+\varepsilon\eta,\dot{y}^*+\varepsilon\dot{\eta})}{\mathrm{d}\varepsilon}\right|_{\varepsilon=0}=0$$

采用式(2-2-9)，即

$$\delta J=\varepsilon\left[\left.\frac{\mathrm{d}J(y^*+\varepsilon\eta,\dot{y}^*+\varepsilon\dot{\eta})}{\mathrm{d}\varepsilon}\right|_{\varepsilon=0}\right]=0$$

证毕！

2.3 欧拉方程

考虑如下积分型泛函求极值问题：

$$J(y)=\int_{t_0}^{t_f}F[t,y(t),\dot{y}(t)]\mathrm{d}t,y(t)\in \mathrm{C}^2[t_0,t_f] \tag{2-3-1}$$

假设 F 是 $x,y(t),\dot{y}(t)$ 的连续函数，并且关于 $y(t),\dot{y}(t)$ 是可求偏导数的，$y(t)$ 的极值曲线设为 $y^*=y^*(t)$，则 $y^*(t),\dot{y}^*(t)$ 的变分表示为：

$$\delta y=y-y^*,\delta\dot{y}=\dot{y}-\dot{y}^* \tag{2-3-2}$$

在以下的讨论中，如果不特别说明，我们一般讨论泛函的极小值问题，为了公式简明化，我们将式(2-3-1)简写为：

$$J(y^*)=\min_y\left\{\int_{t_0}^{t_f}F(t,y,\dot{y})\mathrm{d}t\right\} \tag{2-3-3}$$

对于求极大值问题，我们可以通过对泛函前面加负号，将其转化为求极小值问题。

对于式(2-3-3)，可以分为 2.3.1～2.3.5 节所示的 5 种情形，下面就这 5 种情形分别进行讨论。

2.3.1 初始时刻与终端时刻固定情形

由式(2-3-1)，计算泛函增量：

$$\begin{aligned}J(y)-J(y^*)&=\int_{t_0}^{t_f}[F(t,y,\dot{y})-F(t,y^*,\dot{y}^*)]\mathrm{d}x\\&=\int_{t_0}^{t_f}(F_y\delta y+F_{\dot{y}}\delta\dot{y})\mathrm{d}t+O(\|\delta y\|^2+\|\delta\dot{y}\|^2)\mathrm{d}t\end{aligned} \tag{2-3-4}$$

其中，

$$F_y\triangleq\frac{\partial F}{\partial y},\quad F_{\dot{y}}\triangleq\frac{\partial F}{\partial\dot{y}} \tag{2-3-5}$$

泰勒级数的系数部分都是在极值曲线上，即如式(2-3-5)所示。后面为了公式简明化，我们将其直接简写为 $F_y,F_{\dot{y}}$ 或者 $\partial F/\partial y,\partial F/\partial\dot{y}$。

由泛函变分定义，可知

$$\delta J=\int_{t_0}^{t_f}(F_y\delta y+F_{\dot{y}}\delta\dot{y})\mathrm{d}t \tag{2-3-6}$$

对式(2-3-6)右边第二项分步积分，有

$$\begin{aligned}\delta J&=\int_{t_0}^{t_f}[F_y\delta y\mathrm{d}t+F_{\dot{y}}\mathrm{d}(\delta y)]=\int_{t_0}^{t_f}F_y\delta y\mathrm{d}t-\int_{t_0}^{t_f}\frac{\mathrm{d}F_{\dot{y}}}{\mathrm{d}t}\delta y\mathrm{d}t+F_{\dot{y}}\delta y\Big|_{t_0}^{t_f}\\&=F_{\dot{y}}\delta y\Big|_{t_0}^{t_f}+\int_{t_0}^{t_f}\left(F_y-\frac{\mathrm{d}F_{\dot{y}}}{\mathrm{d}t}\right)\delta y\mathrm{d}t\end{aligned} \tag{2-3-7}$$

由极值必要条件,得 $\delta J=0$。

引理 2.3.1 式(2-3-7)等于0成立的充分必要条件是

$$F_{\dot{y}}\delta y\big|_{t_0}^{t_f}=F_{\dot{y}}\delta y\big|_{t_f}-F_{\dot{y}}\delta y\big|_{t_0}=0 \tag{2-3-8}$$

$$\int_{t_0}^{t_f}\left(F_y-\frac{\mathrm{d}F_{\dot{y}}}{\mathrm{d}t}\right)\delta y\mathrm{d}t=0 \tag{2-3-9}$$

证明:充分性显然。

必要性:我们可以将 $\delta y\big|_{t_f}$,$\delta y\big|_{t_0}$ 看作两条曲线在初始时刻与终端时刻的截距。考虑3种情形,分别如图2.1.1~2.1.3所示。

(1) 初始状态与终端状态都固定

此时 $\delta y\big|_{t_f}=0$,$\delta y\big|_{t_0}=0$,所以式(2-3-8)自然成立。

(2) 初始状态自由,终端状态固定

此时 $\delta y\big|_{t_0}\neq 0$,$\delta y\big|_{t_f}=0$。则横截条件变为 $F_{\dot{y}}\delta y\big|_{t_0}^{t_f}=-F_{\dot{y}}\delta y\big|_{t_0}=0$。

用反证法,假定 $F_{\dot{y}}\delta y\big|_{t_0}\neq 0$,不妨设 $F_{\dot{y}}\delta y\big|_{t_0}\geqslant 0$,由于 δy 取值的任意性与多变性,在 ε 邻区内总可以选择一个 δy,使得

$$\int_{t_0}^{t_f}\left(F_y-\frac{\mathrm{d}F_{\dot{y}}}{\mathrm{d}t}\right)\delta y\mathrm{d}t>0$$

这与极值问题的必要条件相矛盾,所以假设不成立。所以必有 $F_{\dot{y}}\delta y\big|_{t_0}=0$,及式(2-3-9)成立。

(3) 初始状态与终端状态都自由

此时,$\delta y\big|_{t_f}$,$\delta y\big|_{t_0}$ 也是自由的。图2.3.3所示情形跟情形2类似,$F_{\dot{y}}\delta y\big|_{t_0}^{t_f}$ 的取值只决定于初终时刻与初终状态,而 $\int_{t_0}^{t_f}(F_y-\mathrm{d}F_{\dot{y}}/\mathrm{d}t)\delta y\mathrm{d}t$ 的取值决定于积分的值。由于 δy 取值的任意性与多变性,导致 $F_{\dot{y}}\delta y\big|_{t_0}^{t_f}$ 的取值与 $\int_{t_0}^{t_f}(F_y-\mathrm{d}F_{\dot{y}}/\mathrm{d}t)\delta y\mathrm{d}t$ 是无关的。要保证式(2-3-7)成立,只有让式(2-3-8)与式(2-3-9)都成立。

证毕!

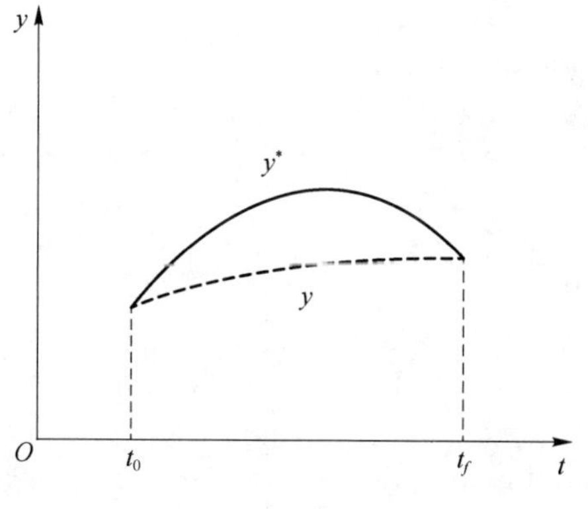

图 2.3.1 初始状态和终端状态都固定

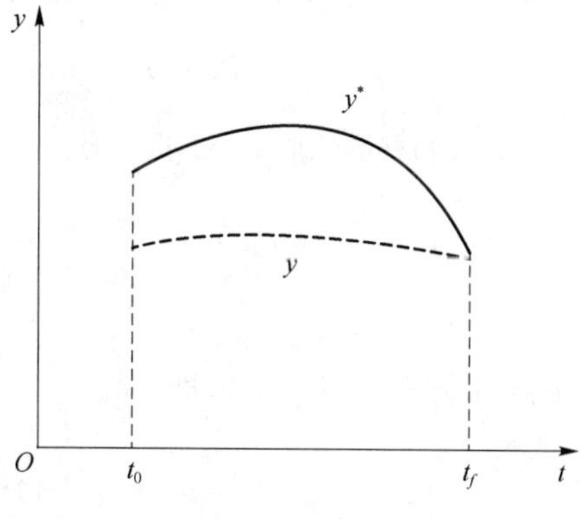

图 2.3.2 初始状态自由,终端状态固定

引理 2.3.2 $\int_{t_0}^{t_f}(F_y-\mathrm{d}F_{\dot{y}}/\mathrm{d}t)\delta y\mathrm{d}t=0$ 的充分必要条件为:

$$F_y-\frac{\mathrm{d}F_{\dot{y}}}{\mathrm{d}t}=0 \tag{2-3-10}$$

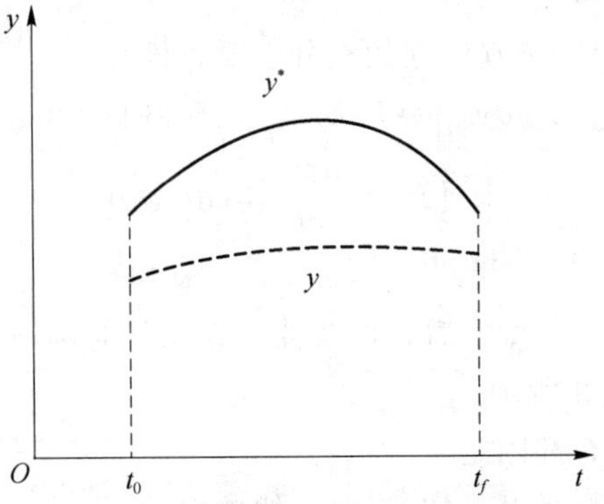

图 2.3.3 初始状态和终端状态都自由

证明： 利用第 1 章中的变分基本定理，该推论可直接推出。

证毕！

总结上述推导有如下结论。

定理 2.3.1 如下泛函极值问题

$$J(y^*)=\int_{t_0}^{t_f}F[t,y(t),\dot{y}(t)]\mathrm{d}t,y(t)\in C^2[t_0,t_f]$$

可解的必要条件是在最优曲线 $y^*,\dot{y}^*$ 上满足

$$\begin{cases}F_y-\dfrac{\mathrm{d}F_{\dot{y}}}{\mathrm{d}t}=0 & \text{（欧拉方程）}\\ F_{\dot{y}}\,\delta y\big|_{t_0}^{t_f}=0 & \text{（横截条件）}\end{cases}\tag{2-3-11}$$

现在来分析一下，通过定理 2.3.1 是否可以确定极值曲线。欧拉方程为一个二阶微分方程，求解时有两个积分常数要待定；而如下横截条件

$$F_{\dot{y}}\,\delta y\big|_{t_0}=0,\quad F_{\dot{y}}\,\delta y\big|_{t_f}=0$$

可以确定欧拉方程中的两个积分常数。

例 2.3.1 对于如下一个泛函求极值问题

$$J(y^*)=\min_y\int_0^2\left(\frac{1}{2}\dot{y}^2+y\dot{y}+\dot{y}+y\right)\mathrm{d}t$$

若 $y(0)$ 与 $y(2)$ 任意，求 y^* 和 $J(y^*)$。

解： 欧拉方程为：

$$F_y-\frac{\mathrm{d}F_{\dot{y}}}{\mathrm{d}t}=0$$

代入 $F=\frac{1}{2}\dot{y}^2+y\dot{y}+\dot{y}+y$，即

$$(\dot{y}+1)-\frac{\mathrm{d}}{\mathrm{d}t}(\dot{y}+y+1)=0$$

化简后得

$$\ddot{y}-1=0$$

该常微分方程的解为：

$$y=\frac{1}{2}t^2+c_1t+c_2$$

其中,c_1 和 c_2 为积分常数。

考虑横截条件为:

$$F_{\dot{y}}\,\delta y\big|_0^2=0$$

代入后即得

$$(\dot{y}+y+1)\delta y\big|_0^2=0$$

即

$$(\dot{y}+y+1)\delta y\big|_2=0,\quad (\dot{y}+y+1)\delta y\big|_0=0$$

由于 $y(0)$ 与 $y(2)$ 任意,故当 $t=0$ 或 $t=2$,

$$\delta y\big|_0\neq 0,\quad \delta y\big|_2\neq 0$$

所以有

$$(\dot{y}+y+1)\big|_0^2=0$$

将解的表达式代入可得

$$[(t+c_1)+(0.5t^2+c_1t+c_2)+1]\big|_0^2=0$$

当 $t=0$ 与 $t=2$ 时,得方程组

$$\begin{cases}3c_1+c_2=-5\\ c_1+c_2=-1\end{cases}$$

解得

$$c_1=-2,c_2=-1$$

代入通解,得

$$y^*=\frac{1}{2}t^2-2t+1$$

同时得到最优解为:

$$\begin{aligned}J(y^*)&=\int_0^2\left(\frac{1}{2}\dot{y}^2+y\dot{y}+\dot{y}+y\right)\mathrm{d}t\\&=\int_0^2\left[\frac{1}{2}(t-2)^2+(\frac{1}{2}t^2-2t+1)(t-2)+(t-2)+(\frac{1}{2}t^2-2t+1)\right]\mathrm{d}t\\&=-\frac{4}{3}\end{aligned}$$

例 2.3.2(最短弧长问题) 求一条曲线方程 $y=f(x)\in C[a_1,a_2]$,过平面上的两点 $A(a_1,b_1)$,$B(a_2,b_2)$使得连接两点的曲线弧长最短。

解:此变分问题的两个端点固定。弧长公式为:

$$J(y,\dot{y})=\int_{a_1}^{a_2}(\sqrt{1+\dot{y}^2})\mathrm{d}t$$

因此,在这种情况下函数 F 变为:

$$F(x,y,\dot{y})=\sqrt{1+\dot{y}^2}$$

由欧拉方程我们可以获得

$$F_y+\frac{\mathrm{d}}{\mathrm{d}x}F_{\dot{y}}=\frac{\mathrm{d}}{\mathrm{d}x}\left(\frac{\dot{y}}{\sqrt{1+\dot{y}^2}}\right)=0$$

这意味着

$$\frac{\dot{y}}{\sqrt{1+\dot{y}^2}}=k$$

$$\dot{y}^2=\frac{k^2}{1-k^2}$$

因而

$$\dot{y}(t)=k_1$$

其中 k_1 待定，进行积分，得

$$y(x)=k_1x+k_2$$

为一个直线方程。因此过两点之间的最短弧长的曲线为直线。

由给出的问题边界条件，我们可以确定积分常数 k_1，k_2，

$$y(a_1)=k_1a_1+k_2=b_1$$

$$y(a_2)=k_1a_2+k_2=b_2$$

计算得出

$$k_1=\frac{b_2-b_1}{a_2-a_1}$$

$$k_2=\frac{b_2a_1-a_2b_1}{a_2-a_1}$$

应当强调的是，定理 2.3.1 仅仅是极值存在的必要条件，是不是最优曲线还要验证。在许多情形下，泛函极值问题的最优曲线并非都能够求出，我们分别考察下面 4 种情况。

(1) $F(t,y,\dot{y})$不显含 t

此时 $F(t,y,\dot{y})=F(y,\dot{y})$，欧拉方程为：

$$F_y-\frac{\mathrm{d}}{\mathrm{d}t}F_{\dot{y}}=F_y-F_{y\dot{y}}\dot{y}-F_{\dot{y}\dot{y}}\ddot{y}=0$$

而

$$\frac{\mathrm{d}}{\mathrm{d}t}(F-F_{\dot{y}}\dot{y})=F_y\dot{y}+F_{\dot{y}}\ddot{y}-F_{\dot{y}}\ddot{y}-F_{y\dot{y}}\dot{y}^2-F_{\dot{y}\dot{y}}\dot{y}\ddot{y}=(F_y-F_{y\dot{y}}\dot{y}-F_{\dot{y}\dot{y}}\ddot{y})\dot{y}=0$$

所以

$$F-F_{\dot{y}}\dot{y}=c \tag{2-3-12}$$

其中 c 为积分常数，最优解可以确定。

(2) $F(t,y,\dot{y})$不显含 y

此时 $F(t,y,\dot{y})=F(t,\dot{y})$，欧拉方程为：

$$\frac{\mathrm{d}}{\mathrm{d}t}(F_{\dot{y}})=0$$

即

$$F_{\dot{y}}=c \tag{2-3-13}$$

其中 c 为积分常数。最优解可以确定。

(3) $F(t,y,\dot{y})$不显含 $\dot{y}$

此时 $F(t,y,\dot{y})=F(t,y)$，欧拉方程为：

$$F_y=0 \tag{2-3-14}$$

这明显不是一个微分方程，此时变分问题的解一般是不存在的。

(4) $F(t,y,\dot{y})$是 $\dot{y}$ 的线性函数

此时 $F(t,y,\dot{y})=P(t,y)+Q(t,y)\dot{y}$，欧拉方程为：

$$P_y+Q_y\dot{y}-\dot{Q}=P_y+Q_y\dot{y}-Q_t-Q_y\dot{y}=P_y-Q_t=0$$

即

$$\frac{\partial P}{\partial y}-\frac{\partial Q}{\partial t}=0 \tag{2-3-15}$$

这不是一个微分方程，因为它没有 $\dot{y}$，此时解不出变分问题的解。

例 2.3.3(最速下降线问题) 这是变分法中的经典问题。假设在定常重力场中，一个小球在 A 和 B 点之间的一条无摩擦曲线上滚动。小球的初始位置在 A 点且小球在该位置静止。最速下降线问题是什么形状的曲线可以使得小球在两点间的运动时间最短。

两点和重力方向决定了一个垂直平面。令 y 轴朝下，原点为起始点 A，点 B 记为(x_B, y_B)，如图 2.3.4 所示。

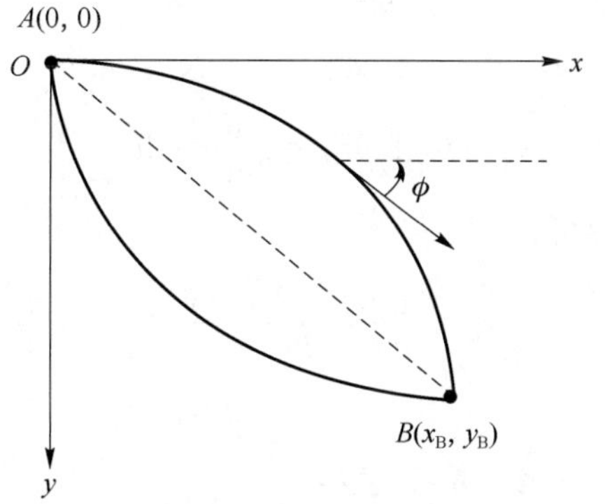

图 2.3.4 最速下降线示意图

假设球为单位质量，g 为重力加速度，由于曲线对小球的作用力与小球的运动速度方向成直角，因此系统是守恒的，总能量为常数，即

$$\frac{v^2}{2} - gy = 0$$

其中 y 是小球的高度，可推出速度为：

$$v(y) = \sqrt{2gy}$$

令 $\mathrm{d}s = \sqrt{\mathrm{d}x^2 + \mathrm{d}y^2}$ 表示弧长的微分。走过这一弧长的时间为 $\mathrm{d}t = \mathrm{d}s / v(y)$。因此，完整的通过时间可通过对 $\mathrm{d}s/v$ 积分获得，即

$$J(y^*) = \min_s \int_0^s \frac{\mathrm{d}s}{v} = \min_{\dot{y}} \int_0^{x_B} \frac{\sqrt{1 + \dot{y}^2}}{\sqrt{2gy}} \mathrm{d}x$$

该问题是一个泛函极值问题，令

$$F(x, y, \dot{y}) = \frac{\sqrt{1 + \dot{y}^2}}{\sqrt{2gy}}$$

由于 $F(x, y, \dot{y})$ 不显含 t，利用式(2-3-12)，得

计算得

$$\frac{\mathrm{d}}{\mathrm{d}x}(F_{\dot{y}}\dot{y} - F) = F_{\dot{y}}\ddot{y} + \dot{y}\frac{d}{\mathrm{d}x}F_{\dot{y}} - F_y\dot{y} - F_{\dot{y}}\ddot{y}$$
$$= \dot{y}\left(\frac{\mathrm{d}}{\mathrm{d}x}F_{\dot{y}} - F_y\right) = 0$$

上式用到了欧拉方程：

$$F_y - \frac{\mathrm{d}}{\mathrm{d}x}F_{\dot{y}} = 0$$

因此

$$F-F_{\dot{y}}\dot{y}=c$$

即

$$\frac{\sqrt{1+\dot{y}^2}}{\sqrt{2gy}}-\frac{\dot{y}^2}{\sqrt{2gy}\sqrt{1+\dot{y}^2}}=c$$

化简，可以推出

$$2gy(1+\dot{y}^2)=\frac{1}{c^2}$$

因此

$$y(1+\dot{y}^2)=\frac{1}{2gc^2}=2c_1$$

其中 $c_1=1/4gc^2$，进一步推导可得

$$\frac{\mathrm{d}y}{\mathrm{d}x}=\sqrt{\frac{2c_1-y}{y}}$$

分离变量

$$\frac{\sqrt{y}\,\mathrm{d}y}{\sqrt{2c_1-y}}=\mathrm{d}x$$

由于曲线过原点，所以假设

$$y=c_1(1-\cos\phi)$$

则

$$\mathrm{d}y=c_1\sin\phi\mathrm{d}\phi$$

代入由分离变量所得的微分方程：

$$\frac{c_1\sqrt{1-\cos\phi}\sin\phi\mathrm{d}\phi}{\sqrt{1+\cos\phi}}=\mathrm{d}x$$

简单计算得

$$\frac{c_1(1-\cos\phi)\sin\phi\mathrm{d}\phi}{\sqrt{1+\cos\phi}\sqrt{1-\cos\phi}}=\frac{c_1(1-\cos\phi)\sin\phi\mathrm{d}\phi}{\sin\phi}$$
$$=c_1(1-\cos\phi)\mathrm{d}\phi=\mathrm{d}x$$

对 $c_1(1-\cos\phi)\mathrm{d}\phi=\mathrm{d}x$ 两边积分，得

$$c_1(\phi-\sin\phi)=x+c_2$$

由于最速下降线过原点，$\phi=0$ 时，$x=0$，因此 $c_2=0$。

于是就得到了最速下降线的轨迹方程：

$$x=c_1(\phi-\sin\phi)$$
$$y=c_1(1-\cos\phi)$$

这是一条摆线的极坐标方程。该条曲线也是小球从起点沿 x 轴无滑动滚动产生的轨迹。

2.3.2 向量情形

考虑如下泛函求极值问题：

$$J(\boldsymbol{y}^*)=\min_{\boldsymbol{y}}\left\{\int_{t_0}^{t_f}F(t,\boldsymbol{y},\dot{\boldsymbol{y}})\mathrm{d}t\right\} \tag{2-3-16}$$

其中 $\boldsymbol{y}(t)=(y_1(t),y_2(t),\cdots,y_n(t))^{\mathrm{T}}\in\{\mathrm{C}^r[t_0,t_f]\}^n$ 属于维数为 n 的有限维赋范线性空间。

令 $\boldsymbol{y}^*(t)$ 是式(2-3-16)的极值曲线，同样可以定义

$$\delta\boldsymbol{y}=\boldsymbol{y}-\boldsymbol{y}^*,\delta\dot{\boldsymbol{y}}=\dot{\boldsymbol{y}}-\dot{\boldsymbol{y}}^*$$

下面计算泛函的增量，在最优值附近采用多元函数泰勒级数展开，有

$$\begin{aligned}J(\boldsymbol{y})-J(\boldsymbol{y}^*)&=\int_{t_0}^{t_f}[F(t,\boldsymbol{y},\dot{\boldsymbol{y}})-F(t,\boldsymbol{y}^*,\dot{\boldsymbol{y}}^*)]\mathrm{d}t\\&=\int_{t_0}^{t_f}[\delta\boldsymbol{y}^{\mathrm{T}}F_{\boldsymbol{y}}+\delta\dot{\boldsymbol{y}}^{\mathrm{T}}F_{\dot{\boldsymbol{y}}}]\mathrm{d}t+O(\|\delta\boldsymbol{y}\|^2+\|\delta\dot{\boldsymbol{y}}\|^2)\end{aligned}\tag{2-3-17}$$

其中

$$F_{\boldsymbol{y}}\triangleq\frac{\partial F}{\partial\boldsymbol{y}}=\begin{pmatrix}\dfrac{\partial F}{\partial y_1}\\\dfrac{\partial F}{\partial y_2}\\\vdots\\\dfrac{\partial F}{\partial y_n}\end{pmatrix},\quad F_{\dot{\boldsymbol{y}}}\triangleq\frac{\partial F}{\partial\dot{\boldsymbol{y}}}=\begin{pmatrix}\dfrac{\partial F}{\partial\dot{y}_1}\\\dfrac{\partial F}{\partial\dot{y}_2}\\\vdots\\\dfrac{\partial F}{\partial\dot{y}_n}\end{pmatrix}$$

所以泛函的变分为：

$$\delta J=\int_{t_0}^{t_f}[\delta\boldsymbol{y}^{\mathrm{T}}F_{\boldsymbol{y}}+\delta\dot{\boldsymbol{y}}^{\mathrm{T}}F_{\dot{\boldsymbol{y}}}]\mathrm{d}t\tag{2-3-18}$$

对式(2-3-18)采用分步积分，

$$\begin{aligned}\delta J&=\int_{t_0}^{t_f}\delta\boldsymbol{y}^{\mathrm{T}}F_{\boldsymbol{y}}\mathrm{d}t+\int_{t_0}^{t_f}\mathrm{d}\,(\delta\boldsymbol{y})^{\mathrm{T}}F_{\dot{\boldsymbol{y}}}\\&=\int_{t_0}^{t_f}\delta\boldsymbol{y}^{\mathrm{T}}F_{\boldsymbol{y}}\mathrm{d}t+\delta\boldsymbol{y}^{\mathrm{T}}F_{\dot{\boldsymbol{y}}}\Big|_{t_0}^{t_f}-\int_{t_0}^{t_f}\delta\boldsymbol{y}^{\mathrm{T}}\frac{\mathrm{d}F_{\dot{\boldsymbol{y}}}}{\mathrm{d}t}\mathrm{d}t\\&=\delta\boldsymbol{y}^{\mathrm{T}}F_{\dot{\boldsymbol{y}}}\Big|_{t_0}^{t_f}+\int_{t_0}^{t_t}\delta\boldsymbol{y}^{\mathrm{T}}\left[F_{\boldsymbol{y}}-\frac{\mathrm{d}F_{\dot{\boldsymbol{y}}}}{\mathrm{d}t}\right]\mathrm{d}t\end{aligned}\tag{2-3-19}$$

由于极值问题的必要条件为 $\delta J=0$，参照 2.3.1 节相关结论的证明，可以得出以下向量情形下泛函极值问题的必要条件。

定理 2.3.2 考虑泛函极值问题：

$$J(\boldsymbol{y}^*)=\min_{\boldsymbol{y}}\left\{\int_{t_0}^{t_f}F(t,\boldsymbol{y},\dot{\boldsymbol{y}})\mathrm{d}t\right\}$$

其中 $\boldsymbol{y}(t)\in\mathbb{R}^n$，则极值曲线可解的必要条件是

$$\begin{cases}F_{\boldsymbol{y}}-\dfrac{\mathrm{d}F_{\dot{\boldsymbol{y}}}}{\mathrm{d}t}=\boldsymbol{0}\quad(\text{欧拉方程})\\\delta\boldsymbol{y}^{\mathrm{T}}F_{\boldsymbol{y}}\Big|_{t_0}^{t_f}=0\quad(\text{横截条件})\end{cases}\tag{2-3-20}$$

这是一组 $2n$ 阶常微分方程，所以需要确定 $2n$ 个积分常数。可由横截条件来实现：如果容许曲线两端的状态指定，则可由这两个状态确定积分常数；如果容许曲线两端状态自由，则横截条件对应下列 $2n$ 个方程。

$$\frac{\partial F}{\partial\dot{y}_1}\delta y_1\Big|_{t_f}=0,\quad\frac{\partial F}{\partial\dot{y}_2}\delta_{y_2}\Big|_{t_f}=0,\cdots,\quad\frac{\partial F}{\partial\dot{y}_n}\delta y_n\Big|_{t_f}=0$$

$$\frac{\partial F}{\partial\dot{y}_1}\delta y_1\Big|_{t_0}=0,\quad\frac{\partial F}{\partial\dot{y}_2}\delta y_2\Big|_{t_0}=0,\cdots,\quad\frac{\partial F}{\partial\dot{y}_n}\delta y_n\Big|_{t_0}=0$$

则可由上面 $2n$ 个方程确定 $2n$ 个积分常数。

注 2.3.1 在后面的章节中，如果没有特别说明，所讨论的泛函极值都是向量情形。泛函极值问题的宗量都是实有限维的，即 $\boldsymbol{y}(t)\in\boldsymbol{V}_1$，$\boldsymbol{V}_1$ 是 n 维赋范线性空间。则在第 1 章同构的意义下，本书后面经常将其描述为 $\boldsymbol{y}\in\mathbb{R}^n$。

例 2.3.4 考虑一个由 n 个质点系构成的力学系统。假设在第 i 个质点，物体的质量为 m_i，坐标为(x_i,y_i,z_i)，$i=1,\cdots,n$。令

T：表示质点系的动能。

U：表示质点系的势能。

假设质点系在初始时刻的位置与终端时刻的位置已知。问当质点系满足什么条件，下面泛函达到极小值？

$$E=\int_{t_1}^{t_2}(T-U)\mathrm{d}t$$

其中 E 称为位能，上面问题亦称为最小位能问题。

解：对于质点 i，由于没有外力，作用在质点上的力 F_i 由势能 U 在每个坐标分量上的梯度分量产生，即

$$F_{x_i}=-U_{x_i},\quad F_{y_i}=-U_{y_i},\quad F_{z_i}=-U_{z_i},\quad i=1,\cdots,n$$

其中势函数只依赖质点坐标位置，不含位置的导数。

而动能

$$T=\frac{1}{2}\sum_{i=1}^{n}(m_i\dot{x}_i^2+m_i\dot{y}_i^2+m_i\dot{z}_i^2)$$

为了使泛函 E 取极小值，要求 $\delta E=0$，

$$\delta E=\int_{t_1}^{t_2}(\delta T-\delta U)\mathrm{d}t=0$$

而

$$\delta T=\sum_{i=1}^{n}(m_i\dot{x}_i\delta\dot{x}+m_i\dot{y}_i\delta\dot{y}+m_i\dot{z}_i\delta\dot{z})$$

$$\delta U=\sum_{i=1}^{n}(U_{x_i}\delta x_i+U_{y_i}\delta y_i+U_{z_i}\delta z_i)=-\sum_{i=1}^{n}(F_{x_i}\delta x_i+F_{y_i}\delta y_i+F_{z_i}\delta z_i)$$

采用分部积分，因为初始位置与终端位置固定，所以有

$$\delta x(t_1)=0,\quad \delta y(t_1)=0,\quad \delta z(t_1)=0$$

$$\delta x(t_2)=0,\quad \delta y(t_2)=0,\quad \delta z(t_2)=0$$

$$\begin{aligned}\int_{t_1}^{t_2}\delta T\mathrm{d}t&=\int_{t_1}^{t_2}(\sum_{i=1}^{n}(m_i\dot{x}_i\delta\dot{x}_i+m_i\dot{y}_i\delta\dot{y}_i+m_i\dot{z}_i\delta\dot{z}_i)\mathrm{d}t\\&=-\int_{t_1}^{t_2}(\sum_{i=1}^{n}(m_i\ddot{x}_i\delta x_i+m_i\ddot{y}_i\delta y_i+m_i\ddot{z}_i\delta z_i)\mathrm{d}t\end{aligned}$$

所以

$$\begin{aligned}\delta E&=\int_{t_1}^{t_2}(\delta T-\delta U)\mathrm{d}t\\&=-\int_{t_1}^{t_2}\left\{\sum_{i=1}^{n}[(m_i\ddot{x}_i-F_{x_i})\delta x_i+(m_i\ddot{y}_i-F_{y_i})\delta y_i+(m_i\ddot{z}_i-F_{z_i})\delta z_i\right\}\mathrm{d}t=0\end{aligned}$$

由于 δx_i，δy_i，δz_i 取值独立，所以我们得到该 n 个质点系的广义牛顿方程为：

$$m_i \ddot{x}_i = F_{x_i}$$
$$m_i \ddot{y}_i = F_{y_i}$$
$$m_i \ddot{z}_i = F_{z_i}$$
$$i = 1, \cdots, n$$

2.3.3 具有微分方程约束情形

在第 1 章，我们看到，对具有等式约束的函数的极值问题，通过引入一组跟约束方程个数相等的拉格朗日乘子，可构造一个增广的拉格朗日指标函数。对此增广性能函数的求极值问题，可以转化为在一个扩维空间上的无约束优化问题。

而对于泛函的极值问题，如果存在等式微分方程约束，则也可以通过类似的手段进行处理。

考虑如下的泛函极值问题：

$$J(\boldsymbol{y}^*) = \min_{y} \left\{ \int_{t_0}^{t_f} F(t, \boldsymbol{y}, \dot{\boldsymbol{y}}) \mathrm{d}t \right\} \tag{2-3-21}$$

其中 $y(t)$ 是 n 维向量，并且满足下列常微分方程约束：

$$\text{s. t.} \quad \boldsymbol{G}(t, y, \dot{y}) = \begin{pmatrix} g_1(t, \boldsymbol{y}, \dot{\boldsymbol{y}}) \\ g_2(t, \boldsymbol{y}, \dot{\boldsymbol{y}}) \\ \vdots \\ g_m(t, \boldsymbol{y}, \dot{\boldsymbol{y}}) \end{pmatrix} = \boldsymbol{0}, \quad m < n \tag{2-3-22}$$

$$\boldsymbol{y}(t_0) = \boldsymbol{y}_0$$

假定容许曲线在初始时刻与终端时刻处的状态是自由的，且假定 $\partial g / \partial \dot{\boldsymbol{y}}$ 在容许曲线上是行满秩的。

引进一组新变量 $\boldsymbol{\lambda}(t) = (\lambda_1(t), \cdots, \lambda_m(t))^{\mathrm{T}}$，构造如下一个增广泛函：

$$\hat{J}(\boldsymbol{y}^*) = \min_{\boldsymbol{y}} \int_{t_0}^{t_f} [F(t, \boldsymbol{y}, \dot{\boldsymbol{y}}) + \boldsymbol{\lambda}^{\mathrm{T}} G(t, \boldsymbol{y}, \dot{\boldsymbol{y}})] \mathrm{d}t \tag{2-3-23}$$

定理 2.3.3 具有微分方程约束时的泛函极值问题(2-3-21)与(2-3-22)与增广的泛函求极值问题(2-3-23)是等价的。

证明： 略。

由定理 2.3.2，对式(2-3-23)，可以得到有约束的泛函极值问题的必要条件。

推论 2.3.1 令 $L = (t, y, \dot{y}, \lambda) = F(t, y, \dot{y}) + \lambda^{\mathrm{T}}(t) \boldsymbol{G}(t, y, \dot{y})$，则增广泛函取得极值的必要条件是在最优曲线 $y^*(x)$ 满足下列必要条件：

$$\begin{cases} L_{\boldsymbol{y}} - \dfrac{\mathrm{d}L_{\dot{\boldsymbol{y}}}}{\mathrm{d}t} = \boldsymbol{0} \quad (\text{欧拉方程}) \\ \delta y^{\mathrm{T}} L_{\dot{\boldsymbol{y}}} \big|_{t_0}^{t_f} = 0 \\ \boldsymbol{G}(t, \boldsymbol{y}, \dot{\boldsymbol{y}}) = \boldsymbol{0}, \quad \boldsymbol{y}(t_0) = \boldsymbol{y}_0 \end{cases} \left. \vphantom{\begin{matrix} a \\ b \end{matrix}} \right\} (\text{横截条件}) \tag{2-3-24}$$

下面用变分法来解决等周问题。等周问题的数学描述是，对于给定周长的所有封闭曲线中，什么样的封闭区域面积最大？早在公元前 2 世纪就有古希腊数学家提出这个问题，并猜测该问题的答案是圆。但是解析法直到 1902 年才由赫维茨(Hurwitz)利用傅里叶级数法给出。

我们考虑如下一个一般的等周问题。

例 2.3.4 在平面上，给定两个不重合的点 $A(a,y_a)$，$B(b,y_b)$，假定连接该两点的曲线具有给定的弧长 L，求这样一条曲线，使得该曲线在$[a,b]$上的积分(面积)最大。

假设要寻找的曲线 $y(t)\in C^2[0,L]$，且 $y(a)=y_a$，$y(b)=y_b$，则等周问题可以转化为如下的泛函极值问题：

$$J(y^*)=\max_y\int_a^b y(x)\mathrm{d}x$$

$$\text{s.t.}\quad G(y)=\int_a^b\sqrt{1+\dot{y}^2}\,\mathrm{d}x-L=0$$

其中 $y(a)$，$y(b)$已给定。等周问题示意如图 2.3.5 所示。

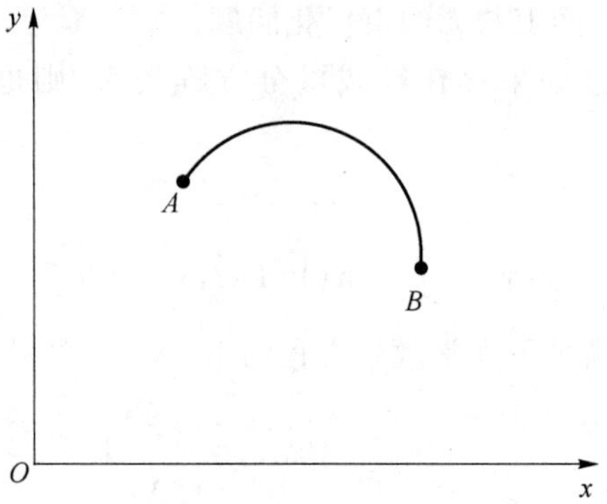

图 2.3.5　等周问题示意图

解：令

$$z=\int_a^b\sqrt{1+\dot{y}^2}\,\mathrm{d}x-L$$

两边求导，则得到如下一个微分方程约束：

$$\dot{z}=\sqrt{1+\dot{y}^2},\quad z(a)=0,\quad z(b)=L$$

构造增广泛函：

$$\hat{J}(y)=\left[\int_a^b y(x)\mathrm{d}x+\lambda(\sqrt{1+\dot{y}^2}-\dot{z})\right]\mathrm{d}x$$

则

$$\delta\hat{J}(y)=\int_a^b\left[\delta y(x)\mathrm{d}x+\frac{\lambda\dot{y}}{\sqrt{1+\dot{y}^2}}\delta\dot{y}-\lambda\delta\dot{z}\right]\mathrm{d}x$$

$$=\int_a^b\left[\delta y-\frac{\mathrm{d}}{\mathrm{d}x}\left(\frac{\lambda\dot{y}}{\sqrt{1+\dot{y}^2}}\right)\delta y+\dot{\lambda}\delta z\right]\mathrm{d}x+\frac{\lambda\dot{y}}{\sqrt{1+\dot{y}^2}}\delta y\bigg|_a^b-\lambda\delta z\big|_a^b$$

由于 $y(a)$，$y(b)$，$z(a)$，$z(b)$已给定，所以 $\delta y(a)=0$，$\delta y(b)=0$，$\delta z(a)=0$，$\delta z(b)=0$。

由于 δy，δz 在$[a,b]$上是任意的，所以欧拉方程为

$$1-\frac{\mathrm{d}}{\mathrm{d}x}\left[\frac{\lambda\dot{y}}{\sqrt{1+\dot{y}^2}}\right]=0$$

$$\dot{\lambda}=0$$

于是

$$\frac{\lambda\dot{y}}{\sqrt{1+\dot{y}^2}}=x+c_1$$

$$\lambda=\bar{\lambda}(常数)$$

令 $\dot{y}=\tan t$，则

$$\frac{\bar{\lambda}\tan t}{\sqrt{1+(\tan t)^2}}=x+c_1$$

$$\frac{\bar{\lambda}\tan t}{\sec t}=x+c_1$$

因此

$$\bar{\lambda}\sin t=x+c_1$$

两边微分得

$$\mathrm{d}x=\bar{\lambda}\cos t\mathrm{d}t$$

因为

$$\mathrm{d}y=\dot{y}\mathrm{d}x=\tan t\mathrm{d}x=\bar{\lambda}\cos t\tan t\mathrm{d}t=\bar{\lambda}\sin t\mathrm{d}t$$

所以，两边积分得

$$y+c_2=-\bar{\lambda}\cos t$$

消除参数 t，从而得到所求曲线，

$$(x+c_1)^2+(y+c_2)^2=\bar{\lambda}^2$$

再利用弧长公式

$$\int_a^b\sqrt{1+\dot{y}^2}\,\mathrm{d}x-L=0$$

最后将 $\dot{y}$，$\mathrm{d}x$ 的表达式代入弧长公式，

$$\bar{\lambda}\int_{t_a}^{t_b}\left[\sqrt{1+(\tan t)^2}\right]\cos t\mathrm{d}t=L$$

化简并积分得

$$\bar{\lambda}(t_b-t_a)=L$$

$$\bar{\lambda}=\frac{L}{t_b-t_a}$$

其中 t_a，t_b 满足如下等式：

$$\begin{cases}\bar{\lambda}\sin t_a=a+c_1\\-\bar{\lambda}\cos t_a=y(a)+c_2\\\bar{\lambda}\sin t_b=b+c_1\\-\bar{\lambda}\cos t_b=y(b)+c_2\end{cases}$$

联立求解上面方程组，可以得出 c_1，c_2，t_1，t_2，而所求取的曲线则是一段圆弧。

2.3.4 终端状态受限情形

考察下列泛函极值问题：

$$J(\boldsymbol{y}^*)=\min_{\boldsymbol{y}}\left\{K[\boldsymbol{y}(t_f),t_f]+\int_{t_0}^{t_f}F(t,\boldsymbol{y},\dot{\boldsymbol{y}})\mathrm{d}t\right\}\tag{2-3-25}$$

其中 $\mathbf{y}(t)$是 n 维向量,假定 t_0, t_f 已知,$\mathbf{y}(t_0)=\mathbf{y}_0$ 指定,且终端状态满足如下等式约束:

$$\boldsymbol{\Psi}[\mathbf{y}(t_f),t_f]=\begin{pmatrix}\psi_1(\mathbf{y}(t_f),t_f)\\ \vdots \\ \psi_s(\mathbf{y}(t_f),t_f)\end{pmatrix}=\mathbf{0},\quad s<n \tag{2-3-26}$$

假设 $\boldsymbol{\Psi}_y \triangleq \partial\boldsymbol{\Psi}/\partial\mathbf{y}(t_f)$对容许曲线 $\mathbf{y}(t_f)$都是行满秩的。

首先,我们看终端约束条件,由于此约束只跟终端时刻与终端状态有关,引入拉格朗日乘子 $\boldsymbol{\gamma}\in\mathbb{R}^s$之后,就得到如下一个增广的泛函:

$$\hat{J}(\mathbf{y}^*(t_f)) = \min_{\mathbf{y}}\left\{[K[\mathbf{y}(t_f),t_f]+\boldsymbol{\gamma}^{\mathrm{T}}\boldsymbol{\Psi}[\mathbf{y}(t_f),t_f]]+\int_{t_0}^{t_f}F(t,\mathbf{y},\dot{\mathbf{y}})\mathrm{d}t\right\} \tag{2-3-27}$$

直接对增广泛函求变分得

$$\begin{aligned}\delta\hat{J} &= \delta\mathbf{y}_f^{\mathrm{T}}(K(\mathbf{y}_y+\boldsymbol{\Psi}_y^{\mathrm{T}}\boldsymbol{\gamma})+\int_{t_0}^{t_f}(\delta\mathbf{y}^{\mathrm{T}}F_y+\delta\dot{\mathbf{y}}^{\mathrm{T}}F_{\dot{y}})\mathrm{d}t\\ &= \delta\mathbf{y}_f^{\mathrm{T}}(K_y(\mathbf{y}(t_f)+\boldsymbol{\Psi}_y^{\mathrm{T}}\boldsymbol{\gamma})+\delta\mathbf{y}^{\mathrm{T}}F_{\dot{y}}\Big|_{t_0}^{t_f}+\int_{t_0}^{t_f}\delta\mathbf{y}^{\mathrm{T}}\left(F_y-\frac{\mathrm{d}}{\mathrm{d}t}F_{\dot{y}}\right)\mathrm{d}t\end{aligned} \tag{2-3-28}$$

其中 $\boldsymbol{\Psi}_y^{\mathrm{T}}\triangleq[\partial\boldsymbol{\Psi}/\partial\mathbf{y}(t_f)]^{\mathrm{T}}$。由于初始状态已知,因此

$$\delta\hat{J} = \delta\mathbf{y}_f^{\mathrm{T}}(K_y+\boldsymbol{\Psi}_y^{\mathrm{T}}\boldsymbol{\gamma}+F_{\dot{y}})+\int_{t_0}^{t_f}\delta\mathbf{y}^{\mathrm{T}}\left(F_y-\frac{\mathrm{d}}{\mathrm{d}t}F_{\dot{y}}\right)\mathrm{d}t \tag{2-3-29}$$

总结以上推导,由增广泛函变分等于零,我们得出如下有终端约束的泛函极值问题的必要条件。

定理 2.3.4 有终端状态约束的泛函极值问题(2—3—25)与(2—3—26)可解的必要条件为在最优曲线 $\mathbf{y}^*$ 上满足

$$F_y-\frac{\mathrm{d}F_{\dot{y}}}{\mathrm{d}t}=\mathbf{0}\quad(欧拉方程) \tag{2-3-30}$$

$$\left.\begin{aligned}K_y+\boldsymbol{\Psi}_y^{\mathrm{T}}\boldsymbol{\gamma}+F_{\dot{y}}&=\mathbf{0}\\ \boldsymbol{\Psi}(\mathbf{y}(t_f))&=\mathbf{0}\end{aligned}\right\}\quad(横截条件) \tag{2-3-31}$$

2.3.5 终端时刻可变情形

在上文讨论中,积分的上下限都认为是固定的,然而在很多情况下,积分的上下限是不固定的,比如时间最小问题的积分上限 t_f 就是未知的。

定义函数

$$\alpha(t) = \int_{t_0}^{p(t)}g(x)\mathrm{d}x$$

其中 $p(t)$对 t 可导,则 $\alpha(t)$在 t^* 的一阶导数为 $g(p(t^*))\dot{p}(t^*)$,在 t^* 取极值的必要条件是

$$\left.\frac{\mathrm{d}\alpha}{\mathrm{d}t}\right|_{t=t^*}=g(p(t^*))\dot{p}(t^*)=0$$

考虑如下泛函求极值问题:

$$J(\mathbf{y}^*) = \min_{\mathbf{y}}\left\{K[\mathbf{y}(t_f),t_f]+\int_{t_0}^{t_f}F(t,\mathbf{y},\dot{\mathbf{y}})\mathrm{d}t\right\} \tag{2-3-32}$$

假定 t_0 固定而 t_f 可变,$\mathbf{y}(t)$是 n 维向量且 $y(x_0)=y_0$ 指定,$\mathbf{y}(t_f)$满足如下等式约束:

$$\boldsymbol{\Psi}[\boldsymbol{y}(t_f),t_f]=\begin{pmatrix}\psi_1(\boldsymbol{y}(t_f),t_f)\\ \vdots \\ \psi_s(\boldsymbol{y}(t_f),t_f)\end{pmatrix}=\boldsymbol{0},\quad s<n \tag{2-3-33}$$

引入拉格朗日乘子 $\boldsymbol{\gamma}\in\mathbb{R}^s$，得到增广泛函

$$\hat{J}(\boldsymbol{y}(t_f),t_f)=\min_{t_f,\boldsymbol{y}}\left\{[K(\boldsymbol{y}(t_f),t_f)+\boldsymbol{\gamma}^{\mathrm{T}}\boldsymbol{\Psi}(\boldsymbol{y}(t_f),t_f)]+\int_{t_0}^{t_f}F(t,\boldsymbol{y},\dot{\boldsymbol{y}})\mathrm{d}t\right\} \tag{2-3-34}$$

令 t_f^* 和 $\boldsymbol{y}^*$ 是增广泛函的最优终端时刻和最优曲线。

令宗量的变分为：

$$\begin{aligned}\delta t_f&=t_f-t_f^*\\ \delta\boldsymbol{y}&=\boldsymbol{y}-\boldsymbol{y}^*\\ \delta\dot{\boldsymbol{y}}&=\dot{\boldsymbol{y}}-\dot{\boldsymbol{y}}^*\end{aligned} \tag{2-3-35}$$

由于增广泛函的变分就是求泛函增量的线性部分，因此利用多元函数泰勒级数展开可得

$$\begin{aligned}&\delta\hat{J}(\boldsymbol{y}(t_f),t_f)\\ &=[(F+K_{t_f}+\boldsymbol{\gamma}^{\mathrm{T}}\boldsymbol{\Psi}_{t_f})\delta t_f+\delta\boldsymbol{y}_f^{\mathrm{T}}(K_{\boldsymbol{y}}+\boldsymbol{\Psi}_{\boldsymbol{y}}^{\mathrm{T}}\boldsymbol{\gamma})]\big|_{(t_f^*,\boldsymbol{y}^*,\dot{\boldsymbol{y}}^*)}\\ &\quad+\int_{t_0}^{t_f^*}[\delta\boldsymbol{y}^{\mathrm{T}}F_{\boldsymbol{y}}+\delta\dot{\boldsymbol{y}}^{\mathrm{T}}F_{\dot{\boldsymbol{y}}}]\mathrm{d}t\end{aligned} \tag{2-3-36}$$

这里

$$\delta\boldsymbol{y}_f=\boldsymbol{y}(t_f)-\boldsymbol{y}^*(t_f^*) \tag{2-3-37}$$

对式(2-3-33)的积分号里面采用分部积分，我们得到

$$\begin{aligned}\delta\hat{J}(\boldsymbol{y}^*(t_f^*),t_f^*)&=[(F+K_{t_f}+\boldsymbol{\gamma}^{\mathrm{T}}\boldsymbol{\Psi}_{t_f})\delta t_f+\delta\boldsymbol{y}_f^{\mathrm{T}}(K_{\boldsymbol{y}}+\boldsymbol{\Psi}_{\boldsymbol{y}}^{\mathrm{T}}\boldsymbol{\gamma})]\big|_{(t_f^*,\boldsymbol{y}^*,\dot{\boldsymbol{y}}^*)}\\ &\quad+\delta\boldsymbol{y}^{\mathrm{T}}F_{\dot{\boldsymbol{y}}}\big|_{t_0}^{t_f^*}+\int_{t_0}^{t_f^*}\delta\boldsymbol{y}^{\mathrm{T}}\left(F_{\boldsymbol{y}}-\frac{\mathrm{d}}{\mathrm{d}t}F_{\dot{\boldsymbol{y}}}\right)\mathrm{d}t\end{aligned} \tag{2-3-38}$$

由于初始值指定，所以 $\delta\boldsymbol{y}|_{t_0}=\boldsymbol{0}$，而横截条件 $\delta\boldsymbol{y}|_{t_f^*}$ 与式(2-3-37)并不一致，需要寻找 $\delta\boldsymbol{y}|_{t_f^*}$ 与 $\delta\boldsymbol{y}_f$ 的关系，如图 2.3.6 所示。

令最优时刻 t_f^* 对应的最优曲线为 $\boldsymbol{y}^*$，容许时刻 t_f 对应的容许曲线是 $\boldsymbol{y}$，且 $\boldsymbol{y}^*(t_f^*)$ 与 $\boldsymbol{y}(t_f)$ 都应该在约束集合(2-3-33)上，但二者的位置并不一致。

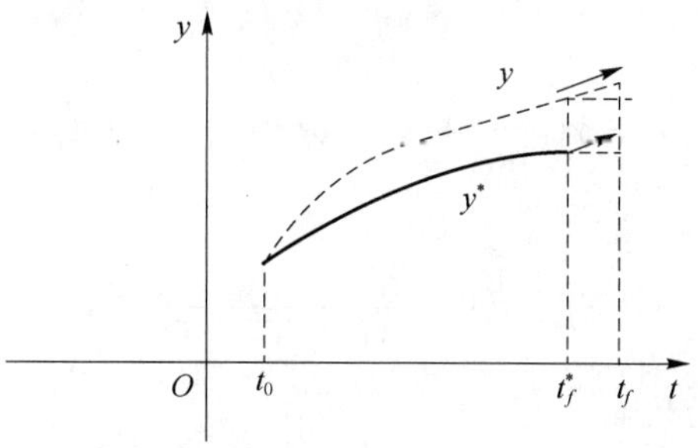

图 2.3.6 终端时刻不固定最优曲线与容许曲线

由式(2-3-37)，$\delta\boldsymbol{y}_f=\boldsymbol{y}(t_f)-\boldsymbol{y}^*(t_f^*)$，而

$$\delta\boldsymbol{y}\big|_{t_f^*}=\boldsymbol{y}(t_f^*)-\boldsymbol{y}^*(t_f^*) \tag{2-3-39}$$

将 $t_f^*=t_f-\delta t_f$ 代入 $\boldsymbol{y}(t_f^*)$，假设 δt_f 足够小，则

$$\begin{aligned}\delta \boldsymbol{y}\big|_{t_f^*} &= \boldsymbol{y}(t_f-\delta t_f)-\boldsymbol{y}^*(t_f^*)\approx \boldsymbol{y}(t_f)-\dot{\boldsymbol{y}}\delta t_f-\boldsymbol{y}^*(t_f^*) \\ &= \delta \boldsymbol{y}(t_f)-(\dot{\boldsymbol{y}}^*+\delta\dot{\boldsymbol{y}})\delta t_f \approx \delta\boldsymbol{y}(t_f)-\dot{\boldsymbol{y}}^*\delta t_f\end{aligned} \tag{2-3-40}$$

将式(2-3-40)代入式(2-3-38)，得

$$\begin{aligned}&\delta\hat{J}(\boldsymbol{y}^*(t_f^*),t_f^*)\\ &=[(F+K_{t_f}+\boldsymbol{\gamma}^{\mathrm{T}}\boldsymbol{\Psi}_{t_f})\delta t_f+\delta\boldsymbol{y}_f^{\mathrm{T}}(K_{\boldsymbol{y}}+\boldsymbol{\Psi}_{\boldsymbol{y}}^{\mathrm{T}}\boldsymbol{\gamma})]\big|_{(t_f^*,\boldsymbol{y}^*,\dot{\boldsymbol{y}}^*)}\\ &\quad+[\delta\boldsymbol{y}_f^{\mathrm{T}}-\delta t_f\dot{\boldsymbol{y}}^{\mathrm{T}}F_{\dot{\boldsymbol{y}}}]\big|_{(t_f^*,\boldsymbol{y}^*,\dot{\boldsymbol{y}}^*)}+\int_{t_0}^{t_f^*}\delta\boldsymbol{y}^{\mathrm{T}}\left(F_{\boldsymbol{y}}-\frac{\mathrm{d}}{\mathrm{d}t}F_{\dot{\boldsymbol{y}}}\right)\mathrm{d}t\\ &=[(F+K_{t_f}+\boldsymbol{\gamma}^{\mathrm{T}}\boldsymbol{\Psi}_{t_f}-\dot{\boldsymbol{y}}^{\mathrm{T}}F_{\dot{\boldsymbol{y}}})\delta t_f+\delta\boldsymbol{y}_f^{\mathrm{T}}(K_{\boldsymbol{y}}+\boldsymbol{\Psi}_{\boldsymbol{y}}^{\mathrm{T}}\boldsymbol{\gamma}+F_{\dot{\boldsymbol{y}}})]\big|_{(t_f^*,\boldsymbol{y}^*,\dot{\boldsymbol{y}}^*)}\\ &\quad+\int_{t_0}^{t_f^*}\delta\boldsymbol{y}^{\mathrm{T}}\left(F_{\boldsymbol{y}}-\frac{\mathrm{d}}{\mathrm{d}t}F_{\dot{\boldsymbol{y}}}\right)\mathrm{d}t\end{aligned} \tag{2-3-41}$$

由泛函极值的必要条件，

$$\delta\hat{J}(\boldsymbol{y}^*(t_f^*),t_f^*)=0,$$

我们得到泛函极值问题存在的必要条件如下：

定理 2.3.5 端点可变情形下的泛函极值问题(2-3-32)与(2-3-33)可解的必要条件为：

$$\begin{cases}F_{\boldsymbol{y}}-\dfrac{\mathrm{d}}{\mathrm{d}t}F_{\dot{\boldsymbol{y}}}=\boldsymbol{0}\text{（欧拉方程）}\\ \left.\begin{aligned}&(K_{\boldsymbol{y}}+\boldsymbol{\Psi}_{\boldsymbol{y}}^{\mathrm{T}}\boldsymbol{\gamma}+F_{\dot{\boldsymbol{y}}})\big|_{(t_f^*,\boldsymbol{y}^*,\dot{\boldsymbol{y}}^*)}=\boldsymbol{0}\\ &(F+K_{t_f}+\boldsymbol{\gamma}^{\mathrm{T}}\boldsymbol{\Psi}_{t_f}-\dot{\boldsymbol{y}}^{\mathrm{T}}F)\big|_{(t_f^*,\boldsymbol{y}^*,\dot{\boldsymbol{y}}^*)}=0\\ &\boldsymbol{\Psi}(t_f^*,\boldsymbol{y}^*(t_f^*),\dot{\boldsymbol{y}}^*(t_f^*))=\boldsymbol{0}\end{aligned}\right\}\text{（横截条件）}\end{cases} \tag{2-3-42}$$

其中式(2-3-42)中各方程的赋值都是在 $t_f^*,\boldsymbol{y}^*,\dot{\boldsymbol{y}}^*$ 上。

例 2.3.5(点到直线的距离) 已知平面上的一点 P，其坐标为(x_1,y_1)，平面上的一条直线方程为 $l:y=c_1x+c_2$，假定 P 不在该直线上，求过 P 的一条曲线，与直线 l 的交点为 $Q(x_2,y_2)$，使得连接 PQ 的弧长最短。

解：已知弧长公式为：

$$J(y)=\int_{x_1}^{x_2}\sqrt{1+\dot{y}^2}\,\mathrm{d}t$$

但 x_2 不固定，(x_2,y_2)受限在直线 l 上。

定义如下增广泛函：

$$\hat{J}(y)=\gamma(c_1x_2+c_2-y_2)+\int_{x_1}^{x_2}\sqrt{1+\dot{y}^2}\,\mathrm{d}t$$

代入必要条件，由欧拉方程

$$F_y+\frac{\mathrm{d}F_{\dot{y}}}{\mathrm{d}x}=\frac{\mathrm{d}}{\mathrm{d}x}\left(\frac{\dot{y}}{\sqrt{1+\dot{y}^2}}\right)=0$$

得出 $\dot{y}=k_1$，因此 $y=k_1x+k_2$。

代入横截条件有

$$\sqrt{1+k_1^2}+\gamma c_1-\frac{k_1^2}{\sqrt{1+k_1^2}}=0$$

$$-\gamma+\frac{k_1}{\sqrt{1+k_1^2}}=0$$

联立求解得 $k_1=-1/c$，由初始条件

$$y_1=-\frac{1}{c_1}x_1+k_2$$

所以

$$k_2=y_1+\frac{1}{c_1}x_1$$

再联立

$$y=c_1x+c_2$$

$$y=-\frac{1}{c_1}x+y_1+\frac{1}{c_2}x_1$$

求解得到 Q 点的坐标为：

$$x_2=\frac{c_1y_1+x_1-c_1c_2}{c_1^2+1}$$

$$y_2=\frac{c_1^2y_1+c_1x_1-c_1^2c_2}{c_1^2+1}+c_2$$

代入弧长公式得

$$J(y)=\int_{x_1}^{x_2}\sqrt{1+\dot{y}^2}\,\mathrm{d}t=\frac{|y_1-c_1x_1-c_2|}{\sqrt{c_1^2+1}}$$

正好是点 P 到直线 l 的距离。

2.3.6 维斯特拉斯-欧德曼角隅条件

在前面几节讨论的泛函极值问题中，假设极值曲线与容许曲线都是连续且一阶导数存在的。在实际中，某些泛函极值曲线是不连续的或者不可导的曲线，不连续点发生在 $t_c\in[t_0,t_f]$，而且 t_c 是未知的，如图 2.3.7 所示。本节讨论这类问题的泛函极值问题。

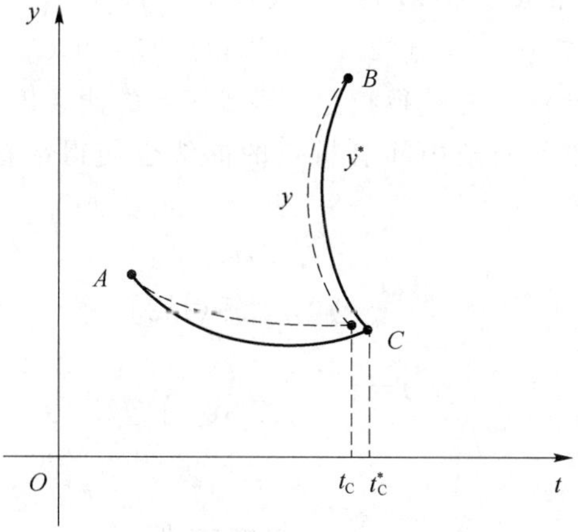

图 2.3.7 不可导极值曲线与容许曲线。

考虑如下泛函极值问题：

$$J(\boldsymbol{y})=\min_{\boldsymbol{y}}\int_{t_0}^{t_f}F(t,\boldsymbol{y},\dot{\boldsymbol{y}})\mathrm{d}t \tag{2-3-43}$$

其中 $\boldsymbol{y}(t)$ 是 n 维赋范线性空间向量，t_0 和 t_f 固定，假定 $\boldsymbol{y}(t)$ 在两个端点处的值自由。

对于式(2-3-43),假定要求在某一未知时刻 t_c,$\boldsymbol{y}(t_c)$发生跳变,即在 t_c 时刻,$\boldsymbol{y}(t)$的导数不连续。

则泛函极值问题可以改写成如下式:

$$\begin{aligned}J(\boldsymbol{y}^*) &= \min_{\boldsymbol{y}}\left[\int_{t_0}^{t_c^-} F(\boldsymbol{y},\dot{\boldsymbol{y}},t)\mathrm{d}t + \int_{t_c^+}^{t_f} F(\boldsymbol{y},\dot{\boldsymbol{y}},t)\mathrm{d}t\right] \\ &= \min_{\boldsymbol{y}}\left[\int_{t_0}^{t_c^-} F(\boldsymbol{y},\dot{\boldsymbol{y}},t)\mathrm{d}t - \int_{t_f}^{t_c^+} F(\boldsymbol{y},\dot{\boldsymbol{y}},t)\mathrm{d}t\right]\end{aligned} \tag{2-3-44}$$

因 t_c 自由,类似于上一节的推导,可得泛函极值存在的必要条件为:

$$F_{\boldsymbol{y}} - \frac{\mathrm{d}}{\mathrm{d}t}F_{\dot{\boldsymbol{y}}} = 0 \tag{2-3-45}$$

$$\begin{cases}[F - \dot{\boldsymbol{y}}^{\mathrm{T}}F_{\dot{\boldsymbol{y}}}]|_{t_c^-}\delta t_c - [F - \dot{\boldsymbol{y}}^{\mathrm{T}}F_{\dot{\boldsymbol{y}}}]|_{t_c^+}\delta t_c = 0 \\ [(\delta\boldsymbol{y}_c)^{\mathrm{T}}F_{\dot{\boldsymbol{y}}}]|_{t_c^-} - (\delta\boldsymbol{y}_c)^{\mathrm{T}}F_{\dot{\boldsymbol{y}}}|_{t_c^+} = 0\end{cases} \tag{2-3-46}$$

因为 t_c 不固定,可取 $\delta t_c \neq 0$,则必要条件可化为:

$$F_{\boldsymbol{y}} - \frac{\mathrm{d}}{\mathrm{d}t}F_{\dot{\boldsymbol{y}}} = 0 \quad (\text{欧拉方程})$$

$$\left.\begin{aligned}[F - \dot{\boldsymbol{y}}^{\mathrm{T}}F_{\dot{\boldsymbol{y}}}]|_{t_c^-} &= [F - \dot{\boldsymbol{y}}^{\mathrm{T}}F_{\dot{\boldsymbol{y}}}]|_{t_c^+} \\ [(\delta\boldsymbol{y}_c)^{\mathrm{T}}F_{\dot{\boldsymbol{y}}}]|_{t_c^-} &= [(\delta\boldsymbol{y}_c)^{\mathrm{T}}F_{\dot{\boldsymbol{y}}}]|_{t_c^+}\end{aligned}\right\} \quad (\text{横截条件}) \tag{2-3-47}$$

式(2-3-45)与式(2-3-47)称为**角隅条件**,又称**维斯特拉斯-欧德曼**(Weierstrass-Erdmann)条件。

例 2.3.6 考虑如下性能指标:

$$J(y) = \int_0^2 \dot{y}^2(1-\dot{y})^2\mathrm{d}x$$

已知初始值为 $y(0)=0$;终端值为 $y(2)=1$。

解:可以看出被积函数是大于或等于零的,在等于零时,泛函取极小值 $J(y)=0$。此时 $\dot{y}=0$或者 $\dot{y}=1$,所以有两条可取曲线:$y=C_1$ 或者 $y=t+C_2$。

由已知条件曲线要过点(0,0)与点(2,1),可以得出 $C_1=0$,$C_2=-1$。

显然 $y(t)=0$ 与 $y(t)=t-1$ 是使得指标泛函等于零的两条极值曲线,但两条极值曲线中间并没有折点。易验证,如下两条中间有折点的曲线也使得指标泛函等于零,如图 2.3.8 所示。

$$y(t) = \begin{cases}t, & t\in[0,1] \\ 0, & t\in(1,2]\end{cases}$$

$$y(t) = \begin{cases}0, & t\in[0,1] \\ t-1, & t\in(1,2]\end{cases}$$

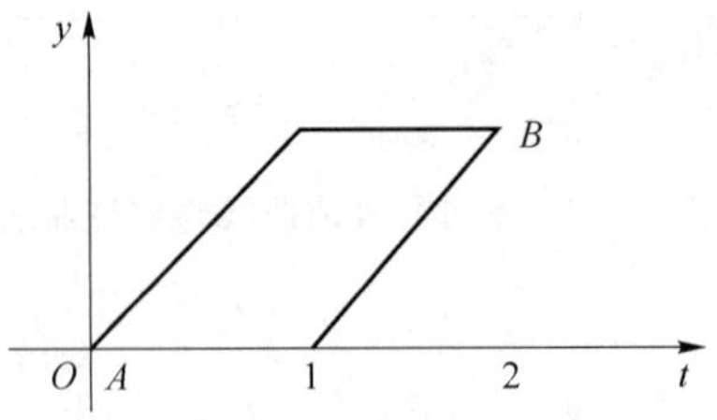

图 2.3.8 极值曲线图

是否在[0,2]之间还存在有其他转折点的最优极值曲线,使得性能指标达到零呢？这就需要利用**维斯特拉斯-欧德曼**条件(2-3-43)与(2-3-45)。考虑到在折点处的曲线连续性,在计算时还要加条件 $y(t_c^-)=y(t_c^+)$。后续推导留作习题。

2.4 基于变分法的连续控制系统最优控制

考虑如下最优控制问题：

$$J(u^*)=\min_u\{K(\boldsymbol{x}(t_f),t_f)+\int_{t_0}^{t_f}L(\boldsymbol{x}(t),\boldsymbol{u}(t),t)\mathrm{d}t\} \tag{2-4-1}$$

$$\text{s.t.}\quad \dot{\boldsymbol{x}}(t)=\boldsymbol{f}(\boldsymbol{x}(t),\boldsymbol{u}(t),t),\quad \boldsymbol{x}(t_0)=\boldsymbol{x}_0$$

其中 $\boldsymbol{x}(t)$是 n 维状态空间向量,$\boldsymbol{u}(t)$表示 m 维控制向量;假设 $K(\boldsymbol{x},t)$,关于变量 x,t 是连续的并且可求偏导数,$\boldsymbol{f}(\boldsymbol{x},\boldsymbol{u},t)$与 $L(\boldsymbol{x},\boldsymbol{u},t)$对于 $\boldsymbol{x},\boldsymbol{u},t$ 的偏导数都存在,且 $\boldsymbol{f}(\boldsymbol{x},\boldsymbol{u},t)$对 $\boldsymbol{x}$ 满足李普希茨条件。假定初始状态 $\boldsymbol{x}(t_0)=\boldsymbol{x}_0$ 给定。

采用本章的变分法来讨论式(2-4-1)的极值问题,这里$\begin{pmatrix}\boldsymbol{x}(t)\\ \boldsymbol{u}(t)\end{pmatrix}$充当了 2.3 节中矢量 $\boldsymbol{y}(t)$ 的角色,而$\begin{pmatrix}\dot{\boldsymbol{x}}(t)\\ \dot{\boldsymbol{u}}(t)\end{pmatrix}$充当了 2.3 节中 $\dot{\boldsymbol{y}}(t)$的角色。

这里分 3 种情形来讨论最优控制问题。

2.4.1 初始时刻、终端时刻固定与终端状态自由情形

对于极值问题(2-4-1),通过引入 n 维向量$\boldsymbol{\lambda}(t)$(称为状态空间向量 $\boldsymbol{x}(t)$的伴随向量或者协态矢量),构造增广的性能泛函如下：

$$\begin{aligned}\hat{J}(\boldsymbol{u}^*)&=\min_u\{K(\boldsymbol{x}(t_f),t_f)+\int_{t_0}^{t_f}L(\boldsymbol{x}(t),\boldsymbol{u}(t),t)+\boldsymbol{\lambda}^{\mathrm{T}}[f(\boldsymbol{x}(t),\boldsymbol{u}(t),t)-\dot{\boldsymbol{x}}]\mathrm{d}t\}\\&=\min_u\left\{K(\boldsymbol{x}(t_f),t_f)+\int_{t_0}^{t_f}[H(\boldsymbol{x},\boldsymbol{\lambda},\boldsymbol{u},t)-\boldsymbol{\lambda}^{\mathrm{T}}\dot{\boldsymbol{x}}]\mathrm{d}t\right\}\end{aligned} \tag{2-4-2}$$

其中

$$H(\boldsymbol{x},\boldsymbol{u},\boldsymbol{\lambda},t)=L(\boldsymbol{x},\boldsymbol{u},t)+\boldsymbol{\lambda}^{\mathrm{T}}f(\boldsymbol{x},\boldsymbol{u},t) \tag{2-4-3}$$

称为哈密顿(Hamilton)函数。

注 2.4.1 如果是对性能指标求极大,则可以将性能指标前面加负号,就可以转化为性能指标求极小问题,此时哈密顿函数采用如下定义：

$$H(\boldsymbol{x},\lambda,\boldsymbol{u},t)=-L(\boldsymbol{x},\boldsymbol{u},t)+\boldsymbol{\lambda}^{\mathrm{T}}f(\boldsymbol{x},\boldsymbol{u},t)$$

令$\boldsymbol{x}^*(t),\boldsymbol{u}^*(t)$为增广泛函问题(2-4-2)的最优状态与最优控制,这里把伴随矢量$\boldsymbol{\lambda}(t)$看作类似松弛变量(不考虑其最优性)。则对增广泛函问题(2-4-2)在$\boldsymbol{x}^*(t),\boldsymbol{u}^*(t)$上进行变分,计算可得

$$\begin{aligned}\delta\hat{J}(\boldsymbol{u})&=\delta\boldsymbol{x}^{\mathrm{T}}(t_f)K_x(\boldsymbol{x}(t_f))+\int_{t_0}^{t_f}(\delta\boldsymbol{x}^{\mathrm{T}}H_x+\delta\boldsymbol{u}^{\mathrm{T}}H_u-\delta\dot{\boldsymbol{x}}^{\mathrm{T}}\boldsymbol{\lambda})\mathrm{d}t\\&=\delta\boldsymbol{x}^{\mathrm{T}}(t_f)K_x(\boldsymbol{x}(t_f))+\int_{t_0}^{t_f}(\delta\boldsymbol{x}^{\mathrm{T}}H_x+\delta\boldsymbol{u}^{\mathrm{T}}H_u)\mathrm{d}t-\int_{t_0}^{t_f}\mathrm{d}(\delta\boldsymbol{x}^{\mathrm{T}})\boldsymbol{\lambda}\end{aligned}$$

$$= \delta \boldsymbol{x}^{\mathrm{T}}(t_f)K_x(\boldsymbol{x}(t_f)) - \delta \boldsymbol{x}^{\mathrm{T}}\boldsymbol{\lambda}\Big|_{t_0}^{t_f} + \int_{t_0}^{t_f}(\delta \boldsymbol{x}^{\mathrm{T}}H_x + \delta \boldsymbol{u}^{\mathrm{T}}H_u + \delta \boldsymbol{x}^{\mathrm{T}}\dot{\boldsymbol{\lambda}})\mathrm{d}t \tag{2-4-4}$$

这里需要强调的是，K_x,H_x,H_u 的变量赋值都是在$\boldsymbol{x}^*(t),\boldsymbol{u}^*(t)$上。以下为了书写简明，将上标 * 进行了省略。

初始值固定，$\delta \boldsymbol{x}|_{t_0}=\boldsymbol{0}$，所以$\delta \boldsymbol{x}^{\mathrm{T}}\boldsymbol{\lambda}\big|_{t_0}^{t_f}=\delta \boldsymbol{x}^{\mathrm{T}}(t_f)\boldsymbol{\lambda}(t_f)$。

$$\delta\hat{J}(\boldsymbol{u}) = \delta \boldsymbol{x}^{\mathrm{T}}(t_f)[K_x(\boldsymbol{x}(t_f)) - \boldsymbol{\lambda}(t_f)] + \int_{t_0}^{t_f}[\delta \boldsymbol{x}^{\mathrm{T}}(H_x+\dot{\boldsymbol{\lambda}}) + \delta \boldsymbol{u}^{\mathrm{T}}H_u]\mathrm{d}t \tag{2-4-5}$$

如果终端状态 $\boldsymbol{x}(t_f)$自由，那么由 $\delta\hat{J}=0$，可以得到最优控制问题的必要条件为：

$$\boldsymbol{\lambda}(t_f)=K_x(\boldsymbol{x}(t_f)) \tag{2-4-6}$$

$$\delta \boldsymbol{x}^{\mathrm{T}}(H_x+\dot{\boldsymbol{\lambda}})+\delta \boldsymbol{u}^{\mathrm{T}}H_u=0 \tag{2-4-7}$$

又由于 $\delta \boldsymbol{x},\delta \boldsymbol{u}$ 的取值是变化且相互独立的，总结以上结果，有下面定理。

定理 2.4.1 最优控制问题(2-4-1)和(2-4-2)可解的必要条件是

$$\begin{cases}\boldsymbol{\lambda}(t_f)=K_x(\boldsymbol{x}(t_f)) & (\text{伴随矢量终端条件})\\ \dot{\boldsymbol{\lambda}}=-H_x & (\text{伴随方程})\\ H_u=\boldsymbol{0} & (\text{驻值方程})\\ \dot{\boldsymbol{x}}=\boldsymbol{f}(\boldsymbol{x},\boldsymbol{u},t) & (\text{状态方程})\\ \boldsymbol{x}(t_0)=\boldsymbol{x}_0 & (\text{状态矢量初始条件})\end{cases} \tag{2-4-8}$$

计算方程数目与待求变量个数：状态方程有 n 个 2 阶微分方程，伴随方程也有 n 个 2 阶微分方程，驻值方程有 m 个方程，所以共有 $2n+m$ 方程。未知数的个数正好也是 $2n+m$ 个：n 个状态方程、n 个伴随变量、m 个控制变量。$2n$ 个积分常数可分别由状态方程的初始状态和伴随方程的末端条件决定。所以根据必要条件，理论上可以计算出极值问题的解。

由驻值方程，可以得出一个 $\boldsymbol{u}(\boldsymbol{x},\boldsymbol{\lambda})$，将它分别代入状态方程与伴随方程，将得到一个关于 $\boldsymbol{x},\boldsymbol{\lambda}$ 的联立微分方程组。这个方程组有 n 个状态变量，初始值已知，还有 n 个伴随变量，末端值已知。这类问题在数学上称为两点边值问题。两点边值的计算是一类复杂的数学问题。

注 2.4.2 如果把伴随矢量也看作决策变量，此时有最优 $\boldsymbol{\lambda}^*(t)$，则需增加伴随矢量的变分 $\delta\boldsymbol{\lambda}=\boldsymbol{\lambda}-\boldsymbol{\lambda}^*(t)$，此时增广泛函的变分为：

$$\delta\hat{J}(\boldsymbol{u}) = \delta \boldsymbol{x}^{\mathrm{T}}(t_f)K_x(\boldsymbol{x}(t_f)) + \int_{t_0}^{t_f}(\delta \boldsymbol{x}^{\mathrm{T}}H_x + \delta \boldsymbol{u}^{\mathrm{T}}H_u + \delta\boldsymbol{\lambda}^{\mathrm{T}}H_\lambda - \delta\dot{\boldsymbol{x}}^{\mathrm{T}}\boldsymbol{\lambda} - \delta\boldsymbol{\lambda}^{\mathrm{T}}\dot{\boldsymbol{x}})\mathrm{d}t$$

$$= \delta \boldsymbol{x}^{\mathrm{T}}(t_f)K_x(\boldsymbol{x}(t_f)) + \int_{t_0}^{t_f}(\delta \boldsymbol{x}^{\mathrm{T}}H_x + \delta \boldsymbol{u}^{\mathrm{T}}H_u + \delta\boldsymbol{\lambda}^{\mathrm{T}}H_\lambda - \delta\boldsymbol{\lambda}^{\mathrm{T}}\dot{x})\mathrm{d}t - \int_{t_0}^{t_f}\mathrm{d}(\delta\boldsymbol{x}^{\mathrm{T}})\lambda$$

$$= \delta \boldsymbol{x}^{\mathrm{T}}(t_f)K_x(\boldsymbol{x}(t_f)) - \delta \boldsymbol{x}^{\mathrm{T}}\boldsymbol{\lambda}\Big|_{t_0}^{t_f} + \int_{t_0}^{t_f}[\delta \boldsymbol{x}^{\mathrm{T}}(H_x+\dot{\lambda}) + \delta \boldsymbol{u}^{\mathrm{T}}H_u + \delta\boldsymbol{\lambda}^{\mathrm{T}}(H_{\boldsymbol{\lambda}}-\dot{x})]\mathrm{d}t$$

由于增广泛函变分等于零，可推出式(2-4-6)仍然满足，且积分号下被积函数等于 0，即

$$\delta \boldsymbol{x}^{\mathrm{T}}(H_x+\dot{\boldsymbol{\lambda}})+\delta \boldsymbol{u}^{\mathrm{T}}H_u+\delta\boldsymbol{\lambda}^{\mathrm{T}}(H_\lambda-\dot{\boldsymbol{x}})=0 \tag{2-4-9}$$

由于 $\delta \boldsymbol{x},\delta\boldsymbol{\lambda},\delta \boldsymbol{u}$ 可以任意取值且相互独立，因此可得出

$$\begin{cases}\dot{\lambda}=-H_x\\ \dot{\boldsymbol{x}}=H_\lambda=\boldsymbol{f}(t,\boldsymbol{x},\boldsymbol{u})\\ H_u=\boldsymbol{0}\end{cases} \tag{2-4-10}$$

在式(2.4.10)中，状态方程是通过变分推导出来，而在式(2.4.8)中状态方程则是直接由式(2-4-1)写出，但结论是一致的。

定理 2.4.2 如果最优控制问题(2-4-1)是定常的,即 $\boldsymbol{f}(\boldsymbol{x},\boldsymbol{u})$,$K(\boldsymbol{x})$,$L(\boldsymbol{x},\boldsymbol{u})$中不显含 t,令 $\boldsymbol{u}^*$,$\boldsymbol{x}^*$ 是分别对应的最优控制与最优轨线,则哈密顿函数在最优控制与最优轨线上是常数。

证明: 由于

$$\dot{H}(\boldsymbol{x},\boldsymbol{u},\boldsymbol{\lambda})=H_t+\dot{\boldsymbol{x}}^{\mathrm{T}}H_x+\dot{\boldsymbol{\lambda}}^{\mathrm{T}}H_\lambda+\dot{\boldsymbol{u}}^{\mathrm{T}}H_u$$

由定常性假设,所以 $H_t=0$。

而在最优控制与最优轨线上利用必要条件(2-2-8),

$$H_u=\boldsymbol{0},\quad \dot{\boldsymbol{\lambda}}=-H_x,\quad \dot{\boldsymbol{x}}=H_\lambda$$

所以

$$\dot{H}=-\dot{\boldsymbol{x}}^{\mathrm{T}}\boldsymbol{\lambda}+\dot{\boldsymbol{\lambda}}^{\mathrm{T}}\boldsymbol{x}=0$$

即哈密顿函数 $H(\boldsymbol{x}^*,\boldsymbol{\lambda},\boldsymbol{u}^*)=c$。

证毕!

例 2.4.1 考虑一个质点系,所有的变量如下定义:

$\boldsymbol{q}$:表示广义位移向量。

$\dot{\boldsymbol{q}}$:表示广义速度。

$U(\boldsymbol{q})$:表示势能。

$T(\boldsymbol{q},\dot{\boldsymbol{q}})$:表示动能。

$L(\boldsymbol{q},\boldsymbol{u})\triangleq T(\boldsymbol{q},\dot{\boldsymbol{q}})-U(\boldsymbol{q})$,表示拉格朗日函数。

假定质点系的运动学方程满足

$$\dot{\boldsymbol{q}}=\boldsymbol{u}$$

问题:给定 $\boldsymbol{q}(0)=\boldsymbol{q}_0$,寻找一条运动轨迹,使得下面的性能指标最小

$$J(\boldsymbol{u})=\int_0^{t_f}L(\boldsymbol{u},\boldsymbol{q})\,\mathrm{d}t$$

解: 构造哈密尔顿函数

$$H=L+\boldsymbol{\lambda u}$$

由最优控制必要条件:

$$\dot{\lambda}=-H_q=-L_q$$
$$0=H_u=L_u+\lambda$$

联立,可以推出:

$$L_q-\frac{\mathrm{d}}{\mathrm{d}t}L_u=L_q-\frac{\mathrm{d}}{\mathrm{d}t}L_{\dot{q}}=0$$

这就是本章所推出的欧拉方程。

如果我们定义广义动量矢量

$$\boldsymbol{\lambda}=-L_{\dot{q}}$$

那么运动方程可以写成如下形式:

$$\begin{cases}\dot{\boldsymbol{q}}=H_\lambda\\ \dot{\boldsymbol{\lambda}}=-H_q\end{cases}$$

这就是我们所熟知的哈密顿系统方程。

例 2.4.2 求如下最优控制问题:

$$J(u^*)=\min_u\left\{\frac{1}{2}x^2(2)+\frac{1}{2}\int_0^2u^2(t)\,\mathrm{d}t\right\}$$

$$\text{s.t.}\quad \dot{x}=u,\quad x(0)=1$$

解： 构造哈密顿函数

$$H=\frac{1}{2}u^2(t)+\lambda u$$

由伴随方程，

$$\dot{\lambda}=-H_x=0$$

所以 $\lambda=c_1$。

由横截条件：

$$\lambda(2)=x(2)=c_1$$

再由驻点方程 $\partial H/\partial u=0$ 得

$$u=-\lambda=-c_1$$

将 $u=-c_1$ 代入状态方程：

$$\dot{x}=-c_1$$

得出

$$x(t)=-c_1t+c_2$$

由 $x(0)=1$，得到 $c_2=1$；又由 $\lambda(2)=x(2)=c_1$，得 $c_1=1/3$。

因此最优解为：

$$u^*(t)=-\frac{1}{3}$$

$$x^*(t)=-\frac{1}{3}t+1$$

例 2.4.3(房间的温度控制) 我们希望用最少的耗能来加热一间屋子，如果 $\theta(t)$ 表示这间房屋的温度，θ_a 表示外界大气温度（恒量），$u(t)$ 表示对屋子的加热速率，那么动力学方程可表示为：

$$\dot{\theta}=-a(\theta-\theta_a)+bu$$

对于常数 a 和 b，它们取决于房间的保温和其他一些因素。定义新状态

$$x(t)\triangleq\theta(t)-\theta_a$$

不妨令 $b=1$，我们可以写出状态方程

$$\dot{x}=-ax+u$$

令屋子的初始温度为 $\theta_a=15℃$，则 $x(0)=0$。假定在最终时间 t_f 控制目标为最终温度 $\theta(t_f)$ 达到 25°，为此在闭区间 $[0,t_f]$ 上，取泛函为如下能耗指标：

$$J(u)=\frac{1}{2}s\,(x(t_f)-10)^2+\frac{1}{2}\int_0^{t_f}u^2(t)\mathrm{d}t$$

其中权值 s 是正数。一般来说 s 越大，那么最优解将会越接近 10℃。

解： 构造哈密顿函数

$$H=\frac{u^2}{2}+\lambda(-ax+u)$$

最优控制 $u(t)$ 可通过如下必要条件求出：

$$\dot{x}=-ax+u$$

$$\dot{\lambda}=-H_x=a\lambda$$

$$0=H_u=u+\lambda$$

$$\lambda(t_f)=s(x(t_f)-10)$$

从而

$$u(t)=-\lambda(t)$$

将 $u(t)=-\lambda(t)$ 代入状态方程，

$$\dot{x}=-ax-\lambda$$

$$\dot{\lambda}=a\lambda$$

对于伴随方程而言，如果已知 $\lambda(t_f)$，则

$$\lambda(t)=\mathrm{e}^{-a(t_f-t)}\lambda(t_f)$$

将其代入状态方程可得

$$\dot{x}=-ax-\lambda(t_f)\mathrm{e}^{-a(t_f-t)}$$

因此

$$\begin{aligned}x(t) &= \mathrm{e}^{-at}x_0-\lambda(t_f)\int_0^t \mathrm{e}^{-a(t-\tau)}\mathrm{e}^{-a(t_f-\tau)}\mathrm{d}\tau \\ &= \mathrm{e}^{-at}x_0-\frac{\lambda(t_f)}{2a}\mathrm{e}^{-at_f}(\mathrm{e}^{at}-\mathrm{e}^{-at}) \\ &= \mathrm{e}^{-at}x_0-\frac{\lambda(t_f)}{2a}\mathrm{e}^{-at_f}\sinh(at)\end{aligned}$$

其中$\frac{1}{2}(\mathrm{e}^{at}-\mathrm{e}^{-at})\triangleq\sinh(at)$为双曲正弦。

由于 $x(0)=0$，所以

$$x(t_f)=-\frac{\lambda(t_f)}{2a}\mathrm{e}^{-at_f}\sinh(at_f)$$

利用 $\lambda(t_f)=s(x(t_f)-10)$得

$$\lambda(t_f)=s\left[-\frac{\lambda(t_f)}{2a}\mathrm{e}^{-at_f}\sinh(at_f)-10\right]$$

可以解得

$$\lambda(t_f)=-\frac{10as\mathrm{e}^{at_f}}{a\mathrm{e}^{at_f}+s\sinh(at_f)}$$

从而伴随曲线为：

$$\lambda(t)=-\frac{10as\mathrm{e}^{at}}{a\mathrm{e}^{at_f}+s\sinh(at_f)}$$

最后可得最优控制

$$u^*(t)=\frac{10as\mathrm{e}^{at}}{a\mathrm{e}^{at_f}+s\sinh(at_f)}$$

将 u^* 代入状态方程，可求得最优状态轨迹为：

$$x^*(t)=\frac{10s\sinh(at)}{a\mathrm{e}^{at_f}+s\sinh(at_f)}$$

在终端时刻

$$x^*(t_f)=\frac{10s\sinh(at_f)}{a\mathrm{e}^{at_f}+s\sinh(at_f)}$$

2.4.2 终端时刻固定终端状态受限情形

考虑如下最优控制问题：

$$J(\boldsymbol{u}^*) = \min_{\boldsymbol{u}}\{K[\boldsymbol{x}(t_f),t_f] + \int_{t_0}^{t_f} L(\boldsymbol{x},\boldsymbol{u},t)\mathrm{d}t\} \tag{2-4-11}$$

$$\text{s.t.} \quad \dot{\boldsymbol{x}} = f(\boldsymbol{x},\boldsymbol{u},t), \quad \boldsymbol{x}(t_0)=\boldsymbol{x}_0 \tag{2-4-12}$$

$$\boldsymbol{\Psi}[\boldsymbol{x}(t_f),t_f]=\mathbf{0} \tag{2-4-13}$$

其中 $\boldsymbol{x}(t)$是 n 维状态空间向量，$\boldsymbol{u}(t)$表示 m 维控制向量，t_0,t_f 固定，$\boldsymbol{\Psi}\in\mathbb{R}^s$，$s<n$ 为终端约束条件，假定$\boldsymbol{\Psi}_x\triangleq\partial\boldsymbol{\Psi}/\partial\boldsymbol{x}$ 在任意的容许 $\boldsymbol{x}(t_f)$处是行满秩的。

首先将式(2-4-11)～(2-4-13)所示的有约束最优控制问题转化为增广泛函极值问题。由于式(2-4-13)只与终端(末端)状态及终端时刻有关，因此引入拉格朗日乘子 $\boldsymbol{\gamma}$ 后，所得到的增广泛函应为如下形式：

$$\hat{J}(\boldsymbol{u}^*) = \min_{\boldsymbol{u}}\{K[\boldsymbol{x}(t_f),t_f] + \boldsymbol{\gamma}^{\mathrm{T}}\boldsymbol{\Psi}[\boldsymbol{x}(t_f),t_f] + \int_{t_0}^{t_f}[H(\boldsymbol{x},\boldsymbol{u},\boldsymbol{\lambda},t) - \boldsymbol{\lambda}^{\mathrm{T}}\dot{\boldsymbol{x}}]\mathrm{d}t\} \tag{2-4-14}$$

其中哈密顿函数 $H(\boldsymbol{x},\boldsymbol{u},\boldsymbol{\lambda},t)=L(\boldsymbol{x},\boldsymbol{u},t)+\boldsymbol{\lambda}^{\mathrm{T}}f(\boldsymbol{x},\boldsymbol{u},t)$。

令 $\boldsymbol{u}^*,\boldsymbol{x}^*$ 为最优控制与最优轨线，类似于 2.3.1 节的推导，可以计算出增广性能指标在 $\boldsymbol{u}^*,\boldsymbol{x}^*$ 上的变分：

$$\delta\hat{J} = \delta\boldsymbol{x}_f^{\mathrm{T}}[(K_x + \boldsymbol{\Psi}_x^{\mathrm{T}}\boldsymbol{\gamma}) - \boldsymbol{\lambda}(t_f)] + \int_{t_0}^{t_f}[\delta\boldsymbol{x}^{\mathrm{T}}(H_x + \dot{\boldsymbol{\lambda}}) + \delta\boldsymbol{u}^{\mathrm{T}}H_u]\mathrm{d}t \tag{2-4-15}$$

由 $\delta\hat{J}=0$，可以得到终端状态受限的最优控制问题的必要条件。

定理 2.4.3 最优控制问题(2-4-11)～(2-4-13)的解存在的必要条件是

$$\begin{cases}\boldsymbol{\lambda}(t_f)=(K_x+\boldsymbol{\Psi}_x^{\mathrm{T}}\boldsymbol{\gamma})\big|_{\boldsymbol{x}(t_f)}\\ \dot{\boldsymbol{\lambda}}=-H_x\\ H_u=\mathbf{0}\\ \dot{\boldsymbol{x}}=f(\boldsymbol{x},\boldsymbol{u},t), \quad \boldsymbol{x}(t_0)=\boldsymbol{x}_0\\ \boldsymbol{\Psi}(\boldsymbol{x}(t_f),t_f)=\mathbf{0}\end{cases} \tag{2-4-16}$$

例 2.4.4(房间的温度控制) 仍然考虑例 2.4.3 的系统，假设初始值 $x(0)=0$。此时直接要求 $\boldsymbol{x}(t_f)=10$(终端约束)，并且使得如下能耗指标达到最小：

$$J(u) = \frac{1}{2}\int_0^{t_f} u^2(t)\mathrm{d}t$$

解:定义相应的增广泛函

$$\hat{J}(u) = \gamma(x(t_f) - 10) + \frac{1}{2}\int_0^{t_f} u^2(t)\mathrm{d}t$$

构造哈密顿函数

$$H=\frac{u^2}{2}+\lambda(-ax+u)$$

最优控制 $u(t)$可通过如下必要条件求出：

$$\dot{x}=-ax+u$$

$$\dot{\lambda}=-H_x=a\lambda$$

$$\lambda(t_f)=\gamma$$

$$0=H_u=u+\lambda$$

从而

$$u(t)=-\lambda(t)$$

将其代入状态方程，

$$\dot{x}=-ax-\lambda$$

由于

$$\dot{\lambda}=a\lambda$$

对于伴随方程，有

$$\lambda(t)=\mathrm{e}^{-a(t_f-t)}\lambda(t_f)=\gamma\mathrm{e}^{-a(t_f-t)}$$

将其代入状态方程可得

$$\dot{x}=-ax-\gamma\mathrm{e}^{-a(t_f-t)}$$

因此

$$\begin{aligned}x(t)&=\mathrm{e}^{-at}x_0-\gamma\int_0^t\mathrm{e}^{-a(t-\tau)}\mathrm{e}^{-a(t_f-\tau)}\mathrm{d}\tau\\&=\frac{\gamma}{2a}\mathrm{e}^{-at_f}(\mathrm{e}^{-at}-\mathrm{e}^{at})\\&=-\frac{\gamma}{a}\mathrm{e}^{-at_f}\sinh at\end{aligned}$$

为了求出 γ，我们将终端状态条件代入方程的解：

$$x(t_f)=-\frac{1}{2a}\gamma(1-\mathrm{e}^{-2at_f})=10$$

于是 $\gamma=\dfrac{-20a}{1-\mathrm{e}^{-2at_f}}$。因此伴随曲线为：

$$\lambda(t)=\mathrm{e}^{-a(t_f-t)}\gamma=\mathrm{e}^{-a(t_f-t)}\frac{-20a}{1-\mathrm{e}^{-2at_f}}=\frac{-20a\mathrm{e}^{at}}{\mathrm{e}^{at_f}-\mathrm{e}^{-at_f}}=-\frac{10a\mathrm{e}^{at}}{\sinh at_f}$$

由于 $u=-\lambda$，所以最优控制为：

$$u^*(t)=\frac{10a\mathrm{e}^{at}}{\sinh at_f},\quad 0\leqslant t\leqslant t_f$$

为了检验我们的答案，将 $u^*(t)$ 应用于系统方程，可解得的最优状态轨迹为：

$$x^*(t)-10\frac{\sinh at}{\sinh at_f}$$

$x^*(t_f)=10$ 正好为设定值。

对比例 2.4.3 与例 2.4.4 这两个例子，显然在例 2.4.3 中，最终值 $x^*(t_f)$ 是权 s 的函数。而且随着 s 变大，终端状态的将越来越靠近 10。

2.4.3 终端时刻自由情形

考虑如下最优控制问题：

$$J(\boldsymbol{u}^*)=\min_{\boldsymbol{u}}\{K[\boldsymbol{x}(t_f),t_f]+\int_{t_0}^{t_f}L(\boldsymbol{x},\boldsymbol{u},t)\mathrm{d}t\}\qquad(2\text{-}4\text{-}17)$$

$$\text{s.t.}\quad \dot{\boldsymbol{x}}=\boldsymbol{f}(\boldsymbol{x},\boldsymbol{u},t),\quad \boldsymbol{x}(t_0)=\boldsymbol{x}_0 \tag{2-4-18}$$

$$\boldsymbol{\Psi}[\boldsymbol{x}(t_f),t_f]=\boldsymbol{0} \tag{2-4-19}$$

其中 $\boldsymbol{x}(t)$是 n 维状态空间向量，$\boldsymbol{u}(t)$表示 m 维控制向量，t_0 固定，t_f 自由，$\boldsymbol{\Psi}\in\mathbb{R}^s$，$s<n$ 为终端约束条件，假定$\boldsymbol{\Psi}_x$ 在任意的容许 $x(t_f)$处是行满秩的。

将式(2-4-17)～(2-4-19)所示的有约束最优控制问题转化为增广泛函极值问题，注意到 t_f 可变，

$$\hat{J}(\boldsymbol{u}^*)=\min_{\boldsymbol{u}}\{K[\boldsymbol{x}(t_f),t_f]+\boldsymbol{\gamma}^{\mathrm{T}}\boldsymbol{\Psi}[\boldsymbol{x}(t_f),t_f]+\int_{t_0}^{t_f}[H(\boldsymbol{x},\boldsymbol{u},\boldsymbol{\lambda},t)-\boldsymbol{\lambda}^{\mathrm{T}}\dot{\boldsymbol{x}}]\mathrm{d}t\} \tag{2-4-20}$$

其中 $H(\boldsymbol{x},\boldsymbol{u},\boldsymbol{\lambda},t)=L(\boldsymbol{x},\boldsymbol{u},t)+\boldsymbol{\lambda}^{\mathrm{T}}f(\boldsymbol{x},\boldsymbol{u},t)$。

令 $\boldsymbol{u}^*,\boldsymbol{x}^*,t_f^*$ 为最优控制、最优轨线与最优终端时刻，可采用 2.3.5 节的推导结论，事实上，我们可以直接计算出增广性能指标在 $\boldsymbol{u}^*,\boldsymbol{x}^*,t_f^*$ 上的变分：

$$\begin{aligned}\delta\hat{J}&=(K_t+\boldsymbol{\gamma}^{\mathrm{T}}\boldsymbol{\Psi}_t+H+\dot{\boldsymbol{x}}^{\mathrm{T}}\boldsymbol{\lambda})\delta t_f+\delta\boldsymbol{x}_f^{\mathrm{T}}(K_x+\boldsymbol{\Psi}_x^{\mathrm{T}}\boldsymbol{\gamma})-(\delta\boldsymbol{x}_f^{\mathrm{T}}\boldsymbol{\lambda}-\dot{\boldsymbol{x}}^{\mathrm{T}}\boldsymbol{\lambda}\delta t_f)\\&\quad+\int_{t_0}^{t_f}[\delta\boldsymbol{x}^{\mathrm{T}}(H_x+\dot{\boldsymbol{\lambda}})+\delta\boldsymbol{u}^{\mathrm{T}}H_{\boldsymbol{u}}]\mathrm{d}t=(K_t+\boldsymbol{\gamma}^{\mathrm{T}}\boldsymbol{\Psi}_t+H)\delta t_f\\&\quad+\delta\boldsymbol{x}_f^{\mathrm{T}}(K_x+\boldsymbol{\Psi}_x^{\mathrm{T}}\boldsymbol{\gamma}-\lambda)+\int_{t_0}^{t_f}[\delta\boldsymbol{x}^{\mathrm{T}}(H_x+\dot{\boldsymbol{\lambda}})+\delta\boldsymbol{u}^{\mathrm{T}}H_{\boldsymbol{u}}]\mathrm{d}t\end{aligned} \tag{2-4-21}$$

在式(2-4-21)的推导中，利用了如下近似：

$$\delta\boldsymbol{x}\big|_{t_f}=\delta\boldsymbol{x}(t_f)-\dot{\boldsymbol{x}}(t_f)\delta t_f \tag{2-4-22}$$

t_f 自由表明 δt_f 是任意可变的，而容许轨线 $\boldsymbol{x}(t_f)$也需约束在等式 $\boldsymbol{\Psi}=\boldsymbol{0}$ 上，所以变分

$$\delta\boldsymbol{x}_f=\boldsymbol{x}(t_f)-\boldsymbol{x}(t_f^*) \tag{2-4-23}$$

在 $\boldsymbol{\Psi}[\boldsymbol{x}(t_f),t_f]=\boldsymbol{0}$ 也是任意可变的。

由 $\delta\hat{J}=0$，可以得到如下终端时刻自由且终端状态受限的最优控制问题可解的必要条件。

定理 2.4.4 最优控制问题(2-4-17)～(2-4-19)可解的必要条件是存在非零 $\boldsymbol{u}^*,\boldsymbol{x}^*,t_f^*$ 满足如下方程组：

$$\begin{cases}(H+K_t+\boldsymbol{\gamma}^{\mathrm{T}}\boldsymbol{\Psi}_t)\big|_{(\boldsymbol{x}^*,\boldsymbol{u}(t_f^*),\boldsymbol{\lambda}(t_f^*),t_f^*)}=0\\ \boldsymbol{\lambda}(t_f^*)=(K_x+\boldsymbol{\Psi}_x^{\mathrm{T}}\boldsymbol{\gamma})\big|_{(\boldsymbol{x}^*,\boldsymbol{u}(t_f^*),\boldsymbol{\lambda}(t_f^*),t_f^*)}\\ \dot{\boldsymbol{\lambda}}=-H_x\\ H_{\boldsymbol{u}}=\boldsymbol{0}\\ \dot{\boldsymbol{x}}=f(\boldsymbol{x},\boldsymbol{u},t),\boldsymbol{x}(t_0)=\boldsymbol{x}_0\\ \boldsymbol{\Psi}(\boldsymbol{x}(t_f^*),t_f^*)=\boldsymbol{0}\end{cases} \tag{2-4-24}$$

判断一下必要条件的可解性：式(2-4-24)中包括有 n 个状态变量、n 个伴随变量、m 个控制变量、s 个拉格朗日乘子以及 1 个终端最优时刻，这对应于 n 个状态方程、n 个伴随方程、m 个驻点方程、s 个终端状态约束方程以及方程 $K_t+\boldsymbol{\gamma}^{\mathrm{T}}\boldsymbol{\Psi}_t+H=0$，方程的个数等于未知数的个数。$2n$ 阶常微分方程需要 $2n$ 个积分常数，可以通过微分方程的初始条件与伴随方程的终端条件来确定。因此最优控制问题理论上是可以求解的。

例 2.4.5(最短时间的入射轨道) 一个质量为 m 的宇宙飞船将要在最短时间内进入轨道。参看图 2.4.1，其中 $\phi(t)$是推力方向角，F 是推力，$\gamma(t)$是飞行路径角，合速度 $V(t)$有径向分量 $w(t)$和切向分量 $v(t)$，$\mu=GM$ 是引力中心的引力常数。科氏力

$$F_c=\frac{mVv}{r}$$

其方向垂直于 V,r 代表半径。

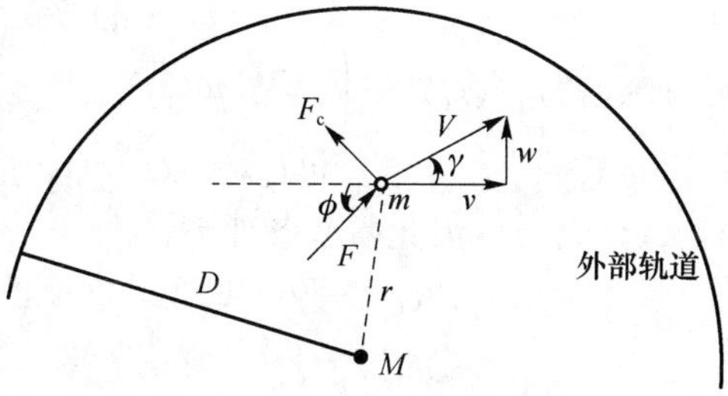

图 2.4.1 入射轨道的几何结构图

假定宇宙飞船的质量 m 是常数,状态方程由合力确定:

$$\dot{r}=w$$

$$\dot{w}=\frac{v^2}{r}-\frac{\mu}{r^2}+\frac{F}{m}\sin\phi$$

$$\dot{v}=\frac{-wv}{r}+\frac{F}{m}\cos\phi$$

假定推力 F 是常数,控制输入为 $\phi(t)$,目标是要求如下运行时间最小:

$$J(\phi(t))=\int_{t_0}^{t_f}\mathrm{d}t$$

构造哈密顿函数

$$H(\cdot)=1-\lambda_r w+\lambda_w\left(\frac{v^2}{r}-\frac{\mu}{r^2}+\frac{F}{m}\sin\phi\right)+\lambda_v\left(\frac{-wv}{r}+\frac{F}{m}\cos\phi\right)$$

伴随方程为:

$$-\dot{\lambda}_r=\frac{\partial H}{\partial r}=\left(\frac{-v^2}{r^2}+\frac{2\mu}{r^3}\right)\lambda_w+\frac{wv}{r^2}\lambda_v$$

$$-\dot{\lambda}_w=\frac{\partial H}{\partial w}=\lambda_r-\frac{v}{r}\lambda_v$$

$$-\dot{\lambda}_v=\frac{\partial H}{\partial v}=\frac{2v}{r}\lambda_w-\frac{w}{r}\lambda_v$$

驻点方程为:

$$0=\frac{\partial H}{\partial\phi}=\frac{F}{m}(\lambda_w\cos\phi-\lambda_v\sin\phi)$$

则最优控制可表示为:

$$\tan\phi=\lambda_w/\lambda_v$$

假如宇宙飞船从半径为 r_0 的星球表面发射。为简单起见,假定星球是不旋转的。那么初始状态为:

$$r(t_0)=r_0,\quad w(t_0)=0,\quad v(t_0)=0$$

如果期望的轨道是半径为 D 的圆,则 $r(t_f)=D$,在入轨后,径向速度分量 $w(t_f)=0$,且在终端状态时,期望轨道中的离心力和引力平衡:

$$\frac{mv^2}{r}=\frac{\mu m}{r^2}$$

所以 $v(t_f)-\sqrt{\dfrac{\mu}{r(t_f)}}=0$。

那么终态状态的约束条件为：

$$\Psi(r(t_f),w(t_f),v(t_f))=\begin{pmatrix} r(t_f)-D \\ w(t_f) \\ v(t_f)-\sqrt{\mu/r(t_f)} \end{pmatrix}=\mathbf{0}$$

引入拉格朗日乘子 $\boldsymbol{\gamma}=(\gamma_r,\gamma_w,\gamma_v)^{\mathrm{T}}$，因此横截条件为：

$$\lambda_r(t_f)=\gamma_v$$

$$\lambda_w(t_f)=\gamma_w$$

$$\lambda_v(t_f)=\gamma_r+\frac{\gamma_v}{2}\sqrt{\frac{\mu}{r^3(t_f)}}$$

同时满足

$$H(t_f)=1+\frac{F}{m}(\lambda_w(t_f)\sin\phi(t_f)+\lambda_v(t_f)\cos\phi(t_f))=0$$

该问题共有 3 个状态方程式、3 个伴随方程式、3 个拉格朗日乘子与最优终端端时刻，其分别对应 3 个初始状态、3 个终端状态约束，以及 4 个横截条件。方程的个数等于未知数的个数，所以该最优控制问题是可解的，但是需要采用数值计算方法。

2.5 基于梯度法的最优控制问题数值求解

采用变分法来解决最优控制问题，将获得一组微分方程的两点边值问题。一般来说，微分方程两点边值问题的求解是非常复杂的，要获得解析解几乎是不可能的。因此只能通过数值手段来求得近似解。本节介绍一种基于梯度法的最优控制问题数值求解方法。

梯度法是一种迭代求解最优控制问题的有效方法，其算法流程是首先根据经验猜测一个初始控制 $\boldsymbol{u}_0$，再通过数值算法求出相应的哈密顿函数 H_0。随后根据求出的 H_0 来修改 $\boldsymbol{u}$，使得 H 继续减小，直到趋近最小值停止。修改方向为 H 的“最陡下降”方向，即负梯度方向。这就是该方法被称为梯度法的原因。

考虑如下最优控制问题：

$$J=\min_{\boldsymbol{u}(t)}\{K[\boldsymbol{x}(t_f),t_f]+\int_{t_0}^{t_f}L(\boldsymbol{x}(t),\boldsymbol{u}(t),t)\mathrm{d}t\} \tag{2-5-1}$$

$$\text{s.t.}\quad \dot{\boldsymbol{x}}(t)=f(\boldsymbol{x}(t),\boldsymbol{u}(t),t),\quad \boldsymbol{x}(t_0)=\boldsymbol{x}_0$$

哈密顿函数构造为：

$$H(\boldsymbol{x}(t),\boldsymbol{u}(t),\boldsymbol{\lambda}(t),t)=L(\boldsymbol{x}(t),\boldsymbol{u}(t),t)+\boldsymbol{\lambda}^{\mathrm{T}}f(\boldsymbol{x}(t),\boldsymbol{u}(t),t) \tag{2-5-2}$$

则增广的性能指标为：

$$\hat{J}=\min_{\boldsymbol{u}(t)}\{K[\boldsymbol{x}(t_f),t_f]+\int_{t_0}^{t_f}[H(\boldsymbol{x}(t),\boldsymbol{u}(t),t)-\lambda^{\mathrm{T}}(t)\dot{\boldsymbol{x}}(t)]\mathrm{d}t\} \tag{2-5-3}$$

令 $\delta\hat{J}=0$，可获得伴随方程及其边界条件为：

$$\dot{\boldsymbol{\lambda}}=-H_{\boldsymbol{x}}=-L_{\boldsymbol{x}}-\boldsymbol{f}_{\boldsymbol{x}}^{\mathrm{T}}\boldsymbol{\lambda},\quad \boldsymbol{\lambda}(t_f)=K_{\boldsymbol{x}}(\boldsymbol{x}(t_f)) \tag{2-5-4}$$

性能指标的梯度为：

$$(\nabla J)^{\mathrm{T}}=H_{u}=L_{u}+\boldsymbol{f}_{u}^{\mathrm{T}}\boldsymbol{\lambda} \tag{2-5-5}$$

有了性能指标的梯度后，则可以根据梯度法求解最优控制问题，其具体步骤为：

① 选取初始的控制 $\boldsymbol{u}_k(t)=\boldsymbol{u}_0(t)$，这里 k 为迭代步数；

② 结合初始条件 $\boldsymbol{x}(t_0)=\boldsymbol{x}_0$ 和当前控制 $\boldsymbol{u}_k(t)$，从 t_0 至 t_f 顺向积分状态方程 $\dot{\boldsymbol{x}}=f(\boldsymbol{x},\boldsymbol{u})$，计算状态向量 $\boldsymbol{x}_k(t)$；

③ 根据终端状态，逆向积分伴随方程 $\boldsymbol{\lambda}_k(t)$；

④ 按式(2-3-5)计算梯度 $\nabla J(\boldsymbol{u}_k(t))$；

⑤ 选取步长 ϖ_k，并计算修改量 $\Delta\boldsymbol{u}_k(t)=-\varpi_k\nabla J(\boldsymbol{u}_k(t))$；

⑥ 更新控制量 $\boldsymbol{u}_{k+1}(t)=\boldsymbol{u}_k(t)+\Delta\boldsymbol{u}_k(t)$；

⑦ 更新至下一步，判断 $|J(\boldsymbol{u}_{k+1}(t))-J(\boldsymbol{u}_k(t))|$ 是否小于预设阈值 ε：若是，则停止循环；若否，则重复步骤②～⑥，直至满足终止条件。

当控制变量 $\boldsymbol{u}(t)$ 需要满足上下限约束，即 $\boldsymbol{u}_a\leqslant\boldsymbol{u}(t)\leqslant\boldsymbol{u}_b$ 时，只需将上述算法修正为：

$$\boldsymbol{u}_{k+1}(t)=\begin{cases}\boldsymbol{u}_a, & \boldsymbol{u}_k(t)+\varpi_k\nabla J(\boldsymbol{u}_k(t))\leqslant\boldsymbol{u}_a\\ \boldsymbol{u}_k(t)+\varpi_k\nabla J(\boldsymbol{u}_k(t)), & \boldsymbol{u}_a<\boldsymbol{u}_k(t)+\varpi_k\nabla J(\boldsymbol{u}_k(t))<\boldsymbol{u}_b\\ \boldsymbol{u}_b, & \boldsymbol{u}_k(t)+\varpi_k\nabla J(\boldsymbol{u}_k(t))\geqslant\boldsymbol{u}_b\end{cases} \tag{2-5-6}$$

下面先给出一个算例，再根据算例详细解释梯度法步骤。

例 2.5.1 设状态方程 $\dot{x}(t)=-x^2(t)+u(t)$，初始条件 $x(0)=10$，性能指标为：

$$J=\frac{1}{2}\int_0^1(x^2+u^2)\mathrm{d}t$$

求最优控制策略使得性能指标最小。

解：① 推导出哈密顿函数、伴随方程和梯度的表达式：

$$H=\frac{1}{2}(x^2+u^2)+\lambda(-x^2+u)$$

$$\dot{\lambda}=-H_x=-x+2\lambda x,\quad \lambda(1)=1$$

$$\nabla J=H_u=u+\lambda$$

② 猜测第 0 步的控制量。因为 $\lambda(1)=1$，要让 $\nabla J=u(1)+\lambda(1)=0$，那么有 $u(1)=0$，不妨先设 $u_0(t)=0$。

③ 正向积分求 $x(t)$。把 $u_0(t)=0$ 代入至状态方程中得 $\dot{x}(t)=-x^2(t)$，结合初值 $x(0)=10$ 进行积分，求得

$$x_0(t)=\frac{10}{1+10t}$$

④ 反向积分求 $\lambda(t)$。把 $x_0(t)=10/(1+10t)$ 代入至伴随方程中，得到

$$\dot{\lambda}_0(t)=\frac{20}{1+10t}\lambda_0-\frac{10}{1+10t}$$

结合终端条件 $\lambda(1)=0$，得到

$$\lambda_0(t)=0.5\left[1-\frac{(1+10t)^2}{121}\right]$$

⑤ 计算梯度。将 $u_0(t)=0$ 和 $\lambda_0(t)=0.5[1-(1+10t)^2/121]$ 代入至 $\nabla J=u+\lambda$ 中，得到

$$\nabla J(u_0)=0.5[1-\frac{(1+10t)^2}{121}]$$

⑥ 确定步长和修改量。这里暂定$\varpi_0=0.55$，则修改量为：

$$\Delta u_0(t)=-0.275[1-\frac{(1+10t)^2}{121}]$$

计算性能指标为：

$$\nabla J(u_0)=-0.25\int_0^1[1-\frac{(1+10t)^2}{121}]^2\mathrm{d}t$$

⑦ 更新控制量。按照 $u_1(t)=u_0(t)+\Delta u_0(t)$将其更新为：

$$u_1(t)=-0.25[1-\frac{(1+10t)^2}{121}]$$

⑧ 循环迭代，直至满足预设的阈值为止。

本章小结

本章主要介绍了经典的变分理论与方法，给出了泛函极值问题的必要条件，并分别针对端点固定与端点自由等几种情况详细进行了推导。必要条件由欧拉方程和横截条件组成。欧拉方程由 n 个 2 阶常微分方程组成，积分常数则由横截条件确定。由于得到的是泛函数值问题的必要条件，因此得到的曲线未必是极值曲线，但是至少给出了寻找最优解的一条途径，至于得到的是不是极值曲线，可以代入指标进行测试验证。将变分原理应用于连续系统的最优控制，我们得到了求最优解的必要条件。通过构造哈密顿函数，该必要条件对应着一组常微分方程的两点边值问题的求解。微分方程的两点边值问题的求解是一个很难的问题，难以获得解析解。因此本章又介绍了一种基于梯度法的最优控制问题数值求解方法。本章通过一系列的例子，对理论与算法进行了验证。读者可以参考相关文献[77]、[80]、[99]、[102]、[107]、[111]、[115]等进行学习。

习　题

1. 求下列泛函的一阶变分：

(1) $J(y)=\int_{x_0}^{x_1}(ay+b\dot{y}+c\,\ddot{y}^2)\mathrm{d}x$，　$a,b,c\in\mathbb{R}$ 是常数；

(2) $J(y)=\int_{x_0}^{x_1}y^2\sqrt{1+\dot{y}^2}\,\mathrm{d}x$；

(3) $J(y)=\int_{x_0}^{x_1}(xy^2+\dot{y}^2+2y\dot{y})\mathrm{d}x$；

(4) $J(y)=\int_{x_0}^{x_1}\sqrt{y^2+\dot{y}^2}\,\mathrm{d}x$.

2. 求下列泛函的极小值：

(1) $J(y)=\int_0^1\sqrt{1+\dot{y}^2}\,\mathrm{d}x, y(0)=0, y(1)=1$；

(2) $J(y)=\int_0^1(y^2+\dot{y}^2)\mathrm{d}x, y(0)=0, y(1)$ 自由；

(3) $J(y)=\int_0^{\frac{\pi}{2}}(y^2-\dot{y}^2)\mathrm{d}x, y(0)=0, y\left(\frac{\pi}{2}\right)=1$；

(4) $J(y)=\int_0^1(\dot{y}^2+2xy)\mathrm{d}x$,两个端点自由；

(5) $J(y)=\int_0^1(\dot{y}^2+2x\dot{y})\mathrm{d}x$,两个端点自由；

(6) $J(y)=\int_1^2\frac{\dot{y}^2}{x^2}\mathrm{d}x$,两个端点自由；

(7) $J=\int_0^1[\dot{y}^2(x)+\dot{y}^3(x)]\mathrm{d}x, y(0)=0, y(1)$ 自由。

取极值的轨迹 $x^*(t)$,并要求使 $x^*(0)=0, x^*(1)$任意。

3. 对于下列泛函极值,试判断,若采用一阶变分条件能否确定极值曲线：

(1) $J(y)=\int_0^1[(1+y)\dot{y}]\mathrm{d}x, y(0)=0, y(1)=1$；

(2) $J(y)=\int_0^1(y^2+xy)\mathrm{d}x$,端点自由；

(3) $J(y)=\int_0^1(x^2+y\dot{y}^2)\mathrm{d}x$,端点自由。

4. 求在 x-y 平面上,从坐标原点到曲线 $y=1/x$ 的最短弧长曲线。

5. 已知 $A(0,1)$,求一条从 A 点出发的曲线,与 $y_1=2-x_1$ 相交与点 B,使得

$$J=\int_0^{x_1}\sqrt{1+\dot{y}^2}\,\mathrm{d}x$$

最小,其中终端时刻 x_1 自由。

6. 求使泛函

$$J(y_1(x),y_2(x),y_3(x))=\frac{1}{2}\int_0^1 y_3^2(x)\mathrm{d}x$$

取极小值的最优曲线 $y_1(t), y_2(t), y_3(t)$,其中约束条件满足

$$\begin{cases}\dot{y}_1=y_2, y_1(0)=0\\ \dot{y}_2=y_3, y_2(0)=0\end{cases}$$

和终端约束条件

$$y_1(1)+y_2(1)=1。$$

7. 已知平面上两点 $A(0,0)$,$B(2,0)$,求从 A 点出发且终止于 B 点的一条曲线,曲线的长度为 π,并使得曲线下的面积最大。

8. 求如下最优控制：

$$J(u^*)=\min_u\frac{1}{2}\int_0^1 u^2(t)\mathrm{d}t$$

$$\text{s.t.}\quad\begin{cases}\dot{x}_1=x_2,\\ \dot{x}_2=u,\end{cases}\begin{cases}x_1(0)=0\\ x_2(0)=0\end{cases}$$

$$x_1(1)+x_2(1)=1$$

9. 求如下最优控制：

$$J(u^*)=\min_u\left\{t_f+\frac{1}{2}\int_0^{t_f}u^2(t)\,\mathrm{d}t\right\}$$

$$\text{s. t.}\quad\begin{cases}\dot{x}_1=x_2,x_1(0)=1\\ \dot{x}_2=u,x_2(0)=1\end{cases}$$

系统从上述初态转移到下列两种终态：

(1) $x_1(t_f)=x_2(t_f)=0$；

(2) $x_1(t_f)=0$，$x_2(t_f)$任意。

10. 策梅洛(Zermelo)问题：如题图 3.1 所示，某船舶以相对于水的恒定速度 ω 通过一个水流速度平行于 x 轴且随 y 轴变化的区域。动态船舶模型可以表示为：

$$\begin{pmatrix}\dot{x}(t)\\ \dot{y}(t)\end{pmatrix}=f(X(t),\theta(t))=\begin{pmatrix}\omega\cos(\theta)+v(y)\\ \omega\sin(\theta)\end{pmatrix}$$

其中 $X=(x,y)^{\mathrm{T}}$ 为船的位置，θ 为船舶相对于 x 轴的航向角。

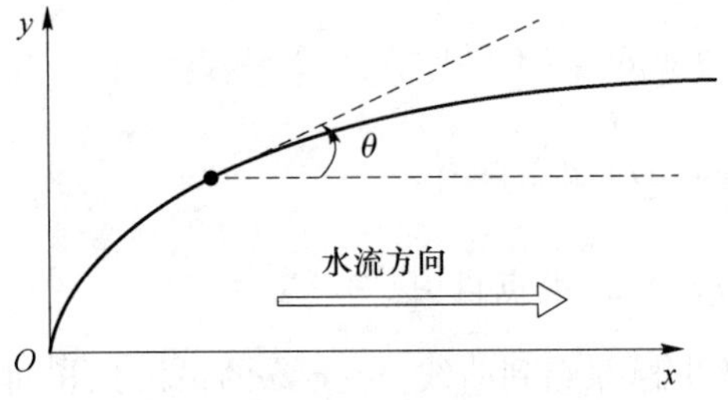

题图 3.1 策梅洛问题示意图

此问题是一个最大范围问题，我们希望最大化在 x 方向上的行程距离。假设船舶的初始位置为 $X_0=(0,0)^{\mathrm{T}}$，水流与 y 呈线性关系，即 $v(y)=y$。则问题可以表述为：

$$J=-\min_{\theta(t)}x(t_f)$$

$$\text{s. t.}\quad\dot{x}(t)=\omega\cos(\theta(t))+y(t)$$

$$\dot{y}(t)=\omega\sin(\theta(t))$$

$$x(0)=0,y(0)=0$$

其中，t_f 为某个固定值。

第3章

极小值原理

第 2 章介绍了基于经典变分法的最优控制问题。按照经典变分法，不仅要求容许曲线要绝对靠近最优曲线，而且要求它们的某阶导数曲线也要靠近。在很多实际控制问题中，控制变量往往不是连续的。例如，对于继电器型控制，在跳跃点处，控制变量无法对时间进行求导，而有些最优控制却可能恰恰就是继电器型控制。所以经典变分有局限性。而且在经典变分法中，驻值方程是在控制是无约束的假设基础上推出的。如果控制变量是受限的，则此时驻值方程可能已经不再满足。为了解决控制向量有界以及不连续等最优控制问题，苏联数学家庞特里亚金于 1958 年提出并证明了一般意义下的极大值原理。极大值原理是现代控制理论中具有里程碑意义的成果之一。

极大值原理或称极小值原理，两者区别为视优化问题的提法是求 max 还是求 min。在本书中，讨论的都是极小值问题，因此本书中将其统称为极小值原理。

3.1 极小值原理的证明

考虑系统状态方程如下：

$$\dot{\boldsymbol{x}}(t)=\boldsymbol{f}(\boldsymbol{x}(t),\boldsymbol{u}(t),t),\quad \boldsymbol{x}(t_0)=\boldsymbol{x}_0 \tag{3-1-1}$$

其中，$\boldsymbol{x}(t)$表示 n 维状态向量；$\boldsymbol{u}(t)\in\boldsymbol{\Omega}_U\subset\mathbb{R}^m$表示控制向量，$\boldsymbol{\Omega}_U$ 为有界闭集；$\boldsymbol{x}(t_0)$为已知的初始时刻状态向量；$\boldsymbol{f}(\cdot)$是变量 $\boldsymbol{x}(t)$、$\boldsymbol{u}(t)$与 t 的连续矢量场函数，并且对于变量 $\boldsymbol{x}(t)$满足李普希茨(Lipschitz)条件，即

$$\|\boldsymbol{f}(\boldsymbol{x}_1(t),\boldsymbol{u}(t),t)-\boldsymbol{f}(\boldsymbol{x}_2(t),\boldsymbol{u}(t),t)\|\leqslant k\|\boldsymbol{x}_1(t)-\boldsymbol{x}_2(t)\|,k>0 \tag{3-1-2}$$

其中，t_f 表示状态终端时刻，终端状态满足如下终端约束：

$$\boldsymbol{g}_1(\boldsymbol{x}(t_f),t_f)=\boldsymbol{0},\quad \boldsymbol{g}_1\in\mathbb{R}^p \tag{3-1-3}$$

$$\boldsymbol{g}_2(\boldsymbol{x}(t_f),t_f)\leqslant\boldsymbol{0},\quad \boldsymbol{g}_2\in\mathbb{R}^q \tag{3-1-4}$$

要求：设计最优控制 $\boldsymbol{u}(t)$使得如下性能指标

$$J(\boldsymbol{u})=K[\boldsymbol{x}(t_f),t]+\int_{t_0}^{t_f}L(\boldsymbol{x}(t),\boldsymbol{u}(t),t)\mathrm{d}t \tag{3-1-5}$$

达到极小值，其中 $K(\boldsymbol{x},t)$，$L(\boldsymbol{x},\boldsymbol{u},t)$关于变量 $\boldsymbol{x}$ 是连续并可求偏导数的。

注 3.1.1 若无特别说明 $\boldsymbol{g}_2(..)\leqslant\boldsymbol{0}$ 是指列矢量 g_2 中的每个元素都小于或等于 0。$\boldsymbol{g}_2(..)\leqslant\boldsymbol{0}$ 仅作为一种记号，因为矢量不能比较大小。

在给出重要结论之前，先做一些预备工作。回顾第 1 章中的函数极值定理，若 $\boldsymbol{D}\subset\mathbb{R}^n$ 为一闭集，$\boldsymbol{f}(\boldsymbol{x})$ 是定义在 $\boldsymbol{D}$ 上的连续实函数，则 $\boldsymbol{f}(\boldsymbol{x})$ 在 $\boldsymbol{D}$ 上有最大值与最小值，即 $\exists\,\boldsymbol{x}_{\min},\boldsymbol{x}_{\max}\in\boldsymbol{D}$，使得对 $\forall\,\boldsymbol{x}\in\boldsymbol{D}$，有 $\boldsymbol{f}(\boldsymbol{x}_{\min})\leqslant\boldsymbol{f}(\boldsymbol{x})\leqslant\boldsymbol{f}(\boldsymbol{x}_{\max})$。

下面首先考虑定常情形下极小值原理的证明。

3.1.1 定常情形下的极小值原理

首先考虑定常情形下的最优控制问题，其状态方程如下：

$$\dot{\boldsymbol{x}}(t)=\boldsymbol{f}(\boldsymbol{x}(t),\boldsymbol{u}(t)),\quad \boldsymbol{x}(t_0)=\boldsymbol{x}_0 \tag{3-1-6}$$

其中 $\boldsymbol{x}(t)\in\mathbb{R}^n$；$\boldsymbol{u}(t)\in\boldsymbol{\Omega}_U\subset\mathbb{R}^m$，$\boldsymbol{\Omega}_U$ 为有界闭集；$\boldsymbol{x}(t_0)$ 为已知初始时刻的状态向量。t_f 表示终端时刻。设计最优控制 $\boldsymbol{u}(t)$ 使得如下指标：

$$J(\boldsymbol{u})=K[\boldsymbol{x}(t_f)]+\int_{t_0}^{t_f}L(\boldsymbol{x}(t),\boldsymbol{u}(t))\mathrm{d}t \tag{3-1-7}$$

取得极小值。

在给出结论之前，对系统做如下假设条件：

① 假定函数 $\boldsymbol{f}_i(\boldsymbol{x},\boldsymbol{u}),\boldsymbol{g}_{ik}(\boldsymbol{x}),K(\boldsymbol{x}),L(\boldsymbol{x},\boldsymbol{u})$ 对所有自变量都是连续的；

② $\boldsymbol{f}_i(\boldsymbol{x},\boldsymbol{u}),\boldsymbol{g}_{ik}(\boldsymbol{x}),K(\boldsymbol{x}),L(\boldsymbol{x},\boldsymbol{u})$ 对 $\boldsymbol{x}$ 是可微的，并不要求对 $\boldsymbol{u}$ 可微；

③ 假定函数 $\partial\boldsymbol{f}_i/\partial x_j,\partial\boldsymbol{g}_{ik}/\partial x_j,\partial K/\partial\boldsymbol{x},\partial L(\boldsymbol{x},\boldsymbol{u})/\partial\boldsymbol{x}$ 在其定义域上关于各变量连续；

④ $\boldsymbol{f}(\boldsymbol{x},\boldsymbol{u})$ 在 $\boldsymbol{x}$ 的定义域 $\boldsymbol{D}\subset\mathbb{R}^n$ 上，满足李普希茨条件，即对 $\forall\,\boldsymbol{x}_1,\boldsymbol{x}_2\in\boldsymbol{D}$，有

$$\|\boldsymbol{f}(\boldsymbol{x}_1,\boldsymbol{u})-\boldsymbol{f}(\boldsymbol{x}_2,\boldsymbol{u})\|\leqslant k\|\boldsymbol{x}_1-\boldsymbol{x}_2\|,\quad k>0,\quad k\text{ 是常数} \tag{3-1-8}$$

再证明如下两个重要引理。

引理 3.1.1 设 $\|\boldsymbol{x}\|\leqslant a+b\int_{t_0}^{t}\|\boldsymbol{x}\|\mathrm{d}t,\ a>0,b>0$，则

$$\|\boldsymbol{x}\|\leqslant a\mathrm{e}^{b(t-t_0)} \tag{3-1-9}$$

证明： 由

$$\|\boldsymbol{x}\|\leqslant a+b\int_{t_0}^{t}\|\boldsymbol{x}\|\mathrm{d}t=a\left(1+\frac{b}{a}\int_{t_0}^{t}\|\boldsymbol{x}\|\mathrm{d}t\right)$$

令 $y=\int_{t_0}^{t}\|\boldsymbol{x}\|\mathrm{d}t$，则 $y(t_0)=0$，且 $\dot{y}=\|\boldsymbol{x}\|$，不等式变为：

$$\dot{y}\leqslant a\left(1+\frac{b}{a}y\right)$$

采用分离变量法，

$$\frac{\mathrm{d}y}{1+\frac{b}{a}y}\leqslant a\mathrm{d}t$$

$$\frac{\mathrm{d}\left(1+\frac{b}{a}y\right)}{1+\frac{b}{a}y}\leqslant b\mathrm{d}t$$

两边积分，因为 $y(t_0)=0,a,b,y$ 都是正数，

$$\ln\left(1+\frac{b}{a}y\right)\leqslant b(t-t_0)$$

所以

$$1+\frac{b}{a}y\leqslant \mathrm{e}^{b(t-t_0)}$$

$$\|\boldsymbol{x}\|\leqslant a\left(1+\frac{b}{a}y\right)\leqslant a\mathrm{e}^{b(t-t_0)}$$

证毕！

引理 3.1.2 若 $\delta\boldsymbol{x}(t)$是对 t 连续可微的矢量函数，则下列不等式成立：

$$\|\delta\dot{\boldsymbol{x}}\|\geqslant\frac{\mathrm{d}}{\mathrm{d}t}\|\delta\boldsymbol{x}\| \tag{3-1-10}$$

证明：取矢量的欧几里得范数

$$\|\delta\boldsymbol{x}\|=\sqrt{\delta\boldsymbol{x}^{\mathrm{T}}\delta\boldsymbol{x}}=\sqrt{\sum_{i=1}^{n}\delta x_i^2}$$

$$\frac{\mathrm{d}}{\mathrm{d}t}\|\delta\boldsymbol{x}\|=\frac{\mathrm{d}}{\mathrm{d}t}\left(\sqrt{\sum_{i=1}^{n}\delta x_i^2}\right)=\frac{\sum_{i=1}^{n}x_i\,\dot{x}_i}{\sqrt{\sum_{i=1}^{n}\delta x_i^2}}=\frac{\delta\boldsymbol{x}^{\mathrm{T}}\delta\dot{\boldsymbol{x}}}{\|\delta\boldsymbol{x}\|}\leqslant\frac{\|\delta\boldsymbol{x}\|\cdot\|\delta\dot{\boldsymbol{x}}\|}{\|\delta\boldsymbol{x}\|}=\|\delta\dot{\boldsymbol{x}}\|$$

证毕！

定理 3.1.1 令 $\boldsymbol{u}^*(t),\boldsymbol{x}^*(t),t_f^*$ 是式(3-1-6)与式(3-1-7)的最优控制、最优轨迹与最优终端时刻。系统满足假设条件①～④，并构造哈密顿函数

$$H(\boldsymbol{x}(t),\boldsymbol{u}(t))=L(\boldsymbol{x}(t),\boldsymbol{u}(t))+\boldsymbol{\lambda}^{\mathrm{T}}\boldsymbol{f}(\boldsymbol{x}(t),\boldsymbol{u}(t)) \tag{3-1-11}$$

那么必存在一个不为零的伴随矢量 $\boldsymbol{\lambda}(t)$，使得 $\boldsymbol{u}^*(t),\boldsymbol{x}^*(t),t_f^*$ 满足下列关系式。

① 最优状态$\boldsymbol{x}^*(t)$和伴随状态 $\boldsymbol{\lambda}(t)$满足方程：

$$\dot{\boldsymbol{x}}(t)=\boldsymbol{f}(\boldsymbol{x}(t),\boldsymbol{u}(t)),\quad \boldsymbol{x}(t_0)=\boldsymbol{x}_0 \tag{3-1-12}$$

$$\dot{\boldsymbol{\lambda}}(t)=-H_{\boldsymbol{x}}=-\frac{\partial H(\boldsymbol{x}^*(t),\boldsymbol{u}^*(t),\boldsymbol{\lambda}(t))}{\partial\boldsymbol{x}(t)} \tag{3-1-13}$$

$$\boldsymbol{\lambda}(t_f^*)=K_{\boldsymbol{x}}(\boldsymbol{x}(t_f^*)) \tag{3-1-14}$$

② 对于任意 $t\in[t_0,t_f]$，最优控制 $\boldsymbol{u}^*(t)$、最优轨线$\boldsymbol{x}^*(t)$及伴随状态 $\boldsymbol{\lambda}(t)$，对应的哈密顿函数满足如下关系：

$$H(\boldsymbol{x}^*(t),\boldsymbol{u}^*(t),\boldsymbol{\lambda}(t))=\min_{\boldsymbol{u}(t)\in\boldsymbol{\Omega}_{\boldsymbol{u}}}H(\boldsymbol{x}^*(t),\boldsymbol{u}(t),\boldsymbol{\lambda}(t)) \tag{3-1-15}$$

③ 当 t_f 固定时，在最优时刻 t_f^* 时，哈密顿函数满足横截条件：

$$H(\boldsymbol{x}^*(t_f),\boldsymbol{u}^*(t_f),\boldsymbol{\lambda}(t_f))=\text{常数} \tag{3-1-16}$$

当 t_f^* 不固定时，在最优时刻 t_f^* 时，哈密顿函数满足横截条件：

$$H(\boldsymbol{x}^*(t_f^*),\boldsymbol{u}^*(t_f^*),\boldsymbol{\lambda}(t_f^*))=0 \tag{3-1-17}$$

而且 t_f^* 不固定时，对 $\forall t\in[t_0,t_f^*]$，有

$$H(\boldsymbol{x}^*(t),\boldsymbol{u}^*(t),\boldsymbol{\lambda}(t))=0 \tag{3-1-18}$$

证明：假定 t_f 固定，$\boldsymbol{x}(t_f)$自由。

假定对控制经过 $\boldsymbol{u}^*+\delta\boldsymbol{u}\in\boldsymbol{\Omega}_U$ 变分后，状态变为$\boldsymbol{x}^*+\delta\boldsymbol{x}$。这里我们将 $\boldsymbol{\lambda}(t)$看为类似约束优化问题的拉格朗日乘子，不考虑 $\boldsymbol{\lambda}(t)$的最优性问题。以下为了公式简明化，$\boldsymbol{x}(t),\boldsymbol{u}(t)$将简写为 $\boldsymbol{x},\boldsymbol{u}$。令 $\delta\boldsymbol{x}=\boldsymbol{x}-\boldsymbol{x}^*$，因为初始值给定，所以

$$\begin{cases}\delta\dot{\boldsymbol{x}}=\boldsymbol{f}(\boldsymbol{x}^*+\delta\boldsymbol{x},\boldsymbol{u}^*+\delta\boldsymbol{u})-\boldsymbol{f}(\boldsymbol{x}^*,\boldsymbol{u}^*)\\ \delta\boldsymbol{x}(t_0)=\boldsymbol{0}\end{cases}\tag{3-1-19}$$

计算指标泛函的增量

$$\begin{aligned}\Delta J&=J(\boldsymbol{x}^*+\delta\boldsymbol{x},\boldsymbol{u}^*+\delta\boldsymbol{u})-J(\boldsymbol{x}^*,\boldsymbol{u}^*)\\&=K(\boldsymbol{x}^*(t_f)+\delta\boldsymbol{x}(t_f))-K(\boldsymbol{x}^*(t_f))+\int_{t_0}^{t_f}[L(\boldsymbol{x}^*+\delta\boldsymbol{x},\boldsymbol{u}^*+\delta\boldsymbol{u})-L(\boldsymbol{x}^*,\boldsymbol{u}^*)]\mathrm{d}t\end{aligned}\tag{3-1-20}$$

由于

$$\frac{\mathrm{d}}{\mathrm{d}t}(\boldsymbol{\lambda}^{\mathrm{T}}\delta\boldsymbol{x})=\dot{\boldsymbol{\lambda}}^{\mathrm{T}}\delta\boldsymbol{x}+\boldsymbol{\lambda}^{\mathrm{T}}\delta\dot{\boldsymbol{x}}=\dot{\lambda}^{\mathrm{T}}\delta\boldsymbol{x}+\boldsymbol{\lambda}^{\mathrm{T}}[\boldsymbol{f}(\boldsymbol{x}^*+\delta\boldsymbol{x},\boldsymbol{u}^*+\delta\boldsymbol{u})-f(\boldsymbol{x}^*,\boldsymbol{u}^*)]\tag{3-1-21}$$

将式(3-1-21)两边同时加上 $L(\boldsymbol{x}^*+\delta\boldsymbol{x},\boldsymbol{u}^*+\delta\boldsymbol{u})-L(\boldsymbol{x}^*,\boldsymbol{u}^*)$，并且两边从 t_0 到 t_f 积分，得

$$\begin{aligned}&\boldsymbol{\lambda}^{\mathrm{T}}\delta\boldsymbol{x}\Big|_{t_0}^{t_f}+\int_{t_0}^{t_f}[L(\boldsymbol{x}^*+\delta\boldsymbol{x},\boldsymbol{u}^*+\delta\boldsymbol{u})-L(\boldsymbol{x}^*,\boldsymbol{u}^*)]\mathrm{d}t\\&=\int_{t_0}^{t_f}\{\boldsymbol{\lambda}^{\mathrm{T}}[f(\boldsymbol{x}^*+\delta\boldsymbol{x},\boldsymbol{u}^*+\delta\boldsymbol{u})-f(\boldsymbol{x}^*,\boldsymbol{u}^*)]\\&\quad+L(\boldsymbol{x}^*+\delta\boldsymbol{x},\boldsymbol{u}^*+\delta\boldsymbol{u})-L(\boldsymbol{x}^*,\boldsymbol{u}^*)+\dot{\boldsymbol{\lambda}}^{\mathrm{T}}\delta\boldsymbol{x}\}\mathrm{d}t\\&=\int_{t_0}^{t_f}\{H(\boldsymbol{x}^*+\delta\boldsymbol{x},\boldsymbol{u}^*+\delta\boldsymbol{u})-H(\boldsymbol{x}^*,\boldsymbol{u}^*)+\dot{\lambda}^{\mathrm{T}}\delta\boldsymbol{x}\}\mathrm{d}t\end{aligned}\tag{3-1-22}$$

因为初始状态已定，所以 $\delta\boldsymbol{x}|_{t_0}=0$，从而式(3-1-22)变为：

$$\begin{aligned}&\lambda^{\mathrm{T}}\delta\boldsymbol{x}\,|_{t_f}+\int_{t_0}^{t_f}[L(\boldsymbol{x}^*+\delta\boldsymbol{x},\boldsymbol{u}^*+\delta\boldsymbol{u})-L(\boldsymbol{x}^*,\boldsymbol{u}^*)]\mathrm{d}t\\&=\int_{t_0}^{t_f}\{H(\boldsymbol{x}^*+\delta\boldsymbol{x},\boldsymbol{u}^*+\delta\boldsymbol{u})-H(\boldsymbol{x}^*,\boldsymbol{u}^*)\}\mathrm{d}t+\int_{t_0}^{t_f}\dot{\boldsymbol{\lambda}}^{\mathrm{T}}\delta\boldsymbol{x}\mathrm{d}t\end{aligned}\tag{3-1-23}$$

所以

$$\begin{aligned}&\int_{t_0}^{t_f}[L(\boldsymbol{x}^*+\delta\boldsymbol{x},\boldsymbol{u}^*+\delta\boldsymbol{u})-L(\boldsymbol{x}^*,\boldsymbol{u}^*)]\mathrm{d}t\\&=\int_{t_0}^{t_f}[H(\boldsymbol{x}^*+\delta\boldsymbol{x},\boldsymbol{u}^*+\delta\boldsymbol{u})-H(\boldsymbol{x}^*,\boldsymbol{u}^*)]\mathrm{d}t+\int_{t_0}^{t_f}\dot{\boldsymbol{\lambda}}^{\mathrm{T}}\delta\boldsymbol{x}\mathrm{d}t-\boldsymbol{\lambda}^{\mathrm{T}}\delta\boldsymbol{x}\,|_{t_f}\end{aligned}\tag{3-1-24}$$

于是

$$\begin{aligned}\Delta J&=J(\boldsymbol{x}^*+\delta\boldsymbol{x},\boldsymbol{u}^*+\delta\boldsymbol{u})-J(\boldsymbol{x}^*,\boldsymbol{u}^*)\\&=K(\boldsymbol{x}^*(t_f)+\delta\boldsymbol{x}(t_f))-K(\boldsymbol{x}^*(t_f))+\int_{t_0}^{t_f}[L(\boldsymbol{x}^*+\delta\boldsymbol{x},\boldsymbol{u}^*+\delta\boldsymbol{u},\boldsymbol{\lambda})-L(\boldsymbol{x}^*,\boldsymbol{u}^*,\boldsymbol{\lambda})]\mathrm{d}t\\&=\delta\boldsymbol{x}^{\mathrm{T}}(t_f)K_x(\boldsymbol{x}(t_f))+O(\|\delta\boldsymbol{x}(t_f)\|^2)-\boldsymbol{x}^{\mathrm{T}}(t_f)\boldsymbol{\lambda}(t_f)\\&\quad+\int_{t_0}^{t_f}[H(\boldsymbol{x}^*+\delta\boldsymbol{x},\boldsymbol{u}^*+\delta\boldsymbol{u},\boldsymbol{\lambda})-H(\boldsymbol{x}^*,\boldsymbol{u}^*+\delta\boldsymbol{u},\boldsymbol{\lambda})+H(\boldsymbol{x}^*,\boldsymbol{u}^*+\delta\boldsymbol{u},\boldsymbol{\lambda})\\&\quad-H(\boldsymbol{x}^*,\boldsymbol{u}^*,\boldsymbol{\lambda})+\dot{\boldsymbol{\lambda}}^{\mathrm{T}}\delta\boldsymbol{x}]\mathrm{d}t\\&=\delta\boldsymbol{x}^{\mathrm{T}}(t_f)[K_x(\boldsymbol{x}(t_f))-\boldsymbol{\lambda}(t_f)]+O(\|\delta\boldsymbol{x}(t_f)\|^2)\\&\quad+\int_{t_0}^{t_f}\{\delta\boldsymbol{x}^{\mathrm{T}}[H_x(\boldsymbol{x}^*,\boldsymbol{u}^*+\delta\boldsymbol{u},\boldsymbol{\lambda})+\dot{\boldsymbol{\lambda}}]+H(\boldsymbol{x}^*,\boldsymbol{u}^*+\delta\boldsymbol{u},\boldsymbol{\lambda})-H(\boldsymbol{x}^*,\boldsymbol{u}^*,\boldsymbol{\lambda})+O(\|\delta\boldsymbol{x}\|^2)\}\mathrm{d}t\end{aligned}\tag{3-1-25}$$

令

$$\boldsymbol{\lambda}(t_f)=K_x(\boldsymbol{x}(t_f))$$

再令

$$\dot{\boldsymbol{\lambda}}=-H_x(\boldsymbol{x}^*,\boldsymbol{u}^*,\boldsymbol{\lambda}) \tag{3-1-26}$$

则得出了定理3.1.1中的结论①。

此时指标泛函的增量为：

$$\Delta J=\int_{t_0}^{t_f}[H(\boldsymbol{x}^*,\boldsymbol{u}^*+\delta\boldsymbol{u},\boldsymbol{\lambda})-H(\boldsymbol{x}^*,\boldsymbol{u}^*,\boldsymbol{\lambda})]\mathrm{d}t+R \tag{3-1-27}$$

其中

$$R=\int_{t_0}^{t_f}\delta\boldsymbol{x}^{\mathrm{T}}[H_x(\boldsymbol{x}^*,\boldsymbol{u}^*+\delta\boldsymbol{u},\boldsymbol{\lambda})-H_x(\boldsymbol{x}^*,\boldsymbol{u}^*,\boldsymbol{\lambda})]\mathrm{d}t+O(\|\delta\boldsymbol{x}(t_f)\|^2)+O(\|\delta\boldsymbol{x}(t)\|^2) \tag{3-1-28}$$

设 τ 为区间 $[t_0,t_f]$ 上的一点，且 $\boldsymbol{u}(t)$ 在 τ 处连续。令 ε 为任意小的实数，满足 $\tau+\varepsilon<t_f$。对 $\boldsymbol{u}^*$ 进行如下变分：

$$\boldsymbol{u}^*+\delta\boldsymbol{u}=\begin{cases}\boldsymbol{u}^*, & t_0\leqslant t<\tau,\quad \tau+\varepsilon\leqslant t<t_f\\ \bar{\boldsymbol{u}}, & \tau\leqslant t\leqslant\tau+\varepsilon\end{cases} \tag{3-1-29}$$

其中 $\bar{\boldsymbol{u}}\in\boldsymbol{\Omega}_U$ 为任意一个容许控制值。这种变分称为针状变分，如图3.1.1所示。

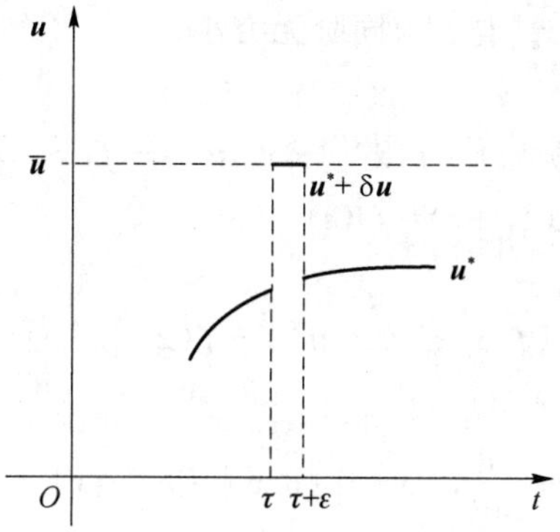

图3.1.1 针状变分示意图

那么指标泛函的增量为：

$$\begin{aligned}\Delta J&=\int_{t_0}^{t_f}[H(\boldsymbol{x}^*,\boldsymbol{u}^*+\delta\boldsymbol{u},\boldsymbol{\lambda})-H(\boldsymbol{x}^*,\boldsymbol{u}^*,\boldsymbol{\lambda})]\mathrm{d}t+R\\&-\int_{\tau}^{\tau+\varepsilon}[H(\boldsymbol{x}^*,\bar{\boldsymbol{u}},\lambda)-H(\boldsymbol{x}^*,\boldsymbol{u}^*,\boldsymbol{\lambda})]\mathrm{d}t+R\end{aligned} \tag{3-1-30}$$

此时

$$R=\int_{\tau}^{\tau+\varepsilon}\boldsymbol{\delta x}^{\mathrm{T}}[H_x(\boldsymbol{x}^*,\bar{\boldsymbol{u}},\boldsymbol{\lambda})-H_x(\boldsymbol{x}^*,\boldsymbol{u}^*,\boldsymbol{\lambda})]\mathrm{d}t+O(\|\delta\boldsymbol{x}(t_f)\|^2)+O(\|\delta\boldsymbol{x}(t)\|^2) \tag{3-1-31}$$

现在估计在针状变分下的状态增量。

① 当 $t_0\leqslant t<\tau$ 时，

$$\begin{cases}\delta_\varepsilon\dot{\boldsymbol{x}}(t)=\boldsymbol{f}(\boldsymbol{x}^*+\delta\boldsymbol{x},\boldsymbol{u}^*+\delta\boldsymbol{u})-f(\boldsymbol{x}^*,\boldsymbol{u}^*)\\ \delta_\varepsilon\boldsymbol{x}(t_0)=\boldsymbol{0}\end{cases} \tag{3-1-32}$$

此时，因初始状态为零，所以有 $\delta_\varepsilon\boldsymbol{x}(t)=\boldsymbol{0}$。

② 当 $t\in(\tau,\tau+\varepsilon]$ 时，

$$\begin{cases}\delta_\varepsilon\dot{\boldsymbol{x}}(t)=\boldsymbol{f}(\boldsymbol{x}^*+\delta\boldsymbol{x},\bar{\boldsymbol{u}})-\boldsymbol{f}(\boldsymbol{x}^*,\boldsymbol{u}^*)\\ \delta\boldsymbol{x}(\tau)=\boldsymbol{0}\end{cases}\tag{3-1-33}$$

则

$$\delta_\varepsilon\dot{\boldsymbol{x}}(t)=\boldsymbol{f}(\boldsymbol{x}^*+\delta\boldsymbol{x},\bar{\boldsymbol{u}})-\boldsymbol{f}(\boldsymbol{x}^*,\bar{\boldsymbol{u}})+\boldsymbol{f}(\boldsymbol{x}^*,\bar{\boldsymbol{u}})-\boldsymbol{f}(\boldsymbol{x}^*,\boldsymbol{u}^*)\tag{3-1-34}$$

由于 $\boldsymbol{f}(\cdot)$ 满足李普希茨条件，因此

$$\|\boldsymbol{f}(\boldsymbol{x}^*+\delta\boldsymbol{x},\bar{\boldsymbol{u}})-\boldsymbol{f}(\boldsymbol{x}^*,\bar{\boldsymbol{u}})\|\leqslant k_\varepsilon\|\delta\boldsymbol{x}\|\tag{3-1-35}$$

$k_\varepsilon>0$ 为有界实数。又因为 $\boldsymbol{f}(\boldsymbol{x}^*,\bar{\boldsymbol{u}}),\boldsymbol{f}(\boldsymbol{x}^*,\boldsymbol{u}^*)$ 在闭集 $\boldsymbol{\Omega}_U$ 上有界，则

$$\|\delta\dot{\boldsymbol{x}}_\varepsilon\|\leqslant k_\varepsilon\|\delta\boldsymbol{x}_\varepsilon\|+M\tag{3-1-36}$$

由引理 3.1.1，

$$\frac{\mathrm{d}}{\mathrm{d}t}\|\delta\boldsymbol{x}_\varepsilon\|\leqslant k_\varepsilon\|\delta\boldsymbol{x}_\varepsilon\|+M\tag{3-1-37}$$

积分得

$$\|\delta\boldsymbol{x}_\varepsilon\|\leqslant k_\varepsilon\int_\tau^{\tau+\varepsilon}\|\delta\boldsymbol{x}_\varepsilon\|\mathrm{d}t+M\varepsilon\tag{3-1-38}$$

由引理 3.1.1，

$$\|\delta\boldsymbol{x}_\varepsilon\|\leqslant\varepsilon M\mathrm{e}^{k_\varepsilon\varepsilon}\tag{3-1-39}$$

所以在区间 $t\in(\tau,\tau+\varepsilon]$ 上，$\|\delta\boldsymbol{x}_\varepsilon\|$ 与 ε 为同阶无穷小。

③ 在区间 $(\tau+\varepsilon,t_f]$ 上，

$$\begin{cases}\delta_\varepsilon\dot{x}(t)=\boldsymbol{f}(\boldsymbol{x}^*+\delta x_\varepsilon,\boldsymbol{u}^*)-\boldsymbol{f}(\boldsymbol{x}^*,\boldsymbol{u}^*)\\ \delta_\varepsilon\boldsymbol{x}(\tau+\varepsilon)=O(\varepsilon)\end{cases}\tag{3-1-40}$$

由李普希茨条件，

$$\|\delta_\varepsilon\dot{\boldsymbol{x}}\|=\|\boldsymbol{f}(\boldsymbol{x}^*+\delta_\varepsilon\boldsymbol{x},\boldsymbol{u}^*)-\boldsymbol{f}(\boldsymbol{x}^*,\boldsymbol{u}^*)\|\leqslant k_\varepsilon\|\delta_\varepsilon\boldsymbol{x}\|\tag{3-1-41}$$

由引理 3.1.2，

$$\frac{\mathrm{d}}{\mathrm{d}t}\|\delta_\varepsilon\boldsymbol{x}\|\leqslant\|\delta_\varepsilon\dot{\boldsymbol{x}}\|\leqslant k_\varepsilon\|\delta_\varepsilon\boldsymbol{x}\|\tag{3-1-42}$$

从 $\tau+\varepsilon$ 到 t 积分得

$$\|\delta_\varepsilon\boldsymbol{x}(t)\|-\|\delta_\varepsilon\boldsymbol{x}(\tau+\varepsilon)\|\leqslant k_\varepsilon\int_{\tau+\varepsilon}^t\|\delta_\varepsilon\boldsymbol{x}\|\mathrm{d}t\tag{3-1-43}$$

由引理 3.1.2，

$$\|\delta_\varepsilon\boldsymbol{x}(t)\|\leqslant\|\delta_\varepsilon\boldsymbol{x}(\tau+\varepsilon)\|\mathrm{e}^{k_\varepsilon(t-\tau-\varepsilon)}=O(\varepsilon)\tag{3-1-44}$$

所以在整个区间 $[t_0,t_f]$ 上，

$$\|\delta_\varepsilon\boldsymbol{x}(t)\|=O(\varepsilon)\tag{3-1-45}$$

现在估计余项 R：

$$R=\int_\tau^{\tau+\varepsilon}\delta\boldsymbol{x}^{\mathrm{T}}[H_x(\boldsymbol{x}^*,\bar{\boldsymbol{u}},\lambda)-H_x(\boldsymbol{x}^*,\boldsymbol{u}^*,\boldsymbol{\lambda})]\mathrm{d}t+O(\|\delta\boldsymbol{x}(t_f)\|^2)+O(\|\delta\boldsymbol{x}(t)\|^2)\tag{3-1-46}$$

只需关注式(3-1-46)等号右边括号内的第一项，利用积分中值定理，存在 $0<\alpha<1$，

$$\begin{aligned}&\int_\tau^{\tau+\varepsilon}\delta\boldsymbol{x}^{\mathrm{T}}[H_x(\boldsymbol{x}^*,\bar{\boldsymbol{u}},\lambda)-H_x(\boldsymbol{x}^*,\boldsymbol{u}^*,\lambda)]\mathrm{d}t\\&=\varepsilon\,\delta\boldsymbol{x}^{\mathrm{T}}(\tau+\alpha\varepsilon)[H_x(\boldsymbol{x}^*(\tau+\alpha\varepsilon),\bar{\boldsymbol{u}},\boldsymbol{\lambda}(\tau+\alpha\varepsilon))-H_x(\boldsymbol{x}^*(\tau+\alpha\varepsilon),\boldsymbol{u}^*(\tau+\alpha\varepsilon),\boldsymbol{\lambda}(\tau+\alpha\varepsilon))]\end{aligned}\tag{3-1-47}$$

由于$\boldsymbol{x}^*(t),\boldsymbol{u}^*(t),\boldsymbol{\lambda}(t)$是$t\in[t_0,t_f]$连续函数，所以$H_x(\cdot)$在$t\in[t_0,t_f]$连续，于是$H_x(\cdot)$有界，从而

$$|R|\leqslant(M_1+M_2)\varepsilon O(\varepsilon)+O(\|\delta\boldsymbol{x}(t_f)\|^2)+O(\|\delta\boldsymbol{x}(t)\|^2)=O(\varepsilon^2) \tag{3-1-48}$$

因此

$$\begin{aligned}\Delta J&=\int_{t_0}^{t_f}[H(\boldsymbol{x}^*,\boldsymbol{u}^*+\delta\boldsymbol{u},\lambda)-H(\boldsymbol{x}^*,\boldsymbol{u}^*,\boldsymbol{\lambda})]\mathrm{d}t+R\\&=\int_{\tau}^{\tau+\varepsilon}[H(\boldsymbol{x}^*,\bar{\boldsymbol{u}},\boldsymbol{\lambda})-H(\boldsymbol{x}^*,\boldsymbol{u}^*,\boldsymbol{\lambda})]\mathrm{d}t+O(\varepsilon^2)\end{aligned} \tag{3-1-49}$$

如果$\boldsymbol{u}^*$是使得泛函达到极小的最优控制，$\boldsymbol{x}^*$是最优轨线，则

$$\Delta J=J(\boldsymbol{u}^*+\delta\boldsymbol{u})-J(\boldsymbol{u}^*)\geqslant 0 \tag{3-1-50}$$

由积分中值定理，存在$0<\beta<1$，

$$\begin{aligned}\Delta J&=\int_{\tau}^{\tau+\varepsilon}[H(\boldsymbol{x}^*,\bar{\boldsymbol{u}},\boldsymbol{\lambda})-H(\boldsymbol{x}^*,\boldsymbol{u}^*,\boldsymbol{\lambda})]\mathrm{d}t+O(\varepsilon^2)\\&=[H(\boldsymbol{x}^*(\tau+\varepsilon\beta),\bar{\boldsymbol{u}},\lambda(\tau+\varepsilon\beta))-H(\boldsymbol{x}^*(\tau+\varepsilon\beta),\boldsymbol{u}^*(\tau+\varepsilon\beta),\boldsymbol{\lambda}(\tau+\varepsilon\beta))]\varepsilon+O(\varepsilon^2)\geqslant 0\end{aligned} \tag{3-1-51}$$

因此

$$H(\boldsymbol{x}^*(\tau+\varepsilon\beta),\bar{\boldsymbol{u}},\boldsymbol{\lambda}(\tau+\varepsilon\beta))-H(\boldsymbol{x}^*(\tau+\varepsilon\beta),\boldsymbol{u}^*(\tau+\varepsilon\beta),\boldsymbol{\lambda}(\tau+\varepsilon\beta))+O(\varepsilon)\geqslant 0 \tag{3-1-52}$$

当$\varepsilon\to 0$时，得到

$$H(\boldsymbol{x}^*(\tau),\bar{\boldsymbol{u}},\boldsymbol{\lambda}(\tau))-H(\boldsymbol{x}^*(\tau),\boldsymbol{u}^*(\tau),\boldsymbol{\lambda}(\tau))\geqslant 0 \tag{3-1-53}$$

由于τ是$[t_0,t_f]$任意一点，且$\bar{\boldsymbol{u}}$为容许控制集合中任选，因此

$$H(\boldsymbol{x}^*(\tau),\boldsymbol{u}^*(\tau),\boldsymbol{\lambda}(\tau))=\min_{\boldsymbol{u}\in\boldsymbol{\Omega}}H(\boldsymbol{x}^*(\tau),\boldsymbol{u},\boldsymbol{\lambda}(\tau)) \tag{3-1-54}$$

定理3.1.1中的结论②得证。

如果t_f自由，假设$\boldsymbol{u}^*$是使得泛函达到极小的最优控制，$\boldsymbol{x}^*$是最优轨线，t_f^*是最优终端时刻，则可采用2.3.5节的方法对t_f进行变分。但这里采用另外一种方法。因为t_f是标量，因此在最优轨线、最优控制、最优终端时刻t_f^*处$\mathrm{d}\hat{J}(t_f^*)/\mathrm{d}t_f=0$。而增广性能指标为：

$$\hat{J}=K(\boldsymbol{x}(t_f))+\int_{t_0}^{t_f}(L(\boldsymbol{x},\boldsymbol{u})+\boldsymbol{\lambda}^{\mathrm{T}}\boldsymbol{f}(\boldsymbol{x},\boldsymbol{u})-\boldsymbol{\lambda}^{\mathrm{T}}\dot{\boldsymbol{x}})\mathrm{d}t \tag{3-1-55}$$

从而

$$\begin{aligned}\left.\frac{\mathrm{d}\hat{J}}{\mathrm{d}t_f}\right|_{t_f=t_f^*}&=\dot{\boldsymbol{x}}^{*\mathrm{T}}(t_f^*)K_x(\boldsymbol{x}(t_f^*))-\dot{\boldsymbol{x}}^{*\mathrm{T}}(t_f^*)\boldsymbol{\lambda}(t_f^*)+H(\boldsymbol{x}^*(t_f^*),\boldsymbol{u}^*(t_f^*),\boldsymbol{\lambda}(t_f^*))\\&=\dot{\boldsymbol{x}}^{*\mathrm{T}}(t_f^*)[K_x(\boldsymbol{x}(t_f^*))-\boldsymbol{\lambda}(t_f^*)]+H(\boldsymbol{x}^*(t_f^*),\boldsymbol{u}^*(t_f^*),\boldsymbol{\lambda}(t_f^*))=0\end{aligned} \tag{3-1-56}$$

由$\dot{\boldsymbol{x}}^*(t_f^*)$取值的任意性，所以得到极值问题必要条件为：

$$\boldsymbol{\lambda}(t_f^*)=K_x(\boldsymbol{x}(t_f)) \tag{3-1-57}$$

$$H(\boldsymbol{x}^*(t_f^*),\boldsymbol{u}^*(t_f^*),\boldsymbol{\lambda}(t_f))=0 \tag{3-1-58}$$

下面再证明定理3.1.1中的结论③，即哈密顿函数在最优控制与最优轨线上的取值。首先计算哈密顿函数的增量

$$\begin{aligned}\Delta H(\boldsymbol{x}^*(t),\boldsymbol{u}^*(t),\boldsymbol{\lambda}(t))&=H(\boldsymbol{x}^*(t+\delta t),\boldsymbol{u}^*(t+\delta t),\boldsymbol{\lambda}(t+\delta t))-H(\boldsymbol{x}^*(t),\boldsymbol{u}^*(t),\boldsymbol{\lambda}(t))\\&=H(\boldsymbol{x}^*(t+\delta t),\boldsymbol{u}^*(t+\delta t),\boldsymbol{\lambda}(t+\delta t))-H(\boldsymbol{x}^*(t),\boldsymbol{u}^*(t+\delta t),\boldsymbol{\lambda}(t))\end{aligned}$$

$$+H(\boldsymbol{x}^*(t),\boldsymbol{u}^*(t+\delta t),\boldsymbol{\lambda}(t))-H(\boldsymbol{x}^*(t),\boldsymbol{u}^*(t),\boldsymbol{\lambda}(t)) \tag{3-1-59}$$

按假设 $H(\boldsymbol{x}(t),\boldsymbol{u}(t),\boldsymbol{\lambda}(t))$对 $\boldsymbol{x},\boldsymbol{\lambda}$ 是连续并且可求偏导数的，所以式(3-1-59)中等号右端前两项在$\boldsymbol{x}^*$，$\boldsymbol{\lambda}$ 处进行泰勒级数展开，并保留增量的线性主部：

$$\begin{aligned}
&\Delta H(\boldsymbol{x}^*(t),\boldsymbol{u}^*(t),\boldsymbol{\lambda}(t))\\
&\approx \dot{\boldsymbol{x}}^{\mathrm{T}}\boldsymbol{H}_x\delta t+\dot{\boldsymbol{\lambda}}^{\mathrm{T}}\boldsymbol{H}_\lambda\delta t+H(\boldsymbol{x}^*(t),\boldsymbol{u}^*(t+\delta t),\boldsymbol{\lambda}(t))-H(\boldsymbol{x}^*(t),\boldsymbol{u}^*(t),\boldsymbol{\lambda}(t))\\
&=-\dot{\boldsymbol{\lambda}}^{\mathrm{T}}\dot{\boldsymbol{x}}\delta t+\dot{\boldsymbol{x}}^{\mathrm{T}}\dot{\boldsymbol{\lambda}}\delta t+H(\boldsymbol{x}^*(t),\boldsymbol{u}^*(t+\delta t),\boldsymbol{\lambda}(t))-H(\boldsymbol{x}^*(t),\boldsymbol{u}^*(t),\boldsymbol{\lambda}(t))\\
&=H(\boldsymbol{x}^*(t),\boldsymbol{u}^*(t+\delta t),\boldsymbol{\lambda}(t))-H(\boldsymbol{x}^*(t),\boldsymbol{u}^*(t),\boldsymbol{\lambda}(t))
\end{aligned} \tag{3-1-60}$$

定义 $\bar{\boldsymbol{u}}(t)=\boldsymbol{u}^*(t+\delta t)$，则

$$\Delta H(\boldsymbol{x}^*(t),\boldsymbol{u}^*(t),\boldsymbol{\lambda}(t))=H(\boldsymbol{x}^*(t),\bar{\boldsymbol{u}}(t),\boldsymbol{\lambda}(t))-H(\boldsymbol{x}^*(t),\boldsymbol{u}^*(t),\boldsymbol{\lambda}(t)) \tag{3-1-61}$$

由于 $H(\boldsymbol{x}^*(t),\boldsymbol{u}^*(t),\boldsymbol{\lambda}(t))=\min\limits_{\boldsymbol{u}\in\boldsymbol{\Omega}}H(\boldsymbol{x}^*(t),\boldsymbol{u}(t),\boldsymbol{\lambda}(t))$，所以应有 $\Delta H(\boldsymbol{x}^*(t),\boldsymbol{u}^*(t),\boldsymbol{\lambda}(t))\geqslant 0$。只要证明 ΔH 不可能严格大于零。

若 $\delta t>0$，满足 $\Delta H(\boldsymbol{x}^*(t),\boldsymbol{u}^*(t),\boldsymbol{\lambda}(t))>0$，则 $\Delta H/\delta t>0$，意味着哈密顿函数随时间递增；若 $\delta t<0$，仍满足 $\Delta H(\boldsymbol{x}^*(t),\boldsymbol{u}^*(t),\boldsymbol{\lambda}(t))>0$，则 $\Delta H/\delta t<0$，意味着哈密顿函数随时间递减，但是已知 $H(\boldsymbol{x}^*(t),\boldsymbol{u}^*(t),\boldsymbol{\lambda}(t))$是最小值，如果再递减，则这与极小值矛盾，因此有

$$\Delta H(\boldsymbol{x}^*(t),\boldsymbol{u}^*(t),\boldsymbol{\lambda}(t))=0 \tag{3-1-62}$$

即

$$H(\boldsymbol{x}^*(t),\boldsymbol{u}^*(t),\boldsymbol{\lambda}(t))=\text{常数} \tag{3-1-63}$$

如果 t_f^* 不固定，此时式(3-1-62)仍成立，即 $H(\boldsymbol{x}^*(t),\bar{\boldsymbol{u}}(t),\boldsymbol{\lambda}(t))-H(\boldsymbol{x}^*(t),\boldsymbol{u}^*(t),\boldsymbol{\lambda}(t))=0$，根据式(3-1-58)，并结合式(3-1-63)，可推出对 $\forall t\in[t_0,t_f]$，都有

$$H(\boldsymbol{x}^*(t),\boldsymbol{u}^*(t),\boldsymbol{\lambda}(t))=0 \tag{3-1-64}$$

证毕！

3.1.2 时变情形下的极小值原理

对于时变系统(3-1-1)：

$$\dot{\boldsymbol{x}}(t)=\boldsymbol{f}(\boldsymbol{x}(t),\boldsymbol{u}(t),t),\quad \boldsymbol{x}(t_0)=\boldsymbol{x}_0$$

其中，$\boldsymbol{x}(t)\in\mathbb{R}^n$表示状态向量；$\boldsymbol{u}(t)\in\boldsymbol{\Omega}_U\subset\mathbb{R}^m$表示控制向量，$\boldsymbol{\Omega}_U$ 为有界闭集；t_f 表示终端时刻。选取如下性能指标：

$$J=K[\boldsymbol{x}(t_f),t_f]+\int_{t_0}^{t_f}L(\boldsymbol{x}(t),\boldsymbol{u}(t),t)\mathrm{d}t$$

通过如下扩维处理，可以直接套用式(3-1-12)～(3-1-17)的结果。

令

$$x_{n+1}=t-t_0$$

则

$$\dot{x}_{n+1}=1,x_{n+1}(t_0)=0 \tag{3-1-65}$$

令

$$\bar{\boldsymbol{x}}=\begin{pmatrix}\boldsymbol{x}\\ x_{n+1}\end{pmatrix} \tag{3-1-66}$$

则

$$\dot{\bar{\boldsymbol{x}}}=\begin{pmatrix}\dot{\boldsymbol{x}}\\ \dot{x}_{n+1}\end{pmatrix}=\begin{pmatrix}\boldsymbol{f}(\bar{\boldsymbol{x}},\boldsymbol{u})\\ 1\end{pmatrix},\quad \bar{\boldsymbol{x}}(t_0)=\begin{pmatrix}\boldsymbol{x}_0\\ 0\end{pmatrix} \tag{3-1-67}$$

对应地，性能指标变为：

$$J=K[\bar{\boldsymbol{x}}(t_f)]+\int_{t_0}^{t_f}L(\bar{\boldsymbol{x}}(t),\boldsymbol{u}(t))\mathrm{d}t \tag{3-1-68}$$

这样式(3-1-67)与式(3-1-68)就变成了定常形式描述。

令哈密顿函数为：

$$\bar{\boldsymbol{H}}(\bar{\boldsymbol{x}},\boldsymbol{u},\boldsymbol{\lambda})=L(\bar{\boldsymbol{x}},\boldsymbol{u})+\boldsymbol{\lambda}^{\mathrm{T}}f(\bar{\boldsymbol{x}},\boldsymbol{u})+\lambda_{n+1}=H(\boldsymbol{x},\boldsymbol{u},\boldsymbol{\lambda},t)+\lambda_{n+1} \tag{3-1-69}$$

其中 $H(\boldsymbol{x},\boldsymbol{u},\boldsymbol{\lambda},t)\triangleq L(\bar{\boldsymbol{x}},\boldsymbol{u})+\boldsymbol{\lambda}^{\mathrm{T}}f(\bar{\boldsymbol{x}},\boldsymbol{u})=L(\boldsymbol{x},\boldsymbol{u},t)+\boldsymbol{\lambda}^{\mathrm{T}}\boldsymbol{f}(\boldsymbol{x},\boldsymbol{u},t)$。

则按照式(3-1-12)～(3-1-17)，

$$\dot{\bar{\boldsymbol{x}}}^*=\begin{pmatrix}\dot{\boldsymbol{x}}^*\\ \dot{x}_{n+1}^*\end{pmatrix}=\begin{pmatrix}\boldsymbol{f}(\bar{\boldsymbol{x}}^*,\boldsymbol{u}^*)\\ 1\end{pmatrix},\quad \bar{\boldsymbol{x}}(t_0)=\begin{pmatrix}\boldsymbol{x}_0\\ 0\end{pmatrix} \tag{3-1-70}$$

$$\dot{\boldsymbol{\lambda}}=-\bar{H}_{\boldsymbol{x}}=H_{\boldsymbol{x}},\quad \boldsymbol{\lambda}(t_f)=K_{\boldsymbol{x}} \tag{3-1-71}$$

$$\dot{\lambda}_{n+1}=-\bar{H}_{x_{n+1}}=-H_{x_{n+1}},\lambda_{n+1}(t_f)=K_{x_{n+1}}=K_t \tag{3-1-72}$$

由定理 3.1.1，

$$\bar{H}(\bar{\boldsymbol{x}}^*(t),\boldsymbol{u}^*(t),\boldsymbol{\lambda}(t))=\min_{\boldsymbol{u}\in\boldsymbol{\Omega}}\bar{H}(\bar{\boldsymbol{x}}^*(t),\boldsymbol{u}(t),\boldsymbol{\lambda}(t)) \tag{3-1-73}$$

如果 t_f 不固定，此时

$$\lambda_{n+1}(t_f)=K_{x_{n+1}}=K_t \tag{3-1-74}$$

利用哈密顿函数在终端时刻处的条件

$$\bar{H}(\bar{\boldsymbol{x}}^*(t_f^*),\boldsymbol{u}^*(t_f^*),\boldsymbol{\lambda}(t_f^*))=H(\boldsymbol{x}^*(t_f^*),\boldsymbol{u}^*(t_f^*),\boldsymbol{\lambda}(t_f^*),t_f^*)+\frac{\partial K(x^*(t_f^*),t_f^*)}{\partial t_f^*}=0 \tag{3-1-75}$$

则在时变情形下与式(3-1-17)相对应的方程为：

$$H(\boldsymbol{x}^*(t_f^*),\boldsymbol{u}^*(t_f^*),\boldsymbol{\lambda}(t_f^*),t_f^*)+\frac{\partial K(x^*(t_f^*),t_f^*)}{\partial t_f^*}=0 \tag{3-1-76}$$

由于在最优控制与最优轨线上哈密顿函数为常数(t_f 固定)或零(t_f 不固定)，结合式(3-1-62)和式(3-1-63)，可推出

$$\begin{aligned}&\frac{\mathrm{d}\bar{H}}{\mathrm{d}t}=\frac{\mathrm{d}(H+\lambda_{n+1})}{\mathrm{d}t}=\frac{\mathrm{d}H}{\mathrm{d}t}+\dot{\lambda}_{n+1}=\frac{\mathrm{d}H}{\mathrm{d}t}-\frac{\partial H}{\partial t}=0\\ &\Rightarrow\frac{\mathrm{d}H}{\mathrm{d}t}=\frac{\partial H}{\partial t}\end{aligned} \tag{3-1-77}$$

两边从 t 到 t_f 积分，可得

$$H(\boldsymbol{x}^*(t_f),\boldsymbol{u}^*(t_f),\boldsymbol{\lambda}(t_f),t_f)-H(\boldsymbol{x}^*(t),\boldsymbol{u}^*(t),\boldsymbol{\lambda}(t),t)=\int_t^{t_f}\frac{\partial H}{\partial\tau}\mathrm{d}\tau \tag{3-1-78}$$

再利用式(3-1-75)，得

$$H(\boldsymbol{x}^*(t),\boldsymbol{u}^*(t),\boldsymbol{\lambda}(t),t)=-\frac{\partial K(\boldsymbol{x}(t_f),t_f)}{\partial t_f}-\int_t^{t_f}\frac{\partial H}{\partial\tau}\mathrm{d}\tau \tag{3-1-79}$$

一般的，对于式(3-1-1)～(3-1-5)的最优控制问题，如果终端带有等式和不等式约束

(3-1-3)与(3-1-4),则需要用到库恩-塔克条件。总结上述推导,我们有下面的极小值原理。

定理 3.1.2(极小值原理) 若 $\boldsymbol{u}^*(t),\boldsymbol{x}^*(t),t_f^*$ 是最优控制问题(3-1-1)～(3-1-5)的最优控制、最优轨迹与最优终端时刻,则构造哈密顿函数

$$H(\boldsymbol{x}(t),\boldsymbol{u}(t),t)=L(\boldsymbol{x}(t),\boldsymbol{u}(t),t)+\boldsymbol{\lambda}^{\mathrm{T}}\boldsymbol{f}(\boldsymbol{x}(t),\boldsymbol{u}(t),t) \tag{3-1-80}$$

其中 $\boldsymbol{\lambda}\in\mathbb{R}^n$ 为伴随矢量,那么必存在一个不为零的伴随矢量 $\boldsymbol{\lambda}(t)$,使得 $\boldsymbol{u}^*(t),\boldsymbol{x}^*(t),t_f^*$ 满足下列关系式。

① 状态方程:

$$\dot{\boldsymbol{x}}^*(t)=H_{\lambda}(\boldsymbol{x}^*(t),\boldsymbol{u}^*(t),\boldsymbol{\lambda}(t),t)=\boldsymbol{f}(\boldsymbol{x}^*(t),\boldsymbol{u}^*(t),t),\boldsymbol{x}(t_0)=\boldsymbol{x}_0 \tag{3-1-81}$$

② 伴随方程:

$$\dot{\boldsymbol{\lambda}}(t)=-H_x(\boldsymbol{x}^*(t),\boldsymbol{u}^*(t),\boldsymbol{\lambda}(t),t) \tag{3-1-82}$$

$$\boldsymbol{\lambda}(t_f)=\frac{\partial K}{\partial \boldsymbol{x}}+\frac{\partial(\boldsymbol{\gamma}^{\mathrm{T}}\boldsymbol{g}_1)}{\partial \boldsymbol{x}}+\frac{\partial(\boldsymbol{\mu}^{\mathrm{T}}\boldsymbol{g}_2)}{\partial \boldsymbol{x}} \tag{3-1-83}$$

其中 $\boldsymbol{\gamma},\boldsymbol{\mu}$ 为相应维数的拉格朗日乘子。

$$\boldsymbol{g}_1(\boldsymbol{x}^*(t_f^*),t_f^*)=\boldsymbol{0} \tag{3-1-84}$$

$$\mu_i\geqslant 0,i=1,\cdots,q,\quad \boldsymbol{\mu}^{\mathrm{T}}\boldsymbol{g}_2(\boldsymbol{x}^*(t_f^*),t_f^*)=0,\boldsymbol{g}_2(\boldsymbol{x}^*(t_f^*),t_f^*)\leqslant\boldsymbol{0} \tag{3-1-85}$$

③ 极值条件:

$$H(\boldsymbol{x}^*(t),\boldsymbol{u}^*(t),\boldsymbol{\lambda}(t),t)=\min_{\boldsymbol{u}(t)\in\boldsymbol{\Omega}} H(\boldsymbol{x}^*(t),\boldsymbol{u}(t),\boldsymbol{\lambda}(t),t) \tag{3-1-86}$$

④ 横截条件:当 t_f^* 不固定时,应满足

$$H(\boldsymbol{x}^*(t_f^*),\boldsymbol{u}^*(t_f^*),\boldsymbol{\lambda}^*(t_f^*),t_f^*)+\frac{\partial K}{\partial t_f^*}+\frac{\partial(\boldsymbol{\gamma}^{\mathrm{T}}\boldsymbol{g}_1)}{\partial t_f^*}+\frac{\partial(\boldsymbol{\mu}^{\mathrm{T}}\boldsymbol{g}_2)}{\partial t_f^*}=0 \tag{3-1-87}$$

$$\boldsymbol{g}_1(\boldsymbol{x}^*(t_f^*),t_f^*)=\boldsymbol{0} \tag{3-1-88}$$

$$\mu_i\geqslant 0,i=1,\cdots,q,\boldsymbol{\mu}^{\mathrm{T}}\boldsymbol{g}_2(\boldsymbol{x}^*(t_f^*),t_f^*)=0,\boldsymbol{g}_2(\boldsymbol{x}^*(t_f^*),t_f^*)\leqslant\boldsymbol{0} \tag{3-1-89}$$

对于定理 3.1.2 进行几点补充说明。

① $$H(\boldsymbol{x}^*(t),\boldsymbol{u}^*(t),\lambda(t),t)=\min_{\boldsymbol{u}(t)\in\boldsymbol{\Omega}_U} H(\boldsymbol{x}^*(t),\boldsymbol{u}(t),\boldsymbol{\lambda}(t),t)$$

说明当控制 $\boldsymbol{u}(t)\in\boldsymbol{\Omega}_U$ 时,只有最优控制 $\boldsymbol{u}^*(t)$ 可以使得哈密尔顿函数在最优轨线上达到极小。从式(3-1-85)的形式来看,$\boldsymbol{u}^*(t)$ 应使得哈密尔顿函数 H 达到全局最小。

② 该定理体现了当泛函求极小值时,即当求目标函数 J 的极小值时,应有哈密尔顿函数全局最小;当泛函求极大值时,

$$H(\boldsymbol{x}(t),\boldsymbol{u}(t),t)=L(\boldsymbol{x}(t),\boldsymbol{u}(t),t)+\boldsymbol{\lambda}^{\mathrm{T}}\boldsymbol{f}(\boldsymbol{x}(t),\boldsymbol{u}(t),t)$$

应有哈密尔顿函数全局最大,即

$$H(\boldsymbol{x}^*(t),\boldsymbol{u}^*(t),\boldsymbol{\lambda}(t),t)=\max_{\boldsymbol{u}(t)\in\boldsymbol{\Omega}_U} H(\boldsymbol{x}^*(t),\boldsymbol{u}(t),\boldsymbol{\lambda}(t),t)$$

③ 对于式(3-1-87),只有当终端时刻 t_f 不固定时才会成立。当终端时刻 t_f 固定时,则只能应用式(3-1-82)与式(3-1-88)。

④ 从表面上看,哈密顿函数在最优控制与最优轨线处得到的是全局极小值。但是由于仍然利用了泛函对 t_f 一阶导数等于 0 这个条件,因此如果控制不受限,则驻值方程仍然成立。因此极小值定理仍然是最优控制问题的必要条件。利用极小值原理得到的控制是否能够使得泛函取得极小值仍然需要根据实际情况进行分析判断。

3.2 最优控制问题的转化

针对具有积分型泛函的最优控制问题，有时为了理论推导或数值计算的方便，可以将其转化为终端型指标表述形式。

(1) 将波尔扎问题转换成梅耶问题

对于最优控制问题(3-1-1)～(3-1-15)，若令

$$x_{n+1} = \int_{t_0}^{t} L(\boldsymbol{x}(\tau),\boldsymbol{u}(\tau),\tau)\mathrm{d}\tau \tag{3-2-1}$$

则

$$\dot{x}_{n+1}=L(\boldsymbol{x}(t),\boldsymbol{u}(t),t),\quad x_{n+1}(t_0)=0 \tag{3-2-2}$$

令 $x_{n+2}=t-t_0$，则

$$\dot{x}_{n+2}=1,\quad x_{n+2}(t_0)=0 \tag{3-2-3}$$

构造一个新的增广状态变量

$$\bar{\boldsymbol{x}}=\begin{pmatrix}\boldsymbol{x}\\ x_{n+1}\\ x_{n+2}\end{pmatrix}$$

则在增广坐标下，得系统方程为：

$$\begin{gathered}\dot{\bar{\boldsymbol{x}}}=\begin{pmatrix}\dot{\boldsymbol{x}}\\ \dot{x}_{n+1}\\ \dot{x}_{n+2}\end{pmatrix}=\begin{pmatrix}\boldsymbol{f}(\bar{\boldsymbol{x}},\boldsymbol{u})\\ L(\bar{\boldsymbol{x}},\boldsymbol{u})\\ 1\end{pmatrix}=\bar{\boldsymbol{f}}\\ \begin{pmatrix}\boldsymbol{x}(t_0)\\ x_{n+1}(t_0)\\ x_{n+2}(t_0)\end{pmatrix}=\begin{pmatrix}\boldsymbol{x}_0\\ 0\\ 0\end{pmatrix}\end{gathered} \tag{3-2-4}$$

性能指标变为：

$$J=K[\bar{\boldsymbol{x}}(t_f)]+x_{n+1}(t_f)\triangleq\bar{K}[\bar{\boldsymbol{x}}(t_f)] \tag{3-2-5}$$

终端约束条件变为：

$$\boldsymbol{g}_1(\bar{\boldsymbol{x}}(t_f))=\boldsymbol{0},\quad \boldsymbol{g}_1\in\mathbb{R}^p \tag{3-2-6}$$

$$\boldsymbol{g}_2(\bar{\boldsymbol{x}}(t_f))\leqslant\boldsymbol{0},\quad \boldsymbol{g}_2\in\mathbb{R}^q \tag{3-2-7}$$

构造哈密顿函数

$$H(\bar{\boldsymbol{x}}(t),\bar{\boldsymbol{\lambda}}(t),\boldsymbol{u}(t))=\boldsymbol{\lambda}^{\mathrm{T}}\boldsymbol{f}(\bar{\boldsymbol{x}}(t),\boldsymbol{u}(t))+\lambda_{n+1}L(\bar{\boldsymbol{x}}(t),\boldsymbol{u}(t))+\lambda_{n+2} \tag{3-2-8}$$

令

$$\bar{\boldsymbol{\lambda}}=\begin{pmatrix}\boldsymbol{\lambda}\\ \lambda_{n+1}\\ \lambda_{n+2}\end{pmatrix} \tag{3-2-9}$$

与3.1节中的极小值原理相对应，其伴随方程为：

$$\dot{\bar{\boldsymbol{\lambda}}}=\begin{pmatrix}\dot{\boldsymbol{\lambda}}\\ \dot{\lambda}_{n+1}\\ \dot{\lambda}_{n+2}\end{pmatrix}=\begin{pmatrix}-H_{\boldsymbol{x}}\\ -H_{x_{n+1}}\\ -H_{x_{n+2}}\end{pmatrix} \tag{3-2-10}$$

$$H(\bar{\boldsymbol{x}}^{*}(t),\boldsymbol{u}^{*}(t),\bar{\boldsymbol{\lambda}}(t))=\min_{\boldsymbol{u}(t)\in\boldsymbol{\Omega}_U}H(\bar{\boldsymbol{x}}^{*}(t),\boldsymbol{u}(t),\bar{\boldsymbol{\lambda}}(t)) \tag{3-2-11}$$

$$\bar{\boldsymbol{\lambda}}(t_f^{*})=\frac{\partial\overline{K}}{\partial\boldsymbol{x}}+\frac{\partial(\boldsymbol{\gamma}^{\mathrm{T}}\boldsymbol{g}_1)}{\partial\boldsymbol{x}}+\frac{\partial(\boldsymbol{\mu}^{\mathrm{T}}\boldsymbol{g}_2)}{\partial\boldsymbol{x}} \tag{3-2-12}$$

$$H(\bar{\boldsymbol{x}}^{*}(t_f^{*}),\boldsymbol{u}^{*}(t_f^{*}),\bar{\boldsymbol{\lambda}}(t_f^{*}))+(\frac{\partial\overline{K}}{\partial t_f^{*}}+\frac{\partial(\boldsymbol{\gamma}^{\mathrm{T}}\boldsymbol{g}_1)}{\partial t_f^{*}}+\frac{\partial(\boldsymbol{\mu}^{\mathrm{T}}\boldsymbol{g}_2)}{\partial t_f^{*}})=0 \tag{3-2-13}$$

$$\mu_i\geqslant 0,i=1,\cdots,q,\quad \boldsymbol{\mu}^{\mathrm{T}}\boldsymbol{g}_2(\boldsymbol{x}^{*}(t_f^{*}))=0 \tag{3-2-14}$$

$$\boldsymbol{g}_1(\boldsymbol{x}^{*}(t_f^{*}))=\boldsymbol{0} \tag{3-2-15}$$

$$\boldsymbol{g}_2(\boldsymbol{x}^{*}(t_f^{*}))\leqslant\boldsymbol{0} \tag{3-2-16}$$

(2) 带有积分不等式约束的转化

在最优控制问题(3-1-1)～(3-1-15)中，如果存在如下不等式约束：

$$\int_{t_0}^{t_f}L(\boldsymbol{x},\boldsymbol{u})\mathrm{d}t\leqslant 0 \tag{3-2-17}$$

则可令

$$x_{n+1}=\int_{t_0}^{t}L(\boldsymbol{x},\boldsymbol{u})\mathrm{d}\tau\leqslant 0 \tag{3-2-18}$$

则有

$$\dot{x}_{n+1}=L(\boldsymbol{x},\boldsymbol{u}),\quad \boldsymbol{x}_{n+1}(t_0)=0,\quad \boldsymbol{x}_{n+1}(t_f)\leqslant 0 \tag{3-2-19}$$

定义新的增广向量

$$\bar{\boldsymbol{x}}=\begin{pmatrix}\boldsymbol{x}\\ x_{n+1}\end{pmatrix} \tag{3-2-20}$$

则

$$\dot{\bar{\boldsymbol{x}}}=\begin{pmatrix}\dot{\boldsymbol{x}}\\ \dot{x}_{n+1}\end{pmatrix}=\begin{pmatrix}\boldsymbol{f}(\boldsymbol{x},\boldsymbol{u})\\ L(\boldsymbol{x},\boldsymbol{u})\end{pmatrix}=\bar{\boldsymbol{f}},\begin{pmatrix}\boldsymbol{x}(t_0)\\ x_{n+1}(t_0)\end{pmatrix}=\begin{pmatrix}\boldsymbol{x}_0\\ \boldsymbol{0}\end{pmatrix} \tag{3-2-21}$$

令

$$\bar{\boldsymbol{g}}_2(\bar{x}(t_f))=\begin{pmatrix}\boldsymbol{g}_2(x(t_f))\\ x_{n+1}(t_f)\end{pmatrix}\leqslant\boldsymbol{0} \tag{3-2-22}$$

得到了一个新的增广的不等式约束。

构造哈密顿函数

$$H(\bar{\boldsymbol{x}}(t),\bar{\boldsymbol{\lambda}}(t),\boldsymbol{u}(t))=\bar{\boldsymbol{\lambda}}^{\mathrm{T}}\bar{\boldsymbol{f}}(\bar{\boldsymbol{x}}(t),\boldsymbol{u}(t))=\boldsymbol{\lambda}^{\mathrm{T}}\boldsymbol{f}(\boldsymbol{x}(t),\boldsymbol{u}(t))+\lambda_{n+1}L(\boldsymbol{x}(t),\boldsymbol{u}(t)) \tag{3-2-23}$$

则由该最优控制的极小值原理可以推出：

$$\dot{\bar{\boldsymbol{\lambda}}}=\begin{pmatrix}\dot{\boldsymbol{\lambda}}\\ \dot{\lambda}_{n+1}\end{pmatrix}=\begin{pmatrix}-H_{\boldsymbol{x}}\\ -H_{x_{n+1}}\end{pmatrix} \tag{3-2-24}$$

$$\bar{\boldsymbol{\lambda}}(t_f^{*})=\frac{\partial\overline{K}}{\partial\boldsymbol{x}}+\frac{\partial(\boldsymbol{\gamma}^{\mathrm{T}}\boldsymbol{g}_1)}{\partial\boldsymbol{x}}+\frac{\partial(\boldsymbol{\mu}^{\mathrm{T}}\boldsymbol{g}_2)}{\partial\boldsymbol{x}} \tag{3-2-25}$$

$$H(\bar{\boldsymbol{x}}^*(t),\boldsymbol{u}^*(t),\bar{\boldsymbol{\lambda}}(t))=\min_{\boldsymbol{u}(t)\in\boldsymbol{\Omega}_U} H(\bar{\boldsymbol{x}}^*(t),\boldsymbol{u}(t),\bar{\boldsymbol{\lambda}}(t)) \tag{3-2-26}$$

$$H(\bar{\boldsymbol{x}}^*(t_f^*),\boldsymbol{u}^*(t_f^*),\bar{\boldsymbol{\lambda}}(t_f^*))+\left(\frac{\partial\bar{K}}{\partial t_f^*}+\frac{\partial(\boldsymbol{\gamma}^{\mathrm{T}}\boldsymbol{g}_1)}{\partial t_f^*}+\frac{\partial(\boldsymbol{\mu}^{\mathrm{T}}\boldsymbol{g}_2)}{\partial t_f^*}\right)=0 \tag{3-2-27}$$

$$\mu_i\geqslant 0,i=1,\cdots,q,\quad \boldsymbol{\mu}^{\mathrm{T}}\boldsymbol{g}_2(\boldsymbol{x}^*(t_f^*))=0 \tag{3-2-28}$$

$$\boldsymbol{g}_1(\boldsymbol{x}^*(t_f^*))=\boldsymbol{0} \tag{3-2-29}$$

$$\bar{\boldsymbol{g}}_2(\bar{\boldsymbol{x}}^*(t_f^*))\leqslant\boldsymbol{0} \tag{3-2-30}$$

3.3 控制受限下的最优控制问题

考虑系统：

$$\dot{\boldsymbol{x}}(t)=\boldsymbol{f}(\boldsymbol{x}(t),t)+\boldsymbol{B}(\boldsymbol{x}(t),t)\boldsymbol{u}(t),\quad \boldsymbol{x}(t_0)=\boldsymbol{x}_0 \tag{3-3-1}$$

其中 $\boldsymbol{x}(t)\in\mathbb{R}^n,\boldsymbol{u}(t)\in\mathbb{R}^m,\boldsymbol{B}=(\boldsymbol{b}_1,\cdots,\boldsymbol{b}_m)\in\mathbb{R}^{n\times m},\boldsymbol{b}_i=(b_{i1},\cdots,b_{in})^{\mathrm{T}},\mathrm{rank}(\boldsymbol{B})=m$。

若系统的终端时间 t_f 固定，终端状态 $\boldsymbol{x}(t_f)$ 自由，且控制受不等式约束 $u_{\min}\leqslant u_i\leqslant u_{\max}$，求最优控制 $\boldsymbol{u}^*(t)$ 使得如下目标函数

$$J=K[\boldsymbol{x}(t_f),t_f]+\int_{t_0}^{t_f}[L(\boldsymbol{x}(t),t)+\boldsymbol{M}^{\mathrm{T}}(\boldsymbol{x}(t),t)\boldsymbol{u}(t)]\mathrm{d}t \tag{3-3-2}$$

取得最小值，$\boldsymbol{M}=(m_1,\cdots,m_m)^{\mathrm{T}}\in\mathbb{R}^m$。

首先构建哈密尔顿函数如下：

$$\begin{aligned}H(\boldsymbol{x},\boldsymbol{u},\boldsymbol{\lambda},t)&=L(\boldsymbol{x}(t),\boldsymbol{u}(t),\lambda)+\boldsymbol{M}^{\mathrm{T}}(\boldsymbol{x}(t),t)\boldsymbol{u}(t)+\boldsymbol{\lambda}^{\mathrm{T}}(t)[\boldsymbol{f}(\boldsymbol{x}(t),t)+\boldsymbol{B}(\boldsymbol{x}(t),t)\boldsymbol{u}(t)]\\&=L(\boldsymbol{x}(t),\boldsymbol{u}(t),\boldsymbol{\lambda})+\sum_{i=1}^{m}m_i(\boldsymbol{x}(t),t)\boldsymbol{u}_i(t)+\sum_{i=1}^{n}\lambda_i(t)f_i(\boldsymbol{x}(t),t)\\&\quad+\sum_{i=1}^{n}\lambda_i(t)\sum_{j=1}^{m}b_{ij}(\boldsymbol{x}(t),t)u_j(t)\\&=L(\boldsymbol{x}(t),\boldsymbol{u}(t),\lambda)+\sum_{i=1}^{n}\lambda_i(t)f_i(\boldsymbol{x}(t),t)+\sum_{j=1}^{m}[(m_j(\boldsymbol{x}(t),t)\\&\quad+\sum_{i=1}^{n}\lambda_i(t)b_{ij}(\boldsymbol{x}(t),t))u_j(t)]\end{aligned} \tag{3-3-3}$$

其中 $\boldsymbol{\lambda}(t)$ 为伴随向量。

由于本问题中控制的每个分量均受不等式约束 $u_{i\min}\leqslant u_i\leqslant u_{i\max}$，因此该问题转化为，求哈密尔顿函数在控制约束下的极小值。而哈密顿函数关于 $\boldsymbol{u}(t)$ 是线性的，所以取极小值还是极大值直接跟每个 $u_i(t)$ 的系数相关。根据本问题中哈密尔顿函数的具体形式，为保证 $\boldsymbol{u}(t)$ 能使得哈密尔顿函数取得最小值，最优控制 $\boldsymbol{u}^*(t)$ 应当选取为如下形式：

$$u_i^*(t)=\begin{cases}u_{i\max}, & m_j(\boldsymbol{x}(t),t)+\sum_{i=1}^{n}\lambda_i(t)b_{ij}(\boldsymbol{x}(t),t)<0\\ u_{i\min}, & m_j(\boldsymbol{x}(t),t)+\sum_{i=1}^{n}\lambda_i(t)b_{ij}(\boldsymbol{x}(t),t)>0\\ \text{待定}, & m_j(\boldsymbol{x}(t),t)+\sum_{i=1}^{n}\lambda_i(t)b_{ij}(\boldsymbol{x}(t),t)=0\end{cases} \tag{3-3-4}$$

定义 3.3.1 如果存在一个非空子区间 $[t_1,t_2]\subset[t_0,t_f]$，$t_1<t_2$，使得对于 $\forall t\in[t_1,t_2]$，

都有 $m_j(\boldsymbol{x}(t),t)+\sum_{i=1}^{n}\lambda_i(t)b_{ij}(\boldsymbol{x}(t),t)\equiv 0$，此时无法通过极小值定理直接求出最优控制的解，则称该种情形为奇异最优控制。如果最优控制问题不是奇异的，即 $m_j(\boldsymbol{x}(t),t)+\sum_{i=1}^{n}\lambda_i(t)b_{ij}(\boldsymbol{x}(t),t)\equiv 0$ 在时间轴上存在有限个或者可数个零点，该种情形称为正则最优控制。奇异控制不是不存在最优控制，而是其不能由极小值原理解决，需借助于其他方法解决。

利用最小值原理的必要条件，得到的状态方程与伴随方程为：

$$\dot{\boldsymbol{x}}^*(t)=f(\boldsymbol{x}^*(t),\boldsymbol{u}^*(t),t),\boldsymbol{x}(t_0)=\boldsymbol{x}_0 \tag{3-3-5}$$

$$\dot{\boldsymbol{\lambda}}(t)=-H_x,\boldsymbol{\lambda}(t_f)=\theta_{x_{t_f}}=\partial\theta/\partial\boldsymbol{x}(t_f) \tag{3-3-6}$$

这仍然是两点边值问题。

例 3.3.1 考虑系统：

$$\begin{cases}\dot{x}_1(t)=u(t)-x_1(t), & x_1(0)=1\\ \dot{x}_2(t)=x_1(t), & x_2(0)=0\end{cases}$$

其中，控制约束为 $-1\leqslant u(t)\leqslant 1$。若系统的终端时间 $t_f=1$，终端状态 $\boldsymbol{x}(1)$ 自由，求最优控制 $u^*(t)$ 使得如下目标函数

$$J=x_2(1)$$

取得极小值。

解：首先建立哈密尔顿函数：

$$H=\lambda_1(t)u(t)-\lambda_1(t)x_1(t)+\lambda_2(t)x_1(t)$$

其中 λ_1 和 λ_2 为待求解的伴随矢量。

由于控制受不等式约束 $-1\leqslant u(t)\leqslant 1$，为使得哈密尔顿函数最小，很明显 $u^*(t)$ 应为：

$$u_i^*(t)=\begin{cases}1, & \lambda_1(t)<0\\ -1, & \lambda_1(t)>0\end{cases}$$

伴随方程为：

$$\dot{\lambda}_1(t)=-H_{x_1}=\lambda_1(t)-\lambda_2(t)$$

$$\dot{\lambda}_2(t)=-H_{x_2}=0$$

由 $K(\boldsymbol{x}(1))=x_2(1)$，得

$$\lambda_1(1)=K_{x_1(1)}=0$$

$$\lambda_2(1)=K_{x_2(1)}=1$$

所以 $\lambda_2(t)=1$，并且

$$\lambda_1(t)=\mathrm{e}^t\lambda_{10}-\int_0^t\mathrm{e}^{(t-\tau)}\mathrm{d}t=\mathrm{e}^t\lambda_{10}+(1-\mathrm{e}^t)$$

$$0=\lambda_1(1)=\lambda_{10}\mathrm{e}+(1-\mathrm{e})$$

解得 $\lambda_{10}=1-\mathrm{e}^{-1}$。

所以

$$\lambda_1(t)=\mathrm{e}^t\lambda_{10}+(1-\mathrm{e}^t)=\mathrm{e}^t(1-\mathrm{e}^{-1})+(1-\mathrm{e}^t)=-\mathrm{e}^{t-1}+1$$

由于当 $t\neq 1$ 时，$\lambda_1(t)>0$，因此，最优控制为：

$$u^*(t)=-1$$

代入系统状态方程，根据初始状态 $x_1(0)=1$ 和 $x_2(0)=0$，由

$$\dot{x}_1(t)=-x_1(t)-1$$

推出

$$x_1(t)=\mathrm{e}^{-t}x_1(0)-\int_0^t \mathrm{e}^{-(t-\tau)}\mathrm{d}\tau=2\mathrm{e}^{-t}-1$$

由 $\dot{x}_2(t)=x_1(t)$，推出

$$x_2(t)=-2\mathrm{e}^{-t}-t+2$$

可以求得最优状态为：

$$x_1^*(t)=2\mathrm{e}^{-t}-1$$

$$x_2^*(t)=-2\mathrm{e}^{-t}-t+2$$

如果系统的终端时间 t_f 自由，而终端状态 $\boldsymbol{x}(t_f)$ 满足 $\boldsymbol{g}(\boldsymbol{x}(t_f),t_f)=0,\boldsymbol{g}\in\mathbb{R}^s,s<n$，求最优控制 $u(t)$ 使得目标函数取得极小值。

由于终端时刻 t_f 自由，所以根据极小值原理，横截条件需要变成如下形式：

$$H(\boldsymbol{x}^*(t_f^*),\boldsymbol{u}^*(t_f^*),\boldsymbol{\lambda}(t_f^*),t_f^*)+\frac{\partial K}{\partial t_f}\Big|t_f^*+\frac{\partial(\boldsymbol{\gamma}^{\mathrm{T}}\boldsymbol{g})}{\partial t_f}\Bigg|_{t_f^*}=0 \tag{3-3-7}$$

$$\boldsymbol{\lambda}(t_f^*)=\frac{\partial K}{\partial \boldsymbol{x}(t_f^*)}+\frac{\partial(\boldsymbol{\gamma}^{\mathrm{T}}\boldsymbol{g})}{\partial \boldsymbol{x}(t_f^*)} \tag{3-3-8}$$

其中，$\boldsymbol{\gamma}\in\mathbb{R}^s$ 是拉格朗日乘子。

然后通过求解两点边值问题，可以求解最优控制问题。

例 3.3.2 考虑系统：

$$\dot{x}_1(t)=x_2(t),\quad x_1(0)=0$$

$$\dot{x}_2(t)=u(t),\quad x_2(0)=0$$

其中，控制约束为 $-1\leqslant u(t)\leqslant 1$。若系统的终端时间 t_f 自由，终端状态固定 $x_1(t_f)=x_2(t_f)=1$，求最优控制 $u^*(t)$ 使得如下目标函数

$$J=\int_0^{t_f}u^2(t)\mathrm{d}t$$

取得极小值。

解： 本例题为有控制约束、终端状态固定、终端时间自由的最优控制求解问题。

构造哈密尔顿函数如下：

$$\begin{aligned}H(\boldsymbol{x}(t),\boldsymbol{u}(t),\boldsymbol{\lambda}(t),t)&=u^2(t)+\lambda_1(t)x_2(t)+\lambda_2(t)u(t)\\&=(u(t)+\frac{1}{2}\lambda_2(t))^2+\lambda_1(t)x_2(t)-\frac{1}{4}\lambda_2^2(t)\end{aligned}$$

其中 λ_1 和 λ_2 为伴随状态。

由于控制受不等式约束 $-1\leqslant u(t)\leqslant 1$，可以看出，最优控制 $u^*(t)$ 可以整理为如下形式：

$$u^*(t)=\begin{cases}1, & \lambda_2(t)<-2\\ -\dfrac{1}{2}\lambda_2(t), & -2\leqslant\lambda_2(t)\leqslant 2\\ -1, & \lambda_2(t)>2\end{cases}$$

伴随方程为：

$$\dot{\lambda}_1=-H_{x_1}=0$$

$$\dot{\lambda}_2=-H_{x_2}=-\lambda_1(t)$$

解得

$$\begin{cases}\lambda_1=c_1\\ \lambda_2=-c_1t+c_2\end{cases}$$

终端约束条件为：

$$\boldsymbol{g}(\boldsymbol{x}(t_f))=\begin{pmatrix}x_1(t_f)-1\\ x_2(t_f)-1\end{pmatrix}=\boldsymbol{0}$$

由于系统是定常的，且终端时刻 t_f 不固定，因此可得

$$H(\boldsymbol{x}^*(t),\boldsymbol{u}^*(t),\boldsymbol{\lambda}(t),t)=u^2(t)+\lambda_1(t)x_2(t)+\lambda_2(t)u(t)=0,\quad \forall t\in[0,t_f]$$

将初始时刻和终端时刻代入上式，可得

$$u^{*2}(0)+\lambda_1(0)x_2^*(0)+\lambda_2(0)u^*(0)=0$$

$$u^{*2}(t_f)+\lambda_1(t_f)x_2^*(t_f)+\lambda_2(t_f)u^*(t_f)=0$$

由初始条件 $x_2(0)=0$，代入可得 $u^{*2}(0)+\lambda_2(0)u^*(0)=0$，进一步讨论关于 $u^*(t)$的一元二次方程：

情形 1：$u^*(0)=-\lambda_2(0)\neq 0$，此时带入分段函数 $u^*(t)$，只能得到唯一解 $u^*(0)=-\lambda_2(0)=0$，与条件矛盾。

情形 2：$u^*(0)=0$，此时可得唯一解 $\lambda_2^*(0)=0$，由 $\lambda_2(t)=-c_1t+c_2$，则 $c_2=0$。

得到 $\lambda_2(t)=-c_1t$ 后，进一步讨论：

情形 1：当 $c_1>0$ 时，最优控制 $u^*(t)$可写成

$$u^*(t)=\begin{cases}\frac{1}{2}c_1t, & t\leqslant\frac{2}{c_1}\\ 1, & t>\frac{2}{c_1}\end{cases}$$

情形 2：当 $c_1\leqslant 0$ 时，最优控制 $u^*(t)$可写成

$$u^*(t)=\begin{cases}\frac{1}{2}c_1t, & t\leqslant-\frac{2}{c_1}\\ -1, & t>-\frac{2}{c_1}\end{cases}$$

对于情形 2 中的情形 2 进行分析，得知在该情况下 $u^*(t)<0,\forall t\in(0,t_f)$。由已知初始条件 $x_2(0)=0$，终端时刻条件 $x_2(t_f)=1$，状态方程 $\dot{x}_2(t)=u(t)$，则得当 $t\in(0,t_f)$时，存在 $u^*(t)>0$，矛盾。因此可得 $c_1>0$。

取 $u^*(t)=1$，则根据状态方程，可以得到最优终端时刻 $t_f^*=1$，将其代入横截条件，矛盾。

取 $u^*(t)=\frac{1}{2}c_1t$，解出符合条件的最优终端时刻 $t_f^*=3$，$c_1=\frac{4}{9}$，最后，可以得到最优控制和最优轨迹的表达式如下：

$$u^*(t)=\frac{2}{9}t$$

$$x_1^*(t)=\frac{1}{27}t^3$$

$$x_2^*(t)=\frac{1}{9}t^2$$

3.4 时间最优控制

3.4.1 时间最优控制问题的数学描述

时间最优控制也称为最短时间控制或者快速控制问题，要求达成目标所需时间最小，其性能指标主要表现为如下形式：

$$J=\int_{t_0}^{t_f}\mathrm{d}t=t_f-t_0 \tag{3-4-1}$$

考虑系统：

$$\dot{\boldsymbol{x}}(t)=\boldsymbol{f}(\boldsymbol{x}(t),t)+\boldsymbol{B}(t)\boldsymbol{u}(t),\quad \boldsymbol{x}(t_0)=\boldsymbol{x}_0 \tag{3-4-2}$$

其中 $\boldsymbol{x}(t)\in\mathbb{R}^n,\boldsymbol{u}(t)\in\mathbb{R}^m$，控制向量受不等式约束 $|u_i|\leqslant 1,i=1,\cdots,m$。求最优控制 $\boldsymbol{u}^*(t)$ 使得式(3-4-1)取得极小值，并且

$$\boldsymbol{x}(t_f)=\boldsymbol{0} \tag{3-4-3}$$

首先构造哈密尔顿函数

$$H(\boldsymbol{x}(t),\boldsymbol{u}(t),\boldsymbol{\lambda}(t),t)=1+\boldsymbol{\lambda}^{\mathrm{T}}(\boldsymbol{f}(\boldsymbol{x}(t),t)+\boldsymbol{B}\boldsymbol{u}(t)) \tag{3-4-4}$$

由极小值原理，控制应使得哈密尔顿函数 H 在最优轨线上达到极小，因此，如果最优控制问题是正则的，那么最优控制的表达式为：

$$u_i(t)=-\mathrm{sgn}[\boldsymbol{b}_i^{\mathrm{T}}\boldsymbol{\lambda}(t)] \tag{3-4-5}$$

其中 $\boldsymbol{B}=(\boldsymbol{b}_1,\boldsymbol{b}_2,\cdots,\boldsymbol{b}_m)\in\mathbb{R}^{n\times m},\boldsymbol{\lambda}(t)=(\lambda_1,\lambda_2,\cdots,\lambda_n)^{\mathrm{T}}$。

由于最优控制具有开关的性质，因此时间最优控制也称 Bang-Bang 控制。值得注意的是，如果最优控制问题是奇异的，那么最优控制未必不存在，需要采用其他方法进行研究。

虽然根据 Bang-Bang 控制理论可以写出最优控制，但仍然面临两点边值问题，因此求解还是非常困难。

3.4.2 线性定常系统的时间最优控制

考虑如下线性定常系统：

$$\dot{\boldsymbol{x}}(t)=\boldsymbol{A}\boldsymbol{x}(t)+\boldsymbol{B}\boldsymbol{u}(t),\quad \boldsymbol{x}(t_0)=\boldsymbol{x}_0 \tag{3-4-6}$$

其中 $\boldsymbol{x}(t)\in\mathbb{R}^n,\boldsymbol{u}(t)\in\mathbb{R}^m,|u_i|\leqslant 1,i=1,\cdots,m$，假定矩阵 $\boldsymbol{B}$ 是列满秩的，求最优控制 $\boldsymbol{u}^*(t)$ 使目标函数

$$J=\int_{t_0}^{t_f}\mathrm{d}t \tag{3-4-7}$$

达到最小值，且终端状态 $\boldsymbol{x}(t_f)=\boldsymbol{0}$。

首先构造哈密尔顿函数

$$H(\boldsymbol{x}(t),\boldsymbol{u}(t),\boldsymbol{\lambda}(t),t)=1+\boldsymbol{\lambda}^{\mathrm{T}}(t)(\boldsymbol{A}\boldsymbol{x}(t)+\boldsymbol{B}\boldsymbol{u}(t)) \tag{3-4-8}$$

根据最小值定理，状态方程和伴随方程分别可得

$$\dot{\boldsymbol{x}}^*(t)=\boldsymbol{A}\boldsymbol{x}^*(t)+\boldsymbol{B}\boldsymbol{u}^*(t),\quad \boldsymbol{x}(t_0)=\boldsymbol{x}_0 \tag{3-4-9}$$

$$\dot{\boldsymbol{\lambda}}(t)=-H_x=-\boldsymbol{A}^{\mathrm{T}}\boldsymbol{\lambda}(t) \tag{3-4-10}$$

而终端约束条件可以写成 $\boldsymbol{g}(\boldsymbol{x}(t_f)=\boldsymbol{x}(t_f)=\boldsymbol{0}$,所以

$$\boldsymbol{\lambda}(t_f)=\frac{\partial(\boldsymbol{\gamma}^{\mathrm{T}}\boldsymbol{x})}{\partial \boldsymbol{x}}=\boldsymbol{\gamma} \tag{3-4-11}$$

由式(3-4-10),得伴随方程的解为:

$$\boldsymbol{\lambda}(t)=\mathrm{e}^{-\boldsymbol{A}^{\mathrm{T}}(t-t_0)}\boldsymbol{\lambda}(t_0) \tag{3-4-12}$$

由 $\boldsymbol{\lambda}(t_f)=\mathrm{e}^{-\boldsymbol{A}^{\mathrm{T}}(t_f-t_0)}\boldsymbol{\lambda}(t_0)=\boldsymbol{\gamma}$,以及 $\boldsymbol{\lambda}(t_0)=\mathrm{e}^{\boldsymbol{A}^{\mathrm{T}}(t_f-t_0)}\boldsymbol{\gamma}$,可得伴随矢量的解为:

$$\boldsymbol{\lambda}(t)=\mathrm{e}^{\boldsymbol{A}^{\mathrm{T}}(t_f-t)}\boldsymbol{\gamma} \tag{3-4-13}$$

将其代入哈密尔顿函数

$$H(\boldsymbol{x}(t),\boldsymbol{u}(t),\boldsymbol{\lambda}(t),t)=1+\boldsymbol{\gamma}^{\mathrm{T}}\mathrm{e}^{\boldsymbol{A}(t_f-t)}(\boldsymbol{A}\boldsymbol{x}(t)+\boldsymbol{B}\boldsymbol{u}(t)) \tag{3-4-14}$$

令 $\boldsymbol{\gamma}^{\mathrm{T}}\mathrm{e}^{\boldsymbol{A}(t_f-t)}\boldsymbol{B}\triangleq(\boldsymbol{q}_1(t),\boldsymbol{q}_2(t),\cdots,\boldsymbol{q}_m(t))$, $\quad \boldsymbol{q}_i(t)=b_i^{\mathrm{T}}\mathrm{e}^{\boldsymbol{A}(t_f-t)}\boldsymbol{\gamma}$。

由极小值原理,控制应使得哈密尔顿函数 H 在最优轨线上达到极小,因此,如果最优控制问题是正则的,那么最优控制的表达式为:

$$u_i^*(t)=-\mathrm{sgn}(q_i)=\begin{cases}1, & q_i<0\\ -1, & q_i>0\end{cases} \tag{3-4-15}$$

函数 $\mathrm{sgn}(q_i)$ 的示意如图 3.4.1 所示。

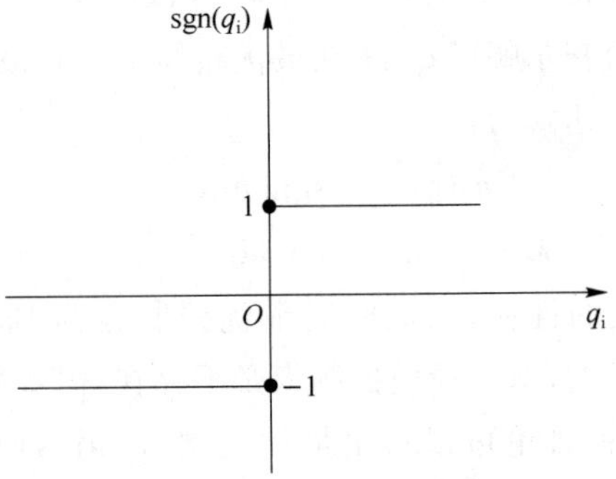

图 3.4.1 函数 $\mathrm{sgn}(q_i)$ 的示意图

由于终端时刻不固定,所以

$$H(\boldsymbol{x}^*(t),\boldsymbol{u}^*(t),\boldsymbol{\lambda}(t))=0 \tag{3-4-16}$$

结合终端状态约束 $\boldsymbol{x}(t_f)=\boldsymbol{0}$,就可以对最优控制问题进行求解。

注意,这里拉格朗日乘子 $\boldsymbol{\gamma}\neq\boldsymbol{0}$。如果 $\boldsymbol{\gamma}=\boldsymbol{0}$,则

$$H(\boldsymbol{x}^*(t),\boldsymbol{u}^*(t),\boldsymbol{\lambda}(t))=1+\boldsymbol{\gamma}^{\mathrm{T}}\mathrm{e}^{\boldsymbol{A}(t_f-t)}(\boldsymbol{A}\boldsymbol{x}(t)+\boldsymbol{B}\boldsymbol{u}(t))=1$$

这与极小值原理结论 $H(\boldsymbol{x}^*(t),\boldsymbol{u}^*(t),\boldsymbol{\lambda}(t))=0$ 相矛盾,所以 $\boldsymbol{\gamma}\neq\boldsymbol{0}$。

下面我们讨论一下线性定常系统的正则性问题。

定义 3.4.1 令 $\boldsymbol{G}_j\triangleq(\boldsymbol{b}_j,\boldsymbol{A}\boldsymbol{b}_j,\cdots,\boldsymbol{A}^{n-1}\boldsymbol{b}_j)$,其中 $\boldsymbol{B}=(\boldsymbol{b}_1,\boldsymbol{b}_2,\cdots,\boldsymbol{b}_m)$ 列满秩。

定理 3.4.1(正则性定理) 线性定常系统时间最优控制问题(3-4-6)~(3-4-7)是正则的充分必要条件是

$$\mathrm{rank}(\boldsymbol{G}_j)=n,\quad j=1,\cdots,m \tag{3-4-17}$$

证明: 首先证明必要性。用反证法,已知系统正则,假定存在某个分量 j,使得 $\mathrm{rank}(\boldsymbol{G}_j)<n$,

即$\boldsymbol{b}_j,\boldsymbol{A}\boldsymbol{b}_j,\cdots,\boldsymbol{A}^{n-1}\boldsymbol{b}_j$是行线性相关的。则存在某个非零向量$\boldsymbol{\alpha}\neq\boldsymbol{0}$，使得$\boldsymbol{\alpha}^{\mathrm{T}}\boldsymbol{G}_j<n=0$。因此，

$$\boldsymbol{\alpha}^{\mathrm{T}}\boldsymbol{A}^k\boldsymbol{b}_j=0,\quad k=0,1,\cdots,n-1 \tag{3-4-18}$$

由哈密顿-凯莱定理可以推知：

$$\boldsymbol{\alpha}^{\mathrm{T}}\boldsymbol{A}^k\boldsymbol{b}_j=0,\quad k=0,1,\cdots,n-1,n,\cdots \tag{3-4-19}$$

由于

$$\mathrm{e}^{\boldsymbol{A}t}=\boldsymbol{I}+\boldsymbol{A}t+\frac{1}{2!}\boldsymbol{A}^2t^2+\cdots \tag{3-4-20}$$

所以

$$\boldsymbol{\alpha}^{\mathrm{T}}\mathrm{e}^{\boldsymbol{A}(t_f-t)}\boldsymbol{b}_j=0 \tag{3-4-21}$$

如果令$\boldsymbol{\gamma}=\boldsymbol{\alpha}$，那么此时$\boldsymbol{\gamma}^{\mathrm{T}}\mathrm{e}^{\boldsymbol{A}(t_f-t)}\boldsymbol{b}_j=0,\forall t\in[t_0,t_f]$，这显然与最优控制是正则的条件相矛盾，因此反设不成立，必要性得证。

然后证明充分性。仍然用反证法，已知$\mathrm{rank}(\boldsymbol{G}_j)=n,j=1,\cdots,m$，但假设系统不是正则的，则存在一个分量$j$，使得

$$\boldsymbol{\gamma}^{\mathrm{T}}\mathrm{e}^{\boldsymbol{A}(t_f-t)}\boldsymbol{b}_j\equiv0,\quad \forall t\in[t_1,t_2]\subset[t_0,t_f],\quad t_1<t_2\text{ 且 }\boldsymbol{\gamma}\neq0 \tag{3-4-22}$$

对$\boldsymbol{\gamma}^{\mathrm{T}}\mathrm{e}^{\boldsymbol{A}(t_f-t)}\boldsymbol{b}_j\equiv0$两边同时对$t$求1至$n-1$次的导数得

$$\begin{cases}\boldsymbol{\gamma}^{\mathrm{T}}\mathrm{e}^{\boldsymbol{A}(t_f-t)}\boldsymbol{A}\boldsymbol{b}_j\equiv0\\ \boldsymbol{\gamma}^{\mathrm{T}}\mathrm{e}^{\boldsymbol{A}(t_f-t)}\boldsymbol{A}^2\boldsymbol{b}_j\equiv0\\ \qquad\vdots\\ \boldsymbol{\gamma}^{\mathrm{T}}\mathrm{e}^{\boldsymbol{A}(t_f-t)}\boldsymbol{A}^{n-1}\boldsymbol{b}_j\equiv0\end{cases} \tag{3-4-23}$$

因此

$$\boldsymbol{\gamma}^{\mathrm{T}}\mathrm{e}^{\boldsymbol{A}(t_f-t)}(\boldsymbol{b}_j,\boldsymbol{A}\boldsymbol{b}_j,\cdots,\boldsymbol{A}^{n-1}\boldsymbol{b}_j)=\boldsymbol{0},\quad \forall t\in[t_1,t_2] \tag{3-4-24}$$

因为$\boldsymbol{\gamma}\neq\boldsymbol{0}$，而$\mathrm{e}^{\boldsymbol{A}(t_f-t)}$是非奇异的，因此$\boldsymbol{\gamma}^{\mathrm{T}}\mathrm{e}^{\boldsymbol{A}(t_f-t)}\neq\boldsymbol{0}$，所以$\mathrm{rank}(\boldsymbol{G}_j)<n$，但这与已知条件相矛盾，因此假设不成立，充分性得证。

证毕！

显然时间最优控制问题的正则性包含了能控性，但是能控性不能保证系统正则。

定理3.4.2(唯一性) 如果线性定常系统的时间最优控制问题(3-4-6)～(3-4-7)是正则的，那么最优控制存在且唯一。

证明：假设存在两个最优控制$\boldsymbol{u}_1^*(t)$和$\boldsymbol{u}_2^*(t)$，且它们给定同一终端时刻t_f^*，假设初始状态$\boldsymbol{x}(0)=\boldsymbol{x}_0$，令$\boldsymbol{x}_1^*(t)$和$\boldsymbol{x}_2^*(t)$分别为对应最优控制$\boldsymbol{u}_1^*(t)$和$\boldsymbol{u}_2^*(t)$的最优轨线。

从状态方程得解来看，可以得到

$$\boldsymbol{x}_1^*(t)=\mathrm{e}^{\boldsymbol{A}(t-t_0)}\boldsymbol{x}_0+\int_{t_0}^{t}\mathrm{e}^{\boldsymbol{A}(t-\tau)}\boldsymbol{B}\boldsymbol{u}_1^*(\tau)\mathrm{d}\tau \tag{3-4-25}$$

$$\boldsymbol{x}_2^*(t)=\mathrm{e}^{\boldsymbol{A}(t-t_0)}\boldsymbol{x}_0+\int_{t_0}^{t}\mathrm{e}^{\boldsymbol{A}(t-\tau)}\boldsymbol{B}\boldsymbol{u}_2^*(\tau)\mathrm{d}\tau \tag{3-4-26}$$

由于在终端时刻，$\boldsymbol{x}_1(t_f^*)=\boldsymbol{x}_2(t_f^*)=\boldsymbol{0}$，所以得到

$$\int_{t_0}^{t_f^*}\mathrm{e}^{\boldsymbol{A}(t_f-\tau)}\boldsymbol{B}\boldsymbol{u}_1(\tau)\mathrm{d}\tau=\int_{t_0}^{t_f^*}\mathrm{e}^{\boldsymbol{A}(t_f-\tau)}\boldsymbol{B}\boldsymbol{u}_2(\tau)\mathrm{d}\tau \tag{3-4-27}$$

式(3-4-27)两边同时乘$\boldsymbol{\gamma}^{\mathrm{T}}$仍然成立：

$$\int_{t_0}^{t_f^*}\boldsymbol{\gamma}^{\mathrm{T}}\mathrm{e}^{\boldsymbol{A}(t_f-\tau)}\boldsymbol{B}\boldsymbol{u}_1(\tau)\mathrm{d}\tau=\int_{t_0}^{t_f^*}\boldsymbol{\gamma}^{\mathrm{T}}\mathrm{e}^{\boldsymbol{A}(t_f-\tau)}\boldsymbol{B}\boldsymbol{u}_2(\tau)\mathrm{d}\tau \tag{3-4-28}$$

而由极小值原理，由于 $\boldsymbol{u}_1^*$ 应使得哈密尔顿函数 $H(\boldsymbol{x}(t),\boldsymbol{u}(t),\boldsymbol{\lambda}(t),t)$ 达到极小，相对于 $\boldsymbol{u}_2^*$ 有

$$1+\boldsymbol{\lambda}^{\mathrm{T}}(t)(\boldsymbol{A}\boldsymbol{x}_1^*(t)+\boldsymbol{B}\boldsymbol{u}_1^*(t))\leqslant 1+\boldsymbol{\lambda}^{\mathrm{T}}(t)(\boldsymbol{A}\boldsymbol{x}_1^*(t)+\boldsymbol{B}\boldsymbol{u}_2^*(t)) \tag{3-4-29}$$

将 $\lambda(t)=\mathrm{e}^{\boldsymbol{A}^{\mathrm{T}}(t_f-t)}\boldsymbol{\gamma}$ 代入式(3-4-29)，则

$$\boldsymbol{\gamma}^{\mathrm{T}}\mathrm{e}^{\boldsymbol{A}(t_f-\tau)}\boldsymbol{B}\boldsymbol{u}_1(\tau)\leqslant\boldsymbol{\gamma}^{\mathrm{T}}\mathrm{e}^{\boldsymbol{A}(t_f-\tau)}\boldsymbol{B}\boldsymbol{u}_2(\tau) \tag{3-4-30}$$

将式(3-4-30)两边对 $t_0\to t_f^*$ 进行积分：

$$\int_{t_0}^{t_f^*}\boldsymbol{\gamma}^{\mathrm{T}}\mathrm{e}^{\boldsymbol{A}(t_f-\tau)}\boldsymbol{B}\boldsymbol{u}_1(\tau)\mathrm{d}\tau\leqslant\int_{t_0}^{t_f^*}\boldsymbol{\gamma}^{\mathrm{T}}\mathrm{e}^{\boldsymbol{A}(t_f-\tau)}\boldsymbol{B}\boldsymbol{u}_2(\tau)\mathrm{d}\tau \tag{3-4-31}$$

考虑到式(3-4-28)，因此只能成立等式

$$\int_{t_0}^{t_f^*}\boldsymbol{\gamma}^{\mathrm{T}}\mathrm{e}^{\boldsymbol{A}(t_f-\tau)}\boldsymbol{B}\boldsymbol{u}_1(\tau)\mathrm{d}\tau=\int_{t_0}^{t_f^*}\boldsymbol{\gamma}^{\mathrm{T}}\mathrm{e}^{\boldsymbol{A}(t_f-\tau)}\boldsymbol{B}\boldsymbol{u}_2(\tau)\mathrm{d}\tau \tag{3-4-32}$$

即

$$\int_{t_0}^{t_f^*}\boldsymbol{\gamma}^{\mathrm{T}}\mathrm{e}^{\boldsymbol{A}(t_f-\tau)}\boldsymbol{B}(\boldsymbol{u}_1^*(\tau)-\boldsymbol{u}_2^*(\tau))\mathrm{d}\tau=0 \tag{3-4-33}$$

由于矩阵 $\boldsymbol{B}$ 列满秩，$\boldsymbol{\gamma}^{\mathrm{T}}\mathrm{e}^{\boldsymbol{A}(t_f-t)}\neq 0$，以及 $\boldsymbol{\gamma}$ 的自由可取性，$\boldsymbol{\gamma}^{\mathrm{T}}\mathrm{e}^{\boldsymbol{A}(t_f-\tau)}\boldsymbol{B}$ 可张成$\mathbb{R}^m$空间，因此由第 1 章中的变分基本原理，可以得出

$$\boldsymbol{u}_1^*(t)=\boldsymbol{u}_2^*(t) \tag{3-4-34}$$

即最优控制是唯一的。

如果时间最优控制是正则的，则最优控制具有开关性。下面将看到，如果 $\boldsymbol{A}$ 的特征根都是实数，则开关次数是有限的且是可以估计的。

引理 3.4.1 设 $f_1(t),\cdots,f_m(t)$分别是 t 的 $r_1,\cdots,r_m$ 次多项式，$\lambda_1,\cdots,\lambda_m$ 是两两互异的实数，记

$$f(t)=\sum_{i=1}^{m}f_i(t)\mathrm{e}^{\lambda_i t} \tag{3-4-35}$$

那么 $f(t)$的实根个数不超过 $r_1+r_2+\cdots+r_m+m-1$ 个。

证明： 用数学归纳法，当 $m=1$ 时，结论显然成立，假设 $k=m-1$ 时结论仍然成立，现在来看 $k=m$ 的情况。

用反证法。假设 $k=m$ 时结论不成立，不妨设 $f(t)$有 $r_1+r_2+\cdots+r_m+m$ 个实根。由于 $\mathrm{e}^{\lambda_m t}>0$，所以 $f(t)$和 $f(t)\mathrm{e}^{-\lambda_m t}$ 具有相同的根。将式(3-4-35)的两边同除以 $\mathrm{e}^{\lambda_m t}$，

$$\mathrm{e}^{-\lambda_m t}f(t)=\sum_{i=1}^{m-1}f_i(t)\mathrm{e}^{(\lambda_i-\lambda_m)t}+f_m(t) \tag{3-4-36}$$

那么由罗尔(Rolle)定理(如图 3.4.2 所示)，

$$\frac{\mathrm{d}}{\mathrm{d}t}(\mathrm{e}^{-\lambda_m t}f(t))\text{有不少于 } r_1+r_2+\cdots+r_m+m-1 \text{ 个实根}$$

$$\frac{\mathrm{d}^2}{\mathrm{d}t^2}(\mathrm{e}^{-\lambda_m t}f(t))\text{有不少于 } r_1+r_2+\cdots+r_m+m-2 \text{ 个实根}$$

$$\vdots$$

$$\frac{\mathrm{d}^{r_m+1}}{\mathrm{d}t^{r_m+1}}(\mathrm{e}^{-\lambda_m t}f(t))\text{有不少于 } r_1+r_2+\cdots+r_{m-1}+m-1 \text{ 个实根}$$

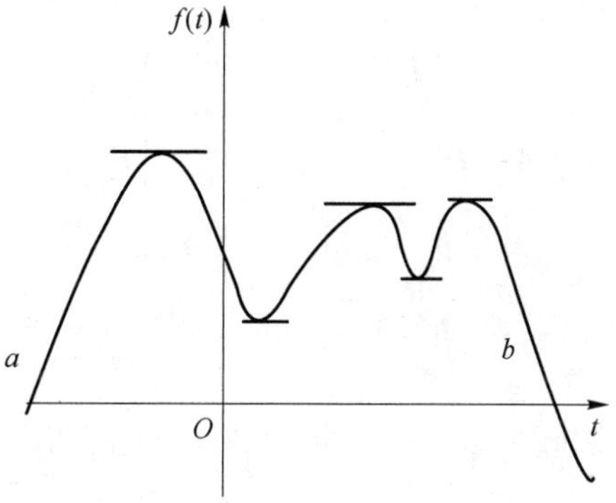

图 3.4.2 罗尔定理示意图

整理得

$$\frac{\mathrm{d}}{\mathrm{d}t}(\mathrm{e}^{-\lambda_m t}f(t)) = \frac{\mathrm{d}}{\mathrm{d}t}\Big(\sum_{i=1}^{m-1} f_i(t)\mathrm{e}^{(\lambda_i-\lambda_m)t} + f_m(t)\Big)$$

$$= \sum_{i=1}^{m-1}[\dot{f}_i(t)\mathrm{e}^{(\lambda_i-\lambda_m)t} + (\lambda_i - \lambda_m)f_i(t)\mathrm{e}^{(\lambda_i-\lambda_m)t}] + \dot{f}_m(t)$$

$$= \sum_{i=1}^{m-1}[f_i'(t) + (\lambda_i - \lambda_m)f_i(t)]\mathrm{e}^{(\lambda_i-\lambda_m)t} + \dot{f}_m(t)$$

$$\frac{\mathrm{d}^2}{\mathrm{d}t^2}(\mathrm{e}^{-\lambda_m t}f(t)) = \sum_{i=1}^{m-1}[\ddot{f}_i(t) + 2(\lambda_i - \lambda_m)\dot{f}_i(t) + (\lambda_i - \lambda_m)^2 f_i(t)]\mathrm{e}^{(\lambda_i-\lambda_m)t} + \ddot{f}_m(t)$$

$$\vdots$$

$$\frac{\mathrm{d}^{r_m+1}}{\mathrm{d}t^{r_m+1}}(\mathrm{e}^{-\lambda_m t}f(t)) = \sum_{i=1}^{m-1} g_i(t)\mathrm{e}^{(\lambda_i-\lambda_m)t}$$

其中 $g_i(t)$ 是 t 的多项式，且 $\deg(g_i(t)) = \deg(f_i(t))$，因此 $\sum\limits_{i=1}^{m-1} g_i(t)\mathrm{e}^{(\lambda_i-\lambda_m)t}$ 的实根个数将不少于($\geqslant$) $r_1 + r_2 + \cdots + r_{m-1} + m - 1$ 个实根。

但在归纳假设中，当 $k = m-1$ 时，$\sum\limits_{i=1}^{k} g_i(t)\mathrm{e}^{(\lambda_i-\lambda_m)t}$ 最多($\leqslant$) 有 $r_1 + r_2 + \cdots + r_{m-1} + m - 2$ 个实根，因此反设不成立。所以 $\sum\limits_{i=1}^{m} f_i(t)\mathrm{e}^{\lambda_i t}$ 最多有 $r_1 + r_2 + \cdots + r_m + m - 1$ 个实根。

证毕!

定理 3.4.3(开关次数定理) 如果式(3-4-6)～(3-4-7)所示的定常系统时间最优控制问题是正则的，并且矩阵 $\boldsymbol{A}$ 的所有特征根都是实数，那么最优控制的开关次数不超过($\leqslant$)$n-1$ 次。

证明： 不妨假定 $\boldsymbol{A}$ 具有两两互异的 m 个实特征根 $\lambda_1,\lambda_2,\cdots,\lambda_m$，其代数重数分别为 $r_1,r_2,\cdots,r_m$，$\sum\limits_{i=1}^{m} r_i = n$。

由矩阵理论知，存在非奇异变换 $\boldsymbol{T}$ 使得

$$\boldsymbol{T}^{-1}\boldsymbol{A}\boldsymbol{T} = \begin{pmatrix} \boldsymbol{J}_1 & & & \\ & \boldsymbol{J}_2 & & \\ & & \ddots & \\ & & & \boldsymbol{J}_m \end{pmatrix} \tag{3-4-37}$$

因此

$$
\boldsymbol{A}=\boldsymbol{T}\begin{bmatrix}\boldsymbol{J}_1 & & & \\ & \boldsymbol{J}_2 & & \\ & & \ddots & \\ & & & \boldsymbol{J}_m\end{bmatrix}\boldsymbol{T}^{-1} \tag{3-4-38}
$$

且有

$$
\mathrm{e}^{\boldsymbol{A}t}=\boldsymbol{T}\begin{bmatrix}\mathrm{e}^{\boldsymbol{J}_1 t} & & & \\ & \mathrm{e}^{\boldsymbol{J}_2 t} & & \\ & & \ddots & \\ & & & \mathrm{e}^{\boldsymbol{J}_m t}\end{bmatrix}\boldsymbol{T}^{-1} \tag{3-4-39}
$$

其中

$$
\boldsymbol{J}_i=\begin{bmatrix}\boldsymbol{J}_{i1} & & & \\ & \boldsymbol{J}_{i2} & & \\ & & \ddots & \\ & & & \boldsymbol{J}_{ik}\end{bmatrix} \tag{3-4-40}
$$

表示所有特征根都是由 λ_i 的全体若当块组成的子矩阵。

对于其中一个约当块

$$
\boldsymbol{\Gamma}=\begin{bmatrix}\lambda & 1 & \cdots & 0 \\ 0 & \lambda & 1 & 0 \\ \vdots & \vdots & & \vdots \\ 0 & 0 & 0 & \lambda\end{bmatrix}_{l\times l} \tag{3-4-41}
$$

有

$$
\mathrm{e}^{\boldsymbol{\Gamma}t}=\begin{bmatrix}\mathrm{e}^{\lambda t} & t\mathrm{e}^{\lambda t} & \cdots & \dfrac{1}{(l-1)!}t^{l-1}\mathrm{e}^{\lambda t} \\ 0 & \mathrm{e}^{\lambda t} & \cdots & \dfrac{1}{(l-2)!}t^{l-2}\mathrm{e}^{\lambda t} \\ \vdots & \vdots & & \vdots \\ 0 & 0 & \cdots & \mathrm{e}^{\lambda t}\end{bmatrix}_{l\times l} \tag{3-4-42}
$$

因此

$$
\begin{aligned}
\boldsymbol{\gamma}^{\mathrm{T}}\mathrm{e}^{\boldsymbol{A}(t_f-t)}\boldsymbol{b}_j &= \boldsymbol{\gamma}^{\mathrm{T}}\boldsymbol{T}\begin{bmatrix}\mathrm{e}^{\boldsymbol{J}_1(t_f-t)} & & & \\ & \mathrm{e}^{\boldsymbol{J}_2(t_f-t)} & & \\ & & \ddots & \\ & & & \mathrm{e}^{\boldsymbol{J}_k(t_f-t)}\end{bmatrix}\boldsymbol{T}^{-1}\boldsymbol{b}_j \\
&= \boldsymbol{\alpha}^{\mathrm{T}}\begin{bmatrix}\mathrm{e}^{\boldsymbol{J}_1(t_f-t)} & & & \\ & \mathrm{e}^{\boldsymbol{J}_2(t_f-t)} & & \\ & & \ddots & \\ & & & \mathrm{e}^{\boldsymbol{J}_k(t_f-t)}\end{bmatrix}\boldsymbol{\beta} = \sum_{i=1}^{m}\boldsymbol{\alpha}_i^{\mathrm{T}}\mathrm{e}^{\boldsymbol{J}_i(t_f-t)}\boldsymbol{\beta}_i \\
&= \sum_{i=1}^{m} f_i(t_f-t)\mathrm{e}^{\lambda_i(t_f-t)}
\end{aligned} \tag{3-4-43}
$$

其中

$$\boldsymbol{\alpha}=\boldsymbol{T}^{\mathrm{T}}\boldsymbol{\gamma}=\begin{pmatrix}\alpha_1\\ \alpha_2\\ \vdots\\ \alpha_m\end{pmatrix},\quad \boldsymbol{\beta}=\boldsymbol{T}^{-1}\boldsymbol{b}_j=\begin{pmatrix}\beta_1\\ \beta_2\\ \vdots\\ \beta_m\end{pmatrix} \tag{3-4-44}$$

且 $f(t_f-t)$是关于 t_f-t 的多项式，$\deg(f_i)\leqslant r_i-1$。

由于最优控制

$$u_j^* =-\operatorname{sgn}(\boldsymbol{\gamma}^{\mathrm{T}}\mathrm{e}^{\boldsymbol{A}(t_f-t)}\boldsymbol{b}_j)=-\operatorname{sgn}\Big[\sum_{i=1}^{m}f_i(t_f-t)\mathrm{e}^{\lambda_i(t_f-t)}\Big] \tag{3-4-45}$$

且由引理 3.4.3 可知 $\sum_{i=1}^{m}f_i(t_f-t)\mathrm{e}^{\lambda_i(t_f-t)}=0$ 的实根个数不超过

$$(r_1-1)+(r_2-1)+\cdots+(r_m-1)+m-1=\sum_{i=1}^{m}r_i-1=n-1 \tag{3-4-46}$$

因此，最优控制的开关次数至多为 $n-1$ 次。

证毕！

3.4.3 用开关线法求解时间最优控制问题的方法

由 3.3 节可以看出，时间最优控制问题的求解仍然面临两点边值问题，计算过程将很复杂，因为除了计算最后终端时刻外，还要计算中间的切换时刻，以及猜测切换之前的最优控制等。下面我们将介绍一种采用开关线(Switch Curve)法来计算时间最优控制的方法，主要通过两个实例来阐释求解过程。

例 3.4.1 已知受控系统的状态方程为：

$$\begin{pmatrix}\dot{x}_1\\ \dot{x}_2\end{pmatrix}=\begin{pmatrix}0&1\\0&0\end{pmatrix}\begin{pmatrix}x_1\\x_2\end{pmatrix}+\begin{pmatrix}0\\1\end{pmatrix}u,\ \begin{pmatrix}x_1(t_0)\\x_2(t_0)\end{pmatrix}=\begin{pmatrix}x_{10}\\x_{20}\end{pmatrix} \tag{3-4-47}$$

其中控制约束为$|u(t)|\leqslant 1$，求最优控制 $u^*(t)$使系统从初始状态$(x_{10},x_{20})^{\mathrm{T}}$ 达到终端状态满足$(x_1(t_f),x_2(t_f))^{\mathrm{T}}=(0,0)^{\mathrm{T}}$，且使得如下指标最小：

$$J=\int_0^{t_f}\mathrm{d}t \tag{3-4-48}$$

解： 由于本问题中 $t_0=0$，则目标函数可以写成

$$J=\int_0^{t_f}\mathrm{d}t=t_f \tag{3-4-49}$$

构造哈密尔顿函数如下：

$$H[\boldsymbol{x}(t),\boldsymbol{u}(t),\boldsymbol{\lambda}(t),t]=1+\lambda_1(t)x_2(t)+\lambda_2(t)u(t) \tag{3-4-50}$$

如果将$(x_1(t_f),x_2(t_f))^{\mathrm{T}}=(0,0)^{\mathrm{T}}$ 看为终端约束条件，可求得伴随方程如下：

$$\dot{\boldsymbol{\lambda}}(t)=-H_{\boldsymbol{x}}=\begin{pmatrix}0\\-\lambda_1(t)\end{pmatrix}$$

$$\boldsymbol{\lambda}(t_f)=\begin{pmatrix}\dfrac{\alpha(\gamma_1x_1)}{\alpha x_1}\\[2ex] \dfrac{\alpha(\gamma_2x_2)}{\alpha x_2}\end{pmatrix}=\begin{pmatrix}\gamma_1\\ \gamma_2\end{pmatrix} \tag{3-4-51}$$

因此可得

$$\begin{cases}\lambda_1(t)=\gamma_1\\ \lambda_2(t)=-\gamma_1t+\gamma_2\end{cases} \tag{3-4-52}$$

根据最小值定理，为了保证哈密尔顿函数(3-4-39)全局最小，可以得到最优控制的表达形式如下：

$$u^*(t)=-\mathrm{sgn}(\lambda_2)=-\mathrm{sgn}(-\gamma_1 t+\gamma_2) \tag{3-4-53}$$

切换时刻为 $t=\gamma_2/\gamma_1$，由于 γ_1,γ_2 是两个待定的拉格朗日乘子，所以切换时间仍难确定。

现在我们换个角度来分析。本例题是单输入系统，容易验证

$$\mathrm{rank}(\boldsymbol{b},\boldsymbol{Ab})=\mathrm{rank}\begin{pmatrix}0 & 1\\ 1 & 0\end{pmatrix}=2$$

因此时间最优控制满足正则性条件。又因为系统的开环特征根为零(2 重根)，是实数，所以由开关次数定理，最多开关一次。最优控制是 1 或者 -1，我们分别进行讨论。

① 当 $u^*=1$。此时状态方程为：

$$\begin{aligned}\dot{x}_1&=x_2\\ \dot{x}_2&=1\end{aligned} \tag{3-4-54}$$

将两个状态方程两边分别相除，则可以得到相平面方程：

$$\frac{\mathrm{d}x_1}{\mathrm{d}x_2}=\frac{x_2}{1}\Rightarrow \mathrm{d}x_1=x_2\,\mathrm{d}x_2 \tag{3-4-55}$$

两边积分得

$$x_1-x_{10}=\frac{1}{2}x_2^2-\frac{1}{2}x_{20}^2\Rightarrow x_1-\frac{1}{2}x_2^2=x_{10}-\frac{1}{2}x_{20}^2 \tag{3-4-56}$$

得到一个依赖初始时刻的抛物线方程，若$(x_{10},x_{20})^{\mathrm{T}}$ 变化，则得到一个抛物线簇，如图 3.4.3 所示。

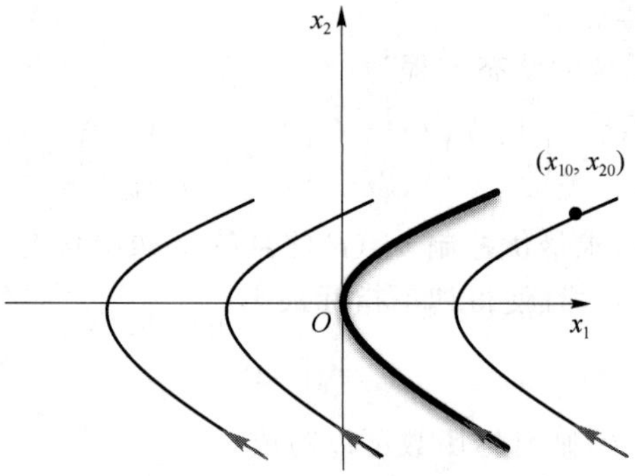

图 3.4.3　$u=1$ 时的相轨迹图

我们关注那条过原点的相轨线，此方程为：

$$x_1(t)-\frac{x_2^2(t)}{2}=0 \tag{3-4-57}$$

对应图 3.4.3 就是加黑的那条抛物线。由于 $\dot{x}_2=1>0$，所以 x_2 是单调增加的，在图 3.4.3 上，可得出曲线走向如箭头所示。

② 当 $u^*=-1$。此时状态方程为：

$$\begin{aligned}\dot{x}_1&=x_2\\ \dot{x}_2&=-1\end{aligned} \tag{3-4-58}$$

将两个状态方程两边分别相除，则可以得到相平面方程：

$$\frac{\mathrm{d}x_1}{\mathrm{d}x_2}=\frac{x_2}{-1}\Rightarrow \mathrm{d}x_1=-x_2\,\mathrm{d}x_2 \tag{3-4-59}$$

两边积分得

$$x_1-x_{10}=-\frac{1}{2}x_2^2+\frac{1}{2}x_{20}^2\Rightarrow x_1+\frac{1}{2}x_2^2=x_{10}+\frac{1}{2}x_{20}^2 \tag{3-4-60}$$

若$(x_{10},x_{20})^{\mathrm{T}}$变化，则又得到一个抛物线簇，如图 3.4.4 所示。

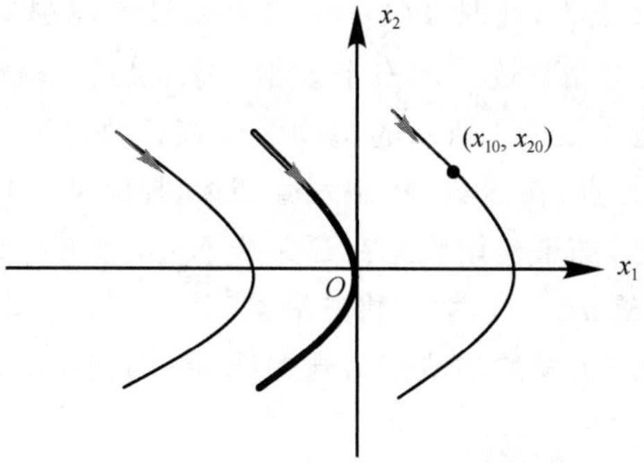

图 3.4.4　$u=-1$ 时的相轨迹图

过原点的那条抛物线方程为：

$$x_1(t)+\frac{x_2^2(t)}{2}=0 \tag{3-4-61}$$

对应图 3.4.4 就是加黑的那条抛物线。由于 $\dot{x}_2=-1<0$，所以 x_2 是单调递减的，在图 3.4.4 上，可得出曲线变化方向如图中的箭头所示。

由于终端状态要回到原点，因此对于图 3.4.3、图 3.4.4 中的加黑抛物线，我们各取流入原点的一半曲线，构成下列曲线：

$$\Phi(x_1,x_2)=\Phi^+(x_1,x)\cup\Phi^-(x_1,x)=0 \tag{3-4-62}$$

其中

$$\begin{cases}\Phi^+(x_1,x_2)=x_1(t)-\dfrac{x_2^2(t)}{2}=0, & \text{当 } x_2<0 \text{ 时}\\ \Phi^-(x_1,x_2)=x_1(t)+\dfrac{x_2^2(t)}{2}=0, & \text{当 } x_2>0 \text{ 时}\end{cases} \tag{3-4-63}$$

我们称式(3-4-62)为开关线，或者将其简写为：

$$\Phi(x_1,x_2)=x_1(t)+\frac{x_2(t)\,|x_2(t)|}{2}=0 \tag{3-4-64}$$

如图 3.4.5 所示。

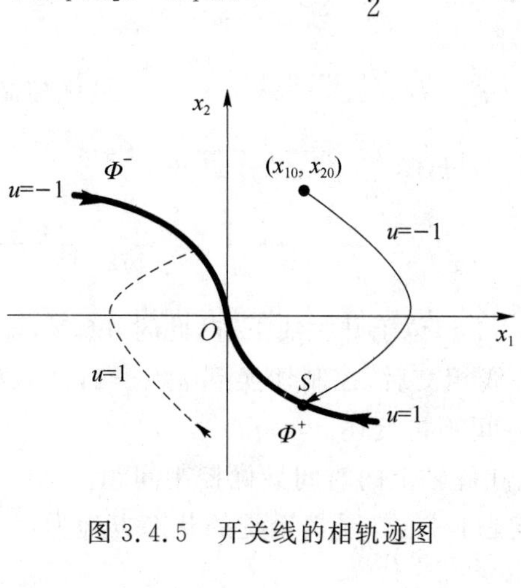

图 3.4.5　开关线的相轨迹图

可以看出，开关线 $\Phi(x_1,x_2)=0$ 将相平面分为成 4 部分：Φ^+、Φ^-、开关线上方($\Phi>0$)以及开关线下方($\Phi<0$)。

如果初始状态$(x_{10},x_{20})^{\mathrm{T}}$ 恰好位于开关线上，如$(x_{10},x_{20})^{\mathrm{T}}\in\Phi^+$，此时选择 $u=1$ 即可，不需要开关，轨迹将在有限时间运动到原点。

如果初始状态在开关线上方，此时 $\Phi(x_{10},x_{20})>0$，最优控制应选择 $u=-1$(因为如果选 $u=1$，则从$(x_{10},x_{20})^{\mathrm{T}}$ 出发的相轨迹将向右上发散，离原点越来越远，不符合要求)。此时从$(x_{10},x_{20})^{\mathrm{T}}$ 出发的相轨迹是图 3.4.4 所示的抛物线。该相轨迹方程与开关线 $\Phi^+(x_1,x_2)=0$ 将有一个交点 S，其称为开关点，在 S 处，控制发生切换，控制从-1 切换为 1，然后相轨迹将沿着开关线进入原点。类似地，如果初始状态在开关线下方，则应选取 $u=1$，当相轨迹与开关线 Φ^- 相交，控制发生切换，变成 $u=-1$，然后轨迹沿 Φ^- 运动到原点，如图 3.4.5 的虚线所示。

开关点的确定：初始状态出发的相轨迹与开关线 Φ^+ 的交点 S，可以通过求解如下联立方程获得。

$$\begin{cases} x_1+\dfrac{1}{2}x_2^2=x_{10}+\dfrac{1}{2}x_{20}^2 \\ x_1-\dfrac{1}{2}x_2^2=0 \end{cases} \tag{3-4-65}$$

解得

$$\begin{cases} x_{1s}=\dfrac{2x_{10}+x_{20}^2}{4} \\ x_{2s}=-\dfrac{\sqrt{2}}{2}\sqrt{2x_{10}+x_{20}^2} \end{cases} \tag{3-4-66}$$

t_f 由两部分组成：一部分是从初始点到开关点 S 的时间，记为 t_1；另一部分是从开关点 S 到原点的时间，记为 t_2，则 $t_f=t_1+t_2$。

t_1 的计算：由于 $\dot{x}_2=-1$，所以 $x_2=-t+x_{20}$。又由于 $x_2(t_1)=-\dfrac{\sqrt{2}}{2}\sqrt{2x_{10}+x_{20}^2}$，解得

$$t_1=\frac{\sqrt{2}}{2}\sqrt{2x_{10}+x_{20}^2}+x_{20} \tag{3-4-67}$$

t_2 的计算：由于 $\dot{x}_2=1$，所以 $x_2(t)=t-\dfrac{\sqrt{2}}{2}\sqrt{2x_{10}+x_{20}^2}$。又由于 $x_2(t_2)=0$，解得

$$t_2=\frac{\sqrt{2}}{2}\sqrt{2x_{10}+x_{20}^2} \tag{3-4-68}$$

所以最优性能指标为 $t_f=t_1+t_2=\sqrt{2}\sqrt{2x_{10}+x_{20}^2})+x_{20}$。最优控制为：

$$u^*=\begin{cases} -1, & t\in\left(0,\dfrac{\sqrt{2}}{2}\sqrt{2x_{10}+x_{20}^2}+x_{20}\right] \\ 1, & t\in\left(\dfrac{\sqrt{2}}{2}\sqrt{2x_{10}+x_{20}^2}+x_{20},\sqrt{2}\sqrt{2x_{10}+x_{20}^2}+x_{20}\right] \end{cases} \tag{3-4-69}$$

同理，如果初始状态(x_{10},x_{20})位于开关线下方，此时 $\Phi(x_{10},x_{20})<0$，应首先取 $u=1$，自初始状态出发的相轨迹与开关线相交后，控制切换到 $u=-1$，然后相轨迹将沿着开关线进入原点。计算过程与上面类似，这里不再赘述。

下面介绍一类开环极点在虚轴上的时间最优控制问题。

例 3.4.2(圆形开关线问题) 已知受控系统的状态方程为：

$$\begin{pmatrix}\dot{x}_1\\ \dot{x}_2\end{pmatrix}=\begin{pmatrix}0 & 1\\ -1 & 0\end{pmatrix}\begin{pmatrix}x_1\\ x_2\end{pmatrix}+\begin{pmatrix}0\\ 1\end{pmatrix}u,\quad \begin{pmatrix}x_1(0)\\ x_2(0)\end{pmatrix}=\begin{pmatrix}x_{10}\\ x_{20}\end{pmatrix}\tag{3-4-70}$$

其中$|u(t)|\leqslant 1$时,求最优控制$u^*(t)$,使系统从初始状态$(x_{10},x_{20})^{\mathrm{T}}$达到$(x_1(t_f),x_2(t_f))^{\mathrm{T}}=(0,0)^{\mathrm{T}}$,且使得如下指标最小:

$$J=\int_0^{t_f}\mathrm{d}t$$

解:首先由定理3.4.1,可以验证该时间最优控制问题是正则的。但是系统的开环特征根是±i,为虚根,因此不能应用开关次数定理。

构造哈密顿函数

$$H(\boldsymbol{x}(t),u(t),\boldsymbol{\lambda}(t),t)=1+\lambda_1(t)x_2(t)+\lambda_2(t)(u(t)-x_1(t))\tag{3-4-71}$$

由极小值原理,最优控制$u^*(t)=-\mathrm{sgn}(\lambda_2)$。

由于终端条件为:

$$\begin{pmatrix}x_1(t_f)\\ x_2(t_f)\end{pmatrix}=\begin{pmatrix}0\\ 0\end{pmatrix}$$

所以伴随方程为:

$$\dot{\boldsymbol{\lambda}}(t)=-\frac{\partial H}{\partial \boldsymbol{x}}=\begin{pmatrix}\lambda_2(t)\\ -\lambda_1(t)\end{pmatrix}=\begin{pmatrix}0 & 1\\ -1 & 0\end{pmatrix}\begin{pmatrix}\lambda_1\\ \lambda_2\end{pmatrix}\tag{3-4-72}$$

$$\begin{pmatrix}\lambda_1(t_f)\\ \lambda_2(t_f)\end{pmatrix}=\begin{pmatrix}\gamma_1\\ \gamma_2\end{pmatrix}$$

解得

$$\begin{pmatrix}\lambda_1(t)\\ \lambda_2(t)\end{pmatrix}=\begin{pmatrix}\cos t & \sin t\\ -\sin t & \cos t\end{pmatrix}\begin{pmatrix}\lambda_1(0)\\ \lambda_2(0)\end{pmatrix}\tag{3-4-73}$$

所以

$$\begin{pmatrix}\lambda_1(t_f)\\ \lambda_2(t_f)\end{pmatrix}=\begin{pmatrix}\gamma_1\\ \gamma_2\end{pmatrix}=\begin{pmatrix}\cos t_f & \sin t_f\\ -\sin t_f & \cos t_f\end{pmatrix}\begin{pmatrix}\lambda_1(0)\\ \lambda_2(0)\end{pmatrix}\tag{3-4-74}$$

$$\begin{pmatrix}\lambda_1(0)\\ \lambda_2(0)\end{pmatrix}=\begin{pmatrix}\cos t_f & \sin t_f\\ -\sin t_f & \cos t_f\end{pmatrix}^{-1}=\begin{pmatrix}\cos t_f & -\sin t_f\\ \sin t_f & \cos t_f\end{pmatrix}\begin{pmatrix}\gamma_1\\ \gamma_2\end{pmatrix}\tag{3-4-75}$$

将其代入式(3-4-73),则得

$$\begin{pmatrix}\lambda_1(t)\\ \lambda_2(t)\end{pmatrix}=\begin{pmatrix}\cos(t_f-t) & \sin(t_f-t)\\ -\sin(t_f-t) & \cos(t_f-t)\end{pmatrix}\begin{pmatrix}\gamma_1\\ \gamma_2\end{pmatrix}\tag{3-4-76}$$

因此

$$\begin{aligned}\lambda_2(t)&=-\sin(t_f-t)\gamma_1+\gamma_2\cos(t_f-t)\\ &=\sqrt{\gamma_1^2+\gamma_2^2}\left(\frac{-\gamma_1\sin(t_f-t)}{\sqrt{\gamma_1^2+\gamma_2^2}}+\frac{\gamma_2\cos(t_f-t)}{\sqrt{\gamma_1^2+\gamma_2^2}}\right)\\ &=\sqrt{\gamma_1^2+\gamma_2^2}\sin(t_f-t+\theta_0)\end{aligned}\tag{3-4-77}$$

其中

$$\cos\theta_0=\frac{-\gamma_1}{\sqrt{\gamma_1^2+\gamma_2^2}},\sin\theta_0=\frac{\gamma_2}{\sqrt{\gamma_1^2+\gamma_2^2}}\tag{3-4-78}$$

因为$\sqrt{\gamma_1^2+\gamma_2^2}$为常数,因此最优控制为:

$$u^* = -\operatorname{sgn}[\sin(t_f - t + \theta_0)] \tag{3-4-79}$$

求解 $\sin(t_f-t+\theta_0)=0$，可得 $t_f-t+\theta_0=k\pi, k=0,1,2,\cdots$，从而开关时刻为：

$$t = t_f + \theta_0 - k\pi, k=0,1,2,\cdots \tag{3-4-80}$$

由此可以得出，每经过半个周期（π）开关将发生一次，因为 $\sin(t_f-t+\theta_0)$ 的周期为 2π。

但是由于 θ_0 未知，开关时刻的解析解还是很难求。这里我们采用开关线的概念，来讨论该问题的解法。

由于最优控制问题是正则的，因此 u^* 为 1 或者 -1。

① 当 $u^*=1$。此时状态方程为：

$$\dot{x}_1(t) = x_2(t)$$
$$\dot{x}_2(t) = -x_1(t)+1 \tag{3-4-81}$$

等式两边相除，得相轨迹方程

$$\frac{\mathrm{d}x_1}{\mathrm{d}x_2} = \frac{x_2}{-x_1+1} \tag{3-4-82}$$

然后分离变量得

$$(-x_1+1)\mathrm{d}x_1 = x_2\mathrm{d}x_2$$

两边积分得到相轨迹方程

$$-\frac{1}{2}x_1^2 + x_1 + \frac{1}{2}x_{10}^2 - x_{10} = \frac{1}{2}x_2^2 - \frac{1}{2}x_{20}^2 \tag{3-4-83}$$

整理得

$$(x_1-1)^2 + x_2^2 = (x_{10}-1)^2 + x_{20}^2 \tag{3-4-84}$$

这是一个以(1,0)为圆心，以 $\sqrt{(x_{10}-1)^2+x_{20}^2}$ 为半径的同心圆族，由于 $\dot{x}_2(t)=-x_1(t)+1$，所以在原点附近，x_2 是递增的，于是相轨迹是顺时针移动的，如图 3.4.6 所示。其中过原点的圆为：

$$(x_1-1)^2 + x_2^2 = 1 \tag{3-4-85}$$

② 当 $u^*=-1$。此时状态方程为：

$$\dot{x}_1(t) = x_2(t)$$
$$\dot{x}_2(t) = -x_1(t)-1 \tag{3-4-86}$$

等式两边相除，得相轨迹方程

$$\frac{\mathrm{d}x_1}{\mathrm{d}x_2} = \frac{x_2}{-x_1-1} \tag{3-4-87}$$

分离变量然后两边积分得到相轨迹方程

$$(x_1+1)^2 + x_2^2 = (x_{10}+1)^2 + x_{20}^2 \tag{3-4-88}$$

这是一个以(1,0)为圆心，以 $\sqrt{(x_{10}+1)^2+x_{20}^2}$ 为半径的同心圆族，由于 $\dot{x}_2(t)=-x_1(t)-1$，所以在原点附近，x_2 是递减的，于是相轨迹也是顺时针移动的，如图 3.4.6 所示。其中过原点的圆为：

$$(x_1+1)^2 + x_2^2 - 1 = 0 \tag{3-4-89}$$

我们将①和②两种情形中过原点的圆分别各取其中流向原点的一半，构成一条曲线段，如图 3.4.6 所示，该曲线段方程为：

$$(x_1 - \operatorname{sgn} x_1)^2 + x_2^2 - 1 = 0 \tag{3-4-90}$$

一条完整的开关线需要将整个相平面分成两部分，而曲线段(3-4-90)显然不能完成任务。我们结合每半个周期开关一次的结论，来探讨开关线形状。

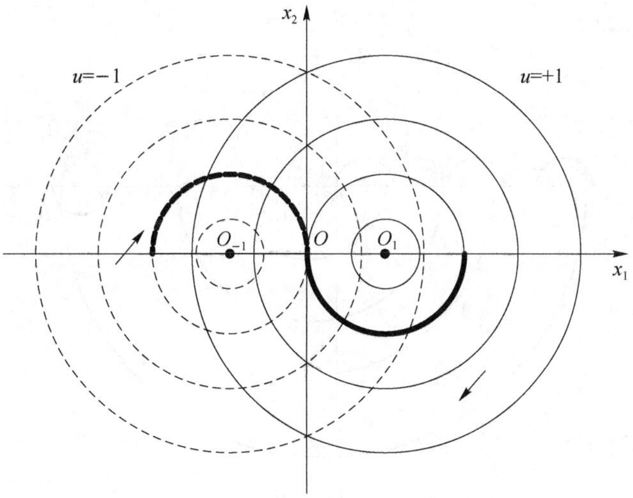

图 3.4.6 $u=1$ 与 $u=-1$ 两组相轨迹图

① 在原点附近，例如，当 $x_1>0$ 时，$(x_1-1)^2+x_2^2=1$ 已是一部分开关线，记为 C_1，当 $x_1<0$ 时，$(x_1+1)^2+x_2^2=1$ 也是一段开关线 C_{-1}，见图 3.4.7。当初始状态在 C_1 或者 C_{-1} 上时，不需要发生切换，状态将在 $u=1$ 或者 $u=-1$ 驱动下进入原点。当初始状态不在 C_1 与 C_{-1} 上时，就要用到开关每半个周期发生一次的结论。假设初始位置离原点足够远，则需要判定中间的切换次数。显然，最后一次切换应当发生在 C_1 或者 C_{-1} 上。假设发生在 C_1：$(x_1-1)^2+x_2^2=1$ $(x_1>0)$ 上，u 将从 -1 切换到 1。在切换之前 $u=-1$，而 $u=-1$ 的相轨迹是以 $(-1,0)$ 为圆心的圆。

② 根据每半个周期要切换一次的结论，所以将 C_1 以 $(-1,0)$ 为圆心，逆时针旋转 180°（半个周期）所得到的半圆也应当是开关线的构成，记这个半圆为 C_{-3}，方程为：

$$C_{-3}:(x_1+3)^2+x_2^2=1(x_1<0)$$

见图 3.4.7。继续上一步，如果开关发生在 C_{-3} 上，则与 C_{-3} 相交之前，u 应为 1，$u=1$ 的相轨迹是以 $(1,0)$ 为圆心的圆。根据每半个周期开关一次的结论，将 C_{-3} 以 $(1,0)$ 为圆心，逆时针旋转 180°后，所得到的半圆也应当是开关线的构成，记此半圆为 C_5，方程为 $C_5:(x_1+5)^2+x_2^2=1$ $(x_1>0)$，以此类推。

③ 假定最后一次切换发生在 $C_{-1}:(x_1+1)^2+x_2^2=1(x_1<0)$ 上，u 将从 1 切换到 -1。在切换之前 $u=1$，根据我们在①中讨论的，此时相轨迹为 $(1,0)$ 为圆心的圆。根据每半个周期要切换一次的结论，所以将 C_{-1} 以 $(1,0)$ 为圆心，逆时针旋转 180°后，所得到的半圆也应当是开关线的构成，记这个半圆为 C_3，方程为 $C_3:(x_1-3)^2+x_2^2=1(x_1>0)$。

④ 如果开关发生在 C_3 上，则开关前 u 应为 -1，相轨迹为 $(-1,0)$ 为圆心的圆。根据每半个周期开关一次的结论，所以将 C_3 以 $(-1,0)$ 为圆心，逆时针旋转 180°后，所得到的一个新半圆也是开关线的部分，记这个半圆为 C_{-5}，方程为 $C_5:(x_1-5)^2+x_2^2=1(x_1>0)$，以此类推。

⑤ 由于我们假定初始状态离原点足够远，我们将得到一系列半圆族，如下所述：

$$\Phi(x_1,x_2)=\begin{cases}[x_1+(2k+1)]^2+x_2^2-1=0, & k=1,2,\cdots, \quad 当\ x_1<0\ 时\\ [x_1-(2k+1)]^2+x_2^2-1=0, & k=1,2\cdots, \quad 当\ x_1>0\ 时\end{cases}$$

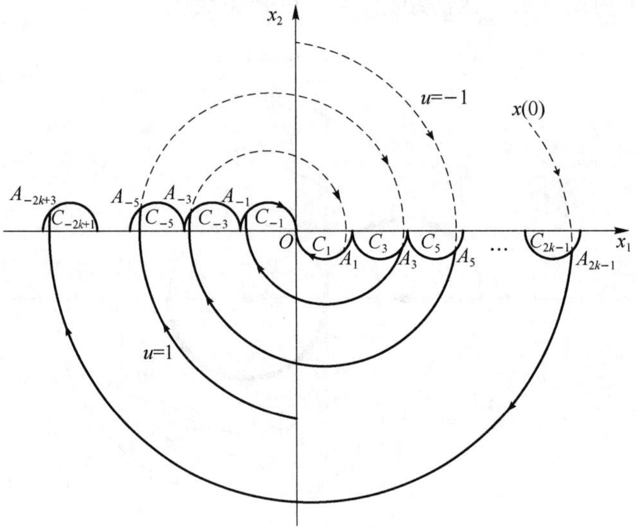

图 3.4.7　圆形开关线示意图

或者简写为：

$$\Phi(x_1,x_2)=[x_1-(2k+1)\operatorname{sgn} x_1]^2+x_2^2-1=0,\quad k=1,2,\cdots \tag{3-4-91}$$

或者表示为：

$$\Phi(x_1,x_2)=\cdots C_{-3}\cup C_{-1}\cup C_1\cup C_3\cdots \tag{3-4-92}$$

我们称式(3-4-91)或式(3-4-92)为例 3.4.2 的开关线，如图 3.4.7 所示。

以下是本题详细的解题步骤。

步骤 1：判断初始值在开关线的上方还是下方。这通过所处象限及纵坐标位置就可确定。

步骤 2：判断从初始状态出发的相轨线，会与开关线的哪个半圆相交。这一步可以通过解初始相轨迹与实轴的交点来判断。例如假设初始状态在开关线的上方，u 应当首先取 -1，相轨迹是以$(-1,0)$的圆。联立

$$\begin{cases}(x_1+1)^2+x_2^2=(x_{10}+1)^2+x_{20}^2\\ x_2=0\end{cases}$$

解出与 x_1 轴的交点，就可以确定第一次开关所对应开关线的某个半圆 C_k。

步骤 3：联立

$$\begin{cases}(x_1-1)^2+x_2^2=(x_{10}-1)^2+x_{20}^2\\ \Phi(x_1,x_2)=0\quad (C_k\ \text{对应的半圆方程})\end{cases}$$

计算出初始状态相轨迹与开关线的交点 S_1，通过状态方程计算出到达交点所用的时间 t_1。

步骤 4：计数。计算从第一个交点到达靠近原点的最后一段开关线的某个半圆所经过的半个周期的个数，将次数记为 l。

步骤 5：由于每次都是逆时针旋转 180°，如图 3.4.7 所示，相当于中心对称，因此只要计算出第一个开关点 S_1，而最后一次与开关线半圆(离原点最近)的交点 S_2 可以通过中心对称性质决定。在 S_2 处发生切换后，因为这是最后一段，所以此段对应的 u 为 1 或者 -1，状态可运动到原点。通过求解该段状态方程，以 S_2 为初始状态，终端状态为原点，就可以求出最后一段时间 t_2。

步骤 6：计算 $t_f=t_1+t_2+l\pi$，这就是所求的最短时间。

3.5 燃料最优控制

3.4节讨论了时间最优控制问题，最优控制呈开关形式。本节介绍另外一种不连续的最优控制——燃料最优控制(Bang-off-Bang 控制)。

假设燃料的消耗与控制量的绝对值成正比，则燃料最优控制的目标函数可以写成如下形式：

$$J=\int_{t_0}^{t_f}\sum_{i=1}^{m}|u_i(t)|\mathrm{d}t \tag{3-5-1}$$

考虑系统状态方程如下：

$$\dot{\boldsymbol{x}}(t)=\boldsymbol{f}(\boldsymbol{x}(t),t)+\boldsymbol{B}(\boldsymbol{x}(t),t)\boldsymbol{u}(t),\quad \boldsymbol{x}(t_0)=\boldsymbol{x}_0 \tag{3-5-2}$$

其中，$\boldsymbol{x}(t)\in\mathbb{R}^n$，$\boldsymbol{B}(\boldsymbol{x}(t),t)\in\mathbb{R}^{n\times m}$，$\boldsymbol{u}(t)\in\mathbb{R}^m$。系统受控制约束不等式$|u_i(t)|\leqslant 1, i=1,2,\cdots,m$，$t_f$不固定，求使式(3-5-1)取得极小值的最优控制$\boldsymbol{u}^*(t)$且

$$\boldsymbol{x}(t_f)=\boldsymbol{0} \tag{3-5-3}$$

下面讨论如何求解燃料最优控制问题。

首先构造哈密尔顿函数

$$H(\boldsymbol{x}(t),\boldsymbol{u}(t),\boldsymbol{\lambda}(t),t)=\sum_{i=1}^{m}|u_i(t)|+\boldsymbol{\lambda}^{\mathrm{T}}(t)f(\boldsymbol{x}(t),t)+\boldsymbol{\lambda}^{\mathrm{T}}(t)\boldsymbol{B}(\boldsymbol{x}(t),t)\boldsymbol{u}(t) \tag{3-5-4}$$

此处存在控制的绝对值，由于最优控制保证哈密尔顿函数全局最小，因此

$$\begin{aligned}&\sum_{i=1}^{m}|u_i^*(t)|+\boldsymbol{\lambda}^{\mathrm{T}}(t)\boldsymbol{f}(\boldsymbol{x}^*(t),t)+\boldsymbol{\lambda}^{\mathrm{T}}(t)\boldsymbol{B}(\boldsymbol{x}^*(t),t)\boldsymbol{u}^*(t)\\&=\min_{|u_i(t)|\leqslant 1}\left\{\sum_{i=1}^{m}|u_i(t)|+\boldsymbol{\lambda}^{\mathrm{T}}(t)\boldsymbol{f}(\boldsymbol{x}^*(t),t)+\boldsymbol{\lambda}^{\mathrm{T}}(t)\boldsymbol{B}(\boldsymbol{x}^*(t),t)\boldsymbol{u}(t)\right\}\end{aligned} \tag{3-5-5}$$

消除与控制$\boldsymbol{u}(t)$的无关相等项，化简可得

$$\sum_{i=1}^{m}|u_i^*(t)|+\boldsymbol{\lambda}^{\mathrm{T}}(t)\boldsymbol{B}(\boldsymbol{x}^*(t),t)\boldsymbol{u}^*(t)=\min_{|u_i(t)|\leqslant 1}\left\{\sum_{i=1}^{m}|u_i(t)|+\boldsymbol{\lambda}^{\mathrm{T}}(t)\boldsymbol{B}(\boldsymbol{x}^*(t),t)\boldsymbol{u}(t)\right\} \tag{3-5-6}$$

定义矩阵$\boldsymbol{B}(\boldsymbol{x}(t),t)$可写成如下形式：

$$\boldsymbol{B}(\boldsymbol{x}(t),t)=(\boldsymbol{b}_1,\boldsymbol{b}_2,\cdots,\boldsymbol{b}_{\mathrm{m}}) \tag{3-5-7}$$

则

$$|u_i^*(t)|+\boldsymbol{\lambda}^{\mathrm{T}}(t)\boldsymbol{b}_iu_i^*(t)=\min_{|u_i(t)|\leqslant 1}\{|u_i(t)|+\boldsymbol{\lambda}^{\mathrm{T}}(t)\boldsymbol{b}_iu_i(t)\},\quad i=1,2,\cdots,m \tag{3-5-8}$$

进而，根据$u_i(t)$的正负进行讨论，可得到如下形式：

$$|u_i^*(t)|+\boldsymbol{\lambda}^{\mathrm{T}}(t)\boldsymbol{b}_iu_i^*(t)=\min_{|u_i(t)|\leqslant 1}\begin{cases}(1+\boldsymbol{\lambda}^{\mathrm{T}}(t)\boldsymbol{b}_i)u_i(t), & u_i(t)\geqslant 0\\(-1+\boldsymbol{\lambda}^{\mathrm{T}}(t)\boldsymbol{b}_i)u_i(t), & u_i(t)<0\end{cases} \tag{3-5-9}$$

在后续讨论中，只需要讨论$1+\boldsymbol{\lambda}^{\mathrm{T}}(t)\boldsymbol{b}_i$和$-1+\boldsymbol{\lambda}^{\mathrm{T}}(t)\boldsymbol{b}_i$的正负即可，很明显可以看出，需要分成如下5种情况：

$$\boldsymbol{\lambda}^{\mathrm{T}}(t)\boldsymbol{b}_i>1$$

$$\boldsymbol{\lambda}^{\mathrm{T}}(t)\boldsymbol{b}_i=1$$
$$-1<\boldsymbol{\lambda}^{\mathrm{T}}(t)\boldsymbol{b}_i<1$$
$$\boldsymbol{\lambda}^{\mathrm{T}}(t)\boldsymbol{b}_i=-1$$
$$\boldsymbol{\lambda}^{\mathrm{T}}(t)\boldsymbol{b}_i<-1$$

通过分析可以看出，切换发生在$\boldsymbol{\lambda}^{\mathrm{T}}(t)\boldsymbol{b}_i=1$ 或者$\boldsymbol{\lambda}^{\mathrm{T}}(t)\boldsymbol{b}_i=-1$ 处。

可以得到燃料最优控制形式如下：

$$u_i^*(t)=\begin{cases}-\mathrm{sgn}(\boldsymbol{\lambda}^{\mathrm{T}}(t)\boldsymbol{b}_i), & |\boldsymbol{\lambda}^{\mathrm{T}}(t)\boldsymbol{b}_i|>1\\ 0, & |\boldsymbol{\lambda}^{\mathrm{T}}(t)\boldsymbol{b}_{ii}|<1\\ \in[-1,0], & \boldsymbol{\lambda}^{\mathrm{T}}(t)\boldsymbol{b}_i=1\\ \in[0,1], & \boldsymbol{\lambda}^{\mathrm{T}}(t)\boldsymbol{b}_i=-1\end{cases} \tag{3-5-10}$$

定义一个带死区的函数 $\mathrm{dez}(y)$如下，其示意如图 3.5.1 所示。

$$\mathrm{dez}(y)=\begin{cases}\mathrm{sgn}(y), & |y|>1\\ 0, & |y|<1\\ \in[-1,0], & y=1\\ \in[0,1], & y=-1\end{cases} \tag{3-5-11}$$

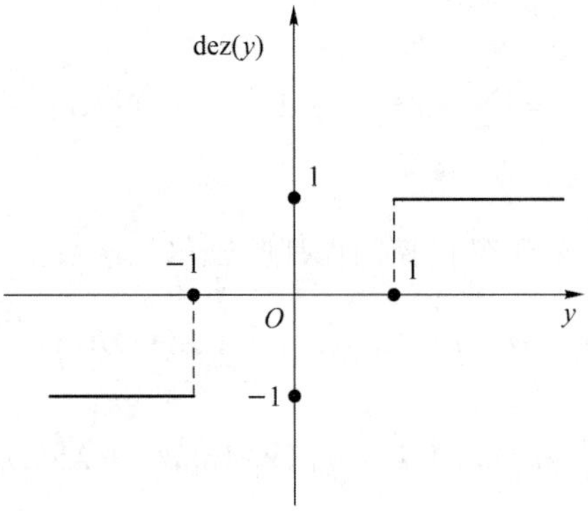

图 3.5.1　dez(y)函数示意图

显然，最优控制 $u_i^*=-\mathrm{dez}(\boldsymbol{\lambda}^{\mathrm{T}}(t)\boldsymbol{b}_i)$。

在燃料最优控制中，也存在正则和奇异两种情况。若$|\boldsymbol{\lambda}^{\mathrm{T}}(t)\boldsymbol{b}_i|=1$ 在时间轴的零点个数是有限个或者可数个，则称最优控制问题为正则的。若存在$[t_1,t+\varepsilon]\subset[t_0,t_f]$，$\varepsilon>0$，使得对$\forall t\in[t_1,t+\varepsilon]$ 都有$|\boldsymbol{\lambda}^{\mathrm{T}}(t)\boldsymbol{b}_i|=1$，则称最优控制问题是奇异的。奇异情形不能直接用极小值原理获得最优控制。这里，我们假定所讨论的燃料最优控制问题都是正则的。

由于 t_f 不固定，所以还需要满足

$$H(\boldsymbol{x}^*(t_f),\boldsymbol{u}^*(t_f),\boldsymbol{\lambda}(t_f),t_f)=\sum_{i=1}^{m}|u_i^*(t_f)|+\boldsymbol{\lambda}^{\mathrm{T}}(t_f)\boldsymbol{f}(\boldsymbol{x}^*(t_f),t_f)+\boldsymbol{\lambda}^{\mathrm{T}}(t_f)\boldsymbol{B}(\boldsymbol{x}^*(t_f),t_f)\boldsymbol{u}^*(t_f)=0 \tag{3-5-12}$$

定理 3.5.1(Bang-off-Bang 控制)　考虑燃料最优控制问题(3-5-2)～(3-5-3)，假定其是正则的，则最优控制的每个分量正好都在控制约束不等式的上下界和零点间切换，形式如下：

$$u_i^*(t)=-\mathrm{dez}(\boldsymbol{\lambda}^{\mathrm{T}}(t)\boldsymbol{b}_i)=\begin{cases}1, & \boldsymbol{\lambda}^{\mathrm{T}}(t)\boldsymbol{b}_i<-1\\ 0, & -1<\boldsymbol{\lambda}^{\mathrm{T}}(t)\boldsymbol{b}_i<1\\ -1, & \boldsymbol{\lambda}^{\mathrm{T}}(t)\boldsymbol{b}_i>1\\ \in[-1,0], & \boldsymbol{\lambda}^{\mathrm{T}}(t)\boldsymbol{b}_i=1\\ \in[0,1], & \boldsymbol{\lambda}^{\mathrm{T}}(t)\boldsymbol{b}_i=-1\end{cases} \tag{3-5-13}$$

下面,考虑如何利用燃料最优控制等解决实际问题中的控制问题。

例 3.5.1 考虑如下系统运动方程为:

$$\begin{aligned}\dot{x}_1(t)&=x_2(t), \quad x_1(0)=x_{10}\\ \dot{x}_2(t)&=u(t), \quad x_2(0)=x_{20}\end{aligned} \tag{3-5-14}$$

若控制受不等式约束 $|u(t)|\leqslant 1$,求最优控制 $u^*(t)$使得系统由初始状态$(x_{10},x_{20})^{\mathrm{T}}$ 转移到坐标原点$(0,0)^{\mathrm{T}}$,同时保证如下性能指标

$$J=\int_{t_0}^{t_f}|u(t)|\,\mathrm{d}t \tag{3-5-15}$$

取得极小值。

解:首先建立哈密顿函数

$$H(\boldsymbol{x}(t),\boldsymbol{u}(t),\boldsymbol{\lambda}(t),t)=|u(t)|+\lambda_1(t)x_2(t)+\lambda_2(t)u(t) \tag{3-5-16}$$

根据定理 3.5.1,为了保证哈密尔顿函数取得全局最小,则最优控制取如下形式:

$$u_i^*(t)=-\mathrm{dez}(\lambda_2(t)) \tag{3-5-17}$$

根据最小值定理,可以得到最优状态与伴随状态方程:

$$\dot{x}_1^*(t)=x_2^*(t) \tag{3-5-18a}$$

$$\dot{x}_2^*(t)=u^*(t) \tag{3-5-18b}$$

$$\dot{\lambda}_1(t)=-H_{x_1}=0 \tag{3-5-18c}$$

$$\dot{\lambda}_2(t)=-H_{x_2}=-\lambda_1(t) \tag{3-5-18d}$$

由终端状态约束

$$\begin{pmatrix}x_1(t_f)\\ x_2(t_f)\end{pmatrix}=\begin{pmatrix}0\\ 0\end{pmatrix} \tag{3-5-19}$$

可得

$$\begin{aligned}\lambda_1(t_f)&=\gamma_1\\ \lambda_2(t_f)&=\gamma_2\end{aligned} \tag{3-5-20}$$

所以伴随状态为:

$$\begin{aligned}\lambda_1(t)&=\gamma_1\\ \lambda_2(t)&=-\gamma_1 t+\gamma_2\end{aligned} \tag{3-5-21}$$

由于终端时刻不固定,所以还要满足

$$H^*(\boldsymbol{x}^*(t_f),\boldsymbol{u}^*(t_f),\boldsymbol{\lambda}(t_f))=0 \tag{3-5-22}$$

即

$$|u^*(t_f)|+\lambda_1(t_f)x_2^*(t_f)+\lambda_2(t_f)u^*(t_f)=0 \tag{3-5-23}$$

分成以下两种情况。

当 $\gamma_1=0$ 时,$\lambda_2(t)=\gamma_2$,此时若要使式(3-5-23)成立,则$|\gamma_2|=1$,此时为最优燃料控制问题中的奇异情况,只能确定符号,无法确定大小。定义 $0\leqslant\eta(t)\leqslant 1$,则该情况下最优控制可以写成

$$u^*(t)=-\mathrm{sgn}(\lambda_2(t))\eta(t) \tag{3-5-24}$$

当 $\gamma_1 \neq 0$ 时，$\lambda_2(t)=-\gamma_1 t+\gamma_2$，该函数为关于时间 t 的线性函数，则直线 $\lambda_2(t)=-\gamma_1 t+\gamma_2$ 最多可以两次相交于 $|\lambda_2(t)|=1$。因此，该问题是一个正则最优燃料控制问题，且至多切换两次。根据式(3-5-24)可知，$u^*(t)$ 至多可在 $-1,0,1$ 之间切换两次，因此该燃料最优控制问题中，可选的方案分为以下 9 种：

$$\{-1\},\{0\},\{1\},\{-1,0\},\{0,-1\},\{0,1\},\{1,0\},\{-1,0,1\},\{1,0,-1\}$$

其中，以 0 结尾的控制序列不能够实现问题中的最优控制，因此可以排除掉。

进一步对该系统状态进行相平面分析，当 $u=1$ 时，

$$\frac{\mathrm{d}x_1}{\mathrm{d}x_2}=x_2 \tag{3-5-25}$$

此时过原点的抛物线为：

$$x_1=\frac{1}{2}x_2^2 \tag{3-5-26}$$

当 $u=-1$ 时，

$$\frac{\mathrm{d}x_1}{\mathrm{d}x_2}=-x_2 \tag{3-5-27}$$

此时过原点的抛物线为：

$$x_1=-\frac{1}{2}x_2^2 \tag{3-5-28}$$

因此当 $u(t)=\pm 1$ 时，开关曲线可以表示成

$$\Phi(x_1,x_2)=x_1+\frac{1}{2}x_2|x_2|=0 \tag{3-5-29}$$

下面需要求解最优燃料的最小值，以判断所求的控制是否满足燃料最优控制。根据状态方程 $\dot{x}_2(t)=u(t)$，初始条件 $x_2(0)=x_{20}$，终端时刻条件 $x_2(t_f)=0$，进行积分可得

$$x_{20}=-\int_0^{t_f}u(t)\mathrm{d}t \tag{3-5-30}$$

于是可以得到

$$J=\int_0^{t_f}|u(t)|\mathrm{d}t \geqslant \left|\int_0^{t_f}u(t)\mathrm{d}t\right| = |x_{20}| \tag{3-5-31}$$

由式(3-5-31)可知，最优燃料控制的最小值即 $|x_{20}|$。在后续计算中，若所求的最优燃料消耗为 $|x_{20}|$，则所求的控制即最优燃料控制。

为了进一步求解燃料最优控制，与时间最优控制相同，燃料最优控制可以利用 $u^*(t)=\pm 1$ 时的开关线对相平面进行分析，由 3.4 节知，开关线为：

$$\Phi(x_1,x_2)=x_1+\frac{1}{2}x_2|x_2|=0 \tag{3-5-32}$$

因此曲线 Φ 与 x_1 轴可将整个相平面分成图 3.5.2 中的 4 块区域：

$$\begin{aligned}
Z_1&=\{(x_1,x_2)^{\mathrm{T}}\mid \Phi(x_1,x_2)\geqslant 0,x_2\geqslant 0\}\\
Z_2&=\{(x_1,x_2)^{\mathrm{T}}\mid \Phi(x_1,x_2)\leqslant 0,x_2\geqslant 0\}\\
Z_3&=\{(x_1,x_2)^{\mathrm{T}}\mid \Phi(x_1,x_2)\leqslant 0,x_2\leqslant 0\}\\
Z_4&=\{(x_1,x_2)^{\mathrm{T}}\mid \Phi(x_1,x_2)\geqslant 0,x_2\leqslant 0\}
\end{aligned} \tag{3-5-33}$$

进一步，讨论初始状态 $(x_{10},x_{20})^{\mathrm{T}}$ 在不同初始区域下，燃料最优控制的解。

如果初始值正好在开关线上，如 $(x_{10},x_{20})^{\mathrm{T}}$ 使得

$$\Phi^+(x_1,x_2)=x_1-\frac{1}{2}x_2^2=0,\quad x_2<0 \tag{3-5-34}$$

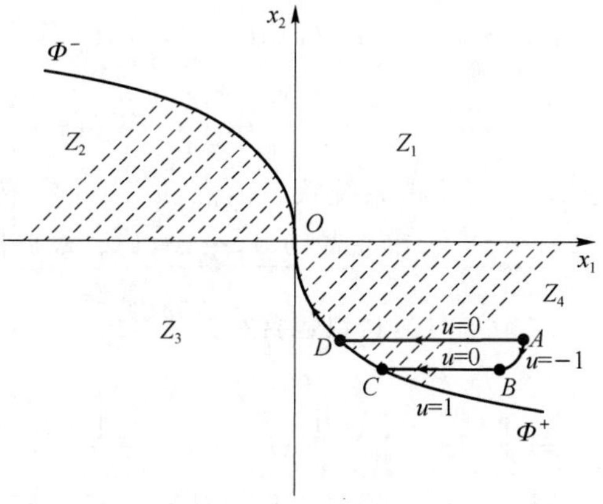

图 3.5.2 开关线及相平面划分区域

此时若 $\gamma_1 \neq 0$,经过推理可知,只有 $u^*(t)=1$ 满足要求,且此时,能量为 $J=|x_{20}|$,因此所求即最优燃料控制。若 $\gamma_1=0$, $|\gamma_2|=1$,此时最优控制 $u^*(t)=-\text{sgn}(\gamma_2)\eta(t)$,进一步可以得到状态方程的解为:

$$\begin{cases} x_1(t)=x_{10}+x_{20}t+\int_0^t \mathrm{d}\tau \int_0^\kappa (-\text{sgn}(\gamma_2)\eta(\zeta))\mathrm{d}\zeta \\ x_2(t)=x_{20}+\int_0^t (-\text{sgn}(\gamma_2)\eta(\tau))\mathrm{d}\tau \end{cases} \tag{3-5-35}$$

若令 $(x_{10},x_{20})^{\mathrm{T}} \in \Phi^+$, $u^*(t)=1$,则可以得到

$$x_1(t)-x_1^*(t)=\int_0^t \mathrm{d}\tau \int_0^\tau (-\text{sgn}(\gamma_2)\eta(\zeta))\mathrm{d}\zeta \geqslant 0 \tag{3-5-36}$$

即状态轨迹必须在 Φ^+ 的左侧,因此不可能将状态转移到原点。综上,对于 $(x_{10},x_{20})^{\mathrm{T}} \in \Phi^+$,只有 $u^*(t)=1$ 满足最优燃料控制。

同理当 $(x_{10},x_{20})^{\mathrm{T}} \in \Phi^-$ 时, $u^*(t)=-1$ 满足最优控制。

当 $(x_{10},x_{20})^{\mathrm{T}} \in Z_4$ 时,首先讨论,当 $\gamma_1 \neq 0$ 时,存在两种控制序列可以使得系统状态从初始值 $(x_{10},x_{20})^{\mathrm{T}}$ 转移到坐标零点,如图 3.5.2 所示,当系统采用控制序列 $u^*(t)=\{0,1\}$ 为最优燃料控制时,系统从图中的 A 点运动到 D 点后,控制从 $u=0$ 转换成 $u=1$,并沿着弧线 $\overset{\frown}{DO}$ 转移到坐标零点,此时

$$J=J_{AD}+J_{DO}=\int_0^{t_B} 0\mathrm{d}t+\int_{t_b}^{t_f}\mathrm{d}t=|x_{20}| \tag{3-5-37}$$

满足最优燃料控制的最小值,因此 $u^*(t)=\{0,1\}$ 为最优控制。

当系统采用控制序列 $u^*(t)=\{-1,0,1\}$ 为最优燃料控制时,系统状态从图 3.5.2 中的 A 点运动到 B 点后,控制由 $u=-1$ 转换成 $u=0$,使得状态到达 C 点再次转换控制使得 $u=1$,并沿着弧线 $\overset{\frown}{CO}$ 转移到坐标零点,此时

$$J=J_{AB}+J_{BC}+J_{CO}=\int_0^{t_B}\mathrm{d}t+\int_{t_B}^{t_C} 0\mathrm{d}t+\int_{t_C}^{t_f}\mathrm{d}t=|x_{2B}-x_{20}|+|x_{2C}|>|x_{20}| \tag{3-5-38}$$

因此 $u^*(t)=\{-1,0,1\}$ 不是最优控制。

而当 $\gamma_1=0$, $|\gamma_2|=1$ 时,此时存在无穷多种分段控制序列,但是本题的燃料最小控制需满足的表达式如下:

$$\begin{cases}-x_{20}=\int_0^{t_f}u^*(\tau)\mathrm{d}\tau \\ -x_{10}-x_{20}t_f=\int_0^{t_f}\mathrm{d}\tau\int_0^{\tau}u^*(\varsigma)\mathrm{d}\varsigma\end{cases} \tag{3-5-39}$$

满足式(3-5-39)的控制序列均可以使得系统状态由点$(x_{10},x_{20})^{\mathrm{T}}$转移至坐标原点，且满足最优燃料控制，如控制序列$\{\underbrace{1,0,\cdots,1,0,1}_{n组(1,0)}\}$或者$\{\underbrace{0,1,\cdots,0,1}_{n组(0,1)}\}$。根据控制序列我们可以看出，前面计算得出的最优控制序列$u^*(t)=\{0,1\}$也包含在其中。

由于

$$t_f=\int_0^{t_f}\mathrm{d}\tau=\int_{x_{10}}^{0}\frac{1}{x_2}\mathrm{d}x_1=\int_0^{x_{10}}\frac{1}{|x_2|}\mathrm{d}x_1 \tag{3-5-40}$$

根据式(3-5-40)，$|x_2|$越大，则状态转移到零点的时间就越短，因此在所有最优控制序列中，$u^*(t)=\{0,1\}$所消耗的时间更短，更符合最优控制的初衷。

同理，当$(x_{10},x_{20})^{\mathrm{T}}\in Z_2$时，$u^*(t)=\{0,-1\}$为耗时最短的燃料最优控制。

最后，当$(x_{10},x_{20})^{\mathrm{T}}\in Z_1$与$Z_3$时，经过计算，不能得到燃料最优控制，所以最优控制无解。例如，若$(x_{10},x_{20})^{\mathrm{T}}\in Z_1$，则开始可令$u=-1$，沿着抛物线相轨迹运动，我们看是否可以在抛物线与$x$轴相交后，$u$切换为零，让抛物线轨迹沿着$x$轴运动到原点呢？在$x$上，如果控制切换为零，则$x_2\equiv0$，由于$\dot{x}_1=x_2$，因此$x_1=c$为常数，实际就是交点处的值，即轨迹会停留不动，不会达到原点。于是$u=-1$时的相轨迹将穿过x轴，进入Z_4区。在Z_4，我们令$u=-1$从初始状态出发的相轨迹与一条$x_2=-\varepsilon,\varepsilon>0$的直线相交，计算交点$M$，然后在此交点处控制切换到0，相轨迹将缓慢移动直至与Φ^+相交于N，然后控制切换为1，轨迹将运动到原点。这样得到的控制尽管不是最优的，但当ε足够小时，其为近似ε-最优控制，且这个控制需要花费很长的时间。

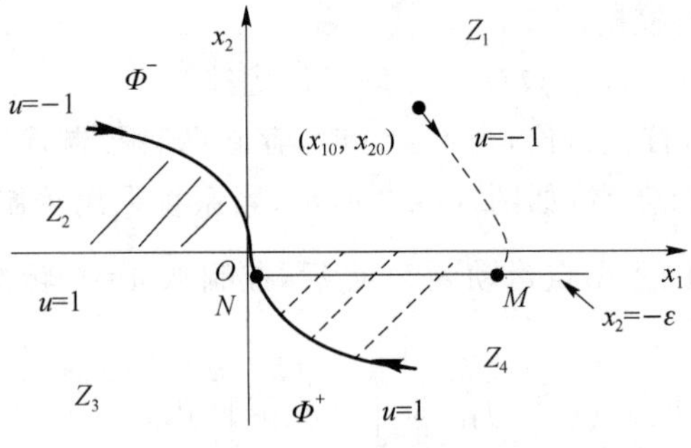

图 3.5.3　近似最优控制图

本章小结

极小值原理至今仍然是解决最优问题的有效手段。本章重点讲述了极小值原理并给出了该原理的证明。本章还讨论了极小值的几种典型应用：Bang-Bang 控制、时间最优控制问题、燃料最优控制问题，并分别给出了求解实例。尤其对于时间最优控制问题，本章用了较多的篇幅介绍，且给出了最优控制的正则性定义，证明了最优控制的唯一性、开关次数定理等。最后，本章介绍了基于开关线法的时间最优控制问题的求解方法。本章还简要阐述了燃料最优控制及其求解方法，并通过实例给出了最优控制表达式等。

在学习本章的过程中，读者还可以参考文献[77]、[80]、[79]、[93]、[99]、[102]、[107]、[115]等。

习　题

1. 考虑如下一阶系统：

$$\dot{x}(t)=-x(t)+u(t)$$

初始状态 $x(0)=2$，$|u(t)|\leqslant 1$，求最优控制 $u^*(t)$和最优轨迹 $x^*(t)$，使得目标函数

$$J=\int_0^1[x(t)+u(t)]\mathrm{d}t$$

取得最小值。

2. 考虑二阶系统状态方程：

$$\begin{cases}\dot{x}_1(t)=x_2(t)\\ \dot{x}_2(t)=u(t)\end{cases}$$

系统初始状态 $x_1(0)=x_2(0)=1$，终端状态 $x_1(t_f)=x_2(t_f)=2$，$t_f=1$，求在控制满足不等式约束 $|u(t)|\leqslant 1$ 的情况下，使得目标函数

$$J=\int_{t_0}^{t_f}[x_1(t)+x_2(t)+u^2(t)]\mathrm{d}t$$

取得最小值的最优控制 $u^*(t)$和最优轨迹 $x^*(t)$。若 t_f 不固定，其他假设不变，讨论最优控制与最优轨线的求解。

3. 考虑二阶系统的状态方程为：

$$\begin{cases}\dot{x}_1(t)=x_2(t)\\ \dot{x}_2(t)=u(t)\end{cases}$$

系统初始状态 $x_1(0)=2$，$x_2(0)=1$，$|u(t)|\leqslant 1$，求最优控制与最优轨线使得系统从初始状态达到 $x_1(t_f)=x_2(t_f)=0$，且用时最短，要求画出开关线并计算 t_f。

4. 已知系统状态方程为：

$$\begin{cases}\dot{x}_1(t)=x_2(t)\\ \dot{x}_2(t)=-x_1+u(t)\end{cases}$$

系统初始状态 $x_1(0)=-10$，$x_2(0)=-4$，$|u(t)|\leqslant 1$，求最优控制与最优轨线使得系统从初始状态达到 $x_1(t_f)=x_2(t_f)=0$，且用时最短，并求最短时间 t_f 和相应的最优控制 $u^*(t)$，要求画出开关线。

5. 考虑二阶系统的状态方程为：

$$\begin{cases}\dot{x}_1(t)=-x_1(t)+u(t)\\ \dot{x}_2(t)=u(t)\end{cases}$$

已知系统初始状态 $x_1(0)=2$，$x_2(0)=4$，$|u(t)|\leqslant 1$，求最优控制与最优轨线使得系统从初始状态达到 $x_1(t_f)=x_2(t_f)=0$，且用时最短，要求画出开关线并计算 t_f。

6. 已知系统方程变为：

$$\begin{cases}\dot{x}_1(t)=u(t)\\ \dot{x}_2(t)=-x_2+u(t)\end{cases}$$

假设初始状态 $x_1(0)=2, x_2(0)=4, |u(t)|\leqslant 1$，求最优控制与最优轨线使得系统从初始状态达到 $x_1(t_f)=x_2(t_f)=0$，且用时最短，要求画出开关线并计算 t_f。

7. 已知二阶系统的状态方程为：

$$\begin{cases}\dot{x}_1(t)=x_2(t)\\ \dot{x}_2(t)=-2x_1-3x_2+u(t)\end{cases}$$

假设系统初始状态 $x_1(0)=2, x_2(0)=2, |u(t)|\leqslant 1$，求最优控制与最优轨线使得系统从初始状态达到 $x_1(t_f)=x_2(t_f)=0$，且用时最短，要求画出开关线并计算 t_f。（提示可先通过状态变换将系统化成对角型。）

8. 考虑系统状态方程为：

$$\begin{cases}\dot{x}_1(t)=x_2(t)\\ \dot{x}_2(t)=u(t)\end{cases}$$

假设初始状态为 $x_1(0)=5, x_2(0)=3$，若控制受不等式约束 $|u(t)|\leqslant 1$，求最优控制 $u^*(t)$ 使得系统由初始状态转移到坐标原点 $x_1(t_f)=x_2(t_f)=0$，同时使得如下性能指标

$$J=\int_0^{t_f}|u(t)|\mathrm{d}t$$

取得极小值。

第 4 章

线性二次型最优控制

本章介绍一类在实践中经常用到的最优控制问题——线性系统的二次型指标最优控制。在该类最优控制中，取状态变量和控制变量的二次型函数的积分作为性能指标泛函。后面将看到，最优控制问题的解具有统一的解析表达式，即最优控制可以表示成状态的线性反馈控制律，构成闭环最优反馈控制。如果仅考虑闭环系统的稳定性问题，这类最优控制问题也简称为线性二次型调节器(Linear Quadratic Regulator，LQR)问题。

4.1 问题的提出

一个时变连续线性系统的二次型指标最优控制的数学描述如下：

$$J(\boldsymbol{u}^*)=\min_{\boldsymbol{u}}\left\{\frac{1}{2}\boldsymbol{x}^{\mathrm{T}}(t_f)\boldsymbol{S}\boldsymbol{x}(t_f)+\frac{1}{2}\int_{t_0}^{t_f}[\boldsymbol{x}^{\mathrm{T}}(t)\boldsymbol{Q}(t)\boldsymbol{x}(t)\mathrm{d}t+\boldsymbol{u}^{\mathrm{T}}(t)\boldsymbol{R}(t)\boldsymbol{u}(t)]\mathrm{d}t\right\} \tag{4-1-1}$$

$$\text{s. t.}\quad \dot{\boldsymbol{x}}(t)=\boldsymbol{A}(t)\boldsymbol{x}(t)+\boldsymbol{B}(t)\boldsymbol{u}(t),\quad \boldsymbol{x}(t_0)=\boldsymbol{x}_0 \tag{4-1-2}$$

其中 $\boldsymbol{x}$ 为 n 维状态变量，$\boldsymbol{u}$ 为维控制变量，简记为 $\boldsymbol{x}\in\mathbb{R}^n$，$\boldsymbol{u}\in\mathbb{R}^m$，$t_0$，$t_f$ 指定；对所有的 $t\in[t_0,t_f]$，$\boldsymbol{A}(t)$，$\boldsymbol{B}(t)$，$\boldsymbol{Q}(t)$，$\boldsymbol{R}(t)$ 关于时间分段连续，$\boldsymbol{R}(t)$ 正定，$\boldsymbol{Q}(t)$ 半正定，$\boldsymbol{S}$ 半正定。式(4-1-1)与式(4-1-2)称为线性二次型调节器问题。

LQR 问题可以这样解释：若系统受外界扰动，偏离平衡状态(本章将平衡状态设为原点)后，应施加怎样的控制 $\boldsymbol{u}$，使系统状态回到零状态附近，并使得二次型目标函数最小。

$\boldsymbol{x}^{\mathrm{T}}(t_f)\boldsymbol{S}\boldsymbol{x}(t_f)$ 可以看为对稳态误差的要求，其中对半正定权矩阵 $\boldsymbol{S}$ 的选择可视对某些状态分量的重视程度的选取，重视程度高的，对应的权重部分赋值取大，重视程度不高的，则对应的权重赋值取小。$\int_{t_0}^{t_f}\boldsymbol{x}^{\mathrm{T}}(t)\boldsymbol{Q}(t)\boldsymbol{x}(t)\mathrm{d}t$ 表示系统动能等能量项，$\int_{t_0}^{t_f}\boldsymbol{u}^{\mathrm{T}}(t)\boldsymbol{R}(t)\boldsymbol{u}(t)\mathrm{d}t$ 表示外部施加控制所消耗的能量。

4.2 有限时间 LQR 问题

一般初始时刻 t_0 是已知的，当式(4-1-1)中的终端时刻 t_f 为有限值时，对应的二次型指标最优控制称为有限时间 LQR 问题。

把式(4-1-1)化为无约束泛函极值问题得

$$J^* = \min_u\{\frac{1}{2}\boldsymbol{x}^{\mathrm{T}}(t_f)\boldsymbol{S}\boldsymbol{x}(t_f)+\frac{1}{2}\int_{t_0}^{t_f}\{\boldsymbol{x}^{\mathrm{T}}(t)\boldsymbol{Q}(t)\boldsymbol{x}(t)\mathrm{d}t+\boldsymbol{u}^{\mathrm{T}}R(t)\boldsymbol{u}(t)$$
$$+\boldsymbol{\lambda}^{\mathrm{T}}(t)\{\boldsymbol{A}(t)x(t)+\boldsymbol{B}(t)\boldsymbol{u}(t)-\dot{\boldsymbol{x}}(t)\}\mathrm{d}t\} \tag{4-2-1}$$

构造如下哈密顿函数：

$$H(\boldsymbol{x}(t),\boldsymbol{u}(t),\boldsymbol{\lambda}(t),t)=\frac{1}{2}[\boldsymbol{x}^{\mathrm{T}}(t)\boldsymbol{Q}(t)\boldsymbol{x}(t)+\boldsymbol{u}^{\mathrm{T}}(t)\boldsymbol{R}(t)\boldsymbol{u}(t)]+\boldsymbol{\lambda}^{\mathrm{T}}(t)[\boldsymbol{A}(t)x(t)+\boldsymbol{B}(t)\boldsymbol{u}(t)] \tag{4-2-2}$$

由第 2 章或者第 3 章中的结论，得增广泛函极值存在的必要条件如下：

横截条件：

$$\boldsymbol{\lambda}(t_f)=\theta_{\boldsymbol{x}(t_f)}=\frac{\partial}{\partial\boldsymbol{x}(t_f)}[\frac{1}{2}\boldsymbol{x}_f^{\mathrm{T}}(t_f)\boldsymbol{S}\boldsymbol{x}(t_f)]=\boldsymbol{S}\boldsymbol{x}(t_f) \tag{4-2-3}$$

伴随矢量：

$$\dot{\boldsymbol{\lambda}}(t)=-\boldsymbol{H}_x=-[\boldsymbol{Q}(t)\boldsymbol{x}(t)+\boldsymbol{A}^{\mathrm{T}}(t)\boldsymbol{\lambda}(t)] \tag{4-2-4}$$

由驻值方程

$$H_u=\boldsymbol{R}(t)\boldsymbol{u}(t)+\boldsymbol{B}^{\mathrm{T}}(t)\boldsymbol{\lambda}(t)=\boldsymbol{0}$$

得

$$\boldsymbol{u}^*(t)=-\boldsymbol{R}^{-1}\boldsymbol{B}^{\mathrm{T}}(t)\boldsymbol{\lambda}(t) \tag{4-2-5}$$

则最优闭环系统为：

$$\dot{\boldsymbol{x}}^*(t)=\boldsymbol{A}(t)\boldsymbol{x}^*(t)-\boldsymbol{B}(t)\boldsymbol{R}^{-1}\boldsymbol{B}^{\mathrm{T}}(t)\boldsymbol{\lambda}(t) \tag{4-2-6}$$

联立式(4-2-6)与式(4-2-4)，写成如下形式的向量微分方程(为简明，省略了上标 *)：

$$\begin{pmatrix}\dot{\boldsymbol{x}}(t)\\ \dot{\boldsymbol{\lambda}}(t)\end{pmatrix}=\begin{pmatrix}\boldsymbol{A}(t) & -\boldsymbol{B}(t)\boldsymbol{R}^{-1}(t)\boldsymbol{B}^{\mathrm{T}}(t)\\ -\boldsymbol{Q}(t) & -\boldsymbol{A}^{\mathrm{T}}(t)\end{pmatrix}\begin{pmatrix}\boldsymbol{x}(t)\\ \boldsymbol{\lambda}(t)\end{pmatrix} \tag{4-2-7}$$

$$\text{s.t.}\quad \boldsymbol{x}(t_0)=\boldsymbol{x}_0,\quad \boldsymbol{\lambda}(t_f)=\boldsymbol{S}\boldsymbol{x}(t_f) \tag{4-2-8}$$

这显然是一个两点边值问题，共有 $2n$ 个变量及 $2n$ 个微分方程、n 个初始值、n 个终端值，所以该微分方程是可解的。

令 $\boldsymbol{\Omega}(t,t_0)$为式(4-2-7)的状态转移矩阵，则方程的解可以写成

$$\begin{pmatrix}\boldsymbol{x}(t)\\ \boldsymbol{\lambda}(t)\end{pmatrix}=\boldsymbol{\Omega}(t,t_0)\begin{pmatrix}\boldsymbol{x}(t_0)\\ \boldsymbol{\lambda}(t_0)\end{pmatrix} \tag{4-2-9}$$

把 $t=t_f$ 代入式(4-2-9)，得

$$\begin{pmatrix}\boldsymbol{x}(t_f)\\ \boldsymbol{\lambda}(t_f)\end{pmatrix}=\boldsymbol{\Omega}(t_f,t_0)\begin{pmatrix}\boldsymbol{x}(t_0)\\ \boldsymbol{\lambda}(t_0)\end{pmatrix} \tag{4-2-10}$$

利用状态转移矩阵的性质，得

$$\begin{pmatrix}\boldsymbol{x}(t)\\ \boldsymbol{\lambda}(t)\end{pmatrix}=\boldsymbol{\Omega}(t,t_0)\begin{pmatrix}\boldsymbol{x}(t_0)\\ \boldsymbol{\lambda}(t_0)\end{pmatrix}=\boldsymbol{\Omega}(t,t_f)\boldsymbol{\Omega}(t_f,t_0)\begin{pmatrix}\boldsymbol{x}(t_0)\\ \boldsymbol{\lambda}(t_0)\end{pmatrix}=\boldsymbol{\Omega}(t,t_f)\begin{pmatrix}\boldsymbol{x}(t_f)\\ \boldsymbol{\lambda}(t_f)\end{pmatrix} \tag{4-2-11}$$

再利用转移矩阵逆的性质得到

$$\begin{pmatrix}\boldsymbol{x}(t_f)\\ \boldsymbol{\lambda}(t_f)\end{pmatrix}=\boldsymbol{\Omega}^{-1}(t,t_f)\begin{pmatrix}\boldsymbol{x}(t)\\ \boldsymbol{\lambda}(t)\end{pmatrix}=\boldsymbol{\Omega}(t_f,t)\begin{pmatrix}\boldsymbol{x}(t)\\ \boldsymbol{\lambda}(t)\end{pmatrix}=\begin{pmatrix}\boldsymbol{\Omega}_{11}(t_f,t) & \boldsymbol{\Omega}_{12}(t_f,t)\\ \boldsymbol{\Omega}_{21}(t_f,t) & \boldsymbol{\Omega}_{22}(t_f,t)\end{pmatrix}\begin{pmatrix}\boldsymbol{x}(t)\\ \boldsymbol{\lambda}(t)\end{pmatrix} \tag{4-2-12}$$

展开式(4-2-12)得到

$$\boldsymbol{x}(t_f)=\boldsymbol{\Omega}_{11}(t_f,t)\boldsymbol{x}(t)+\boldsymbol{\Omega}_{12}(t_f,t)\boldsymbol{\lambda}(t) \tag{4-2-13}$$

$$\boldsymbol{\lambda}(t_f)=\boldsymbol{\Omega}_{21}(t_f,t)\boldsymbol{x}(t)+\boldsymbol{\Omega}_{22}(t_f,t)\boldsymbol{\lambda}(t)=\boldsymbol{S}\boldsymbol{x}(t_f) \tag{4-2-14}$$

将式(4-2-13)代入式(4-2-14),得

$$\boldsymbol{\lambda}(t)=[\boldsymbol{\Omega}_{22}(t_f,t)-\boldsymbol{S}\boldsymbol{\Omega}_{12}(t_f,t)]^{-1}[\boldsymbol{S}\boldsymbol{\Omega}_{11}(t_f,t)-\boldsymbol{\Omega}_{21}(t_f,t)]\boldsymbol{x}(t)=\boldsymbol{P}(t)\boldsymbol{x}(t) \tag{4-2-15}$$

其中

$$\boldsymbol{P}(t)\triangleq[\boldsymbol{\Omega}_{22}(t_f,t)-\boldsymbol{S}\boldsymbol{\Omega}_{12}(t_f,t)]^{-1}[\boldsymbol{S}\boldsymbol{\Omega}_{11}(t_f,t)-\boldsymbol{\Omega}_{21}(t_f,t)]$$

然而对于时变系统来说,式(4-2-7)的状态转移矩阵求解是非常困难的,所以上面的推导过程只是形式上的,很难应用于数值计算。

下面我们介绍另外一种求解方法——待定矩阵法。

由式(4-2-15)可得到启发,状态变量与伴随变量之间存在一个线性变换矩阵 $\boldsymbol{P}(t)$。因此,令

$$\boldsymbol{\lambda}(t)=\boldsymbol{P}(t)\boldsymbol{x}(t) \tag{4-2-16}$$

其中 $\boldsymbol{P}(t)$待定。以下要推导出 $\boldsymbol{P}(t)$所满足的方程,并能最终计算出 $\boldsymbol{P}(t)$。

对式(4-2-16)两边求导得

$$\dot{\boldsymbol{\lambda}}(t)=\dot{\boldsymbol{P}}(t)\boldsymbol{x}(t)+\boldsymbol{P}(t)\dot{\boldsymbol{x}}(t) \tag{4-2-17}$$

另由式(4-2-4),$\dot{\boldsymbol{\lambda}}(t)=-[\boldsymbol{Q}(t)\boldsymbol{x}(t)+\boldsymbol{A}^{\mathrm{T}}(t)\boldsymbol{\lambda}(t)]$得

$$\dot{\boldsymbol{P}}(t)\boldsymbol{x}(t)+\boldsymbol{P}(t)\dot{\boldsymbol{x}}(t)=-\boldsymbol{Q}(t)\boldsymbol{x}(t)-\boldsymbol{A}^{\mathrm{T}}(t)\boldsymbol{\lambda}(t)=-\boldsymbol{Q}(t)\boldsymbol{x}(t)-\boldsymbol{A}^{\mathrm{T}}(t)\boldsymbol{P}(t)\boldsymbol{x}(t) \tag{4-2-18}$$

将式(4-2-16)代入最优闭环状态方程(4-2-6),得

$$\dot{\boldsymbol{x}}(t)=\boldsymbol{A}(t)\boldsymbol{x}(t)-\boldsymbol{B}(t)\boldsymbol{R}^{-1}(t)\boldsymbol{B}^{\mathrm{T}}(t)\boldsymbol{\lambda}(t)=\boldsymbol{A}(t)\boldsymbol{x}(t)-\boldsymbol{B}(t)\boldsymbol{R}^{-1}(t)\boldsymbol{B}^{\mathrm{T}}(t)\boldsymbol{P}(t)\boldsymbol{x}(t) \tag{4-2-19}$$

将式(4-2-19)代入(4-2-18)得

$$[\dot{\boldsymbol{P}}(t)+\boldsymbol{P}(t)\boldsymbol{A}(t)-\boldsymbol{P}(t)\boldsymbol{B}(t)\boldsymbol{R}^{-1}(t)\boldsymbol{B}^{\mathrm{T}}(t)\boldsymbol{P}(t)+\boldsymbol{Q}(t)+\boldsymbol{A}^{\mathrm{T}}(t)\boldsymbol{P}(t)]\boldsymbol{x}(t)=0 \tag{4-2-20}$$

因为已知 $\boldsymbol{x}(t_0)=\boldsymbol{x}_0$ 可在$\mathbb{R}^n$中任意选取,所以式(4-2-19)的解 $\boldsymbol{x}(t)$在$\mathbb{R}^n$中也是任意的,式(4-2-20)都成立,故只有如下矩阵微分方程成立:

$$\begin{cases}-\dot{\boldsymbol{P}}(t)=\boldsymbol{P}(t)\boldsymbol{A}(t)+\boldsymbol{A}^{\mathrm{T}}(t)\boldsymbol{P}(t)-\boldsymbol{P}(t)\boldsymbol{B}(t)\boldsymbol{R}^{-1}(t)\boldsymbol{B}^{\mathrm{T}}(t)\boldsymbol{P}(t)+\boldsymbol{Q}(t)\\ \boldsymbol{P}(t_f)=\boldsymbol{S}\end{cases} \tag{4-2-21}$$

因为 $\boldsymbol{\lambda}(t)=\boldsymbol{P}(t)\boldsymbol{x}(t)$,$\boldsymbol{\lambda}(t_f)=\boldsymbol{S}\boldsymbol{x}(t_f)$,所以可取 $\boldsymbol{P}(t_f)=\boldsymbol{S}$。

$\dot{y}=\alpha(x)y+\beta(x)y^2+\gamma(x)$ 这类微分方程被称为黎卡提(Riccati)微分方程。$\dot{y}$ 对应式(4-2-21)中的$-\dot{\boldsymbol{P}}(t)$,$\alpha(x)y$ 对应式中的 $\boldsymbol{P}(t)\boldsymbol{A}(t)+\boldsymbol{A}^{\mathrm{T}}(t)\boldsymbol{P}(t)$,$\beta(x)y^2$ 对应式中的$-\boldsymbol{P}(t)\boldsymbol{B}(t)\boldsymbol{R}^{-1}(t)\boldsymbol{B}^{\mathrm{T}}(t)\boldsymbol{P}(t)$,$\gamma(x)$对应 $\boldsymbol{Q}(t)$,所以称式(4-2-21)称为矩阵黎卡提微分方程。

若矩阵黎卡提微分方程(4-2-21)的解是存在的,由式(4-2-5)与式(4-2-16)可得最优控制为:

$$\boldsymbol{u}^*(t)=-\boldsymbol{R}^{-1}(t)\boldsymbol{B}^{\mathrm{T}}(t)\boldsymbol{P}(t)\boldsymbol{x}(t) \tag{4-2-22}$$

这表明只要由式(4-2-21)得到 $\boldsymbol{P}(t)$,就可由式(4-2-22)得到反馈形式的最优控制。将

$\boldsymbol{u}^*(t)$代入式(4-1-1)的状态方程即可得到最优轨线$\boldsymbol{x}^*(t)$。

最优闭环方程为:

$$\dot{\boldsymbol{x}}=(\boldsymbol{A}(t)-\boldsymbol{B}(t)\boldsymbol{R}^{-1}(t)\boldsymbol{B}^{\mathrm{T}}(t)\boldsymbol{P}(t))\boldsymbol{x} \tag{4-2-23}$$

这表明 LQR 问题的解是一种状态反馈。

令 $\boldsymbol{K}(t)=\boldsymbol{R}^{-1}(t)\boldsymbol{B}^{\mathrm{T}}(t)\boldsymbol{P}(t)$,则有图 4.2.1 所示的闭环反馈框图。

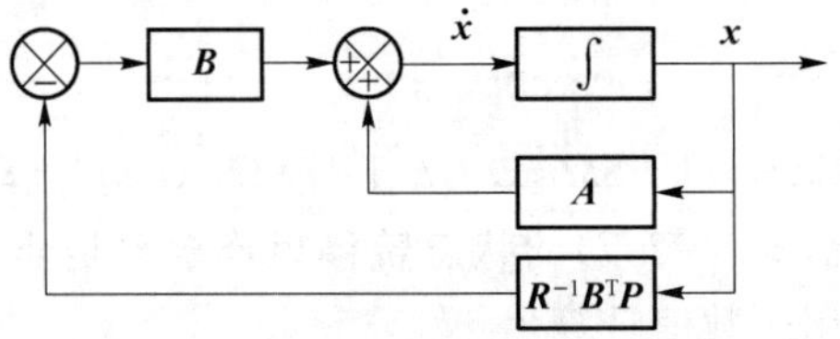

图 4.2.1 线性二次型最优控制框图

引理 4.2.1 在 $\boldsymbol{A}(t),\boldsymbol{B}(t),\boldsymbol{Q}(t),\boldsymbol{R}(t)$关于时间分段连续,$\boldsymbol{R}(t)$一致正定,$\boldsymbol{Q}(t)$一致半正定,$\boldsymbol{S}$ 半正定的假设下,方程(4-2-21)的解 $\boldsymbol{P}(t)$是存在的,且是对称唯一的。

证明: 对式(4-2-21)两边取转置,得

$$\begin{cases}-\dot{\boldsymbol{P}}^{\mathrm{T}}(t)=\boldsymbol{A}^{\mathrm{T}}(t)\boldsymbol{P}^{\mathrm{T}}(t)+\boldsymbol{P}^{\mathrm{T}}(t)\boldsymbol{A}(t)-\boldsymbol{P}^{\mathrm{T}}(t)\boldsymbol{B}(t)\boldsymbol{R}^{-\mathrm{T}}(t)\boldsymbol{B}^{\mathrm{T}}(t)\boldsymbol{P}^{\mathrm{T}}(t)+\boldsymbol{Q}^{\mathrm{T}}(t)\\ \boldsymbol{P}^{\mathrm{T}}(t_f)=\boldsymbol{S}\end{cases}$$

故 $\boldsymbol{P}(t)$与 $\boldsymbol{P}^{\mathrm{T}}(t)$是同一矩阵黎卡提微分方程的解,由 $\boldsymbol{A}(t),\boldsymbol{B}(t),\boldsymbol{Q}(t),\boldsymbol{R}(t)$关于时间分段连续,$\boldsymbol{R}(t)$正定,$\boldsymbol{Q}(t)$半正定,$\boldsymbol{S}$ 半正定的假设,可知微分方程的解是存在的,利用解对初值(终值)的唯一性,得 $\boldsymbol{P}(t)=\boldsymbol{P}^{\mathrm{T}}(t)$,即 $\boldsymbol{P}(t)$为对称矩阵且唯一。

注 4.2.1 在引理 4.2.1 中,由于方程(4-2-21)是时变非线性的,即使它的解是存在的,也不一定对所有的 t 都存在解,例如,$\dot{p}=p^2+1,p(0)=0$,得出 $p(t)=\tan t$,显然当 $t=\pi/2$ 时,解趋于无穷大,不存在。

引理 4.2.2 $\boldsymbol{P}(t)$是半正定的。

证明: 令 $x(t)$是式(4-2-19)最优闭环系统的解,将$\boldsymbol{x}^{\mathrm{T}}(t)\boldsymbol{P}(t)\boldsymbol{x}(t)$沿最优轨线对时间求导数:

$$\begin{aligned}\frac{\mathrm{d}}{\mathrm{d}t}[\boldsymbol{x}^{\mathrm{T}}(t)\boldsymbol{P}(t)\boldsymbol{x}(t)]&=\dot{\boldsymbol{x}}^{\mathrm{T}}(t)\boldsymbol{P}(t)\boldsymbol{x}(t)+\boldsymbol{x}^{\mathrm{T}}(t)\dot{\boldsymbol{P}}(t)\boldsymbol{x}(t)+\boldsymbol{x}^{\mathrm{T}}(t)\boldsymbol{P}(t)\dot{\boldsymbol{x}}(t)\\
&=[\boldsymbol{x}^{\mathrm{T}}(t)\boldsymbol{A}^{\mathrm{T}}(t)+\boldsymbol{u}^{\mathrm{T}}(t)\boldsymbol{B}^{\mathrm{T}}(t)]\boldsymbol{P}(t)\boldsymbol{x}(t)\\
&\quad-\boldsymbol{x}^{\mathrm{T}}(t)[\boldsymbol{A}^{\mathrm{T}}(t)\boldsymbol{P}(t)+\boldsymbol{P}(t)\boldsymbol{A}(t)+\boldsymbol{Q}(t)-\boldsymbol{P}(t)\boldsymbol{B}(t)\boldsymbol{R}^{-1}(t)\boldsymbol{B}^{\mathrm{T}}(t)\boldsymbol{P}(t)]\boldsymbol{x}(t)\\
&\quad+\boldsymbol{x}^{\mathrm{T}}\boldsymbol{P}(t)[\boldsymbol{A}(t)\boldsymbol{x}(t)+\boldsymbol{B}(t)\boldsymbol{u}(t)]\\
&=\boldsymbol{u}^{\mathrm{T}}(t)\boldsymbol{B}^{\mathrm{T}}(t)\boldsymbol{P}(t)\boldsymbol{x}(t)+\boldsymbol{x}^{\mathrm{T}}(t)\boldsymbol{P}(t)\boldsymbol{B}(t)\boldsymbol{u}(t)-\boldsymbol{x}^{\mathrm{T}}(t)\boldsymbol{Q}(t)\boldsymbol{x}(t)\\
&\quad+\boldsymbol{x}^{\mathrm{T}}(t)\boldsymbol{P}(t)\boldsymbol{B}(t)\boldsymbol{R}^{-1}(t)\boldsymbol{B}^{\mathrm{T}}(t)\boldsymbol{P}(t)\boldsymbol{x}(t)\\
&=-[\boldsymbol{x}^{\mathrm{T}}(t)\boldsymbol{Q}(t)\boldsymbol{x}(t)+\boldsymbol{u}^{\mathrm{T}}(t)\boldsymbol{R}(t)\boldsymbol{u}(t)]\\
&\quad+[\boldsymbol{u}(t)+\boldsymbol{R}^{-1}(t)\boldsymbol{B}^{\mathrm{T}}(t)\boldsymbol{P}(t)\boldsymbol{x}(t)]^{\mathrm{T}}\boldsymbol{R}(t)[\boldsymbol{u}(t)+\boldsymbol{R}^{-1}(t)\boldsymbol{B}^{\mathrm{T}}(t)\boldsymbol{P}(t)\boldsymbol{x}(t)]\end{aligned} \tag{4-2-24}$$

将 $\boldsymbol{u}^*(t)=-\boldsymbol{R}^{-1}(t)\boldsymbol{B}^{\mathrm{T}}(t)\boldsymbol{P}(t)\boldsymbol{x}^*(t)$及对应的最优轨线$\boldsymbol{x}^*(t)$代入式(4-2-24),并且两边从 t 到 t_f 积分,得

$$\boldsymbol{x}^{*\mathrm{T}}(t_f)\boldsymbol{P}(t_f)\boldsymbol{x}^*(t_f)-\boldsymbol{x}^{\mathrm{T}}(t)\boldsymbol{P}(t)\boldsymbol{x}(t)=-\int_t^{t_f}[\boldsymbol{x}^{*\mathrm{T}}(t)\boldsymbol{Q}(t)\boldsymbol{x}^*(t)+\boldsymbol{x}^{*\mathrm{T}}(t)\boldsymbol{R}(t)\boldsymbol{x}^*(t)]\mathrm{d}t \tag{4-2-25}$$

$$\boldsymbol{x}^{\mathrm{T}}(t)\boldsymbol{P}(t)\boldsymbol{x}(t)=\boldsymbol{x}^{*\mathrm{T}}(t_f)\boldsymbol{S}\boldsymbol{x}^{*}(t_f)+\int_{t}^{t_f}[\boldsymbol{x}^{*\mathrm{T}}(t)\boldsymbol{Q}(t)\boldsymbol{x}^{*}(t)+\boldsymbol{x}^{*\mathrm{T}}(t)\boldsymbol{R}(t)\boldsymbol{x}^{*}(t)]\mathrm{d}t\geqslant 0 \tag{4-2-26}$$

由于式(4-2-26)恒大于或等于零,$\boldsymbol{x}(t)$依赖初始状态,而初始状态不可能恒等于零,所以命题得证。

推论 4.2.1 在最优控制(4-2-22)的作用下,式(4-1-1)与式(4-1-2)的最优性能指标为:

$$\begin{aligned}J(\boldsymbol{u}^{*})&=\frac{1}{2}\boldsymbol{x}^{*\mathrm{T}}(t_f)\boldsymbol{S}\boldsymbol{x}^{*}(t_f)+\frac{1}{2}\int_{t_0}^{t_f}[\boldsymbol{x}^{*\mathrm{T}}(t)\boldsymbol{Q}(t)\boldsymbol{x}^{*}(t)+\boldsymbol{u}^{*\mathrm{T}}(t)\boldsymbol{R}(t)\boldsymbol{u}^{*}(t)]\mathrm{d}t\\&=\frac{1}{2}\boldsymbol{x}_0^{\mathrm{T}}\boldsymbol{P}(t_0)\boldsymbol{x}_0\end{aligned} \tag{4-2-27}$$

证明:将 $\boldsymbol{u}^{*}(t)=-\boldsymbol{R}^{-1}(t)\boldsymbol{B}^{\mathrm{T}}(t)\boldsymbol{P}(t)\boldsymbol{x}^{*}(t)$ 及对应的最优轨线$\boldsymbol{x}^{*}(t)$代入式(4-2-24),并且两边从 t_0 到 t_f 积分,得

$$\boldsymbol{x}^{*\mathrm{T}}(t_f)\boldsymbol{P}(t_f)\boldsymbol{x}^{*}(t_f)-\boldsymbol{x}^{\mathrm{T}}(t_0)\boldsymbol{P}(t_0)\boldsymbol{x}(t_0)=-\int_{t_0}^{t_f}[\boldsymbol{x}^{*\mathrm{T}}(t)\boldsymbol{Q}(t)\boldsymbol{x}^{*}(t)+\boldsymbol{u}^{*\mathrm{T}}(t)\boldsymbol{R}(t)\boldsymbol{u}^{*}(t)]\mathrm{d}t$$

故

$$\begin{aligned}J(\boldsymbol{u}^{*})&=\frac{1}{2}\boldsymbol{x}^{*\mathrm{T}}(t_f)\boldsymbol{S}\boldsymbol{x}^{*}(t_f)+\frac{1}{2}\int_{t_0}^{t_f}[\boldsymbol{x}^{*\mathrm{T}}(t)\boldsymbol{Q}(t)\boldsymbol{x}^{*}(t)+\boldsymbol{u}^{*\mathrm{T}}(t)\boldsymbol{R}(t)\boldsymbol{u}^{*}(t)]\mathrm{d}t\\&=\frac{1}{2}\boldsymbol{x}_0^{\mathrm{T}}\boldsymbol{P}(t_0)\boldsymbol{x}_0\end{aligned}$$

推论 4.2.2 式(4-1-1)与式(4-1-2)的最优控制表达式是唯一的。

证明:假定存在着两个不同的最优控制 $\boldsymbol{u}_1^{*}$,$\boldsymbol{u}_2^{*}$,它们相对应的最优轨线为$\boldsymbol{x}_1^{*}$,$\boldsymbol{x}_2^{*}$。由推导 $\boldsymbol{u}_1^{*}$,$\boldsymbol{u}_2^{*}$ 的表达式分别为:

$$\boldsymbol{u}_1^{*}(t)=-\boldsymbol{R}^{-1}(t)\boldsymbol{B}^{\mathrm{T}}(t)\boldsymbol{P}(t)x_1^{*}(t),\quad t\in[t_0,t_f]$$

$$\boldsymbol{u}_2^{*}(t)=-\boldsymbol{R}^{-1}(t)\boldsymbol{B}^{\mathrm{T}}(t)\boldsymbol{P}(t)\boldsymbol{x}_2^{*}(t),\quad t\in[t_0,t_f]$$

则对应的最优闭环为:

$$\dot{\boldsymbol{x}}_1^{*}=(\boldsymbol{A}(t)-\boldsymbol{B}(t)\boldsymbol{R}^{-1}(t)\boldsymbol{B}^{\mathrm{T}}(t)\boldsymbol{P}(t))\boldsymbol{x}_1^{*}$$

$$\dot{\boldsymbol{x}}_2^{*}=(\boldsymbol{A}(t)-\boldsymbol{B}(t)\boldsymbol{R}^{-1}(t)\boldsymbol{B}^{\mathrm{T}}(t)\boldsymbol{P}(t))\boldsymbol{x}_2^{*}$$

由于$\boldsymbol{x}_1^{*}(t_0)=\boldsymbol{x}_2^{*}(t_0)=\boldsymbol{x}_0$,根据解对初值问题的唯一性,$\boldsymbol{x}_1^{*}(t)=\boldsymbol{x}_2^{*}(t)$,$t\in[t_0,t_f]$。因此

$$\boldsymbol{u}_1^{*}=\boldsymbol{u}_2^{*},\quad t\in[t_0,t_f]$$

综合上述推导,我们得出如下定理。

定理 4.2.1 对于有限时间区间上的 LQR 问题(4-1-1)与(4-1-2),假设 $\boldsymbol{A}(t)$,$\boldsymbol{B}(t)$,$\boldsymbol{Q}(t)$,$\boldsymbol{R}(t)$关于时间分段连续,$\boldsymbol{R}(t)$正定,$\boldsymbol{Q}(t)$半正定,$\boldsymbol{S}$ 半正定,则最优控制表达式为:

$$\boldsymbol{u}^{*}(t)=-\boldsymbol{R}^{-1}(t)\boldsymbol{B}^{\mathrm{T}}(t)\boldsymbol{P}(t)\boldsymbol{x}(t)$$

最优闭环系统为:

$$\dot{\boldsymbol{x}}^{*}=(\boldsymbol{A}(t)-\boldsymbol{B}(t)\boldsymbol{R}^{-1}(t)\boldsymbol{B}^{\mathrm{T}}(t)\boldsymbol{P}(t))\boldsymbol{x}^{*}$$

其中对称半正定矩阵 $\boldsymbol{P}(t)$满足如下黎卡提微分方程:

$$\begin{cases}-\dot{\boldsymbol{P}}(t)=\boldsymbol{P}(t)\boldsymbol{A}(t)+\boldsymbol{A}^{\mathrm{T}}(t)\boldsymbol{P}(t)-\boldsymbol{P}(t)\boldsymbol{B}(t)\boldsymbol{R}^{-1}(t)\boldsymbol{B}^{\mathrm{T}}(t)\boldsymbol{P}(t)+\boldsymbol{Q}(t)\\\boldsymbol{P}(t_f)=\boldsymbol{S}\end{cases}$$

最优性能指标为:

$$J(\boldsymbol{u}^*)=\frac{1}{2}\boldsymbol{x}_0^{\mathrm{T}}\boldsymbol{P}(t_0)\boldsymbol{x}_0$$

注 4.2.2 式(4-2-20)的近似求解如下。

令

$$\dot{\boldsymbol{P}}(t)=\lim_{\Delta\to 0}\frac{\boldsymbol{P}(t+\Delta)-\boldsymbol{P}(t)}{\Delta} \tag{4-2-28}$$

则可把矩阵黎卡提微分方程写成如下差分格式：

$$\boldsymbol{P}(t+\Delta)\approx\boldsymbol{P}(t)+\Delta[-\boldsymbol{P}(t)\boldsymbol{A}(t)+\boldsymbol{P}(t)\boldsymbol{B}(t)\boldsymbol{R}^{-1}(t)\boldsymbol{B}^{\mathrm{T}}(t)\boldsymbol{P}(t)-\boldsymbol{Q}(t)-\boldsymbol{A}^{\mathrm{T}}(t)\boldsymbol{P}(t)] \tag{4-2-29}$$

从 $\boldsymbol{P}(t_f)=\boldsymbol{S}$ 起，取步长 Δ 为较小的负值，可算出 $\boldsymbol{P}(t_f+\Delta)$，又可算出 $\boldsymbol{P}(t_f+2\Delta)$，如此反复迭代即得 $\boldsymbol{P}(t)$，这就是欧拉法。由于 $\boldsymbol{P}(t)$ 与 $\boldsymbol{x}(t)$ 无关，故可预先离线计算 $\boldsymbol{P}(t)$。

例 4.2.1 考虑线性一阶控制系统

$$\dot{x}=-\frac{1}{2}x+u$$

初始状态 $x(0)=x_0$，取性能指标为：

$$J=\frac{1}{2}\int_0^1[2x^2(t)+u^2(t)]\mathrm{d}t$$

求系统的最优状态调节器及最优轨线。

解： 由题目可以写出黎卡提微分方程

$$-\dot{P}=-P-P^2+2,\quad P(1)=0$$

用分离变量法求解得

$$P(t)=\frac{-1+\mathrm{e}^{3(t-1)}}{1+\frac{1}{2}\mathrm{e}^{3(t-1)}}$$

可解得最优状态调节器为：

$$u^*(t)=\frac{-2+2\mathrm{e}^{3(t-1)}}{2+\mathrm{e}^{3(t-1)}}x(t)$$

将其代入状态方程，整理得

$$\dot{x}=-\frac{3}{2}\left(1-\frac{2\mathrm{e}^{3(t-1)}}{2+\mathrm{e}^{3(t-1)}}\right)x(t)$$

继续分离变量，解得最优轨线为：

$$x^*(t)=\frac{2+\mathrm{e}^{3(t-1)}}{2+\mathrm{e}^{-3}}\mathrm{e}^{\frac{3}{2}t}x_0$$

例 4.2.2 设 $x_1(t)$表示相对位移，$x_2(t)$表示速度，控制向量 $u(t)$是外力加速度，系统的状态方程为：

$$\dot{x}_1(t)=x_2(t),\quad x_1(t_0)=x_{10}$$
$$\dot{x}_2(t)=u(t),\quad x_2(t_0)=x_{20}$$

性能指标为：

$$J=\frac{1}{2}sx_2^2(t_f)+\frac{1}{2}\int_{t_0}^{t_f}u^2(t)\mathrm{d}t$$

求使性能指标达到最小的反馈控制器 $u^*(t)$。

解： 由题目

$$A=\begin{pmatrix}0&1\\0&0\end{pmatrix},\quad B=\begin{pmatrix}0\\1\end{pmatrix},\quad S=\begin{pmatrix}0&0\\0&s\end{pmatrix},\quad Q=0,\quad R=1$$

得矩阵黎卡提微分方程(4-2-21)。

令

$$P=\begin{pmatrix}P_1&P_2\\P_2&P_3\end{pmatrix}$$

展开得下列方程组：

$$\dot{P}_1=-P_2^2,\quad P_1(t_f)=0$$

$$\dot{P}_2=-P_2P_3+P_1,\quad P_2(t_f)=0$$

$$\dot{P}_3=-P_3^2+2P_2,\quad P_3(t_f)=s$$

解得

$$P_1=0,\quad P_2=0,\quad P_3=\frac{1}{1/s+t-t_f}$$

代入最优控制表达式中，得

$$u^*(t)=\frac{1}{t_f-t-1/s}x_2(t)$$

4.3 有限时间最优输出控制问题

4.3.1 有限时间最优输出调节器问题

当式(4-1-1)中的终端时刻为有限值时，状态变量换成输出变量，就成为如下的有限时间输出调节器问题：

$$J(\boldsymbol{u}^*)=\min_{u}\left(\frac{1}{2}\boldsymbol{y}^{\mathrm{T}}(t_f)\boldsymbol{M}\boldsymbol{y}(t_f)+\frac{1}{2}\int_{t_0}^{t_f}[\boldsymbol{y}^{\mathrm{T}}(t)\boldsymbol{Q}(t)\boldsymbol{y}(t)+\boldsymbol{u}^{\mathrm{T}}\boldsymbol{R}(t)\boldsymbol{u}(t)]\mathrm{d}t\right)\tag{4-3-1}$$

$$\begin{aligned}\text{s.t.}\quad &\dot{\boldsymbol{x}}(t)=\boldsymbol{A}(t)\boldsymbol{x}(t)+\boldsymbol{B}(t)\boldsymbol{u}(t),\boldsymbol{x}(t_0)=\boldsymbol{x}_0\\&\boldsymbol{y}(t)=\boldsymbol{C}(t)\boldsymbol{x}(t)\end{aligned}\tag{4-3-2}$$

其中，$\boldsymbol{x}\in\mathbb{R}^n$，$\boldsymbol{u}\in\mathbb{R}^m$，$\boldsymbol{y}\in\mathbb{R}^p$，$t_0$，$t_f$ 指定；对所有的 $t\in[t_0,t_f]$，$\boldsymbol{A}(t)$，$\boldsymbol{B}(t)$，$\boldsymbol{Q}(t)$，$\boldsymbol{R}(t)$关于时间分段连续，$\boldsymbol{R}(t)$正定，$\boldsymbol{Q}(t)$半正定，$\boldsymbol{C}(t)$行满秩，$\boldsymbol{M}$ 半正定。

将输出方程 $\boldsymbol{y}(t)=\boldsymbol{C}(t)\boldsymbol{x}(t)$代入目标方程，得

$$J(\boldsymbol{u}^*)=\min_{\boldsymbol{u}}\left(\frac{1}{2}\boldsymbol{x}^{\mathrm{T}}(t_f)\boldsymbol{C}^{\mathrm{T}}(t_f)\boldsymbol{M}\boldsymbol{C}(t_f)\boldsymbol{x}(t_f)+\frac{1}{2}\int_{t_0}^{t_f}[\boldsymbol{x}^{\mathrm{T}}\boldsymbol{C}^{\mathrm{T}}(t)\boldsymbol{Q}(t)\boldsymbol{C}(t)\boldsymbol{x}+\boldsymbol{u}^{\mathrm{T}}\boldsymbol{R}(t)\boldsymbol{u}]\mathrm{d}t\right)\tag{4-3-3}$$

因为 $\boldsymbol{M}$ 半正定，矩阵 $\boldsymbol{C}(t)$行满秩，所以 $\boldsymbol{C}^{\mathrm{T}}(t_f)\boldsymbol{M}\boldsymbol{C}(t_f)$及 $\boldsymbol{C}^{\mathrm{T}}(t)\boldsymbol{Q}(t)\boldsymbol{C}(t)$仍为一致半正定。

将式(4-3-2)结合泛函(4-3-3)，由 4.2 节的结论，得矩阵黎卡提方程为：

$$\begin{cases}-\dot{\boldsymbol{P}}(t)=\boldsymbol{P}(t)\boldsymbol{A}(t)+\boldsymbol{A}^{\mathrm{T}}(t)\boldsymbol{P}(t)-\boldsymbol{P}(t)\boldsymbol{B}(t)\boldsymbol{R}^{-1}(t)\boldsymbol{B}^{\mathrm{T}}(t)\boldsymbol{P}(t)+\boldsymbol{C}^{\mathrm{T}}(t)\boldsymbol{Q}(t)\boldsymbol{C}(t)\\ \boldsymbol{P}(t_f)=\boldsymbol{C}^{\mathrm{T}}(t_f)\boldsymbol{M}\boldsymbol{C}(t_f)\end{cases} \tag{4-3-4}$$

由式(4-2-22)可得最优控制为：

$$\boldsymbol{u}(t)=-\boldsymbol{R}^{-1}(t)\boldsymbol{B}^{\mathrm{T}}(t)\boldsymbol{P}(t)\boldsymbol{x}(t) \tag{4-3-5}$$

4.3.2 有限时间最优输出跟踪问题

本节考虑跟踪控制问题，即系统的输出跟踪指定的参考信号 $\boldsymbol{r}(t),t\in[t_0,t_f]$。本章仅考虑线性系统的最优跟踪问题。

问题的数学描述如下，考虑一个时变线性系统，

$$\begin{cases}\dot{\boldsymbol{x}}(t)=\boldsymbol{A}(t)\boldsymbol{x}(t)+\boldsymbol{B}(t)\boldsymbol{u}(t), \quad \boldsymbol{x}(t_0)=\boldsymbol{x}_0\\ \boldsymbol{y}(t)=\boldsymbol{C}(t)\boldsymbol{x}(t)\end{cases} \tag{4-3-6}$$

令 $\boldsymbol{r}(t)$为指定的参考跟踪信号，定义跟踪误差：

$$\boldsymbol{e}(t)=\boldsymbol{y}(t)-\boldsymbol{r}(t) \tag{4-3-7}$$

设计最优控制使得性能指标

$$J(\boldsymbol{u}^*)=\min_{\boldsymbol{u}}\frac{1}{2}\boldsymbol{e}(t_f)^{\mathrm{T}}\boldsymbol{M}\boldsymbol{e}(t_f)+\frac{1}{2}\int_{t_0}^{t_f}\{\boldsymbol{e}^{\mathrm{T}}\boldsymbol{Q}(t)\boldsymbol{e}+\boldsymbol{u}^{\mathrm{T}}\boldsymbol{R}(t)\boldsymbol{u}(t)\}\mathrm{d}t \tag{4-3-8}$$

达到极小，其中 $\boldsymbol{x}\in\mathbb{R}^n,\boldsymbol{u}\in\mathbb{R}^m,\boldsymbol{y}\in\mathbb{R}^p,\boldsymbol{r}\in\mathbb{R}^p,\boldsymbol{R}(t)$正定，$\boldsymbol{Q}(t)$半正定及 $\boldsymbol{M}$ 半正定，t_0,t_f 固定。

构造哈密顿函数

$$H=\frac{1}{2}[\boldsymbol{e}^{\mathrm{T}}\boldsymbol{Q}(t)\boldsymbol{e}+\boldsymbol{u}^{\mathrm{T}}\boldsymbol{R}(t)\boldsymbol{u}(t)]+\lambda^{\mathrm{T}}[\boldsymbol{A}(t)\boldsymbol{x}(t)+\boldsymbol{B}(t)\boldsymbol{u}(t)] \tag{4-3-9}$$

由驻点方程 $H_{\boldsymbol{u}}=\boldsymbol{0}$，得

$$\boldsymbol{u}=-\boldsymbol{R}^{-1}\boldsymbol{B}^{\mathrm{T}}\lambda \tag{4-3-10}$$

将式(4-3-7)代入式(4-3-8)，可得伴随方程与终端条件为：

$$\begin{cases}\dot{\boldsymbol{\lambda}}=-H_{\boldsymbol{x}}=-\boldsymbol{A}^{\mathrm{T}}(t)\boldsymbol{\lambda}-\boldsymbol{C}^{\mathrm{T}}\boldsymbol{Q}[\boldsymbol{C}\boldsymbol{x}(t)-\boldsymbol{r}(t)]\\ \boldsymbol{\lambda}(t_f)=\boldsymbol{C}^{\mathrm{T}}\boldsymbol{M}[\boldsymbol{C}\boldsymbol{x}(t_f)-\boldsymbol{r}(t_f)]\end{cases} \tag{4-3-11}$$

跟调节问题不同，本问题有一个外部参考输入，因此单纯采用式(4-3-10)可能不能保证跟踪特性，因此这里采用如下控制策略：

$$\boldsymbol{u}^*=-\boldsymbol{R}^{-1}\boldsymbol{B}^{\mathrm{T}}\boldsymbol{\lambda}+\boldsymbol{R}^{-1}\boldsymbol{B}^{\mathrm{T}}\boldsymbol{v} \tag{4-3-12}$$

令 $\boldsymbol{\lambda}(t)=\boldsymbol{P}(t)\boldsymbol{x}(t)$，接下来，要寻找 $\boldsymbol{P}(t),\boldsymbol{v}(t)$需要满足的关系。此时最优闭环系统为：

$$\dot{\boldsymbol{x}}=(\boldsymbol{A}(t)-\boldsymbol{B}(t)\boldsymbol{R}^{-1}(t)\boldsymbol{B}^{\mathrm{T}}(t))\boldsymbol{x}+\boldsymbol{B}(t)\boldsymbol{R}^{-1}(t)\boldsymbol{B}^{\mathrm{T}}(t)\boldsymbol{v} \tag{4-3-13}$$

采用待定系数法，假定最优性能指标为：

$$J(\boldsymbol{u}^*)=\frac{1}{2}\boldsymbol{x}^{\mathrm{T}}(t_0)\boldsymbol{P}(t_0)\boldsymbol{x}(t_0)-\boldsymbol{x}(t_0)\boldsymbol{v}(t_0)+\boldsymbol{w}(t_0) \tag{4-3-14}$$

其中 $\boldsymbol{w}(t)$待定。

构造如下一个标量函数：

$$V=\frac{1}{2}\boldsymbol{x}^{\mathrm{T}}(t)\boldsymbol{P}(t)\boldsymbol{x}(t)-\boldsymbol{x}^{\mathrm{T}}(t)\boldsymbol{v}(t)+\boldsymbol{w}(t) \tag{4-3-15}$$

并令

$$V(t_f)=\frac{1}{2}\boldsymbol{x}^{\mathrm{T}}(t_f)\boldsymbol{P}(t_f)\boldsymbol{x}(t_f)-\boldsymbol{x}^{\mathrm{T}}(t_f)\boldsymbol{v}(t_f)+\boldsymbol{w}(t_f)$$

$$=\frac{1}{2}\boldsymbol{x}^{\mathrm{T}}(t_f)\boldsymbol{C}^{\mathrm{T}}\boldsymbol{M}\boldsymbol{C}\boldsymbol{x}(t_f)-\boldsymbol{x}^{\mathrm{T}}\boldsymbol{C}^{\mathrm{T}}\boldsymbol{M}\boldsymbol{r}+\frac{1}{2}\boldsymbol{r}^{\mathrm{T}}(t_f)\boldsymbol{M}\boldsymbol{r}(t_f)$$

$$=\frac{1}{2}[\boldsymbol{C}\boldsymbol{x}(t_f)-\boldsymbol{r}(t_f)]^{\mathrm{T}}\boldsymbol{M}[\boldsymbol{C}\boldsymbol{x}(t_f)-\boldsymbol{r}(t_f)] \tag{4-3-16}$$

对式(4-3-15)两边沿着最优闭环系统求导数：

$$\dot{V}=\frac{1}{2}[\dot{\boldsymbol{x}}^{\mathrm{T}}(t)\boldsymbol{P}(t)\boldsymbol{x}(t)+\boldsymbol{x}^{\mathrm{T}}(t)\dot{\boldsymbol{P}}(t)\boldsymbol{x}(t)+\boldsymbol{x}^{\mathrm{T}}(t)\boldsymbol{P}(t)\dot{\boldsymbol{x}}(t)]-\dot{\boldsymbol{x}}^{\mathrm{T}}(t)\boldsymbol{v}(t)-\boldsymbol{x}^{\mathrm{T}}(t)\dot{\boldsymbol{v}}(t)+\dot{\boldsymbol{w}}(t)$$

$$=\frac{1}{2}\boldsymbol{x}^{\mathrm{T}}(\boldsymbol{A}-\boldsymbol{B}\boldsymbol{R}^{-1}\boldsymbol{B}^{\mathrm{T}}\boldsymbol{P})^{\mathrm{T}}\boldsymbol{P}\boldsymbol{x}+\frac{1}{2}\boldsymbol{x}^{\mathrm{T}}\boldsymbol{P}(\boldsymbol{A}-\boldsymbol{B}\boldsymbol{R}^{-1}\boldsymbol{B}^{\mathrm{T}}\boldsymbol{P})\boldsymbol{x}+\frac{1}{2}\boldsymbol{x}^{\mathrm{T}}(t)\dot{\boldsymbol{P}}(t)\boldsymbol{x}(t)+\boldsymbol{x}^{\mathrm{T}}\boldsymbol{P}\boldsymbol{B}\boldsymbol{R}^{-1}\boldsymbol{B}^{\mathrm{T}}\boldsymbol{v}$$

$$-\boldsymbol{x}^{\mathrm{T}}(\boldsymbol{A}-\boldsymbol{B}\boldsymbol{R}^{-1}\boldsymbol{B}^{\mathrm{T}}\boldsymbol{P})^{\mathrm{T}}\boldsymbol{v}(t)-\boldsymbol{v}^{\mathrm{T}}\boldsymbol{B}\boldsymbol{R}^{-1}\boldsymbol{B}^{\mathrm{T}}\boldsymbol{v}-\boldsymbol{x}(t)^{\mathrm{T}}\dot{\boldsymbol{v}}(t)+\dot{\boldsymbol{w}}(t) \tag{4-3-17}$$

令

$$-\dot{\boldsymbol{P}}=\boldsymbol{P}\boldsymbol{A}+\boldsymbol{A}^{\mathrm{T}}\boldsymbol{P}-\boldsymbol{P}\boldsymbol{B}\boldsymbol{R}^{-1}\boldsymbol{B}^{\mathrm{T}}\boldsymbol{P}+\boldsymbol{C}^{\mathrm{T}}\boldsymbol{Q}\boldsymbol{C},\boldsymbol{P}(t_f)=\boldsymbol{C}^{\mathrm{T}}\boldsymbol{M}\boldsymbol{C} \tag{4-3-18}$$

$$\dot{\boldsymbol{v}}=-(\boldsymbol{A}-\boldsymbol{B}\boldsymbol{R}^{-1}\boldsymbol{B}^{\mathrm{T}}\boldsymbol{P})^{\mathrm{T}}\boldsymbol{v}-\boldsymbol{C}^{\mathrm{T}}\boldsymbol{Q}\boldsymbol{r},\boldsymbol{v}(t_f)=\boldsymbol{C}^{\mathrm{T}}\boldsymbol{M}\boldsymbol{r}(t_f) \tag{4-3-19}$$

$$-\dot{\boldsymbol{w}}=\frac{1}{2}\boldsymbol{r}^{\mathrm{T}}\boldsymbol{Q}\boldsymbol{r}-\frac{1}{2}\boldsymbol{v}^{\mathrm{T}}\boldsymbol{B}\boldsymbol{R}^{-1}\boldsymbol{B}^{\mathrm{T}}\boldsymbol{v},\quad \boldsymbol{w}(t_f)=\frac{1}{2}\boldsymbol{r}^{\mathrm{T}}(t_f)\boldsymbol{M}\boldsymbol{r}(t_f) \tag{4-3-20}$$

则得

$$\dot{V}=-\frac{1}{2}\boldsymbol{x}^{\mathrm{T}}\boldsymbol{C}^{\mathrm{T}}\boldsymbol{Q}\boldsymbol{C}\boldsymbol{x}+\boldsymbol{x}^{\mathrm{T}}\boldsymbol{C}^{\mathrm{T}}\boldsymbol{Q}\boldsymbol{r}-\frac{1}{2}\boldsymbol{r}^{\mathrm{T}}\boldsymbol{Q}\boldsymbol{r}-\frac{1}{2}\boldsymbol{v}^{\mathrm{T}}\boldsymbol{B}\boldsymbol{R}^{-1}\boldsymbol{B}^{\mathrm{T}}\boldsymbol{v}-\frac{1}{2}\boldsymbol{x}^{\mathrm{T}}\boldsymbol{P}\boldsymbol{B}\boldsymbol{R}^{-1}\boldsymbol{B}\boldsymbol{P}\boldsymbol{x}+\boldsymbol{x}^{\mathrm{T}}\boldsymbol{P}\boldsymbol{B}\boldsymbol{R}^{-1}\boldsymbol{B}^{\mathrm{T}}\boldsymbol{v}$$

$$=-\frac{1}{2}(\boldsymbol{C}\boldsymbol{x}-\boldsymbol{r})^{\mathrm{T}}\boldsymbol{Q}(\boldsymbol{C}\boldsymbol{x}-\boldsymbol{r})-\frac{1}{2}\boldsymbol{u}^{*\mathrm{T}}\boldsymbol{R}\boldsymbol{u}^{*} \tag{4-3-21}$$

对式(4-3-21)两边从 t_0 到 t_f 积分得

$$V(t_0)=V(t_f)+\frac{1}{2}\int_{t_0}^{t_f}\left[(\boldsymbol{C}\boldsymbol{x}-\boldsymbol{r})^{\mathrm{T}}\boldsymbol{Q}(\boldsymbol{C}\boldsymbol{x}-\boldsymbol{r})+\frac{1}{2}\boldsymbol{u}^{*\mathrm{T}}\boldsymbol{R}^{-1}\boldsymbol{u}^{*}\right]\mathrm{d}t \tag{4-3-22}$$

而 $V(t_f)$ 如式(4-3-17)所定义，所以式(4-3-22)就是本节跟踪问题的最优目标泛函，最优跟踪问题的目标值为：

$$V(t_0)=\frac{1}{2}\boldsymbol{x}^{\mathrm{T}}(t_0)\boldsymbol{P}(t_0)\boldsymbol{x}(t_0)-\boldsymbol{x}(t_0)\boldsymbol{v}(t_0)+\boldsymbol{w}(t_0) \tag{4-3-23}$$

最优闭环系统为：

$$\dot{\boldsymbol{x}}=\boldsymbol{A}(t)\boldsymbol{x}-\boldsymbol{B}(t)\boldsymbol{R}^{-1}(t)\boldsymbol{B}^{\mathrm{T}}(t)\boldsymbol{P}\boldsymbol{x}+\boldsymbol{B}\boldsymbol{R}^{-1}\boldsymbol{B}^{\mathrm{T}}\boldsymbol{v},\quad \boldsymbol{x}(t_0)=\boldsymbol{x}_0 \tag{4-3-24}$$

在实际设计中，只需要用到式(4-3-18)与式(4-3-19)两式，即可完成控制器的设计，如下例所示。

例 4.3.1 标量系统二次型指标跟踪问题。

考虑标量对象

$$\dot{x}=ax+bu,\quad x(0)=x_0$$

性能指标为：

$$J(u)=\frac{1}{2}p[x(t_f)-r(t_f)]^2+\frac{1}{2}\int_0^{t_f}[q(x-r(t))^2+Ru^2]\mathrm{d}t$$

试设计最优跟踪控制器。

解:利用式(4-3-17)与式(4-3-18),得到如下方程:

$$-\dot{s}=2as-\frac{b^2s^2}{R}+q,\quad s(t_f)=p$$

$$-\dot{v}=\left(a-b^2\frac{s}{R}\right)v+qr,\quad v(t_f)=pr(t_f)$$

求得

$$K=\frac{bs}{R}$$

所以,最优控制为:

$$u=-Kx+\frac{bv}{R}$$

4.4　终端时刻为无穷的 LQR 问题

考虑一个终端时刻为无穷的 LQR 问题:

$$J(\boldsymbol{u}^*)=\min_u\left\{\frac{1}{2}\int_{t_0}^{\infty}\boldsymbol{x}^{\mathrm{T}}(t)\boldsymbol{Q}(t)\boldsymbol{x}(t)+\boldsymbol{u}^{\mathrm{T}}(t)\boldsymbol{R}(t)\boldsymbol{u}(t)]\mathrm{d}t\right\} \tag{4-4-1}$$

$$\text{s. t.}\quad \dot{\boldsymbol{x}}(t)=\boldsymbol{A}(t)\boldsymbol{x}(t)+\boldsymbol{B}(t)\boldsymbol{u}(t),\quad \boldsymbol{x}(t_0)=\boldsymbol{x}_0 \tag{4-4-2}$$

其中,$\boldsymbol{x}\in\mathbb{R}^n$,$\boldsymbol{u}\in\mathbb{R}^m$, t_0,t_f 指定;对所有的 $t\in[t_0,t_f]$,$\boldsymbol{A}(t)$,$\boldsymbol{B}(t)$,$\boldsymbol{Q}(t)$,$\boldsymbol{R}(t)$关于时间分段连续,$\boldsymbol{R}(t)$一致正定,$\boldsymbol{Q}(t)$一致半正定。要求设计最优控制函数 $\boldsymbol{u}^*(t)$,使 $J(\boldsymbol{u})$达到极小。

注 4.4.1　矩阵一致正定指矩阵的正定性不依赖初始时刻 t_0。

性能指标(4-4-1)为广义积分。为使性能指标有穷,即广义积分可积,方程(4-4-2)的解必须在$[t_0,+\infty)$内存在且唯一,而且为保证最优控制 $\boldsymbol{u}^*(t)$在$[t_0,+\infty)$内存在,对最优控制问题及允许控制 $\boldsymbol{u}^*(t)$须做如下假设。

假设 4.4.1　假设 $\boldsymbol{A}(t)$和 $\boldsymbol{B}(t)$在$[t_0,+\infty)$上均分段连续并一致有界,即存在大于零的常数 a,b 使得

$$\|\boldsymbol{A}(t)\|\leqslant a,\quad \|\boldsymbol{B}(t)\|\leqslant b,\quad \forall t\in[t_0,+\infty) \tag{4-4-3}$$

假设 4.4.2　假定允许控制 $\boldsymbol{u}(t)$为$[t_0,+\infty)$上分段连续的矢量值函数,且 $\boldsymbol{u}(t)$使性能指标泛函的值有穷。这样的允许控制函数的全体,用 $\boldsymbol{U}[t_0,+\infty)$表示。

定义 4.4.1　若半正定矩阵 $\boldsymbol{Q}=\boldsymbol{C}^{\mathrm{T}}\boldsymbol{C}$,则 $\boldsymbol{C}\triangleq\boldsymbol{Q}^{\frac{1}{2}}$。

假设 4.4.3　系统(4-4-2)在闭区间$[t,t+\delta]$,$\delta\geqslant0$ 上,$[\boldsymbol{A}(t),\boldsymbol{B}(t)]$是一致完全能控的,且$[\boldsymbol{A}(t),\boldsymbol{Q}^{\frac{1}{2}}(t)]$是一致完全能观的,即存在正数 $\alpha_1,\alpha_2,\beta_1,\beta_2$ 使对 $\forall t\geqslant t_0$ 下列关系式成立:

$$\begin{cases}\alpha_1\boldsymbol{I}_n\leqslant\boldsymbol{W}(t+\delta,t)\leqslant\alpha_2\boldsymbol{I}_n\\ \boldsymbol{W}(t+\delta,t)=\displaystyle\int_t^{t+\delta}\boldsymbol{\Phi}(t,s)\boldsymbol{B}(s)\boldsymbol{B}^{\mathrm{T}}(s)\boldsymbol{\Phi}^{\mathrm{T}}(t,s)\mathrm{d}s\end{cases} \tag{4-4-4}$$

$$\begin{cases}\beta_1\boldsymbol{I}_n\leqslant\boldsymbol{N}(t+\delta,t)\leqslant\beta_2\boldsymbol{I}_n\\ \boldsymbol{N}(t+\delta,t)=\displaystyle\int_t^{t+\delta}\boldsymbol{\Phi}^{\mathrm{T}}(s,t)\boldsymbol{Q}(s)\boldsymbol{\Phi}(t,s)\mathrm{d}s\end{cases} \tag{4-4-5}$$

其中 $\boldsymbol{I}_n$ 为 $n\times n$ 单位阵,$\boldsymbol{\Phi}(s,t)$是系统(4-4-2)的状态转移矩阵,$\boldsymbol{W}(t+\delta,t)$是能控格兰姆矩

阵，$N(t+\delta,t)$为能观格兰姆矩阵。

假设 4.4.4 $Q(t)$和$R(t)$在$[t_0,+\infty)$上分段连续，并且一致半正定和正定，且均一致有界，即存在正常数α,c_1,c_2使得

$$\|Q(t)\|\leqslant\alpha,\quad t\in[t_0,+\infty) \tag{4-4-6}$$

$$c_1 I_m\leqslant R(t)\leqslant c_2 I_m,\quad t\in[t_0,+\infty) \tag{4-4-7}$$

在假设 4.4.1～4.4.4.下，再来考察式(4-4-1)与式(4-4-2)的最优控制问题。从直观上看，处理$t_f=\infty$时线性系统二次型性能指标的最优控制问题应该在处理$t_f<\infty$时相应问题的基础上，通过令$t_f\to\infty$得到解决。这就是说，对$t_f<\infty$时相应的黎卡提矩阵微分方程的解取极限，当这个极限存在时，它应该就是$t_f=\infty$时相应最优控制问题的黎卡提方程的解。并且，由这个极限可构造$t_f=\infty$时式(4-4-1)与式(4-4-2)的最优控制函数。

这种直观的考虑是否正确呢？为此，先讨论如下的最优控制问题：

$$J(\boldsymbol{u}^*(t))=\min_{\boldsymbol{u}}\left\{\frac{1}{2}\int_{t_0}^{t_f}[\boldsymbol{x}^{\mathrm{T}}(t)\boldsymbol{Q}(t)\boldsymbol{x}(t)+\boldsymbol{u}^{\mathrm{T}}(t)\boldsymbol{R}(t)\boldsymbol{u}(t)]\,\mathrm{d}t\right\} \tag{4-4-8}$$

$$\text{s.t.}\quad \dot{\boldsymbol{x}}=\boldsymbol{A}(t)\boldsymbol{x}+\boldsymbol{B}(t)\boldsymbol{u},\quad \boldsymbol{x}(t_0)=\boldsymbol{x}_0$$

求使得$J(\boldsymbol{u}(t))$达到极小的最优控制函数$\boldsymbol{u}^*$？

利用 4.2 节的知识，该最优控制问题需求解下列黎卡提方程：

$$\begin{cases}-\dot{\boldsymbol{P}}(t)=\boldsymbol{A}^{\mathrm{T}}(t)\boldsymbol{P}(t)+\boldsymbol{P}(t)\boldsymbol{A}(t)+\boldsymbol{Q}(t)-\boldsymbol{P}(t)\boldsymbol{B}(t)\boldsymbol{R}^{-1}(t)\boldsymbol{B}^{\mathrm{T}}(t)\boldsymbol{P}(t)\\ \boldsymbol{P}(t_f)=\boldsymbol{0}\end{cases} \tag{4-4-9}$$

在假设 4.4.1～4.4.4 下，对任意的$t_f<\infty$，方程(4-4-9)与在区间$[t_0,t_f]$上总是存在唯一解，记此解为$\boldsymbol{P}(t,\boldsymbol{0},t_f)$。并且由$\boldsymbol{P}(t,\boldsymbol{0},t_f)$确定最优控制为：

$$\boldsymbol{u}^*=-\boldsymbol{R}^{-1}(t)\boldsymbol{B}^{\mathrm{T}}(t)\boldsymbol{P}(t,\boldsymbol{0},t_f)\boldsymbol{x} \tag{4-4-10}$$

最优轨线$\boldsymbol{x}^*(t)$方程

$$\begin{cases}\dot{\boldsymbol{x}}=[\boldsymbol{A}(t)-\boldsymbol{B}(t)\boldsymbol{R}^{-1}(t)\boldsymbol{B}^{\mathrm{T}}(t)\boldsymbol{P}(t,\boldsymbol{0},t_f)]\boldsymbol{x}\\ \boldsymbol{x}(t_0)=\boldsymbol{x}_0\end{cases} \tag{4-4-11}$$

的解表示为：

$$\boldsymbol{x}^*(t)=\boldsymbol{\Phi}^*(t,t_0)\boldsymbol{x}_0 \tag{4-4-12}$$

$$\boldsymbol{u}^*(t)=-\boldsymbol{R}^{-1}(t)\boldsymbol{B}^{\mathrm{T}}(t)\boldsymbol{P}(t,\boldsymbol{0},t_f)\boldsymbol{\Phi}^*(t,t_0)\boldsymbol{x}_0 \tag{4-4-13}$$

其中，$\boldsymbol{\Phi}^*(t,t_0)$为最优轨线方程(4-4-11)的状态转移矩阵。

由式(4-4-13)，最优性能指标J^*为：

$$\boldsymbol{J}^*=\frac{1}{2}\boldsymbol{x}_0^{\mathrm{T}}\boldsymbol{P}(t_0,\boldsymbol{0},t_f)\boldsymbol{x}_0 \tag{4-4-14}$$

下面讨论$\boldsymbol{P}(t_0,\boldsymbol{0},t_f)$的性质，讨论$\boldsymbol{P}(t)=\lim\limits_{t_f\to\infty}\boldsymbol{P}(t_0,\boldsymbol{0},t_f)$的存在性。

引理 4.4.1 $\boldsymbol{P}(t,\boldsymbol{0},t_f)$，$t\in[t_0,t_f]$是对称阵。

证明可参照引理 4.2.1。

引理 4.4.2 $\boldsymbol{P}(t_0,\boldsymbol{0},t_f)$是一非负定阵，$\forall t_f\geqslant t_0$，并且，只要$t_f>t_0$，$\boldsymbol{P}(t,\boldsymbol{0},t_f)$即正定阵。

证明：只需要对任意$\boldsymbol{x}_0\neq\boldsymbol{0}$考察其二次型$\boldsymbol{x}_0^{\mathrm{T}}\boldsymbol{P}(t_0,\boldsymbol{0},t_f)\boldsymbol{x}_0$即可。

注意到问题(4-4-8)的最优性能指标值为：

$$J^{*}=\frac{1}{2}\boldsymbol{x}_{0}^{\mathrm{T}}\boldsymbol{P}(t_{0},\boldsymbol{0},t_{f})\boldsymbol{x}_{0}=\frac{1}{2}\int_{t_{0}}^{t_{f}}[\boldsymbol{x}^{*\mathrm{T}}(t)\boldsymbol{Q}(t)\boldsymbol{x}^{*}(t)+\boldsymbol{u}^{*\mathrm{T}}(t)\boldsymbol{R}(t)\boldsymbol{u}^{*}(t)]\mathrm{d}t \tag{4-4-15}$$

将表示 $\boldsymbol{x}^{*}(t)$，$\boldsymbol{u}^{*}(t)$的式(4-4-12)和式(4-4-13)代入式(4-4-15)得到

$$\begin{aligned}&\boldsymbol{x}_{0}^{\mathrm{T}}\boldsymbol{P}(t_{0},\boldsymbol{0},t_{f})\boldsymbol{x}_{0}\\&=\boldsymbol{x}_{0}^{\mathrm{T}}\int_{t_{0}}^{t_{f}}\boldsymbol{\Phi}^{*\mathrm{T}}(t,t_{0})[\boldsymbol{Q}(t)+\boldsymbol{P}(t,0,t_{f})\boldsymbol{B}(t)\boldsymbol{R}^{-1}(t)\boldsymbol{B}^{\mathrm{T}}(t)\boldsymbol{P}(t,0,t_{f})]\boldsymbol{\Phi}^{*}(t,t_{0})\mathrm{d}t\boldsymbol{x}_{0}\end{aligned} \tag{4-4-16}$$

由于 $\boldsymbol{R}(t)$正定，故 $\boldsymbol{R}^{-1}(t)$正定。于是

$$\boldsymbol{x}_{0}^{\mathrm{T}}\boldsymbol{\Phi}^{*\mathrm{T}}(t,t_{0})\boldsymbol{P}(t,\boldsymbol{0},t_{f})\boldsymbol{B}(t)\boldsymbol{R}^{-1}(t)\boldsymbol{B}^{\mathrm{T}}(t)\boldsymbol{P}(t,\boldsymbol{0},t_{f})\boldsymbol{\Phi}^{*}(t,t_{0})\boldsymbol{x}_{0}\geqslant 0 \tag{4-4-17}$$

得到

$$\boldsymbol{x}_{0}^{\mathrm{T}}\boldsymbol{P}(t_{0},\boldsymbol{0},t_{f})\boldsymbol{x}_{0}\geqslant\boldsymbol{x}_{0}^{\mathrm{T}}\int_{t_{0}}^{t_{f}}\boldsymbol{\Phi}^{*\mathrm{T}}(t,t_{0})\boldsymbol{Q}(t)\boldsymbol{\Phi}^{*}(t,t_{0})\mathrm{d}t\boldsymbol{x}_{0} \tag{4-4-18}$$

当 $\boldsymbol{x}_{0}\neq\boldsymbol{0}$ 且 $t_{f}>t_{0}$ 时，由于假设 4.4.3 系统一致可观测，因此下列格兰姆矩阵一致正定，即

$$\int_{t_{0}}^{t_{f}}\boldsymbol{x}_{0}^{\mathrm{T}}(t)\boldsymbol{\Phi}^{*\mathrm{T}}(t,t_{0})\boldsymbol{Q}(t)\boldsymbol{\Phi}^{*}(t,t_{0})\boldsymbol{x}_{0}\mathrm{d}t>0 \tag{4-4-19}$$

亦即对任意 $\boldsymbol{x}_{0}\neq\boldsymbol{0}$，有 $\boldsymbol{x}_{0}^{\mathrm{T}}\boldsymbol{P}(t_{0},\boldsymbol{0},t_{f})\boldsymbol{x}_{0}>0$，$t_{f}>t_{0}$。因此 $\boldsymbol{P}(t_{0},\boldsymbol{0},t_{f})$，$t_{f}>t_{0}$ 正定，而当 $t_{f}\geqslant t_{0}$ 时，显然 $\boldsymbol{P}(t_{0},\boldsymbol{0},t_{f})$非负定。

证毕！

引理 4.4.3 若 $t_{0}\leqslant t_{f_{1}}<t_{f_{2}}$，则有 $\boldsymbol{P}(t_{0},\boldsymbol{0},t_{f1})\leqslant\boldsymbol{P}(t_{0},\boldsymbol{0},t_{f2})$。

证明：若设问题(4-4-8)对应于 $t_{f_{i}}(i=1,2)$的最优控制、最优轨线、最优性能指标分别为 $\boldsymbol{u}_{i}^{*}$，$\boldsymbol{x}_{i}^{*}$，J_{i}^{*}，则有

$$J_{1}^{*}=\frac{1}{2}\boldsymbol{x}_{0}^{\mathrm{T}}\boldsymbol{P}(t_{0},\boldsymbol{0},t_{f_{1}})\boldsymbol{x}_{0}=\frac{1}{2}\int_{t_{0}}^{t_{f_{1}}}[\boldsymbol{x}_{1}^{*\mathrm{T}}(t)\boldsymbol{Q}(t)\boldsymbol{x}_{1}^{*}(t)+\boldsymbol{u}_{1}^{*\mathrm{T}}(t)\boldsymbol{Q}(t)\boldsymbol{u}_{1}^{*}(t)]\mathrm{d}t \tag{4-4-20}$$

$$J_{2}^{*}=\frac{1}{2}\boldsymbol{x}_{0}^{\mathrm{T}}\boldsymbol{P}(t_{0},\boldsymbol{0},t_{f_{2}})\boldsymbol{x}_{0}=\frac{1}{2}\int_{t_{0}}^{t_{f_{2}}}[\boldsymbol{x}_{2}^{*\mathrm{T}}(t)\boldsymbol{Q}(t)\boldsymbol{x}_{2}^{*}(t)+\boldsymbol{u}_{2}^{*\mathrm{T}}(t)\boldsymbol{Q}(t)\boldsymbol{u}_{2}^{*}(t)]\mathrm{d}t \tag{4-4-21}$$

由于 $t_{f_{1}}<t_{f_{2}}$，因此

$$\begin{aligned}2J_{1}^{*}&=\int_{t_{0}}^{t_{f_{1}}}[\boldsymbol{x}_{1}^{*\mathrm{T}}(t)\boldsymbol{Q}(t)\boldsymbol{x}_{1}^{*}(t)+\boldsymbol{u}_{1}^{*\mathrm{T}}(t)\boldsymbol{Q}(t)\boldsymbol{u}_{1}^{*}(t)]\mathrm{d}t\\&\leqslant\int_{t_{0}}^{t_{f_{1}}}[\boldsymbol{x}_{2}^{*\mathrm{T}}(t)\boldsymbol{Q}(t)\boldsymbol{x}_{2}^{*}(t)+\boldsymbol{u}_{2}^{*\mathrm{T}}(t)\boldsymbol{R}(t)\boldsymbol{u}_{2}^{*}(t)]\mathrm{d}t\\&\leqslant\int_{t_{0}}^{t_{f_{2}}}[\boldsymbol{x}_{2}^{*\mathrm{T}}(t)\boldsymbol{Q}(t)\boldsymbol{x}_{2}^{*}(t)+\boldsymbol{u}_{2}^{*\mathrm{T}}(t)\boldsymbol{R}(t)\boldsymbol{u}_{2}^{*}(t)]\mathrm{d}t\\&=2J_{2}^{*}\end{aligned} \tag{4-4-22}$$

说明

$$\boldsymbol{x}_{0}^{\mathrm{T}}\boldsymbol{P}(t_{0},\boldsymbol{0},t_{f_{1}})\boldsymbol{x}_{0}\leqslant\boldsymbol{x}_{0}^{\mathrm{T}}\boldsymbol{P}(t_{0},\boldsymbol{0},t_{f_{2}})\boldsymbol{x}_{0} \tag{4-4-23}$$

其中 $\boldsymbol{x}_{0}$ 的选择是任意的，即式(4-4-23)对一切 $\boldsymbol{x}_{0}$ 成立，故有 $\boldsymbol{P}(t_{0},\boldsymbol{0},t_{f_{1}})\leqslant\boldsymbol{P}(t_{0},\boldsymbol{0},t_{f_{2}})$。

证毕！

引理 4.4.4 矩阵 $\boldsymbol{P}(t_{0},\boldsymbol{0},t_{f})$的二次型关于 t_{f} 一致有上界，对任意 $\boldsymbol{x}_{0}\neq 0$，存在不依赖 t_{f} 的正数 $\zeta(t_{0},\boldsymbol{x}_{0})$，使得

$$x_0^{\mathrm T}P(t_0,\mathbf{0},t_f)x_0 \leqslant \zeta(t_0,x_0) < +\infty,\quad \forall t_f \geqslant t_0 \tag{4-4-24}$$

证明：由假设 4.4.3 可知，系统(4-4-1)在$[t_0,t_0+\delta]$上是状态一致完全能控的，即对任意 $x_0\neq \mathbf{0}$，存在允许控制 $u_0(t)$，经 $u_0(t)$在$[t_0,t_0+\delta]$区间作用后，系统(4-4-2)的以 x_0 为初始的状态 $x(t)$在时刻 $t_0+\delta$ 为 0。

令

$$\tilde{u}(t)=\begin{cases}u_0(t), & t\in[t_0,t_0+\delta]\\ \mathbf{0}, & t>t_0+\delta\end{cases} \tag{4-4-25}$$

显然，$\tilde{u}(t)$是$[t_0,\infty)$上的分段连续函数，经 $\tilde{u}(t)$在$[t_0,\infty)$上作用后，系统(4-4-2)的以 $x_0\neq\mathbf{0}$ 为初态的解 $\tilde{x}(t)$为：

$$\tilde{x}(t)=\begin{cases}x(t), & t\in[t_0,t_0+\delta]\\ \mathbf{0}, & t>t_0+\delta\end{cases} \tag{4-4-26}$$

因此 $\tilde{u}(t)$是一个容许控制，$\tilde{x}(t)$为相应的容许轨迹。

由最优性能指标值的性质，故

$$\begin{aligned}x_0^{\mathrm T}P(t_0,\mathbf{0},t_f)\,x_0 &= 2J^* = 2J(u^*) \leqslant 2J(\tilde{u})\\ &= \int_{t_0}^{t_f}[\tilde{x}^{\mathrm T}(t)Q(t)\tilde{x}(t)+\tilde{u}^{\mathrm T}(t)R(t)\tilde{u}(t)]\mathrm{d}t\\ &\leqslant \int_{t_0}^{\infty}[\tilde{x}^{\mathrm T}(t)Q(t)\tilde{x}(t)+\tilde{u}^{\mathrm T}(t)R(t)\tilde{u}(t)]\mathrm{d}t\\ &= \int_{t_0}^{t_0+\delta}[x^{\mathrm T}(t)Q(t)x(t)+u_0^{\mathrm T}(t)R(t)u_0(t)]\mathrm{d}t\\ &= \zeta(x_0,t_0) < +\infty\end{aligned} \tag{4-4-27}$$

证毕！

引理 4.4.5 $\lim\limits_{t_f\to\infty}P(t_0,\mathbf{0},t_f)$存在，记 $P(t_0)\triangleq\lim\limits_{t_f\to\infty}P(t_0,\mathbf{0},t_f)$，$P(t_0)$对称且正定。

证明：由引理 4.4.3 可知，对任意$x_0\neq 0$，二次型 $x_0^{\mathrm T}P(t_0,\mathbf{0},t_f)x_0$ 会随着 t_f 单调递增，由引理 4.4.4 知该二次型有上界，因此当 $t_f\to\infty$ 时 $x_0^{\mathrm T}P(t_0,\mathbf{0},t_f)x_0$ 有极限。若将 x_0 取为如下$\frac{n(n+1)}{2}$个矢量：

$$\begin{pmatrix}1\\0\\ \vdots\\0\end{pmatrix},\begin{pmatrix}0\\1\\ \vdots\\0\end{pmatrix},\begin{pmatrix}1\\1\\ \vdots\\0\end{pmatrix},\cdots,\begin{pmatrix}1\\1\\ \vdots\\1\end{pmatrix}$$

即可由 $t_f\to\infty$时 $x_0^{\mathrm T}P(t_0,\mathbf{0},t_f)x_0$ 的极限值求得 $P(t_0,\mathbf{0},t_f)$的极限矩阵 $P(t_0)$的各元素，显然 $P(t_0)$对称且正定。

引理 4.4.6 $P(t_0)$作为 $P(t_0,\mathbf{0},t_f)$的极限，当 $t_f\to\infty$时仍然满足黎卡提方程(4-4-9)。

证明：不妨设 $t\in[t_0,t_f]$。注意，根据式(4-4-9)的解的存在唯一性，方程(4-4-9)的定义在区间$[t_0,t_f]$上，并且具有终端条件 $P(t_f,\mathbf{0},t_f)=\mathbf{0}$ 的解 $P(t,\mathbf{0},t_f)$可改写为：

$$P(t,\mathbf{0},t_f)=P(t,P(t_1,\mathbf{0},t_f),t_1) \tag{4-4-28}$$

其中 t_1 为$[t_0,t_f]$上某一固定时刻 $t_1\geqslant t_0$。

于是，由方程(4-4-9)的解对终端条件的连续相依性，即知

$$\begin{aligned}\boldsymbol{P}(t) &= \lim_{t_f\to\infty}\boldsymbol{P}(t,\boldsymbol{0},t_f) = \lim_{t_f\to\infty}\boldsymbol{P}(t,\boldsymbol{P}(t_1,\boldsymbol{0},t_f),t_1) \\ &= \boldsymbol{P}(t,\lim_{t_f\to\infty}\boldsymbol{P}(t_1,\boldsymbol{0},t_f),t_1) = \boldsymbol{P}(t,P(t_1),t_1)\end{aligned} \tag{4-4-29}$$

但 $\boldsymbol{P}(t,\boldsymbol{P}(t_1),t_1)$ 是黎卡提方程以终端条件为 $\boldsymbol{P}(t_1)$的解，故 $\boldsymbol{P}(t)$亦为方程(4-4-9)的解。

证毕！

综上推导，可得出如下定理。

定理 4.4.1 在满足假设 4.4.1～4.4.4 的条件下，记

$$\boldsymbol{P}(t) = \lim_{t_f\to\infty}\boldsymbol{P}(t,\boldsymbol{0},t_f) \tag{4-4-30}$$

则 $\boldsymbol{P}(t)$一致正定且一致有界，即存在正常数 α_0,β_0，使得

$$\alpha_0\boldsymbol{I}_n \leqslant \boldsymbol{P}(t) \leqslant \beta_0\boldsymbol{I}_n \tag{4-4-31}$$

最优控制为：

$$\boldsymbol{u}^*(t) = -\boldsymbol{R}^{-1}(t)\boldsymbol{B}^{\mathrm{T}}(t)\boldsymbol{P}(t)\boldsymbol{x}(t),\quad t\in[t_0,\infty) \tag{4-4-32}$$

并且最优控制唯一。

将最优控制表达式代入状态方程，得到一个闭环系统

$$\begin{cases}\dot{\boldsymbol{x}} = [\boldsymbol{A}(t) - \boldsymbol{B}(t)\boldsymbol{R}^{-1}(t)\boldsymbol{B}^{\mathrm{T}}(t)\boldsymbol{P}(t)]\boldsymbol{x} \\ \boldsymbol{x}(t_0) = \boldsymbol{x}_0\end{cases} \tag{4-4-33}$$

其称为问题(4-4-2)的最优闭环系统。式(4-4-34)在 t_0 时刻以 $\boldsymbol{x}_0$ 为初态的轨线 $\boldsymbol{x}(t)$称为问题(4-4-1)与(4-4-2)的最优轨线，记为 $\boldsymbol{x}^*$。

定理 4.4.2 在假设 4.4.1～4.4.4 下，最优闭环系统(4-4-33)的平衡点 $\boldsymbol{x}=\boldsymbol{0}$ 是大范围一致渐近稳定的。

证明：由定理 4.4.1，$\boldsymbol{P}(t)$是一致正定，一致有界的，即有正常数 α_0,β_0 存在，使得 $\alpha_0\boldsymbol{I}\leqslant\boldsymbol{P}(t)\leqslant\beta_0\boldsymbol{I}$，构造李雅普诺夫函数

$$V(\boldsymbol{x},t) = \boldsymbol{x}^{\mathrm{T}}(t)\boldsymbol{P}(t)\boldsymbol{x}(t) \tag{4-4-34}$$

显然，$V(\boldsymbol{x},t)$正定且满足

$$\alpha_0\|\boldsymbol{x}\|^2 \leqslant V(\boldsymbol{x},t) \leqslant \beta_0\|\boldsymbol{x}\|^2 \tag{4-4-35}$$

简单推算，得

$$\dot{V}(\boldsymbol{x},t) = \frac{\mathrm{d}}{\mathrm{d}t}[\boldsymbol{x}^{\mathrm{T}}(t)\boldsymbol{P}(t)\boldsymbol{x}(t)] = -\boldsymbol{x}^{\mathrm{T}}[\boldsymbol{Q}(t) + \boldsymbol{P}(t)\boldsymbol{B}(t)\boldsymbol{R}^{-1}(t)\boldsymbol{B}^{\mathrm{T}}(t)\boldsymbol{P}(t)]\boldsymbol{x} \tag{4-4-36}$$

其中 $\boldsymbol{R}^{-1}(t)$正定，$\boldsymbol{Q}(t)$半正定，因此 $\dot{V}(\boldsymbol{x},t)\leqslant 0$。

现在证明除了状态为零外，不存在其他任何非零状态使得

$$\dot{V}(\boldsymbol{x},t) = 0 \tag{4-4-37}$$

用反证法，假设存在一个非零的最优状态 $\boldsymbol{x}^*(t)$，使得 $\dot{V}(\boldsymbol{x},t)=0$。

则由式(4-4-36)得

$$\boldsymbol{x}^{*\mathrm{T}}\boldsymbol{Q}(t)\boldsymbol{x}^* = 0 \tag{4-4-38}$$

且

$$\boldsymbol{x}^{*\mathrm{T}}\boldsymbol{P}(t)\boldsymbol{B}(t)\boldsymbol{R}^{-1}(t)\boldsymbol{B}^{\mathrm{T}}(t)\boldsymbol{P}(t)\boldsymbol{x}^* = 0 \xrightarrow{\text{在此最优轨线上}} \boldsymbol{u}^{\mathrm{T}*}\boldsymbol{R}\boldsymbol{u}^* = 0 \Rightarrow \boldsymbol{u}^* = \boldsymbol{0}$$

因此 $\boldsymbol{x}^*(t)$满足的最优闭环方程为：

$$\dot{\boldsymbol{x}}^* = \boldsymbol{A}(t)\boldsymbol{x}^*,\quad \boldsymbol{x}^*(t_0) = \boldsymbol{x}_0 \tag{4-4-39}$$

最优轨线为：

$$x^*(t)=\boldsymbol{\Phi}(t,t_0)x_0 \tag{4-4-40}$$

将 $x^*(t)$代入式(4-4-38)中，得到

$$x_0^{\mathrm{T}}\boldsymbol{\Phi}^{\mathrm{T}}(t,t_0)\boldsymbol{Q}(t)\boldsymbol{\Phi}(t,t_0)x_0=0$$

对式(4-4-10)两边从 t_0 到 $t_0+\delta(\delta>0)$积分得

$$x_0^{\mathrm{T}}\int_{t_0}^{t_0+\delta}\boldsymbol{\Phi}^{\mathrm{T}}(t,t_0)\boldsymbol{Q}(t)\boldsymbol{\Phi}(t,t_0)\mathrm{d}t x_0 = 0 \tag{4-4-41}$$

由于$[\boldsymbol{A}(t),\boldsymbol{Q}^{\frac{1}{2}}(t)]$一致能观测，且能观格兰姆矩阵是正定有界的，推知只有 $x^*\equiv\boldsymbol{0}$ 使得式(4-4-41)成立，这与 $x^*(t)$是非零的假设矛盾。说明除了轨线 $x=\boldsymbol{0}$，在任何其他非零轨线上，都有

$$\dot{V}(x,t)<0$$

加之 $x\to\infty$时 $\alpha\|x\|^2\to\infty$。因此系统(4-4-33)的平衡点 $x=\boldsymbol{0}$ 是大范围一致渐近稳定的。

证毕！

4.5 无穷终端时刻的定常 LQR 问题

4.5.1 无穷终端时刻的定常 LQR 问题的解

考虑如下线性定常系统：

$$\dot{x}=\boldsymbol{A}x+\boldsymbol{B}u,\quad x(0)=x_0 \tag{4-5-1}$$

其中 $x\in\mathbb{R}^n$，$u\in\mathbb{R}^m$，要求设计最优控制使得性能指标

$$J(u)=\frac{1}{2}\int_{t_0}^{\infty}[x^{\mathrm{T}}(t)\boldsymbol{Q}x(t)+u^{\mathrm{T}}(t)\boldsymbol{R}u(t)]\mathrm{d}t \tag{4-5-2}$$

达到极小，其中 $\boldsymbol{R}$ 正定，$\boldsymbol{Q}$ 半正定，$\boldsymbol{S}$ 半正定，假设$[\boldsymbol{A},\boldsymbol{B}]$完全能控，$[\boldsymbol{A},\boldsymbol{Q}^{\frac{1}{2}}]$ 完全能观。

显然定常情形的 LQR 问题是时变情形 LQR 问题的特例，所以时变情形下的结论都适用于定常情形，如 $\boldsymbol{P}$ 是对称、正定矩阵等。但是在定常情形下，$\boldsymbol{P}$ 还有更特殊性质。

定理 4.5.1 $\boldsymbol{P}(t,\boldsymbol{0},\infty)$为不依赖 t 的常数矩阵，记为 $\boldsymbol{P}$，也即

$$\boldsymbol{P}(t,\boldsymbol{0},\infty)=\boldsymbol{P} \tag{4-5-3}$$

证明：因为 $\boldsymbol{P}(t,\boldsymbol{0},t_f)$为定常黎卡提微分方程的解，所以知 $\boldsymbol{P}(t,\boldsymbol{0},t_f)$仅与 t_f-t 有关，而与 t_f 和 t 的具体值无直接的关系，即 $\boldsymbol{P}(t,\boldsymbol{0},t_f)=\boldsymbol{P}(\boldsymbol{0},t_f-t)$。

从而 $\boldsymbol{P}(t,\boldsymbol{0},\infty)=\lim\limits_{t_f\to\infty}\boldsymbol{P}(t,\boldsymbol{0},t_f)=\lim\limits_{t_f\to\infty}\boldsymbol{P}(\boldsymbol{0},t_f-t)=\boldsymbol{P}(\boldsymbol{0},\infty)$，这表明 $\boldsymbol{P}(\boldsymbol{0},\infty)$与 t 无关，即 $\boldsymbol{P}(\boldsymbol{0},\infty)=\boldsymbol{P}$ 为常阵。

引理 4.5.1 假设矩阵 $\boldsymbol{M},\boldsymbol{N}$ 的特征根都具有负实部，则下面矩阵方程

$$\boldsymbol{XM}+\boldsymbol{NX}=\boldsymbol{0} \tag{4-5-4}$$

只有唯一解 $\boldsymbol{X}=\boldsymbol{0}$。

证明可参看附录 A 中的定理 A4。

定理 4.5.2 在$[\boldsymbol{A},\boldsymbol{B}]$能控，$[\boldsymbol{A},\boldsymbol{Q}^{\frac{1}{2}}]$能观的假设条件下，满足如下代数黎卡提方程

$$\boldsymbol{PA}+\boldsymbol{A}^{\mathrm{T}}\boldsymbol{P}+\boldsymbol{Q}-\boldsymbol{PBR}^{-1}\boldsymbol{B}^{\mathrm{T}}\boldsymbol{P}=\boldsymbol{0} \tag{4-5-5}$$

的正定解$\boldsymbol{P}$是唯一的。

证明：用反证法，假设$\boldsymbol{P}$不唯一，即式(4-5-5)具有两个不同解$\boldsymbol{P}_1,\boldsymbol{P}_2$，将相应的两个代数黎卡提方程相减，有如下式：

$$(\boldsymbol{P}_1-\boldsymbol{P}_2)(\boldsymbol{A}-\boldsymbol{BR}^{-1}\boldsymbol{B}^{\mathrm{T}}\boldsymbol{P}_1)+(\boldsymbol{A}-\boldsymbol{BR}^{-1}\boldsymbol{B}^{\mathrm{T}}\boldsymbol{P}_2)^{\mathrm{T}}(\boldsymbol{P}_1-\boldsymbol{P}_2)=\boldsymbol{0} \tag{4-5-6}$$

其中$\boldsymbol{A}-\boldsymbol{BR}^{-1}\boldsymbol{B}^{\mathrm{T}}\boldsymbol{P}_1$与$\boldsymbol{A}-\boldsymbol{BR}^{-1}\boldsymbol{B}^{\mathrm{T}}\boldsymbol{P}_2$是最优闭环矩阵。由于最优闭环系统是全局渐近稳定的，所以$\boldsymbol{A}-\boldsymbol{BR}^{-1}\boldsymbol{B}^{\mathrm{T}}\boldsymbol{P}_1$与$\boldsymbol{A}-\boldsymbol{BR}^{-1}\boldsymbol{B}^{\mathrm{T}}\boldsymbol{P}_2$的特征根都具有负实部。由引理 4.5.1 知，只有$\boldsymbol{P}_1-\boldsymbol{P}_2=\boldsymbol{0}$。

证毕！

注 4.5.1 结合定常系统的对偶性，还可以将观测器的设计问题转化为 LQR 问题。

由线性系统理论知，如下定常系统互为对偶：

$$(\Sigma):\quad\begin{cases}\dot{\boldsymbol{x}}=\boldsymbol{Ax}+\boldsymbol{Bu}\\ \boldsymbol{y}=\boldsymbol{Cx}\end{cases}\xleftrightarrow{\text{互为对偶}}(\Sigma_{\mathrm{d}}):\quad\begin{cases}\dot{\boldsymbol{x}}_{\mathrm{d}}=\boldsymbol{A}^{\mathrm{T}}\boldsymbol{x}_{\mathrm{d}}+\boldsymbol{C}^{\mathrm{T}}\boldsymbol{u}_{\mathrm{d}}\\ \boldsymbol{y}_{\mathrm{d}}=\boldsymbol{B}^{\mathrm{T}}\boldsymbol{x}_{\mathrm{d}}\end{cases}$$

假定$[\boldsymbol{A},\boldsymbol{C}]$能观测，可设计系统$(\Sigma)$的一个全阶观测器如下：

$$\begin{cases}\dot{\hat{\boldsymbol{x}}}=(\boldsymbol{A}+\boldsymbol{LC})\hat{\boldsymbol{x}}+\boldsymbol{Bu}-\boldsymbol{Ly}\\ \boldsymbol{y}=\boldsymbol{Cx}\end{cases} \tag{4-5-7}$$

其中$\boldsymbol{L}$为待定观测增益矩阵。为保证观测器稳定，需要$\boldsymbol{A}+\boldsymbol{LC}$的特征根在复左半平面。而$\boldsymbol{A}+\boldsymbol{LC}$的特征根与$\boldsymbol{A}^{\mathrm{T}}+\boldsymbol{C}^{\mathrm{T}}\boldsymbol{L}^{\mathrm{T}}$的特征根是一致的，但$\boldsymbol{A}^{\mathrm{T}}+\boldsymbol{C}^{\mathrm{T}}\boldsymbol{L}^{\mathrm{T}}$是状态反馈的表述。因此可考虑对偶系统$(\Sigma_{\mathrm{d}})$的如下 LQR 问题，

$$J(\boldsymbol{u}_{\mathrm{d}})=\min_{\boldsymbol{u}_{\mathrm{d}}}\left\{\frac{1}{2}\int_{t_0}^{\infty}[\boldsymbol{y}_{\mathrm{d}}^{\mathrm{T}}(t)\boldsymbol{y}_{\mathrm{d}}+\boldsymbol{u}_{\mathrm{d}}^{\mathrm{T}}(t)\boldsymbol{Ru}_{\mathrm{d}}(t)]\mathrm{d}t\right\}=\min_{\boldsymbol{u}_{\mathrm{d}}}\left\{\frac{1}{2}\int_{t_0}^{\infty}[\boldsymbol{x}_{\mathrm{d}}^{\mathrm{T}}(t)\boldsymbol{B}^{\mathrm{T}}\boldsymbol{Bx}_{\mathrm{d}}(t)+u_{\mathrm{d}}^{\mathrm{T}}(t)\boldsymbol{Ru}_{\mathrm{d}}(t)]\mathrm{d}t\right\}$$

可推出如下黎卡提代数方程：

$$\boldsymbol{PA}^{\mathrm{T}}+\boldsymbol{AP}+\boldsymbol{B}^{\mathrm{T}}\boldsymbol{B}-\boldsymbol{PC}^{\mathrm{T}}\boldsymbol{R}^{-1}\boldsymbol{CP}=\boldsymbol{0} \tag{4-5-8}$$

令最优控制$\boldsymbol{u}_{\mathrm{d}}^{*}=\boldsymbol{L}^{\mathrm{T}}\boldsymbol{x}_{\mathrm{d}}=-\boldsymbol{R}^{-1}\boldsymbol{CPx}_{\mathrm{d}}$，所以$\boldsymbol{L}=-\boldsymbol{PC}^{\mathrm{T}}\boldsymbol{R}^{-1}$。

$[\boldsymbol{A},\boldsymbol{C}]$能观测意味$[\boldsymbol{A}^{\mathrm{T}},\boldsymbol{C}^{\mathrm{T}}]$能控，若$[\boldsymbol{A},\boldsymbol{B}]$能控，即$[\boldsymbol{A}^{\mathrm{T}},\boldsymbol{B}^{\mathrm{T}}]$能观测，则对偶最优闭环系统

$$\begin{cases}\dot{\boldsymbol{x}}_{\mathrm{d}}=(\boldsymbol{A}^{\mathrm{T}}-\boldsymbol{C}^{\mathrm{T}}\boldsymbol{R}^{-1}\boldsymbol{CP})\boldsymbol{x}_{\mathrm{d}}\\ \boldsymbol{y}_{\mathrm{d}}=\boldsymbol{B}^{\mathrm{T}}\boldsymbol{x}_{\mathrm{d}}\end{cases} \tag{4-5-9}$$

是渐近稳定的。因此$\boldsymbol{A}^{\mathrm{T}}+\boldsymbol{C}^{\mathrm{T}}\boldsymbol{L}^{\mathrm{T}}$的特征根具有负实部。从而观测器(4-5-7)是渐近稳定的。

下面通过例题来说明 LQR 问题的求解。

例 4.5.1 设系统状态方程和初始条件为：

$$\begin{cases}\dot{x}_1(t)=u(t), & x_1(0)=0\\ \dot{x}_2(t)=x_1(t), & x_2(0)=1\end{cases}$$

性能指标为：

$$J(u^{*})=\min_{u}\left\{\int_0^{\infty}\left[x_2^2(t)+\frac{1}{4}u^2(t)\right]\mathrm{d}t\right\}$$

试设计最优控制$u^{*}(t)$使得性能指标达到极小并求J^{*}。

解:本例为无限时间定常状态调节器问题,因

$$J=\frac{1}{2}\int_0^{\infty}\left[2x_2^2(t)+\frac{1}{2}u^2(t)\right]\mathrm{d}t=\frac{1}{2}\int_0^{\infty}\left\{\left[(x_1\quad x_2)\begin{pmatrix}0&0\\0&2\end{pmatrix}\begin{pmatrix}x_1\\x_2\end{pmatrix}+\frac{1}{2}u^2(t)\right]\right\}\mathrm{d}t$$

故由题意得

$$\boldsymbol{A}=\begin{pmatrix}0&0\\1&0\end{pmatrix},\quad \boldsymbol{b}=\begin{pmatrix}1\\0\end{pmatrix},\quad \boldsymbol{Q}=\begin{pmatrix}0&0\\0&2\end{pmatrix}=\begin{pmatrix}0\\\sqrt{2}\end{pmatrix}(0\quad\sqrt{2}),\quad R=\frac{1}{2}$$

易验证$[\boldsymbol{A},\boldsymbol{Q}^{\frac{1}{2}}]$能观测。因为

$$\mathrm{rank}(\boldsymbol{b}\quad\boldsymbol{Ab})=\mathrm{rank}\begin{pmatrix}1&0\\0&1\end{pmatrix}=2$$

系统完全能控,故最优控制 $u^*(t)$存在且唯一。

令

$$\boldsymbol{P}=\begin{pmatrix}p_{11}&p_{12}\\p_{21}&p_{22}\end{pmatrix}$$

由黎卡提方程

$$\begin{pmatrix}p_{11}&p_{12}\\p_{12}&p_{22}\end{pmatrix}\begin{pmatrix}0&0\\1&0\end{pmatrix}+\begin{pmatrix}0&1\\0&0\end{pmatrix}\begin{pmatrix}p_{11}&p_{12}\\p_{12}&p_{22}\end{pmatrix}-2\begin{pmatrix}p_{11}&p_{12}\\p_{12}&p_{22}\end{pmatrix}\begin{pmatrix}1\\0\end{pmatrix}(1\quad 0)\begin{pmatrix}p_{11}&p_{12}\\p_{12}&p_{22}\end{pmatrix}+\begin{pmatrix}0&0\\0&2\end{pmatrix}=\begin{pmatrix}0&0\\0&0\end{pmatrix}$$

展开得代数方程组

$$\begin{cases}p_{12}-p_{11}^2=0\\p_{22}-2p_{11}p_{12}=0\\-p_{12}^2+1=0\end{cases}$$

联立求解,得

$$\boldsymbol{P}=\begin{pmatrix}1&1\\1&2\end{pmatrix}>\boldsymbol{0}$$

于是可得最优控制 $u^*(t)$和最优指标 J^* 为:

$$u^*(t)=-\boldsymbol{R}^{-1}\boldsymbol{b}^{\mathrm{T}}\boldsymbol{Px}(t)=-2x_1(t)-2x_2(t)$$

$$J^*[\boldsymbol{x}(t)]=\frac{1}{2}\boldsymbol{x}^{\mathrm{T}}(0)\boldsymbol{Px}(0)=1$$

闭环系统的状态方程为:

$$\dot{\boldsymbol{x}}(t)=(\boldsymbol{A}-\boldsymbol{bR}^{-1}\boldsymbol{b}^{\mathrm{T}}\boldsymbol{P})\boldsymbol{x}(t)=\begin{pmatrix}-2&-2\\1&0\end{pmatrix}\boldsymbol{x}(t)=\tilde{\boldsymbol{A}}\boldsymbol{x}(t)$$

其特征方程为:

$$\det(\lambda\boldsymbol{I}-\tilde{\boldsymbol{A}})=\det\begin{pmatrix}\lambda+2&2\\-1&\lambda\end{pmatrix}=\lambda^2+2\lambda+2=0$$

特征值为 $\lambda_{1,2}=-1\pm\mathrm{j}$,故闭环系统渐近稳定。

例 4.5.2 给定系统状态方程

$$\begin{cases}\dot{x}_1=x_2, & x_1(0)=1\\\dot{x}_2=u, & x_2(0)=0\end{cases}$$

二次性能指标为:

$$J(u)=\int_0^{\infty}\left[x_1^2+2x_1x_2+4x_2^2+u^2\right]\mathrm{d}t$$

求最优控制使得性能指标达到极小并求指标最小值。

解: $\boldsymbol{A}=\begin{pmatrix}0&1\\0&0\end{pmatrix}$, $\boldsymbol{B}=\begin{pmatrix}0\\1\end{pmatrix}$, $\boldsymbol{Q}=\begin{pmatrix}1&1\\1&4\end{pmatrix}$, $\boldsymbol{R}=1$

易验证$[\boldsymbol{A},\boldsymbol{B}]$能控,又因$\boldsymbol{Q}>\boldsymbol{0}$,故$[\boldsymbol{A},\boldsymbol{Q}^{\frac{1}{2}}]$能观,

令

$$\boldsymbol{P}=\begin{pmatrix}p_{11}&p_{12}\\p_{12}&p_{22}\end{pmatrix}$$

则最优控制为:

$$\boldsymbol{u}^*(t)=-\boldsymbol{R}^{-1}\boldsymbol{B}^{\mathrm{T}}\boldsymbol{P}\boldsymbol{x}=-p_{12}x_1(t)-p_{22}x_2(t)$$

其中$\boldsymbol{P}$满足

$$\begin{pmatrix}p_{11}&p_{12}\\p_{12}&p_{22}\end{pmatrix}\begin{pmatrix}0&1\\0&0\end{pmatrix}+\begin{pmatrix}0&0\\1&0\end{pmatrix}\begin{pmatrix}p_{11}&p_{12}\\p_{12}&p_{22}\end{pmatrix}-\begin{pmatrix}p_{11}&p_{12}\\p_{12}&p_{22}\end{pmatrix}\begin{pmatrix}0\\1\end{pmatrix}(0\quad 1)\begin{pmatrix}p_{11}&p_{12}\\p_{12}&p_{22}\end{pmatrix}+\begin{pmatrix}1&1\\1&4\end{pmatrix}=\begin{pmatrix}0&0\\0&0\end{pmatrix}$$

展开得代数方程组

$$\begin{cases}2p_{12}-p_{22}^2+4=0\\p_{11}-p_{12}p_{22}+1=0\\-p_{12}^2+1=0\end{cases}$$

可解得正定解为:

$$\boldsymbol{P}=\begin{pmatrix}\sqrt{6}-1&1\\1&\sqrt{6}\end{pmatrix}\geqslant\boldsymbol{0}$$

从而最优控制为:

$$u^*(t)=-x_1(t)-\sqrt{6}x_2(t)$$

最优指标值为:

$$J^*=(1\quad 0)\begin{pmatrix}\sqrt{6}-1&1\\1&\sqrt{6}\end{pmatrix}\begin{pmatrix}1\\0\end{pmatrix}=\sqrt{6}-1$$

最优闭环为:

$$\dot{x}_1=x_2$$

$$\dot{x}_2=-x_1-\sqrt{6}x_2$$

最优闭环矩阵为:

$$\widetilde{\boldsymbol{A}}=\begin{pmatrix}0&1\\-1&-\sqrt{6}\end{pmatrix}$$

从而可以解出最优闭环的特征值为$\lambda_{1,2}=-\frac{\sqrt{6}}{2}\pm\frac{\sqrt{2}}{2}\mathrm{i}$,均为负实部,故闭环渐近稳定。

4.5.2 指标带有状态与控制乘积交叉项的LQR问题

考虑线性定常系统

$$\dot{\boldsymbol{x}}=\boldsymbol{A}\boldsymbol{x}+\boldsymbol{B}\boldsymbol{u} \tag{4-5-10}$$

其中 $\boldsymbol{x}\in\mathbb{R}^n,\boldsymbol{u}\in\mathbb{R}^m,x(t_0)$已知，给定二次型性能指标

$$\boldsymbol{J}(\boldsymbol{u}^*)=\min_{\boldsymbol{u}}\left\{\frac{1}{2}\int_{t_0}^{\infty}[\boldsymbol{x}^{\mathrm{T}}\boldsymbol{Q}\boldsymbol{x}+2\boldsymbol{x}^{\mathrm{T}}\boldsymbol{S}\boldsymbol{u}+\boldsymbol{u}^{\mathrm{T}}\boldsymbol{R}\boldsymbol{u}]\mathrm{d}t\right\} \tag{4-5-11}$$

指标中包括状态与控制的乘积交叉项 $2\boldsymbol{x}^{\mathrm{T}}\boldsymbol{S}(t)\boldsymbol{u}$，其中 $\boldsymbol{Q}\geqslant\boldsymbol{0},\boldsymbol{R}>0$，并且 $\boldsymbol{Q}-\boldsymbol{S}\boldsymbol{R}^{-1}\boldsymbol{S}^{\mathrm{T}}\geqslant\boldsymbol{0}$，假定$[\boldsymbol{A},\boldsymbol{B}]$能控，$[\boldsymbol{A}-\boldsymbol{B}\boldsymbol{R}^{-1}\boldsymbol{S}^{\mathrm{T}},(\boldsymbol{Q}-\boldsymbol{S}\boldsymbol{R}^{-1}\boldsymbol{S})^{\frac{1}{2}}]$能观。要求设计最优控制器使得性能指标(4-5-11)达到极小。

将性能指标中的被积函数改写成

$$(\boldsymbol{x}^{\mathrm{T}}\quad\boldsymbol{u}^{\mathrm{T}})\begin{pmatrix}\boldsymbol{Q}&\boldsymbol{S}\\\boldsymbol{S}^{\mathrm{T}}&\boldsymbol{R}\end{pmatrix}\begin{pmatrix}\boldsymbol{x}\\\boldsymbol{u}\end{pmatrix} \tag{4-5-12}$$

易验证：

$$\begin{pmatrix}\boldsymbol{I}&-\boldsymbol{S}\boldsymbol{R}^{-1}\\\boldsymbol{0}&\boldsymbol{I}\end{pmatrix}\begin{pmatrix}\boldsymbol{Q}&\boldsymbol{S}\\\boldsymbol{S}^{\mathrm{T}}&\boldsymbol{R}\end{pmatrix}\begin{pmatrix}\boldsymbol{I}&\boldsymbol{0}\\-\boldsymbol{R}^{-1}\boldsymbol{S}^{\mathrm{T}}&\boldsymbol{I}\end{pmatrix}=\begin{pmatrix}\boldsymbol{Q}-\boldsymbol{S}\boldsymbol{R}^{-1}\boldsymbol{S}^{\mathrm{T}}&\boldsymbol{0}\\\boldsymbol{0}&\boldsymbol{R}\end{pmatrix} \tag{4-5-13}$$

令

$$\begin{pmatrix}\boldsymbol{x}\\\boldsymbol{u}\end{pmatrix}=\begin{pmatrix}\boldsymbol{I}&\boldsymbol{0}\\-\boldsymbol{R}^{-1}\boldsymbol{S}^{\mathrm{T}}&\boldsymbol{I}\end{pmatrix}\begin{pmatrix}\bar{\boldsymbol{x}}\\\bar{\boldsymbol{u}}\end{pmatrix} \tag{4-5-14}$$

故有

$$(\boldsymbol{x}^{\mathrm{T}}\quad\boldsymbol{u}^{\mathrm{T}})\begin{pmatrix}\boldsymbol{Q}&\boldsymbol{S}\\\boldsymbol{S}^{\mathrm{T}}&\boldsymbol{R}\end{pmatrix}\begin{pmatrix}\boldsymbol{x}\\\boldsymbol{u}\end{pmatrix}=(\bar{\boldsymbol{x}}^{\mathrm{T}}\quad\bar{\boldsymbol{u}}^{\mathrm{T}})\begin{pmatrix}\boldsymbol{Q}-\boldsymbol{S}\boldsymbol{R}^{-1}\boldsymbol{S}^{\mathrm{T}}&\boldsymbol{0}\\\boldsymbol{0}&\boldsymbol{R}\end{pmatrix}\begin{pmatrix}\bar{\boldsymbol{x}}\\\bar{\boldsymbol{u}}\end{pmatrix} \tag{4-5-15}$$

因此性能指标的被积函数变为：

$$\boldsymbol{x}^{\mathrm{T}}\boldsymbol{Q}\boldsymbol{x}+2\boldsymbol{x}^{\mathrm{T}}\boldsymbol{S}\boldsymbol{u}+\boldsymbol{u}^{\mathrm{T}}\boldsymbol{R}\boldsymbol{u}=\bar{\boldsymbol{x}}^{\mathrm{T}}(\boldsymbol{Q}-\boldsymbol{S}\boldsymbol{R}^{-1}\boldsymbol{S}^{\mathrm{T}})\bar{\boldsymbol{x}}+\bar{\boldsymbol{u}}^{\mathrm{T}}\boldsymbol{R}\bar{\boldsymbol{u}} \tag{4-5-16}$$

其中 $\bar{\boldsymbol{x}}=\boldsymbol{x},\bar{\boldsymbol{u}}=\boldsymbol{u}+\boldsymbol{R}^{-1}\boldsymbol{S}^{\mathrm{T}}\bar{\boldsymbol{x}}$，则系统方程与性能指标变为：

$$\dot{\bar{\boldsymbol{x}}}=(\boldsymbol{A}-\boldsymbol{B}\boldsymbol{R}^{-1}\boldsymbol{S}^{\mathrm{T}})\bar{\boldsymbol{x}}+\boldsymbol{B}\bar{\boldsymbol{u}} \tag{4-5-17}$$

$$J[\bar{\boldsymbol{u}}(\cdot)]=\int_{t_0}^{\infty}[\bar{\boldsymbol{x}}^{\mathrm{T}}(\boldsymbol{Q}-\boldsymbol{S}\boldsymbol{R}^{-1}\boldsymbol{S}^{\mathrm{T}})\bar{\boldsymbol{x}}+\bar{\boldsymbol{u}}^{\mathrm{T}}\boldsymbol{R}\bar{\boldsymbol{u}}]\mathrm{d}t \tag{4-5-18}$$

由假设，最优控制是可解的，

$$\bar{\boldsymbol{u}}^*(t)=-\boldsymbol{R}^{-1}\boldsymbol{B}^{\mathrm{T}}\boldsymbol{P}\bar{\boldsymbol{x}}(t) \tag{4-5-19}$$

其中 $\boldsymbol{P}$ 是如下黎卡提方程的正定解：

$$\boldsymbol{P}(\boldsymbol{A}-\boldsymbol{B}\boldsymbol{R}^{-1}\boldsymbol{S}^{\mathrm{T}})+(\boldsymbol{A}^{\mathrm{T}}-\boldsymbol{S}\boldsymbol{R}^{-1}\boldsymbol{B}^{\mathrm{T}})\boldsymbol{P}-\boldsymbol{P}\boldsymbol{B}\boldsymbol{R}^{-1}\boldsymbol{B}^{\mathrm{T}}\boldsymbol{P}+\boldsymbol{Q}-\boldsymbol{S}\boldsymbol{R}^{-1}\boldsymbol{S}^{\mathrm{T}}=\boldsymbol{0} \tag{4-5-20}$$

此时最优性能指标为：

$$J^*(\boldsymbol{u}^*)=\frac{1}{2}\boldsymbol{x}^{\mathrm{T}}(t_0)\boldsymbol{P}\boldsymbol{x}(t_0) \tag{4-5-21}$$

则原问题的最优控制解为：

$$\boldsymbol{u}^*(t)=-\boldsymbol{R}^{-1}(\boldsymbol{B}^{\mathrm{T}}\boldsymbol{P}+\boldsymbol{S}^{\mathrm{T}})\boldsymbol{x}(t) \tag{4-5-22}$$

由于系统(4-5-10)完全能控，而状态反馈不改变能控性，所以$[\boldsymbol{A}-\boldsymbol{B}\boldsymbol{R}^{-1}\boldsymbol{S}^{\mathrm{T}},\boldsymbol{B}]$也能控，又由于$[\boldsymbol{A}-\boldsymbol{B}\boldsymbol{R}^{-1}\boldsymbol{S}^{\mathrm{T}},(\boldsymbol{Q}-\boldsymbol{S}\boldsymbol{R}^{-1}\boldsymbol{S}^{\mathrm{T}})^{\frac{1}{2}}]$ 能观，所以由定理 4.4.4，最优闭环系统是渐近稳定的。

4.5.3 具有特定指数衰减度的 LQR 问题

考虑定常线性系统和二次型指标如下：

$$\dot{\boldsymbol{x}}=\boldsymbol{A}\boldsymbol{x}+\boldsymbol{B}\boldsymbol{u},\quad \boldsymbol{x}(t_0)=\boldsymbol{x}_0 \tag{4-5-23}$$

$$\boldsymbol{J}(\boldsymbol{u}^*)=\min_{\boldsymbol{u}}\left\{\frac{1}{2}\int_{t_0}^{\infty}\mathrm{e}^{2\alpha t}(\boldsymbol{x}^{\mathrm{T}}\boldsymbol{Q}\boldsymbol{x}+\boldsymbol{u}^{\mathrm{T}}\boldsymbol{R}\boldsymbol{u})\mathrm{d}t\right\} \tag{4-5-24}$$

其中 $\boldsymbol{x}\in\mathbb{R}^n,\boldsymbol{u}\in\mathbb{R}^m$，$\alpha>0$ 为一标量常数，并且 $\boldsymbol{Q}\geqslant 0,\boldsymbol{R}>0$，假定$[\boldsymbol{A},\boldsymbol{B}]$能控，$[\boldsymbol{A},\boldsymbol{Q}^{\frac{1}{2}}]$能观。设计最优控制器使得性能指标达到极小。

做如下变换：

$$\hat{\boldsymbol{x}}(t)=\mathrm{e}^{\alpha t}\boldsymbol{x}(t) \tag{4-5-25}$$

$$\hat{\boldsymbol{u}}(t)=\mathrm{e}^{\alpha t}\boldsymbol{u}(t) \tag{4-5-26}$$

将式(4-5-25)与式(4-5-26)两边对时间求导，可得新系统的最优控制描述：

$$\boldsymbol{J}(\hat{\boldsymbol{u}}^*)=\min_{\hat{\boldsymbol{u}}}\frac{1}{2}\int_{t_0}^{\infty}(\hat{\boldsymbol{x}}^{\mathrm{T}}\boldsymbol{Q}\hat{\boldsymbol{x}}+\hat{\boldsymbol{u}}^{\mathrm{T}}\boldsymbol{R}\hat{\boldsymbol{u}})\mathrm{d}t \tag{4-5-27}$$

$$\text{s.t.}\quad \dot{\hat{\boldsymbol{x}}}=(\boldsymbol{A}+\alpha\boldsymbol{I})\hat{\boldsymbol{x}}+\boldsymbol{B}\hat{\boldsymbol{u}},\quad \hat{\boldsymbol{x}}(0)=\boldsymbol{x}(0)=\boldsymbol{x}_0 \tag{4-5-28}$$

由能控性与能观性 PBH 判据可知，若$[\boldsymbol{A},\boldsymbol{B}]$完全能控，则$[\boldsymbol{A}+\alpha\boldsymbol{I},\boldsymbol{B}]$也完全能控。$[\boldsymbol{A},\boldsymbol{Q}^{\frac{1}{2}}]$能观，$[\boldsymbol{A}+\alpha\boldsymbol{I},\boldsymbol{Q}^{\frac{1}{2}}]$也能观。

由此可知，新系统(4-5-27)与(4-5-28)的最优控制问题有唯一最优解为：

$$\hat{\boldsymbol{u}}^*(t)=-\boldsymbol{K}_\alpha\hat{\boldsymbol{x}}(t) \tag{4-5-29}$$

其中 $\boldsymbol{K}_\alpha=\boldsymbol{R}^{-1}\boldsymbol{B}^{\mathrm{T}}\boldsymbol{P}_\alpha$ 为反馈增益阵，$\boldsymbol{P}_\alpha$ 为如下黎卡提矩阵代数方程的正定解。

$$\boldsymbol{P}_\alpha(\boldsymbol{A}+\alpha\boldsymbol{I})+(\boldsymbol{A}^{\mathrm{T}}+\alpha\boldsymbol{I})\boldsymbol{P}_\alpha-\boldsymbol{P}_\alpha\boldsymbol{B}\boldsymbol{R}^{-1}\boldsymbol{B}^{\mathrm{T}}\boldsymbol{P}_\alpha+\boldsymbol{Q}=\boldsymbol{0} \tag{4-5-30}$$

由于 $\boldsymbol{u}=\mathrm{e}^{-\alpha t}\hat{\boldsymbol{u}}=-\mathrm{e}^{-\alpha t}\boldsymbol{K}_\alpha\hat{\boldsymbol{x}}=-\boldsymbol{K}_\alpha\boldsymbol{x}$，则新问题的闭环系统

$$\dot{\hat{\boldsymbol{x}}}=(\boldsymbol{A}+\alpha\boldsymbol{I}-\boldsymbol{B}\boldsymbol{K}_\alpha)\hat{\boldsymbol{x}} \tag{4-5-31}$$

为渐近稳定的，因此由

$$\lim_{t\to\infty}\hat{\boldsymbol{x}}(t)=\lim_{t\to\infty}\mathrm{e}^{\alpha t}\boldsymbol{x}(t)=\boldsymbol{0} \tag{4-5-32}$$

可知 $\boldsymbol{x}(t)$具有不低于 $\mathrm{e}^{-\alpha t}$ 的衰减速度，即闭环系统

$$\dot{\boldsymbol{x}}=(\boldsymbol{A}-\boldsymbol{B}\boldsymbol{K}_\alpha)\boldsymbol{x} \tag{4-5-33}$$

的极点具有比$-\alpha$ 更小的实部。

实际上，易证 $\lambda(\boldsymbol{A}+\alpha\boldsymbol{I}-\boldsymbol{B}\boldsymbol{K}_\alpha)=\lambda(\boldsymbol{A}-\boldsymbol{B}\boldsymbol{K}_\alpha)+\alpha$，其中 $\lambda(\cdot)$ 表示矩阵特征根，则 $\boldsymbol{A}+\alpha\boldsymbol{I}-\boldsymbol{B}\boldsymbol{K}_\alpha$ 具有负实部，等价于 $\boldsymbol{A}-\boldsymbol{B}\boldsymbol{K}_\alpha$ 的实部小于或等于$-\alpha$。

例 4.5.3 考虑如下最优控制：

$$\begin{pmatrix}\dot{x}_1\\ \dot{x}_2\end{pmatrix}=\begin{pmatrix}0&1\\0&0\end{pmatrix}\begin{pmatrix}x_1\\x_2\end{pmatrix}+\begin{pmatrix}0\\1\end{pmatrix}u,\quad \begin{pmatrix}x_1(0)\\x_2(0)\end{pmatrix}=\begin{pmatrix}x_{10}\\x_{20}\end{pmatrix}$$

要求设计最优控制器，使得

$$J(u)=\frac{1}{2}\int_0^{\infty}\mathrm{e}^{2t}(x_1^2+u^2)\mathrm{d}t$$

达到极小。

解：对应式(4-5-30)的代数黎卡提方程为：

$$\begin{pmatrix}p_{11}&p_{12}\\p_{12}&p_{22}\end{pmatrix}\begin{pmatrix}1&1\\0&1\end{pmatrix}+\begin{pmatrix}1&0\\1&1\end{pmatrix}\begin{pmatrix}p_{11}&p_{12}\\p_{12}&p_{22}\end{pmatrix}-\begin{pmatrix}p_{11}&p_{12}\\p_{12}&p_{22}\end{pmatrix}\begin{pmatrix}0\\1\end{pmatrix}(0\quad 1)\begin{pmatrix}p_{11}&p_{12}\\p_{12}&p_{22}\end{pmatrix}+\begin{pmatrix}1&0\\0&0\end{pmatrix}=\begin{pmatrix}0&0\\0&0\end{pmatrix}$$

直接展开得代数方程组：

$$\begin{cases}2p_{11}-p_{12}^2+1=0\\p_{11}+2p_{12}-p_{12}p_{22}=0\\2p_{12}+2p_{22}-p_{22}^2=0\end{cases}$$

解得

$$\boldsymbol{P}=\begin{pmatrix}(2+2\sqrt{2})\left[1+\dfrac{1}{2}\sqrt{2+2\sqrt{2}}\right] & 1+\sqrt{2}+\sqrt{2+\sqrt{2}}\\ 1+\sqrt{2}+\sqrt{2+\sqrt{2}} & 2+\sqrt{2+2\sqrt{2}}\end{pmatrix}\geqslant\boldsymbol{0}$$

易得最优控制为：

$$u=-(1+\sqrt{2}+\sqrt{2+\sqrt{2}})x_1-(2+\sqrt{2+2\sqrt{2}})x_2$$

最优闭环为：

$$\dot{x}=\begin{pmatrix}0 & 1\\ -(1+\sqrt{2}+\sqrt{2+\sqrt{2}} & -(2+\sqrt{2+2\sqrt{2}})\end{pmatrix}\begin{pmatrix}x_1\\x_2\end{pmatrix}$$

易验证闭环极点为一对共轭复数，其实部为：

$$-1-\frac{1}{2}\sqrt{2+2\sqrt{2}}<-1$$

所以最优闭环轨迹具有比 e^{-t} 更快的衰减度。

4.6 有扰动输入的 LQR 问题

在控制系统中，扰动输入无处不在，而且大多是未知的或随机的。在古典的控制系统设计中，通常采用比例-积分-微分(Proportion-Integral-Differential，PID)控制方式来克服脉冲、阶跃等干扰信号造成的影响。这里，我们从线性二次型最优调节器理论出发，对于输入带有阶跃类干扰，给出最优控制器的设计方法。

4.6.1 有导数约束的 LQR 问题

考虑如下最优控制问题：

$$\boldsymbol{J}(\boldsymbol{u}^*)=\min_{\boldsymbol{u}}\left\{\frac{1}{2}\int_{t_0}^{\infty}(\boldsymbol{x}^{\mathrm{T}}\boldsymbol{Q}\boldsymbol{x}+\dot{\boldsymbol{u}}^{\mathrm{T}}\boldsymbol{W}\dot{\boldsymbol{u}}+\boldsymbol{u}^{\mathrm{T}}\boldsymbol{R}\boldsymbol{u})\mathrm{d}t\right\} \tag{4-6-1}$$

约束动力学方程为：

$$\dot{\boldsymbol{x}}=\boldsymbol{A}\boldsymbol{x}+\boldsymbol{B}\boldsymbol{u},\quad \boldsymbol{x}(t_0)=\boldsymbol{x}_0 \tag{4-6-2}$$

其中 $\boldsymbol{x}\in\mathbb{R}^n,\boldsymbol{u}\in\mathbb{R}^m,\boldsymbol{A},\boldsymbol{B},\boldsymbol{Q},\boldsymbol{W},\boldsymbol{R}$ 都是相应维数的常数矩阵，且 $\boldsymbol{W}>\boldsymbol{0},\boldsymbol{Q}\geqslant0,\boldsymbol{R}\geqslant0$。设$\boldsymbol{u}(t_0)=\boldsymbol{u}_0$，要求设计最优控制器 $\boldsymbol{u}^*$，使得 $\boldsymbol{u}^*(t_0)=\boldsymbol{u}_0$，且使得式(4-6-1)达到极小。

令 $\dot{\boldsymbol{u}}=\boldsymbol{v}$，定义增广状态变量，

$$\boldsymbol{x}_1=\begin{pmatrix}\boldsymbol{x}\\\boldsymbol{u}\end{pmatrix} \tag{4-6-3}$$

则得到一个新的状态方程

$$\dot{\boldsymbol{x}}_1=\begin{pmatrix}\dot{\boldsymbol{x}}\\ \dot{\boldsymbol{u}}\end{pmatrix}=\begin{pmatrix}\boldsymbol{A} & \boldsymbol{B}\\ \boldsymbol{0} & \boldsymbol{0}\end{pmatrix}\begin{pmatrix}\boldsymbol{x}\\ \boldsymbol{u}\end{pmatrix}+\begin{pmatrix}\boldsymbol{0}\\ \boldsymbol{I}\end{pmatrix}\boldsymbol{v} \tag{4-6-4}$$

定义

$$\boldsymbol{A}_1=\begin{pmatrix}\boldsymbol{A} & \boldsymbol{B}\\ \boldsymbol{0} & \boldsymbol{0}\end{pmatrix},\quad \boldsymbol{B}_1=\begin{pmatrix}\boldsymbol{0}\\ \boldsymbol{I}\end{pmatrix},\quad \boldsymbol{Q}_1=\begin{pmatrix}\boldsymbol{Q} & \boldsymbol{0}\\ \boldsymbol{0} & \boldsymbol{R}\end{pmatrix} \tag{4-6-5}$$

则性能指标为：

$$\boldsymbol{J}(\boldsymbol{v}^*)=\min_{\boldsymbol{v}}\frac{1}{2}\int_{t_0}^{\infty}(\boldsymbol{x}_1^{\mathrm{T}}\boldsymbol{Q}_1\boldsymbol{x}_1+\boldsymbol{v}^{\mathrm{T}}\boldsymbol{W}\boldsymbol{v})\,\mathrm{d}t \tag{4-6-6}$$

则得到一个图 4.6.1 所示的增广系统。

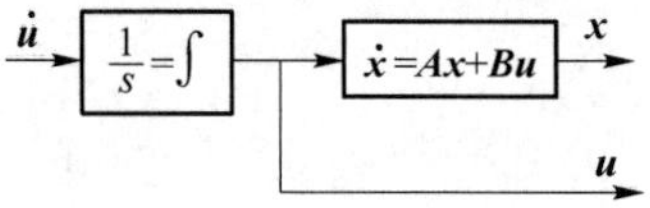

图 4.6.1 增广系统框图

假定$[\boldsymbol{A},\boldsymbol{B}]$能控，则$[\boldsymbol{A}_1,\boldsymbol{B}_1]$也可控。这是因为若 $\mathrm{rank}[\lambda\boldsymbol{I}-\boldsymbol{A},\boldsymbol{B}]=n$，则 $\mathrm{rank}[\lambda\boldsymbol{I}-\boldsymbol{A}_1,\boldsymbol{B}_1]=n+m$。

假定$[\boldsymbol{A},\boldsymbol{Q}^{\frac{1}{2}}]$能观，并且$[\boldsymbol{A}_1,\boldsymbol{Q}_1^{\frac{1}{2}}]$也能观。这样式(4-6-5)与式(4-6-6)构成了一个标准的 LQR 问题，可知最优控制为：

$$\boldsymbol{v}=-\boldsymbol{W}^{-1}\boldsymbol{B}_1^{\mathrm{T}}\boldsymbol{P}_1\boldsymbol{x}_1 \tag{4-6-7}$$

其中 $\boldsymbol{P}_1$ 是满足如下黎卡提方程的唯一正定解：

$$\boldsymbol{P}_1\boldsymbol{A}_1+\boldsymbol{A}_1^{\mathrm{T}}\boldsymbol{P}_1-\boldsymbol{P}_1\boldsymbol{B}_1\boldsymbol{W}^{-1}\boldsymbol{B}_1^{\mathrm{T}}\boldsymbol{P}_1+\boldsymbol{Q}_1=\boldsymbol{0} \tag{4-6-8}$$

将 $\boldsymbol{P}_1$ 分解成如下的分块矩阵：

$$\boldsymbol{P}_1=\begin{pmatrix}\boldsymbol{P}_{11} & \boldsymbol{P}_{21}^{\mathrm{T}}\\ \boldsymbol{P}_{21} & \boldsymbol{P}_{22}\end{pmatrix} \tag{4-6-9}$$

则式(4-6-7)可以写成

$$\boldsymbol{v}=\dot{\boldsymbol{u}}=-\boldsymbol{W}^{-1}\boldsymbol{B}_1^{\mathrm{T}}\boldsymbol{P}_1\boldsymbol{x}_1=-\boldsymbol{K}_1\boldsymbol{x}-\boldsymbol{K}_2\boldsymbol{u} \tag{4-6-10}$$

其中 $\boldsymbol{K}_1=\boldsymbol{W}^{-1}\boldsymbol{P}_{21}$，$\boldsymbol{K}_2=\boldsymbol{W}^{-1}\boldsymbol{P}_{22}$。

最优闭环系统为：

$$\dot{\boldsymbol{x}}_1=\begin{pmatrix}\dot{\boldsymbol{x}}\\ \dot{\boldsymbol{u}}\end{pmatrix}=\begin{pmatrix}\boldsymbol{A} & \boldsymbol{B}\\ -\boldsymbol{K}_1 & -\boldsymbol{K}_2\end{pmatrix}\begin{pmatrix}\boldsymbol{x}\\ \boldsymbol{u}\end{pmatrix} \tag{4-6-11}$$

初始状态为 $\boldsymbol{x}(t_0)=\boldsymbol{x}_0$，$\boldsymbol{u}(t_0)=\boldsymbol{u}_0$。

最优闭环系统如图 4.6.2 所示。

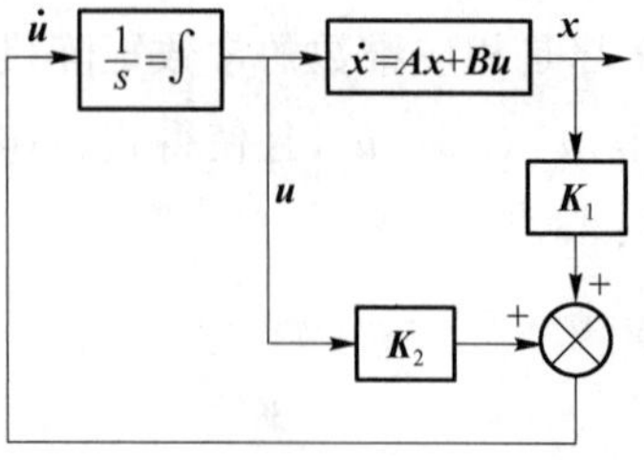

图4.6.2 增广系统最优控制框图

特别，如果初始状态为零，则对式(4-6-10)两边取拉普拉斯变换，有

$$\boldsymbol{U}(s)=-(s\boldsymbol{I}+\boldsymbol{K}_2)^{-1}\boldsymbol{K}_1\boldsymbol{X}(s) \tag{4-6-12}$$

显然，最优控制(4-6-12)是对状态变量进行低通滤波的形式。

再回到式(4-6-10)中，控制 $\boldsymbol{v}$ 中含有变量 $\boldsymbol{u}$。如果变量 $\boldsymbol{u}$ 不能直接获得，则控制在线实施就很困难。在文献[2]中，提出了一种解决办法，下面介绍该方法。

我们假定得到了如下控制系统的能控标准型描述：

$$\dot{\boldsymbol{x}}=\boldsymbol{A}\boldsymbol{x}+\boldsymbol{B}\boldsymbol{u}$$

因此

$$\boldsymbol{B}^{\mathrm{T}}(\dot{\boldsymbol{x}}-\boldsymbol{A}\boldsymbol{x})=\boldsymbol{B}^{\mathrm{T}}\boldsymbol{B}\boldsymbol{u} \tag{4-6-13}$$

此时 $\boldsymbol{B}^{\mathrm{T}}\boldsymbol{B}$ 一定是 $m\times m$ 的正定矩阵。由式(4-6-13)，求解 $\boldsymbol{u}$ 的一个解(最小二乘解)：

$$\boldsymbol{u}=(\boldsymbol{B}^{\mathrm{T}}\boldsymbol{B})^{-1}\boldsymbol{B}^{\mathrm{T}}\dot{\boldsymbol{x}}-(\boldsymbol{B}^{\mathrm{T}}\boldsymbol{B})^{-1}\boldsymbol{B}^{\mathrm{T}}\boldsymbol{A}\boldsymbol{x} \tag{4-6-14}$$

将式(4-6-14)代入式(4-6-10)，得

$$\begin{aligned}\boldsymbol{v}=\dot{\boldsymbol{u}}&=-\boldsymbol{W}^{-1}\boldsymbol{B}_1^{\mathrm{T}}\boldsymbol{P}_1\boldsymbol{x}_1=-\boldsymbol{K}_1\boldsymbol{x}-\boldsymbol{K}_2(\boldsymbol{B}^{\mathrm{T}}\boldsymbol{B})^{-1}\boldsymbol{B}^{\mathrm{T}}\dot{\boldsymbol{x}}+\boldsymbol{K}_2(\boldsymbol{B}^{\mathrm{T}}\boldsymbol{B})^{-1}\boldsymbol{B}^{\mathrm{T}}\boldsymbol{A}\boldsymbol{x}\\&=[-\boldsymbol{K}_1+\boldsymbol{K}_2(\boldsymbol{B}^{\mathrm{T}}\boldsymbol{B})^{-1}\boldsymbol{B}^{\mathrm{T}}\boldsymbol{A}]\boldsymbol{x}-\boldsymbol{K}_2(\boldsymbol{B}^{\mathrm{T}}\boldsymbol{B})^{-1}\boldsymbol{B}^{\mathrm{T}}\dot{\boldsymbol{x}}\end{aligned} \tag{4-6-15}$$

定义 $\boldsymbol{K}_3=-\boldsymbol{K}_1+\boldsymbol{K}_2(\boldsymbol{B}^{\mathrm{T}}\boldsymbol{B})^{-1}\boldsymbol{B}^{\mathrm{T}}\boldsymbol{A}$，$\boldsymbol{K}_4=-\boldsymbol{K}_2(\boldsymbol{B}^{\mathrm{T}}\boldsymbol{B})^{-1}\boldsymbol{B}^{\mathrm{T}}$，所以

$$\boldsymbol{u}=\int_{t_0}^{t}\boldsymbol{K}_3\boldsymbol{x}\mathrm{d}t+\boldsymbol{K}_4\boldsymbol{x}+\boldsymbol{u}_0-\boldsymbol{K}_4\boldsymbol{x}_0 \tag{4-6-16}$$

从式(4-6-16)可以看出，此时最优控制具有比例加积分的形式，如图 4.6.3 所示。

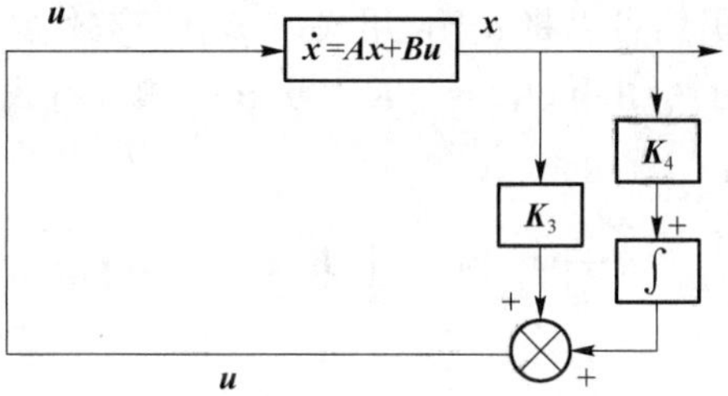

图 4.6.3 比例＋积分控制框图

4.6.2 包含阶跃扰动的 LQR 问题

考虑如下有外部干扰的状态方程，其中假定干扰为阶跃函数，即 $\dot{\boldsymbol{w}}=0$，

$$\dot{\boldsymbol{x}}=\boldsymbol{A}\boldsymbol{x}+\boldsymbol{B}(\boldsymbol{u}+\boldsymbol{w}),\quad \boldsymbol{x}(t_0)=\boldsymbol{0},\quad \boldsymbol{u}(t_0)=\boldsymbol{0} \tag{4-6-17}$$

其中 $\boldsymbol{x}\in\mathbb{R}^n$，$\boldsymbol{u}\in\mathbb{R}^m$，且 $\boldsymbol{W}>\boldsymbol{0}$，$\boldsymbol{Q}\geqslant\boldsymbol{0}$，$\boldsymbol{R}\geqslant\boldsymbol{0}$。

性能指标为：

$$\boldsymbol{J}(\boldsymbol{u}^*)=\min_{u}\left\{\frac{1}{2}\int_{t_0}^{\infty}(\boldsymbol{x}^{\mathrm{T}}\boldsymbol{Q}\boldsymbol{x}+(\boldsymbol{u}+\boldsymbol{w})^{\mathrm{T}}\boldsymbol{R}(\boldsymbol{u}+\boldsymbol{w})+\dot{\boldsymbol{u}}^{\mathrm{T}}\boldsymbol{W}\dot{\boldsymbol{u}})\mathrm{d}t\right\} \tag{4-6-18}$$

假设$[\boldsymbol{A},\boldsymbol{B}]$能控，$[\boldsymbol{A}_1,\boldsymbol{Q}_1^{\frac{1}{2}}]$ 是能观测的。

由 4.6.1 节知，通过构造增广系统，令 $\dot{\boldsymbol{u}}+\dot{\boldsymbol{\omega}}=\boldsymbol{v}$，则

$$\dot{\boldsymbol{x}}_1=\begin{pmatrix}\dot{\boldsymbol{x}}\\ \dot{\boldsymbol{u}}+\dot{\boldsymbol{w}}\end{pmatrix}=\begin{pmatrix}\boldsymbol{A}&\boldsymbol{B}\\ \boldsymbol{0}&\boldsymbol{0}\end{pmatrix}\begin{pmatrix}\boldsymbol{x}\\ \boldsymbol{u}+\boldsymbol{w}\end{pmatrix}+\begin{pmatrix}\boldsymbol{0}\\ \boldsymbol{I}\end{pmatrix}\boldsymbol{v} \tag{4-6-19}$$

定义

$$\boldsymbol{A}_1=\begin{pmatrix}\boldsymbol{A} & \boldsymbol{B}\\ \boldsymbol{0} & \boldsymbol{0}\end{pmatrix},\quad \boldsymbol{B}_1=\begin{pmatrix}\boldsymbol{0}\\ \boldsymbol{I}\end{pmatrix},\quad \boldsymbol{Q}_1=\begin{pmatrix}\boldsymbol{Q} & \boldsymbol{0}\\ \boldsymbol{0} & \boldsymbol{R}\end{pmatrix} \tag{4-6-20}$$

则性能指标变为：

$$\boldsymbol{J}(\boldsymbol{v}^*)=\min_{v}\frac{1}{2}\int_{t_0}^{\infty}(\boldsymbol{x}_1^{\mathrm{T}}\boldsymbol{Q}_1\boldsymbol{x}_1+\boldsymbol{v}^{\mathrm{T}}\boldsymbol{W}\boldsymbol{v})\mathrm{d}t \tag{4-6-21}$$

通过解式(4-6-19)与式(4-6-21)的最优控制问题，可以得到最优控制表达式为：

$$\boldsymbol{v}=\dot{\boldsymbol{u}}=-\boldsymbol{W}^{-1}\boldsymbol{B}_1^{\mathrm{T}}\boldsymbol{P}_1\boldsymbol{x}_1=-\boldsymbol{K}_1\boldsymbol{x}-\boldsymbol{K}_2(\boldsymbol{u}+\boldsymbol{w}) \tag{4-6-22}$$

其中 $\boldsymbol{K}_1=\boldsymbol{W}^{-1}\boldsymbol{P}_{21}$，$\boldsymbol{K}_2=\boldsymbol{W}^{-1}\boldsymbol{P}_{22}$，最优控制如 4.6.4 所示。

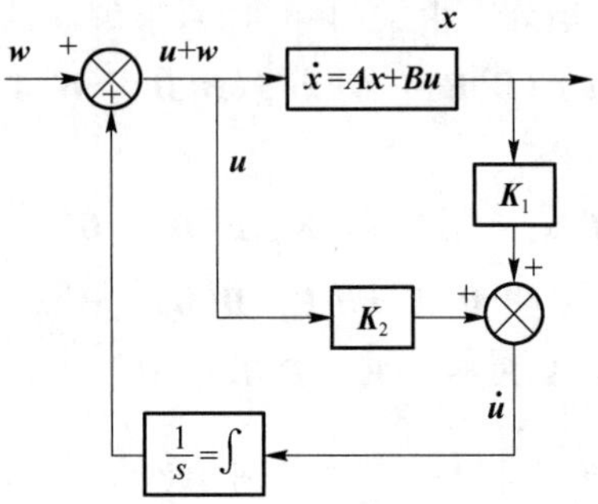

图 4.6.4　包含阶跃扰动的最优控制框图

在式(4-6-22)中，我们仍然可以将 $\boldsymbol{u}+\boldsymbol{w}$ 用式(4-6-15)取代。

令 $\boldsymbol{K}_3=-\boldsymbol{K}_1+\boldsymbol{K}_2(\boldsymbol{B}^{\mathrm{T}}\boldsymbol{B})^{-1}\boldsymbol{B}^{\mathrm{T}}\boldsymbol{A}$，$\boldsymbol{K}_4=-\boldsymbol{K}_2(\boldsymbol{B}^{\mathrm{T}}\boldsymbol{B})^{-1}\boldsymbol{B}^{\mathrm{T}}$，将式(4-6-22)两端积分，并考虑初始条件，则得最优控制为：

$$\boldsymbol{u}+\boldsymbol{w}-\boldsymbol{w}=\int_{t_0}^{t}\boldsymbol{K}_3\boldsymbol{x}\mathrm{d}t+\boldsymbol{K}_4\boldsymbol{x}$$

所以

$$\boldsymbol{u}=\int_{t_0}^{t}\boldsymbol{K}_3\boldsymbol{x}\mathrm{d}t+\boldsymbol{K}_4\boldsymbol{x} \tag{4-6-23}$$

显然式(4-6-23)仍然是一种比例加积分形式，如图 4.6.5 所示。

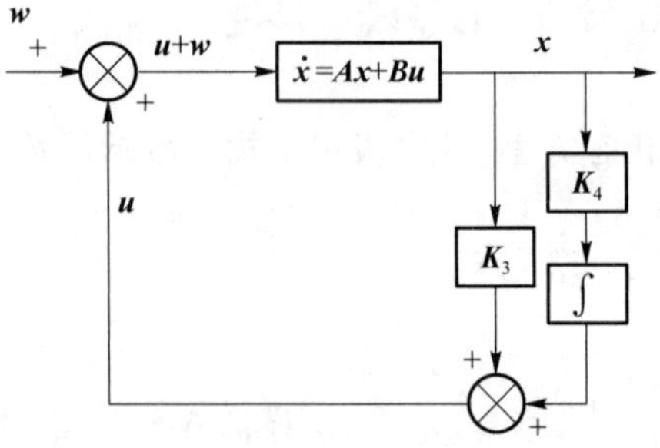

图4.6.5　最优比例一积分调节器的结构图

4.7 黎卡提方程的求解

考虑如下微分黎卡提方程：

$$\begin{cases}-\dot{\boldsymbol{P}}(t)=\boldsymbol{P}(t)\boldsymbol{A}(t)+\boldsymbol{A}^{\mathrm{T}}(t)\boldsymbol{P}(t)-\boldsymbol{P}(t)\boldsymbol{B}(t)\boldsymbol{R}^{-1}\boldsymbol{B}^{\mathrm{T}}(t)\boldsymbol{P}(t)+\boldsymbol{Q}(t)\\ \boldsymbol{P}(t_f)=\boldsymbol{S}\end{cases} \tag{4-7-1}$$

可以通过求解下列方程来获得方程(4-7-1)的解：

$$\begin{pmatrix}\dot{\boldsymbol{X}}\\ \dot{\boldsymbol{Y}}\end{pmatrix}=\begin{pmatrix}\boldsymbol{A}(t) & -\boldsymbol{B}(t)\boldsymbol{R}^{-1}(t)\boldsymbol{B}^{\mathrm{T}}(t)\\ -\boldsymbol{Q}(t) & -\boldsymbol{A}^{\mathrm{T}}(t)\end{pmatrix}\begin{pmatrix}\boldsymbol{X}\\ \boldsymbol{Y}\end{pmatrix},\quad \begin{pmatrix}\boldsymbol{X}(t_f)\\ \boldsymbol{Y}(t_f)\end{pmatrix}=\begin{pmatrix}\boldsymbol{I}\\ \boldsymbol{S}\end{pmatrix} \tag{4-7-2}$$

命题 4.7.1 如果方程(4-7-1)的解在区间$[t_0,t_f]$存在，则式(4-7-2)的解 $\boldsymbol{X}^{-1}(t)$ 存在且

$$\boldsymbol{P}(t)=\boldsymbol{Y}(t)\boldsymbol{X}^{-1}(t) \tag{4-7-3}$$

反之，若式(4-7-2)的解中 $X(t)$存在且非奇异，则方程(4-7-1)的解由式(4-7-3)所确定。

证明：

$$\frac{\mathrm{d}}{\mathrm{d}t}(\boldsymbol{Y}\boldsymbol{X}^{-1})=\dot{\boldsymbol{Y}}\boldsymbol{X}^{-1}-\boldsymbol{Y}\boldsymbol{X}^{-1}\dot{\boldsymbol{X}}\boldsymbol{X}^{-1}$$

$$=-\boldsymbol{Q}\boldsymbol{X}\boldsymbol{X}^{-1}-\boldsymbol{A}^{\mathrm{T}}\boldsymbol{Y}\boldsymbol{X}^{-1}-\boldsymbol{Y}\boldsymbol{X}^{-1}\boldsymbol{A}\boldsymbol{X}\boldsymbol{X}^{-1}+\boldsymbol{Y}\boldsymbol{X}^{-1}\boldsymbol{B}\boldsymbol{R}^{-1}\boldsymbol{B}^{\mathrm{T}}\boldsymbol{Y}\boldsymbol{X}^{-1}$$

所以

$$-\frac{\mathrm{d}}{\mathrm{d}t}(\boldsymbol{Y}\boldsymbol{X}^{-1})=\boldsymbol{A}^{\mathrm{T}}[\boldsymbol{Y}\boldsymbol{X}^{-1}]+[\boldsymbol{Y}\boldsymbol{X}^{-1}]\boldsymbol{A}-[\boldsymbol{Y}\boldsymbol{X}^{-1}]\boldsymbol{B}\boldsymbol{R}^{-1}\boldsymbol{B}^{\mathrm{T}}[\boldsymbol{Y}\boldsymbol{X}^{-1}]+\boldsymbol{Q}$$

由终端条件

$$\boldsymbol{P}(t_f)=\boldsymbol{Y}(t_f)\boldsymbol{X}^{-1}(t_f)=\boldsymbol{S}$$

下面我们证明，如果方程(4-7-1)的解 $\boldsymbol{P}(t)$存在，将确保 $\boldsymbol{X}^{-1}(t)$的存在。

考虑最优闭环方程为：

$$\dot{\boldsymbol{x}}=[\boldsymbol{A}(t)-\boldsymbol{B}(t)\boldsymbol{R}^{-1}(t)\boldsymbol{B}^{\mathrm{T}}(t)\boldsymbol{P}(t)]\boldsymbol{x} \tag{4-7-4}$$

记 $\boldsymbol{\Psi}(t,t_0)$为式(4-7-4)的状态转移矩阵，令

$$\boldsymbol{X}(t)=\boldsymbol{\Psi}(t,t_f),\quad \boldsymbol{Y}(t)=\boldsymbol{P}(t)\boldsymbol{\Psi}(t,t_f) \tag{4-7-5}$$

则易验证式(4-7-5)是式(4-7-2)的解。

由于状态转移矩阵是非奇异的，所以 $\boldsymbol{X}^{-1}(t)$是存在的。

证毕！

如果可以直接获得式(4-7-2)的状态转移矩阵，则可以得到 $\boldsymbol{P}(t)$的另一种表达式。

令 $\boldsymbol{\Phi}(t,s)$为式(4-7-2)的状态转移矩阵，$\boldsymbol{\Phi}(t,t)=\boldsymbol{I}_{2n\times 2n}$。对 $\boldsymbol{\Phi}(t,s)$进行块分解如下：

$$\boldsymbol{\Phi}=\begin{pmatrix}\boldsymbol{\Phi}_{11} & \boldsymbol{\Phi}_{12}\\ \boldsymbol{\Phi}_{21} & \boldsymbol{\Phi}_{22}\end{pmatrix} \tag{4-7-6}$$

则

$$\begin{cases}\boldsymbol{X}(t)=\boldsymbol{\Phi}_{11}(t,t_f)+\boldsymbol{\Phi}_{12}(t,t_f)\boldsymbol{S}\\ \boldsymbol{Y}(t)=\boldsymbol{\Phi}_{21}(t,t_f)+\boldsymbol{\Phi}_{22}(t,t_f)\boldsymbol{S}\end{cases} \tag{4-7-7}$$

所以

$$\boldsymbol{P}(t)=\boldsymbol{Y}(t)\boldsymbol{X}^{-1}(t)=[\boldsymbol{\Phi}_{21}(t,t_f)+\boldsymbol{\Phi}_{22}(t,t_f)\boldsymbol{A}][\boldsymbol{\Phi}_{11}(t,t_f)+\boldsymbol{\Phi}_{12}(t,t_f)\boldsymbol{A}]^{-1} \tag{4-7-8}$$

考虑定常情形

$$\begin{pmatrix}\dot{\boldsymbol{X}}\\\dot{\boldsymbol{Y}}\end{pmatrix}=\begin{pmatrix}\boldsymbol{A} & -\boldsymbol{B}\boldsymbol{R}^{-1}\boldsymbol{B}^{\mathrm{T}}\\-\boldsymbol{Q} & -\boldsymbol{A}^{\mathrm{T}}\end{pmatrix}\begin{pmatrix}\boldsymbol{X}\\\boldsymbol{Y}\end{pmatrix},\quad \begin{pmatrix}\boldsymbol{X}(t_f)\\\boldsymbol{Y}(t_f)\end{pmatrix}=\begin{pmatrix}\boldsymbol{I}\\\boldsymbol{S}\end{pmatrix} \tag{4-7-9}$$

令

$$\boldsymbol{H}=\begin{pmatrix}\boldsymbol{A} & -\boldsymbol{B}\boldsymbol{R}^{-1}\boldsymbol{B}^{\mathrm{T}}\\-\boldsymbol{Q} & -\boldsymbol{A}^{\mathrm{T}}\end{pmatrix} \tag{4-7-10}$$

其称为哈密顿矩阵。下面证明 $\boldsymbol{H}$ 的特征根关于虚轴对称。

令

$$\boldsymbol{J}=\begin{pmatrix}\boldsymbol{0} & -\boldsymbol{I}_{n\times n}\\\boldsymbol{I}_{n\times n} & \boldsymbol{0}\end{pmatrix} \tag{4-7-11}$$

易验证 $\boldsymbol{J}^{-1}=-\boldsymbol{J}$，

$$\boldsymbol{J}^{-1}\boldsymbol{H}\boldsymbol{J}=-\boldsymbol{H}^{\mathrm{T}} \tag{4-7-12}$$

这说明 $\boldsymbol{H}$ 与 $-\boldsymbol{H}^{\mathrm{T}}$ 相似。而相似矩阵具有相同特征根，因此 $\boldsymbol{H}$ 与 $-\boldsymbol{H}^{\mathrm{T}}$ 的特征根相同，由于 $\boldsymbol{H}$ 与 $\boldsymbol{H}^{\mathrm{T}}$ 有相同的特征根，这说明若 s 为 $\boldsymbol{H}$ 的特征根，则 $-s$ 也是 $\boldsymbol{H}$ 特征根。

因此若 $\boldsymbol{H}$ 在虚轴上没有特征根，则存在非奇异变换矩阵 $\boldsymbol{M}$，将 $\boldsymbol{H}$ 变为：

$$\boldsymbol{M}^{-1}\boldsymbol{H}\boldsymbol{M}=\begin{pmatrix}-\boldsymbol{\Lambda} & \boldsymbol{0}\\\boldsymbol{0} & \boldsymbol{\Lambda}\end{pmatrix} \tag{4-7-13}$$

其中 $\boldsymbol{\Lambda}$ 为由正实部特征根构成的约当块。

变换矩阵 $\boldsymbol{M}$ 可以通过特征向量构造，记

$$\boldsymbol{M}=\begin{pmatrix}\boldsymbol{M}_{11} & \boldsymbol{M}_{12}\\\boldsymbol{M}_{21} & \boldsymbol{M}_{22}\end{pmatrix} \tag{4-7-14}$$

$$\begin{pmatrix}\boldsymbol{A} & -\boldsymbol{B}\boldsymbol{R}^{-1}\boldsymbol{B}^{\mathrm{T}}\\-\boldsymbol{Q} & -\boldsymbol{A}^{\mathrm{T}}\end{pmatrix}\begin{pmatrix}\boldsymbol{M}_{11} & \boldsymbol{M}_{12}\\\boldsymbol{M}_{21} & \boldsymbol{M}_{22}\end{pmatrix}=\begin{pmatrix}\boldsymbol{M}_{11} & \boldsymbol{M}_{12}\\\boldsymbol{M}_{21} & \boldsymbol{M}_{22}\end{pmatrix}\begin{pmatrix}-\boldsymbol{\Lambda} & \boldsymbol{0}\\\boldsymbol{0} & \boldsymbol{\Lambda}\end{pmatrix} \tag{4-7-15}$$

因此，

$$\begin{pmatrix}\boldsymbol{M}_{11}\\\boldsymbol{M}_{21}\end{pmatrix}$$

是由 $\boldsymbol{H}$ 的稳定特征值的 n 个特征向量构成的矩阵。

定义状态变换：

$$\begin{pmatrix}\boldsymbol{X}\\\boldsymbol{Y}\end{pmatrix}=\boldsymbol{M}\begin{pmatrix}\hat{\boldsymbol{X}}\\\hat{\boldsymbol{Y}}\end{pmatrix} \tag{4-7-16}$$

则

$$\begin{pmatrix}\dot{\hat{\boldsymbol{X}}}\\\dot{\hat{\boldsymbol{Y}}}\end{pmatrix}=\begin{pmatrix}-\boldsymbol{\Lambda} & \boldsymbol{0}\\\boldsymbol{0} & \boldsymbol{\Lambda}\end{pmatrix}\begin{pmatrix}\boldsymbol{X}\\\boldsymbol{Y}\end{pmatrix} \tag{4-7-17}$$

因此

$$\begin{pmatrix}\hat{\boldsymbol{X}}(t)\\ \hat{\boldsymbol{Y}}(t)\end{pmatrix}=\begin{pmatrix}\mathrm{e}^{-\boldsymbol{\Lambda}t} & \boldsymbol{0}\\ \boldsymbol{0} & \mathrm{e}^{\boldsymbol{\Lambda}t}\end{pmatrix}\begin{pmatrix}\hat{\boldsymbol{X}}(0)\\ \hat{\boldsymbol{Y}}(0)\end{pmatrix}$$

$$\Rightarrow\begin{pmatrix}\hat{\boldsymbol{X}}(t)\\ \hat{\boldsymbol{Y}}(t)\end{pmatrix}=\begin{pmatrix}e^{-\Lambda(t-t_f)} & \boldsymbol{0}\\ \boldsymbol{0} & e^{\Lambda(t-t_f)}\end{pmatrix}\begin{pmatrix}\hat{\boldsymbol{X}}(t_f)\\ \hat{\boldsymbol{Y}}(t_f)\end{pmatrix} \tag{4-7-18}$$

由于

$$\begin{pmatrix}\boldsymbol{X}(t_f)\\ \boldsymbol{Y}(t_f)\end{pmatrix}=\begin{pmatrix}\boldsymbol{I}\\ \boldsymbol{S}\end{pmatrix} \tag{4-7-19}$$

所以由式(4-7-16)，

$$\boldsymbol{M}_{11}\hat{\boldsymbol{X}}(t_f)+\boldsymbol{M}_{21}\hat{\boldsymbol{Y}}(t_f)=\boldsymbol{I}$$

$$\boldsymbol{M}_{21}\hat{\boldsymbol{X}}(t_f)+\boldsymbol{M}_{22}\hat{\boldsymbol{Y}}(t_f)=\boldsymbol{S} \tag{4-7-20}$$

可以推出

$$\hat{\boldsymbol{Y}}(t_f)=\boldsymbol{\Omega}\hat{\boldsymbol{X}}(t_f) \tag{4-7-21}$$

其中 $\boldsymbol{\Omega}=-(\boldsymbol{M}_{22}-\boldsymbol{S}\boldsymbol{M}_{12})^{-1}(\boldsymbol{M}_{21}-\boldsymbol{S}\boldsymbol{M}_{11})$。

现在计算 $\boldsymbol{P}(t)=\boldsymbol{Y}(t)\boldsymbol{X}^{-1}(t)$，由式(4-7-18)与式(4-7-21)，可得

$$\hat{\boldsymbol{Y}}(t)=\mathrm{e}^{\boldsymbol{\Lambda}(t-t_f)}\boldsymbol{\Omega}\mathrm{e}^{\boldsymbol{\Lambda}(t-t_f)}\hat{\boldsymbol{X}}(t) \tag{4-7-22}$$

再利用状态变换(4-7-16)，可以得到

$$\boldsymbol{P}(t)=\boldsymbol{Y}(t)\boldsymbol{X}^{-1}(t)=(\boldsymbol{M}_{21}+\boldsymbol{M}_{22}\mathrm{e}^{\boldsymbol{\Lambda}(t-t_f)}\boldsymbol{\Omega}\mathrm{e}^{\boldsymbol{\Lambda}(t-t_f)})(\boldsymbol{M}_{11}+\boldsymbol{M}_{12}\mathrm{e}^{\boldsymbol{\Lambda}(t-t_f)}\boldsymbol{\Omega}\mathrm{e}^{\boldsymbol{\Lambda}(t-t_f)})^{-1} \tag{4-7-23}$$

由于 $\boldsymbol{\Lambda}$ 的特征根具有正实部，所以当 $t_f\to\infty$ 时，$\mathrm{e}^{\boldsymbol{\Lambda}(t-t_f)}\to\boldsymbol{0}$。此时

$$\boldsymbol{P}=\boldsymbol{M}_{21}\boldsymbol{M}_{11}^{-1} \tag{4-7-24}$$

现在考虑定常情形下的黎卡提代数方程求解：

$$\boldsymbol{PA}+\boldsymbol{A}^{\mathrm{T}}\boldsymbol{P}-\boldsymbol{PBR}^{-1}\boldsymbol{B}^{\mathrm{T}}\boldsymbol{P}+\boldsymbol{Q}=\boldsymbol{0} \tag{4-7-25}$$

其中 $\boldsymbol{A},\boldsymbol{B},\boldsymbol{Q},\boldsymbol{R}$ 都是常数矩阵。将式(4-7-15)相乘展开得

$$\boldsymbol{AM}_{11}-\boldsymbol{BR}^{-1}\boldsymbol{B}^{\mathrm{T}}\boldsymbol{M}_{21}=-\boldsymbol{M}_{11}\boldsymbol{\Lambda} \tag{4-7-26}$$

$$-\boldsymbol{QM}_{11}-\boldsymbol{A}^{\mathrm{T}}\boldsymbol{M}_{21}=-\boldsymbol{M}_{21}\boldsymbol{\Lambda} \tag{4-7-27}$$

式(4-7-26)可写为：

$$\boldsymbol{M}_{21}\boldsymbol{M}_{11}^{-1}\boldsymbol{A}-\boldsymbol{M}_{21}\boldsymbol{M}_{11}^{-1}\boldsymbol{BR}^{-1}\boldsymbol{B}^{\mathrm{T}}\boldsymbol{M}_{21}\boldsymbol{M}_{11}^{-1}=-\boldsymbol{M}_{21}\boldsymbol{\Lambda}\boldsymbol{M}_{11}^{-1} \tag{4-7-28}$$

式(4-7-27)可写为：

$$-\boldsymbol{Q}-\boldsymbol{A}^{\mathrm{T}}\boldsymbol{M}_{21}\boldsymbol{M}_{11}^{-1}=-\boldsymbol{M}_{21}\boldsymbol{\Lambda}\boldsymbol{M}_{11}^{-1} \tag{4-7-29}$$

由式(4-7-28)及式(4-7-29)得

$$\boldsymbol{M}_{21}\boldsymbol{M}_{11}^{-1}\boldsymbol{A}+\boldsymbol{A}^{\mathrm{T}}\boldsymbol{M}_{21}\boldsymbol{M}_{11}^{-1}-\boldsymbol{M}_{21}\boldsymbol{M}_{11}^{-1}\boldsymbol{BR}^{-1}\boldsymbol{B}^{\mathrm{T}}\boldsymbol{M}_{21}\boldsymbol{M}_{11}^{-1}+\boldsymbol{Q}=\boldsymbol{0} \tag{4-7-30}$$

比较式(4-7-30)与原黎卡提代数方程得

$$\boldsymbol{P}=\boldsymbol{M}_{21}\boldsymbol{M}_{11}^{-1} \tag{4-7-31}$$

显然，这与式(4-7-24)是一致的。

例 4.7.1 考虑如下黎卡提代数方程：

$$\boldsymbol{PA}+\boldsymbol{A}^{\mathrm{T}}\boldsymbol{P}-\boldsymbol{PBR}^{-1}\boldsymbol{B}^{\mathrm{T}}\boldsymbol{P}+\boldsymbol{Q}=\boldsymbol{0}$$

其中

$$\boldsymbol{A}=\begin{pmatrix}0 & 0\\ 1 & -\sqrt{2}\end{pmatrix},\quad \boldsymbol{B}=\begin{pmatrix}1\\ 0\end{pmatrix},\quad \boldsymbol{Q}=\begin{pmatrix}0 & 0\\ 0 & 1\end{pmatrix},\quad R=1$$

首先构造矩阵 $\boldsymbol{H}$，

$$\boldsymbol{H}=\begin{bmatrix}0 & 0 & -1 & 0\\ 1 & -\sqrt{2} & 0 & 0\\ 0 & 0 & 0 & -1\\ 0 & -1 & 0 & \sqrt{2}\end{bmatrix}$$

由 $\det(s\boldsymbol{I}-\boldsymbol{H})=0$，可以很容易计算出特征根为 1(两重根)与 −1(两重根)，可以判定 1 在一个若当块中，而 −1 也在一个若当块中。

通过计算特征根对应的特征向量，可以得出一个变换矩阵 $\boldsymbol{M}$，满足 $\boldsymbol{HM}=\boldsymbol{M\Lambda}$，其中

$$\boldsymbol{\Lambda}=\begin{bmatrix}-1 & 1 & 0 & 0\\ 0 & -1 & 0 & 0\\ 0 & 0 & 1 & 1\\ 0 & 0 & 0 & 1\end{bmatrix}$$

从而

$$\boldsymbol{P}=\begin{pmatrix}1 & 0\\ 1 & -1\end{pmatrix}\begin{pmatrix}1 & 1\\ \sqrt{2}+1 & -\sqrt{2}-2\end{pmatrix}^{-1}=\begin{pmatrix}2-\sqrt{2} & 3-2\sqrt{2}\\ 3-2\sqrt{2} & 6-4\sqrt{2}\end{pmatrix}$$

易验证 $\boldsymbol{P}$ 是正定矩阵。

4.8 单输入单输出闭环 LQR 系统的频域特性

本节介绍单输入单输出闭环 LQR 系统的频域特性，考察闭环系统的增益裕度与相位裕度。

考察一个图 4.8.1 所示的单输入单输出闭环 LQR 系统。

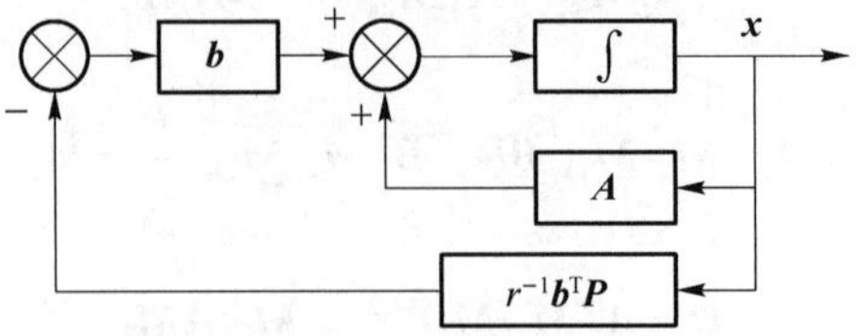

图 4.8.1 一个单输入单输出闭环 LQR 系统的方框图

可以计算出其开环传递函数为：

$$\boldsymbol{W}(s)=r^{-1}\boldsymbol{B}^{\mathrm{T}}\boldsymbol{P}(s\boldsymbol{I}-\boldsymbol{A})\boldsymbol{b}=\boldsymbol{K}(s\boldsymbol{I}-\boldsymbol{A})^{-1}\boldsymbol{b} \tag{4-8-1}$$

而一个闭环传递函数的频域特性，往往是由其开环传递函数所确定的。我们将根据式(4-8-1)来确定最优闭环系统的增益裕度与相位裕度。

首先，由黎卡提代数方程

$$\boldsymbol{PA}+\boldsymbol{A}^{\mathrm{T}}\boldsymbol{P}+\boldsymbol{Q}-\boldsymbol{PBR}^{-1}\boldsymbol{B}^{\mathrm{T}}\boldsymbol{P}=0 \tag{4-8-2}$$

可以验证

$$-\boldsymbol{P}(s\boldsymbol{I}-\boldsymbol{A})-(-s\boldsymbol{I}-\boldsymbol{A})^{\mathrm{T}}\boldsymbol{P}+\boldsymbol{Q}-\boldsymbol{PBR}^{-1}\boldsymbol{B}^{\mathrm{T}}\boldsymbol{P}=0 \tag{4-8-3}$$

其中 s 为拉普拉斯算符。

对式(4-8-3)，左乘$-\boldsymbol{R}^{\frac{1}{2}}\boldsymbol{B}(-s\boldsymbol{I}-\boldsymbol{A}^{\mathrm{T}})^{-1}$，右乘$(s\boldsymbol{I}-\boldsymbol{A})^{-1}\boldsymbol{BR}^{\frac{1}{2}}$，并且两端加上单位矩阵 $\boldsymbol{I}$，得

$$\boldsymbol{I}+\boldsymbol{R}^{\frac{1}{2}}\boldsymbol{B}^{\mathrm{T}}(-s\boldsymbol{I}-\boldsymbol{A}^{\mathrm{T}})^{-1}\boldsymbol{PBR}^{\frac{1}{2}}+\boldsymbol{R}^{-\frac{1}{2}}\boldsymbol{B}^{\mathrm{T}}\boldsymbol{P}(s\boldsymbol{I}-\boldsymbol{A})^{-1}\boldsymbol{BR}^{-\frac{1}{2}}-$$
$$\boldsymbol{R}^{\frac{1}{2}}\boldsymbol{B}^{\mathrm{T}}(-s\boldsymbol{I}-\boldsymbol{A}^{\mathrm{T}})^{-1}\boldsymbol{Q}(s\boldsymbol{I}-\boldsymbol{A})^{-1}\boldsymbol{BR}^{-\frac{1}{2}}+\boldsymbol{R}^{\frac{1}{2}}\boldsymbol{B}^{\mathrm{T}}(-s\boldsymbol{I}-\boldsymbol{A}^{\mathrm{T}})^{-1}\boldsymbol{PBR}^{-1}\boldsymbol{B}^{\mathrm{T}}\boldsymbol{P}(s\boldsymbol{I}-\boldsymbol{A})^{-1}\boldsymbol{BR}^{-\frac{1}{2}}=\boldsymbol{I} \tag{4-8-4}$$

利用

$$\boldsymbol{R}^{\frac{1}{2}}\boldsymbol{K}=\boldsymbol{R}^{-\frac{1}{2}}\boldsymbol{B}^{\mathrm{T}}\boldsymbol{P} \tag{4-8-5}$$

将式(4-8-4)化简，得到

$$[\boldsymbol{I}+\boldsymbol{R}^{\frac{1}{2}}\boldsymbol{K}(-s\boldsymbol{I}-\boldsymbol{A})^{-1}\boldsymbol{BR}^{-\frac{1}{2}}]^{\mathrm{T}}[\boldsymbol{I}+\boldsymbol{R}^{\frac{1}{2}}\boldsymbol{K}(s\boldsymbol{I}-\boldsymbol{A})^{-1}\boldsymbol{BR}^{-\frac{1}{2}}]$$
$$=\boldsymbol{I}+\boldsymbol{R}^{\frac{1}{2}}\boldsymbol{B}^{\mathrm{T}}(-s\boldsymbol{I}-\boldsymbol{A})^{-1}\boldsymbol{Q}(s\boldsymbol{I}-\boldsymbol{A})^{-1}\boldsymbol{BR}^{-\frac{1}{2}} \tag{4-8-6}$$

由于 $\boldsymbol{Q}\geqslant\boldsymbol{0}$，在式(4-8-6)中，令 $s=\mathrm{j}\omega$，所以利用共轭复数相乘性质，有

$$[\boldsymbol{I}+\boldsymbol{R}^{\frac{1}{2}}\boldsymbol{K}(-s\boldsymbol{I}-\boldsymbol{A})^{-1}\boldsymbol{BR}^{-\frac{1}{2}}]^{\mathrm{T}}[\boldsymbol{I}+\boldsymbol{R}^{\frac{1}{2}}\boldsymbol{K}(s\boldsymbol{I}-\boldsymbol{A})^{-1}\boldsymbol{BR}^{-\frac{1}{2}}]\geqslant\boldsymbol{I} \tag{4-8-7}$$

不等式(4-8-7)称为最优调节器的频率条件。

对于 SISO 系统，$R=r\in\mathbb{R}$，$\boldsymbol{B}=\boldsymbol{b}\in\mathbb{R}^{n\times1}$，$\boldsymbol{K}=\boldsymbol{r}^{-1}\boldsymbol{b}^{\mathrm{T}}\boldsymbol{P}\in\mathbb{R}^{1\times n}$，将其代入式(4-8-6)得

$$(1+\boldsymbol{K}(-\mathrm{j}\omega\boldsymbol{I}-\boldsymbol{A})^{-1}\boldsymbol{b})(1+\boldsymbol{K}(\mathrm{j}\omega\boldsymbol{I}-\boldsymbol{A})^{-1}\boldsymbol{b})\geqslant1 \tag{4-8-8}$$

由于式(4-8-8)左端的两个复数因子互为共轭，因此式(4-8-8)实际为：

$$|1+\boldsymbol{K}(\mathrm{j}\omega\boldsymbol{I}-\boldsymbol{A})^{-1}\boldsymbol{b}|\geqslant1 \tag{4-8-9}$$

4.8.1 SISO 最优闭环系统的幅值裕度

闭环系统的增益裕度是通过开环系统的增益常数的一个变化范围来刻画的。在这个范围内，闭环系统是稳定的，在这个范围外，系统是不稳定的。

如图 4.8.2 所示，令 $W(s)$表示一个对象的开环传递函数，β 为增益，此时闭环传递函数为：

$$G(s)=\frac{\beta W(s)}{1+\beta W(s)} \tag{4-8-10}$$

增益裕度就是在 $G(s)$能保持系统渐近稳定时 β 的容许变化范围。

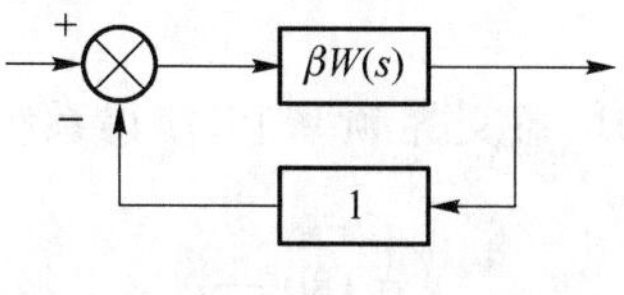

图 4.8.2 SISO 闭环系统方框图

如果即使开环系统的增益无限增加，闭环系统也是稳定的，那么就说闭环系统具有无穷大的增益裕度。

以下我们将证明，SISO 最优闭环系统的增益裕度是(0.5，∞)，即具有无穷大的增益裕度。

令 Θ_{-1} 是以(−1,0)为圆心,以 1 为半径的圆。

根据奈奎斯特判据,如果 $\beta\boldsymbol{K}(\mathrm{j}\omega\boldsymbol{I}-\boldsymbol{A})^{-1}\boldsymbol{b}$ 的奈奎斯特曲线逆时针围绕点(−1,0)的次数,与 $\beta\boldsymbol{K}(\mathrm{j}\omega\boldsymbol{I}-\boldsymbol{A})^{-1}\boldsymbol{b}$ 在闭复右半平面 $\mathrm{Re}\,s\geqslant 0$ 中的极点个数相同,那么相应的闭环系统

$$G(s)=\frac{\beta\boldsymbol{K}(\mathrm{j}\omega\boldsymbol{I}-\boldsymbol{A})^{-1}\boldsymbol{b}}{1+\beta\boldsymbol{K}(\mathrm{j}\omega\boldsymbol{I}-\boldsymbol{A})^{-1}\boldsymbol{b}} \tag{4-8-11}$$

是渐近稳定的。

考察图 4.8.3 和图 4.8.4 所示两个例子对应的奈奎斯特图,可以得出 $G_1(s)$ 是闭环不稳定的,而 $G_2(s)$ 是闭环渐近稳定的。

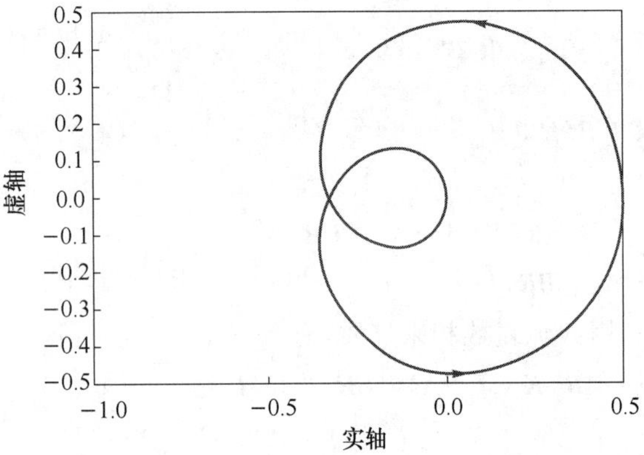

图 4.8.3 $G_1(s)=\dfrac{s+1}{(s-1)(s-2)}$ 的奈奎斯特图

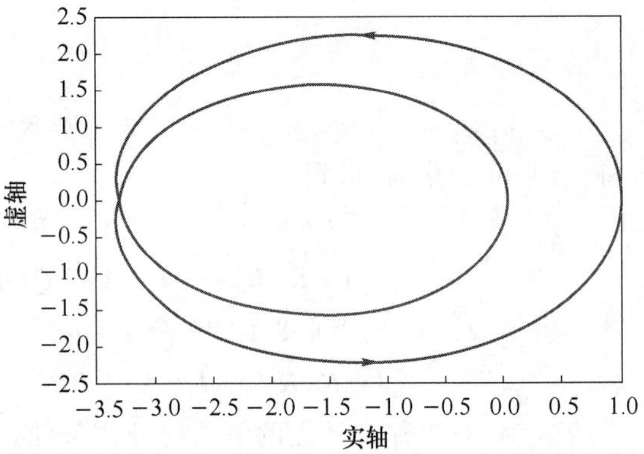

图 4.8.4 $G_2(s)=\dfrac{2(5s+1)}{(s-1)(s-2)}$ 的奈奎斯特图

注 4.8.1 奈奎斯特判据还可换成如下说法:若 $\boldsymbol{K}(\mathrm{j}\omega\boldsymbol{I}-\boldsymbol{A})^{-1}\boldsymbol{b}$ 的奎斯特曲线逆时针围绕点$(-1/\beta,0)$的次数,与 $\boldsymbol{K}(\mathrm{j}\omega\boldsymbol{I}-\boldsymbol{A})^{-1}\boldsymbol{b}$ 在闭复右半平面 $\mathrm{Re}\,s\geqslant 0$ 中的极点个数相同,那么闭环系统(4-8-10)是渐近稳定的。

而由式(4-8-8)可以看出,$\boldsymbol{K}(\mathrm{j}\omega\boldsymbol{I}-\boldsymbol{A})^{-1}\boldsymbol{b}$ 逆时针围绕点(−1,0)与它逆时针围绕 Θ_{-1} 内任一点的次数相同。

注意到只要 $\beta>1/2$,点$(-1/\beta,0)$就包括在圆 Θ_{-1} 内。当 $\beta>1/2$ 时,$\boldsymbol{K}(\mathrm{j}\omega\boldsymbol{I}-\boldsymbol{A})^{-1}\boldsymbol{b}$ 的奈奎斯特曲线逆时针围绕点$(-1/\beta,0)$的次数与 $\boldsymbol{K}(\mathrm{j}\omega\boldsymbol{I}-\boldsymbol{A})^{-1}\boldsymbol{b}$ 在 $\mathrm{Re}\,s\geqslant 0$ 中的极点个数相同,所以当 $\beta>1/2$ 时,闭环系统(4-8-10)是渐近稳定的。从而证明最优闭环系统的增益裕度为$(0.5,\infty)$。

4.8.2 SISO 最优闭环系统的相位裕度

回顾自动控制原理,系统的增益交界频率是指系统的开环频率特性的模值 $|\beta W(\mathrm{j}\omega)|=1$ 的频率。

所谓相位裕度,是指在系统的增益交界频率上,使得系统达到不稳定边界所需要附加的相位滞后量,写成下列公式:

$$u=180^\circ+\varphi \tag{4-8-12}$$

其中 φ 表示开环传递函数在增益交界频率上的相角,顺时针方向为负,逆时针方向为正。

令 $\beta W(\mathrm{j}\omega)$ 的轨迹与单位圆的一个交点为 D,连接原点与点 D 做一直线,负实轴与该直线的夹角,就是相位裕度。当 $u>0$ 时,相位裕度为正,当 $u<0$ 时,相位裕度为负。

对于 SISO 最优闭环系统,由于式(4-8-8)成立,即

$$|1+\boldsymbol{K}(\mathrm{j}\omega\boldsymbol{I}-\boldsymbol{A})^{-1}\boldsymbol{b}|\geqslant 1$$

这表明开环频率特性 $\boldsymbol{K}(\mathrm{j}\omega\boldsymbol{I}-\boldsymbol{A})^{-1}\boldsymbol{b}$ 的轨迹不会进入圆 Θ_{-1} 内，当然 $\boldsymbol{K}(\mathrm{j}\omega\boldsymbol{I}-\boldsymbol{A})^{-1}\boldsymbol{b}$ 的轨迹与单位圆的交点也不会落在 Θ_{-1} 内(只能在边界或者在外部)。

由式(4-8-9)，$\boldsymbol{K}(\mathrm{j}\omega\boldsymbol{I}-\boldsymbol{A})^{-1}\boldsymbol{b}$ 轨迹的边界为 Θ_{-1}。经过简单计算，可得出 Θ_{-1} 与单位圆的交点分别为：

$$D_1:\left(-\frac{1}{2},-\frac{\sqrt{3}}{2}\right),\quad D_2:\left(-\frac{1}{2},\frac{\sqrt{3}}{2}\right)$$

令原点为 O:(0,0)，连接 OD_1 与 OD_2，它们与负实轴的夹角分别是 $\pi/3$ 与 $-\pi/3$(逆时针为正，顺时针为负)。

所以最优闭环系统的相位裕度大于或等于 $\pi/3$，或者小于或等于 $-\pi/3$。

4.9 LQR 工具箱的使用说明

本节将简要介绍 MATLAB 软件的 Optimization Toolbox(优化工具箱)的使用方法，所涉及的内容将都是 MATLAB 内置的函数，有些比较复杂的优化处理工具会涉及 Optimization Toolbox 中的函数和内容。如果希望自行演示本节中的程序代码，请选择安装 Optimization Toolbox 组件。

MATLAB 工具箱提供了有关 LQ 和 LQG 最优控制的函数，如表 4.9.1 所示。

表 4.9.1 LQ/LQG 设计常用函数

函数名	功能
lqd()	用于计算连续时间系统的离散 LQ 调节器设计
kalman()	用于系统的 kalman 滤波器设计
kalmad()	用于连续系统的离散 kalman 滤波器设计
lqg()	用于连续系统的 LQG 控制分析
lqgreg()	用于根据 kalman 估计器增益和状态反馈增益建立 LQG 调节器

MATLAB 控制系统工具箱中提供了很多求解线性二次型最优控制问题的函数，相关函数如表 4.9.2 所示。

表 4.9.2 线性二次型最优控制函数

函数名	功能
are()	用于求解基于 Schur 变换的 Riccati 方程
lqr()	用于连续系统的线性二次型状态调节器设计
lqry()	用于系统的线性二次型输出调节器设计
dlqr()	用于离散系统的线性二次型状态调节器设计
lqrd()	用于计算连续时间系统的离散线性二次型状态调节器设计

MATLAB 的控制系统工具箱中的函数 lqry()用于求解线性二次型输出调节器问题及相关的黎卡提方程，它的调用格式为：

```
[K0,P,r] = lqry(A,B,C,D,Q,R)
```

格式中，矩阵 $\boldsymbol{A},\boldsymbol{B},\boldsymbol{C},\boldsymbol{Q},\boldsymbol{R}$ 的意义是相当明显的；$\boldsymbol{K}_0$ 为输出反馈矩阵；$\boldsymbol{P}$ 为黎卡提方程解，r 为特征值。

例 4.9.1 某单级倒立摆系统的状态方程为：

$$\begin{pmatrix}\dot{x}_1\\ \dot{x}_2\\ \dot{x}_3\\ \dot{x}_4\end{pmatrix}=\begin{pmatrix}0&1&0&0\\0&0&-1.5&0.1\\0&0&0&1\\0&0&2.6&-1\end{pmatrix}\begin{pmatrix}x_1\\x_2\\x_3\\x_4\end{pmatrix}+\begin{pmatrix}0\\3.2\\0\\-2.5\end{pmatrix}u$$

$$y=\begin{pmatrix}1&0&0&0\\0&1&0&0\\0&0&1&0\\0&0&0&1\end{pmatrix}x(t)$$

试确定最优状态反馈 $\boldsymbol{u}(t)=-\boldsymbol{K}\boldsymbol{x}(t)$，使得二次型性能指标

$$J=\frac{1}{2}\int_0^{\infty}\left[\boldsymbol{x}^{\mathrm{T}}(t)\boldsymbol{Q}\boldsymbol{x}(t)+\boldsymbol{u}^{\mathrm{T}}(t)\boldsymbol{R}\boldsymbol{u}(t)\right]\mathrm{d}t$$

达到最小。选取不同的 $\boldsymbol{Q},\boldsymbol{R}$，绘制系统状态与控制输入曲线。

MATLAB 部分程序如下，该程序是固定 $\boldsymbol{R}$ 的值，选取不同的 $\boldsymbol{Q}$：

```
q1 = [1 0 0 0;0 1 0 0;0 0 1 0;0 0 0 1]; r1 = 5;
k1  =  lqr(a,b,q1,r1)
x0 = [1;0;0;0];
L1 = a - b * k1;
[x1] = initial(L1,b,c,d,x0,20);
n = length(x1(:,2));
T1 = 0:20/n:20 - 20/n;
for j = 1:n
u1(j,:) = - k1 * (x1(j,:))';
end
q2 = [5 0 0 0;0 5 0 0;0 0 5 0;0 0 0 5]; r2 = 5;
q3  = [500 0 0 0;0 500 0 0;0 0 500 0;0 0 0 500]; r3 = 5;
```

k2，k3 的代码步骤如 k1 所示：

```
figure(1)
plot(T1,x1( :,1) ,'h',T2,x2( : ,1) ,'red',T3,x3( : ,1) ,'green', T4,x4( : ,1)) ;
grid on
figure(2)
plot(T1,x1( :,2) ,'black',T2,x2( : ,2) ,'red',T3,x3( : ,2) ,'green' ,T4,x4( : ,1)) ;
grid on
figure(3)
plot(T1,x1( :,3) ,'black',T2,x2( : ,3) ,'red',T3,x3( : ,3) ,'green', T4,x4( : ,1)) ;
figure(4)
plot(T1,x1( :,3) ,'black',T2,x2( : ,3) ,'red',T3,x3( : ,3) ,'green' ,T4,x4( : ,1)) ;
grid on
```

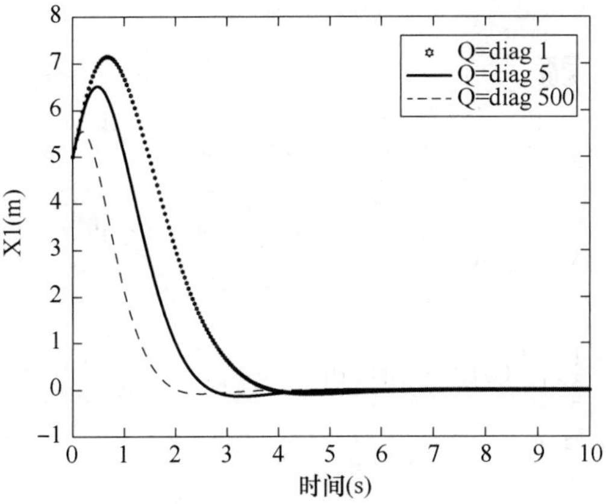

图 4.9.1 x_1 的响应曲线

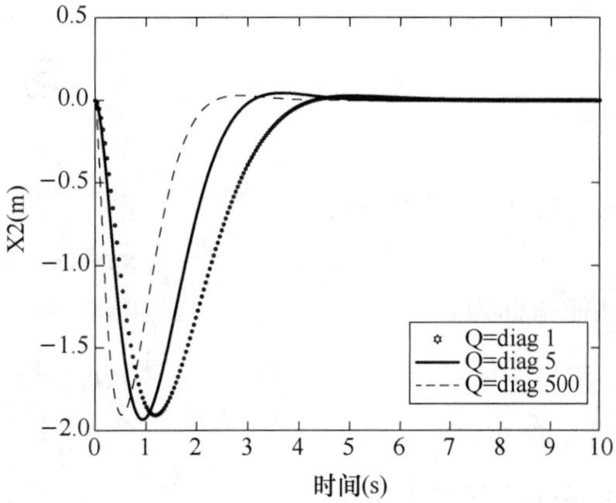

图 4.9.2 x_2 的响应曲线

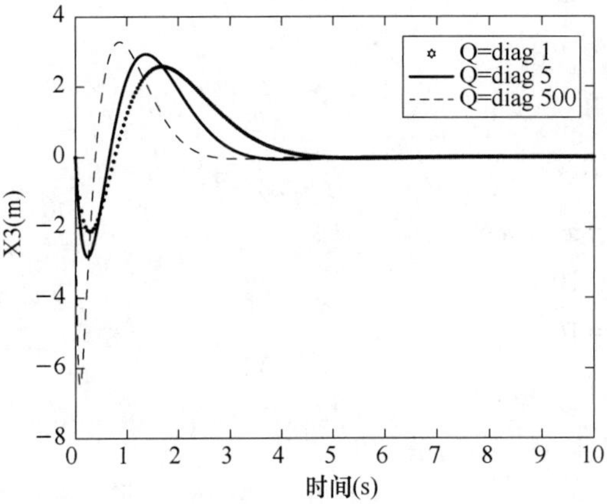

图 4.9.3 x_3 的响应曲线

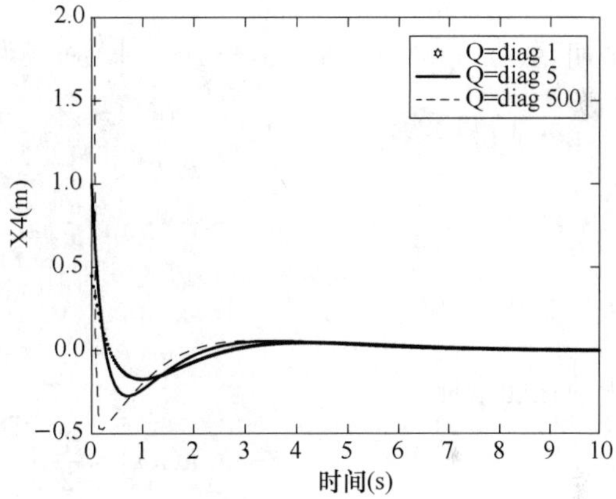

图 4.9.4 x_4 的响应曲线

本章小结

线性二次型指标最优控制是工程中最常用的控制方法之一。本章详细论述了 LQR 理论及其计算方法。讨论了有限终端时刻的最优调节器问题、最优输出调节器问题以及最优输出跟踪控制问题。本章通过求解一个黎卡提微分方程，得到了一个具有线性状态反馈的最优控制律。对于无穷终端时刻，由于其涉及广义积分，因此系统的假设条件就要加强，如增加了系统方程中矩阵分段连续与有界、系统一致能控、一致能观的假设等；在这些条件下，二次型最优控制问题是可解的且闭环系统是全局渐近稳定的。对于定常情形，最优控制问题可转化为对一个黎卡提代数方程的求解。本章还对几类特殊的最优控制问题进行了讨论，如指标中有状态与控制乘积项的最优控制问题、具有一定衰减度的 LQR 问题、有输入干扰情形下的二次型最优控制设计问题。最后本章讨论了黎卡提方程的求解以及 SISO 系统的 LQR 的频率特性问题、MATLAB 中 LQR 工具箱的应用等。

习　题

1. 已知线性系统

$$\dot{x}=ax+bu,\quad x(t_0)=x_0$$

性能指标为：

$$J(u)=\frac{1}{2}s(t_f)x^2(t_f)+\frac{1}{2}\int_{t_0}^{t_f}(qx^2+ru^2)\mathrm{d}t$$

$$q>0,\quad r>0$$

求最优控制表达式。

2. 对于如下李雅普诺夫方程

$$-\dot{\boldsymbol{S}}=\boldsymbol{A}^{\mathrm{T}}\boldsymbol{S}+\boldsymbol{S}\boldsymbol{A}+\boldsymbol{Q},\quad t\leqslant t_f$$

证明：$\boldsymbol{S}(t)=\mathrm{e}^{\boldsymbol{A}^{\mathrm{T}}(t_f-t)}\boldsymbol{S}(t_f)\mathrm{e}^{\boldsymbol{A}(t_f-t)}+\int_t^{t_f}\mathrm{e}^{\boldsymbol{A}^{\mathrm{T}}(t_f-t)}\boldsymbol{Q}\mathrm{e}^{\boldsymbol{A}(t_f-t)}\mathrm{d}\tau$。

3. 已知系统

$$\begin{cases}\dot{x}_1=x_2\\ \dot{x}_2=-x_1-x_2+u\end{cases}$$

$$\begin{cases}x_1(0)=10\\ x_2(0)=10\end{cases}$$

求使性能指标

$$J(u)=\frac{1}{2}\int_0^{\infty}(2x_1^2+x_2^2+u^2)\mathrm{d}t$$

达到最小的最优控制及最优性能指标。

4. 考虑系统

$$\dot{x}=ax+u$$

令性能指标为：

$$J(u)=\frac{1}{2}\int_0^{\infty}(bx^2+u^2)\mathrm{d}t$$

其中 a,b,α 为常数，且 $b>0,\alpha>0$。求最优控制并计算闭环特征根。用作图法描绘闭环特征根随 a,b,α 的变化特性。

5. 已知系统

$$\begin{cases}\dot{x}_1=x_2\\ \dot{x}_2=-2x_1-x_2+u\end{cases}$$

$$\begin{cases}x_1(0)=1\\ x_2(0)=1\end{cases}$$

求使性能指标

$$J(u)=\frac{1}{2}\int_0^{\infty}(4x_1^2+4x_2^2+2x_1u+2x_2u+u^2)\mathrm{d}t$$

达到极小的最优控制及最优性能指标。

6. 已知系统

$$\begin{cases}\dot{x}_1=x_1\\ \dot{x}_2=-x_1+x_2+u\end{cases}$$

$$\begin{cases}x_1(0)=x_{10}\\ x_2(0)=x_{20}\end{cases}$$

求使性能指标

$$J=\frac{1}{2}\int_0^{\infty}\mathrm{e}^{-4t}(x_1^2+x_2^2+u^2)\mathrm{d}t$$

达到极小的最优控制。

7. 考虑系统

$$\dot{\boldsymbol{x}}=\boldsymbol{A}\boldsymbol{x}+\boldsymbol{B}\boldsymbol{u}$$

假定$[\boldsymbol{A},\boldsymbol{B}]$能控,$[\boldsymbol{A},\boldsymbol{Q}^{\frac{1}{2}}]$能观测,设计最优控制使得如下性能指标

$$J(\boldsymbol{u})=\frac{1}{2}\int_0^{\infty}\mathrm{e}^{2\alpha t}(\boldsymbol{x}^{\mathrm{T}}\boldsymbol{Q}\boldsymbol{x}+\dot{\boldsymbol{u}}^{\mathrm{T}}\boldsymbol{Q}\dot{\boldsymbol{u}})\mathrm{d}t,\quad \alpha>0$$

达到极小。

8. 考虑系统

$$\dot{\boldsymbol{x}}=\boldsymbol{A}\boldsymbol{x}+\boldsymbol{B}\boldsymbol{u}$$

假定$[\boldsymbol{A},\boldsymbol{B}]$能控$[\boldsymbol{A},\boldsymbol{Q}^{\frac{1}{2}}]$能观测,设计最优控制使得如下性能指标

$$J=\frac{1}{2}\int_0^{\infty}(\boldsymbol{x}^{\mathrm{T}}\boldsymbol{Q}\boldsymbol{x}+\ddot{\boldsymbol{u}}^{\mathrm{T}}\boldsymbol{Q}\ddot{\boldsymbol{u}})\mathrm{d}t$$

达到极小。判断该控制律是否可以用比例+积分+二重积分的状态变量反馈来实现。

9. 利用特征分解法,求如下黎卡提方程的一个解:

$$\begin{pmatrix}p_{11}&p_{12}\\p_{12}&p_{22}\end{pmatrix}\begin{pmatrix}1&1\\0&1\end{pmatrix}+\begin{pmatrix}1&0\\1&1\end{pmatrix}\begin{pmatrix}p_{11}&p_{12}\\p_{12}&p_{22}\end{pmatrix}-\begin{pmatrix}p_{11}&p_{12}\\p_{12}&p_{22}\end{pmatrix}\begin{pmatrix}0\\1\end{pmatrix}(0\quad 1)\begin{pmatrix}p_{11}&p_{12}\\p_{12}&p_{22}\end{pmatrix}+\begin{pmatrix}1&0\\0&0\end{pmatrix}=\boldsymbol{0}$$

10. (用 MATLAB 工具箱求解)某单级倒立摆系统的状态方程为:

$$\begin{bmatrix}\dot{x}_1\\ \dot{x}_2\\ \dot{x}_3\\ \dot{x}_4\end{bmatrix}=\begin{bmatrix}0&1&0&0\\0&0&-1.5&0.1\\0&0&0&1\\0&0&2.6&-1\end{bmatrix}\begin{bmatrix}x_1\\x_2\\x_3\\x_4\end{bmatrix}+\begin{bmatrix}0\\3.2\\0\\-2.5\end{bmatrix}u$$

试确定最优状态反馈 $u(t)=\ \ \boldsymbol{K}\boldsymbol{x}(t)$,使得二次型性能指标

$$J=\frac{1}{2}\int_0^{\infty}(9x_1^2+2x_2^2+5x_3^2+3x_4^2+u^2)\mathrm{d}t$$

取极小值,并计算闭环调节系统的极点,绘制最优控制与最优轨线的响应曲线图。

11. (用 MATLAB 工具箱求解)对于某无人飞行器的高度控制问题,其飞行器的状态方程如下:

$$\dot{\boldsymbol{x}}=\begin{pmatrix}\dot{x}_1\\ \dot{x}_2\\ \dot{x}_3\end{pmatrix}=\begin{pmatrix}0&1&0\\0&0&1\\0&0&-0.5\end{pmatrix}\begin{pmatrix}x_1\\x_2\\x_3\end{pmatrix}+\begin{pmatrix}0\\0\\0.5\end{pmatrix}u$$

其中 $x_1=h(t)$是飞行器高度,$u(t)$是油门输入,初始状态$\boldsymbol{x}_0=(10,0,0)^{\mathrm{T}}$,选取性能指标为:

$$J(u)=\frac{1}{2}\int_0^{\infty}\{\boldsymbol{x}^{\mathrm{T}}\boldsymbol{Q}\boldsymbol{x}+Ru^2\}\mathrm{d}t$$

并给定了如下 3 组 $\boldsymbol{Q},R$，要求分别设计最优控制使得对应的性能指标达到最小，并绘制最优控制与最优轨线响应曲线图。

(1) $\boldsymbol{Q}=\begin{pmatrix}1&0&0\\0&1&0\\0&0&1\end{pmatrix}$， $R=2$；

(2) $\boldsymbol{Q}=\begin{pmatrix}4&0&0\\0&4&0\\0&0&4\end{pmatrix}$， $R=2$；

(3) $\boldsymbol{Q}=\begin{pmatrix}8&0&0\\0&8&0\\0&0&8\end{pmatrix}$， $R=2$。

12. (用 MATLAB 工具箱求解)已知系统的状态方程为：

$$\dot{\boldsymbol{x}}=\begin{pmatrix}5&1&0\\0&2&1\\8&-2&-3\end{pmatrix}\boldsymbol{x}+\begin{pmatrix}1\\1\\3\end{pmatrix}u$$

其中初始状态 $\boldsymbol{x}_0=(2,2,1)^{\mathrm{T}}$，选取性能指标为：

$$J(u)=\frac{1}{2}\int_0^{\infty}\{\boldsymbol{x}^{\mathrm{T}}\boldsymbol{Q}\boldsymbol{x}+Ru^2\}\mathrm{d}t$$

并给定了如下 3 组 $\boldsymbol{Q},R$，要求分别设计最优控制使得对应的性能指标达到最小，并绘制最优控制与最优轨线响应曲线图。

(1) $\boldsymbol{Q}=\begin{pmatrix}4&0&0\\0&2&0\\0&0&3\end{pmatrix}$， $R=1$；

(2) $\boldsymbol{Q}=\begin{pmatrix}4&0&0\\0&2&0\\0&0&3\end{pmatrix}$， $R=4$；

(3) $\boldsymbol{Q}=\begin{pmatrix}4&0&0\\0&2&0\\0&0&3\end{pmatrix}$， $R=8$。

第5章

离散系统最优控制

本章介绍离散系统的最优控制方法。在当今信息化时代，许多控制都是通过计算机来实现的。在计算机控制系统中，通过采样可将连续系统变为离散系统，而积分型性能泛函也可近似为求和处理。另外，有一些系统的模型本质上就是离散的，这样我们就面临着如何设计离散系统的最优控制问题。本章将简要介绍离散变分法、离散欧拉方程与离散极小值原理。

5.1 离散变分法与欧拉方程

考虑如下一个离散系统，其差分方程为：

$$\begin{gathered}\boldsymbol{x}(k+1)=\boldsymbol{f}[\boldsymbol{x}(k),\boldsymbol{u}(k),k]\\ \boldsymbol{x}(0)=\boldsymbol{x}_0,k=0,1,2,\cdots,N-1\end{gathered}\tag{5-1-1}$$

其中，k 为采样时刻，从0时刻开始，至 $N-1$ 时刻，共有 N 个采样点；$\boldsymbol{x}(k)$是 n 维状态向量在离散时刻 t_k 的值，简记为 $\boldsymbol{x}(k)\in\mathbb{R}^n$；$\boldsymbol{u}(k)$为 m 维控制向量在离散时刻 t_k 时的值，记为 $\boldsymbol{u}(k)\in\mathbb{R}^m$；$\boldsymbol{f}(\cdot)$是 n 维向量场函数序列，假定其关于 x,u 是连续的且可求偏导数。

设性能指标 J 为：

$$J=\sum_{k=0}^{N-1}L[\boldsymbol{x}(k),\boldsymbol{u}(k),\boldsymbol{x}(k+1),k]=\sum_{k=0}^{N-1}L_k\tag{5-1-2}$$

其中 L_k 被称为代价函数。

与连续系统相似，设 $\boldsymbol{x}^*(k)$、$\boldsymbol{u}^*(k)$为式(5-1-1)与式(5-1-2)的离散最优控制问题的极值解，则在极值解附近的容许轨线和容许控制可以表示为：

$$\begin{cases}\boldsymbol{x}(k)=\boldsymbol{x}^*(k)+\delta\boldsymbol{x}(k)\\ \boldsymbol{u}(k)=\boldsymbol{u}^*(k)+\delta\boldsymbol{u}(k)\\ \boldsymbol{x}(k+1)=\boldsymbol{x}^*(k+1)+\delta\boldsymbol{x}(k+1)\end{cases}\tag{5-1-3}$$

其中 δ 表示取变分。

将式(5-1-3)代入式(5-1-2)，计算离散泛函增量：

$$\Delta J=\sum_{k=0}^{N-1}\{L[\boldsymbol{x}(k),\boldsymbol{u}(k),\boldsymbol{x}(k+1),k]-L[\boldsymbol{x}^*(k),\boldsymbol{u}^*(k),\boldsymbol{x}^*(k+1),k]\}\tag{5-1-4}$$

对式(5-1-4)两端取一次变分〔即取式(5-1-4)的线性部分〕，可以得到

$$\delta J=\sum_{k=0}^{N-1}\left\{\delta\boldsymbol{x}^{\mathrm{T}}(k)\frac{\partial L_k}{\partial\boldsymbol{x}(k)}+\delta\boldsymbol{u}^{\mathrm{T}}(k)\frac{\partial L_k}{\partial\boldsymbol{u}(k)}+\delta\boldsymbol{x}^{\mathrm{T}}(k+1)\frac{\partial L_k}{\partial\boldsymbol{x}(k+1)}\right\}\tag{5-1-5}$$

对式(5-1-5)中的离散项分部求和。首先进行变量置换，令 $k=m-1$，可得

$$\begin{aligned}\sum_{k=0}^{N-1}\delta\boldsymbol{x}^{\mathrm{T}}(k+1)\frac{\partial L_k}{\partial\boldsymbol{x}(k+1)}&=\sum_{m=1}^{N}\delta\boldsymbol{x}^{\mathrm{T}}(m)\frac{\partial L_{m-1}}{\partial\boldsymbol{x}(m)}\\&=\sum_{m=0}^{N-1}\delta\boldsymbol{x}^{\mathrm{T}}(m)\frac{\partial L[\boldsymbol{x}(m-1),\boldsymbol{u}(m-1),\boldsymbol{x}(m),m-1]}{\partial\boldsymbol{x}(m)}\\&\quad+\delta\boldsymbol{x}^{\mathrm{T}}(m)\frac{\partial L[\boldsymbol{x}(m-1),\boldsymbol{u}(m-1),\boldsymbol{x}(m),m-1]}{\partial\boldsymbol{x}(m)}\bigg|_{m=0}^{m=N}\end{aligned}\tag{5-1-6}$$

令 $m=k$ 将变量还原：

$$\begin{aligned}\sum_{k=0}^{N-1}\delta\boldsymbol{x}^{\mathrm{T}}(k+1)\frac{\partial L_k}{\partial\boldsymbol{x}(k+1)}&=\sum_{k=0}^{N-1}\delta\boldsymbol{x}^{\mathrm{T}}(k)\frac{\partial L[\boldsymbol{x}(k-1),\boldsymbol{u}(k-1),\boldsymbol{x}(k),k-1]}{\partial\boldsymbol{x}(k)}\\&\quad+\delta\boldsymbol{x}^{\mathrm{T}}(k)\frac{\partial L[\boldsymbol{x}(k-1),\boldsymbol{u}(k-1),\boldsymbol{x}(k),k-1]}{\partial\boldsymbol{x}(k)}\bigg|_{k=0}^{k=N}\end{aligned}\tag{5-1-7}$$

将式(5-1-7)代入式(5-1-5)，

$$\delta J=\sum_{k=0}^{N-1}\left\{\delta\boldsymbol{x}^{\mathrm{T}}(k)\left[\frac{\partial L_k}{\partial\boldsymbol{x}(k)}+\frac{\partial L_{k-1}}{\partial\boldsymbol{x}(k)}\right]+\delta\boldsymbol{u}^{\mathrm{T}}(k)\frac{\partial L_k}{\partial\boldsymbol{u}(k)}\right\}+\delta\boldsymbol{x}^{\mathrm{T}}(k)\frac{\partial L_{k-1}}{\partial\boldsymbol{x}(k)}\bigg|_{k=0}^{k=N}\tag{5-1-8}$$

令 $\delta J=0$，可以得到离散泛函极值的必要条件为：

$$\begin{cases}\dfrac{\partial L_k}{\partial\boldsymbol{x}(k)}+\dfrac{\partial L_{k-1}}{\partial\boldsymbol{x}(k)}=0\\[2ex]\dfrac{\partial L_k}{\partial\boldsymbol{u}(k)}=0\end{cases}\tag{5-1-9}$$

以及横截条件为：

$$\delta\boldsymbol{x}^{\mathrm{T}}(N)\frac{\partial L_k}{\partial\boldsymbol{x}(N)}-\delta\boldsymbol{x}^{\mathrm{T}}(0)\frac{\partial L_{k-1}}{\partial\boldsymbol{x}(0)}=0\tag{5-1-10}$$

称式(5-1-9)为离散欧拉方程，式(5-1-10)为离散欧拉方程的横截条件。需要指出的是，离散横截条件的应用与连续系统的情形相似。

5.2 基于离散变分法的最优控制

当离散系统存在末端状态约束时，可以引入拉格朗日乘子转化为无约束极值问题进而求解。

设离散系统的状态方程为：

$$\boldsymbol{x}(k+1)=\boldsymbol{f}[\boldsymbol{x}(k),\boldsymbol{u}(k),k],\quad \boldsymbol{x}(0)=\boldsymbol{x}_0,\quad k=0,1,2,\cdots,N-1\tag{5-2-1}$$

选取性能指标 J：

$$J=K[x(N),N]+\sum_{k=0}^{N-1}L[\boldsymbol{x}(k),\boldsymbol{u}(k),k]\tag{5-2-2}$$

终端状态受到约束：

$$\boldsymbol{\Psi}[\boldsymbol{x}(N),N]=\boldsymbol{0}\tag{5-2-3}$$

这里假设 $K(x)$ 与 $\boldsymbol{\Psi}(x)$ 均为变量的连续函数，且可求偏导数。

引入伴随向量 $\boldsymbol{\lambda}(k)$，构造离散哈密顿函数：

$$H[\boldsymbol{x}(k),\boldsymbol{\lambda}(k+1),\boldsymbol{u}(k),k]=L[\boldsymbol{x}(k),\boldsymbol{u}(k),k]+\boldsymbol{\lambda}(k+1)^{\mathrm{T}}\boldsymbol{f}[\boldsymbol{x}(k),\boldsymbol{u}(k),k] \tag{5-2-4}$$

构造增广泛函：

$$\hat{J}=\{K[\boldsymbol{x}(N),N]+\boldsymbol{\gamma}^{\mathrm{T}}\boldsymbol{\Psi}(\boldsymbol{x}(N),N)\}+\sum_{k=0}^{N-1}\{H[\boldsymbol{x}(k),\boldsymbol{u}(k),\boldsymbol{\lambda}(k),k]-\boldsymbol{\lambda}^{\mathrm{T}}(k+1)\boldsymbol{x}(k+1)\} \tag{5-2-5}$$

由 $\delta\hat{J}=0$，采用 5.1 节的结论，经过简单验证，可得最优控制问题的必要条件为：

$$\begin{aligned}\delta\hat{J}=&\ \delta\boldsymbol{x}^{\mathrm{T}}(N)\frac{\partial\{K[\boldsymbol{x}(N),N]+\boldsymbol{\gamma}^{\mathrm{T}}\boldsymbol{\Psi}[\boldsymbol{x}(N),N]\}}{\partial\boldsymbol{x}(N)}-\delta\boldsymbol{x}^{\mathrm{T}}(N)\boldsymbol{\lambda}(N)+\delta\boldsymbol{x}(0)\boldsymbol{\lambda}^{\mathrm{T}}(0)\\&+\sum_{k=0}^{N-1}\left\{\delta\boldsymbol{x}^{\mathrm{T}}(k)\frac{\partial H[\boldsymbol{x}(k),\boldsymbol{u}(k),\boldsymbol{\lambda}(k),k]}{\partial\boldsymbol{x}(k)}+\delta\boldsymbol{u}^{\mathrm{T}}(k)\frac{\partial H[\boldsymbol{x}(k),\boldsymbol{u}(k),\boldsymbol{\lambda}(k),k]}{\partial\boldsymbol{u}(k)}-\delta\boldsymbol{x}(k)\boldsymbol{\lambda}^{\mathrm{T}}(k)\right\}=\boldsymbol{0}\end{aligned}$$

① $x(k)$、$\lambda(k)$满足如下方程：

$$\boldsymbol{x}(k+1)=H_{\boldsymbol{\lambda}(k+1)}=\frac{\partial H[\boldsymbol{x}(k),\boldsymbol{\lambda}(k+1),\boldsymbol{u}(k),k])}{\partial\boldsymbol{\lambda}(k+1)}=\boldsymbol{f}(\boldsymbol{x}(k),\boldsymbol{u}(k),k) \tag{5-2-6}$$

$$\boldsymbol{\lambda}(k)=H_{x(k)}=\frac{\partial H[\boldsymbol{x}(k),\boldsymbol{\lambda}(k+1),\boldsymbol{u}(k),k]}{\partial\boldsymbol{x}(k)} \tag{5-2-7}$$

② 边界条件：

$$\boldsymbol{x}(0)=\boldsymbol{x}_0 \tag{5-2-8}$$

$$\boldsymbol{\lambda}(N)=\frac{\partial K[\boldsymbol{x}(N),N]}{\partial\boldsymbol{x}(N)}+\frac{\partial\boldsymbol{\Psi}^{\mathrm{T}}[\boldsymbol{x}(N),N]}{\partial\boldsymbol{x}(N)}\boldsymbol{\gamma} \tag{5-2-9}$$

$$\boldsymbol{\Psi}[\boldsymbol{x}(N),N]=\boldsymbol{0} \tag{5-2-10}$$

其中 $\boldsymbol{\gamma}$ 为拉格朗日乘子。

③ 驻值方程：

$$H_{\boldsymbol{u}(k)}=\frac{\partial H[\boldsymbol{x}(k),\boldsymbol{u}(k),k]}{\partial\boldsymbol{u}(k)}=\boldsymbol{0} \tag{5-2-11}$$

例 5.2.1 设某系统的离散状态方程为：

$$x(k+1)=x(k)+u(k)$$

初始时刻值为：

$$x(0)=5$$

终端约束为：

$$x(5)=0$$

求最优控制序列 $u^*(k)$和最优状态序列 $x^*(k)$，使得如下性能指标最小：

$$J=\frac{1}{2}\sum_{k=0}^{N-1}u^2(k)$$

解：由题目可知，$N=5$，$L[x(k),u(k),k]=\frac{1}{2}u^2(k)$，$f[x(k),u(k),k]=x(k)+u(k)$。

构造离散哈密顿函数：

$$\begin{aligned}H[x(k),\lambda(k+1),u(k),k]&=L[x(k),u(k),k]+\lambda(k+1)^{\mathrm{T}}f[x(k),u(k),k]\\&=\frac{1}{2}u^2(k)+\lambda(k+1)[x(k)+u(k)]\end{aligned}$$

伴随向量方程：

$$\lambda(k)=\frac{\partial H[x(k),\lambda(k+1),u(k),k]}{\partial x(k)}=\lambda(k+1)$$

驻值条件：

$$\frac{\partial H[x(k),\lambda(k+1),u(k),k]}{\partial u(k)}=u(k)+\lambda(k+1)=\mathbf{0}$$

根据边界条件，整理得到

$$\lambda(k)=\lambda(k+1)=c$$

$$u^*(k)=-\lambda(k+1)=-c$$

结合初值和末端条件，可求出 $c=1$，因此所求最优控制序列 $u^*(k)$ 和最优状态序列 $x^*(k)$ 为：

$$u^*(k)=-1,$$

$$x^*(k)=5-k,\quad k=0,1,2,3,4$$

5.3 离散变分法与连续变分法计算结果对比

一个控制算法采用计算机控制来实现，其可以通过两个途径：一是直接按照连续系统推导最优控制，然后采用差分近似将最优控制算法离散；另一种方法是一开始就将系统及指标变成离散的，直接采用离散极小值原理来推导最优控制。那么，就产生了如下一个问题：采用两种方法所获得的最优控制器方案是不是一致的？

5.3.1 连续变分法求解

对于一个连续系统

$$\dot{\boldsymbol{x}}=\boldsymbol{f}(\boldsymbol{x},\boldsymbol{u},t),\quad \boldsymbol{x}(t_0)=\boldsymbol{x}_0 \tag{5-3-1}$$

和相应的泛函极值

$$J(u^*)=\min_{\boldsymbol{u}}\left\{\int_{t_0}^{t_f}L(\boldsymbol{x},\boldsymbol{u},t)\mathrm{d}t\right\} \tag{5-3-2}$$

使用第 2 章的连续变分法求解，得如下必要条件。

① 构造系统的连续哈密顿函数 H：

$$H=L(\boldsymbol{x},\boldsymbol{u},t)+\boldsymbol{\lambda}^{\mathrm{T}}(t)\boldsymbol{f}(\boldsymbol{x},\boldsymbol{u},t) \tag{5-3-3}$$

② 驻值条件：

$$\frac{\partial H}{\partial \boldsymbol{u}}=\mathbf{0}\Rightarrow\frac{\partial L(\boldsymbol{x},\boldsymbol{u},t)}{\partial \boldsymbol{u}}+\frac{\partial \boldsymbol{f}^{\mathrm{T}}(\boldsymbol{x},\boldsymbol{u},t)}{\partial \boldsymbol{u}}\boldsymbol{\lambda}(t)=\mathbf{0} \tag{5-3-4}$$

③ 伴随方程及状态方程：

$$\begin{cases}\dot{\boldsymbol{\lambda}}(t)=-\dfrac{\partial H}{\partial \boldsymbol{x}}=-\dfrac{\partial L(\boldsymbol{x},\boldsymbol{u},t)}{\partial \boldsymbol{x}}-\dfrac{\partial \boldsymbol{f}^{\mathrm{T}}(\boldsymbol{x},\boldsymbol{u},t)}{\partial \boldsymbol{x}}\boldsymbol{\lambda}(t)\\ \boldsymbol{\lambda}(t_f)=\mathbf{0}\end{cases} \tag{5-3-5}$$

$$\begin{cases}\dot{\boldsymbol{x}}=\dfrac{\partial H}{\partial \lambda}=f(\boldsymbol{x},\boldsymbol{u},t)\\ \boldsymbol{x}(t_0)=\boldsymbol{x}_0\end{cases} \tag{5-3-6}$$

得到一个两点边值问题。

近似求解式(5-3-5)与式(5-3-6),得

$$\begin{cases}\dot{\boldsymbol{\lambda}}(t)\approx\dfrac{\boldsymbol{\lambda}[(k+1)T]-\boldsymbol{\lambda}(kT)}{T}=-\dfrac{\partial L(\boldsymbol{x},\boldsymbol{u},t)}{\partial \boldsymbol{x}}-\dfrac{\partial \boldsymbol{f}^{\mathrm{T}}(\boldsymbol{x},\boldsymbol{u},t)}{\partial \boldsymbol{x}}\boldsymbol{\lambda}(kT)\\ \boldsymbol{\lambda}(k_fT)=\boldsymbol{0}\end{cases}\tag{5-3-7}$$

$$\begin{cases}\dot{\boldsymbol{x}}\approx\dfrac{\boldsymbol{x}[(k+1)T]-x(kT)}{T}=\boldsymbol{f}(\boldsymbol{x},\boldsymbol{u},kT)\\ \boldsymbol{x}(k_0T)=\boldsymbol{x}_0\end{cases}\tag{5-3-8}$$

即

$$\begin{cases}\boldsymbol{\lambda}(k+1)=\boldsymbol{\lambda}(k)-T\dfrac{\partial L[\boldsymbol{x}(k),\boldsymbol{u}(k),k]}{\partial \boldsymbol{x}(k)}-T\dfrac{\partial \boldsymbol{f}^{\mathrm{T}}[\boldsymbol{x}(k),\boldsymbol{u}(k),k]}{\partial \boldsymbol{x}(k)}\boldsymbol{\lambda}(k)\\ \boldsymbol{\lambda}(k_f)=\boldsymbol{0}\end{cases}\tag{5-3-9}$$

$$\begin{cases}\boldsymbol{x}(k+1)=\boldsymbol{x}(k)+T\boldsymbol{f}[\boldsymbol{x}(k),\boldsymbol{u}(k),k]\\ \boldsymbol{x}(k_0)=\boldsymbol{x}_0\end{cases}\tag{5-3-10}$$

其中 T 为采样周期。

5.3.2 离散变分法求解

对于连续系统(5-3-1)和同一泛函极值(5-3-2),应该通过采样将连续系统的状态方程及泛函目标离散化:

$$\boldsymbol{x}[(k+1)T]=\boldsymbol{x}(kT)+T\boldsymbol{f}[\boldsymbol{x}(kT),\boldsymbol{u}(kT),kT],\quad \boldsymbol{x}(k_0T)=\boldsymbol{x}_0\tag{5-3-11}$$

$$J[\boldsymbol{u}^*(k)]=\min_{\boldsymbol{u}(kT)}\left\{T\sum_{k=k_0}^{k_f-1}L[\boldsymbol{x}(kT),\boldsymbol{u}(kT),kT]\right\}\tag{5-3-12}$$

其中 k_0 为初始采样时刻,k_f 为末端时刻。

得到离散形式的状态方程和泛函极值:

$$\boldsymbol{x}(k+1)=\boldsymbol{x}(k)+T\boldsymbol{f}[\boldsymbol{x}(k),\boldsymbol{u}(k),k],\quad \boldsymbol{x}(k_0)=\boldsymbol{x}_0\tag{5-3-13}$$

$$\min_{\boldsymbol{u}(k)}J=T\sum_{k=k_0}^{k_f-1}L[\boldsymbol{x}(k),\boldsymbol{u}(k),k]\tag{5-3-14}$$

对于离散系统(5-3-13),使用离散变分法求解泛函极值(5-3-14)的必要条件如下。

① 构造系统的离散哈密顿函数:

$$H[\boldsymbol{x}(k),\boldsymbol{u}(k),\boldsymbol{\lambda}(k+1),k]=TL[\boldsymbol{x}(k),\boldsymbol{u}(k),k]+\boldsymbol{\lambda}^{\mathrm{T}}(k+1)\{\boldsymbol{x}(k)+T\boldsymbol{f}[\boldsymbol{x}(k),\boldsymbol{u}(k),k]\}\tag{5-3-15}$$

② 由驻值条件 $H_{\boldsymbol{u}(k)}=\boldsymbol{0}$:

$$T\frac{\partial L[\boldsymbol{x}(k),\boldsymbol{u}(k),k]}{\partial \boldsymbol{u}(k)}+T\frac{\partial \boldsymbol{f}^{\mathrm{T}}[\boldsymbol{x}(k),\boldsymbol{u}(k),k]}{\partial \boldsymbol{u}(k)}\boldsymbol{\lambda}(k+1)=\boldsymbol{0}\tag{5-3-16}$$

③ 伴随向量方程与状态方程分别为:

$$\begin{cases}\boldsymbol{\lambda}(k)=\dfrac{\partial H(k)}{\partial \boldsymbol{x}(k)}=T\dfrac{\partial L[\boldsymbol{x}(k),\boldsymbol{u}(k),k]}{\partial \boldsymbol{x}(k)}+\left\{\boldsymbol{I}+T\dfrac{\partial \boldsymbol{f}^{\mathrm{T}}[\boldsymbol{x}(k),\boldsymbol{u}(k),k]}{\partial \boldsymbol{x}(k)}\right\}\boldsymbol{\lambda}(k+1)\\ \boldsymbol{\lambda}(k_f)=\boldsymbol{0}\end{cases}\tag{5-3-17}$$

$$\begin{cases}\boldsymbol{x}(k+1)=\dfrac{\partial H(k)}{\partial \boldsymbol{\lambda}(k+1)}=\boldsymbol{x}(k)+T\boldsymbol{f}[\boldsymbol{x}(k),\boldsymbol{u}(k),k] \\ \boldsymbol{x}(k_0)=\boldsymbol{x}_0\end{cases} \tag{5-3-18}$$

故两点边值问题为：

$$\begin{cases}\boldsymbol{\lambda}(k+1)=\left\{\boldsymbol{I}+T\dfrac{\partial \boldsymbol{f}[\boldsymbol{x}(k),\boldsymbol{u}(k),k]^{\mathrm{T}}}{\partial \boldsymbol{x}(k)}\right\}^{-1}\left\{\boldsymbol{\lambda}(k)-T\dfrac{\partial L[\boldsymbol{x}(k),\boldsymbol{u}(k),k]}{\partial \boldsymbol{x}(k)}\right\} \\ \boldsymbol{\lambda}(k_f)=\boldsymbol{0}\end{cases} \tag{5-3-19}$$

$$\begin{cases}\boldsymbol{x}(k+1)=\boldsymbol{x}(k)+T\boldsymbol{f}[\boldsymbol{x}(k),\boldsymbol{u}(k),k] \\ \boldsymbol{x}(k_0)=\boldsymbol{x}_0\end{cases} \tag{5-3-20}$$

当采样周期 T 很小时，利用矩阵求逆公式 $(\boldsymbol{I}-\boldsymbol{A})^{-1}=\boldsymbol{I}+\boldsymbol{A}+\boldsymbol{A}^2+\cdots$，

$$\left\{\boldsymbol{I}+T\frac{\partial \boldsymbol{f}[\boldsymbol{x}(k),\boldsymbol{u}(k),k]^{\mathrm{T}}}{\partial \boldsymbol{x}(k)}\right\}^{-1}\approx\boldsymbol{I}-T\frac{\partial \boldsymbol{f}[\boldsymbol{x}(k),\boldsymbol{u}(k),k]^{\mathrm{T}}}{\partial \boldsymbol{x}(k)}$$

所以，由式(5-3-19)推出，

$$\boldsymbol{\lambda}(k+1)\approx\boldsymbol{\lambda}(k)-T\frac{\partial \boldsymbol{L}[\boldsymbol{x}(k),\boldsymbol{u}(k),k]}{\partial \boldsymbol{x}(k)}-T\frac{\partial \boldsymbol{f}^{\mathrm{T}}[\boldsymbol{x}(k),\boldsymbol{u}(k),k]}{\partial \boldsymbol{x}(k)}\boldsymbol{\lambda}(k),\quad \boldsymbol{\lambda}(k_f)=\boldsymbol{0} \tag{5-3-21}$$

比较式(5-3-9)与式(5-3-21)，当采样周期 T 很小时，结果完全相同。换言之，采样周期 T 很小时，用离散变分法求解的结果接近于用连续变分法求解的结果。

5.4　离散系统极小值原理

本节讨论控制输入受约束的情况。在许多实际的情形中，系统的输入通常存在饱和现象，即输入不能无限大，并且有时很难保证其光滑且各阶的导数均存在。与连续系统类似，处理这一类问题时变分法不再奏效，需要引入离散情形下的庞特里亚金极小值原理。由于这一原理的推导过程较为复杂，所以下面将不加证明地给出离散极小值原理。

已知离散系统的状态方程为：

$$\boldsymbol{x}(k+1)=\boldsymbol{f}[\boldsymbol{x}(k),\boldsymbol{u}(k),k],\quad \boldsymbol{x}(0)=x_0,\quad k=0,1,2,\cdots,N-1 \tag{5-4-1}$$

$$\text{s.t.}\quad \boldsymbol{g}[\boldsymbol{x}(k),k]=\begin{bmatrix} g_1(\boldsymbol{x}(k),k) \\ g_2(\boldsymbol{x}(k),k) \\ \vdots \\ g_q(\boldsymbol{x}(k),k)\end{bmatrix}\leqslant\boldsymbol{0},\quad k=1,2,\cdots,N \tag{5-4-2}$$

设性能指标 J 为：

$$J=K[x(N),N]+\sum_{k=0}^{N-1}L[\boldsymbol{x}(k),\boldsymbol{u}(k),k] \tag{5-4-3}$$

控制输入 $\boldsymbol{u}(k)$ 受到约束，即

$$\boldsymbol{u}(k)\in\boldsymbol{\Omega} \tag{5-4-4}$$

其中 $\boldsymbol{\Omega}$ 为容许控制域。

终端状态还受到约束：

$$\boldsymbol{\psi}[x(N),N]=\boldsymbol{0},\quad \boldsymbol{\psi}\in\mathbb{R}^p \tag{5-4-5}$$

与前面的想法一样，在求解带约束问题时，通常引入拉格朗日向量 $\boldsymbol{\lambda}(k)$、$\boldsymbol{\gamma}(k)$，构造哈密

顿函数 $H(k)$将带约束问题转化为无约束问题求解。

注意在 N 时刻,除了等式约束(5-4-5),还要关注式(5-4-2),即

$$\boldsymbol{g}[\boldsymbol{x}(N)]=\begin{bmatrix} g_1(\boldsymbol{x}(N),N) \\ g_2(\boldsymbol{x}(N),N) \\ \vdots \\ g_q(\boldsymbol{x}(N),N) \end{bmatrix}\leqslant\boldsymbol{0} \tag{5-4-6}$$

令

$$\begin{aligned}\boldsymbol{\Omega}_{\boldsymbol{x}(k)}&=\{\boldsymbol{x}(k)\mid\boldsymbol{g}[\boldsymbol{x}(k),k]\leqslant\boldsymbol{0}\},k=1,2,\cdots,N-1\\ \boldsymbol{\Omega}_{\boldsymbol{x}(N)}&=\{\boldsymbol{x}(N)\mid\boldsymbol{g}[\boldsymbol{x}(N),N]\leqslant\boldsymbol{0},\boldsymbol{\Psi}[x(N),N]=\boldsymbol{0}\}\end{aligned} \tag{5-4-7}$$

并且假定 $\boldsymbol{g}[x(k)]$是线性无关的(即 $\boldsymbol{g}[\boldsymbol{x}(k)]$对 $\forall\,\boldsymbol{x}(k)\in\boldsymbol{\Omega}_{\boldsymbol{x}(k)}$ 的雅克比矩阵是满秩的)。构造如下哈密顿函数:

$$\begin{aligned}H[\boldsymbol{x}(k),\boldsymbol{\lambda}(k+1),\boldsymbol{\gamma}(k+1),\boldsymbol{u}(k),k]=&L[\boldsymbol{x}(k),\boldsymbol{u}(k),k]+\boldsymbol{\lambda}^{\mathrm{T}}(k+1)\boldsymbol{f}[\boldsymbol{x}(k),\boldsymbol{u}(k),k]\\ &+\boldsymbol{\gamma}^{\mathrm{T}}(k+1)\boldsymbol{g}[\boldsymbol{x}(k)]\end{aligned} \tag{5-4-8}$$

定理 5.4.1(离散系统极小值原理) 设 $\boldsymbol{u}^*(k),k=0,1,\cdots,N-1$ 是式(5-4-2)与式(5-4-5)对应的最优控制序列,$\boldsymbol{x}^*(k),k=0,1,\cdots,N-1$ 为相应的最优轨线,则必存在不为零的 $\boldsymbol{\lambda}(k),\boldsymbol{\gamma}(k),k=0,1,2,\cdots,N-1$,以及矢量 $\boldsymbol{\mu}\neq\boldsymbol{0}\in\mathbb{R}^p$,在最优控制与最优轨线上满足

① $H[\boldsymbol{x}^*(k),\boldsymbol{\lambda}(k+1),\boldsymbol{\gamma}(k+1),\boldsymbol{u}^*(k),k]=\min\limits_{\boldsymbol{u}\in\boldsymbol{\Omega}}H[\boldsymbol{x}^*(k),\boldsymbol{\lambda}(k+1),\boldsymbol{\gamma}(k+1),\boldsymbol{u}(k),k]$

② 伴随方程:

$$\begin{cases}\boldsymbol{\lambda}(k)=\dfrac{\partial H[\boldsymbol{x}^*(k),\boldsymbol{\lambda}(k+1),\boldsymbol{\gamma}(k+1),\boldsymbol{u}^*(k),k]}{\partial\boldsymbol{x}_k}\\ \boldsymbol{\lambda}(N)=\dfrac{\partial\boldsymbol{K}[\boldsymbol{x}(N),N]}{\partial\boldsymbol{x}(N)}+\dfrac{\partial\boldsymbol{g}^{\mathrm{T}}[\boldsymbol{x}(N),N]}{\partial\boldsymbol{x}(N)}\boldsymbol{\gamma}+\dfrac{\partial\boldsymbol{\Psi}^{\mathrm{T}}[(\boldsymbol{x}(N),N)]}{\partial\boldsymbol{x}(N)}\boldsymbol{\mu}\end{cases}$$

③ 状态方程:

$$\begin{cases}\boldsymbol{x}(k+1)=\dfrac{\partial H[\boldsymbol{x}(k),\boldsymbol{\lambda}(k+1),\boldsymbol{\gamma}(k+1),\boldsymbol{u}(k),k]}{\partial\boldsymbol{\lambda}(k+1)}=\boldsymbol{f}[\boldsymbol{x}(k),\boldsymbol{u}(k),k]\\ \boldsymbol{x}(0)=\boldsymbol{x}_0,\quad k=0,1,2,\cdots,N-1\end{cases}$$

④ 约束条件:

$$\begin{aligned}&\boldsymbol{\gamma}^{\mathrm{T}}(k)\boldsymbol{g}[(\boldsymbol{x}(k),k)]=0,\quad \boldsymbol{g}\in\mathbb{R}^q\\ &\boldsymbol{g}[(\boldsymbol{x}(k),k)]\leqslant\boldsymbol{0},\quad \boldsymbol{\gamma}(k)\geqslant 0,\quad k=1,\cdots,N\\ &\boldsymbol{\Psi}[\boldsymbol{x}(N),N]=\boldsymbol{0},\quad \boldsymbol{\Psi}\in\mathbb{R}^p\end{aligned}$$

可以看到,在定理 5.4.1 中,对终端不等式约束,采用了库恩-塔克条件。

5.5 离散线性二次型最优状态调节器

连续线性系统的二次型最优控制问题,通过求解一个黎卡提微分方程,可以得到一个状态反馈形式的解。我们将看到,离散线性系统的二次型问题、控制器的设计问题最后也转换为一个离散黎卡提矩阵差分方程的求解问题。离散系统由于具有迭代性质,因此更易编程实现。

在性能指标中,根据末端时刻 t_f 有限和无限的不同情况,可以将 LQR 问题划分为有限时间状态调节器和无限时间状态调节器。

5.5.1 有限时间离散状态调节器

如果线性离散系统的末端时刻 t_f 是有限值，则这样的状态调节器称为有限时间离散状态调节器。

设线性离散系统的状态差分方程为：

$$\boldsymbol{x}(k+1)=\boldsymbol{A}(k)\boldsymbol{x}(k)+\boldsymbol{B}(k)\boldsymbol{u}(k) \tag{5-5-1}$$

其中，状态向量 $\boldsymbol{x}(k)\in\mathbb{R}^n$，$\boldsymbol{x}(0)=\boldsymbol{x}_0$，控制向量 $\boldsymbol{u}(k)\in\mathbb{R}^m$ 且无约束；$\boldsymbol{A}(k)$、$\boldsymbol{B}(k)$ 为维数适当的时变矩阵，在特殊情况下可以是常数矩阵。

选取离散二次型泛函指标 J：

$$J=\frac{1}{2}\boldsymbol{x}^{\mathrm{T}}(N)\boldsymbol{S}\boldsymbol{x}(N)+\frac{1}{2}\sum_{k=0}^{N-1}\left[\boldsymbol{x}^{\mathrm{T}}(k)\boldsymbol{Q}(k)\boldsymbol{x}(k)+\boldsymbol{u}^{\mathrm{T}}(k)\boldsymbol{R}(k)\boldsymbol{u}(k)\right] \tag{5-5-2}$$

其中 $\boldsymbol{S}\geqslant\boldsymbol{0}$ 为半正定对称矩阵，$\boldsymbol{Q}(k)\geqslant\boldsymbol{0}$ 为半正定矩阵，$\boldsymbol{R}(k)$ 为正定矩阵。

引入伴随矢量，构造线性系统的离散哈密顿函数 $\boldsymbol{H}[\boldsymbol{x}(k),\boldsymbol{\lambda}(k+1),\boldsymbol{u}(k),k]$：

$$H(\cdot)=\frac{1}{2}\left[\boldsymbol{x}^{\mathrm{T}}(k)\boldsymbol{Q}(k)\boldsymbol{x}(k)+\boldsymbol{u}^{\mathrm{T}}(k)\boldsymbol{R}(k)\boldsymbol{u}(k)\right]+\boldsymbol{\lambda}^{\mathrm{T}}(k+1)\left[\boldsymbol{A}(k)\boldsymbol{x}(k)+\boldsymbol{B}(k)\boldsymbol{u}(k)\right] \tag{5-5-3}$$

由于控制输入 $\boldsymbol{u}(k)$ 无约束，故驻值条件：

$$\frac{\partial H[\boldsymbol{x}(k),\boldsymbol{\lambda}(k+1),\boldsymbol{u}(k),k]}{\partial \boldsymbol{u}(k)}=\boldsymbol{R}(k)\boldsymbol{u}(k)+\boldsymbol{B}^{\mathrm{T}}(k)\boldsymbol{\lambda}(k+1)=\boldsymbol{0} \tag{5-5-4}$$

可解出最优控制序列 $\boldsymbol{u}^*(k)$：

$$\boldsymbol{u}^*(k)=-\boldsymbol{R}^{-1}(k)\boldsymbol{B}^{\mathrm{T}}(k)\boldsymbol{\lambda}(k+1) \tag{5-5-5}$$

伴随方程：

$$\boldsymbol{\lambda}(k)=\frac{\partial H(k)}{\partial \boldsymbol{x}(k)}=\boldsymbol{Q}(k)\boldsymbol{x}(k)+\boldsymbol{A}^{\mathrm{T}}(k)\boldsymbol{\lambda}(k+1) \tag{5-5-6}$$

$$\boldsymbol{x}(k+1)=\frac{\partial H(k)}{\partial \boldsymbol{\lambda}(k+1)}=\boldsymbol{A}(k)\boldsymbol{x}(k)+\boldsymbol{B}(k)\boldsymbol{u}(k) \tag{5-5-7}$$

将式(5-5-5)代入式(5-5-7)，消去 $\boldsymbol{u}(k)$，可得

$$\begin{pmatrix}\boldsymbol{x}(k+1)\\ \boldsymbol{\lambda}(k)\end{pmatrix}=\begin{pmatrix}\boldsymbol{A}(k) & -\boldsymbol{B}(k)\boldsymbol{R}^{-1}(k)\boldsymbol{B}^{\mathrm{T}}(k)\\ \boldsymbol{Q}(k) & \boldsymbol{A}^{\mathrm{T}}(k)\end{pmatrix}\begin{pmatrix}\boldsymbol{x}(k)\\ \boldsymbol{\lambda}(k+1)\end{pmatrix} \tag{5-5-8}$$

将式(5-5-8)改写成等价的齐次形式：

$$\begin{pmatrix}\boldsymbol{x}(k+1)\\ \boldsymbol{\lambda}(k+1)\end{pmatrix}=\begin{pmatrix}\boldsymbol{A}(k)+\boldsymbol{B}(k)\boldsymbol{R}^{-1}(k)\boldsymbol{B}^{\mathrm{T}}(k)\boldsymbol{A}^{-\mathrm{T}}(k)\boldsymbol{Q}(k) & -\boldsymbol{B}(k)\boldsymbol{R}^{-1}(k)\boldsymbol{B}^{\mathrm{T}}(k)\boldsymbol{A}^{-\mathrm{T}}(k)\\ -\boldsymbol{A}^{-\mathrm{T}}(k)\boldsymbol{Q}(k) & \boldsymbol{A}^{-\mathrm{T}}(k)\end{pmatrix}\begin{pmatrix}\boldsymbol{x}(k)\\ \boldsymbol{\lambda}(k)\end{pmatrix} \tag{5-5-9}$$

仿照连续 LQR 问题的做法，令 $\boldsymbol{\lambda}(k)=\boldsymbol{P}(k)\boldsymbol{x}(k)$，则 $\boldsymbol{\lambda}(k+1)=\boldsymbol{P}(k+1)\boldsymbol{x}(k+1)$，代入状态方程(5-5-9)得到

$$\boldsymbol{x}(k+1)=\left[\boldsymbol{I}+\boldsymbol{B}(k)\boldsymbol{R}^{-1}(k)\boldsymbol{B}^{\mathrm{T}}(k)\boldsymbol{P}(k+1)\right]^{-1}\boldsymbol{A}(k)\boldsymbol{x}(k) \tag{5-5-10}$$

则

$$\begin{aligned}\boldsymbol{u}^*(k)&=-\boldsymbol{R}^{-1}(k)\boldsymbol{B}^{\mathrm{T}}(k)\lambda(k+1)=-\boldsymbol{R}^{-1}(k)\boldsymbol{B}^{\mathrm{T}}(k)\boldsymbol{P}(k+1)\boldsymbol{x}(k+1)\\&=-\boldsymbol{R}^{-1}(k)\boldsymbol{B}^{\mathrm{T}}(k)\boldsymbol{P}(k+1)\left[\boldsymbol{I}+\boldsymbol{B}(k)\boldsymbol{R}^{-1}(k)\boldsymbol{B}^{\mathrm{T}}(k)\boldsymbol{P}(k+1)\right]^{-1}\boldsymbol{A}(k)\boldsymbol{x}(k)\end{aligned} \tag{5-5-11}$$

故由式(5-5-6)及式(5-5-8)，得

$$\begin{aligned}\boldsymbol{P}(k)\boldsymbol{x}(k)&=\boldsymbol{Q}(k)\boldsymbol{x}(k)+\boldsymbol{A}^{\mathrm{T}}(k)\boldsymbol{\lambda}(k+1)\\&=\{\boldsymbol{Q}(k)+\boldsymbol{A}^{\mathrm{T}}(k)\boldsymbol{P}(k+1)[\boldsymbol{I}+\boldsymbol{B}(k)\boldsymbol{R}^{-1}(k)\boldsymbol{B}^{\mathrm{T}}(k)\boldsymbol{P}(k+1)]^{-1}\boldsymbol{A}(k)\}\boldsymbol{x}(k)\end{aligned} \tag{5-5-12}$$

因 $\boldsymbol{x}(k)$是任意的，进而得到离散黎卡提方程为：

$$\boldsymbol{P}(k)=\boldsymbol{Q}(k)+\boldsymbol{A}^{\mathrm{T}}(k)\boldsymbol{P}(k+1)[\boldsymbol{I}+\boldsymbol{B}(k)\boldsymbol{R}^{-1}(k)\boldsymbol{B}^{\mathrm{T}}(k)\boldsymbol{P}(k+1)]^{-1}\boldsymbol{A}(k) \tag{5-5-13}$$

若 $\boldsymbol{P}(k+1)$非奇异，

$$\boldsymbol{P}(k)=\boldsymbol{Q}(k)+\boldsymbol{A}^{\mathrm{T}}(k)[\boldsymbol{P}^{-1}(k+1)+\boldsymbol{B}(k)\boldsymbol{R}^{-1}(k)\boldsymbol{B}^{\mathrm{T}}(k)]^{-1}\boldsymbol{A}(k) \tag{5-5-14}$$

由横截条件：

$$\boldsymbol{\lambda}(N)=\boldsymbol{S}(N)\boldsymbol{x}(N) \tag{5-5-15}$$

$$\boldsymbol{P}(N)=\boldsymbol{S}(N) \tag{5-5-16}$$

最优性能指标 J^* 为：

$$J^*=\frac{1}{2}\boldsymbol{x}^{\mathrm{T}}(0)\boldsymbol{P}(0)\boldsymbol{x}(0) \tag{5-5-17}$$

需要补充的是，离散黎卡提方程(5-5-13)通常还有另一种等价形式：

$$\begin{cases}\boldsymbol{P}(k)=\boldsymbol{Q}(k)+\boldsymbol{A}^{\mathrm{T}}(k)\boldsymbol{S}(k)\boldsymbol{A}(k)\\\boldsymbol{S}(k)=\boldsymbol{P}(k+1)\{\boldsymbol{I}-\boldsymbol{B}(k)[\boldsymbol{B}^{\mathrm{T}}(k)\boldsymbol{P}(k+1)\boldsymbol{B}(k)+\boldsymbol{R}(k)]^{-1}\boldsymbol{B}^{\mathrm{T}}(k)\boldsymbol{P}(k+1)\}\end{cases} \tag{5-5-18}$$

式(5-5-18)的推导将在第 6 章动态规划中给出。

5.5.2 无限时间离散定常线性二次型状态调节器

跟连续的情形一样，无限时间的状态调节器问题，由于涉及无穷级数的收敛问题，需要增加另外一些条件，如 $\boldsymbol{A}(k)$，$\boldsymbol{B}(k)$，$\boldsymbol{Q}(k)$，$\boldsymbol{R}(k)$的一致有界，$[\boldsymbol{A}(k),\boldsymbol{B}(k)]$一致能控且能控格兰姆矩阵一致有界，$[\boldsymbol{A}(k),\boldsymbol{Q}^{\frac{1}{2}}(k)]$一致能观且能观格兰姆矩阵一致有界等。

这里仅考虑线性定常情形下离散系统的二次型最优控制问题。假定离散系统

$$\begin{cases}\boldsymbol{x}(k+1)=\boldsymbol{A}\boldsymbol{x}(k)+\boldsymbol{B}\boldsymbol{u}(k)\\\boldsymbol{x}(0)=\boldsymbol{x}_0\end{cases} \tag{5-5-19}$$

选取性能指标 J：

$$J=\frac{1}{2}\sum_{k=0}^{\infty}[\boldsymbol{x}^{\mathrm{T}}(k)\boldsymbol{Q}\boldsymbol{x}(k)+\boldsymbol{u}^{\mathrm{T}}(k)\boldsymbol{R}\boldsymbol{u}(k)] \tag{5-5-20}$$

其中 $\boldsymbol{A}\in\mathbb{R}^{n\times n}$，$\boldsymbol{B}\in\mathbb{R}^{n\times m}$，$\boldsymbol{Q}\geqslant\boldsymbol{0}$，$\boldsymbol{R}>\boldsymbol{0}$，$[\boldsymbol{A},\boldsymbol{B}]$能控，$[\boldsymbol{A},\boldsymbol{Q}^{\frac{1}{2}}]$能观。

与第 5.5.1 节有限时间离散 LQR 推导类似，可推导出最优无限时间离散状态调节器如下：

$$\boldsymbol{u}^*(k)=-\boldsymbol{R}^{-1}\boldsymbol{B}^{\mathrm{T}}(\boldsymbol{I}+\boldsymbol{P}\boldsymbol{B}\boldsymbol{R}^{-1}\boldsymbol{B}^{\mathrm{T}})^{-1}\boldsymbol{P}\boldsymbol{A}\boldsymbol{x}(k)=-(\boldsymbol{R}+\boldsymbol{B}^{\mathrm{T}}\boldsymbol{P}\boldsymbol{B})^{-1}\boldsymbol{B}^{\mathrm{T}}\boldsymbol{P}\boldsymbol{A}\boldsymbol{x}(k) \tag{5-5-21}$$

其中 $\boldsymbol{P}$ 为对称正定矩阵，满足如下的黎卡提代数方程：

$$\boldsymbol{P}=\boldsymbol{Q}+\boldsymbol{A}^{\mathrm{T}}(\boldsymbol{P}^{-1}+\boldsymbol{B}\boldsymbol{R}^{-1}\boldsymbol{B}^{\mathrm{T}})^{-1}\boldsymbol{A} \tag{5-5-22}$$

将最优控制输入〔式(5-5-21)〕记作

$$\boldsymbol{u}^*(k)=-\boldsymbol{K}\boldsymbol{x}(k) \tag{5-5-23}$$

其中 $\boldsymbol{K}=(\boldsymbol{R}+\boldsymbol{B}^{\mathrm{T}}\boldsymbol{P}\boldsymbol{B})^{-1}\boldsymbol{B}^{\mathrm{T}}\boldsymbol{P}\boldsymbol{A}$ 为最优反馈增益矩阵。

系统在最优控制序列的作用下得到如下最优闭环系统：

$$\boldsymbol{x}(k+1)=(\boldsymbol{A}-\boldsymbol{B}\boldsymbol{K})\boldsymbol{x}(k) \tag{5-5-24}$$

定理 5.5.1 对于离散线性定常的 LQR 问题(5-5-19)与(5-5-20)，在$[\boldsymbol{A},\boldsymbol{B}]$能控，

$[\boldsymbol{A},\boldsymbol{Q}^{\frac{1}{2}}]$能观的条件下，最优控制表达式为式(5-5-21)，且是唯一的。最优闭环系统(5-5-24)是渐近稳定的。

这里只给出结论，证明过程可参阅连续情形。

如果要检验闭环系统的稳定性，可验证矩阵 $\boldsymbol{A}-\boldsymbol{BK}$ 的所有特征值否均位于单位圆内。

例 5.5.1 设某二阶线性定常离散系统的状态方程如下：

$$x_1(k+1)=x_2(k)$$

$$x_2(k+1)=x_2(k)+u(k)$$

选取性能指标 J：

$$J=\sum_{k=0}^{\infty}[4x_1^2(k)+u^2(k)]$$

求最优控制输入 $u^*(k)$，使得泛函指标 J 极小。

解：由题意，系统的各个系数矩阵为：

$$\boldsymbol{A}=\begin{pmatrix}0 & 1\\0 & 1\end{pmatrix},\quad \boldsymbol{B}=\begin{pmatrix}0\\1\end{pmatrix},\quad \boldsymbol{Q}=\begin{pmatrix}4 & 0\\0 & 0\end{pmatrix},\quad R=1$$

已验证

$$\mathrm{rank}(\boldsymbol{B}\quad \boldsymbol{AB})=\mathrm{rank}\begin{pmatrix}0 & 2\\1 & 2\end{pmatrix}=2$$

故系统能控。又因为

$$\begin{pmatrix}4 & 0\\0 & 0\end{pmatrix}=\begin{pmatrix}2\\0\end{pmatrix}(2\quad 0)$$

所以 $\boldsymbol{Q}^{\frac{1}{2}}=(2\quad 0)$。可验证

$$\mathrm{rank}\begin{pmatrix}\boldsymbol{Q}^{\frac{1}{2}}\\ \boldsymbol{Q}^{\frac{1}{2}}\boldsymbol{A}\end{pmatrix}=\mathrm{rank}\begin{pmatrix}2 & 0\\0 & 2\end{pmatrix}=2$$

所以系统也满足能观性条件，因此存在唯一的最优控制序列。

设黎卡提矩阵 $\boldsymbol{P}$ 为：

$$\boldsymbol{P}=\begin{pmatrix}p_{11} & p_{12}\\p_{12} & p_{22}\end{pmatrix}$$

代入黎卡提方程：

$$\boldsymbol{P}=\boldsymbol{Q}+\boldsymbol{A}^{\mathrm{T}}(\boldsymbol{I}+\boldsymbol{PBR}^{-1}\boldsymbol{B}^{\mathrm{T}})^{-1}\boldsymbol{PA}$$

解得

$$\boldsymbol{P}=\begin{pmatrix}4 & 0\\0 & 2+2\sqrt{2}\end{pmatrix}$$

最优反馈增益 $\boldsymbol{K}$ 为：

$$\boldsymbol{K}=(\boldsymbol{R}+\boldsymbol{B}^{\mathrm{T}}\boldsymbol{PB})^{-1}\boldsymbol{B}^{\mathrm{T}}\boldsymbol{PA}=\begin{pmatrix}0 & \dfrac{2+2\sqrt{2}}{3+2\sqrt{2}}\end{pmatrix}$$

最优控制为：

$$\boldsymbol{u}^*(k)=-\boldsymbol{Kx}(k)=-\frac{2+2\sqrt{2}}{3+2\sqrt{2}}x_2(k)$$

综上所述，线性离散系统的 LQR 问题所导致的最优控制律是一种状态反馈。如果状态

变量不能直接得到，则可以考虑构造系统的状态观测器。而且线性定常系统的状态反馈与观测器设计服从分离原理，可以分开独立设计，因此也可设计基于输出的最优反馈控制，例如基于全阶状态观测器的输出动态反馈。

本章小结

本章介绍了离散系统的最优控制，讲述了离散变分法与离散欧拉方程，给出了离散最优控制问题的极小值原理的完整叙述，讨论了离散线性二次型最优控制问题。可以看到，离散最优控制问题也面临两点边值的求解，因此计算仍然很复杂。读者在学习过程中，可以参考文献[77]、[80]、[102]、[107]等。

习 题

1. 已知离散系统的状态方程为 $x(k+1)=x(k)+u(k)$，初始时刻值 $x(0)=1$，控制输入 $u(k)$ 无约束。选取性能指标 J：

$$J=\frac{1}{2}x^2(2)+\frac{1}{2}\sum_{k=0}^{2}u^2(k)$$

求最优控制序列 $u^*(k)$ 和最优状态序列 $x^*(k)$，使得性能指标 J 最小。

2. 已知某离散系统的状态方程为：

$$x(k+1)=\frac{2}{3}x(k)-\frac{1}{3}u(k),\quad x(0)=0$$

控制输入 $u(k)$ 满足如下约束条件：

$$0\leqslant u(k)\leqslant x(k)$$

选取性能指标 J：

$$J=\sum_{k=0}^{2}\left[\frac{5}{2}x(k)+\frac{1}{2}u(k)\right]$$

求最优控制序列 $u^*(k)$ 和最优状态序列 $x^*(k)$，使得性能指标 J 最小。

3. 已知某线性离散系统的状态方程为：

$$x(k+1)=0.5x(k)+\alpha u(k),\alpha \text{ 为可调增益参数}$$

设离散系统的初始时刻为 $x(0)=1$，终端时刻满足 $x(10)=0$，控制输入 $u(k)$ 无约束。选取性能指标 J 如下：

$$J=\frac{1}{2}\sum_{k=0}^{9}u^2(k)$$

求最优控制序列 $u^*(k)$ 和最优状态序列 $x^*(k)$，使得性能指标 J 最小。

4. 考虑如下一个线性定常标量控制系统

$$x_{k+1}=ax_k+bu_k,b>0,x_0=0$$

与性能指标

$$J=\frac{1}{2}\sum_{k=0}^{\infty}(qx_k^2+ru_k^2)$$

要求通过求解黎卡提方程，写出最优控制表达式。

5. 已知标量双线性控制系统

$$x(k+1)=x(k)u(k)+1, x(0)=10$$

要求设计最优控制使性能指标

$$J=\frac{1}{2}\sum_{k=0}^{1}u^2(k)$$

达到极小，并且 $x(2)=0$。

6. 已知某二阶线性离散系统的状态方程如下：

$$\begin{pmatrix}x_1(k+1)\\x_2(k+1)\end{pmatrix}=\begin{pmatrix}1&1\\0&0\end{pmatrix}\begin{pmatrix}x_1(k)\\x_2(k)\end{pmatrix}+\begin{pmatrix}0\\1\end{pmatrix}u(k),\quad \begin{pmatrix}x_1(0)\\x_2(0)\end{pmatrix}=\begin{pmatrix}1\\1\end{pmatrix}$$

控制输入 $\boldsymbol{u}(k)$ 无约束，选取性能指标如下：

$$J=\frac{1}{2}\sum_{k=0}^{\infty}[x_1^2(k)+x_2^2(k)+u^2(k)]$$

求最优控制序列 $\boldsymbol{u}^*(k)$ 和最优状态序列 $\boldsymbol{x}^*(k)$，使得性能指标 J 最小。

7. 考虑如下系统：

$$\boldsymbol{x}_{k+1}=\boldsymbol{A}_k\boldsymbol{x}_k+\boldsymbol{B}_k\boldsymbol{u}_k, \boldsymbol{x}(t_0)=\boldsymbol{x}_0$$

性能指标为：

$$\boldsymbol{J}=\frac{1}{2}\boldsymbol{x}_N^{\mathrm{T}}\boldsymbol{S}_N\boldsymbol{x}_N+\frac{1}{2}\sum_{k=i}^{N-1}(\boldsymbol{x}_k^{\mathrm{T}}\quad \boldsymbol{u}_k^{\mathrm{T}})\begin{pmatrix}\boldsymbol{Q}_k&\boldsymbol{N}_k\\\boldsymbol{N}_k^{\mathrm{T}}&\boldsymbol{R}_k\end{pmatrix}\begin{pmatrix}\boldsymbol{x}_k\\\boldsymbol{u}_k\end{pmatrix}$$

其中 $\boldsymbol{R}_k$ 正定，$\overline{\boldsymbol{Q}}_k=\boldsymbol{Q}_k-\boldsymbol{N}_k\boldsymbol{R}_k^{-1}\boldsymbol{N}_k^{\mathrm{T}}$ 正定，要求推导出离散黎卡提差分方程，并求最优控制与最优性能指标。

第6章
动态规划

本章主要阐述动态规划法。动态规划是由美国数学家贝尔曼于20世纪50年代在研究多段决策问题时所创立的。基于贝尔曼最优性原理,可将多段决策问题转化为多个单阶段的最优化问题求解。本章将把最优控制问题纳入动态规划框架体系下来讨论。与极小值原理所导出的两点边值问题不同,采用动态规划法将得到一个哈密顿-雅可比-贝尔曼(Hamilton-Jacobi-Bellman,HJB)方程,该方程是一个偏微分方程。无论是两点边值问题还是HJB方程,求解都非常困难。

6.1 问题的提出

首先我们回顾第4章提到的LQR问题。对于问题(4-1-1)和(4-1-2),可以推出系统的最优控制为:

$$\boldsymbol{u}^*(t) = -\boldsymbol{R}^{-1}\boldsymbol{B}^{\mathrm{T}}\boldsymbol{P}(t,\boldsymbol{S},t_f)\boldsymbol{x}^* \tag{6-1-1}$$

其中 $\boldsymbol{P}(t,\boldsymbol{S},t_f)$ 是满足如下黎卡提微分方程,在 t_f 时刻以 $\boldsymbol{S}$ 为终端值的解:

$$\begin{gathered} -\dot{\boldsymbol{P}}(t) = \boldsymbol{P}(t)\boldsymbol{A}(t) + \boldsymbol{A}^{\mathrm{T}}(t)\boldsymbol{P}(t) - \boldsymbol{P}(t)\boldsymbol{B}(t)\boldsymbol{R}^{-1}\boldsymbol{B}^{\mathrm{T}}(t)\boldsymbol{P}(t) + \boldsymbol{Q}(t) \\ \boldsymbol{P}(t_f) = \boldsymbol{S} \end{gathered} \tag{6-1-2}$$

$\boldsymbol{x}^*$ 是如下最优闭环系统的解:

$$\begin{gathered} \dot{\boldsymbol{x}} = (\boldsymbol{A}(t) - \boldsymbol{B}(t)\boldsymbol{R}^{-1}\boldsymbol{B}^{\mathrm{T}}(t)\boldsymbol{P})\boldsymbol{x} \\ \boldsymbol{x}(t_0) = \boldsymbol{x}_0 \end{gathered} \tag{6-1-3}$$

由第4章的式(4-2-24)可知

$$\frac{\mathrm{d}}{\mathrm{d}t}(\boldsymbol{x}^{*\mathrm{T}}\boldsymbol{P}\boldsymbol{x}^*) = -(\boldsymbol{x}^{*\mathrm{T}}\boldsymbol{Q}\boldsymbol{x}^* + \boldsymbol{u}^{*\mathrm{T}}\boldsymbol{R}\boldsymbol{u}^*) \tag{6-1-4}$$

将式(6-1-4)两边从 t_0 到 t_f 积分,得最优性能指标

$$\boldsymbol{J}(\boldsymbol{u}^*) = \frac{1}{2}\boldsymbol{x}^{*\mathrm{T}}(t_f)\boldsymbol{S}\boldsymbol{x}^*(t_f) + \frac{1}{2}\int_{t_0}^{t_f}(\boldsymbol{x}^{*\mathrm{T}}\boldsymbol{Q}\boldsymbol{x}^* + \boldsymbol{u}^{*\mathrm{T}}\boldsymbol{R}\boldsymbol{u}^*)\mathrm{d}t = \frac{1}{2}\boldsymbol{x}_0^{\mathrm{T}}\boldsymbol{P}(t,\boldsymbol{S},t_f)\boldsymbol{x}_0 \tag{6-1-5}$$

此时,将式(6-1-4)从任意时刻 t_1(其中 $t_0 < t_1 < t_f$)开始到 t_f 积分,将得到如下等式:

$$\begin{aligned} \boldsymbol{J}(\boldsymbol{u},\boldsymbol{x},\boldsymbol{x}(t_1)) &= \frac{1}{2}\boldsymbol{x}^{*\mathrm{T}}(t_f)\boldsymbol{S}\boldsymbol{x}^*(t_f) + \frac{1}{2}\int_{t_1}^{t_f}(\boldsymbol{x}^{*\mathrm{T}}\boldsymbol{Q}\boldsymbol{x}^* + \boldsymbol{u}^{*\mathrm{T}}\boldsymbol{R}\boldsymbol{u}^*)\mathrm{d}t \\ &= \frac{1}{2}\boldsymbol{x}^{\mathrm{T}}(t_1)\boldsymbol{P}(t,\boldsymbol{S},t_f)\boldsymbol{x}(t_1) \end{aligned} \tag{6-1-6}$$

显然式(6-1-6)是式(6-1-5)的一个子阶段性能指标，因为$[t_1,t_f]\subset[t_0,t_f]$。

若单独将子阶段$[t_1,t_f]$上的性能指标作为指标泛函，约束方程同式(4-1-2)，则得到的最优控制为：

$$\boldsymbol{u}^{**}=-\boldsymbol{R}^{-1}\boldsymbol{B}^{\mathrm{T}}\boldsymbol{P}(t,\boldsymbol{S},t_f)\boldsymbol{x}^{**} \tag{6-1-7}$$

其中$\boldsymbol{P}(t,\boldsymbol{S},t_f)$也是满足方程(6-1-2)的解。由微分方程的解对终端条件的唯一性可知，这两个 LQR 问题对应的黎卡提方程的解是相等的。子问题的最优闭环系统与式(6-1-3)一样，只是其初始值为$\boldsymbol{x}^*(t_1)$，即$\boldsymbol{x}^{**}$子问题的最优闭环系统以$\boldsymbol{x}^*(t_1)$为初始值的解。而$\boldsymbol{x}^*(t_1)$是以$\boldsymbol{x}(t_0)$为初始条件，在全区间$[t_0,t_f]$上的最优闭环系统$\dot{\boldsymbol{x}}=(\boldsymbol{A}(t)-\boldsymbol{B}(t)\boldsymbol{R}^{-1}\boldsymbol{B}^{\mathrm{T}}(t)\boldsymbol{P})\boldsymbol{x}$，以$\boldsymbol{x}(t_0)=\boldsymbol{x}_0$为初始条件的解在$t_1$时刻的值。

记$\boldsymbol{\Phi}(t,t_0)$为最优闭环系统(6-1-3)的状态转移矩阵，以$\boldsymbol{x}(t_0)=\boldsymbol{x}_0$为初始条件的最优解为：

$$x^*(t)=\boldsymbol{\Phi}(t,t_0)x_0$$

则在t_1时刻，

$$\boldsymbol{x}^*(t_1)=\boldsymbol{\Phi}(t_1,t_0)\boldsymbol{x}_0$$

而在子阶段$[t_1,t_f]$上，最优闭环轨线为$\boldsymbol{x}^{**}(t,t_1)=\boldsymbol{\Phi}(t,t_1)\boldsymbol{x}_1^*$。因此有

$$\boldsymbol{x}^{**}(t)=\boldsymbol{\Phi}(t,t_1)\boldsymbol{\Phi}(t_1,t_0)\boldsymbol{x}_0=\boldsymbol{\Phi}(t,t_0)\boldsymbol{x}_0=\boldsymbol{x}^*(t)$$

最终可得

$$\boldsymbol{u}^*=\boldsymbol{u}^{**},\forall t,t_1\leqslant t\leqslant t_f \tag{6-1-8}$$

即子阶段指标对应的 LQR 问题的最优解也是整个全指标的最优控制。反之，全指标得到的最优控制，限定在子分段的取值也是子指标的最优控制。

由于子区间$[t_1,t_f]$的t_1可以自由设置，如可设置k个不同的$t_{1i},i=1,\cdots,k,t_{1i}<t_{1j},\forall i<j$，这样子区间$[t_j,t_f]$的最优控问题，又可以细分为更小子区间的最优控制问题。

上面全区间的 LQR 最优控制可与子阶段最优控制问题相等，而且每个子阶段的最优控制问题的求解具有相似性。一个令人感兴趣的问题是，对 LQR 问题的细分求解是否可以推广到更一般系统的最优控制问题上呢？贝尔曼对这一类问题进行了研究，提出了最优性原理，并在此基础上创立了动态规划算法。

6.2 动态规划的构成

本节介绍动态规划问题的一些概念与定义。首先，需要定义一个多阶段决策过程。一个多段决策过程需要包含如下几个要素。

定义 6.2.1(阶段) 阶段是对整个过程的自然划分。通常根据时间顺序或空间顺序特征来划分阶段，以便按阶段的次序求解优化问题。阶段变量一般用$k=1,2,\cdots,n$表示。

定义 6.2.2(状态) 状态是表征过程每个阶段所满足特定规律与关系的物理量，也称状态变量。当某阶段的状态变量给定时，这个阶段以后过程的演变与该阶段以前各阶段的状态无关，称为无后效性(可通俗理解为时间不能倒流)。

状态取值的范围称为容许状态集合。第k阶段的状态变量用$\boldsymbol{x}_k$表示，其中$\boldsymbol{x}_k$可以是一个数或一个向量。用$\boldsymbol{\Omega}_{xk}$表示第k阶段的允许状态集合。一个n阶段的决策过程包含$n+1$个

状态变量。根据过程特性，状态可以是离散的或连续的。

定义 6.2.3(状态方程) 状态方程表示状态所满足的动力学规律。一般表述为：

$$\boldsymbol{x}_{k+1}=f(\boldsymbol{x}_k,\boldsymbol{u}_k,k),\quad \boldsymbol{x}(0)=\boldsymbol{x}_0,\quad k=0,1,\cdots,n(\text{离散情形}) \tag{6-2-1}$$

$$\dot{\boldsymbol{x}}=f(\boldsymbol{x},\boldsymbol{u},t),\quad \boldsymbol{x}(t_0)=\boldsymbol{x}_0(\text{连续情形}) \tag{6-2-2}$$

定义 6.2.4(决策) 式(6-2-1)中的 $\boldsymbol{u}$ 在最优控制问题中称为控制，在动态规划中则称为决策。对于某阶段而言，为达到设定目标，需要设计控制措施使状态变量可以转移到下一个阶段，称为决策。

决策变量的允许取值的范围称为容许决策集合。第 k 阶段、状态是 $\boldsymbol{x}_k$ 时的决策变量一般来说是 $\boldsymbol{x}_k$ 的函数，用 $\boldsymbol{u}_k=\boldsymbol{u}(\boldsymbol{x}_k)$ 表示；用$\boldsymbol{\Omega}_{uk}$ 表示第 k 阶段的允许决策集合。决策变量也简称决策。

定义 6.2.5(策略) 由决策组成的序列称为策略。从初始状态 $\boldsymbol{x}_0$ 开始的全过程的决策序列，即策略，记作 $\boldsymbol{u}_{0,n-1}(\boldsymbol{x}_0)$，即

$$\boldsymbol{u}_{0,n-1}(\boldsymbol{x}_0)=\{\boldsymbol{u}_0,\boldsymbol{u}_1,\cdots,\boldsymbol{u}_{n-1}\} \tag{6-2-3}$$

类似地，从第 k 阶段状态 $\boldsymbol{x}_k$ 开始到终止状态的子过程的策略记作$\boldsymbol{U}_{k,n-1}(\boldsymbol{x}_k)$，即

$$\boldsymbol{u}_{k,n-1}(\boldsymbol{x}_k)=\{\boldsymbol{u}_k,\cdots,\boldsymbol{u}_{n-1}\} \tag{6-2-4}$$

更一般地，由第 k 到第 j 阶段的子过程的策略记为：

$$\boldsymbol{u}_{k,j-1}(\boldsymbol{x}_k)=\{\boldsymbol{u}_k,\cdots,\boldsymbol{u}_{j-1}\} \tag{6-2-5}$$

可供选择的策略有一定的范围，称为允许策略集合，分别用$\boldsymbol{\Omega}^{\boldsymbol{u}}_{0,n-1}(\boldsymbol{x}_0)$，$\boldsymbol{\Omega}^{\boldsymbol{u}}_{k,n-1}(\boldsymbol{x}_k)$，$\boldsymbol{\Omega}^{\boldsymbol{u}}_{k,j-1}(\boldsymbol{x}_k)$表示。在连续情形下，策略等同于决策。

定义 6.2.6(指标泛函与值函数) 指标泛函(Objective Functional)或称为代价泛函是衡量过程优劣的指标，它是定义在全过程以及所有后部子过程上的标量值，用$\boldsymbol{J}_{k,n-1}(\boldsymbol{x}_k,\boldsymbol{u}_k,\boldsymbol{x}_{k+1},\cdots,\boldsymbol{x}_n)$表示，其中 $k=0,1,\cdots,n-1$。

指标泛函应具有可分离性，即$\boldsymbol{J}_{k,n-1}$可表示为 $\boldsymbol{x}_k,\boldsymbol{u}_k,\boldsymbol{J}_{k+1,n-1}$的函数，记为：

$$\boldsymbol{J}_{k,n-1}(\boldsymbol{x}_k,\boldsymbol{u}_k,\boldsymbol{x}_{k+1},\cdots,\boldsymbol{x}_n)=\boldsymbol{\rho}_k[\boldsymbol{x}_k,u_k,\boldsymbol{J}_{k+1,n-1}(\boldsymbol{x}_{k+1},u_{k+1},\cdots,\boldsymbol{x}_n)] \tag{6-2-6}$$

其中函数$\boldsymbol{\rho}_k$ 对于变量$\boldsymbol{J}_{k+1,n-1}$是严格单调的。

过程在第 j 阶段的指标取决于当前的状态 $\boldsymbol{x}_j$ 和决策 $\boldsymbol{u}_j$，用$\boldsymbol{J}_j(\boldsymbol{x}_j,\boldsymbol{u}_j)$表示。指标泛函由$\boldsymbol{J}_j(j=1,2,\cdots,n)$组成，常见的形式有如下几类。

① 阶段指标之和，即

$$\boldsymbol{J}_{k,n-1}[\boldsymbol{x}_k,\boldsymbol{u}_k,\boldsymbol{x}_{k+1},\cdots,\boldsymbol{x}_n]=\sum_{j=k}^{n-1}\boldsymbol{J}_j[\boldsymbol{x}_j,\boldsymbol{u}_j] \tag{6-2-7}$$

② 阶段指标之积，即

$$\boldsymbol{J}_{k,n-1}[\boldsymbol{x}_k,\boldsymbol{u}_k,\boldsymbol{x}_{k+1},\cdots,\boldsymbol{x}_n]=\prod_{j=k}^{n-1}\boldsymbol{J}_j[\boldsymbol{x}_j,\boldsymbol{u}_j] \tag{6-2-8}$$

③ 阶段指标之极大(或极小)，即

$$\boldsymbol{J}_{k,n-1}[\boldsymbol{x}_k,\boldsymbol{u}_k,\boldsymbol{x}_{k+1},\cdots,\boldsymbol{x}_n]=\max_{k\leqslant j\leqslant n-1}(\min)\boldsymbol{J}_j[\boldsymbol{x}_j,\boldsymbol{u}_j] \tag{6-2-9}$$

根据状态方程，指标泛函$\boldsymbol{J}_{k,n-1}$还可以表示为状态 $\boldsymbol{x}(k)$和策略 $\boldsymbol{u}_{k,n-1}$的函数。当 $\boldsymbol{x}_k$ 给定时，指标函数$\boldsymbol{J}_{k,n-1}$对 $\boldsymbol{u}_{k,n-1}$的最优值称为**值函数**(Value Function)，记作 $\boldsymbol{V}(\boldsymbol{x}_k)$。

定义 6.2.7(最优策略和最优轨线) 使指标泛函$\boldsymbol{J}_{k,n-1}$达到最优值的策略 $\boldsymbol{u}_{k,n-1}$称为最优策略，记为 $\boldsymbol{u}^*_{0,n-1}=\{\boldsymbol{u}^*_0,\boldsymbol{u}^*_1,\cdots,\boldsymbol{u}^*_{n-1}\}$。从初始状态 $\boldsymbol{x}_0$ 出发，将策略 $\boldsymbol{u}^*_{0,n-1}$代入状态方程所产生状态序列 $\boldsymbol{x}^*_{0,n}=\{\boldsymbol{x}_0,\boldsymbol{x}^*_1,\cdots,\boldsymbol{x}^*_n\}$称为最优轨线(Optimal Trajectory)。

定义 6.2.8(递归方程) 递归方程的数学表达形式如下：

$$\begin{cases} \boldsymbol{V}_{n+1}(\boldsymbol{x}_{n+1})=\boldsymbol{f}(\boldsymbol{x}_{n+1}) \\ \boldsymbol{V}_k(\boldsymbol{x}_k)=\underset{\boldsymbol{u}_k\in\boldsymbol{\Omega}_k^u}{\operatorname{opt}}\{\boldsymbol{v}_k(\boldsymbol{x}_k,\boldsymbol{u}_k)\otimes\boldsymbol{V}_{k+1}(\boldsymbol{x}_{k+1})\}, \quad k=n,\cdots,1 \end{cases} \tag{6-2-10}$$

其中 opt 根据要求，可以是 $\min J$ 也可以是 $\max J$。当$\otimes$为加法时，取$\boldsymbol{f}_{n+1}(\boldsymbol{x}_{n+1})=0$；当$\otimes$为乘法时，取$\boldsymbol{f}_{n+1}(\boldsymbol{x}_{n+1})=1$。式(6-2-10)也称为贝尔曼递归方程。

6.3 动态规划计算

6.3.1 最优性原理

动态规划是建立在贝尔曼最优性原理基础上的，因此首先介绍贝尔曼的最优性原理。

定理 6.3.1(最优性原理) 对于一个多段决策过程，一个最优策略具有这样的性质：不论过去的状态与决策如何，对前面的决策形成的当前状态而言，余下的决策一定也是最优决策。

考虑如下定常离散系统最优控制问题：

$$J(\boldsymbol{u}^*)=\min_{\boldsymbol{u}\in\boldsymbol{\Omega}_{0,N-1}^u}\left\{K(\boldsymbol{x}_N)+\sum_{k=0}^{N-1}L(\boldsymbol{x}_k,\boldsymbol{u}_k)\right\} \tag{6-3-1}$$

$$\text{s.t.}\quad \boldsymbol{x}_{k+1}=f(\boldsymbol{x}_k,\boldsymbol{u}_k),\quad \boldsymbol{x}(0)=\boldsymbol{x}_0 \tag{6-3-2}$$

令

$$\boldsymbol{u}_{0,N-1}^*=\{\boldsymbol{u}_0^*,\boldsymbol{u}_1^*,\cdots,\boldsymbol{u}_{N-1}^*\} \tag{6-3-3}$$

$$\boldsymbol{x}_{0,N}^*=\{\boldsymbol{x}_0^*,\boldsymbol{x}_1^*,\cdots,\boldsymbol{x}_N^*\} \tag{6-3-4}$$

为本问题的最优策略与最优轨线。

对于式(6-3-1)和式(6-3-2)，可以用第 5 章所给出的离散极小值原理，最后将其转化为一组差分方程的两点边值问题求解。这里将采用最优性原理的思想来求解该问题。

假定从 0 到 $k-1$ 的最优决策 $\boldsymbol{u}_0^*,\boldsymbol{u}_1^*,\cdots,\boldsymbol{u}_{N-1}^*$已经做出。考虑从 $j=k$ 到 $N-1$ 这一子阶段的决策问题：

$$J_k(\boldsymbol{u}^*)=\min_{\boldsymbol{u}\in\boldsymbol{\Omega}_{k,N-1}^u}\left\{K(\boldsymbol{x}_N)+\sum_{j=k}^{N-1}L(\boldsymbol{x}_k,\boldsymbol{u}_k)\right\} \tag{6-3-5}$$

$$\text{s.t.}\quad \boldsymbol{x}_{k+1}=f(\boldsymbol{x}_k,\boldsymbol{u}_k),\quad \boldsymbol{x}_k=\boldsymbol{x}(k) \tag{6-3-6}$$

定理 6.3.2 考虑多段决策问题(6-3-1)和(6-3-2)。假设式(6-3-3)是该问题的最优策略，式(6-3-4)是对应的最优轨线，则子序列 $\boldsymbol{u}_{k,N-1}^*=(\boldsymbol{u}_k^*,\cdots,\boldsymbol{u}_{N-1}^*)$，$\boldsymbol{x}_{k,N}^*=\{\boldsymbol{x}_k^*,\cdots,\boldsymbol{x}_N^*\}$分别是子多段决策问题(6-3-5)与(6-3-6)的最优策略与最优轨线。

证明：采用反证法证明。假设

$$\boldsymbol{u}_{k,N-1}^*=(\boldsymbol{u}_k^*,\cdots,\boldsymbol{u}_{N-1}^*),\boldsymbol{x}_{k,N}^*=\{\boldsymbol{x}_k^*,\cdots,\boldsymbol{x}_N^*\}$$

不是子问题的最优控制与最优轨线，则将存在另外一组容许控制与容许轨线：

$$\hat{\boldsymbol{u}}_{k,N-1}=\{\hat{\boldsymbol{u}}_k,\cdots,\hat{\boldsymbol{u}}_{N-1}\},\hat{\boldsymbol{x}}_{k,N}=\{\hat{\boldsymbol{x}}_k,\cdots,\hat{\boldsymbol{x}}_N\}$$

其导致的子问题的性能指标将小于 $\boldsymbol{u}_{k,N-1}^*,\boldsymbol{x}_{k,N}^*$所取得的性能指标，即

$$J_k(\hat{\boldsymbol{u}}_{k,N-1},\hat{\boldsymbol{x}}_{k,N})<J_k(\boldsymbol{u}_{k,N-1}^*,\boldsymbol{x}_{k,N}^*) \tag{6-3-7}$$

令

$$\hat{\boldsymbol{u}} \triangleq (\boldsymbol{u}_0^*, \boldsymbol{u}_1^*, \cdots, \boldsymbol{u}_{k-1}^*, \hat{\boldsymbol{u}}_k, \cdots, \boldsymbol{u}_{N-1}^*) \tag{6-3-8}$$

$$\hat{\boldsymbol{x}} \triangleq (\boldsymbol{x}_0, \boldsymbol{x}_1^*, \cdots, \boldsymbol{x}_{k-1}^*, \hat{\boldsymbol{x}}_k, \cdots, \hat{\boldsymbol{x}}_N) \tag{6-3-9}$$

则有

$$\begin{aligned} J(\boldsymbol{x}^*, \boldsymbol{u}^*) &= K(\boldsymbol{x}_N^*) + \sum_{j=0}^{N-1} L(\boldsymbol{x}_j^*, \boldsymbol{u}_j^*) \\ &\geqslant K(\boldsymbol{x}_N^*) + \sum_{j=0}^{k-1} L(\boldsymbol{x}_j^*, \boldsymbol{u}_j^*) + \sum_{j=k}^{N-1} L(\hat{\boldsymbol{x}}_j, \hat{\boldsymbol{u}}_j) \\ &= J(\hat{\boldsymbol{x}}, \hat{\boldsymbol{u}}) \end{aligned} \tag{6-3-10}$$

这与“式(6-3-3)与式(6-3-4)是全问题的最优策略与最优轨线”相矛盾。因此,只能 $\boldsymbol{u}_{k,N-1}^*$ 是子问题的最优策略,$\boldsymbol{x}_{k,N}^*$ 是子问题的最优轨线。

证毕!

令动态规划问题(6-3-5)与(6-3-6)的值函数为:

$$\begin{gathered} \boldsymbol{V}(\boldsymbol{x}_k) = \min_{\boldsymbol{u}_{0,N-1} \in \boldsymbol{\Omega}_{0,N-1}^{\boldsymbol{u}}} \left\{ K(\boldsymbol{x}_N) + \sum_{j=k}^{N-1} \boldsymbol{L}(\boldsymbol{x}_k, \boldsymbol{u}_k) \right\} \\ \text{s.t.} \quad \boldsymbol{x}_{k+1} = \boldsymbol{f}(\boldsymbol{x}_k, \boldsymbol{u}_k), \quad \boldsymbol{x}_k = \boldsymbol{x}(k) \end{gathered} \tag{6-3-11}$$

则多段决策问题(6-3-1)和(6-3-2)的值函数为:

$$V(\boldsymbol{x}_0) = \min_{\boldsymbol{u}_{0,N-1} \in \boldsymbol{\Omega}_{0,N-1}^{\boldsymbol{u}}} \left\{ K(\boldsymbol{x}_N) + \sum_{j=0}^{N-1} \boldsymbol{L}(\boldsymbol{x}_k, \boldsymbol{u}_k) \right\} \tag{6-3-12}$$

由于本系统为定常系统,因此值函数只与初始值有关。

6.3.2 数值计算

根据动态规划基本方程,可以构造一个递推算法,其具体步骤如下:

步骤 0: 令 $V(\boldsymbol{x}_{N+1})=0, V(\boldsymbol{x}_N)=K(\boldsymbol{x}_N)+V(\boldsymbol{x}_{N+1})$。

步骤 1: 计算 $\boldsymbol{u}_{N-1}^*$,由

$$V(\boldsymbol{x}_{N-1}) = \min_{\boldsymbol{u}_{N-1}} \{ L(\boldsymbol{x}_{N-1}, \boldsymbol{u}_{N-1}) + V(\boldsymbol{x}_N) \} \tag{6-3-13}$$

代入状态方程 $\boldsymbol{x}_N = \boldsymbol{f}(\boldsymbol{x}_{N-1}, \boldsymbol{u}_{N-1})$, $\boldsymbol{x}_{N-1} = \boldsymbol{x}_{N-1}$,可得到 $\boldsymbol{u}_{N-1}^*, V(\boldsymbol{x}_{N-1})$。

步骤 2: 计算 $\boldsymbol{u}_{N-2}^*$,由

$$\boldsymbol{V}(x_{N-2}) = \min_{\boldsymbol{u}_{N-2}} \{ L(\boldsymbol{x}_{N-2}, \boldsymbol{u}_{N-2}) + V(\boldsymbol{x}_{N-1}) \} \tag{6-3-14}$$

代入状态方程 $\boldsymbol{x}_{N-1} = \boldsymbol{f}(\boldsymbol{x}_{N-2}, \boldsymbol{u}_{N-2})$, $\boldsymbol{x}_{N-2} = \boldsymbol{x}(N-2)$,可得到 $\boldsymbol{u}_{N-2}^*, V(\boldsymbol{x}_{N-2})$。

……

步骤 $N-j$: 计算 $\boldsymbol{u}_j^*$,由

$$V_j(\boldsymbol{x}_j) = \min_{\boldsymbol{u}_{N-1}} \{ L(\boldsymbol{x}_j, \boldsymbol{u}_j) + V_{j+1}(\boldsymbol{x}_{j+1}) \} \tag{6-3-15}$$

代入状态方程 $\boldsymbol{x}_{j+1} = \boldsymbol{f}(\boldsymbol{x}_j, \boldsymbol{u}_j)$, $\boldsymbol{x}_j = \boldsymbol{x}(j)$,可得到 $\boldsymbol{u}_j^*, V(\boldsymbol{x}_j)$。

……

步骤 N: 计算 $\boldsymbol{u}_0^*$,由

$$V_0(\boldsymbol{x}_0) = \min_{\boldsymbol{u}_0} \{ L(\boldsymbol{x}_0, \boldsymbol{u}_0) + V_1(\boldsymbol{x}_1) \} \tag{6-3-16}$$

代入状态方程 $\boldsymbol{x}_1 = \boldsymbol{f}(\boldsymbol{x}_0, \boldsymbol{u}_0)$, $\boldsymbol{x}(0) = \boldsymbol{x}_0$,可得到 $\boldsymbol{u}_0^*, V(\boldsymbol{x}_0)$。

经过上面的计算后，还需要将初值代入状态方程，依次计算出最优控制、最优轨线，这个过程称为正向计算过程，即

$\boldsymbol{x}_1^*=\boldsymbol{f}(\boldsymbol{x}_0,\boldsymbol{u}_0^*)$，计算得到 $\boldsymbol{x}_1^*$，从而确定 $\boldsymbol{u}_1^*$；

$\boldsymbol{x}_2^*=\boldsymbol{f}(\boldsymbol{x}_1^*,\boldsymbol{u}_1^*)$，计算得到 $\boldsymbol{x}_2^*$，可确定 $\boldsymbol{u}_2^*$；

……

$\boldsymbol{x}_N^*=\boldsymbol{f}(\boldsymbol{x}_{N-1}^*,\boldsymbol{u}_{N-1}^*)$。

可以看出，动态规划的计算包括两个流程：第一个流程从后往前计算，该过程中得到的最优决策与最优状态更多是用符号来表示；第二个流程在第一个流程结束后，从初始状态开始，代入状态方程，依次计算出最优策略与最优轨线的具体数值。下面通过具体示例说明动态规划算法的实现。

例 6.3.1 求如下问题的最优策略：

$$J(u)=x^2(3)+\sum_{k=0}^{2}[x^2(k)+u^2(k)]$$

$$\text{s.t.}\quad x(k+1)=x(k)+u(k),\quad x(0)=1, u\ \text{不受限}$$

解：令从 k 时刻至 $N-1$ 子多段决策的指标值函数为 $V(x_k)$，由最优性原理，得到如下嵌套关系：

$$V(x_k)=\min_{u_k}\{x^2(k)+u^2(k)+V(\boldsymbol{x}_{k+1})\}$$

令 $V(x_4)=0$，由题可知 $V(x_3)=x^2(3)$，因此有

$$\begin{aligned}V(x_2)&=\min_{u}\{x^2(2)+u^2(2)+V_3(x_3)\}\\&=\min_{u}\{x^2(2)+u^2(2)+x^2(3)\}\\&=\min_{u}\{x^2(2)+u^2(2)+[x(2)+u(2)]^2\}\end{aligned}$$

由

$$\frac{\partial}{\partial u}\{x^2+u^2+(x+u)^2\}=0$$

可得

$$u^*(2)=-\frac{1}{2}x(2)$$

可得该子阶段的指标值函数为：

$$V(x_2)=x^2(2)+\left[-\frac{1}{2}x^2(2)\right]^2+\left[x(2)-\frac{1}{2}x(2)\right]^2=\frac{3}{2}x^2(2)$$

再由嵌套公式

$$\begin{aligned}V(x_1)&=\min_{u}\{x^2(1)+u^2(1)+V(x_2)\}\\&=\min_{u}\left\{x^2(1)+u^2(1)+\frac{3}{2}x^2(2)\right\}\\&=\min_{u}\left\{x^2(1)+u^2(1)+\frac{3}{2}[x(1)+u(1)]^2\right\}\end{aligned}$$

由

$$\frac{\partial}{\partial u}\left\{x^2+u^2+\frac{3}{2}(x+u)^2\right\}=0$$

可得

$$u^*(1)=-\frac{3}{5}x(1)$$

$$V(x_1)=x^2(1)+\left[-\frac{3}{5}x(1)\right]^2+\frac{3}{2}\left[x(1)-\frac{3}{5}x(1)\right]^2=\frac{8}{5}x^2(1)$$

因此有

$$V(x_0)=\min_u\left\{x^2(0)+u^2(0)+\frac{8}{5}[x(0)+u(0)]^2\right\}$$

由

$$\frac{\partial}{\partial u}\left\{x^2+u^2+\frac{8}{5}(x+u)^2\right\}=0$$

可得

$$u^*(0)=-\frac{8}{13}x(0)$$

因此可得

$$V(x_0)=x^2(0)+\left[-\frac{8}{13}x(0)\right]^2+\frac{8}{5}\left[x(0)-\frac{8}{13}x(0)\right]^2=\frac{21}{13}x^2(0)$$

下面进行正向过程的计算。将 $x(0)=1$ 逐步代入状态方程计算，可得到如下最后的计算结果：

$$u^*=\{-0.615,-0.231,-0.077\}$$

$$x^*=\{1,0.385,0.154,0.077\}$$

$$V(x_0)=\frac{21}{13}$$

例 6.3.2 设某工厂有 1 000 台机器，生产两种产品 A、B，若投入 x 台机器生产 A 产品，则纯收入为 $5x$；若投入 y 台机器生产 B 产品，则纯收入为 $4y$；又知生产 A 产品机器的年折损率为 20%，生产 B 产品机器的年折损率为 10%。问：5 年内如何安排各年度的生产计划，才能使总收入最高？

解：本题中年度为阶段变量 k，$k=1,2,3,4,5$。令 x_k 表示第 k 年年初完好机器数，u_k 表示第 k 年安排生产 A 产品的机器数，则 x_k-u_k 为第 k 年安排生产 B 产品的机器数，且 $0\leqslant u_k\leqslant x_k$。

则第 $k+1$ 年年初完好的机器数为：

$$x_{k+1}=(1-0.2)u_k+(1-0.1)(x_k-u_k)=0.9x_k-0.1u_k$$

令 $v_k(x_k,u_k)$ 表示第 k 年的纯收入，$V(x_k)$ 表示第 k 年年初往后各年的最大利润之和。

显然 $V(x_6)=0$，则

$$\begin{aligned}V(x_k)&=\max_{0\leqslant u_k\leqslant x_k}\{v_k(x_k,u_k)+V(x_{k+1})\}\\&=\max_{0\leqslant u_k\leqslant x_k}\{5u_k+4(x_k-u_k)+V(x_{k+1})\}\\&=\max_{0\leqslant u_k\leqslant x_k}\{u_k+4x_k+V(x_{k+1})\}\end{aligned}$$

① $k=5$ 时，

$$V(x_5)=\max_{0\leqslant u_5\leqslant x_5}\{u_5+4x_5\}$$

u_5+4x_5 关于 u_5 单调递增，所以 u_5+4x_5 在 $u_5=x_5$ 处取得最大值，即 $u_5=x_5$ 时，$V(x_5)=5x_5$。

② $k=4$ 时，

$$\begin{aligned}V(x_4)&=\max_{0\leqslant u_4\leqslant x_4}\{u_4+4x_4+5x_5\}\\&=\max_{0\leqslant u_4\leqslant x_4}\{u_4+4x_4+5(0.9x_4-0.1u_4)\}\\&=\max_{0\leqslant u_4\leqslant x_4}\{0.5u_4+8.5x_4\}\end{aligned}$$

当 $u_4=x_4$ 时，得极大值 $V(x_4)=9x_4$。

③ $k=3$ 时，

$$\begin{aligned}V(x_3)&=\max_{0\leqslant u_3\leqslant x_3}\{u_3+4x_3+9x_4\}\\&=\max_{0\leqslant u_3\leqslant x_3}\{u_3+4x_3+9(0.9x_3-0.1u_3)\}\\&=\max_{0\leqslant u_3\leqslant x_3}\{0.1u_3+12.1x_3\}\end{aligned}$$

当 $u_3=x_3$ 时，得极大值 $V(x_3)=12.2x_3$。

④ $k=2$ 时，

$$\begin{aligned}V(x_2)&=\max_{0\leqslant u_2\leqslant x_2}\{u_2+4x_2+12.2x_3\}\\&=\max_{0\leqslant u_2\leqslant x_2}\{-0.22u_2+14.98x_2\}\end{aligned}$$

当 $u_2=0$ 时，得极大值 $V(x_2)=14.98x_2$。

⑤ $k=1$ 时，

$$\begin{aligned}V(x_1)&=\max_{0\leqslant u_1\leqslant x_1}\{u_1+4x_1+14.98x_2\}\\&=\max_{0\leqslant u_1\leqslant x_1}\{u_1+4x_1+14.98(0.9x_1-0.1u_1)\}\\&=\max_{0\leqslant u_1\leqslant x_1}\{-0.498u_1+17.482x_1\}\end{aligned}$$

当 $u_1=0$ 时，得极大值 $V(x_1)=17.482x_1$。

因为$x_1=1\,000$ 台，所以进行正向过程计算后所得结果列表如表 6.3.1 所示。

表 6.3.1　最优策略与最优轨迹计算值

k	x_k	u_k	x_k-u_k	$V(x_k)$
1	1 000	0	1 000	$17.482x_1$
2	900	0	900	$14.98x_2$
3	810	810	0	$12.2x_3$
4	648	648	0	$9x_4$
5	518.4	518.4	0	$5x_5$

在表 6.3.1 中，$x_5=518.4$ 台中的 0.4 台可理解为有一台机器只能使用 0.4 年就将报废。最终计算得到 5 年总利润为 17 480。

例 6.3.3(最短路径问题)　已知有 10 个城市(编号为 1～10)，且每两个城市之间相邻的距离已知(如图 6.3.1 所示)，求从城市 1 到城市 10 的最短路径。

解：根据示意图中城市的相对位置，可以将城市分为 5 段(包括起点城市 1 和终点城市 10)，因此该问题可以看作 5 段决策问题。

首先确立状态方程 $x_i(k+1)=x_j(k)+u_{ij}(k)$，即在第 $k+1$ 段位置 i 的城市到第 k 段位置 j 的成本，其由第 k 段的位置 j 与决策 $u_{ij}(k)$产生，$u_{ij}(k)$为在第 $k+1$ 阶段城市 i 过渡到 k 段城市 j 的成本，如果没有从城市 i 到城市 j 的控制，则定义 $u_{ij}(k)$为无穷大。第 5 段只有一个城市 10，所以可设 $x(10)=0$，表示终点城市 10 到自身的成本为零。

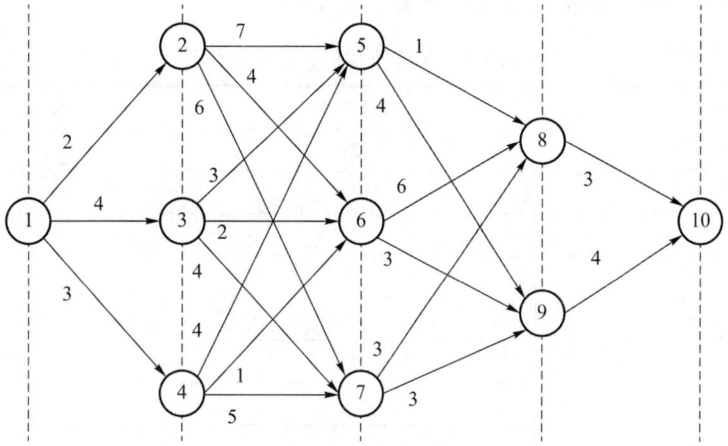

图 6.3.1 最短路径问题数据示意图

针对本问题,记 $V_k(i)$ 表示第 k 段的城市 i 到终端点的最优成本。令 X_i 表示第 i 阶段上所有城市的集合,则动态规划算法的形式为:

$$V_5(1)=0\text{(终端段只有一个城市)}$$

$$V_k(i)=\min_{j\in X_{k+1}}[u_{ij}(k)+V_{k+1}(j)],i\in X_k,j\in X_{k+1}\text{(第 }k\text{ 段城市 }i\text{ 到终端的总成本)}$$

最优成本为 $V_1(1)$,表示从出发点城市 1 到终端的最优成本。

先考虑从第 4 段(倒数第二段)到终点。该段起点城市集合为{8,9},终点段城市为 10,该阶段的决策及其代价如表 6.3.2 所示:

表 6.3.2 第 4 阶段的决策及其代价

阶段路径 $x(4)$	长度(指标)	决策 $u(4)$
8→10	3	8→10
9→10	4	9→10

再考虑第 3 段决策,此时该段的起点城市集合为{5,6,7}。以城市 5 为起点出发,可走的线路有 5→8→10〔路径长度(代价)为 4〕,以及 5→9→10〔路径长度(代价)为 8〕,线路 1 为其中的最优决策。同理可得该步骤中所有决策及其代价如表 6.3.3 所示。

表 6.3.3 第 3 阶段的决策及其代价

阶段路径 $x(3)$	长度(指标)	决策 $u(3)\{u(4)\}$
5→8→10	4	5→8{→10}
5→9→10	8	
6→8→10	9	6→9{→10}
6→9→10	7	
7→8→10	6	7→8{→10}
7→9→10	7	

同理可得第 2 阶段的决策及其代价如表 6.3.4 所示。

表 6.3.4　第 2 阶段的决策及其代价

阶段路径 $x(2)$	长度(指标)	决策 $u(2)\{u(3),u(4)\}$
2→5→8→10	11	2→5{→8→10} 2→6{→9→10}
2→6→9→10	11	
2→7→8→10	12	
3→5→8→10	7	3→5{→8→10}
3→6→9→10	9	
3→7→8→10	10	
4→5→8→10	8	4→5{→8→10} 4→6{→9→10}
4→6→9→10	8	
4→7→8→10	11	

最终得到第 1 阶段的决策及其代价如表 6.3.5 所示。

表 6.3.5　第 1 阶段的决策及其代价

阶段路径 $x(1)$	长度(指标)	决策 $u(1)\{u(2),u(3),u(4)\}$
1→2→5→8→10	13	1→3{→5→8→10} 1→4{→5→8→10} 1→4{→6→9→10}
1→2→6→9→10	13	
1→3→5→8→10	11	
1→4→5→8→10	11	
1→4→6→9→10	11	

最终可得最优策略为 1→3→5→8→10 或 1→4→5→8→10 或 1→4→6→9→10，最短路径长度为 11。

例 6.3.4　旅行商问题(Travelling Salesman Problem，TSP)作为一个经典的离散优化问题，由于其已被证明为 NP-hard 问题，因此至今仍然是优化问题中的热点话题。旅行商问题要求目标对象需要经过若干城市(要求每个城市必须且只能经历一次)，最终返回出发城市，求最短的总路程。

在求解问题前，对动态规划求解的可行性进行简单说明：设初始城市为 s，共有 n 个城市，$s\to s_1\to s_2\to\cdots\to s_n\to s$ 为从 s 出发的一条总路径长度最短的解(即最优解)。假设从 s 到下一个城市 s_1 已经求出，则问题可转化为求 s_1 到 s 的最短路径；显然，$s_1\to s_2\to\cdots\to s_n\to s$ 一定构成从 s_1 到 s 的最短路径。因此，旅行商问题满足最优性原理，证明了动态规划求解该问题的合理性。我们用下面的例子说明过程。

假设有 4 个城市(分别标记为 0～3)，其中 0 为出发城市，相邻城市间的距离为$C_{i,k}$，具体数值通过图 6.3.2 表示。

解：假设顶点为 i，令 $d(i,V')$表示从顶点 i 出发，经过集合 V'中各个顶点一次且仅有一次，最终回到 i 的最短路径长度。

初始状态下，有

$$V'=V-\{i\}$$

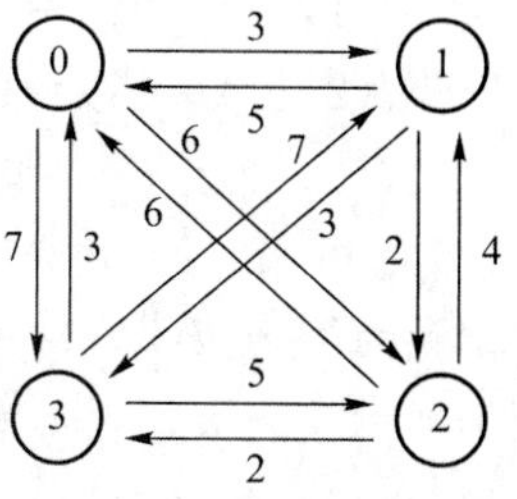

图 6.3.2 TSP问题示意图

由此，我们可以得到 TSP 的状态转移方程为：

$$d(i,V')=\min\{C_{i,k}+d(k,V'-\{k\})\},\quad k\in V'$$

$$d(k,\{\})=C_{k,i},\quad k\neq i$$

TSP 动态规划如图 6.3.3 所示。下面我们进行具体计算。从初始城市(顶点)0 出发，经过城市 1、2、3，最终回到城市 0 的最短路径长度为：

$$d(0,\{1,2,3\})=\min(C_{0,1}+d\{1,\{2,3\}),C_{0,2}+d\{2,\{1,3\}),C_{0,3}+d\{3,\{1,2\})\}$$

这为最终阶段的决策。以此类推，倒数第 2 段的决策为：

$$d(1,\{2,3\})=\min\{C_{1,2}+d(2,\{3\})\},C_{1,3}+d(3,\{2\})\}$$

$$d(2,\{1,3\})=\min\{C_{2,1}+d(1,\{3\})\},C_{2,3}+d(3,\{1\})\}$$

$$d(3,\{1,2\})=\min\{C_{3,1}+d(1,\{2\})\},C_{3,2}+d(2,\{1\})\}$$

此决策又依赖再上一段的决策：

$$d(1,\{2\})=C_{1,2}+d(2,\{\})$$

$$d(2,\{3\})=C_{2,3}+d(3,\{\})$$

$$d(3,\{2\})=C_{3,2}+d(2,\{\})$$

$$d(1,\{3\})=C_{1,3}+d(3,\{\})$$

$$d(2,\{1\})=C_{2,1}+d(1,\{\})$$

$$d(3,\{1\})=C_{3,1}+d(1,\{\})$$

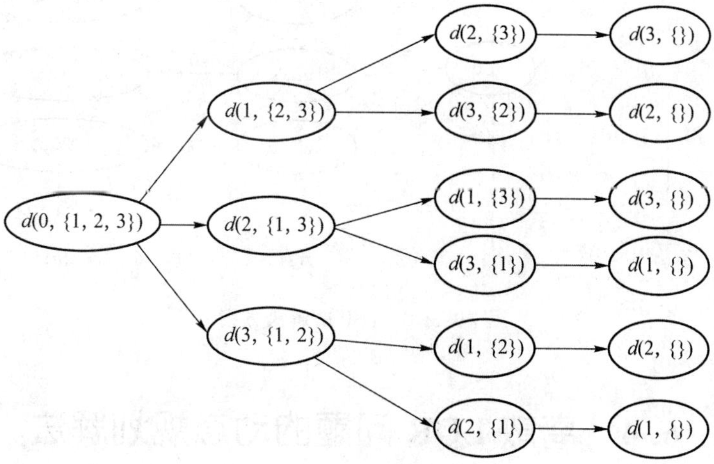

图 6.3.3 TSP 动态规划示意图

由已知条件可以直接得到

$$d(1,\{\})=C_{1,0}=5$$
$$d(2,\{\})=C_{2,0}=6$$
$$d(3,\{\})=C_{3,0}=3$$

由此向前倒推，有

$$d(1,\{2\})=C_{1,2}+d(2,\{\})=2+6=8$$
$$d(2,\{3\})=C_{2,3}+d(3,\{\})=2+3=5$$
$$d(3,\{2\})=C_{3,2}+d(2,\{\})=5+6=11$$
$$d(1,\{3\})=C_{1,3}+d(3,\{\})=3+3=6$$
$$d(2,\{1\})=C_{2,1}+d(1,\{\})=4+5=9$$
$$d(3,\{1\})=C_{3,1}+d(1,\{\})=7+5=12$$

再向前倒推，可得

$$d(1,\{2,3\})=\min\{C_{1,2}+d(2,\{3\})\},C_{1,3}+d(3,\{2\})\}=\min\{2+5,3+11\}=7$$
$$d(2,\{1,3\})=\min\{C_{2,1}+d(1,\{3\})\},C_{2,3}+d(3,\{1\})\}=\min(4+6,2+12)=10$$
$$d(3,\{1,2\})=\min\{C_{3,1}+d(1,\{2\})\},C_{3,2}+d(2,\{1\})\}=\min\{7+8,5+9\}=14$$

最终可得

$$d(0,\{1,2,3\})=\min(C_{0,1}+d\{1,\{2,3\}),C_{0,2}+d\{2,\{1,3\}),C_{0,3}+d\{3,\{1,2\})\}$$
$$=\min\{3+7,6+10,7+14\}=10$$

TSP 的解决方案如图 6.3.4 所示。最终解得该旅行商问题的最短路径长度为 10，最短路径为 0→1→2→3→0。

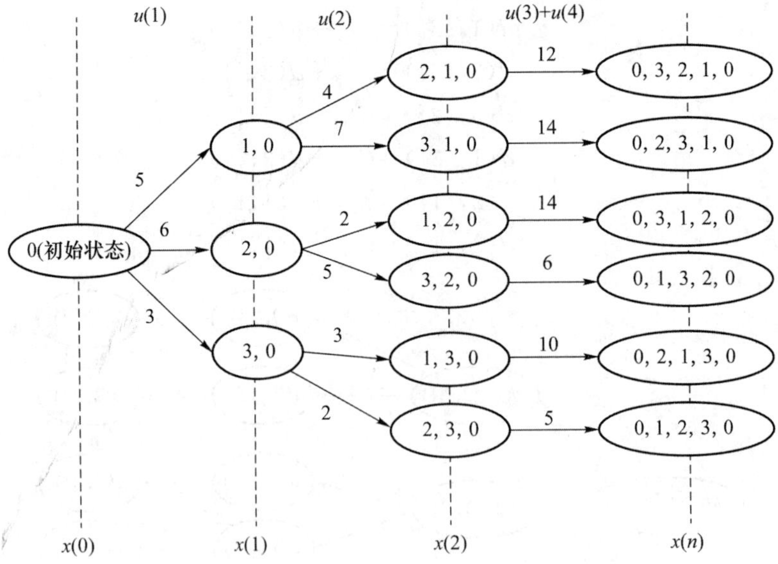

图 6.3.4 TSP 的解决方案

6.4 离散 LQR 问题的动态规划解法

考虑如下离散时间系统二次型指标的最优控制问题：

$$\boldsymbol{x}(k+1)=\boldsymbol{\Phi}(k)\boldsymbol{x}(k)+\boldsymbol{\Gamma}(k)\boldsymbol{u}(k)$$

$$\boldsymbol{x}(0)=\boldsymbol{x}_0,\quad \boldsymbol{x}\in\mathbb{R}^n,\boldsymbol{u}\in\mathbb{R}^m \tag{6-4-1}$$

性能指标为：

$$\boldsymbol{J}(\boldsymbol{u},k)=\frac{1}{2}\boldsymbol{x}^{\mathrm{T}}(N)\boldsymbol{S}\boldsymbol{x}(N)+\frac{1}{2}\sum_{k=0}^{N-1}\left[\boldsymbol{x}^{\mathrm{T}}(k)\boldsymbol{Q}(k)\boldsymbol{x}(k)+\boldsymbol{u}^{\mathrm{T}}(k)\boldsymbol{R}(k)\boldsymbol{u}(k)\right] \tag{6-4-2}$$

其中 $\boldsymbol{S}$ 和 $\boldsymbol{Q}(k)$ 是半正定矩阵，$\boldsymbol{R}(k)$ 是正定矩阵。试求该系统的最优控制和最优指标。

定义从第 k 步到第 $N-1$ 步的最优值函数为：

$$V^*(\boldsymbol{x}(k))=\min_{\boldsymbol{u}(k),\cdots,\boldsymbol{u}(N)}\frac{1}{2}\left\{\boldsymbol{x}^{\mathrm{T}}(N)\boldsymbol{S}\boldsymbol{x}(N)+\sum_{i=k}^{N-1}\left[\boldsymbol{x}^{\mathrm{T}}(i)\boldsymbol{Q}(i)\boldsymbol{x}(i)+\boldsymbol{u}^{\mathrm{T}}(i)\boldsymbol{R}(i)\boldsymbol{u}(i)\right]\right\} \tag{6-4-3}$$

利用最优性原理可得

$$V^*(\boldsymbol{x}(k))=\min_{\boldsymbol{u}(k)}\frac{1}{2}\{[\boldsymbol{x}^{\mathrm{T}}(k)\boldsymbol{Q}(k)\boldsymbol{x}(k)+\boldsymbol{u}^{\mathrm{T}}(k)\boldsymbol{R}(k)\boldsymbol{u}(k)+\boldsymbol{V}^*(\boldsymbol{x}(k+1),k+1)]\} \tag{6-4-4}$$

假设

$$V^*(\boldsymbol{x}(k))=\frac{1}{2}\boldsymbol{x}^{\mathrm{T}}(k)\boldsymbol{P}(k)\boldsymbol{x}(k) \tag{6-4-5}$$

其中 $\boldsymbol{P}(k)$ 是一个对称矩阵。下面推导 $\boldsymbol{P}(k)$ 所满足的关系。

将式(6-4-1)代入式(6-4-5)可得

$$\begin{aligned}V^*(\boldsymbol{x}(k+1))&=\frac{1}{2}\boldsymbol{x}(k+1)\boldsymbol{P}(k+1)\boldsymbol{x}(k+1)\\&=[\boldsymbol{\Phi}(k)\boldsymbol{x}(k)+\boldsymbol{\Gamma}(k)\boldsymbol{u}(k)]^{\mathrm{T}}\boldsymbol{P}(k+1)[\boldsymbol{\Phi}(k)\boldsymbol{x}(k)+\boldsymbol{\Gamma}(k)\boldsymbol{u}(k)]\end{aligned} \tag{6-4-6}$$

运用最优性原理可求得

$$\begin{aligned}V^*(\boldsymbol{x}(k))&=\min_{\boldsymbol{u}(k)}\frac{1}{2}\{[\boldsymbol{x}^{\mathrm{T}}(k)\boldsymbol{Q}(k)\boldsymbol{x}(k)+\boldsymbol{u}^{\mathrm{T}}(k)\boldsymbol{R}(k)\boldsymbol{u}(k)+\boldsymbol{V}^*(\boldsymbol{x}(k+1),k+1)]\}\\&=\frac{1}{2}\min_{\boldsymbol{u}(k)}\{\boldsymbol{x}^{\mathrm{T}}(k)[\boldsymbol{Q}(k)+\boldsymbol{\Phi}^{\mathrm{T}}(k)\boldsymbol{P}(k+1)\boldsymbol{\Phi}(k)]\boldsymbol{x}(k)\\&\quad+\boldsymbol{u}^{\mathrm{T}}(k)[\boldsymbol{R}(k)+\boldsymbol{\Gamma}^{\mathrm{T}}(k)\boldsymbol{P}(k+1)\boldsymbol{\Gamma}(k)]\boldsymbol{u}(k)+2\boldsymbol{x}^{\mathrm{T}}(k)\boldsymbol{\Phi}^{\mathrm{T}}(k)\boldsymbol{P}(k+1)\boldsymbol{\Gamma}(k)\boldsymbol{u}(k)\}\end{aligned} \tag{6-4-7}$$

将式(6-4-7)第二个等号右端对 $\boldsymbol{u}(k)$ 求导数，并令该导数等于 0，可得

$$[\boldsymbol{R}(k)+\boldsymbol{\Gamma}^{\mathrm{T}}(k)\boldsymbol{P}(k+1)\boldsymbol{\Gamma}(k)]\boldsymbol{u}(k)+\boldsymbol{\Gamma}^{\mathrm{T}}(k)\boldsymbol{P}(k+1)\boldsymbol{\Phi}(k)\boldsymbol{x}(k)=\boldsymbol{0} \tag{6-4-8}$$

因此有

$$\boldsymbol{u}^*(k)=-[\boldsymbol{R}(k)+\boldsymbol{\Gamma}^{\mathrm{T}}(k)\boldsymbol{P}(k+1)\boldsymbol{\Gamma}(k)]^{-1}\boldsymbol{\Gamma}^{\mathrm{T}}(k)\boldsymbol{P}(k+1)\boldsymbol{\Phi}(k)\boldsymbol{x}(k) \tag{6-4-9}$$

将表达式(6-4-9)代入式(6-4-7)，则有

$$\begin{aligned}&\boldsymbol{x}^{\mathrm{T}}(k)\boldsymbol{P}(k)\boldsymbol{x}(k)\\&=\boldsymbol{x}^{\mathrm{T}}(k)[\boldsymbol{Q}(k)+\boldsymbol{\Phi}^{\mathrm{T}}(k)\boldsymbol{P}(k+1)\boldsymbol{\Phi}(k)]\boldsymbol{x}(k)-\boldsymbol{x}^{\mathrm{T}}(k)\boldsymbol{\Phi}^{\mathrm{T}}(k)\boldsymbol{P}(k+1)\boldsymbol{\Gamma}(k)\boldsymbol{K}(k)\boldsymbol{x}(k)\end{aligned} \tag{6-4-10}$$

其中

$$\boldsymbol{K}(k)=-[\boldsymbol{R}(k)+\boldsymbol{\Gamma}^{\mathrm{T}}(k)\boldsymbol{P}(k+1)\boldsymbol{\Gamma}(k)]^{-1}\boldsymbol{\Gamma}^{\mathrm{T}}(k)\boldsymbol{P}(k+1)\boldsymbol{\Phi}(k) \tag{6-4-11}$$

由于 $\boldsymbol{x}(k)$ 是可变的，因此式(6-4-10)恒成立当且仅当

$$\begin{aligned}\boldsymbol{P}(k)&=\boldsymbol{\Phi}^{\mathrm{T}}(k)\boldsymbol{P}(k+1)\boldsymbol{\Phi}(k)+\boldsymbol{Q}(k)\\&\quad-\boldsymbol{\Phi}^{\mathrm{T}}(k)\boldsymbol{P}(k+1)\boldsymbol{\Gamma}(k)[\boldsymbol{R}(k)+\boldsymbol{\Gamma}^{\mathrm{T}}(k)\boldsymbol{P}(k+1)\boldsymbol{\Gamma}(k)]^{-1}\boldsymbol{\Gamma}^{\mathrm{T}}(k)\boldsymbol{P}(k+1)\boldsymbol{\Phi}(k)\end{aligned} \tag{6-4-12}$$

又因

$$V^*(\boldsymbol{x}(N))=\frac{1}{2}\boldsymbol{x}^{\mathrm{T}}(N)\boldsymbol{P}(N)\boldsymbol{x}(N)=\frac{1}{2}\boldsymbol{x}^{\mathrm{T}}(N)\boldsymbol{S}\boldsymbol{x}(N) \tag{6-4-13}$$

可得终端条件为：

$$\boldsymbol{P}(N)=\boldsymbol{S} \tag{6-4-14}$$

称式(6-4-12)为离散系统 LQR 问题的矩阵黎卡提方程。

因此，离散线性 LQR 问题的最优控制是状态反馈形式。

现在我们用黎卡提方程再来求解例 6.3.1。此时 $\Phi=\Gamma=1, Q=R=2$，代入式(6-4-12)可得

$$P(k)=P(k+1)+2-P(k+1)[2+P(k+1)]^{-1}P(k+1)$$
$$P(3)=2$$

迭代可以求得

$$P(3)=2$$
$$P(2)=3$$
$$P(1)=\frac{16}{5}$$

代入 $\boldsymbol{u}(k)=-[1+P(k+1)]^{-1}P(k+1)\boldsymbol{x}(k)$，可求得

$$\boldsymbol{u}(2)=-\frac{1}{2}\boldsymbol{x}(2)$$
$$\boldsymbol{u}(1)=-\frac{3}{5}\boldsymbol{x}(1)$$
$$\boldsymbol{u}(0)=-\frac{8}{13}\boldsymbol{x}(0)$$

最终结果与例 6.3.1 一致。

6.5 动态规划与静态规划的关系

动态规划本质上是研究有约束条件下的函数或泛函极值问题，它可以转化为具有约束的非线性规划问题。例如，对 N 段动态优化问题，假设每段有 n 个状态变量和 m 个决策变量，如果抛开分段的意义，可将动态规划转化为一个较大规模的静态优化问题：首先将 N 段的状态变量组合起来，扩维成为一个 $N\times n$ 维状态变量，决策变量也扩充为 $N\times m$ 维决策向量，目标泛函就是一个关于 $N\times n$ 个状态、$N\times m$ 维决策向量的函数；然后将所有(各段的)状态转移方程、端点条件、约束集合在一起罗列起来，将其定为约束条件，这样就可以把问题转化为静态优化问题求解。

例如，对于例 6.3.1，可以将动态优化问题转化为如下静态优化问题：

$$J(u)=x_3^2+x_2^2+x_1^2+u_0^2+u_1^2+u_2^2$$

$$\text{s.t.}\begin{cases}x_3-x_2-u_2=0\\x_2-x_1-u_1=0\\x_1-x_0-u_0=0\\x_0-1=0\end{cases}$$

对于上面的优化问题，采用拉格朗日乘子法也可以求得最优解，也可采用数值计算方法求解。而对于一些静态规划问题，只要适当引入阶段变量、状态、决策等，也可以用动态规划方法求解。

例 6.5.1 求解下面的非线性优化问题：

$$\max z = u_1 u_2^2 u_3$$

$$\begin{cases} u_1 + u_2 + u_3 = c \quad (c > 0) \\ u_i \geqslant 0 \quad i = 1,2,3 \end{cases}$$

解：按问题的变量个数划分阶段，把它看作一个 3 阶段决策问题。设状态变量为 x_1，x_2，x_3，并记 $x_1 = c$；取问题中的变量 u_1，u_2，u_3 为决策变量；各阶段指标函数按乘积方式结合。令最优值函数 $V_k(x_k)$ 表示第 k 阶段中初始状态为 x_k，从 k 阶段到 3 阶段所得的最大值。

设 $x_3 = u_3$，$x_3 + u_2 = x_2$，$x_2 + u_1 = x_1 = c$，则有

$$u_3 = x_3, \quad 0 \leqslant u_2 \leqslant x_2, \quad 0 \leqslant u_1 \leqslant x_1$$

用逆推解法，从后向前依次有：

① $k = 3$ 时，

$$V_3(x_3) = \max_{u_3 = x_3} \{u_3\} = x_3$$

同时，有最优解 $u_3^* = x_3$。

② $k = 2$ 时，

$$V_2(x_2) = \max_{0 \leqslant u_2 \leqslant x_2} \{u_2^2 f_3(x_3)\} = \max_{0 \leqslant u_2 \leqslant x_2} \{u_2^2 (x_2 - u_2)\} = \max_{0 \leqslant u_2 \leqslant x_2} h_2(u_2, x_2)$$

由 $\dfrac{\mathrm{d}^2 h_2}{\mathrm{d}u_2^2} = 2u_2 x_2 - 3u_2^2 = 0$，得 $u_2 = 0$（舍去）或 $u_2 = \dfrac{2}{3}x_2$。又 $\dfrac{\mathrm{d}^2 h_2}{\mathrm{d}u_2^2} = 2x_2 - 6u_2$，有 $\left.\dfrac{\mathrm{d}^2 h_2}{\mathrm{d}u_2^2}\right|_{u_2 = \frac{2}{3}x_2} = -2x_2 < 0$，故 $u_2 = \dfrac{2}{3}x_2$ 为极大值点。所以得 $V_2(x_2) = \dfrac{4}{27}x_2^3$，最优解为 $u_2^* = \dfrac{2}{3}x_2$。

③ $k = 1$ 时，

$$V_1(x_1) = \max_{0 \leqslant u_1 \leqslant x_1} \{u_1 f_2(x_2)\} = \max_{0 \leqslant u_1 \leqslant x_1} \{u_1 \ \frac{4}{27}(x_1 - u_1)^3\}$$

同样利用微分法可得 $V_1(x_1) = \dfrac{1}{64}x_1^4$，最优解为 $u_1^* = \dfrac{1}{4}x_1$。

由于 x_1 已知，反推可得各阶段的最优决策和最优值，即 $u_1^* = \dfrac{1}{4}c$，$f_1(x_1) = \dfrac{1}{64}c^4$。

由 $x_2 = x_1 - u_1^* = c - \dfrac{1}{4}c = \dfrac{3}{4}c$，可得 $u_2^* = \dfrac{2}{3}x_2 = \dfrac{1}{2}c$，$f_2(x_2) = \dfrac{1}{16}c^3$。

由 $x_3 = x_2 - u_2^* = \dfrac{3}{4}c - \dfrac{1}{2}c = \dfrac{1}{4}c$，可得 $u_3^* = \dfrac{1}{4}c$，$f_3(x_3) = \dfrac{1}{4}c$。

因此得到最优解为 $u_1^* = \dfrac{1}{4}c$，$u_2^* = \dfrac{1}{2}c$，$u_3^* = \dfrac{1}{4}c$，最大值 $\max z = V_1(c) = \dfrac{1}{64}c^4$。

综上，与静态规划相比，动态规划的优越性在于：

① 能够得到全局最优解。由于约束条件确定的约束集合往往很复杂，即使指标函数较简单，用非线性规划方法也很难求出全局最优解。而动态规划方法把全过程化为一系列结构相似的子问题，每个子问题的变量个数大大减少，约束集合也简单得多，因此它易于得到全局最优解。

② 可以得到一组最优解。通过观察离散 LQR 问题，可以看出，动态规划可以给出一个规

律性的最优解表达式，而如果采用非线性规划，只能找到一个最优数值解。利用动态规划得出的规律性表达式，在构成最优闭环系统后，可以更好地分析闭环系统的性质。即使当最优策略由于某些原因难以求解时，我们还可以尝试求解次优策略。

同时，动态规划也存在一些缺点：

① 没有统一的标准模型，也没有构造模型的通用方法，甚至缺少判断一个问题能否构造动态规划模型的准则。因此应用动态规划时只能对每类问题进行具体分析，构造具体的模型。同时，对于较复杂的问题，其在选择状态、决策、确定状态转移规律等方面需要丰富的想象力和灵活的技巧性，这就带来了应用上的局限性。

② 用数值方法求解时存在维数灾(Curse of Dimensionality)。若一维状态变量有 m 个取值，那么对于 n 维问题，状态 $\boldsymbol{x}_k$ 就有 m^n 个值，对于每个状态值都要计算存储函数 $\boldsymbol{f}_k(\boldsymbol{x}_k)$，$n$ 稍大的实际问题的计算往往是不现实的，且目前还没有克服维数灾的有效的一般方法。

6.6 连续系统的动态规划

6.6.1 哈密顿-雅克比-贝尔曼方程推导

考虑如下最优控制问题：

$$\dot{\boldsymbol{x}}(t)=\boldsymbol{f}(\boldsymbol{x}(t),\boldsymbol{u}(t),t),\quad \boldsymbol{x}(t_0)=\boldsymbol{x}_0,\quad \boldsymbol{x}\in\mathbb{R}^n,\boldsymbol{u}\in\mathbb{R}^m \tag{6-6-1}$$

求最优控制 $\boldsymbol{u}$，使得

$$J=K(\boldsymbol{x}(t_f),t_f)+\int_{t_0}^{t_f}L(\boldsymbol{x}(t),\boldsymbol{u}(t),t)\mathrm{d}t \tag{6-6-2}$$

达到极小。

令 t 时刻的最优值函数为：

$$V(\boldsymbol{x}(t),t)=\min_{\boldsymbol{u}}\left\{K(\boldsymbol{x}(t_f),t_f)+\int_t^{t_f}L(\boldsymbol{x}(t),\boldsymbol{u}(t),t)\mathrm{d}t\right\} \tag{6-6-3}$$

显然，$V(\boldsymbol{x}(t_f),t_f)=K(\boldsymbol{x}(t_f),t_f)$。

假定 t 是当前时间，$t+\Delta t$，$\Delta t>0$ 是接近 t 的将来时间。则值函数如下：

$$V(\boldsymbol{x}(t),t)=K(\boldsymbol{x}(t_f),t_f)+\int_t^{t+\Delta t}L(\boldsymbol{x}(\tau),\boldsymbol{u}(\tau),\tau)\mathrm{d}\tau+\int_{t+\Delta t}^{t_f}L(\boldsymbol{x}(\tau),\boldsymbol{u}(\tau),\tau)\mathrm{d}\tau \tag{6-6-4}$$

其中 $\boldsymbol{x}+\Delta\boldsymbol{x}$ 是在时刻 $t+\Delta t$ 的状态。

记从 $t+\Delta t$ 时刻开始的值函数为：

$$V(\boldsymbol{x}(t)+\Delta\boldsymbol{x},t+\Delta t)=\min_{\boldsymbol{u}}\left\{K(\boldsymbol{x}(t_f),t_f)+\int_{t+\Delta t}^{t_f}L(\boldsymbol{x}(\tau),\boldsymbol{u}(\tau),\tau)\mathrm{d}\tau\right\} \tag{6-6-5}$$

假定从 $t+\Delta t$ 到 t_f 的最优控制已经决定，那么剩下的只是确定区间 $[t,t+\Delta t]$ 的最优控制，这就是最优性原理，即

$$V(\boldsymbol{x}(t),t)=\min_{\boldsymbol{u}}\left\{\int_t^{t+\Delta t}L(\boldsymbol{x}(\tau),\boldsymbol{u}(\tau),\tau)\mathrm{d}\tau+V(\boldsymbol{x}(t+\Delta t),t+\Delta t)\right\} \tag{6-6-6}$$

假定$V(\boldsymbol{x},t)$关于变量$\boldsymbol{x},t$是C^1(即连续可微)的，将$V(\boldsymbol{x}(t)+\Delta\boldsymbol{x},t+\Delta t)$在$(\boldsymbol{x},t)$处进行泰勒展开可得

$$V(\boldsymbol{x}(t),t)=\min_{\boldsymbol{u}}\{L(\boldsymbol{x}(t),\boldsymbol{u}(t),t)\Delta t+V(\boldsymbol{x}(t),t)+V_t\Delta t+\nabla V\cdot\dot{\boldsymbol{x}}\Delta t+\boldsymbol{O}(\Delta t^2)\}\tag{6-6-7}$$

其中有$\int_t^{t+\Delta t}L(\boldsymbol{x}(t),\boldsymbol{u}(t),t)\mathrm{d}t=L(\boldsymbol{x}(t),\boldsymbol{u}(t),t)\Delta t+\boldsymbol{O}(\Delta t^2)$，$\nabla V$是梯度，行向量。

因此

$$V(\boldsymbol{x}(t),t)=V(\boldsymbol{x}(t),t)+\min_{\boldsymbol{u}}\{L(\boldsymbol{x}(t),\boldsymbol{u}(t),t)\Delta t+V_t\Delta t+\nabla V\cdot\dot{\boldsymbol{x}}\Delta t+\boldsymbol{O}(\Delta t^2)\}\tag{6-6-8}$$

将式(6-6-8)两边消去$V(\boldsymbol{x},t)$，并除以Δt，并将$\dot{\boldsymbol{x}}$代入状态方程后可得

$$\min_{\boldsymbol{u}}\{L(\boldsymbol{x}(t),\boldsymbol{u}(t),t)+V_t+\nabla V\cdot\boldsymbol{f}(\boldsymbol{x},\boldsymbol{u},t)+\boldsymbol{O}(\Delta t)\}=0\tag{6-6-9}$$

由于Δt可任意小，因此为使式(6-6-9)关系成立，当且仅当

$$-V_t=\min_{\boldsymbol{u}}\{L(\boldsymbol{x}(t),\boldsymbol{u}(t),t)+\nabla V\cdot\boldsymbol{f}(\boldsymbol{x},\boldsymbol{u},t)\}\tag{6-6-10}$$

$$V(\boldsymbol{x}(t_f),t_f)=K(\boldsymbol{x}(t_f),t_f)\tag{6-6-11}$$

称式(6-6-10)与式(6-6-11)为哈密顿-雅克比-贝尔曼(Hamilton-Jacobi-Bellman)方程(简称HJB方程)。HJB方程是一个偏微分方程，已知末端条件。因此，最优控制问题可转化为HJB方程的求解问题。

将HJB方程两边对$\boldsymbol{x}$求偏导，可得

$$-V_{tx}=\min_{u}\frac{\partial}{\partial\boldsymbol{x}}[L(\boldsymbol{x},\boldsymbol{u},t)+\nabla V\cdot\boldsymbol{f}(\boldsymbol{x},\boldsymbol{u},t)]\tag{6-6-12}$$

由于最优控制中有

$$\dot{\lambda}=-H_x=-\frac{\partial}{\partial\boldsymbol{x}}(L+\boldsymbol{\lambda}^{\mathrm{T}}\boldsymbol{f})\tag{6-6-13}$$

由式(6-6-13)，可令$\boldsymbol{\lambda}=\dfrac{\partial V}{\partial\boldsymbol{x}}=(\nabla V)^{\mathrm{T}}$，即伴随向量是值函数对状态变量的偏导数。因此HJB方程又可写为：

$$-V_t=\min_{u}H(\boldsymbol{x},\boldsymbol{u},\nabla V,t)=\min_{u}(L+\Delta V\cdot f)\tag{6-6-14}$$

若最优控制问题是定常的，此时$V_t=0$，则HJB方程退化为：

$$H(\boldsymbol{x},\boldsymbol{u}^*,\nabla V)=\min_{u}H(\boldsymbol{x},\boldsymbol{u},\nabla V)=0\tag{6-6-15}$$

6.6.2 连续线性系统的LQR问题

考虑如下连续线性系统的LQR问题：

$$\dot{\boldsymbol{x}}=\boldsymbol{A}(t)\boldsymbol{x}+\boldsymbol{B}(t)\boldsymbol{u},\quad \boldsymbol{x}(0)=\boldsymbol{x}_0\tag{6-6-16}$$

其中，$\boldsymbol{x}$为n维状态向量，$\boldsymbol{u}$为p维输入向量，$\boldsymbol{A}$、$\boldsymbol{B}$分别为$n\times n$维和$n\times p$维的实常数矩阵。

二次型指标为：

$$J(\boldsymbol{u})=\frac{1}{2}\boldsymbol{x}^{\mathrm{T}}(t_f)\boldsymbol{S}\boldsymbol{x}(t_f)+\frac{1}{2}\int_{t_0}^{t_f}[\boldsymbol{x}^{\mathrm{T}}\boldsymbol{Q}(t)\boldsymbol{x}+\boldsymbol{u}^{\mathrm{T}}\boldsymbol{R}(t)\boldsymbol{u}]\mathrm{d}t\tag{6-6-17}$$

其中，$\boldsymbol{S}\geqslant\boldsymbol{0}$、$\boldsymbol{Q}\geqslant\boldsymbol{0}$为半正定矩阵，$\boldsymbol{R}>\boldsymbol{0}$为正定矩阵。

令从$t\geqslant t_0$时刻的值函数为：

$$V(\boldsymbol{x}(t)) = \min_{\boldsymbol{u}}\left\{\frac{1}{2}\boldsymbol{x}^{\mathrm{T}}(t_f)\boldsymbol{S}\boldsymbol{x}(t_f) + \frac{1}{2}\int_t^{t_f}[\boldsymbol{x}^{\mathrm{T}}\boldsymbol{Q}(t)\boldsymbol{x} + \boldsymbol{u}^{\mathrm{T}}\boldsymbol{R}(t)\boldsymbol{u}]\mathrm{d}t\right\} \tag{6-6-18}$$

根据连续动态规划的 HJB 方程可得

$$-V_t = \min_{\boldsymbol{u}(t)}\{L(\boldsymbol{x}(t),\boldsymbol{u},t) + \nabla V \cdot \boldsymbol{f}(\boldsymbol{x}(t),\boldsymbol{u}(t),t)\} \tag{6-6-19}$$

又因

$$\begin{cases}\boldsymbol{f}[\boldsymbol{x}(t),\boldsymbol{u}(t),t] = \boldsymbol{A}(t)\boldsymbol{x}(t) + \boldsymbol{B}(t)\boldsymbol{u}(t)\\ L[\boldsymbol{x}(t),\boldsymbol{u}(t),t] = \dfrac{1}{2}\boldsymbol{x}^{\mathrm{T}}(t)\boldsymbol{Q}(t)\boldsymbol{x}(t) + \dfrac{1}{2}\boldsymbol{u}^{\mathrm{T}}(t)\boldsymbol{R}(t)\boldsymbol{u}(t)\end{cases} \tag{6-6-20}$$

将其代入式(6-6-19)，得

$$-V_t = \min_{\boldsymbol{u}(t)}\left(\frac{1}{2}\boldsymbol{x}^{\mathrm{T}}(t)\boldsymbol{Q}(t)\boldsymbol{x}(t) + \frac{1}{2}\boldsymbol{u}^{\mathrm{T}}(t)\boldsymbol{R}(t)\boldsymbol{u}(t) + \nabla V[\boldsymbol{A}(t)\boldsymbol{x}(t) + \boldsymbol{B}(t)\boldsymbol{u}(t)]\right) \tag{6-6-21}$$

由于$\boldsymbol{u}(t)$不受限，为使式(6-6-21)等号右边达到极小，利用极值必要条件，对$\boldsymbol{u}(t)$求偏导并令其等于零，可得

$$\boldsymbol{0} = \boldsymbol{R}(t)\boldsymbol{u}(t) + \boldsymbol{B}^{\mathrm{T}}(t)(\nabla V^*)^{\mathrm{T}} \tag{6-6-22}$$

即

$$\boldsymbol{u}^*(t) = -\boldsymbol{R}^{-1}(t)\boldsymbol{B}^{\mathrm{T}}(t)(\nabla V^*)^{\mathrm{T}} \tag{6-6-23}$$

将式(6-6-23)代入式(6-6-21)有

$$\begin{aligned}-V_t &= \frac{1}{2}\boldsymbol{x}^{\mathrm{T}}(t)\boldsymbol{Q}(t)\boldsymbol{x}(t) + \frac{1}{2}\nabla V \cdot \boldsymbol{B}(t)\boldsymbol{R}^{-1}(t)\boldsymbol{B}^{\mathrm{T}}(t)(\nabla V)^{\mathrm{T}}\\ &\quad + \boldsymbol{x}^{\mathrm{T}}(t)\boldsymbol{A}^{\mathrm{T}}(t)(\nabla V^*)^{\mathrm{T}} - \nabla V \cdot \boldsymbol{B}(t)\boldsymbol{R}^{-1}(t)\boldsymbol{B}^{\mathrm{T}}(t)(\nabla V)^{\mathrm{T}}\\ &= \frac{1}{2}\boldsymbol{x}^{\mathrm{T}}(t)\boldsymbol{Q}(t)\boldsymbol{x}(t) - \frac{1}{2}\nabla V \cdot \boldsymbol{B}(t)\boldsymbol{R}^{-1}(t)\boldsymbol{B}^{\mathrm{T}}(t)(\nabla V)^{\mathrm{T}} + \boldsymbol{x}^{\mathrm{T}}(t)\boldsymbol{A}^{\mathrm{T}}(t)(\nabla V^*)^{\mathrm{T}}\end{aligned} \tag{6-6-24}$$

假设值函数具有如下形式：

$$V(x(t),t) = \frac{1}{2}\boldsymbol{x}^{\mathrm{T}}(t)\boldsymbol{P}(t)\boldsymbol{x}(t) \tag{6-6-25}$$

其中，$\boldsymbol{P}(t)$是一个 $n\times n$ 的对称实数矩阵。

利用公式

$$\frac{\partial}{\partial t}[\boldsymbol{x}^{\mathrm{T}}(t)\boldsymbol{P}(t)\boldsymbol{x}(t)] = \boldsymbol{x}^{\mathrm{T}}(t)\dot{\boldsymbol{P}}(t)\boldsymbol{x}(t) \tag{6-6-26}$$

可得

$$\begin{aligned}\frac{\partial V(\boldsymbol{x}(t))}{\partial t} &= \frac{1}{2}\boldsymbol{x}^{\mathrm{T}}(t)\dot{\boldsymbol{P}}(t)\boldsymbol{x}(t)\\ \frac{\partial V(\boldsymbol{x}(t))}{\partial \boldsymbol{x}} &= \boldsymbol{P}(t)\boldsymbol{x}(t)\end{aligned} \tag{6-6-27}$$

则式(6-6-24)可写成

$$\begin{aligned}-\frac{1}{2}\boldsymbol{x}^{\mathrm{T}}(t)\dot{\boldsymbol{P}}(t)\boldsymbol{x}(t) &= \frac{1}{2}\boldsymbol{x}^{\mathrm{T}}(t)\boldsymbol{Q}(t)\boldsymbol{x}(t) - \frac{1}{2}\boldsymbol{x}^{\mathrm{T}}(t)\boldsymbol{P}(t)\boldsymbol{B}(t)\boldsymbol{R}^{-1}(t)\boldsymbol{B}^{\mathrm{T}}(t)\boldsymbol{P}(t)\boldsymbol{x}(t)\\ &\quad + \boldsymbol{x}^{\mathrm{T}}(t)\boldsymbol{A}^{\mathrm{T}}(t)\boldsymbol{P}(t)\boldsymbol{x}(t)\end{aligned} \tag{6-6-28}$$

因此

$$\frac{1}{2}\boldsymbol{x}^{\mathrm{T}}(t)[\dot{\boldsymbol{P}}(t) + \boldsymbol{Q}(t) - \boldsymbol{P}(t)\boldsymbol{B}(t)\boldsymbol{R}^{-1}(t)\boldsymbol{B}^{\mathrm{T}}(t)\boldsymbol{P}(t) + 2\boldsymbol{A}^{\mathrm{T}}(t)\boldsymbol{P}(t)]\boldsymbol{x}(t) = 0 \tag{6-6-29}$$

又因标量的转置就是自身，所以

$$\boldsymbol{x}^{\mathrm{T}}(t)\boldsymbol{A}^{\mathrm{T}}(t)\boldsymbol{P}(t)\boldsymbol{x}(t)=\frac{1}{2}\boldsymbol{x}^{\mathrm{T}}(t)\left[\boldsymbol{A}^{\mathrm{T}}(t)\boldsymbol{P}(t)+\boldsymbol{P}(t)\boldsymbol{A}(t)\right]\boldsymbol{x}^{\mathrm{T}}(t) \tag{6-6-30}$$

将式(6-6-30)代入式(6-6-29)，可得

$$\frac{1}{2}\boldsymbol{x}^{\mathrm{T}}(t)\left[\dot{\boldsymbol{P}}(t)+\boldsymbol{Q}(t)-\boldsymbol{P}(t)\boldsymbol{B}(t)\boldsymbol{R}^{-1}(t)\boldsymbol{B}^{\mathrm{T}}(t)\boldsymbol{P}(t)+\boldsymbol{A}^{\mathrm{T}}(t)\boldsymbol{P}(t)+\boldsymbol{P}(t)\boldsymbol{A}(t)\right]\boldsymbol{x}(t)=0 \tag{6-6-31}$$

由于 $\boldsymbol{x}(t)$依赖 $\boldsymbol{x}_0$，而 $\boldsymbol{x}_0$ 可以任意选取，因此矩阵 $\boldsymbol{P}(t)$应满足如下黎卡提方程：

$$-\dot{\boldsymbol{P}}(t)=\boldsymbol{A}^{\mathrm{T}}(t)\boldsymbol{P}(t)+\boldsymbol{P}(t)\boldsymbol{A}(t)-\boldsymbol{P}(t)\boldsymbol{B}(t)\boldsymbol{R}^{-1}(t)\boldsymbol{B}^{\mathrm{T}}(t)\boldsymbol{P}(t)+\boldsymbol{Q}(t) \tag{6-6-32}$$

这是我们所熟知的矩阵黎卡提微分方程，其边界条件推导如下：

当 $t=t_f$ 时，由式(6-6-18)和式(6-6-25)可得

$$V^*(\boldsymbol{x}(t_f))=\frac{1}{2}\boldsymbol{x}^{\mathrm{T}}(t_f)\boldsymbol{S}\boldsymbol{x}(t_f)=\frac{1}{2}\boldsymbol{x}^{\mathrm{T}}(t_f)\boldsymbol{P}(t_f)\boldsymbol{x}(t_f) \tag{6-6-33}$$

从而可得终端边界条件为：

$$\boldsymbol{P}(t_f)=\boldsymbol{S} \tag{6-6-34}$$

最优控制由式(6-6-22)得

$$\boldsymbol{u}^*(t)=-\boldsymbol{R}^{-1}(t)\boldsymbol{B}^{\mathrm{T}}(t)\boldsymbol{P}(t)\boldsymbol{x}(t) \tag{6-6-35}$$

最优闭环系统为：

$$\dot{\boldsymbol{x}}^*(t)=\left[\boldsymbol{A}(t)-\boldsymbol{B}(t)\boldsymbol{R}^{-1}(t)\boldsymbol{B}^{\mathrm{T}}(t)\boldsymbol{P}(t)\right]\boldsymbol{x}^*(t) \tag{6-6-36}$$

则性能指标极小值为：

$$J^*=V^*(\boldsymbol{x}_0)=\frac{1}{2}\boldsymbol{x}^{\mathrm{T}}(t_0)\boldsymbol{P}(t_0)\boldsymbol{x}(t_0) \tag{6-6-37}$$

本章小结

本章系统地介绍了动态规划的原理及其算法。动态规划是一种递归性的可实现的优化方法，但是它也不是万能的：首先要求能够实施动态规划的问题必须具有最优子结构的性质，即子结构的最优控制也构成全问题的最优控制；其次要求满足无后效性条件，即过去的状态与决策不能影响未来的决策，未来的决策只依赖当前时刻的状态。动态规划可将复杂的优化问题分解成 系列子问题的优化来解决，而每个了问题算法都具有相似性，这样可通过编写一个子问题优化算法，供其他子问题调用，大大缩短算法的搜索时间；然而代价就是在求解每个子问题时，每阶段的各种状态与策略必须存储起来，这样花费的存储空间会增大。

本章还介绍了基于动态规划的离散系统最优控制求解算法，给出了离散线性二次型最优调节器问题的最终结果，该结果与第 5 章中采用离散极大值原理所得到的结论一致，但是推导过程更加简便。对于连续系统的最优控制问题，本章则将其归结为一个 HJB 方程的求解，并给出了 HJB 方程的详细推导过程，且将其应用于线性系统二次型最优调节器的设计，其所得到的结论与第 4 章完全一致。

动态规划自诞生以来，在工业、农业、国防、金融等行业有广泛的应用。读者在学习本章时可以参阅文献[6]、[7]、[11]、[47]、[70]、[80]、[90]、[98]等。

习　题

1. 已知系统方程 $x(k+1)=x(k)+u(k)$，其中给定 $x(0)$，性能指标为：

$$J=\frac{1}{2}cx^2(2)+\frac{1}{2}\sum_{k=0}^{1}u^2(k)$$

试通过动态规划求解最优控制序列 $u(0)$和 $u(1)$，使得性能指标 J 达到最小。

2. 设系统状态方程

$$\dot{\boldsymbol{x}}=\begin{pmatrix}0 & 1\\ 0 & 0\end{pmatrix}\boldsymbol{x}+\begin{pmatrix}0\\ 1\end{pmatrix}u,\boldsymbol{x}(0)=\begin{pmatrix}1\\ 0\end{pmatrix}$$

其中 u 不受限，性能指标为：

$$J=\int_0^{\infty}(2x_1^2+\frac{1}{2}u^2)\mathrm{d}t$$

利用 HJB 方程，试求 J 达到极小时的最优控制和最优指标。

3. 设一阶控制系统

$$\dot{x}(t)=-x(t)+u(t),x(0)=1$$

控制 $u(t)$的约束条件为$|u(t)|\leqslant 1$，性能指标为：

$$J=\int_0^{\infty}x^2(t)\mathrm{d}t$$

试求最优控制 $u^*(t)$，使性能指标 J 达到极小。

4. 将一根长度为 n 的绳子，剪成整数长度的 m 段，m、n 均为整数，且 $m>1,n>1$，每段绳子的长度记为 $l_0,l_1,\cdots,l_{m-1}$。问 $l_0l_1\cdots l_{m-1}$ 可能的最大乘积是多少？例如，当绳子的长度是 24 时，把它剪成为 3 段，此时得到的最大乘积是多少？

5. 某公司新购进 1 000 台机床，每台机床都可在高、低两种不同的负荷下进行生产。设在高负荷下生产的产量函数为 $g(x)=10x$(单位：百件)，其中 x 为投入生产的机床数量，年完好率为 $a=60\%$；在低负荷下生产的产量函数为 $h(y)=6y$(单位：百件)，其中 y 为投入生产的机床数量，年完好率为 $b=80\%$；计划连续使用 5 年。试问，每年如何安排机床在高、低负荷下的生产计划，可使得在 5 年内生产的产品总产量达到最高？

6. 试求 xyz 的极小值，其中

$$x+y+z=r^2,x\geqslant 0,y\geqslant 0,z\geqslant 0$$

7. 已知离散线性系统

$$\boldsymbol{x}(k)=\boldsymbol{A}\boldsymbol{x}(k)+\boldsymbol{B}\boldsymbol{x}(k),\boldsymbol{x}(0)=\boldsymbol{x}_0$$

选取性能指标为：

$$\boldsymbol{J}=\frac{1}{2}\boldsymbol{x}_N^{\mathrm{T}}\boldsymbol{S}\boldsymbol{x}_N+\frac{1}{2}\sum_{k=0}^{N-1}(\boldsymbol{x}_k^{\mathrm{T}}\boldsymbol{Q}\boldsymbol{x}_k+\boldsymbol{u}_k^{\mathrm{T}}\boldsymbol{R}\boldsymbol{u}_k)$$

证明：

① 两点边值问题可以写成

$$\begin{pmatrix}\boldsymbol{x}_k\\ \boldsymbol{\lambda}_k\end{pmatrix}=\begin{pmatrix}\boldsymbol{A}^{-1} & \boldsymbol{A}^{\mathrm{T}}\boldsymbol{B}\boldsymbol{R}^{-1}\boldsymbol{B}^{\mathrm{T}}\\ \boldsymbol{Q}\boldsymbol{A}^{-1} & \boldsymbol{A}^{\mathrm{T}}+\boldsymbol{Q}\boldsymbol{A}^{\mathrm{T}}\boldsymbol{B}\boldsymbol{R}^{-1}\boldsymbol{B}^{\mathrm{T}}\end{pmatrix}\begin{pmatrix}\boldsymbol{x}_{k+1}\\ \boldsymbol{\lambda}_{k+1}\end{pmatrix}$$

② 令

$$H=\begin{pmatrix} A^{-1} & A^{\mathrm{T}}BR^{-1}B^{\mathrm{T}} \\ QA^{-1} & A^{\mathrm{T}}+QA^{\mathrm{T}}BR^{-1}B^{\mathrm{T}} \end{pmatrix}$$

若 λ 是 H 的特征根，则 $1/\lambda$ 也是 H 的特征根。

提示：令 $J=\begin{pmatrix} 0 & I \\ -I & 0 \end{pmatrix}$，验证 $H^{-1}=J^{-1}H^{\mathrm{T}}J$。

8. 已知如下 11 个城市(编号 1～11)，且每两个城市相邻距离成本如题图 6.1 所示，求从城市 1 到城市 11 的最短距径。

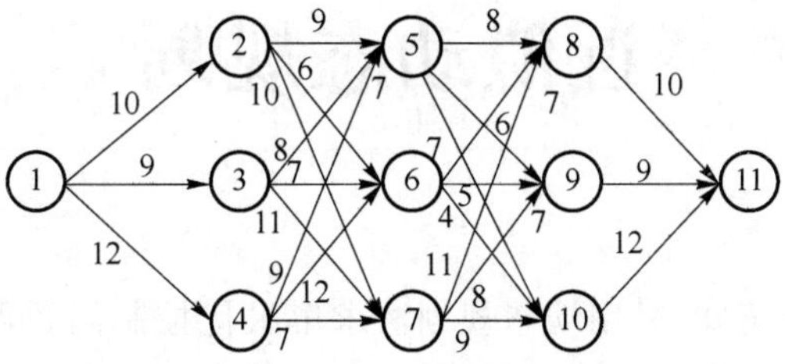

题图 6.1 城市布局示意图

第 7 章

近似动态规划

从第 6 章介绍的理论可知，采用动态规划法求解最优控制问题可以通过在时间域上逆向计算来获得最优控制策略。在一般情况下，需要通过求解系统的 HJB 方程来实现这一目的。然而，对于一般确定性的非线性系统的最优控制，其 HJB 方程的解几乎是不可能求得的。即使采用离线数值计算，由于维数灾的问题，实现起来也非常困难。特别当系统模型存在不确定性时，如参数变动、模型不确定性和未知外部扰动等，这类最优控制问题处理起来更加困难。

本章介绍一种近似动态规划(Approximate Dynamic Programming，ADP)方法，它也称为自适应动态规划(Adaptive Dynamic Programming)或强化学习(Reinforcement Learning，RL)。该方法融合了动态规划、强化学习以及函数近似等技巧，其本质就是利用在线或离线数据，采用函数近似结构来估计系统的性能指标函数，然后依据最优性原理来获得近似最优的控制策略，从而变相实现了对 HJB 方程的求解。该方法可适用于一些动态未知或存在不确定性的控制系统，且最优解可通过允许决策序列按程序逐步学习得出，避免了维数灾难的问题。

目前近似动态规划仍是最优控制的热点之一，有很多新的研究成果出现。本章只是一个启发性的介绍，更多 ADP 方面的成果可以参见文献[7]、[40]、[50]、[65]、[69]、[104]、[107]。

7.1　函数近似方法

本节旨在介绍几种常见的函数近似手段，这是求解值函数与策略的必要环节。函数近似方法主要包括线性近似与非线性近似两种模式。

1. 线性近似

线性近似能够保证求解结果收敛到或接近全局最优值。该策略采用一组特征基函数及一个参数向量的内积来近似函数 $V(\boldsymbol{x})$，数学描述为：

$$V(\boldsymbol{x})\approx\widetilde{V}(\boldsymbol{x})=\boldsymbol{\Phi}^{\mathrm{T}}(\boldsymbol{x})\boldsymbol{\omega} \tag{7-1-1}$$

其中 $\boldsymbol{\Phi}(\boldsymbol{x})=(\boldsymbol{\Phi}_1(\boldsymbol{x}),\cdots,\boldsymbol{\Phi}_m(\boldsymbol{x}))^{\mathrm{T}}$ 为特征基函数，m 为基函数数目，$\boldsymbol{\omega}=(\boldsymbol{\omega}_1,\cdots,\boldsymbol{\omega}_m)^{\mathrm{T}}$ 为参数向量。

可选的基函数包括多项式基函数、傅里叶基函数、径向基函数等。

函数近似的目标是使得真实值函数和估计值函数之间的均方误差最小，即

$$\mathrm{MSE}(\boldsymbol{\omega})=\frac{1}{2}\sum_{i=1}^{n}(V(\boldsymbol{x}_i)-\widetilde{V}(\boldsymbol{x}_i))^2 \tag{7-1-2}$$

其中 $i=1,\cdots,n$ 为状态采样数。对于线性近似，最常用的方法就是最小二乘法。采用最小二乘法，可得出 $\boldsymbol{\omega}$ 的最佳估计值为：

$$\hat{\boldsymbol{\omega}}=(\boldsymbol{\Psi}^{\mathrm{T}}\boldsymbol{\Psi})^{-1}\boldsymbol{\Psi}^{\mathrm{T}}\boldsymbol{V} \tag{7-1-3}$$

其中 $\boldsymbol{\Psi}=\begin{bmatrix}\boldsymbol{\Phi}(\boldsymbol{x}_1)\\ \boldsymbol{\Phi}(\boldsymbol{x}_2)\\ \vdots\\ \boldsymbol{\Phi}(\boldsymbol{x}_n)\end{bmatrix}\in\mathbb{R}^{n\times m}$， $\boldsymbol{V}=\begin{bmatrix}V(\boldsymbol{x}_1)\\ V(\boldsymbol{x}_2)\\ \vdots\\ V(\boldsymbol{x}_n)\end{bmatrix}\in\mathbb{R}^{n}$。

当数据较多，可采用递推最小二乘法，递推最小二乘法算法的收敛性可以保证，但是它容易产生数据饱和。因此产生了各种改进的递推最小二乘法，如加权递推最小二乘、衰减记忆递推最小二乘、限定窗递推最小二乘等。

2. 非线性近似

非线性近似方法的典型代表为神经网络。在通常情况下，基于 ADP 的控制会用到 3 个神经网络，即评价部分、执行部分和模型部分。

神经网络是人工智能研究中的重要组成部分。人工神经网络是一种具有信息处理功能的仿生模拟神经的数学算法模型。其具有超强的映射与近似能力，因此被广泛应用于各类控制问题中的非线性辨识中。常见的神经网络结构包括前馈神经网络、径向基神经网络、小波神经网络等。神经网络具有下述优点。

① 在理论上，通过调节网络深度和权重可以对非线性函数进行任何精度的逼近，并且由于软硬件技术的发展，使用运算速度很快的硬件和很优的算法可以使近似耗时大为降低。

② 针对复杂网络的特性，可以依据相应的设计约束条件自动地调节权重从而进行自适应控制。

③ 通过加深网络层数和调节权重，可以存储巨量信息从而使得控制达到鲁棒性且具有较强的容错能力。

神经元是神经网络的基本单位，包括：①一组突触连接，其特点是表现其神经元的权重数值；②一个加法器，其作用是对输入层的输入数据进行加权线性组合；③一个非线性型的基函数。下面以最常见的反向传播(Back Proragation，BP)神经网络为例，介绍神经网络的结构。

BP 神经网络的学习过程由信号的正向传播与误差的反向传播这两个过程组成。在信号正向传播时，输入样本从输入层传入，经各隐层逐层处理后，传向输出层。若输出层的实际输出与期望的输出不符，则传入误差的反向传播阶段。误差的反向传播是将输出误差以某种形式通过隐层向输出层逐层反传，并将误差分摊给各层的所有单元，从而获得各层单元的误差信号，此误差信号作为修正各单元权值的依据。这种信号正向传播与误差发向传播的各层权值调整过程，是周而复始地进行的。权值不断调整的过程，也就是网络的学习训练过程。此过程已知进行到网络输出的误差减少到可接受的范围，或进行到预先设定的学习次数为止。

3 层 BP 神经网络的结构如图 7.1.1 所示，包括了输入层、隐层和输出层，具体定义如下：$\boldsymbol{X}=(x_1,\cdots,x_i,\cdots,x_n)^{\mathrm{T}}\in\mathbb{R}^n$ 为实际的输入向量；$\boldsymbol{Y}=(y_1,\cdots,y_j,\cdots,y_m)^{\mathrm{T}}\in\mathbb{R}^m$ 为隐层输出；$\boldsymbol{O}=(o_1,\cdots,o_k,\cdots,o_l)^{\mathrm{T}}\in\mathbb{R}^l$ 为神经网络输出；$\boldsymbol{V}=(\boldsymbol{V}_1,\cdots,\boldsymbol{V}_j,\cdots,\boldsymbol{V}_m)\in\mathbb{R}^{n\times m}$ 为输入层到隐层之间的权值矩阵，其中 $\boldsymbol{V}_j=(v_{1j},\cdots,v_{nj})^{\mathrm{T}}\in\mathbb{R}^n$ 为权值向量；$\boldsymbol{W}=(\boldsymbol{W}_1,\cdots,\boldsymbol{W}_k,\cdots,\boldsymbol{W}_l)\in\mathbb{R}^{m\times l}$ 为隐层到输出层之间的权值矩阵，其中 $\boldsymbol{W}_k=(w_{1k},\cdots,w_{mk})^{\mathrm{T}}\in\mathbb{R}^m$ 为权值向量。

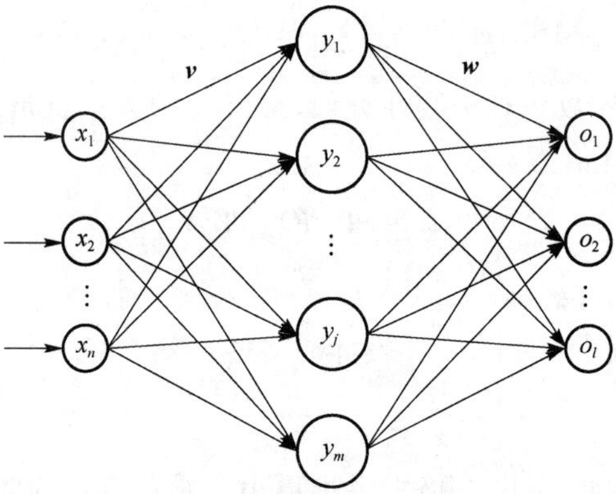

图 7.1.1　3 层 BP 神经网络结构示意图

对于输出层，有

$$o_k = \delta(\text{net}_k),\quad \text{net}_k = \sum_{j=1}^{m} w_{jk} y_j,\quad k = 1,2,\cdots,l \tag{7-1-4}$$

对于隐层，有

$$y_j = \delta(\text{net}_j),\quad \text{net}_j = \sum_{j=1}^{n} v_{ij} x_i,\quad j = 1,2,\cdots,m \tag{7-1-5}$$

δ 为神经元基函数，常被设定为：

$$\text{sigmod}:\quad S(x_i) = \frac{1}{1+\mathrm{e}^{-x_i}} \tag{7-1-6}$$

或

$$\tanh:\quad G(x_i) = \frac{\mathrm{e}^{x_i} - \mathrm{e}^{-x_i}}{\mathrm{e}^{x_i} + \mathrm{e}^{-x_i}} \tag{7-1-7}$$

当网络输出与期望输出不等时，存在输出误差，其表示为：

$$E = \frac{1}{2}\sum_{k=1}^{l} (o_k - d_k)^2 \tag{7-1-8}$$

其中，d_k 为真实输出值。将式(7-1-8)展开至隐层：

$$E = \frac{1}{2}\sum_{k=1}^{l} \left(d_k - \delta\left(\sum_{j=1}^{m} w_{jk} y_j\right)\right)^2 \tag{7-1-9}$$

进一步展开至输入层：

$$E = \frac{1}{2}\sum_{k=1}^{l} \left(d_k - \delta\left(\sum_{j=1}^{m} w_{jk}\delta\left(\sum_{j=1}^{n} v_{ij} x_i\right)\right)\right)^2 \tag{7-1-10}$$

网络输入误差是各层权值 w_{jk} 与 v_{ij} 的函数，调整权值可改变误差，调整权值的原则是使误差不断减小，因此应使权值的调整量与误差的梯度下降成正比，即

$$\Delta w_{jk} = -\eta\frac{\partial E}{\partial w_{jk}},\quad \Delta v_{ij} = -\eta\frac{\partial E}{\partial v_{ij}} \tag{7-1-11}$$

其中，η 为步长，在训练中反映了学习速率。式(7-1-11)又可写为：

$$\Delta w_{jk} = -\eta\frac{\partial E}{\partial w_{jk}} = -\eta\frac{\partial E}{\partial \text{net}_k}\frac{\partial \text{net}_k}{\partial w_{jk}},\quad \Delta v_{ij} = -\eta\frac{\partial E}{\partial v_{ij}} = -\eta\frac{\partial E}{\partial \text{net}_j}\frac{\partial \text{net}_j}{\partial v_{ij}} \tag{7-1-12}$$

令

$$\theta_k^o = -\frac{\partial E}{\partial \text{net}_k},\quad \theta_j^y = -\frac{\partial E}{\partial \text{net}_j} \tag{7-1-13}$$

结合式(7-1-4)与式(7-1-5),则有

$$\Delta w_{jk}=\eta\theta_k^o y_j,\quad \Delta v_{ij}=\eta\theta_j^y x_i \tag{7-1-14}$$

为计算 θ_k^o 与 θ_j^y,有

$$\theta_k^o=-\frac{\partial E\partial o_k}{\partial o_k\partial \mathrm{net}_k}=-\frac{\partial E}{\partial o_k}\delta'(\mathrm{net}_k),\quad \theta_j^y=-\frac{\partial E\partial y_j}{\partial y_j\partial \mathrm{net}_j}=\frac{\partial E}{\partial y_j}\delta'(\mathrm{net}_j) \tag{7-1-15}$$

由式(7-1-8)与式(7-1-9),

$$\frac{\partial E}{\partial o_k}=-(d_k-o_k),\quad \frac{\partial E}{\partial y_j}=-\sum_{k=1}^{l}(d_k-o_k)f'(\mathrm{net}_k)w_{jk} \tag{7-1-16}$$

将式(7-1-16)代入至式(7-1-15),结合 sigmod 函数的性质 $\delta'(x_i)=\delta(x_i)[1-\delta(x_i)]$,可得

$$\theta_k^o=(d_k-o_k)o_k(1-o_k)$$

$$\theta_j^y=\left[\sum_{k=1}^{l}(d_k-o_k)f'(\mathrm{net}_k)w_{jk}\right]f'(\mathrm{net}_k)=\left(\sum_{k=1}^{l}\theta_k^o w_{jk}\right)y_j(1-y_j) \tag{7-1-17}$$

代入式(7-1-14),可得权重系数的调节法则为:

$$\begin{aligned}\Delta w_{jk}&=\eta(d_k-o_k)o_k(1-o_k)y_j\\ \Delta v_{ij}&=\eta\left(\sum_{k=1}^{l}\theta_k^o w_{jk}\right)y_j(1-y_j)x_i\end{aligned} \tag{7-1-18}$$

7.2 确定情形下的 ADP

传统控制方法是基于系统模型来设计控制器的,而 ADP 方法可以基于数据来学习控制器。该方法以执行器-评价器-模型为基本架构,同时对动态规划问题的值函数和策略进行逼近。如图 7.2.1 所示,近似动态规划方法框架中一般包括 3 个模块:评价器(Critic)、执行器(Actor)和模型(Model)。

① 评价器:对执行器的策略进行评价,估计与当前策略相对应的值函数。

② 执行器:根据评价器对值函数估计的结果来优化策略。

③ 模型:产生训练信号,它既可以是精确的数学模型也可以是通过系统辨识得到的近似模型。

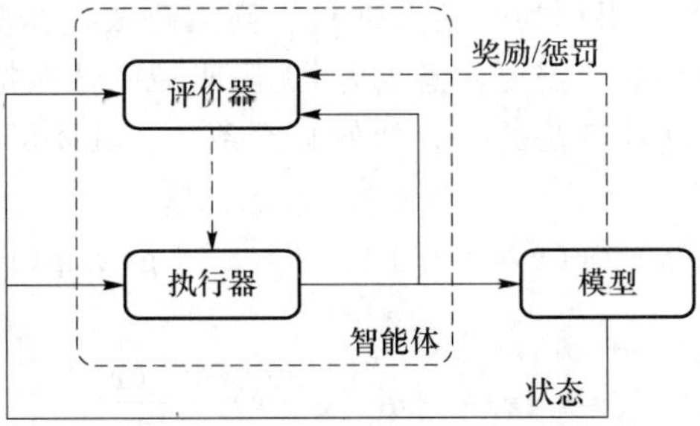

图 7.2.1 近似动态规划结构示意图

策略迭代(Policy Iteration,PI)和值迭代(Value Iteration,VI)是 ADP 的两种基本求解方法,下面我们分别在离散系统和连续系统中介绍这两种算法的计算过程。

7.2.1 反馈系统的 ADP 机制

1. 连续系统

考虑如下定常非线性连续系统：

$$\dot{\boldsymbol{x}}=\boldsymbol{f}(\boldsymbol{x})+\boldsymbol{g}(\boldsymbol{x})\boldsymbol{u} \tag{7-2-1}$$

其中，$\boldsymbol{x}\in\mathbb{R}^n$ 为系统状态，$\boldsymbol{u}\in\mathbb{R}^m$ 表示控制，$\boldsymbol{f}(\boldsymbol{x})\in\mathbb{R}^n$ 和 $\boldsymbol{g}_i(\boldsymbol{x})\in\mathbb{R}^n$ 代表非线性系矢值函数。

对系统(7-2-1)，定义目标泛函如下：

$$J(\boldsymbol{x}(t))=\int_{t_0}^{\infty}r(\boldsymbol{x}(\tau),\boldsymbol{u}(\boldsymbol{x}(\tau)))\mathrm{d}\tau \tag{7-2-2}$$

其中，$r(\boldsymbol{x},\boldsymbol{u})=\frac{1}{2}[\boldsymbol{x}^{\mathrm{T}}\boldsymbol{Q}\boldsymbol{x}+\boldsymbol{u}^{\mathrm{T}}\boldsymbol{R}\boldsymbol{u}]$，$\boldsymbol{Q}\in\mathbb{R}^{n\times n}$ 与 $\boldsymbol{R}\in\mathbb{R}^{m\times m}$ 皆为对称正定常数矩阵。最优控制问题就是如何寻找使得式(7-2-2)达到极小的最优控制策略。最优目标值又称为值函数，可表达为：

$$V^*(\boldsymbol{x}(t))=\min_{\boldsymbol{u}}\int_{t}^{\infty}r(\boldsymbol{x}(\tau),\boldsymbol{u}(\boldsymbol{x}(\tau)))\mathrm{d}\tau \tag{7-2-3}$$

根据式(7-2-1)～(7-2-3)，可推导出最优状态反馈控制律：

$$\boldsymbol{u}^*(\boldsymbol{x})=-\boldsymbol{R}^{-1}\boldsymbol{g}^{\mathrm{T}}(\boldsymbol{x})\frac{\partial V^*(\boldsymbol{x})}{\partial\boldsymbol{x}} \tag{7-2-4}$$

其中，最优性能指标 $V^*(\boldsymbol{x})$ 应满足如下 HJB 方程：

$$\begin{gathered}r(\boldsymbol{x},\boldsymbol{u}^*(x))+\nabla V^*(\boldsymbol{f}(\boldsymbol{x})+\boldsymbol{g}(\boldsymbol{x})\boldsymbol{u}^*(\boldsymbol{x}))=0\\ V(0)=0\end{gathered} \tag{7-2-5}$$

因此最优控制问题的关键在于求解 HJB 方程(7-2-5)。一般来说，解析解非常难求，有许多文献讨论如何求近似解，如粘性解等。而 ADP 则采用策略迭代和值迭代的手段来寻求近似解。

(1) 基于策略迭代的连续系统求解算法

策略迭代算法是建立在两步迭代(策略评估和策略改进)上的迭代方法，它并不是直接求解 HJB 方程。策略迭代算法首先在给定初始容许控制策略 $\boldsymbol{u}_0(\cdot)$ 的情况下求得一个新的评估值(通常通过求解一个非线性李雅普诺夫方程得到)，然后使用这个新的评估值获得一个新的改进控制策略。这个策略改进通常是通过最小化哈密顿函数的更小估计值来实现的。策略迭代有两个交互过程：一个过程是使值函数与现在的策略保持一致(策略评估)；另一个过程是得到关于当前的值函数的贪婪策略(策略改进)。在策略迭代中，这两个过程相互交替执行(每一个过程都以另一个过程的结果作为开始条件)，直到策略改进步骤不再改变，则策略迭代终止，从而实现收敛到最优控制器。需要注意的是，无限时域的性能指标只能在容许控制下得到评估值，而容许控制是策略迭代算法的一个初始必要条件。具体可表述为：

① 策略评估：

$$V_i(\boldsymbol{x})=r(\boldsymbol{x},\boldsymbol{u}_i(x))+V_i(\boldsymbol{f}(\boldsymbol{x})+\boldsymbol{g}(\boldsymbol{x})\boldsymbol{u}_i(\boldsymbol{x})) \tag{7-2-6}$$

② 策略改进：

$$\boldsymbol{u}_{i+1}(\boldsymbol{x})=-\boldsymbol{R}^{-1}\boldsymbol{g}^{\mathrm{T}}(\boldsymbol{x})\frac{\partial V_i^*(\boldsymbol{x})}{\partial\boldsymbol{x}} \tag{7-2-7}$$

其中，i 表示迭代步数。不断重复过程(7-2-6)和过程(7-2-7)直到算法收敛到最优性能指标函数和最优控制。具体步骤如下：

步骤 1(初始化)：令迭代步数 $i=0$。设定一个足够小的终止精度 ε，给定一个初始允许控制律 $\boldsymbol{\mu}_0(\boldsymbol{x})$。

步骤 2(策略评估)：基于 $\boldsymbol{u}_i(\boldsymbol{x})$，按照下式计算 $V_i(\boldsymbol{x})$：

$$V_i(\boldsymbol{x})=r(\boldsymbol{x},\boldsymbol{u}_i(\boldsymbol{x}))+V_i(\boldsymbol{f}(\boldsymbol{x})+\boldsymbol{g}(\boldsymbol{x})\boldsymbol{u}_i(\boldsymbol{x}))$$

步骤 3(策略改进)：基于 $V_i(\boldsymbol{x})$，按照下式更新 $\boldsymbol{\mu}_{i+1}(\boldsymbol{x})$：

$$\boldsymbol{u}_{i+1}(\boldsymbol{x})=-\boldsymbol{R}^{-1}\boldsymbol{g}^{\mathrm{T}}(\boldsymbol{x})\frac{\partial V_i^*(\boldsymbol{x})}{\partial \boldsymbol{x}}$$

步骤 4：如果在给定的紧集上满足 $\|V_i(\boldsymbol{x})-V_{i-1}(\boldsymbol{x})\|\leqslant\varepsilon$，则终止迭代；否则，令 $i=i+1$，然后返回步骤 2。

(2) 基于值函数迭代的求解算法

在初始允许控制条件的帮助下，策略迭代算法可以快速地寻找到最优控制律。然而，初始允许控制条件对于一些复杂的系统来讲，是比较苛刻的，在通常情况下难以获得。策略迭代每次都需要等到每个状态对应的值函数收敛后，再进行策略的更新与提升，但有时候即使状态对应的值函数没有收敛，也可以进行策略的改善。值迭代的初始条件可以从任意给定的值函数出发。虽然这两种方法都是建立在两步迭代上的迭代方法(包括值函数更新和策略改进)，但值迭代不需要给定一个初始的容许控制，更加广泛地被应用。

值迭代算法的值函数更新公式如下：

$$V_{i+1}(\boldsymbol{x})=U(\boldsymbol{x},\boldsymbol{u}_i(\boldsymbol{x}))+V_i(\boldsymbol{f}(\boldsymbol{x})+\boldsymbol{g}(\boldsymbol{x})\boldsymbol{u}_i(\boldsymbol{x})) \tag{7-2-8}$$

策略更新同式(7-2-7)。具体步骤如下：

步骤 1(初始化)：令迭代步数 $i=0$。设定一个足够小的终止精度 ε，给定一个初始值函数 $V_0(\boldsymbol{x})\geqslant 0$。

步骤 2(策略提升)：基于 $V_i(\boldsymbol{x})$，按照下式计算 $\boldsymbol{u}_i(\boldsymbol{x})$：

$$\boldsymbol{u}_{i+1}(\boldsymbol{x})=-\boldsymbol{R}^{-1}\boldsymbol{g}^{\mathrm{T}}(\boldsymbol{x})\frac{\partial V_i^*(\boldsymbol{x})}{\partial \boldsymbol{x}}$$

步骤 3(策略评估)：基于 $\boldsymbol{u}_i(\boldsymbol{x})$，按照下式更新 $V_{i+1}(\boldsymbol{x})$：

$$V_{i+1}(\boldsymbol{x})=r(\boldsymbol{x},\boldsymbol{u}_i(x))+V_i(\boldsymbol{f}(\boldsymbol{x})+\boldsymbol{g}(\boldsymbol{x})\boldsymbol{u}_i(\boldsymbol{x}))$$

步骤 4：如果在给定的紧集上满足 $\|V_i(\boldsymbol{x})-V_{i-1}(\boldsymbol{x})\|\leqslant\varepsilon$，则终止迭代；否则，令 $i=i+1$，然后返回步骤 2。

2. 离散系统

为讨论方便，我们考虑如下仿射非线性离散动态系统：

$$\boldsymbol{x}_{k+1}=\boldsymbol{f}(\boldsymbol{x}_k)+\boldsymbol{g}(\boldsymbol{x}_k)\boldsymbol{u}_k,\quad k=0,1,\cdots \tag{7-2-9}$$

其中，$\boldsymbol{x}_k\in\mathbb{R}^n$ 为系统状态，$\boldsymbol{u}_k\in\mathbb{R}^m$ 为控制输入。很多实际系统都可以表示成如上形式，而以下结果也可以推广到一般非线性形式 $\boldsymbol{x}_{k+1}=\boldsymbol{F}(\boldsymbol{x}_k,\boldsymbol{u}_k)$。定义系统的性能指标函数为：

$$V(\boldsymbol{x}_k)=\sum_{l=k}^{\infty}\gamma^{l-k}U(\boldsymbol{x}_l,\boldsymbol{u}_l)=\frac{1}{2}\sum_{l=k}^{\infty}\gamma^{l-k}(\boldsymbol{x}_l^{\mathrm{T}}\boldsymbol{Q}\boldsymbol{x}_l+\boldsymbol{u}_l^{\mathrm{T}}\boldsymbol{R}\boldsymbol{u}_l) \tag{7-2-10}$$

其中，$\gamma\in(0,1]$ 为折扣因子，$\boldsymbol{Q}$ 与 $\boldsymbol{R}$ 为正定矩阵。根据贝尔曼最优性原理，最优性能指标函数 $V^*(\boldsymbol{x}_k)$ 可以通过求解如下离散 HJB 方程获得：

$$V^*(\boldsymbol{x}_k)=\min_{\boldsymbol{u}_k}\{U(\boldsymbol{x}_k,\boldsymbol{u}_k)+\gamma V^*(\boldsymbol{x}_{k+1})\} \tag{7-2-11}$$

当 $\gamma<1$ 时，一般采用巴拿赫不动点定理来证明算法的收敛性。本书主要考虑 $\gamma=1$ 时的情况。类似于连续系统，基于策略迭代算法和值迭代算法的离散系统求解过程在下文被给出。

(1) 基于策略迭代的离散系统求解算法

基于策略迭代的离散系统求解步骤如下:

步骤 1(初始化):令迭代步数 $i=0$。设定一个足够小的终止精度 ε,给定一个初始允许控制律 $\boldsymbol{u}_0(\boldsymbol{x}_k)$。

步骤 2(策略评估):基于 $\boldsymbol{u}_i(\boldsymbol{x}_k)$,按照下式计算 $V_i(\boldsymbol{x}_k)$:

$$V_i(\boldsymbol{x}_k)=r(\boldsymbol{x}_k,\boldsymbol{u}_i(\boldsymbol{x}_k))+V_i(\boldsymbol{x}_{k+1})$$

步骤 3(策略改进):基于 $V_i(\boldsymbol{x}_k)$,按照下式更新 $\boldsymbol{u}_{i+1}(\boldsymbol{x}_k)$:

$$\boldsymbol{u}_{i+1}(\boldsymbol{x}_k)=-\boldsymbol{R}^{-1}\boldsymbol{g}^{\mathrm{T}}(\boldsymbol{x}_k)\frac{\partial V_i(\boldsymbol{x}_{k+1})}{\boldsymbol{x}_{k+1}}$$

步骤 4:如果在给定的紧集上满足 $\|V_i(\boldsymbol{x}_k)-V_{i-1}(\boldsymbol{x}_k)\|\leqslant\varepsilon$,则终止迭代;否则,令 $i=i+1$,然后返回步骤 2。

(2) 基于值迭代的离散系统求解算法

基于值迭代的离散系统求解步骤如下:

步骤 1(初始化):令迭代步数 $i=0$。设定一个足够小的终止精度 ε,给定一个初始值函数 $V_0(\boldsymbol{x}_k)\geqslant 0$。

步骤 2(策略提升):基于 $V_i(\boldsymbol{x}_k)$,按照下式计算 $\boldsymbol{u}_i(\boldsymbol{x}_k)$:

$$\boldsymbol{u}_i(\boldsymbol{x}_k)=-\boldsymbol{R}^{-1}\boldsymbol{g}^{\mathrm{T}}(\boldsymbol{x}_k)\frac{\partial V_i(\boldsymbol{x}_{k+1})}{\boldsymbol{x}_{k+1}}$$

步骤 3(策略评估):基于 $\boldsymbol{u}_i(\boldsymbol{x}_k)$,按照下式更新 $V_{i+1}(\boldsymbol{x}_k)$:

$$V_{i+1}(\boldsymbol{x}_k)=r(\boldsymbol{x}_k,\boldsymbol{u}_i(\boldsymbol{x}_k))+V_i(\boldsymbol{x}_{k+1})$$

步骤 4:如果在给定的紧集上满足 $\|V_i(\boldsymbol{x}_k)-V_{i-1}(\boldsymbol{x}_k)\|\leqslant\varepsilon$,则终止迭代;否则,令 $i=i+1$,然后返回步骤 2。

7.2.2 ADP 算法的实现

ADP 算法的实现是利用函数近似手段实现迭代求解过程。韦伯斯(Werbos)将 ADP 的实现框架分成了 4 类:启发式动态规划(Heuristic Dynamic Programming, HDP)、对偶启发式规划(Dual Heuristic Programming, DHP)、动作依赖的启发式动态规划(Action-Dependent HDP, ADHDP)和动作依赖的对偶启发式规划(Action-Dependent DHP, ADDHP)[65]。在这 4 类框架中,权值的更新则采用反向传播的梯度算法。其中,HDP 中的评价器用来逼近值函数本身,DHP 中的评价器逼近的是值函数对状态的梯度;由于 DHP 用到了更多的模型信息以及其评价器的逼近特性,因此通常认为 DHP 比 HDP 拥有更好的控制性能。接下来我们分别给出 HDP 和 DHP 的计算过程。

1. HDP 算法

常规的 HDP 结构如图 7.2.2 所示,其执行器以及评价器的一般结构为:

$$\hat{\boldsymbol{u}}(\boldsymbol{x}_k)=\boldsymbol{G}_{ha}(\boldsymbol{x}_k,\boldsymbol{\theta}_h),\quad \hat{V}(\boldsymbol{x}_k)=\boldsymbol{G}_{hc}(\boldsymbol{x}_k,\boldsymbol{W}_h) \tag{7-2-12}$$

其中 $\boldsymbol{G}_{ha}$ 和 $\boldsymbol{G}_{hc}$ 为一阶可导的线性或者非线性映射函数,$\boldsymbol{\theta}_h$ 和 $\boldsymbol{W}_h$ 分别为执行器和评价器的权值向量。假设代价函数为二次型:

$$r(\boldsymbol{x}_k,\hat{\boldsymbol{u}}(\boldsymbol{x}_k))=\frac{1}{2}[\boldsymbol{x}_k^{\mathrm{T}}\boldsymbol{Q}\boldsymbol{x}_k+\hat{\boldsymbol{u}}^{\mathrm{T}}(\boldsymbol{x}_k)\boldsymbol{R}\hat{\boldsymbol{u}}(\boldsymbol{x}_k)] \tag{7-2-13}$$

其中 $\boldsymbol{Q}$ 和 $\boldsymbol{R}$ 为正定对角矩阵。由于最优控制动作 $\boldsymbol{u}^*(\boldsymbol{x}_k)$ 极小化了状态值函数,因此最优贝尔曼方程对最优控制 $\boldsymbol{u}^*(\boldsymbol{x}_k)$ 的偏导为零,即

$$\begin{aligned}\frac{\partial V^*(\boldsymbol{x}_k)}{\partial \boldsymbol{u}^*(\boldsymbol{x}_k)}&=\frac{\partial r(\boldsymbol{x}_k,\boldsymbol{u}^*(\boldsymbol{x}_k))}{\partial \boldsymbol{u}^*(\boldsymbol{x}_k)}+\frac{\partial V^*(\boldsymbol{x}_{k+1})}{\partial \boldsymbol{u}^*(\boldsymbol{x}_k)}\\&=\boldsymbol{R}\boldsymbol{u}^*(\boldsymbol{x}_k)+\left(\frac{\partial \boldsymbol{x}_{k+1}}{\partial \boldsymbol{u}^*(x_k)}\right)^{\mathrm{T}}\frac{\partial V^*(\boldsymbol{x}_{k+1})}{\partial \boldsymbol{x}_{k+1}}\\&=0\end{aligned} \tag{7-2-14}$$

由此可得

$$\boldsymbol{u}^*(\boldsymbol{x}_k)=-\boldsymbol{R}^{-1}\left[\left(\frac{\partial \boldsymbol{x}_{k+1}}{\partial \boldsymbol{u}^*(\boldsymbol{x}_k)}\right)^{\mathrm{T}}\frac{\partial V^*(\boldsymbol{x}_{k+1})}{\partial \boldsymbol{x}_{k+1}}\right] \tag{7-2-15}$$

则执行器的学习目标为极小化如下的误差函数：

$$E_{ha}(\boldsymbol{x}_k)=\frac{1}{2}\sum_{i=1}^{m}(\hat{\boldsymbol{u}}_{[i]}(\boldsymbol{x}_k)-\hat{\boldsymbol{u}}_{d,[i]}(\boldsymbol{x}_k))^2 \tag{7-2-16}$$

其中下角标[i]表示第 i 个采样，且有

$$\hat{\boldsymbol{u}}_d(\boldsymbol{x}_k)=-\boldsymbol{R}^{-1}\left[\left(\frac{\partial \boldsymbol{x}_{k+1}}{\partial \hat{\boldsymbol{u}}(x_{k+1})}\right)^{\mathrm{T}}\frac{\partial \hat{V}(\boldsymbol{x}_{k+1})}{\partial \boldsymbol{x}_{k+1}}\right] \tag{7-2-17}$$

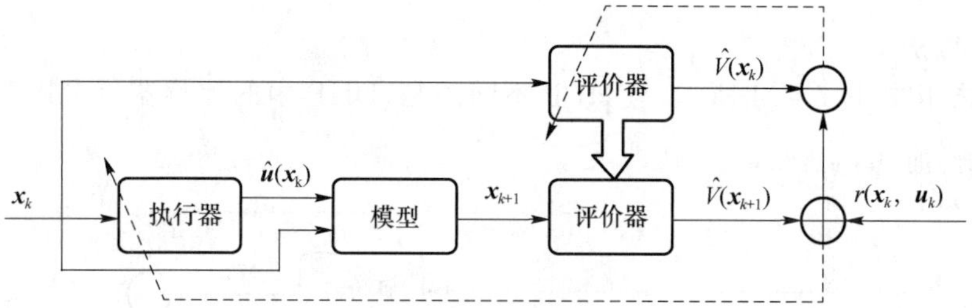

图 7.2.2 HDP 算法结构图

执行器的权值更新规则为：

$$\boldsymbol{\theta}_{h,k+1}=\boldsymbol{\theta}_{h,k}-\alpha_{h,k}\sum_{i=1}^{m}(\hat{\boldsymbol{u}}_{[i]}(\boldsymbol{x}_k)-\boldsymbol{u}_{d,[i]}(\boldsymbol{x}_k))\frac{\partial \hat{\boldsymbol{u}}_{[i]}(\boldsymbol{x}_k)}{\partial \boldsymbol{\theta}_{h,k}} \tag{7-2-18}$$

其中 $\alpha_{h,k}$ 为学习步长。定义 TD 误差(时序差方误差)为：

$$\delta_{h,k}=\hat{V}(\boldsymbol{x}_k)-r(\boldsymbol{x}_k,\hat{\boldsymbol{u}}(\boldsymbol{x}_k))-\hat{V}(\boldsymbol{x}_{k+1}) \tag{7-2-19}$$

则评价器的学习目标为极小化如下的误差函数：

$$E_{hc}(\boldsymbol{x}_k)=\frac{1}{2}\sum_{i=1}^{m}(\delta_{h,k,[i]})^2 \tag{7-2-20}$$

评价器的权值更新规则为：

$$\boldsymbol{W}_{h,k+1}=\boldsymbol{W}_{h,k}-\beta_{h,k}\sum_{i=1}^{m}\delta_{h,k,[i]}\frac{\partial \hat{V}(\boldsymbol{x}_k)}{\partial \boldsymbol{W}_{h,k}} \tag{7-2-21}$$

其中 $\beta_{h,k}$ 为学习步长。系统模型主要在需要产生执行器和评价器的训练信号时用到，它可以为系统的差分方程，也可以通过系统辨识而得到。

例 7.2.1 使用 HDP 算法求解如下非线性动态系统：

$$\begin{pmatrix}x_{1,k+1}\\x_{2,k+1}\end{pmatrix}=\begin{pmatrix}0.2x_{1,k}\mathrm{e}^{x_{2,k}^2}\\0.3x_{2,k}^3\end{pmatrix}+\begin{pmatrix}0\\-0.2\end{pmatrix}u_k$$

令初始状态为$(2,-1)^{\mathrm{T}}$，目标函数为 $J=\frac{1}{2}\sum_{k=0}^{\infty}(\boldsymbol{x}_k^{\mathrm{T}}\boldsymbol{Q}\boldsymbol{x}_k+\boldsymbol{u}_k^{\mathrm{T}}\boldsymbol{R}\boldsymbol{u}_k)$，其中 $\boldsymbol{Q}=\boldsymbol{I},\boldsymbol{R}=\boldsymbol{I}$，时间步长为 1 秒。

解：利用式(7-2-12)至式(7-2-21)编程计算得到所获得的系统状态和最优控制，如图 7.2.3 所示，最优目标函数为 6.774。

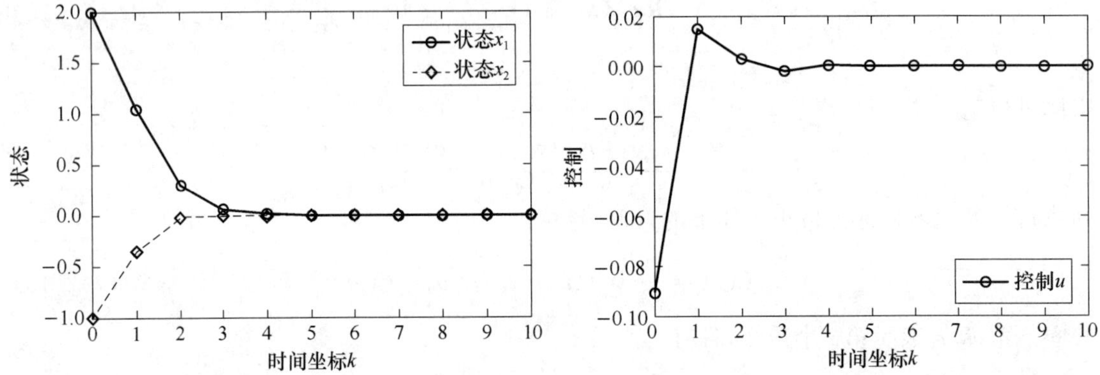

(a) 系统状态　　(b) 最优控制轨迹曲线

图 7.2.3　系统状态与最优控制轨迹曲线(例 7.2.1)

2. DHP 算法

DHP 的结构如图 7.2.4 所示，与 HDP 不同的是，DHP 中的评价器负责逼最优值函数对状态的偏导数，即$\partial\hat{V}(\boldsymbol{x}_k)/\partial\boldsymbol{x}_k$。

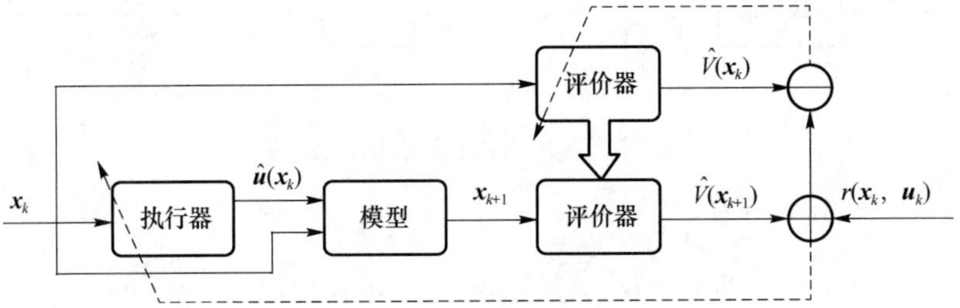

图 7.2.4　DHP 算法结构图

DHP 算法中的执行器以及评价器的一般结构为：

$$\hat{\boldsymbol{u}}(\boldsymbol{x}_k)=\boldsymbol{G}_{da}(\boldsymbol{x}_k,\boldsymbol{\theta}_d),\quad \partial\hat{V}(\boldsymbol{x}_k)/\partial\boldsymbol{x}_k=\boldsymbol{G}_{dc}(\boldsymbol{x}_k,\boldsymbol{W}_d) \tag{7-2-22}$$

其中，$\boldsymbol{G}_{da}$ 和$\boldsymbol{G}_{dc}$ 为一阶可导的线性或者非线性映射函数，$\boldsymbol{\theta}_d$ 和$\boldsymbol{W}_d$ 分别为执行器和评价器的权值向量。DHP 算法中的执行器学习目标与 HDP 算法中的执行器学习目标是一致的，即极小化如下的误差函数：

$$E_{da}(\boldsymbol{x}_k)=\frac{1}{2}\sum_{i=1}^{m}(\hat{\boldsymbol{u}}_{[i]}(\boldsymbol{x}_k)-\boldsymbol{u}_{d,[i]}(\boldsymbol{x}_k))^2 \tag{7-2-23}$$

其中有

$$\boldsymbol{\mu}_d(\boldsymbol{x}_k)=-\boldsymbol{R}^{-1}\left[\left(\frac{\partial\boldsymbol{x}_{k+1}}{\partial\hat{\boldsymbol{\mu}}(\boldsymbol{x}_k)}\right)^{\mathrm{T}}\frac{\partial\hat{V}(\boldsymbol{x}_{k+1})}{\partial\boldsymbol{x}_{k+1}}\right] \tag{7-2-24}$$

执行器的权值更新规则为：

$$\boldsymbol{\theta}_{d,k+1}=\boldsymbol{\theta}_{d,k}-\alpha_{d,k}\sum_{i=1}^{m}(\hat{\boldsymbol{u}}_{[i]}(\boldsymbol{x}_k)-\boldsymbol{u}_{d,[i]}(x_k))\frac{\partial\hat{\boldsymbol{u}}_{[i]}(\boldsymbol{x}_k)}{\partial\boldsymbol{\theta}_{d,k}} \tag{7-2-25}$$

其中 $\alpha_{d,k}$ 为学习步长。根据贝尔曼最优性方程，有

$$\frac{\partial V^*(\boldsymbol{x}_k)}{\partial \boldsymbol{x}_k}=\frac{\partial r(\boldsymbol{x}_k,\boldsymbol{u}^*(\boldsymbol{x}_k))}{\partial \boldsymbol{x}_k}+\frac{\partial V^*(\boldsymbol{x}_{k+1})}{\partial \boldsymbol{x}_k}$$
$$=\boldsymbol{Q}\boldsymbol{x}_k+\left[\left(\frac{\partial \boldsymbol{x}_{k+1}}{\partial \boldsymbol{x}_k}\right)^{\mathrm{T}}\frac{\partial V^*(\boldsymbol{x}_{k+1})}{\partial \boldsymbol{x}_{k+1}}\right]$$
$$+\left(\frac{\partial \boldsymbol{u}^*(\boldsymbol{x}_k)}{\partial \boldsymbol{x}_k}\right)^{\mathrm{T}}\left\{\boldsymbol{R}\boldsymbol{u}^*(\boldsymbol{x}_k)+\left[\left(\frac{\partial \boldsymbol{x}_{k+1}}{\partial \boldsymbol{u}^*(\boldsymbol{x}_k)}\right)^{\mathrm{T}}\frac{\partial V^*(\boldsymbol{x}_{k+1})}{\partial \boldsymbol{x}_{k+1}}\right]\right\} \tag{7-2-26}$$

将式(7-2-15)代入,可得

$$\frac{\partial V^*(\boldsymbol{x}_k)}{\partial \boldsymbol{x}_k}=\boldsymbol{Q}\boldsymbol{x}_k+\left(\frac{\partial \boldsymbol{x}_{k+1}}{\partial \boldsymbol{x}_k}\right)^{\mathrm{T}}\frac{\partial V^*(\boldsymbol{x}_{k+1})}{\partial \boldsymbol{x}_{k+1}} \tag{7-2-27}$$

定义状态 $\boldsymbol{x}_k$ 的 TD 误差为:

$$\delta_{d,k}=\partial\hat{V}(\boldsymbol{x}_k)/\partial \boldsymbol{x}_k-\lambda_{d,k}=\partial\hat{V}(\boldsymbol{x}_k)/\partial \boldsymbol{x}_k-\left(\boldsymbol{Q}\boldsymbol{x}_k+\left(\frac{\partial \boldsymbol{x}_{k+1}}{\partial \boldsymbol{x}_k}\right)^{\mathrm{T}}\frac{\partial \hat{V}(\boldsymbol{x}_{k+1})}{\partial \boldsymbol{x}_{k+1}}\right) \tag{7-2-28}$$

评价器的学习目标为极小化如下的误差函数:

$$E_{dc}(\boldsymbol{x}_k)=\frac{1}{2}\sum_{i=1}^{m}(\delta_{d,k,[i]})^2 \tag{7-2-29}$$

评价器的权值更新规则为:

$$\boldsymbol{W}_{d,k+1}=\boldsymbol{W}_{d,k}-\beta_{d,k}\sum_{i=1}^{m}\delta_{d,k,[i]}\frac{\partial\hat{V}(\boldsymbol{x}_k)/\partial \boldsymbol{x}_k}{\partial \boldsymbol{W}_{d,k}} \tag{7-2-30}$$

其中 $\beta_{d,k}$ 为学习步长。

例 7.2.2 使用 DHP 算法求解如下非线性动态系统:

$$\begin{pmatrix}x_{1,k+1}\\x_{2,k+1}\end{pmatrix}=\begin{pmatrix}0.1x_{2,k}+x_{1,k}\\-0.49\sin x_{1,k}+0.08x_{2,k}\end{pmatrix}+\begin{pmatrix}0\\0.1\end{pmatrix}u_k$$

令初始状态为$(1,-1)^{\mathrm{T}}$,目标函数为 $J=\frac{1}{2}\sum_{k=0}^{\infty}(\boldsymbol{x}_k^{\mathrm{T}}\boldsymbol{Q}\boldsymbol{x}_k+\boldsymbol{u}_k^{\mathrm{T}}\boldsymbol{R}\boldsymbol{u}_k)$,其中 $\boldsymbol{Q}=\boldsymbol{R}=\boldsymbol{I}$,时间步长为1秒。

解:利用式(7-2-22)至式(7-2-30)编程计算得到所获得的系统状态和最优控制,如图 7.2.5 所示,最优目标函数为 48.012。

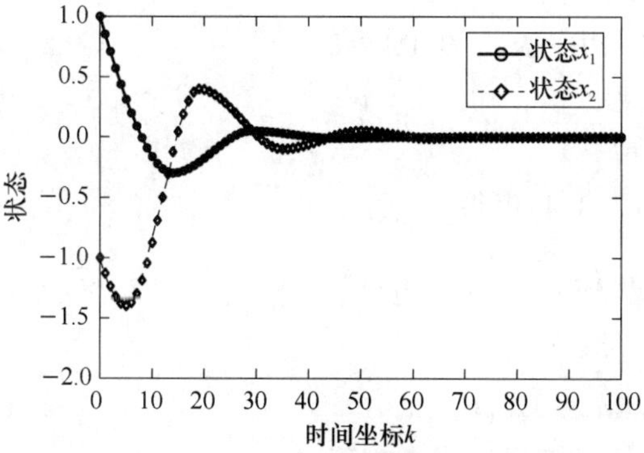

(a) 系统状态

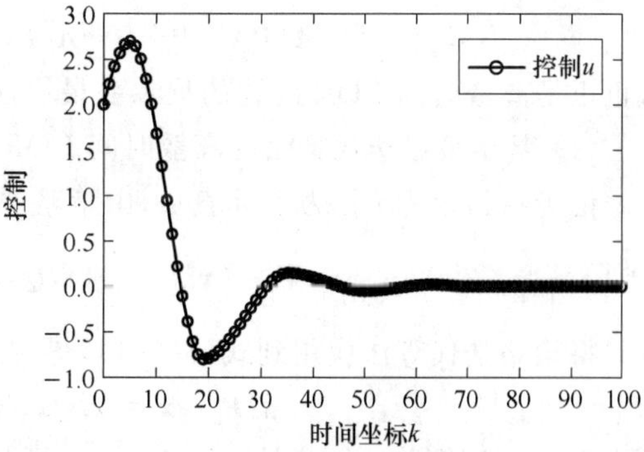

(b) 最优控制轨迹曲线

图 7.2.5 系统状态与最优控制轨迹曲线(例 7.2.5)

7.2.3 离散时间 LQR 求解

离散时间 LQR 是一类较常见的控制模型,因此本节专门给出基于策略迭代与值迭代算法的离散时间 LQR 求解过程。考虑一个离散时间线性二次型最优控制问题，其状态转移方程为：

$$\boldsymbol{x}_{k+1}=\boldsymbol{A}\boldsymbol{x}_k+\boldsymbol{B}\boldsymbol{u}_k \tag{7-2-31}$$

性能指标依赖当前时刻的状态 $\boldsymbol{x}_k$ 和所有未来时刻的输入 $\boldsymbol{u}_k,\boldsymbol{u}_{k+1},\cdots$。相应的值函数设定为：

$$V(\boldsymbol{x}_k)=\frac{1}{2}\sum_{l=k}^{\infty}(\boldsymbol{x}_l^{\mathrm{T}}\boldsymbol{Q}\boldsymbol{x}_l+\boldsymbol{u}_l^{\mathrm{T}}\boldsymbol{R}\boldsymbol{u}_l) \tag{7-2-32}$$

这里假设值函数是关于状态的二次函数，即

$$V(\boldsymbol{x}_k)=\frac{1}{2}\boldsymbol{x}_k^{\mathrm{T}}\boldsymbol{P}\boldsymbol{x}_k \tag{7-2-33}$$

则有

$$\begin{aligned}2V(\boldsymbol{x}_k)&=\boldsymbol{x}_k^{\mathrm{T}}\boldsymbol{P}\boldsymbol{x}_k\\&=\boldsymbol{x}_k^{\mathrm{T}}\boldsymbol{Q}\boldsymbol{x}_k+\boldsymbol{u}_k^{\mathrm{T}}\boldsymbol{R}\boldsymbol{u}_k+\boldsymbol{x}_{k+1}^{\mathrm{T}}\boldsymbol{P}\boldsymbol{x}_{k+1}\\&=\boldsymbol{x}_k^{\mathrm{T}}\boldsymbol{Q}\boldsymbol{x}_k+\boldsymbol{u}_k^{\mathrm{T}}\boldsymbol{R}\boldsymbol{u}_k+(\boldsymbol{A}\boldsymbol{x}_k+\boldsymbol{B}\boldsymbol{u}_k)^{\mathrm{T}}\boldsymbol{P}(\boldsymbol{A}\boldsymbol{x}_k+\boldsymbol{B}\boldsymbol{u}_k)\end{aligned} \tag{7-2-34}$$

对于一个恒定的状态反馈策略 $\boldsymbol{u}_k=\boldsymbol{\mu}(\boldsymbol{x}_k)=-\boldsymbol{K}\boldsymbol{x}_k$，当增益 $\boldsymbol{K}$ 稳定时，有

$$2V(\boldsymbol{x}_k)=\boldsymbol{x}_k^{\mathrm{T}}\boldsymbol{P}\boldsymbol{x}_k=\boldsymbol{x}_k^{\mathrm{T}}\boldsymbol{Q}\boldsymbol{x}_k+\boldsymbol{x}_k^{\mathrm{T}}\boldsymbol{K}^{\mathrm{T}}\boldsymbol{R}\boldsymbol{K}\boldsymbol{x}_k+\boldsymbol{x}_k^{\mathrm{T}}(\boldsymbol{A}-\boldsymbol{B}\boldsymbol{K})^{\mathrm{T}}\boldsymbol{P}(\boldsymbol{A}-\boldsymbol{B}\boldsymbol{K})\boldsymbol{x}_k \tag{7-2-35}$$

由于式(7-2-35)适用于所有状态轨迹，可得

$$(\boldsymbol{A}-\boldsymbol{B}\boldsymbol{K})^{\mathrm{T}}\boldsymbol{P}(\boldsymbol{A}-\boldsymbol{B}\boldsymbol{K})-\boldsymbol{P}+\boldsymbol{Q}+\boldsymbol{K}^{\mathrm{T}}\boldsymbol{R}\boldsymbol{K}=\boldsymbol{0} \tag{7-2-36}$$

由此，离散时间 LQR 问题的贝尔曼方程等价于一个李雅普诺夫方程。离散时间 LQR 问题的哈密顿函数可表示为：

$$2H(\cdot)=\boldsymbol{x}_k^{\mathrm{T}}\boldsymbol{Q}\boldsymbol{x}_k+\boldsymbol{u}_k^{\mathrm{T}}\boldsymbol{R}\boldsymbol{u}_k+(\boldsymbol{A}\boldsymbol{x}_k+\boldsymbol{B}\boldsymbol{u}_k)^{\mathrm{T}}\boldsymbol{P}(\boldsymbol{A}\boldsymbol{x}_k+\boldsymbol{B}\boldsymbol{u}_k)-\boldsymbol{x}_k^{\mathrm{T}}\boldsymbol{P}\boldsymbol{x}_k \tag{7-2-37}$$

式(7-2-37)也被认为是 MDP 的时间差分误差。$\boldsymbol{H}_{\boldsymbol{u}_k}=\boldsymbol{0}$ 是最优性的一个必要条件，由此可得

$$\boldsymbol{u}_k=-\boldsymbol{K}\boldsymbol{x}_k=-(\boldsymbol{B}^{\mathrm{T}}\boldsymbol{P}\boldsymbol{B}+\boldsymbol{R})^{-1}\boldsymbol{B}^{\mathrm{T}}\boldsymbol{P}\boldsymbol{A}\boldsymbol{x}_k \tag{7-2-38}$$

离散系统的黎卡提代数方程可写为：

$$\boldsymbol{A}^{\mathrm{T}}\boldsymbol{P}\boldsymbol{A}-\boldsymbol{P}+\boldsymbol{Q}-\boldsymbol{A}^{\mathrm{T}}\boldsymbol{P}\boldsymbol{B}(\boldsymbol{B}^{\mathrm{T}}\boldsymbol{P}\boldsymbol{B}+\boldsymbol{R})^{-1}\boldsymbol{B}^{\mathrm{T}}\boldsymbol{P}\boldsymbol{A}=\boldsymbol{0} \tag{7-2-39}$$

这也正是离散时间 LQR 问题的贝尔曼最优性方程。

(1) 基于策略迭代算法的离散时间 LQR 求解

记步数指数为 i 作为下标表示，由策略评估(7-3-4)可得

$$V_{i+1}(\boldsymbol{x}_k)=\frac{1}{2}(\boldsymbol{x}_k^{\mathrm{T}}\boldsymbol{Q}\boldsymbol{x}_k+\boldsymbol{u}_k^{\mathrm{T}}\boldsymbol{R}\boldsymbol{u}_k)+V_{i+1}(\boldsymbol{x}_{k+1}) \tag{7-2-40}$$

将策略迭代算法应用到式(7-2-4)，得

$$\boldsymbol{x}_k^{\mathrm{T}}\boldsymbol{P}_{j+1}\boldsymbol{x}_k=\boldsymbol{x}_k^{\mathrm{T}}\boldsymbol{Q}\boldsymbol{x}_k+\boldsymbol{u}_k^{\mathrm{T}}\boldsymbol{R}\boldsymbol{u}_k+\boldsymbol{x}_{k+1}^{\mathrm{T}}\boldsymbol{P}_{j+1}\boldsymbol{x}_{k+1} \tag{7-2-41}$$

其中 $\boldsymbol{P}$ 为正定矩阵。同样地，式(7-2-34)可写为下述李雅普诺夫方程：

$$\boldsymbol{0}=(\boldsymbol{A}-\boldsymbol{B}\boldsymbol{K}_j)^{\mathrm{T}}\boldsymbol{P}_{j+1}(\boldsymbol{A}-\boldsymbol{B}\boldsymbol{K}_j)-\boldsymbol{P}_{j+1}+\boldsymbol{Q}+(\boldsymbol{K}_j)^{\mathrm{T}}\boldsymbol{R}\boldsymbol{K}_j \tag{7-2-42}$$

式(7-2-42)等号右边对 $\boldsymbol{K}_j$ 求偏导，并令偏导数为零，可求得

$$\boldsymbol{u}_{j+1}(\boldsymbol{x}_k)=\boldsymbol{K}_{j+1}\boldsymbol{x}_k=[-(\boldsymbol{B}^{\mathrm{T}}\boldsymbol{P}_{j+1}\boldsymbol{B}+\boldsymbol{R})^{-1}\boldsymbol{B}^{\mathrm{T}}\boldsymbol{P}_{j+1}\boldsymbol{A}]\boldsymbol{x}_k \tag{7-2-43}$$

例 7.2.3 使用策略迭代算法求解如下 LQR 问题：

$$\boldsymbol{x}_{k+1}=\begin{pmatrix}0 & 0.1\\0.3 & -1\end{pmatrix}\boldsymbol{x}_k+\begin{pmatrix}0\\0.5\end{pmatrix}\boldsymbol{u}_k$$

令初始状态为$(1,1)^{\mathrm{T}}$，目标函数为 $J=\frac{1}{2}\sum_{k=0}^{\infty}(\boldsymbol{x}_k^{\mathrm{T}}\boldsymbol{Q}\boldsymbol{x}_k+\boldsymbol{u}_k^{\mathrm{T}}\boldsymbol{R}\boldsymbol{u}_k)$，其中 $\boldsymbol{Q}=\boldsymbol{I}$，$\boldsymbol{R}=0.5\boldsymbol{I}$，$\boldsymbol{I}$ 为单位矩阵。

解：利用式(7-2-40)～(7-2-43)，全部的计算过程共包括 6 次迭代，所获得的系统状态、最优控制和性能指标变化趋势分别如图 7.2.6 与图 7.2.7 所示。

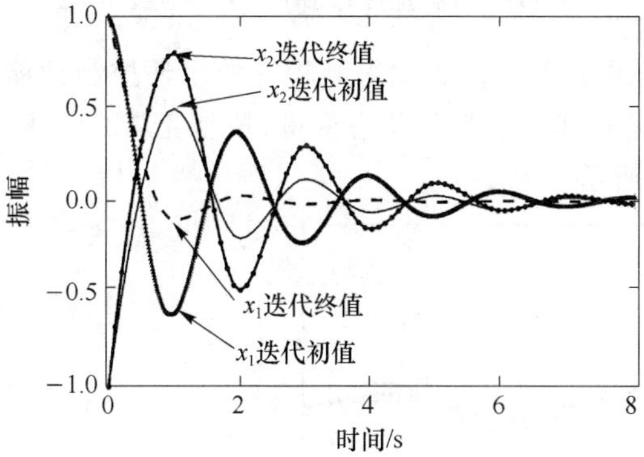

(a) 系统状态曲线

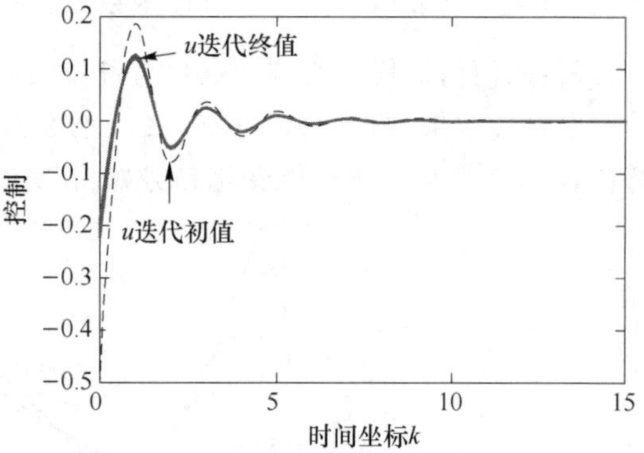

(b) 最优控制轨迹曲线

图 7.2.6 系统状态与最优控制轨迹曲线(例 7.2.3)

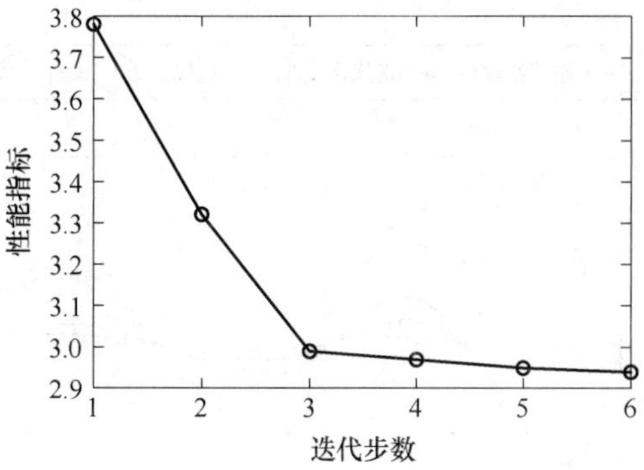

图 7.2.7 系统性能指标变化趋势(例 7.2.3)

(2) 基于值迭代算法的离散时间 LQR 求解

应用值迭代算法至式(7-2-34)中，可得

$$\boldsymbol{x}_k^{\mathrm{T}}\boldsymbol{P}_{j+1}\boldsymbol{x}_k=\boldsymbol{x}_k^{\mathrm{T}}\boldsymbol{Q}\boldsymbol{x}_k+\boldsymbol{u}_k^{\mathrm{T}}\boldsymbol{R}\boldsymbol{u}_k+\boldsymbol{x}_{k+1}^{\mathrm{T}}\boldsymbol{P}_j\boldsymbol{x}_{k+1} \tag{7-2-44}$$

代入至式(7-2-35)，得到李雅普诺夫递归形式：

$$\boldsymbol{P}_{j+1}=(\boldsymbol{A}-\boldsymbol{B}\boldsymbol{K}_j)^{\mathrm{T}}\boldsymbol{P}_j(\boldsymbol{A}-\boldsymbol{B}\boldsymbol{K}_j)+\boldsymbol{Q}+(\boldsymbol{K}_j)^{\mathrm{T}}\boldsymbol{R}\boldsymbol{K}_j \tag{7-2-45}$$

简单地说，值迭代算法是一种李雅普诺夫递归，它非常容易实现。而且与策略迭代算法相比，值迭代算法不需要求解李雅普诺夫方程。它是一种离线算法，需要系统动态(A,B)的全部知识，但不要求初始增益稳定。

值迭代算法的策略评估过程中，其收敛方向是当前策略下的价值函数，然后进行策略提升来优化策略。而值迭代算法的目的更加直接，是得到当前状态下的最优值函数。策略迭代算法的收敛速度更快一些，在状态空间较小时，最好选用策略迭代方法。当状态空间较大时，值迭代算法的计算量更小一些，可有效节约内存。

例 7.2.4 利用值迭代算法求解如下 LQR 问题：

$$x_{k+1}=\begin{pmatrix}1.003 & 0.2 & 0 & 0\\ 0.316 & 1.003 & 0 & 0\\ 0 & 0 & 1 & 0.02\\ 0 & 0 & -0.014 & 1\end{pmatrix}x_k+\begin{pmatrix}0.002\\ -0.029\\ 0.002\\ 0.02\end{pmatrix}u_k$$

令初始状态为$(0.2,0,0,0,0)^{\mathrm{T}}$，目标函数为 $J=\frac{1}{2}\sum\limits_{k=0}^{\infty}(\boldsymbol{x}_k^{\mathrm{T}}\boldsymbol{Q}\boldsymbol{x}_k+\boldsymbol{u}_k^{\mathrm{T}}\boldsymbol{R}\boldsymbol{u}_k)$，其中 $\boldsymbol{Q}=10\boldsymbol{I}$，$\boldsymbol{R}=\boldsymbol{I}$。

解：采用值迭代算法(7-2-44)与(7-2-45)，经过 7 次迭代后就得到较好的闭环控制性能。为说明迭代效果，图 7.2.8 与图 7.2.9 分别展示了迭代 4 次后的状态变量、控制变量的曲线走势图，7 次迭代后系统性能变化趋势如图 7.2.10 所示。

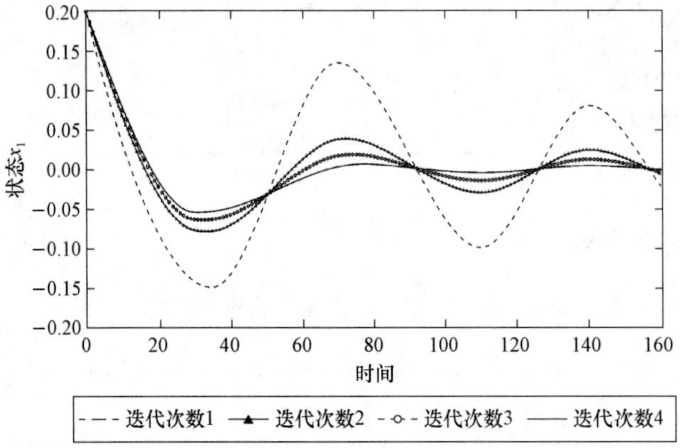

(a)

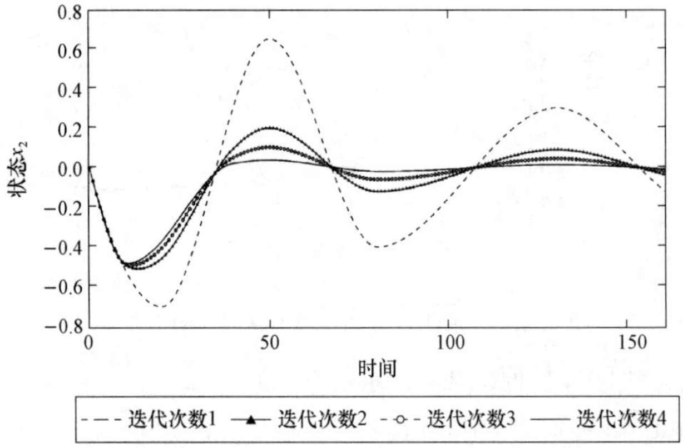

(b)

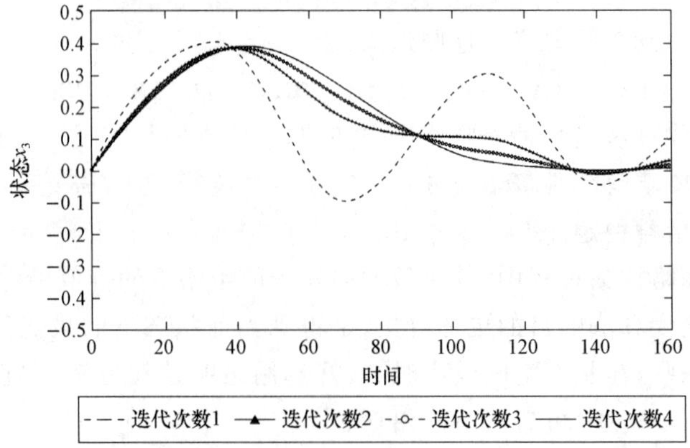

(c)

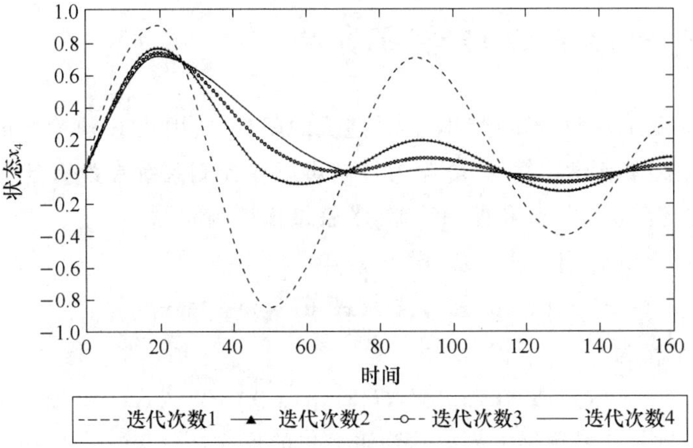

(d)

图 7.2.8 系统状态轨迹曲线

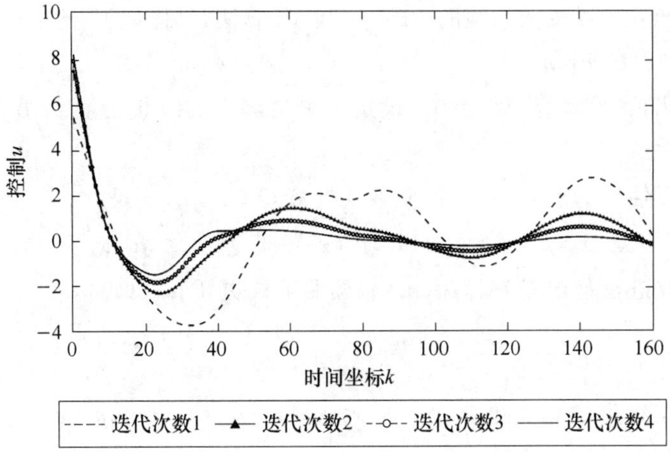

图 7.2.9 最优控制轨迹曲线

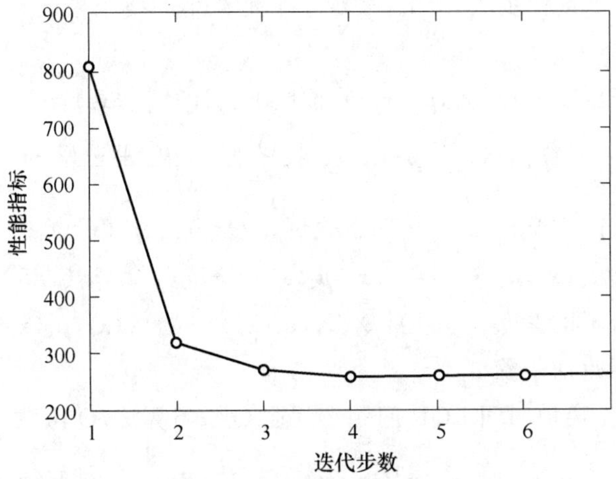

图 7.2.10 7 次迭代后系统性能指标变化趋势(例 7.2.4)

7.2.4 确定情形下的Q学习算法

Q学习算法克服了模型未知对策略估计造成的困难，使用状态-决策价值函数进行迭代求解。作为一种无模型强化学习算法，Q学习算法可以在控制系统在没有任何先验知识的情况下，通过与环境的交互收集经验和控制策略，求解最优控制问题。

在某控制律 $\boldsymbol{u}_k=\boldsymbol{\mu}(\boldsymbol{x}_k)$ 下，设定Q函数为：

$$Q(\boldsymbol{x}_k,\boldsymbol{\mu}(\boldsymbol{x}_k))=U(\boldsymbol{x}_k,\boldsymbol{\mu}(\boldsymbol{x}_k))+V(\boldsymbol{x}_{k+1}) \tag{7-2-46}$$

最优Q函数定义为：

$$Q^*(\boldsymbol{x}_k,\boldsymbol{\mu}(\boldsymbol{x}_k))=U(\boldsymbol{x}_k,\boldsymbol{\mu}(\boldsymbol{x}_k))+V^*(\boldsymbol{x}_{k+1}) \tag{7-2-47}$$

基于Q函数，贝尔曼最优性方程可写为更简单的形式：

$$V^*(\boldsymbol{x}_k)=\min_{\boldsymbol{\mu}(\boldsymbol{x}_k)} Q^*(\boldsymbol{x}_k,\boldsymbol{\mu}(\boldsymbol{x}_k)) \tag{7-2-48}$$

需要注意的是，不同于值函数，Q函数是 $\boldsymbol{x}_k$ 与 $\boldsymbol{u}_k$ 的函数。在贝尔曼方程的基础上，我们重新以Q函数的形式描述离散系统的PI算法和VI算法，具体如下。

(1) 基于Q函数的PI算法

步骤1(初始化)：令迭代步数 $i=0$。设定一个足够小的终止精度 ε，给定一个初始允许控制律 $\boldsymbol{\mu}_0(\boldsymbol{x}_k)$。

步骤2(策略评估)：基于 $\boldsymbol{\mu}_i(\boldsymbol{x}_k)$，按照下式计算 $Q_i(\boldsymbol{x}_k,\boldsymbol{\mu}_i(\boldsymbol{x}_k))$：

$$Q_i(\boldsymbol{x}_k,\boldsymbol{\mu}_i(\boldsymbol{x}_k))=r(\boldsymbol{x}_k,\boldsymbol{\mu}_i(\boldsymbol{x}_k))+Q_i(\boldsymbol{x}_{k+1},\boldsymbol{\mu}_i(\boldsymbol{x}_{k+1}))$$

步骤3(策略改进)：基于 $Q_i(\boldsymbol{x}_k,\boldsymbol{\mu}_i(\boldsymbol{x}_k))$，按照下式更新 $\boldsymbol{\mu}_{i+1}(\boldsymbol{x}_k)$：

$$\boldsymbol{\mu}_{i+1}(\boldsymbol{x}_k)=-\boldsymbol{R}^{-1}\boldsymbol{g}^{\mathrm{T}}(\boldsymbol{x}_k)\frac{\partial Q_i(\boldsymbol{x}_{k+1},\boldsymbol{\mu}_i(\boldsymbol{x}_{k+1}))}{\boldsymbol{x}_{k+1}}$$

步骤4：如果在给定的紧集上满足 $|Q_i(\boldsymbol{x}_k,\boldsymbol{\mu}_i(\boldsymbol{x}_k))-Q_{i-1}(\boldsymbol{x}_k,\boldsymbol{\mu}_i(\boldsymbol{x}_k))|\leqslant\varepsilon$，则终止迭代；否则，令 $i=i+1$，然后返回步骤2。

(2) 基于Q函数的VI算法

步骤1(初始化)：令迭代步数 $i=0$。设定一个足够小的终止精度 ε，给定一个初始值函数 $Q_i(\boldsymbol{x}_k,\boldsymbol{\mu}_i(\boldsymbol{x}_k))\geqslant 0$。

步骤2(策略提升)：基于 $Q_i(\boldsymbol{x}_k,\boldsymbol{\mu}_i(\boldsymbol{x}_k))$，按照下式计算 $\boldsymbol{\mu}_i(\boldsymbol{x}_k)$：

$$\boldsymbol{\mu}_i(\boldsymbol{x}_k)=-\boldsymbol{R}^{-1}\boldsymbol{g}^{\mathrm{T}}(\boldsymbol{x}_k)\frac{\partial Q_i(\boldsymbol{x}_{k+1},\boldsymbol{\mu}_i(\boldsymbol{x}_{k+1}))}{\boldsymbol{x}_{k+1}}$$

步骤3(策略评估)：基于 $\boldsymbol{\mu}_i(\boldsymbol{x}_k)$，按照下式更新 $Q_{i+1}(\boldsymbol{x}_k,\boldsymbol{\mu}_i(\boldsymbol{x}_k))$：

$$Q_{i+1}(\boldsymbol{x}_k,\boldsymbol{\mu}_i(\boldsymbol{x}_k))=r(\boldsymbol{x}_k,\boldsymbol{\mu}_i(\boldsymbol{x}_k))+Q_i(\boldsymbol{x}_{k+1},\boldsymbol{\mu}_i(\boldsymbol{x}_{k+1}))$$

步骤4：如果在给定的紧集上满足 $|Q_i(\boldsymbol{x}_k,\boldsymbol{\mu}_i(\boldsymbol{x}_k))-Q_{i-1}(\boldsymbol{x}_k,\boldsymbol{\mu}_i(\boldsymbol{x}_k))|\leqslant\varepsilon$，则终止迭代；否则，令 $i=i+1$，然后返回步骤2。

下面我们结合一个离散时间LQR问题来阐述Q学习算法，Q函数写为：

$$Q(\boldsymbol{x}_k,\boldsymbol{\mu}(\boldsymbol{x}_k))=\frac{1}{2}(\boldsymbol{x}_k^{\mathrm{T}}\boldsymbol{Q}\boldsymbol{x}_k+(\boldsymbol{\mu}(\boldsymbol{x}_k))^{\mathrm{T}}\boldsymbol{R}\boldsymbol{\mu}(\boldsymbol{x}_k))+V(\boldsymbol{x}_{k+1}) \tag{7-2-49}$$

其中控制 $\boldsymbol{\mu}(\boldsymbol{x}_k)$ 是任意的。我们有

$$Q(\boldsymbol{x}_k,\boldsymbol{\mu}(\boldsymbol{x}_k))=\frac{1}{2}\left[\boldsymbol{x}_k^{\mathrm{T}}\boldsymbol{Q}\boldsymbol{x}_k+(\boldsymbol{\mu}(\boldsymbol{x}_k))^{\mathrm{T}}\boldsymbol{R}\boldsymbol{\mu}(\boldsymbol{x}_k)+(\boldsymbol{A}\boldsymbol{x}_k+\boldsymbol{B}\boldsymbol{\mu}(\boldsymbol{x}_k))^{\mathrm{T}}\boldsymbol{P}(\boldsymbol{A}x_k+\boldsymbol{B}\boldsymbol{\mu}(\boldsymbol{x}_k))\right] \tag{7-2-50}$$

将 $\boldsymbol{P}$ 代入黎卡提方程的解可得到离散时间 LQR 问题的 Q 函数：

$$Q(\boldsymbol{x}_k,\boldsymbol{\mu}(\boldsymbol{x}_k))=\frac{1}{2}\begin{pmatrix}\boldsymbol{x}_k\\ \boldsymbol{\mu}(\boldsymbol{x}_k)\end{pmatrix}^{\mathrm{T}}\begin{pmatrix}\boldsymbol{A}^{\mathrm{T}}\boldsymbol{P}\boldsymbol{A}+\boldsymbol{Q} & \boldsymbol{B}^{\mathrm{T}}\boldsymbol{P}\boldsymbol{A}\\ \boldsymbol{A}^{\mathrm{T}}\boldsymbol{P}\boldsymbol{B} & \boldsymbol{B}^{\mathrm{T}}\boldsymbol{P}\boldsymbol{B}+\boldsymbol{R}\end{pmatrix}\begin{pmatrix}\boldsymbol{x}_k\\ \boldsymbol{\mu}(\boldsymbol{x}_k)\end{pmatrix} \tag{7-2-51}$$

式(7-2-51)又可写为：

$$Q(\boldsymbol{x}_k,\boldsymbol{\mu}(\boldsymbol{x}_k))=\frac{1}{2}\begin{pmatrix}\boldsymbol{x}_k\\ \boldsymbol{\mu}(\boldsymbol{x}_k)\end{pmatrix}^{\mathrm{T}}\boldsymbol{S}\begin{pmatrix}\boldsymbol{x}_k\\ \boldsymbol{\mu}(\boldsymbol{x}_k)\end{pmatrix}=\frac{1}{2}\begin{pmatrix}\boldsymbol{x}_k\\ \boldsymbol{\mu}(\boldsymbol{x}_k)\end{pmatrix}^{\mathrm{T}}\begin{pmatrix}\boldsymbol{S}_{xx} & \boldsymbol{S}_{xu}\\ \boldsymbol{S}_{ux} & \boldsymbol{S}_{uu}\end{pmatrix}\begin{pmatrix}\boldsymbol{x}_k\\ \boldsymbol{\mu}(\boldsymbol{x}_k)\end{pmatrix} \tag{7-2-52}$$

对式(7-2-52)计算 $\partial Q(\boldsymbol{x}_k,\boldsymbol{\mu}(\boldsymbol{x}_k))/\partial\boldsymbol{\mu}(\boldsymbol{x}_k)=\boldsymbol{0}$ 得

$$\boldsymbol{\mu}(\boldsymbol{x}_k)=-\boldsymbol{S}_{uu}^{-1}\boldsymbol{S}_{ux}\boldsymbol{x}_k \tag{7-2-53}$$

对式(7-2-51)，计算 $\partial Q(\boldsymbol{x}_k,\boldsymbol{\mu}(\boldsymbol{x}_k))/\partial\boldsymbol{\mu}(\boldsymbol{x}_k)=\boldsymbol{0}$ 得

$$\boldsymbol{\mu}(\boldsymbol{x}_k)=-(\boldsymbol{B}^{\mathrm{T}}\boldsymbol{P}\boldsymbol{B}+\boldsymbol{R})^{-1}\boldsymbol{B}^{\mathrm{T}}\boldsymbol{P}\boldsymbol{A}\boldsymbol{x}_k=\boldsymbol{u}_k \tag{7-2-54}$$

例 7.2.5 使用基于 Q 函数的 PI 算法求解如下 LQR 问题：

$$\begin{pmatrix}x_{1,k+1}\\ x_{2,k+1}\end{pmatrix}=\begin{pmatrix}0.8 & 1\\ 0 & 0.6\end{pmatrix}\begin{pmatrix}x_{1,k}\\ x_{2,k}\end{pmatrix}+\begin{pmatrix}1\\ 0.5\end{pmatrix}u_k$$

令初始状态为$(1,-1)^{\mathrm{T}}$，目标函数为 $J=\frac{1}{2}\sum_{k=0}^{\infty}(\boldsymbol{x}_k^{\mathrm{T}}\boldsymbol{Q}\boldsymbol{x}_k+\boldsymbol{u}_k^{\mathrm{T}}\boldsymbol{R}\boldsymbol{u}_k)$，其中 $\boldsymbol{Q}=10\boldsymbol{I}$，$\boldsymbol{R}=\boldsymbol{I}$，时间步长为 1 秒。

解：运用本节的算法得到本例所获得的系统最优状态和最优控制，如图 7.2.11 所示。

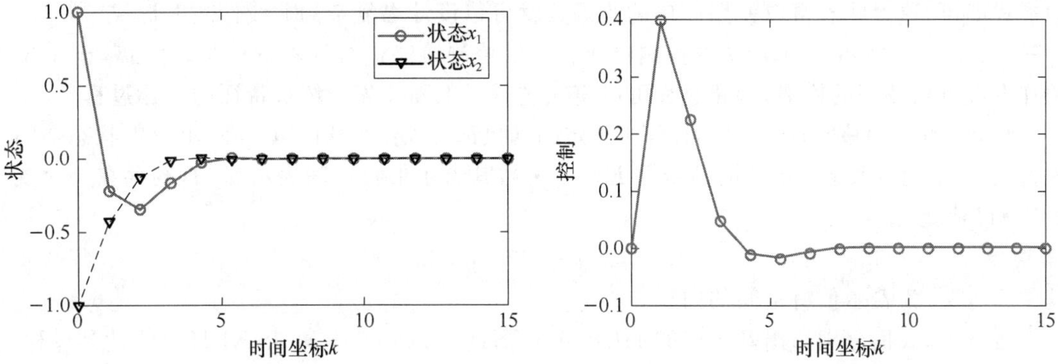

图 7.2.11 系统状态与最优控制轨迹曲线(例 7.2.5)

例 7.2.6 使用基于 Q 函数的 VI 算法求解如下 LQR 问题：

$$\boldsymbol{x}_{k+1}=\begin{pmatrix}0.9065 & 0.0816 & -0.0009\\ 0.0741 & 0.9012 & -0.0159\\ 0 & 0 & 0.9048\end{pmatrix}\boldsymbol{x}_k+\begin{pmatrix}0\\ -0.0008\\ 0.0952\end{pmatrix}\boldsymbol{u}_k$$

令初始状态为$(1,-1,0.5)^{\mathrm{T}}$，目标函数为 $J=\frac{1}{2}\sum_{k=0}^{\infty}(\boldsymbol{x}_k^{\mathrm{T}}\boldsymbol{Q}\boldsymbol{x}_k+\boldsymbol{u}_k^{\mathrm{T}}\boldsymbol{R}\boldsymbol{u}_k)$，其中 $\boldsymbol{Q}=10\boldsymbol{I}$，$\boldsymbol{R}=10$，时间步长为 1 秒。

解：通过编程计算得到本例所获得的系统最优状态和最优控制，如图 7.2.12 所示。

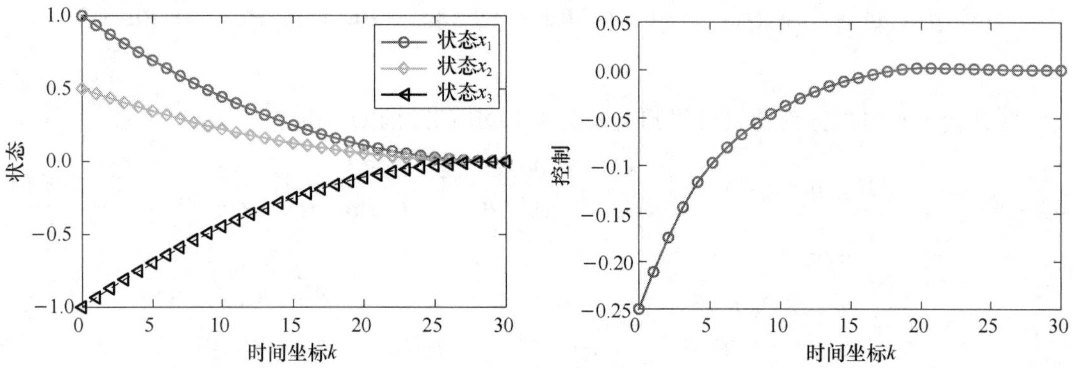

图 7.2.12　系统状态与最优控制轨迹曲线(例 7.2.6)

7.2.5　基于核函数近似的 ADP

由于神经网络具有良好的非线性函数逼近能力和容错能力,所以传统的 ADP 方法中的一种思路是采用多层神经网络对值函数或者值函数的梯度进行逼近。但是,用神经网络进行值函数逼近,存在学习效率低、容易陷入局部极小等缺点。此外,学习步长、隐层的个数和节点数以及初始权值的选择都对神经网络的实际逼近能力有着明显的影响。另一种思路是采用多项式基函数。为了在面对复杂系统时,神经网络有出色的逼近能力,基于核的 ADP(Kernel-based ADP, KADP)是一个更优的选择。这是因为基于核构造基函数的方法大大提高了值函数逼近能力,且并不需要知道具体的非线性映射形式,而只需要了解映射后的向量内积核函数的形式即可,这意味着可以使用简单的核函数就可以设计出复杂的非线性映射形式。

KADP 通常采用一个传统的控制器或者随机控制策略进行样本的采集,然后基于采集到的样本进行核特征的构建,构建过程可以离线进行。下面首先介绍核特征的构建过程。

默瑟(Mercer)核定理已证明:任何半正定的函数都可以作为核函数。在 MDP 的状态空间 X 内,设定一个满足默瑟核定理的核函数 $K(\cdot,\cdot)$,其希尔伯特空间表示为 H,则存在一个映射 $\psi: X\to H$ 满足

$$K(x_i,x_j)=\langle\psi(x_i),\psi(x_j)\rangle \tag{7-2-55}$$

其中$\langle\cdot,\cdot\rangle$为希尔伯特空间的内积。

接下来,我们分别给出基于核的 HDP 算法(KHDP)和 DHP 算法(KDHP)的计算过程。

1. KHDP 算法

KHDP 算法中执行器权值更新规则与传统的 HDP 算法是一致的,两者的主要差别在于评价器的评价规则。基于核函数的思想,令 KHDP 算法中评价器的结构为:

$$\hat{V}(\boldsymbol{x})=\boldsymbol{K}^{\mathrm{T}}(\boldsymbol{x})\boldsymbol{W}_h \tag{7-2-56}$$

其中 $\boldsymbol{K}(x)=(k(x,x_1),\cdots,k(x,x_L))^{\mathrm{T}}$ 为基函数,L 为基函数的维数,$\boldsymbol{W}_h$ 为评价器的权值向量。由式(7-2-56)可得

$$\delta_{h,k}=\boldsymbol{K}^{\mathrm{T}}(\boldsymbol{x}_k)\boldsymbol{W}_{h,k}-\boldsymbol{K}^{\mathrm{T}}(\boldsymbol{x}_{k+1})\boldsymbol{W}_{h,k+1}-r(\boldsymbol{x}_k,\hat{\boldsymbol{u}}(\boldsymbol{x}_k)) \tag{7-2-57}$$

其最小二乘解可写为:

$$\boldsymbol{W}_h=\boldsymbol{A}_L^{-1}\boldsymbol{b}_L \tag{7-2-58}$$

其中有

$$\boldsymbol{A}_L = \sum_{k=1}^{N}\boldsymbol{K}(\boldsymbol{x}_k)(\boldsymbol{K}^{\mathrm{T}}(\boldsymbol{x}_k) - \boldsymbol{K}^{\mathrm{T}}(\boldsymbol{x}_{k+1})) \tag{7-2-59a}$$

$$\boldsymbol{b}_L = \sum_{k=1}^{N}\boldsymbol{K}(\boldsymbol{x}_k)r(\boldsymbol{x}_k,\hat{\boldsymbol{u}}(\boldsymbol{x}_k)) \tag{7-2-59b}$$

其中，N 为全部样本的个数。评价器的评价规则为：

$$\beta_{h,k+1}=\frac{\boldsymbol{P}_k\boldsymbol{K}(\boldsymbol{x}_k)}{\varepsilon+(\boldsymbol{K}^{\mathrm{T}}(\boldsymbol{x}_k)-\boldsymbol{K}^{\mathrm{T}}(\boldsymbol{x}_{k+1}))\boldsymbol{P}_k\boldsymbol{K}(\boldsymbol{x}_k)} \tag{7-2-60a}$$

$$\boldsymbol{W}_{h,k+1}=\boldsymbol{W}_{h,k}-\beta_{h,k+1}\boldsymbol{\delta}_h(k) \tag{7-2-60b}$$

$$\boldsymbol{P}_{k+1}=\boldsymbol{P}_k-\beta_{h,k+1}(\boldsymbol{K}^{\mathrm{T}}(\boldsymbol{x}_k)-\boldsymbol{K}^{\mathrm{T}}(\boldsymbol{x}_{k+1}))\boldsymbol{P}_k \tag{7-2-60c}$$

其中 $\beta_{h,k}$ 为评价器的学习步长，$0\leqslant\varepsilon\leqslant1$ 为遗忘因子。

2. KDHP 算法

KDHP 算法中执行器权值更新规则与传统的 DHP 算法是一致的，两者的主要差别在于评价器的评价规则。令 KDHP 算法中评价器的结构为：

$$\partial\hat{V}(\boldsymbol{x})/\partial\boldsymbol{x}=\boldsymbol{W}_d^{\mathrm{T}}\boldsymbol{K}(\boldsymbol{x}) \tag{7-2-61}$$

将其代入至 TD 误差中，可得

$$\delta_{d,k}=2\boldsymbol{Q}\boldsymbol{x}_k+\left(\frac{\partial\boldsymbol{x}_{k+1}}{\partial\boldsymbol{x}_k}\right)^{\mathrm{T}}\boldsymbol{W}_d^{\mathrm{T}}\boldsymbol{K}(\boldsymbol{x}_{k+1}) \tag{7-2-62}$$

令 n 为状态 $\boldsymbol{x}_k$ 的维数，则对于 $i=1,2,\cdots,n$，有

$$\begin{aligned}\delta_{d,k}[i] &= 2\boldsymbol{Q}[i]\boldsymbol{x}_k[i]+\left(\frac{\partial\boldsymbol{x}_{k+1}}{\partial\boldsymbol{x}_k[i]}\right)^{\mathrm{T}}\boldsymbol{W}_d^{\mathrm{T}}\boldsymbol{K}(\boldsymbol{x}_{k+1})\\ &= 2\boldsymbol{Q}[i]\boldsymbol{x}_k[i]+\boldsymbol{K}^{\mathrm{T}}(\boldsymbol{x}_{k+1})\sum_{j=1}^{n}\frac{\partial\boldsymbol{x}_{k+1}[j]}{\partial\boldsymbol{x}_k[i]}\boldsymbol{W}_d[j]\\ &= 2\boldsymbol{Q}[i]\boldsymbol{x}_k[i]+\boldsymbol{K}^{\mathrm{T}}(\boldsymbol{x}_{k+1})\sum_{j=1,j\neq i}^{n}\frac{\partial\boldsymbol{x}_{k+1}[j]}{\partial\boldsymbol{x}_k[i]}\boldsymbol{W}_d[j]+\frac{\partial\boldsymbol{x}_{k+1}[i]}{\partial\boldsymbol{x}_k[i]}\boldsymbol{K}^{\mathrm{T}}(\boldsymbol{x}_{k+1})\boldsymbol{W}_d[i]\end{aligned} \tag{7-2-63}$$

其中$[i]$表示向量的第 i 个元素，$\boldsymbol{Q}[i]$为对角矩阵 $\boldsymbol{Q}$ 的第 i 个对角元素。$\boldsymbol{W}_d[i]$为矩阵$\boldsymbol{W}_d$ 的第 i 个权重向量。则 KDHP 算法的 TD 误差为：

$$\delta_{d,k}[i]=\hat{\delta}(\boldsymbol{x}_k)[i]-\delta_d(\boldsymbol{x}_k)[i] \tag{7-2-64}$$

其中，$\hat{\delta}(\boldsymbol{x}_k)$为评价器模块的输出。评价器的评价规则为：

$$\beta_{d,k+1}[i]=\frac{\boldsymbol{P}_k[i]\boldsymbol{K}(\boldsymbol{x}_k)}{\varepsilon+\{\boldsymbol{K}^{\mathrm{T}}(\boldsymbol{x}_k-\dfrac{\partial\boldsymbol{x}_{k+1}[i]}{\partial\boldsymbol{x}_k[i]}\boldsymbol{K}^{\mathrm{T}}(\boldsymbol{x}_{k+1})\}\boldsymbol{P}_k[i]\boldsymbol{K}(\boldsymbol{x}_k)} \tag{7-2-65a}$$

$$\boldsymbol{W}_{d,k+1}[i]=\boldsymbol{W}_{d,k}[i]-\beta_{d,k+1}[i]\delta_{h,k}[i] \tag{7-2-65b}$$

$$\boldsymbol{P}_{k+1}[i]=\boldsymbol{P}_k[i]-\beta_{d,k+1}[i]\{\boldsymbol{K}^{\mathrm{T}}(x_k-\frac{\partial\boldsymbol{x}_{k+1}[i]}{\partial\boldsymbol{x}_k[i]}\boldsymbol{K}^{\mathrm{T}}(\boldsymbol{x}_{k+1})\}\boldsymbol{P}_k[i] \tag{7-2-65c}$$

其中 $\beta_{d,k}$ 为评价器的学习步长，$0<\varepsilon<1$ 为遗忘因子。

KHDP 算法和 KDHP 算法的收敛性证明可参考文献[65]，这里不再赘述。

7.3 随机情形下的 ADP

确定性的 ADP 算法主要服务于反馈控制系统的最优控制问题，若系统动态是未知的且

存在随机等不确定性，如何求解最优决策问题？本节聚焦于随机情形下的 ADP 方法（也称强化学习方法），从马尔可夫过程讲起，分别介绍条件概率不确定情况下的策略迭代、值迭代与 Q 学习算法。

7.3.1 马尔可夫过程

在实际的生产与生活中，许多动态决策过程都能被归纳到马尔可夫决策过程(Markovian Decision Process, MDP)的框架下，例如工程系统的反馈控制、种群平衡和物种生存的反馈调节、多人博弈问题和全球金融市场的调节等。本节我们重点介绍基于 MDP 的动态规划方法。

定义 7.3.1(马尔可夫过程) 设$\{X(t),t\in T\}$为一个随机过程，$\boldsymbol{\Omega}$ 是它的状态变化空间。若对任意的 $t_1<t_2<\cdots<t_n=T$，以及 $\forall x_1,x_2,\cdots,x_n,x_i\in\boldsymbol{\Omega}$，随机变量 $X(t)$在已知状态 $X(t_1)=x_1$，$X(t_2)=x_2,\cdots,X(t_n)=x_n$ 下的条件分布函数只与当前状态 $X(t_n)=x_n$ 有关，而与过去状态 $X(t_1)=x_1,X(t_2)=x_2,\cdots,X(t_{n-1})=x_{n-1}$无关，即条件分布函数满足

$$F\{x,n\,|\,x_n,x_{n-1},\cdots,x_1,t_n,t_{n-1},\cdots,t_1\}=F\{x,n\,|\,x_n,t_n\} \tag{7-3-1}$$

即

$$P\{X(t)\leqslant x\,|\,X(t_n)=x_n,X(t_{n-1})=x_{n-1},\cdots,X(t_1)=x_1\}=P\{X(t)\leqslant x\,|\,X(t_n)=x_n\} \tag{7-3-2}$$

此性质称为马尔可夫性，亦称无后效性或无记忆性。图 7.3.1 给出了一种马尔可夫过程结构。

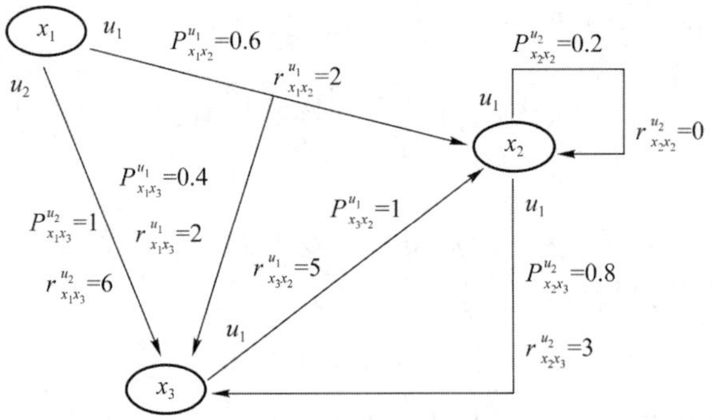

图 7.3.1 马尔可夫过程结构

若 $X(t)$为离散型随机变量，则马尔可夫性也可以写成

$$P\{X(t)=x\,|\,X(t_n)=x_n,X(t_{n-1})=x_{n-1},\cdots,X(t_1)=x_1\}=P\{X(t)=x\,|\,X(t_n)=x_n\} \tag{7-3-3}$$

随机过程$\{X(t),t\in T\}$若满足马尔可夫性，则称为马尔可夫过程。

下面考虑一个多阶段决策问题，令 $\boldsymbol{x}_k\in\mathbb{R}^n$表示第 k 阶段的状态变量，$\boldsymbol{\Omega}_k^x\subset\mathbb{R}^n$表示第 k 阶段的允许状态集合，$\boldsymbol{u}_k\in\mathbb{R}^m$表示控制策略，$\boldsymbol{\Omega}_k^u\subset\mathbb{R}^m$为第 k 阶段的允许控制的集合。对于一个马尔可夫过程，若已知状态 $\boldsymbol{x}_k\in\boldsymbol{\Omega}_k^x$ 和决策 $\boldsymbol{u}_k\in\boldsymbol{\Omega}_k^u$，则状态 $\boldsymbol{x}_{k+1}\in\boldsymbol{\Omega}_{k+1}^x$在 $\boldsymbol{x}_k,\boldsymbol{u}_k$ 上的条件概率记为：

$$P=P\{\boldsymbol{x}_{k+1}\,|\,\boldsymbol{x}_k,\boldsymbol{u}_k\}$$
$$P:\boldsymbol{\Omega}_{k+1}^x\times\boldsymbol{\Omega}_k^u\times\boldsymbol{\Omega}_k^x\rightarrow[0,1] \tag{7-3-4}$$

定义 7.3.2 在第 k 阶段状态 $\boldsymbol{x}_k$ 和决策 $\boldsymbol{u}_k$ 作用下，第 $k+1$ 阶段转移状态 $\boldsymbol{x}_{k+1}\in\boldsymbol{\Omega}_{k+1}^x$的条件概率记为：

$$P_{x_k,x_{k+1}}^{u_k}=P\{x_{k+1}\mid x_k,u_k\} \tag{7-3-5}$$

定义 7.3.3 令 $0<\gamma<1$ 为折现系数，定义时间段 $[k,k+n]$ 内的性能指标定义为：

$$V_{k,n}(x_k,u_k,x_{k+1},\cdots,x_{n-1})=\sum_{j=k}^{n-1}\gamma^{j-k}r(x_j,u_j) \tag{7-3-6}$$

其中 $r(x_j,u_j)$ 为第 j 阶段的代价函数。

MDP 动态规划的基本问题是要寻找最优决策。考虑一个有限的随机过程，某智能体 k 时刻的状态记为 x_k，当智能体在环境中执行动作 u_k 时，动作 u_k 改变了原来的状态并使智能体在 $k+1$ 时刻到达新的状态 x_{k+1}，将在新的状态下所产生的成本 $r(x_k,u_k)$ 反馈给智能体，并基于状态 x_{k+1} 和代价函数 $r(x_k,u_k)$ 指导智能体执行新的动作 u_{k+1}。而我们需要的是找到一个映射函数 $\mu(x_k)$，其输入是当前的状态 x_k，输出是要执行的动作 $u_k=\mu(x_k)$。因此，策略表示状态到动作的映射，如果策略 μ 是确定性的，则每个状态下都能得到一个确定的动作 u。系统学习的目标是得到最优策略 μ^*，使得累积代价最小。如果策略是随机的，则即时成本也是随机的，因此难以评判此刻策略的价值，然而累计代价的期望是一个确定值，我们首先给出如下定义。

定义 7.3.4 在给定当前状态 x_k 下，决策 u_k 的条件概率是一个映射 $\sigma:\Omega_k^x\times\Omega_k^u\to[0,1]$，记为：

$$\sigma(x_k,u_k)=P\{u_k\mid x_k\} \tag{7-3-7}$$

若在每个状态 x_k 下，映射 σ 只有一个容许决策，则此时的策略称为确定性策略。综上，若选择一个平稳的转移概率 $\sigma(x_k,u_k)=P\{u_k\mid x_k\}$，则状态之间的转移概率是固定的，则马尔可夫链的转移概率由如下公式给出：

$$P_{x_k,x_{k+1}}^{\sigma}=\sum_{u_k}\sigma(x_k,u_k)P_{x_k,x_{k+1}}^{u_k} \tag{7-3-8}$$

从 k 时刻的状态 x_k 起，我们将某个决策相关的值函数定义为未来总代价的条件数学期望值：

$$V(x_k)=E_\sigma\{V_{k,T}\mid x_k\}=E_\sigma\left\{\sum_{i=k}^{k+T}\gamma^{i-k}r(x_i,u_i)\mid x_k\right\} \tag{7-3-9}$$

其中，$E_\sigma\{\cdot\}$ 是控制对象在转移概率 $\sigma(x_k,u_k)$ 下的期望值，$V(x_k)$ 为状态 x_k 的值函数。MDP 的目的是确定一组最优控制动作 $u_k,u_{k+1},\cdots$ 使得值函数最小：

$$V^*(x_k)=\min_\sigma V(x_k)=\min_\sigma E_\sigma\left\{\sum_{i=k}^{k+T}\gamma^{i-k}r(x_i,u_i)\mid x_k\right\} \tag{7-3-10}$$

基于开普曼-柯尔莫哥洛夫(Chapman-Kolmogorov)恒等式和马尔可夫特性，我们得到

$$\begin{aligned}V(x_k)&=E_\sigma\left\{r(k)+\gamma\sum_{i=k+1}^{k+T}\gamma^{i-(k+1)}r(x_i,u_i)\mid x_k\right\}\\&=\sum_{u_k}\sigma(x_k,u_k)\sum_{x_{k+1}}P_{x_k,x_{k+1}}^{u_k}\left[r_{x_k,x_{k+1}}^{u_k}+\gamma E_\sigma\left\{\sum_{i=k+1}^{k+T}\gamma^{i-(k+1)}r(x_i,u_i)\mid x_{k+1}\right\}\right]\end{aligned} \tag{7-3-11}$$

其中，$r_{x_k,x_{k+1}}^{u_k}$ 为在动作 u_k 作用下，从状态 x_k 转移到状态 x_{k+1} 的代价函数。值函数满足

$$V(x_k)=\sum_{u_k}\sigma(x_k,u_k)\sum_{x_{k+1}}P_{x_k,x_{k+1}}^{u_k}\left[r_{x_k,x_{k+1}}^{u_k}+\gamma V(x_{k+1})\right] \tag{7-3-12}$$

这提供了一种从 $k+1$ 时刻逆序递归求解 k 时刻值函数的方法。最优值函数可以被写为：

$$V^*(x_k)=\min_{u_k}\sum_{u_k}\sigma(x_k,u_k)\sum_{x_{k+1}}P_{x_k,x_{k+1}}^{u_k}\left[r_{x_k,x_{k+1}}^{u_k}+\gamma V(x_{k+1})\right] \tag{7-3-13}$$

由贝尔曼最优性原理，可得

$$V^*(\boldsymbol{x}_k)=\min_{\boldsymbol{u}_k}\sum_{\boldsymbol{u}_k}\sigma(\boldsymbol{x}_k,\boldsymbol{u}_k)\sum_{\boldsymbol{x}_{k+1}}P_{\boldsymbol{x}_k,\boldsymbol{x}_{k+1}}^{\boldsymbol{u}_k}\left[r_{\boldsymbol{x}_k,\boldsymbol{x}_{k+1}}^{\boldsymbol{u}_k}+\gamma V^*(\boldsymbol{x}_{k+1})\right] \tag{7-3-14}$$

同理,最小化在状态 x 处的所有策略的条件期望,可得到

$$V^*(\boldsymbol{x}_k)=\min_{\boldsymbol{u}_k}\sum_{\boldsymbol{x}_{k+1}}P_{\boldsymbol{x}_k,\boldsymbol{x}_{k+1}}^{\boldsymbol{u}_k}\left[r_{\boldsymbol{x}_k,\boldsymbol{x}_{k+1}}^{\boldsymbol{u}_k}+\gamma V^*(\boldsymbol{x}_{k+1})\right] \tag{7-3-15}$$

上述递归公式即离线逆序求解最优决策的方法。动态规划已在第 6 章中讨论过,它需要知道 $P_{\boldsymbol{x}_k,\boldsymbol{x}_{k+1}}^{u_k}$、$r_{\boldsymbol{x}_k,\boldsymbol{x}_{k+1}}^{u_k}$ 和系统动态方程。

强化学习允许最优决策系统在线顺序学习最优解,且系统动态特性和性能指标随时间变化。利用贝尔曼方程的解,我们可以评估当前控制策略的性能,并为改进这些策略提供方向。强化学习包括一个能与环境相互作用的控制系统,它可以基于外界的刺激作出相应的动作来修正自己的行动或控制策略。实际上,强化学习强调系统在与环境的交互中学习,在学习过程中仅需要环境反馈给学习系统的评价性信号(也称为回报),以极小化或极大化累计回报作为学习目标。

图 7.3.2 所示的结构是一种常见的强化学习框架,其中执行器根据环境选取控制动作,评价器评价该动作的价值。执行-评价结构的学习机制包括两步。

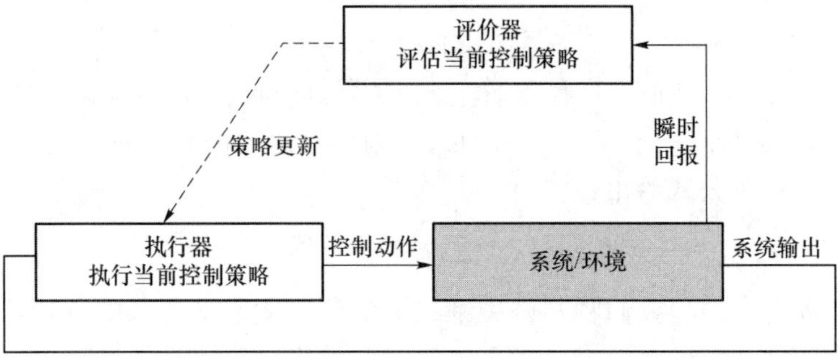

图 7.3.2 强化学习框架

① 评价器执行的策略评价:观察环境应用当前控制策略的结果。比较性能指标评价这些结果与当前动作的接近程度。

② 执行器执行的策略改进:以性能指标评价为基础,改进控制策略。

7.3.2 策略迭代与值迭代算法

前文介绍过确定情形下的策略迭代与值迭代算法,本节我们给出强化学习框架下的策略迭代与值迭代算法流程。

给定一个控制动作,通过求解贝尔曼方程,我们可以获得相应的值函数,这个过程被称为策略评价;对于任何值函数,我们总能用它找到另一个更好的或优化效果相同的策略,这一步被称为策略改进。具体来说为:

$$\boldsymbol{u}_k=\arg\min_{\boldsymbol{u}_k}\sum_{\boldsymbol{u}_k}\sigma(\boldsymbol{x}_k,\boldsymbol{u}_k)\sum_{\boldsymbol{x}_{k+1}}P_{\boldsymbol{x}_k,\boldsymbol{x}_{k+1}}^{\boldsymbol{u}_k}\left[r_{\boldsymbol{x}_k,\boldsymbol{x}_{k+1}}^{\boldsymbol{u}_k}+\gamma V(\boldsymbol{x}_{k+1})\right] \tag{7-3-16}$$

式(7-3-16)所能确定的策略是关于值函数 $V(\boldsymbol{x}_k)$ 的贪婪策略。在计算智能中,贪婪指的是在短期或一步时间内通过优化可确定的数量,而不考虑未来的潜在影响。在通常情况下,只有一个策略关于值函数是贪婪的。

策略评价:

$$V(\boldsymbol{x}_k)=\sum_{\boldsymbol{u}_k}\sigma(\boldsymbol{x}_k,\boldsymbol{u}_k)\sum_{\boldsymbol{x}_k}P_{\boldsymbol{x}_k,\boldsymbol{x}_{k+1}}^{\boldsymbol{u}_k}\left[r_{\boldsymbol{x}_k,\boldsymbol{x}_{k+1}}^{\boldsymbol{u}_k}+\gamma V(\boldsymbol{x}_{k+1})\right],\quad \boldsymbol{x}_k\in\boldsymbol{\Omega}_k^x \tag{7-3-17}$$

策略改进：

$$\boldsymbol{u}_k=\arg\min_{\boldsymbol{u}_k}V(x_k),\quad \boldsymbol{x}_k\in\boldsymbol{\Omega}_k^x \tag{7-3-18}$$

在该算法的每一步中，获得的策略都不会比之前的策略差。因此，这可保证关于最优值和最优策略的迭代收敛性。

1. 策略迭代算法

策略迭代需从一个允许控制策略作为初始条件出发，将控制律代入迭代的 HJB 方程中进行评估，获取当前步骤的迭代目标函数，然后进行策略更新，具体过程如下：

步骤 1(初始化)：令迭代步数 $j=0$。初始化控制 $\boldsymbol{u}_k$，令 ε 为误差阈值。

步骤 2(策略评估)：在每次迭代 $j=1,2,\cdots$ 中，对于所有 $\boldsymbol{x}_k\in\Omega_k^x$，执行策略评估：

$$V_{j+1}(\boldsymbol{x}_k)=\sum_{\boldsymbol{u}_k}\sigma_j(\boldsymbol{x}_k,\boldsymbol{u}_k)\sum_{\boldsymbol{x}_{k+1}}P_{\boldsymbol{x}_k,\boldsymbol{x}_{k+1}}^{\boldsymbol{u}_k}\left[r_{\boldsymbol{x}_k,\boldsymbol{x}_{k+1}}^{\boldsymbol{u}_k}+\gamma V_j(\boldsymbol{x}_{k+1})\right]$$

步骤 3(策略改进)：对于所有 $\boldsymbol{x}_k\in\Omega_k^x$，执行策略改进：

$$\boldsymbol{u}_k=\arg\min_{\boldsymbol{u}_k}V_{j+1}(\boldsymbol{x}_k)$$

步骤 4：如果在给定的紧集上满足 $|V_j(\boldsymbol{x}_{k+1})-V_j(\boldsymbol{x}_k)|\leqslant\varepsilon$，则终止迭代；否则，令 $j=j+1$，然后返回步骤 2。

在每一步 j 中，策略评价遍历每一个状态，计算该状态下根据现有策略获得的值函数，重复上述计算直到收敛方才终止。策略提升在得到收敛的值函数后，为每一个状态计算该状态下最大值函数对应的动作，进行保留。

需要注意的是，j 不是时间(阶段)指数 k，而是一个策略迭代算法步数迭代指标。一般来讲，在每个时间段内，每一迭代步数 j 都需要求解贝尔曼方程。若 MDP 是有限的，具有 N 个状态，则策略评价方程为 N 个线性方程联立的方程组。在策略迭代算法中，初始值函数 V_0 必须满足 $V_1\leqslant V_0$。那么对于具有 N 个状态的有限 MDP，策略迭代算法可以在有限迭代步数内收敛。

2. 值迭代算法

在初始容许控制条件的帮助下，策略迭代算法可以快速地寻找到最优控制律。然而，初始容许控制条件对于一些复杂的系统来讲，是比较苛刻的，在通常情况下难以获得。值迭代的方法成功地避开了此条件，其初始条件可以从任意给定的值函数出发。因此，值迭代算法同样是建立在两步迭代上的迭代方法(包括策略提升和值更新)。但它不需要给定一个初始的容许控制，因此更加广泛地被应用。其具体步骤如下：

步骤 1(初始化)：令迭代步数 $j=0$。设定一个足够小的终止精度 ε，给定一个初始值函数 $V_0(\boldsymbol{x}_k)\geqslant 0$。

步骤 2(策略提升)：基于 $V_j(\boldsymbol{x}_k)$，按照下式计算 $\boldsymbol{u}_k$：

$$\boldsymbol{u}_k=\arg\min_{\boldsymbol{u}_k}V_j(\boldsymbol{x}_k)$$

步骤 3(策略评估)：基于 $\boldsymbol{u}_k$，按照下式更新 $V_{j+1}(\boldsymbol{x}_k)$：

$$V_{j+1}(\boldsymbol{x}_k)=\sum_{\boldsymbol{u}_k}\sigma_j(\boldsymbol{x}_k,\boldsymbol{u}_k)\sum_{\boldsymbol{x}_{k+1}}P_{\boldsymbol{x}_k,\boldsymbol{x}_{k+1}}^{\boldsymbol{u}_k}\left[r_{\boldsymbol{x}_k,\boldsymbol{x}_{k+1}}^{\boldsymbol{u}_k}+\gamma V_j(\boldsymbol{x}_{k+1})\right]$$

步骤 4：如果在给定的紧集上满足 $\|V_j(\boldsymbol{x}_k)-V_{j-1}(\boldsymbol{x}_k)\|\leqslant\varepsilon$，则终止迭代；否则，令 $j=j+1$，然后返回步骤 2。

7.3.3 随机情形下的Q学习算法

在强化学习框架中，定义条件期望值为：

$$\begin{aligned} Q^*(\boldsymbol{x}_k,\boldsymbol{u}_k) &= \sum_{\boldsymbol{u}_k}\sigma_j(\boldsymbol{x}_k,\boldsymbol{u}_k)\sum_{\boldsymbol{x}_k}P^{\boldsymbol{u}_k}_{\boldsymbol{x}_k,\boldsymbol{x}_{k+1}}\left[r^{\boldsymbol{u}_k}_{\boldsymbol{x}_k,\boldsymbol{x}_{k+1}}+\gamma V^*(\boldsymbol{x}_{k+1})\right] \\ &= E_\sigma\{r_k+\gamma V^*(\boldsymbol{x}_{k+1})\mid \boldsymbol{x}_k,\boldsymbol{u}_k\} \end{aligned} \tag{7-3-19}$$

它被称作最优 Q 函数，也被称作动作值函数。它等于在 k 时刻的状态 $\boldsymbol{x}_k$ 处采取任意动作 $\boldsymbol{u}_k$ 的期望回报，是关于当前状态 $\boldsymbol{x}_k$ 和控制 $\boldsymbol{u}_k$ 的函数。基于 Q 函数，贝尔曼最优性方程可写为：

$$V^*(\boldsymbol{x}_k)=\min_{\boldsymbol{u}_k}Q^*(\boldsymbol{x}_k,\boldsymbol{u}_k) \tag{7-3-20}$$

给定一个固定条件概率 $\sigma(\boldsymbol{x}_k,\boldsymbol{u}_k)$，Q 函数被定义为：

$$Q(\boldsymbol{x}_k,\boldsymbol{u}_k)=E_\sigma\{r_k+\gamma V(\boldsymbol{x}_{k+1})\mid \boldsymbol{x}_k,\boldsymbol{u}_k\}=\sum_{\boldsymbol{x}_k}P^{\boldsymbol{u}_k}_{\boldsymbol{x}_k,\boldsymbol{x}_{k+1}}\left[r^{\boldsymbol{u}_k}_{\boldsymbol{x}_k,\boldsymbol{x}_{k+1}}+\gamma V(\boldsymbol{x}_{k+1})\right] \tag{7-3-21}$$

Q 函数是当前状态 $\boldsymbol{x}_k$ 和动作 $\boldsymbol{u}_k$ 的二维函数，而值函数是状态的一维函数。Q 函数的重要性包括两个方面：首先，对于每个状态，它包含所有控制动作的信息，每一个状态的最佳控制动作也可以基于 Q 函数获得；其次，Q 函数可以在不知道准确的系统动态信息（也就是转移概率）的情况下，根据沿着系统状态数据的测量值在线地、实时地进行估计，这个特质赋予了 Q 学习算法更广泛的应用范围。

根据式(7-3-21)，Q 函数满足贝尔曼方程

$$Q(\boldsymbol{x}_k,\boldsymbol{u}_k)=\sum_{\boldsymbol{x}_{k+1}}P^{\boldsymbol{u}_k}_{\boldsymbol{x}_k,\boldsymbol{x}_{k+1}}\left[r^{\boldsymbol{u}_k}_{\boldsymbol{x}_k,\boldsymbol{x}_{k+1}}+\gamma Q(\boldsymbol{x}_{k+1},\boldsymbol{u}_{k+1})\right] \tag{7-3-22}$$

在式(7-3-22)中，同样的 Q 函数出现在方程的两边。Q 函数的贝尔曼最优性方程为：

$$Q^*(\boldsymbol{x}_k,\boldsymbol{u}_k)=\sum_{\boldsymbol{x}_{k+1}}P^{\boldsymbol{u}_k}_{\boldsymbol{x}_k,\boldsymbol{x}_{k+1}}\left[r^{\boldsymbol{u}_k}_{\boldsymbol{x}_k,\boldsymbol{x}_{k+1}}+\gamma \min_{\boldsymbol{u}_{k+1}}Q^*(\boldsymbol{x}_{k+1},\boldsymbol{u}_{k+1})\right] \tag{7-3-23}$$

在贝尔曼方程(7-3-24)的基础上，我们重新以 Q 函数的形式描述 PI 算法和 VI 算法，具体如下。

(1) 基于 Q 函数的 PI 算法

步骤 1(初始化)：令迭代步数 $j=0$。设定一个足够小的终止精度 ε，给定一个初始允许控制$\boldsymbol{u}_k$。

步骤 2(策略评估)：对于所有 $\boldsymbol{x}_k\in\boldsymbol{\Omega}^x_k$，按照下式计算 $Q_{j+1}(\boldsymbol{x}_k,\boldsymbol{u}_k)$：

$$Q_{j+1}(\boldsymbol{x}_k,\boldsymbol{u}_k)=\sum_{\boldsymbol{u}_k}\sigma_j(\boldsymbol{x}_k,\boldsymbol{u}_k)\sum_{\boldsymbol{x}_{k+1}}P^{\boldsymbol{u}_k}_{\boldsymbol{x}_k,\boldsymbol{x}_{k+1}}\left[r^{\boldsymbol{u}_k}_{\boldsymbol{x}_k,\boldsymbol{x}_{k+1}}+\gamma Q_j(\boldsymbol{x}_{k+1},\boldsymbol{u}_{k+1})\right]$$

步骤 3(策略改进)：对于所有 $\boldsymbol{x}_k\in\boldsymbol{\Omega}^x_k$，基于 $Q_j(\boldsymbol{x}_k,\boldsymbol{u}_k)$，按照下式更新 $\boldsymbol{u}_k$：

$$\boldsymbol{u}_k=\arg\min_{\boldsymbol{u}_k}Q_j(\boldsymbol{x}_k,\boldsymbol{u}_k)$$

步骤 4：如果在给定的紧集上满足 $\left|Q_j(\boldsymbol{x}_k,\vartheta_j(\boldsymbol{x}_k,\boldsymbol{u}_k))-Q_{j-1}(\boldsymbol{x}_k,\vartheta_{j-1}(\boldsymbol{x}_k,\boldsymbol{u}_k))\right|\leqslant\varepsilon$，则终止迭代；否则，令 $j=j+1$，然后返回步骤 2。

(2) 基于 Q 函数的 VI 算法

步骤 1(初始化)：令迭代步数 $j=0$。设定一个足够小的终止精度 ε，给定一个初始值函数 $Q_j(\boldsymbol{x}_k,\boldsymbol{u}_k)\geqslant 0$。

步骤 2(策略提升)：基于 $Q_j(\boldsymbol{x}_k,\boldsymbol{u}_k)$，按照下式计算 $\boldsymbol{u}_k$：

$$\boldsymbol{u}_k=\arg\min_{\boldsymbol{u}_k}Q_j(\boldsymbol{x}_k,\boldsymbol{u}_k)$$

步骤 3(策略评估)：基于 $\boldsymbol{u}_k$，按照下式更新 $Q_{j+1}(\boldsymbol{x}_k,\boldsymbol{u}_k)$：

$$Q_{j+1}(\boldsymbol{x}_k,\boldsymbol{u}_k)=\sum_{\boldsymbol{u}_k}\sigma_j(\boldsymbol{x}_k,\boldsymbol{u}_k)\sum_{\boldsymbol{x}_{k+1}}P^{\boldsymbol{u}_k}_{\boldsymbol{x}_k,\boldsymbol{x}_{k+1}}\left[r^{\boldsymbol{u}_k}_{\boldsymbol{x}_k,\boldsymbol{x}_{k+1}}+\gamma Q_j(\boldsymbol{x}_{k+1},\boldsymbol{u}_{k+1})\right]$$

步骤4：如果在给定的紧集上满足 $|Q_j(\boldsymbol{x}_k,\boldsymbol{u}_k)-Q_{j-1}(\boldsymbol{x}_k,\boldsymbol{u}_k)|\leqslant\varepsilon$，则终止迭代；否则，令 $j=j+1$，然后返回步骤2。

本章小结

本章简要介绍了近似动态规划方法的基本原理及计算方法，并由函数近似方法入手，分别介绍了确定情形下与随机情形下的近似动态规划方法，阐述了值迭代、策略迭代、Q学习等几种常见的ADP算法原理。近似动态规划以避免维数灾问题为初衷，融合了最优控制与人工智能的思想，通过计算近似最优的闭环反馈控制律，来实现复杂生产过程系统的优化控制设计，可参考文献[7]、[51]、[65]、[70]、[105]、[108]等。

习　题

1. 已知系统

$$\boldsymbol{x}_{k+1}=\begin{pmatrix}0 & 0.1\\ 0.3 & -1\end{pmatrix}\boldsymbol{x}_k+\begin{pmatrix}0\\ 0.5\end{pmatrix}u_k$$

令初始状态为 $(0.5,1)^{\mathrm{T}}$，性能指标取为：

$$J=\frac{1}{2}\sum_{k=0}^{\infty}(\boldsymbol{x}_k^{\mathrm{T}}\boldsymbol{Q}\boldsymbol{x}_k+ru_k^2)$$

其中 $\boldsymbol{Q}=\boldsymbol{I}$，$r=2$，$\boldsymbol{I}$ 为单位矩阵，试用策略迭代算法求该最优控制问题。

2. 已知系统

$$\boldsymbol{x}_{k+1}=\begin{pmatrix}1 & 0.1\\ -2 & 0.9\end{pmatrix}\boldsymbol{x}_k+\begin{pmatrix}0\\ 1\end{pmatrix}u_k$$

令初始状态为 $(1,-1)^{\mathrm{T}}$，性能指标取为：

$$J=\frac{1}{2}\sum_{k=0}^{\infty}(\boldsymbol{x}_k^{\mathrm{T}}\boldsymbol{Q}\boldsymbol{x}_k+ru_k^2)$$

其中 $\boldsymbol{Q}=\boldsymbol{I}$，$r=1$，$\boldsymbol{I}$ 为单位矩阵，试用值迭代算法求该最优控制问题。

3. 已知系统

$$\boldsymbol{x}_{k+1}=\begin{pmatrix}x_{1,k+1}\\ x_{2,k+1}\end{pmatrix}=\begin{pmatrix}0.05x_{2,k}\\ -0.0005x_{1,k}-0.0335(x_{1,k})^3+x_{2,k}\end{pmatrix}+\begin{pmatrix}0\\ 0.05\end{pmatrix}u_k$$

令初始状态为 $(1,-1)^{\mathrm{T}}$，性能指标取为：

$$J=\frac{1}{2}\sum_{k=0}^{\infty}(\boldsymbol{x}_k^{\mathrm{T}}\boldsymbol{Q}\boldsymbol{x}_k+ru_k^2)$$

其中 $\boldsymbol{Q}=0.5\boldsymbol{I}$，$r=0.1$，$\boldsymbol{I}$ 为单位矩阵，试用DHP算法求该最优控制问题。

4. 已知系统

$$\boldsymbol{x}_{k+1}=\begin{pmatrix}x_{1,k+1}\\ x_{2,k+1}\end{pmatrix}=\begin{pmatrix}0.1x_{2,k}+x_{1,k}\\ -0.49\sin x_{1,k}+0.98x_{2,k}\end{pmatrix}+\begin{pmatrix}0\\ 0.1\end{pmatrix}u_k$$

令初始状态为 $(1,-1)^{\mathrm{T}}$，性能指标取为：

$$J=\frac{1}{2}\sum_{k=0}^{\infty}(\boldsymbol{x}_k^{\mathrm{T}}\boldsymbol{Q}\boldsymbol{x}_k+ru_k^2)$$

其中 $\boldsymbol{Q}=\boldsymbol{I}$，$r=1$，$\boldsymbol{I}$ 为单位矩阵，试用HDP算法求该最优控制问题。

第8章 微分对策

在第 6 章,最优控制可以看作只有一个(或一组)博弈方(决策方)参与的动态规划问题。而在现实中,在同一个动力学系统中,可能有多个(或多组)博弈方参与的博弈。这些博弈方之间有的是竞争关系,有的是合作关系,有的是领导与被领导关系,这就导致了各博弈方的利益与目标不同。可以采用微分对策的方法处理这类博弈问题。

本章将介绍微分对策问题的相关概念与结论,重点阐述了非合作的双人零和(Two Player Zero-Sum)微分对策问题,证明了双人零和微分对策问题可解的必要条件——双人极小值原理,并给出了证明。在动态规划框架下,本章讨论了微分对策可解的必要条件,最后讨论了在二次型指标下的双人零和微分对策问题,并将其应用到非线性 H_∞ 控制中。

8.1 双人零和微分对策

双人对策表明参与博弈方为两方。零和表明双方的赢得总数恒为零(或任何常数)。通俗地说,一方之所得即对方之所失,双方的利益是完全对抗的。如果博弈双方遵从同一个动力学方程,则对应的就是微分对策问题。

定义 8.1.1 令$\boldsymbol{\Omega}_U \subseteq \boldsymbol{U}$,$\boldsymbol{\Omega}_V \subseteq \boldsymbol{V}$ 分别是线性赋范空间 $\boldsymbol{U}$ 与 $\boldsymbol{V}$ 的两个子空间,称为是两个博弈方 $\boldsymbol{u}$,$\boldsymbol{v}$ 所属的容许空间,映射 $J:\boldsymbol{\Omega}_u \times \boldsymbol{\Omega}_V \to \mathbb{R}$,称为一个对策问题的性能指标或代价泛函。

定义

$$J^* \triangleq \min_{u\in \boldsymbol{\Omega}_u} \max_{w\in \boldsymbol{\Omega}_w} J(\boldsymbol{u},\boldsymbol{w}) \tag{8-1-1}$$

$$J_* \triangleq \max_{w\in \boldsymbol{\Omega}_w} \min_{u\in \boldsymbol{\Omega}_u} J(\boldsymbol{u},\boldsymbol{w}) \tag{8-1-2}$$

我们称 J^* 为对策问题的上限值(简称最大值里面的最小值);J_* 称为对策问题的下限值(简称最小值里面的最大值)。

注 8.1.1 式(8-1-1)与(8-1-2)依赖极值的存在。如果极值不存在,我们用上确界来代替。例如,标量 v 的无穷大范数可以定义如下:

$$\|v\|_\infty = \sup_t |v(t)| \tag{8-1-3}$$

泛函 J 表示博弈的目标,$\boldsymbol{u}$,$\boldsymbol{v}$ 可以看为参与博弈双方的策略。博弈方 $\boldsymbol{u}$ 的目的是极小化

J，而博弈方 $\boldsymbol{v}$ 的目标则要极大化 J。而且双方都无法预知对方的策略，因此，两博弈方的决策需要同时做出。

在 J^* 与 J_* 的定义中，如果它们的取值都是有穷的，此时称 J^* 与 J_* 是适定的。

自然会产生一个问题，J^* 与 J_* 是否相等呢？或者，我们是否可以将 max 与 min 的运算进行交换呢？答案一般是否定的。这从引理 8.1.1 可以看出。

引理 8.1.1 假设 J^* 与 J_* 是有穷可解的，那么

$$J^* \triangleq \min_{\boldsymbol{u}\in\boldsymbol{\Omega}_u}\max_{\boldsymbol{v}\in\boldsymbol{\Omega}_v} J(\boldsymbol{u},\boldsymbol{v}) \geqslant \max_{\boldsymbol{v}\in\boldsymbol{\Omega}_v}\min_{\boldsymbol{u}\in\boldsymbol{\Omega}_u} J(\boldsymbol{u},\boldsymbol{v}) = J_*$$

即对策的上限值大于对策的下极值。通俗地说就是最大值里面的最小值大于或等于最小值里面的最大值。

证明：

$$\min_{\boldsymbol{u}\in\boldsymbol{\Omega}_u} J(\boldsymbol{u},\boldsymbol{v}) \leqslant J(\boldsymbol{u},\boldsymbol{v}),\ \forall \boldsymbol{u}\in\boldsymbol{\Omega}_u,\ \forall \boldsymbol{v}\in\boldsymbol{\Omega}_v$$

$$\Rightarrow \max_{\boldsymbol{v}\in\boldsymbol{\Omega}_v}\min_{\boldsymbol{u}\in\boldsymbol{\Omega}_u} J(\boldsymbol{u},\boldsymbol{w}) \leqslant \max_{\boldsymbol{v}\in\boldsymbol{\Omega}_v} J(\boldsymbol{u},\boldsymbol{v})$$

$$\Rightarrow \max_{\boldsymbol{w}\in\boldsymbol{\Omega}_v}\min_{\boldsymbol{u}\in\boldsymbol{\Omega}_u} J(\boldsymbol{u},\boldsymbol{v}) \leqslant \min_{\boldsymbol{u}\in\boldsymbol{\Omega}_u}\max_{\boldsymbol{w}\in\boldsymbol{\Omega}_v} J(\boldsymbol{u},\boldsymbol{v})$$

$$\Rightarrow J_* \leqslant J^*$$

面对博弈方 $\boldsymbol{u}$，博弈方 $\boldsymbol{v}$ 在最坏情况下，应尽可能极大化如下目标：

$$\max_{\boldsymbol{v}\in\boldsymbol{\Omega}_v} J(\boldsymbol{u},\boldsymbol{v}) \tag{8-1-4}$$

而博弈者 $\boldsymbol{u}$ 要做好对方在最坏情形下出招的准备，即在式(8-1-4)的基础上找到一个策略尽可能达到如下目标：

$$\min_{\boldsymbol{u}\in\boldsymbol{\Omega}_u}\max_{\boldsymbol{v}\in\boldsymbol{\Omega}_v} J(\boldsymbol{u},\boldsymbol{v}) \tag{8-1-5}$$

这对博弈方 $\boldsymbol{u}$ 来说是最优策略，因为除此之外没有更好的其他策略可以保证 $\boldsymbol{u}$ 获得的利益更多。这种在最坏情形下的目标(如成本花费等)就是 J^*。同样的解释也适应于博弈方 $\boldsymbol{v}$，此时对 $\boldsymbol{v}$ 来说最坏的回报就是目标值 J_*。

假定两个博弈方按以上的方式确定策略，我们做如下定义。

定义 8.1.2(鞍点) 在一个对策问题中，$\hat{\boldsymbol{u}}\in\boldsymbol{\Omega}_u$，$\hat{\boldsymbol{v}}\in\boldsymbol{\Omega}_v$ 称为一个鞍点，如果它使得

$$J(\hat{\boldsymbol{u}},\boldsymbol{v}) \leqslant J(\hat{\boldsymbol{u}},\hat{\boldsymbol{v}}) \leqslant J(\boldsymbol{u},\hat{\boldsymbol{v}}),\ \hat{\boldsymbol{u}}\in\boldsymbol{\Omega}_u,\ \hat{\boldsymbol{v}}\in\boldsymbol{\Omega}_v \tag{8-1-6}$$

定理 8.1.1 假定 J^* 与 J_* 是有穷可解的，且对策问题有一个鞍点 $\hat{\boldsymbol{u}}\in\boldsymbol{\Omega}_u$，$\hat{\boldsymbol{v}}\in\boldsymbol{\Omega}_v$，那么

$$J^* = \min_{\boldsymbol{u}\in\boldsymbol{\Omega}_u}\max_{\boldsymbol{v}\in\boldsymbol{\Omega}_v} J(\boldsymbol{u},\boldsymbol{v}) = J(\hat{\boldsymbol{u}},\hat{\boldsymbol{v}}) = \max_{\boldsymbol{v}\in\boldsymbol{\Omega}_v}\min_{\boldsymbol{u}\in\boldsymbol{\Omega}_u} J(\boldsymbol{u},\boldsymbol{v}) = J_* \tag{8-1-7}$$

即鞍点使得对策的上限值与下限值相等。

证明： 因为对策存在一个鞍点 $\hat{\boldsymbol{u}}\in\boldsymbol{\Omega}_u$，$\hat{\boldsymbol{v}}\in\boldsymbol{\Omega}_v$，所以

$$J(\hat{\boldsymbol{u}},\boldsymbol{v}) \leqslant J(\hat{\boldsymbol{u}},\hat{\boldsymbol{v}}) \leqslant J(\boldsymbol{u},\hat{\boldsymbol{v}}),\ \forall\, \boldsymbol{u}\in\boldsymbol{\Omega}_u,\ \boldsymbol{v}\in\boldsymbol{\Omega}_v$$

因此

$$\max_{\boldsymbol{v}\in\boldsymbol{\Omega}_v} J(\hat{\boldsymbol{u}},\boldsymbol{v}) = J(\hat{\boldsymbol{u}},\hat{\boldsymbol{v}}) = \min_{\boldsymbol{u}\in\boldsymbol{\Omega}_u} J(\boldsymbol{u},\hat{\boldsymbol{v}})$$

另外，显然

$$\min_{\boldsymbol{u}\in\boldsymbol{\Omega}_u}\max_{\boldsymbol{v}\in\boldsymbol{\Omega}_v} J(\boldsymbol{u},\boldsymbol{v}) \leqslant \min_{\boldsymbol{u}\in\boldsymbol{\Omega}_u} J(\boldsymbol{u},\hat{\boldsymbol{v}})$$

且

$$\max_{\boldsymbol{v}\in\boldsymbol{\Omega}} J(\hat{\boldsymbol{u}},\boldsymbol{v}) \leqslant \max_{\boldsymbol{v}\in\boldsymbol{\Omega}_v}\min_{\boldsymbol{u}\in\boldsymbol{\Omega}_u} J(\boldsymbol{u},\boldsymbol{v})$$

因此

$$\min_{u\in\Omega_u}\max_{v\in\Omega_v} J(\boldsymbol{u},\boldsymbol{v})\leqslant J(\hat{\boldsymbol{u}},\hat{\boldsymbol{v}})\leqslant\max_{v\in\Omega_v}\min_{u\in\Omega_u} J(\boldsymbol{u},\boldsymbol{v})$$

结合引理 8.1.1，

$$\min_{u\in\Omega_u}\max_{v\in\Omega_v} J(\boldsymbol{u},\boldsymbol{v})=J(\hat{\boldsymbol{u}},\hat{\boldsymbol{v}})=\max_{v\in\Omega_v}\min_{u\in\Omega_u} J(\boldsymbol{u},\boldsymbol{v})$$

证毕！

如果 $J^*=J_*=J$，则称 J 为对策问题的值函数。

我们可以采用极值问题的必要条件以及充分条件来计算并判定一个点是不是鞍点。

命题 8.1.1 若$(\hat{\boldsymbol{u}},\hat{\boldsymbol{v}})$是对策问题的一个鞍点，则其充分必要条件为：

$$\left.\frac{\partial J}{\partial \boldsymbol{u}}\right|_{\hat{u},\hat{v}}=\mathbf{0},\quad \left.\frac{\partial J}{\partial \boldsymbol{v}}\right|_{\hat{u},\hat{v}}=\mathbf{0} \tag{8-1-8}$$

且

$$\left.\frac{\partial^2 J}{\partial \boldsymbol{u}^2}\right|_{\hat{u},\hat{v}}\geqslant\mathbf{0},\quad \left.\frac{\partial^2 J}{\partial \boldsymbol{v}^2}\right|_{\hat{u},\hat{v}}\leqslant\mathbf{0} \tag{8-1-9}$$

值得注意的是，对策问题的鞍点与高等微积分中多元函数极值的鞍点不同。在高等微积分里，$(\hat{\boldsymbol{u}},\hat{\boldsymbol{v}})$是鞍点的充分必要条件为：

$$\left.\frac{\partial J}{\partial \boldsymbol{u}}\right|_{\hat{u},\hat{v}}=\mathbf{0},\quad \left.\frac{\partial J}{\partial \boldsymbol{v}}\right|_{\hat{u},\hat{v}}=\mathbf{0} \tag{8-1-10}$$

$$\left.\left[\frac{\partial^2 J}{\partial \boldsymbol{u}^2}\frac{\partial^2 J}{\partial \boldsymbol{v}^2}-\left(\frac{\partial^2 J}{\partial \boldsymbol{u}\partial \boldsymbol{v}}\right)\right]\right|_{\hat{u},\hat{v}}\leqslant\mathbf{0} \tag{8-1-11}$$

例 8.1.1 考虑对策问题

$$J(u,v)=\frac{1}{2}(u-v)^2,\quad |u|\leqslant1,|v|\leqslant1$$

解：利用式(8-1-8)，可解得$(\hat{u},\hat{v})=(0,0)$，它同时满足条件(8-1-9)，因此是一个理论上的对策鞍点。同时它又满足条件(8-1-11)，

$$\left.\left[\frac{\partial^2 J}{\partial u^2}\frac{\partial^2 J}{\partial v^2}-\left(\frac{\partial^2 J}{\partial u\partial v}\right)\right]\right|_{0,0}=-1$$

所以它又是高等微积分意义下的鞍点。

例 8.1.2 考虑对策问题，

$$J(u,v)=u^2-3uv+2v^2,\quad |u|\leqslant1,|v|\leqslant1$$

解：易验证，(0,0)满足条件(8-1-10)与(8-1-11)，又

$$\left.\left[\frac{\partial^2 J}{\partial u^2}\frac{\partial^2 J}{\partial v^2}-\left(\frac{\partial^2 J}{\partial u\partial v}\right)\right]\right|_{0,0}=-1$$

因此(0,0)是一个高等微积分意义下的鞍点，但是由于

$$\left.\frac{\partial^2 J}{\partial v^2}\right|_{0,0}=4>0$$

因此(0,0)不是对策意义下的鞍点。事实上，

$$\max_{v\in\Omega_v}[\min_{u\in\Omega_u} J(u,v)]=\max_{v\in\Omega_v}[-\frac{1}{4}v^2,\text{当 } u=\frac{3}{2}v \text{ 时}]=0,\text{当 } v=0 \text{ 时}$$

$$\min_{u\in\Omega_u}[\max_{v\in\Omega_v} J(u,v)]=\min_{u\in\Omega_u}[u^2+3|u|+2,\text{当 } v=-\operatorname{sgn} u \text{ 时}]=2,\text{当 } u=0 \text{ 时}$$

所以$\max\limits_{v\in\Omega_v}[\min\limits_{u\in\Omega_u} J(u,v)]<\min\limits_{u\in\Omega_u}[\max\limits_{v\in\Omega_v} J(u,v)]$。

在例 8.1.2 中,高等微积分意义下的鞍点不是对策意义下的鞍点的原因在于交叉偏导数问题。如果$\frac{\partial^2 J}{\partial u \partial v}=0$,则两类鞍点就一致了。如果$\frac{\partial^2 J}{\partial u \partial v}=0$,则称对策问题是可分的。如果对策问题是可分的,那么$\min\limits_{u\in\Omega_u}\max\limits_{v\in\Omega_v} J(u,v)=J(\hat{u},\hat{v})=\max\limits_{v\in\Omega_v}\min\limits_{u\in\Omega_u} J(u,v)$。

8.2 双方极值原理

下面给出一个双人零和微分对策问题的简明数学表述。

考虑如下一个时变动态系统:

$$\dot{\boldsymbol{x}}=\boldsymbol{f}(\boldsymbol{x},\boldsymbol{u},\boldsymbol{v},\boldsymbol{t}),\boldsymbol{x}(t_0)=\boldsymbol{x}_0 \tag{8-2-1}$$

其中 $\boldsymbol{x}\in\mathbb{R}^n$ 是状态变量,$\boldsymbol{u},\boldsymbol{v}$ 是博弈双方的控制变量。双方控制都有约束,通常记为:

$$\boldsymbol{u}\in\boldsymbol{\Omega}_U\subset\mathbb{R}^r,\boldsymbol{v}\in\boldsymbol{\Omega}_V\subset\mathbb{R}^s \tag{8-2-2}$$

这里$\boldsymbol{\Omega}_U$,$\boldsymbol{\Omega}_V$分别是$\mathbb{R}^r$和$\mathbb{R}^s$中的有界集合,它们可以是开集,亦可以是闭集。

性能指标泛函为:

$$J=K(\boldsymbol{x}(t_f),t_f)+\int_{t_0}^{t_f}L(\boldsymbol{x},\boldsymbol{u},\boldsymbol{v},\boldsymbol{t})\mathrm{d}t \tag{8-2-3}$$

其中 $K(\boldsymbol{x}(t_f),t_f)$是 $n+1$ 个变元 $\boldsymbol{x}_1(t_f),\boldsymbol{x}_2(t_f),\cdots,\boldsymbol{x}_n(t_f)$和 t_f 的标量函数,而 $L(\boldsymbol{x},\boldsymbol{u},\boldsymbol{v},\boldsymbol{t})$是 $n+r+s+1$ 个变元的标量函数。而 $\boldsymbol{x}(t)$是当 $\boldsymbol{u}(t)$和 $\boldsymbol{v}(t)$取定后代入微分方程(8-1-1)的解,并且包含一个终端约束

$$\boldsymbol{g}(\boldsymbol{x}(t_f),t_f)=\boldsymbol{0} \tag{8-2-4}$$

这里 $\boldsymbol{g}$ 是 $n+1$ 个变元 $\boldsymbol{x}_1(t_f),\boldsymbol{x}_2(t_f),\cdots,\boldsymbol{x}_n(t_f)$和 t_f 的矢值函数,$\boldsymbol{g}\in\mathbb{R}^q$。要求确定最优控制 $\boldsymbol{u}^*,\boldsymbol{v}^*$(或称最优策略),即从双方的容许控制集合$\boldsymbol{\Omega}_U$,$\boldsymbol{\Omega}_V$中选出 $\boldsymbol{u}^*,\boldsymbol{v}^*$,使得

$$J(\boldsymbol{u}^*,\boldsymbol{v})\leqslant J(\boldsymbol{u}^*,\boldsymbol{v}^*)\leqslant J(\boldsymbol{u},\boldsymbol{v}^*),\quad \forall\boldsymbol{u}\in\boldsymbol{\Omega}_U\subset\mathbb{R}^r,\boldsymbol{v}\in\boldsymbol{\Omega}_V\subset\mathbb{R}^s \tag{8-2-5}$$

满足式(8-2-5)的最优控制 $\boldsymbol{u}^*,\boldsymbol{v}^*$ 称为对策问题(8-2-1)至(8-2-5)的最优策略,将 $\boldsymbol{u}^*$,$\boldsymbol{v}^*$ 代入式(8-2-1)中所得的解记为 $\boldsymbol{x}^*(t)$,其称为最优轨线。

由 8.1 节我们可以看出,双人零和的微分对策问题和最优控制问题是密切相关的。在最优控制中有极小值原理,同样在微分对策中也有"极大极小原理",称为"双方极值原理"。

式(8-2-5)可以拆成如下两个极值问题,即

$$J(\boldsymbol{u}^*,\boldsymbol{v})\leqslant J(\boldsymbol{u}^*,\boldsymbol{v}^*)\text{与 }J(\boldsymbol{u}^*,\boldsymbol{v}^*)\leqslant J(\boldsymbol{u},\boldsymbol{v}^*),\quad \forall\boldsymbol{u}\in\boldsymbol{\Omega}_U\subset\mathbb{R}^r,\boldsymbol{v}\in\boldsymbol{\Omega}_V\subset\mathbb{R}^s \tag{8-2-6}$$

因此,最优策略($\boldsymbol{u}^*,\boldsymbol{v}^*$)所应满足的必要条件——"双方极值原理",可通过如下方法获得:首先将式(8-2-5)分解为两个极值问题(8-2-6);其次应用最优控制的方法分别求 $\boldsymbol{u}^*$ 和$\boldsymbol{v}^*$ 所应满足的必要条件,这就是最优控制的极小值原理和极大值原理;最后说明两个极值问题中的伴随方程和横截条件是一致的,这样通过伴随方程和哈密顿函数就把两个极值原理联系起来了,从而可得到"双方极值原理",也就是最优策略 $\boldsymbol{u}^*,\boldsymbol{v}^*$ 所应满足的必要条件。

8.2.1 定常情形的双方极值原理

为了"双方极值原理"的证明,我们做如下假定:

① 假定微分对策问题是定常的，即在式(8-2-1)至(8-2-5)中，$\boldsymbol{f}$，L 及 K 中不显含时间 t。

② 关于向量值函数 $\boldsymbol{f}=(f_1,f_2,\cdots,f_n)^{\mathrm{T}}$，我们假定 $f_i(\boldsymbol{x},\boldsymbol{u},\boldsymbol{v})$ 是关于变元的连续函数，f_i 关于 $\boldsymbol{x}$ 有连续的二阶偏导数，即 $\dfrac{\partial f_i}{\partial x_j}$，$\dfrac{\partial^2 f_i}{\partial x_i \partial x_j}$ 是关于其变元的连续函数。f_i 满足关于 $\boldsymbol{u}$ 和 $\boldsymbol{v}$ 的李普希茨条件，即

$$|f_i(\boldsymbol{x},\boldsymbol{u},\boldsymbol{v})-f_i(\boldsymbol{x},\hat{\boldsymbol{u}},\hat{\boldsymbol{v}})|\leqslant M\|\boldsymbol{u}-\hat{\boldsymbol{u}}\|+N\|\boldsymbol{v}-\hat{\boldsymbol{v}}\| \tag{8-2-7}$$

$$\forall\, \boldsymbol{x}\in\mathbb{R}^n,\quad \boldsymbol{u},\hat{\boldsymbol{u}}\in\boldsymbol{\Omega}_U,\quad \boldsymbol{v},\hat{\boldsymbol{v}}\in\boldsymbol{\Omega}_V,\quad i=1,2,\cdots,n$$

③ 关于 $K(\boldsymbol{x})$，$g(\boldsymbol{x})$ 和 $L(\boldsymbol{x},\boldsymbol{u},\boldsymbol{v})$，假设它们关于变元是连续的，关于 $\boldsymbol{x}$ 有直到二阶的连续偏导数。

④ 关于 $\boldsymbol{u}(t)$ 和 $\boldsymbol{v}(t)$，假定它们是在有限时间区间上的分段连续函数，若有间断点，则规定在其间断点处为右连续。

首先讨论固定时间问题，即对策结束时刻 t_f 是固定的。

设$(\boldsymbol{u}^*,\boldsymbol{v}^*)$是使得式(8-2-5)成立的最优策略。

1. 关于 $\boldsymbol{u}^*$ 的极小值原理

从式(8-2-6)知，对于 $\boldsymbol{u}^*$，应有

$$J(\boldsymbol{u}^*,\boldsymbol{v}^*)\leqslant J(\boldsymbol{u},\boldsymbol{v}^*),\quad \forall\, \boldsymbol{u}\in\boldsymbol{\Omega}_U \tag{8-2-8}$$

为了寻求微分对策问题(8-2-1)至(8-2-5)的最优策略$(\boldsymbol{u}^*,\boldsymbol{v}^*)$所应满足的必要条件，第一步可寻求式(8-2-8)成立的最优控制 $\boldsymbol{u}^*$ 所满足的必要条件。

此时，系统方程为：

$$\dot{\boldsymbol{x}}=f(\boldsymbol{x},\boldsymbol{u},\boldsymbol{v}^*),\quad \boldsymbol{x}(t_0)=\boldsymbol{x}_0 \tag{8-2-9}$$

性能指标为：

$$J(\boldsymbol{u},\boldsymbol{v}^*)=K(\boldsymbol{x}(t_f))+\int_{t_0}^{t_f}L(\boldsymbol{x}(t),\boldsymbol{u}(t),\boldsymbol{v}^*(t))\mathrm{d}t \tag{8-2-10}$$

及终端约束为式(8-2-4)，

$$\boldsymbol{g}(\boldsymbol{x}(t_f))=\boldsymbol{0}$$

求 $\boldsymbol{u}^*\in\boldsymbol{\Omega}_U$，使式(8-2-10)达到极小，即

$$J(\boldsymbol{u}^*,\boldsymbol{v}^*)\leqslant J(\boldsymbol{u},\boldsymbol{v}^*),\quad \forall \boldsymbol{u}\in\boldsymbol{\Omega}_U \tag{8-2-11}$$

引入哈密顿函数：

$$H_1(\boldsymbol{x},\boldsymbol{u},\boldsymbol{v}^*,\boldsymbol{\lambda}_1)=L(\boldsymbol{x},\boldsymbol{u},\boldsymbol{v}^*)+\boldsymbol{\lambda}_1^{\mathrm{T}}(t)f(\boldsymbol{x},\boldsymbol{u},\boldsymbol{v}^*) \tag{8-2-12}$$

由极小值定理知，如果 $\boldsymbol{u}^*$ 是问题(8-2-9)与(8-2-10)的最优控制，必存在非零矢值函数 $\boldsymbol{\lambda}_1(t)$ 和拉格朗日乘子 $\boldsymbol{\mu}$ 使得 $\boldsymbol{\lambda}_1(t)$，$\boldsymbol{x}^*(t)$，$\boldsymbol{u}^*(t)$与 $\boldsymbol{v}^*$〔其中 $\boldsymbol{x}^*(t)$是与 $\boldsymbol{u}^*(t)$对应的式(8-2-1)的解〕一起满足

$$\dot{\boldsymbol{x}}^*(t)=\frac{\partial H_1(\boldsymbol{x}^*(t),\boldsymbol{\lambda}_1(t),\boldsymbol{u}^*(t),\boldsymbol{v}^*(t))}{\partial\boldsymbol{\lambda}_1},\boldsymbol{x}^*(t_0)=\boldsymbol{x}_0 \tag{8-2-13}$$

$$\dot{\boldsymbol{\lambda}}_1(t)=-\frac{\partial H_1(\boldsymbol{x}^*(t),\boldsymbol{u}^*(t),\boldsymbol{v}^*(t),\boldsymbol{\lambda}_1(t))}{\partial\boldsymbol{x}} \tag{8-2-14}$$

$$\boldsymbol{\lambda}_1(t_f)=\frac{\partial K(\boldsymbol{x}^*(t_f))}{\partial\boldsymbol{x}}+\boldsymbol{\mu}^{\mathrm{T}}\frac{\partial g(\boldsymbol{x}^*(t_f))}{\partial\boldsymbol{x}} \tag{8-2-15}$$

$$H_1(\boldsymbol{x}^*(t),\boldsymbol{\lambda}_1(t),\boldsymbol{u}^*(t),\boldsymbol{v}^*(t))=\min_{\boldsymbol{u}\in\boldsymbol{\Omega}_U}H_1(\boldsymbol{x}^*(t),\boldsymbol{\lambda}_1(t),\boldsymbol{u}(t),\boldsymbol{v}^*(t)),\ \forall\,\boldsymbol{u}\in\boldsymbol{\Omega}_U \tag{8-2-16}$$

$$H_1(\boldsymbol{x}^*(t),\boldsymbol{\lambda}_1(t),\boldsymbol{u}^*(t),\boldsymbol{v}^*(t))=\text{常数}, \quad \forall t\in[t_0,t_f] \tag{8-2-17}$$

其中 $\boldsymbol{\mu}$ 是与 $\boldsymbol{g}$ 的维数相同的待定矢量。

2. 关于$\boldsymbol{v}^*$的极大值原理

从式(8-2-6)知道,对于$\boldsymbol{v}^*$,应有

$$J(\boldsymbol{u}^*,\boldsymbol{v})\leqslant J(\boldsymbol{u}^*,\boldsymbol{v}^*), \quad \forall \boldsymbol{v}\in\boldsymbol{\Omega}_V \tag{8-2-18}$$

由式(8-2-18)看出,为了寻求微分对策问题(8-2-1)至(8-2-5)的最优策略$(\boldsymbol{u}^*,\boldsymbol{v}^*)$所应满足的必要条件,第二步就转化成关于 $\boldsymbol{v}^*$ 的最优控制问题,求$\boldsymbol{v}^*(t)$所应满足的必要条件。

此时,系统方程为:

$$\dot{\boldsymbol{x}}(t)=f(\boldsymbol{x},\boldsymbol{u}^*,\boldsymbol{v}), \quad \boldsymbol{x}(t_0)=\boldsymbol{x}_0 \tag{8-2-19}$$

性能指标为:

$$J(\boldsymbol{u}^*,\boldsymbol{v}) = K(\boldsymbol{x}(t_f))+\int_{t_0}^{t_f} L(\boldsymbol{x}(t),\boldsymbol{u}^*(t),\boldsymbol{v}(t))\mathrm{d}t \tag{8-2-20}$$

终端状态约束仍为式(8-2-4),现在的问题是求$\boldsymbol{v}^*\in\boldsymbol{V}$,使式(8-2-18)成立,即

$$J(\boldsymbol{u}^*,\boldsymbol{v})\leqslant J(\boldsymbol{u}^*,\boldsymbol{v}^*), \quad \forall \boldsymbol{v}\in\boldsymbol{\Omega}_V$$

由于对 $\boldsymbol{v}$ 是求极大值,因此引入哈密顿函数:

$$H_2(\boldsymbol{x},\boldsymbol{\lambda}_2,\boldsymbol{u}^*,\boldsymbol{v})=L(\boldsymbol{x},\boldsymbol{u}^*,\boldsymbol{v})+\boldsymbol{\lambda}_2^{\mathrm{T}}(t)\boldsymbol{f}(\boldsymbol{x},\boldsymbol{u}^*,\boldsymbol{v}) \tag{8-2-21}$$

如果$\boldsymbol{v}^*$是式(8-2-19)与式(8-2-20)的最优控制,则必存在非零矢值函数 $\boldsymbol{\lambda}_2(t)$和拉格朗日乘子 $\boldsymbol{\mu}$ 使得 $\boldsymbol{\lambda}_2(t)$,$\boldsymbol{v}^*(t)$和 $\boldsymbol{x}^*(t)$,$\boldsymbol{\mu}$ 一起满足

$$\dot{\boldsymbol{x}}^*(t)=\frac{\partial H_2(\boldsymbol{x}^*(t),\boldsymbol{\lambda}_2(t),\boldsymbol{u}^*(t),\boldsymbol{v}^*(t))}{\partial\boldsymbol{\lambda}_2}, \quad \boldsymbol{x}^*(t_0)=\boldsymbol{x}_0 \tag{8-2-22}$$

$$\dot{\boldsymbol{\lambda}}_2(t)=\frac{\partial H_2(\boldsymbol{x}^*(t),\boldsymbol{\lambda}_2(t),\boldsymbol{u}^*(t),\boldsymbol{v}^*(t))}{\partial\boldsymbol{x}} \tag{8-2-23}$$

$$\boldsymbol{\lambda}_2(t_f)=\frac{\partial K(\boldsymbol{x}^*(t_f))}{\partial\boldsymbol{x}}+\frac{\partial[\boldsymbol{\mu}^{\mathrm{T}}\boldsymbol{g}(\boldsymbol{x}^*(t_f)]}{\partial\boldsymbol{x}} \tag{8-2-24}$$

$$H_2(\boldsymbol{x}^*(t),\boldsymbol{x}^*(t),\boldsymbol{v}^*(t),\boldsymbol{\lambda}_2(t))=\max_{\boldsymbol{v}\in\boldsymbol{\Omega}_V} H_2(\boldsymbol{x}^*(t),\boldsymbol{\lambda}_2(t),\boldsymbol{u}^*(t),\boldsymbol{v}(t)), \quad \forall \boldsymbol{v}\in\boldsymbol{\Omega}_V \tag{8-2-25}$$

$$H_2(\boldsymbol{x}^*(t),\boldsymbol{\lambda}_2(t),\boldsymbol{u}^*(t),\boldsymbol{v}^*(t))=\text{常数},\forall t\in[t_0,t_f] \tag{8-2-26}$$

其中 $\boldsymbol{x}^*(t)$是在最优策略$(\boldsymbol{u}^*(t),\boldsymbol{v}^*(t))$下式(8-2-1)的解,而 $\boldsymbol{\mu}$ 是与 $\boldsymbol{g}$ 的维数相同的待定常矢量。

3. 双方极值原理(极小极大原理)

若构造微分对策问题(8-2-1)至(8-2-5)的哈密顿函数为:

$$H(\boldsymbol{x},\boldsymbol{\lambda},\boldsymbol{u},\boldsymbol{v})=L(\boldsymbol{x},\boldsymbol{u},\boldsymbol{v})+\boldsymbol{\lambda}^{\mathrm{T}}f(\boldsymbol{x},\boldsymbol{u},\boldsymbol{v}) \tag{8-2-27}$$

由式(8-2-14)和式(8-2-23)直接得

$$\begin{aligned}\dot{\boldsymbol{\lambda}}_1 &=-\frac{\partial H_1(\boldsymbol{x}^*(t),\boldsymbol{\lambda}_1(t),\boldsymbol{u}^*(t),\boldsymbol{v}^*(t))}{\partial\boldsymbol{x}}\\ &=-\frac{\partial\boldsymbol{f}(\boldsymbol{x}^*(t),\boldsymbol{u}^*(t),\boldsymbol{v}^*(t))}{\partial\boldsymbol{x}}\boldsymbol{\lambda}_1(t)-\frac{\partial L(\boldsymbol{x}^*(t),\boldsymbol{u}^*(t),\boldsymbol{v}^*(t))}{\partial\boldsymbol{x}}\end{aligned} \tag{8-2-28}$$

$$\begin{aligned}\dot{\boldsymbol{\lambda}}_2 &=-\frac{\partial H_2(\boldsymbol{x}^*(t),\boldsymbol{\lambda}_2(t),\boldsymbol{u}^*(t),\boldsymbol{v}^*(t))}{\partial\boldsymbol{x}}\\ &=-\frac{\partial\boldsymbol{f}(\boldsymbol{x}^*(t),\boldsymbol{u}^*(t),\boldsymbol{v}^*(t))}{\partial\boldsymbol{x}}\boldsymbol{\lambda}_2(t)-\frac{\partial L(\boldsymbol{x}^*(t),\boldsymbol{u}^*(t),\boldsymbol{v}^*(t))}{\partial\boldsymbol{x}}\end{aligned} \tag{8-2-29}$$

说明 $\boldsymbol{\lambda}_1(t)$，$\boldsymbol{\lambda}_2(t)$ 是具有相同系数的线性微分方程组，又从式(8-2-15)和式(8-2-24)可知

$$\boldsymbol{\lambda}_1(t_f)=\frac{\partial K(\boldsymbol{x}^*(t_f))}{\partial \boldsymbol{x}}+\frac{\partial[\boldsymbol{\mu}^{\mathrm{T}}\boldsymbol{g}(\boldsymbol{x}^*(t_f)]}{\partial \boldsymbol{x}}=\boldsymbol{\lambda}_2(t_f) \tag{8-2-30}$$

因此，根据终端值给定时线性微分方程解的唯一性可得

$$\boldsymbol{\lambda}_1(t)=\boldsymbol{\lambda}_2(t),\quad \forall t\in[t_0,t_f] \tag{8-2-31}$$

现在令 $\boldsymbol{\lambda}(t)\equiv\boldsymbol{\lambda}_1(t)\equiv\boldsymbol{\lambda}_2(t)$，$\forall t\in[t_0,t_f]$，由 $H(\boldsymbol{x},\boldsymbol{\lambda},\boldsymbol{u},\boldsymbol{v})$、$H_1(\boldsymbol{x},\boldsymbol{u}^*,\boldsymbol{v},\boldsymbol{\lambda}_1)$ 以及 $H_2(\boldsymbol{x},\boldsymbol{u},\boldsymbol{v}^*,\boldsymbol{\lambda}_2)$ 的表达式，直接得

$$\begin{aligned}H(\boldsymbol{x}^*(t),\boldsymbol{\lambda}(t),\boldsymbol{u}^*(t),\boldsymbol{v}^*(t))&=H_1(\boldsymbol{x}^*(t),\boldsymbol{\lambda}_1(t),\boldsymbol{u}^*(t),\boldsymbol{v}^*(t))\\&=H_2(\boldsymbol{x}^*(t),\boldsymbol{\lambda}_2(t),\boldsymbol{u}^*(t),\boldsymbol{v}^*(t)),\quad \forall t\in[t_0,t_f]\end{aligned} \tag{8-2-32}$$

$$H(\boldsymbol{x}^*(t),\boldsymbol{u},\boldsymbol{v}^*(t),\boldsymbol{\lambda}(t))=H_1(\boldsymbol{x}^*(t),\boldsymbol{u},\boldsymbol{v}^*(t),\boldsymbol{\lambda}_1(t)),\quad \forall t\in[t_0,t_f] \tag{8-2-33}$$

$$H(\boldsymbol{x}^*(t),\boldsymbol{u}^*(t),\boldsymbol{v},\boldsymbol{\lambda}(t))=H_2(\boldsymbol{x}^*(t),\boldsymbol{u}^*(t),\boldsymbol{v},\boldsymbol{\lambda}_2(t)),\quad \forall t\in[t_0,t_f] \tag{8-2-34}$$

引理 8.2.1 根据关系式(8-2-16)和(8-2-25)，如下关系成立：

$$\min_{\boldsymbol{u}\in\boldsymbol{\Omega}_U} H(\boldsymbol{x}^*,\boldsymbol{u},\boldsymbol{v}^*,\boldsymbol{\lambda})=H(\boldsymbol{x}^*,\boldsymbol{u}^*,\boldsymbol{v}^*,\boldsymbol{\lambda})=\max_{\boldsymbol{v}\in\boldsymbol{\Omega}_V} H(\boldsymbol{x}^*,\boldsymbol{u}^*,\boldsymbol{v},\boldsymbol{\lambda}) \tag{8-2-35}$$

证明： 因为

$$\max_{\boldsymbol{v}\in\boldsymbol{\Omega}_V}\min_{\boldsymbol{u}\in\boldsymbol{\Omega}_U} H(\boldsymbol{x}^*,\boldsymbol{u},\boldsymbol{v},\boldsymbol{\lambda})\geqslant\max_{\boldsymbol{v}\in\boldsymbol{\Omega}_V} H(\boldsymbol{x}^*,\boldsymbol{u}^*,\boldsymbol{v},\boldsymbol{\lambda})=H(\boldsymbol{x}^*,\boldsymbol{u}^*,\boldsymbol{v}^*,\boldsymbol{\lambda}) \tag{8-2-36}$$

$$\min_{\boldsymbol{u}\in\boldsymbol{\Omega}_U}\max_{\boldsymbol{v}\in\boldsymbol{\Omega}_V} H(\boldsymbol{x}^*,\boldsymbol{u},\boldsymbol{v},\boldsymbol{\lambda})\leqslant\min_{\boldsymbol{u}\in\boldsymbol{\Omega}_U} H(\boldsymbol{x}^*,\boldsymbol{u},\boldsymbol{v}^*,\boldsymbol{\lambda})=H(\boldsymbol{x}^*,\boldsymbol{u}^*,\boldsymbol{v}^*,\boldsymbol{\lambda}) \tag{8-2-37}$$

所以有

$$\max_{\boldsymbol{v}\in\boldsymbol{\Omega}_V}\min_{\boldsymbol{u}\in\boldsymbol{\Omega}_U} H(\boldsymbol{x}^*,\boldsymbol{u},\boldsymbol{v},\boldsymbol{\lambda})\geqslant H(\boldsymbol{x}^*,\boldsymbol{u}^*,\boldsymbol{v}^*,\boldsymbol{\lambda})\geqslant\min_{\boldsymbol{u}\in\boldsymbol{\Omega}_U}\max_{\boldsymbol{v}\in\boldsymbol{\Omega}_V} H(\boldsymbol{x}^*,\boldsymbol{u},\boldsymbol{v},\boldsymbol{\lambda}) \tag{8-2-38}$$

另外，利用引理 8.1.1，关于最小中的最大不大于最大中的最小的性质，因此函数 $H(\boldsymbol{x}^*,\boldsymbol{u},\boldsymbol{v},\boldsymbol{\lambda})$ 又有

$$\max_{\boldsymbol{v}\in\boldsymbol{\Omega}_V}\min_{\boldsymbol{u}\in\boldsymbol{\Omega}_U} H(\boldsymbol{x}^*,\boldsymbol{u},\boldsymbol{v},\boldsymbol{\lambda})\leqslant\min_{\boldsymbol{u}\in\boldsymbol{\Omega}_U}\max_{\boldsymbol{v}\in\boldsymbol{\Omega}_V} H(\boldsymbol{x}^*,\boldsymbol{u},\boldsymbol{v},\boldsymbol{\lambda}) \tag{8-2-39}$$

于是式(8-2-38)中只能有等号成立，即

$$H(\boldsymbol{x}^*,\boldsymbol{u}^*,\boldsymbol{v}^*,\boldsymbol{\lambda})=\max_{\boldsymbol{v}\in\boldsymbol{\Omega}_V}\min_{\boldsymbol{u}\in\boldsymbol{\Omega}_U} H(\boldsymbol{x}^*,\boldsymbol{u},\boldsymbol{v},\boldsymbol{\lambda})=\min_{\boldsymbol{u}\in\boldsymbol{\Omega}_U}\max_{\boldsymbol{v}\in\boldsymbol{\Omega}_V} H(\boldsymbol{x}^*,\boldsymbol{u},\boldsymbol{v},\boldsymbol{\lambda}) \tag{8-2-40}$$

证毕！

综上所述，可得出定常系统的微分对策问题(8-2-1)至(8-2-5)可解的必要条件，即双方极值原理。

定理 8.2.1(双方极值原理) 若终端时刻 t_f 固定，设 $(\boldsymbol{u}^*(t),\boldsymbol{v}^*(t))$ 是最优控制策略，$\boldsymbol{u}^*(t)\in\boldsymbol{\Omega}_U$，$\boldsymbol{v}^*(t)\in\boldsymbol{\Omega}_V$，$\boldsymbol{x}^*(t)$ 是在 $(\boldsymbol{u}^*(t),\boldsymbol{v}^*(t))$ 下系统(8-2-1)的最优轨线。则一定存在非零矢值函数 $\boldsymbol{\lambda}(t)$ 使得 $\boldsymbol{\lambda}(t)$，$\boldsymbol{x}^*(t)$，$\boldsymbol{u}^*(t)$，$\boldsymbol{v}^*(t)$，在 $[t_0,t_f]$ 一起满足

$$\dot{\boldsymbol{x}}^*(t)=\frac{\partial H(\boldsymbol{x}^*(t),\boldsymbol{u}^*(t),\boldsymbol{v}^*(t),\boldsymbol{\lambda}(t))}{\partial \boldsymbol{\lambda}},\quad \boldsymbol{x}^*(t_0)=\boldsymbol{x}_0 \tag{8-2-41}$$

$$\dot{\boldsymbol{\lambda}}=-\frac{\partial H(\boldsymbol{x}^*(t),\boldsymbol{u}^*(t),\boldsymbol{v}^*(t),\boldsymbol{\lambda}(t))}{\partial \boldsymbol{x}} \tag{8-2-42}$$

$$\boldsymbol{\lambda}(t_f)=\frac{\partial k(\boldsymbol{x}^*(t_f))}{\partial \boldsymbol{x}}+\frac{\partial[\boldsymbol{\mu}^{\mathrm{T}}\boldsymbol{g}(\boldsymbol{x}^*(t_f)]}{\partial \boldsymbol{x}} \tag{8-2-43}$$

$$\begin{aligned}H(\boldsymbol{x}^*(t),\boldsymbol{u}^*(t),\boldsymbol{v}^*(t),\boldsymbol{\lambda}(t))&=\max_{\boldsymbol{v}\in\boldsymbol{\Omega}_V}\min_{\boldsymbol{u}\in\boldsymbol{\Omega}_U} H(\boldsymbol{x}^*(t),\boldsymbol{u}^*(t),\boldsymbol{v}^*(t),\boldsymbol{\lambda}(t))\\&=\min_{\boldsymbol{u}\in\boldsymbol{\Omega}_U}\max_{\boldsymbol{v}\in\boldsymbol{\Omega}_V} H(\boldsymbol{x}^*(t),\boldsymbol{u}^*(t),\boldsymbol{v}^*(t),\boldsymbol{\lambda}(t))\end{aligned} \tag{8-2-44}$$

$$H(\boldsymbol{x}^*(t),\boldsymbol{u}^*(t),\boldsymbol{v}^*(t),\boldsymbol{\lambda}(t))=\text{常数},\quad t\in[t_0,t_f] \tag{8-2-45}$$

其中 $H(\boldsymbol{x},\boldsymbol{u},\boldsymbol{v},\boldsymbol{\lambda})=L(\boldsymbol{x},\boldsymbol{u},\boldsymbol{v})+\boldsymbol{\lambda}^{\mathrm{T}}\boldsymbol{f}(\boldsymbol{x},\boldsymbol{u},\boldsymbol{v})$，$\boldsymbol{\mu}$ 是和 $\boldsymbol{g}$ 具有相同维数的待定拉格朗日乘子

矢量。

现在考虑终端时刻 t_f 不固定时的微分对策问题(8-2-1)至(8-2-5)，引入伴随矢量，得到如下增广泛函，

$$J_1(\boldsymbol{u},\boldsymbol{v}) = K(\boldsymbol{x}(t_f)) + \boldsymbol{\mu}^{\mathrm{T}}\boldsymbol{g}(\boldsymbol{x}(t_f)) + \int_{t_0}^{t_f}\{L(\boldsymbol{x},\boldsymbol{u},\boldsymbol{v}) + \boldsymbol{\lambda}^{\mathrm{T}}(t)[-\dot{\boldsymbol{x}}(t) + f(\boldsymbol{x},\boldsymbol{u},\boldsymbol{v})]\}\mathrm{d}t \tag{8-2-46}$$

易知微分对策问题(8-2-1)至(8-2-5)的最优策略也必使式(8-2-46)取极小极大。反之使式(8-2-46)取极小极大的策略，也一定是微分对策问题(8-2-1)至(8-2-5)的最优策略。

设对应最优策略的结束时刻为 t_f^*，这个 t_f^* 和其他容许策略结束时间 t_f 比较，应使 $J_1(\boldsymbol{u},\boldsymbol{v})$ 达到极小的最优时间。因此，若把 $J_1(\boldsymbol{u},\boldsymbol{v})$ 看成 t_f^* 的函数，t_f^* 由于是自由的，所以在最优解上应有

$$\left.\frac{dJ_1}{dt_f}\right|_{t_f=t_f^*}=0 \tag{8-2-47}$$

经计算

$$\begin{aligned}\frac{dJ_1}{dt_f} &= \dot{\boldsymbol{x}}^{\mathrm{T}}(t_f)\frac{\partial K(\boldsymbol{x}(t_f))}{\partial \boldsymbol{x}} + \dot{\boldsymbol{x}}^{\mathrm{T}}(t_f)\frac{\partial[\boldsymbol{\mu}^{\mathrm{T}}\boldsymbol{g}(\boldsymbol{x}(t_f)]}{\partial x} \\ &\quad + L(\boldsymbol{x}(t_f),\boldsymbol{u}(t_f),\boldsymbol{v}(t_f)) + \boldsymbol{\lambda}^{\mathrm{T}}(t_f)[-\dot{\boldsymbol{x}}(t_f) + \boldsymbol{f}(\boldsymbol{x}(t_f),\boldsymbol{x}(t_f),\boldsymbol{v}(t_f))] \\ &= \dot{\boldsymbol{x}}^{\mathrm{T}}(t_f)\left\{-\boldsymbol{\lambda}(t_f) + \frac{\partial K(\boldsymbol{x}(t_f))}{\partial \boldsymbol{x}} + \frac{\partial[\boldsymbol{\mu}^{\mathrm{T}}\boldsymbol{g}(\boldsymbol{x}(t_f))]}{\partial \boldsymbol{x}}\right\} + H(\boldsymbol{x}(t_f),\boldsymbol{u}(t_f),\boldsymbol{v}(t_f),\boldsymbol{\lambda}(t_f))\end{aligned}$$

因此

$$\begin{aligned}\left.\frac{dJ_1}{dt_f}\right|_{t_f=t_f^*} &= \dot{\boldsymbol{x}}^{\mathrm{T}*}(t_f^*)\left\{-\boldsymbol{\lambda}(t_f^*) + \frac{\partial K(\boldsymbol{x}^*(t_f^*))}{\partial \boldsymbol{x}} + \frac{\partial[\boldsymbol{\mu}^{\mathrm{T}}\boldsymbol{g}(\boldsymbol{x}^*(t_f^*))]}{\partial \boldsymbol{x}}\right\} \\ &\quad + H(\boldsymbol{x}^*(t_f^*),\boldsymbol{u}^*(t_f^*),\boldsymbol{v}^*(t_f^*),\boldsymbol{\lambda}(t_f^*))=0\end{aligned} \tag{8-2-48}$$

如果取

$$\boldsymbol{\lambda}(t_f^*) = \frac{\partial K(\boldsymbol{x}^*(t_f^*))}{\partial \boldsymbol{x}} + \frac{\partial[\boldsymbol{\mu}^{\mathrm{T}}\boldsymbol{g}(\boldsymbol{x}^*(t_f^*))]}{\partial \boldsymbol{x}} \tag{8-2-49}$$

由式(8-2-48)可得

$$H(\boldsymbol{x}^*(t_f^*),\boldsymbol{u}^*(t_f^*),\boldsymbol{v}^*(t_f^*),\boldsymbol{\lambda}(t_f^*))=0 \tag{8-2-50}$$

综合以上推导，我们有下面结论。

定理 8.2.2 若终端时刻 t_f 自由，则定常系统(8-1-8)至(8-1-12)的微分对策问题可解的必要条件为：设($\boldsymbol{u}^*(t),\boldsymbol{v}^*(t)$)是最优控制策略，$\boldsymbol{u}^*(t)\in\boldsymbol{\Omega}_U$，$\boldsymbol{v}^*(t)\in\boldsymbol{\Omega}_V$，$\boldsymbol{x}^*(t)$是在($\boldsymbol{u}^*(t)$，$\boldsymbol{v}^*(t)$)下微分对策问题(8 2 1)的最优轨线。则 定存在矢值函数 $\boldsymbol{\lambda}(t)$ 使得 $\boldsymbol{\lambda}(t)$，$\boldsymbol{x}^*(t)$，$\boldsymbol{u}^*(t)$，$\boldsymbol{v}^*(t)$，在$[t_0,t_f]$一起满足

$$\dot{\boldsymbol{x}}^*(t) = \frac{\partial H(\boldsymbol{x}^*(t),\boldsymbol{u}^*(t),\boldsymbol{v}^*(t),\boldsymbol{\lambda}(t))}{\partial \boldsymbol{\lambda}},\quad \boldsymbol{x}^*(t_0)=\boldsymbol{x}_0 \tag{8-2-51}$$

$$\dot{\boldsymbol{\lambda}} = -\frac{\partial H(\boldsymbol{x}^*(t),\boldsymbol{u}^*(t),\boldsymbol{v}^*(t),\boldsymbol{\lambda}(t))}{\partial \boldsymbol{x}} \tag{8-2-52}$$

$$\boldsymbol{\lambda}(t_f) = \frac{\partial K(\boldsymbol{x}^*(t_f))}{\partial \boldsymbol{x}} + \frac{\partial[\boldsymbol{\mu}^{\mathrm{T}}\boldsymbol{g}(\boldsymbol{x}^*(t_f)]}{\partial \boldsymbol{x}} \tag{8-2-53}$$

$$\begin{aligned}H(\boldsymbol{x}^*(t),\boldsymbol{u}^*(t),\boldsymbol{v}^*(t),\boldsymbol{\lambda}(t)) &= \max_{\boldsymbol{v}\in\boldsymbol{\Omega}_V}\min_{\boldsymbol{u}\in\boldsymbol{\Omega}_U} H(\boldsymbol{x}^*(t),\boldsymbol{u}^*(t),\boldsymbol{v}^*(t),\boldsymbol{\lambda}(t)) \\ &= \min_{\boldsymbol{u}\in\boldsymbol{\Omega}_U}\max_{\boldsymbol{v}\in\boldsymbol{\Omega}_V} H(\boldsymbol{x}^*(t),\boldsymbol{u}^*(t),\boldsymbol{v}^*(t),\boldsymbol{\lambda}(t))\end{aligned} \tag{8-2-54}$$

$$H(\boldsymbol{x}^*(t),\boldsymbol{u}^*(t),\boldsymbol{v}^*(t),\boldsymbol{\lambda}(t))=0,\quad t\in[t_0,t_f] \tag{8-2-55}$$

其中 $H(\boldsymbol{x},\boldsymbol{u},\boldsymbol{v},\boldsymbol{\lambda})=L(\boldsymbol{x},\boldsymbol{u},\boldsymbol{v})+\boldsymbol{\lambda}^{\mathrm{T}}\boldsymbol{f}(\boldsymbol{x},\boldsymbol{u},\boldsymbol{v})$，$\boldsymbol{\mu}$ 是和 $\boldsymbol{g}$ 具有相同维数的待定拉格朗日乘子矢量。

8.2.2 时变情形下的双方极值原理

如果微分对策问题(8-2-1)至(8-2-5)是时变的，即 f 可采用第 3 章时变情形下极小值原理证明过程的类似处理，则式(8-2-48)变为：

$$\left.\frac{\mathrm{d}J_1}{\mathrm{d}t_f}\right|_{t_f=t_f^*}=\frac{\partial K(\boldsymbol{x}^*(t_f^*),t_f^*)}{\partial t_f}+\frac{\partial[\boldsymbol{\mu}^{\mathrm{T}}\boldsymbol{g}(\boldsymbol{x}^*(t_f^*),t_f^*]}{\partial t_f}+\dot{\boldsymbol{x}}^{\mathrm{T}*}(t_f^*)\left\{-\boldsymbol{\lambda}(t_f^*)+\frac{\partial K(\boldsymbol{x}^*(t_f^*))}{\partial \boldsymbol{x}}+\frac{\partial[\boldsymbol{\mu}^{\mathrm{T}}\boldsymbol{g}(\boldsymbol{x}^*(t_f^*)]}{\partial \boldsymbol{x}}\right\}$$
$$+H(\boldsymbol{x}^*(t_f^*),\boldsymbol{u}^*(t_f^*),\boldsymbol{v}^*(t_f^*),t_f^*) \tag{8-2-56}$$

此时，时变系统的哈密顿函数为：

$$H(\boldsymbol{x},\boldsymbol{u},\boldsymbol{v},\boldsymbol{\lambda},t)=L(\boldsymbol{x},\boldsymbol{u},\boldsymbol{v},t)+\boldsymbol{\lambda}^{\mathrm{T}}f(\boldsymbol{x},\boldsymbol{u},\boldsymbol{v},t) \tag{8-2-57}$$

若在 $t=t_f^*$ 时，令

$$\boldsymbol{\lambda}(t_f)=\frac{\partial K(\boldsymbol{x}^*(t_f))}{\partial \boldsymbol{x}}+\frac{\partial[\boldsymbol{\mu}^{\mathrm{T}}\boldsymbol{g}(\boldsymbol{x}^*(t_f)]}{\partial \boldsymbol{x}}$$

则可推出下列条件：

$$H(\boldsymbol{x}^*(t_f^*),\boldsymbol{u}^*(t_f^*),\boldsymbol{v}^*(t_f^*),t_f^*)+\frac{\partial K(\boldsymbol{x}^*(t_f^*),t_f^*)}{\partial t_f}+\frac{\partial[\boldsymbol{\mu}^{\mathrm{T}}\boldsymbol{g}(\boldsymbol{x}^*(t_f^*),t_f^*]}{\partial t_f}=0 \tag{8-2-58}$$

综上，则得时变情形下微分对策问题(8-2-1)至(8-2-5)可解的如下必要条件。

定理 8.2.3 若终端时刻 t_f 自由，设($\boldsymbol{u}^*(t),\boldsymbol{v}^*(t)$)是最优控制策略，$\boldsymbol{u}^*(t)\in\boldsymbol{\Omega}_U$，$\boldsymbol{v}^*(t)\in\boldsymbol{\Omega}_V$，$\boldsymbol{x}^*(t)$是在($\boldsymbol{u}^*(t),\boldsymbol{v}^*(t)$)下微分对策问题(8-2-1)的最优轨线。则一定存在矢值函数 $\boldsymbol{\lambda}(t)$使得 $\boldsymbol{\lambda}(t),\boldsymbol{x}^*(t),\boldsymbol{u}^*(t),\boldsymbol{v}^*(t)$在$[t_0,t_f]$一起满足

$$\dot{\boldsymbol{x}}^*(t)=\frac{\partial H(\boldsymbol{x}^*(t),\boldsymbol{u}^*(t),\boldsymbol{v}^*(t),\boldsymbol{\lambda}(t),t)}{\partial \boldsymbol{\lambda}},\quad \boldsymbol{x}^*(t_0)=\boldsymbol{x}_0 \tag{8-2-59}$$

$$\dot{\boldsymbol{\lambda}}=-\frac{\partial H(\boldsymbol{x}^*(t),\boldsymbol{u}^*(t),\boldsymbol{v}^*(t),\boldsymbol{\lambda}(t),t)}{\partial \boldsymbol{x}} \tag{8-2-60}$$

$$\boldsymbol{\lambda}(t_f)=\frac{\partial K(\boldsymbol{x}^*(t_f^*),t_f^*)}{\partial \boldsymbol{x}}+\frac{\partial[\boldsymbol{\mu}^{\mathrm{T}}\boldsymbol{g}(\boldsymbol{x}^*(t_f^*),t_f^*)]}{\partial \boldsymbol{x}} \tag{8-2-61}$$

$$\begin{aligned}H(\boldsymbol{x}^*(t),\boldsymbol{u}^*(t),\boldsymbol{v}^*(t),\boldsymbol{\lambda}(t))&=\max_{\boldsymbol{v}\in\boldsymbol{\Omega}_V}\min_{\boldsymbol{u}\in\boldsymbol{\Omega}_U}H(\boldsymbol{x}^*(t),\boldsymbol{u}^*(t),\boldsymbol{v}^*(t),\boldsymbol{\lambda}(t))\\&=\min_{\boldsymbol{u}\in\boldsymbol{\Omega}_U}\max_{\boldsymbol{v}\in\boldsymbol{\Omega}_V}H(\boldsymbol{x}^*(t),\boldsymbol{u}^*(t),\boldsymbol{v}^*(t),\boldsymbol{\lambda}(t))\end{aligned} \tag{8-2-62}$$

$$H(\boldsymbol{x}^*(t_f^*),\boldsymbol{u}^*(t_f^*),\boldsymbol{v}^*(t_f^*),t_f^*)+\frac{\partial K(\boldsymbol{x}^*(t_f^*),t_f^*)}{\partial t_f}+\frac{\partial[\boldsymbol{\mu}^{\mathrm{T}}\boldsymbol{g}(\boldsymbol{x}^*(t_f^*),t_f^*]}{\partial t_f}=0 \tag{8-2-63}$$

其中 $H(\boldsymbol{x},\boldsymbol{u},\boldsymbol{v},\boldsymbol{\lambda},t)=L(\boldsymbol{x},\boldsymbol{u},\boldsymbol{v},t)+\boldsymbol{\lambda}^{\mathrm{T}}f(\boldsymbol{x},\boldsymbol{u},\boldsymbol{v},t)$，$\boldsymbol{\mu}$ 是拉格朗日乘子和 $\boldsymbol{g}$ 具有相有相同维数。

与最优控制的极小值原理一样，如果$\boldsymbol{\Omega}_U=\mathbb{R}^r$，$\boldsymbol{\Omega}_V=\mathbb{R}^s$时，等式

$$H(\boldsymbol{x}^*,\boldsymbol{u}^*,\boldsymbol{v}^*,\boldsymbol{\lambda})=\max_{\boldsymbol{v}\in\boldsymbol{\Omega}_V}\min_{\boldsymbol{u}\in\boldsymbol{\Omega}_U}H(\boldsymbol{x}^*,\boldsymbol{u},\boldsymbol{v},\boldsymbol{\lambda})=\min_{\boldsymbol{u}\in\boldsymbol{\Omega}_U}\max_{\boldsymbol{v}\in\boldsymbol{\Omega}_V}H(\boldsymbol{x}^*,\boldsymbol{u},\boldsymbol{v},\boldsymbol{\lambda})$$

可用驻值方程代替：

$$\left.\frac{\partial H(\boldsymbol{x}^*(t),\boldsymbol{u}(t),\boldsymbol{v}^*(t),\boldsymbol{\lambda}(t))}{\partial \boldsymbol{u}}\right|_{u=u^*}=\boldsymbol{0} \tag{8-2-64}$$

$$\left.\frac{\partial H(\boldsymbol{x}^*(t),\boldsymbol{u}^*(t),\boldsymbol{v}(t),\boldsymbol{\lambda}(t))}{\partial \boldsymbol{v}}\right|_{v=v^*}=\boldsymbol{0} \tag{8-2-65}$$

如果考虑充分条件,则对应的海色矩阵为:

$$\left.\frac{\partial^2 H(\boldsymbol{x}^*(t),\boldsymbol{u}(t),\boldsymbol{v}^*(t),\boldsymbol{\lambda}(t))}{\partial \boldsymbol{u}^2}\right|_{u=u^*}>\boldsymbol{0}(\text{正定}) \tag{8-2-66}$$

$$\left.\frac{\partial^2 H(\boldsymbol{x}^*(t),\boldsymbol{u}(t),\boldsymbol{v}^*(t),\boldsymbol{\lambda}(t))}{\partial \boldsymbol{v}^2}\right|_{v=v^*}<\boldsymbol{0}(\text{负定}) \tag{8-2-67}$$

在双方极值原理中,共有最优策略、最优轨线、伴随矢量 $\boldsymbol{\lambda}(t)$、最优策略结束时刻以及拉格朗日乘子 $\boldsymbol{\mu}$ 等未知量,而在仔细分析后可以看出,方程的数目与未知数的个数是相等的,所以理论上该微分对策问题是可解的,但其计算复杂,需要借助于数值计算方法来完成计算。

8.3 微分对策的动态规划法

如同第 6 章所述,最优控制可以转化为动态规划问题来求解。而双人零和微分对策问题也可以通过采用动态规划法来处理。

考虑如下微分对策问题:

$$\dot{\boldsymbol{x}}(t)=f(\boldsymbol{x}(t),\boldsymbol{u}(t),\boldsymbol{v}(t),t),\quad \boldsymbol{x}(t_0)=\boldsymbol{x}_0,\quad \boldsymbol{x}\in\mathbb{R}^n \tag{8-3-1}$$

其中 $\boldsymbol{u}\in\boldsymbol{\Omega}_U\subset\mathbb{R}^r$,$\boldsymbol{v}\in\boldsymbol{\Omega}_V\subset\mathbb{R}^s$,求最优对策 $\boldsymbol{u}$,$\boldsymbol{v}$ 和最优轨线 $\boldsymbol{x}^*$ 使得

$$J(\boldsymbol{u}^*,\boldsymbol{v}^*)=\min_{\boldsymbol{u}\in\boldsymbol{\Omega}_U}\max_{\boldsymbol{v}\in\boldsymbol{\Omega}_V}\left\{K(\boldsymbol{x}(t_f),t_f)+\int_{t_0}^{t_f}L(\boldsymbol{x}(t),\boldsymbol{u}(t),\boldsymbol{v}(t),t)\mathrm{d}t\right\} \tag{8-3-2}$$

假定该微分对策问题是可分离的。

令 t 时刻的最优值函数为:

$$V(\boldsymbol{x}(t),t)=\min_{\boldsymbol{u}\in\boldsymbol{\Omega}_U}\max_{\boldsymbol{v}\in\boldsymbol{\Omega}_V}\left\{K(\boldsymbol{x}(t_f),t_f)+\int_{t}^{t_f}L(\boldsymbol{x}(t),\boldsymbol{u}(t),t)\mathrm{d}t\right\} \tag{8-3-3}$$

令 t 是当前时间,$t+\Delta t$,$\Delta t>0$ 是接近 t 的将来时间。那么指标可写成

$$J(\boldsymbol{x}(t),t)=K(\boldsymbol{x}(t_f),t_f)+\int_{t}^{t+\Delta t}L(\boldsymbol{x}(\tau),\boldsymbol{u}(\tau),\tau)\mathrm{d}\tau+\int_{t+\Delta t}^{t_f}L(\boldsymbol{x}(\tau),\boldsymbol{u}(\tau),\tau)\mathrm{d}\tau \tag{8-3-4}$$

其中,$x+\Delta x$ 是时间 $t+\Delta t$ 的状态。

显然 $V(\boldsymbol{x}(t_f),t_f)=K(\boldsymbol{x}(t_f),t_f)$。

记从 $t+\Delta t$ 时刻开始的值函数为:

$$V(\boldsymbol{x}(t)+\Delta\boldsymbol{x},t+\Delta t)=\min_{\boldsymbol{u}\in\boldsymbol{\Omega}_U}\max_{\boldsymbol{v}\in\boldsymbol{\Omega}_V}\left\{K(\boldsymbol{x}(t_f),t_f)+\int_{t+\Delta t}^{t_f}L(\boldsymbol{x}(\tau),\boldsymbol{u}(\tau),\tau)\mathrm{d}\tau\right\} \tag{8-3-5}$$

假定从 $t+\Delta t$ 到 t_f 的微分对策已经决定,那么剩下的只是确定区间$[t,t+\Delta t]$的微分对策,这就是贝尔曼最优性原理,即

$$V(\boldsymbol{x}(t),t)=\min_{\boldsymbol{u}\in\boldsymbol{\Omega}_U}\max_{\boldsymbol{v}\in\boldsymbol{\Omega}_V}\left\{\int_{t}^{t+\Delta t}L(\boldsymbol{x}(\tau),\boldsymbol{u}(\tau),\tau)\mathrm{d}\tau+V(\boldsymbol{x}(t+\Delta t),t+\Delta t)\right\} \tag{8-3-6}$$

假定 $V(\boldsymbol{x},t)$关于变量 x,t 是 C^1 的,即连续可微的,将 $V(\boldsymbol{x}(t)+\Delta\boldsymbol{x},t+\Delta t)$在$(\boldsymbol{x},t)$处泰勒展开,有

$$V(\boldsymbol{x}(t),t)=\min_{\boldsymbol{u}\in\boldsymbol{\Omega}_U}\max_{\boldsymbol{v}\in\boldsymbol{\Omega}_V}\{L(\boldsymbol{x}(t),\boldsymbol{u}(t),t)\Delta t+V(\boldsymbol{x}(t),t)+V_t\Delta t+\nabla V\cdot\dot{x}\Delta t+O(\Delta t^2)\}\tag{8-3-7}$$

其中$\int_t^{t+\Delta t}L(\boldsymbol{x}(t),\boldsymbol{u}(t),t)\mathrm{d}t=L(\boldsymbol{x}(t),\boldsymbol{u}(t),t)\Delta t+O(\Delta t^2)$，$\nabla V$ 表示 V 对 $\boldsymbol{x}$ 的梯度，是行向量。

由于 $V(\boldsymbol{x},t)$只与$(\boldsymbol{x},t)$有关，所以

$$V(\boldsymbol{x}(t),t)=V(\boldsymbol{x}(t),t)+\min_{\boldsymbol{u}\in\boldsymbol{\Omega}_U}\max_{\boldsymbol{v}\in\boldsymbol{\Omega}_V}\{L(\boldsymbol{x}(t),\boldsymbol{u}(t),t)\Delta t+V_t\Delta t+\nabla V\cdot\dot{\boldsymbol{x}}\Delta t+O(\Delta t^2)\}\tag{8-3-8}$$

两边消去 $V(\boldsymbol{x},t)$，并除以 Δt，代入状态方程，得

$$\min_{\boldsymbol{u}\in\boldsymbol{\Omega}_U}\max_{\boldsymbol{v}\in\boldsymbol{\Omega}_V}\{L(\boldsymbol{x}(t),\boldsymbol{u}(t),t)+V_t+\nabla V\cdot f(\boldsymbol{x},\boldsymbol{u},t)+O(\Delta t)\}=0\tag{8-3-9}$$

由于 Δt 可任意小，因此为使式(8-3-9)关系成立，当且仅当

$$\begin{cases}-V_t=\min\limits_{\boldsymbol{u}\in\boldsymbol{\Omega}_U}\max\limits_{\boldsymbol{v}\in\boldsymbol{\Omega}_V}\{L(\boldsymbol{x}(t),\boldsymbol{u}(t),t)+\nabla V\cdot f(\boldsymbol{x},\boldsymbol{u},t)\}\\ V(\boldsymbol{x}(t_f),t_f)=K(\boldsymbol{x}(t_f),t_f)\end{cases}\tag{8-3-10}$$

总结上面推导，有下面结论。

定理 8.3.1 对于微分对策问题(8-3-1)至(8-3-2)，若 $\boldsymbol{u}^*(t)$，$\boldsymbol{v}^*(t)$与 $\boldsymbol{x}^*(t)$是对应的最优对策与最优轨线，则极值问题存在的必要条件为存在值函数 $V(\boldsymbol{x}(t),t)$满足方程(8-3-10)。

我们称方程(8-3-10)为微分对策问题(8-3-1)与(8-3-2)的哈密顿-雅可比-艾萨柯(Hamilton-Jacobi-Isaacs，HJI)方程。

如果令

$$\boldsymbol{\lambda}^{\mathrm{T}}(t)=\nabla V\tag{8-3-11}$$

且定义哈密顿函数如下：

$$H(\boldsymbol{x},\boldsymbol{u},\boldsymbol{v},t)=L(\boldsymbol{x},\boldsymbol{u},\boldsymbol{v},t)+\boldsymbol{\lambda}^{\mathrm{T}}(t)f(\boldsymbol{x},\boldsymbol{u},\boldsymbol{v},t)\}\tag{8-3-12}$$

则方程(8-3-10)又可以写成

$$\begin{cases}-V_t=\min\limits_{\boldsymbol{u}\in\boldsymbol{\Omega}_U}\max\limits_{\boldsymbol{v}\in\boldsymbol{\Omega}_V}\{L(\boldsymbol{x}(t),\boldsymbol{u}(t),t)+\nabla V\cdot f(\boldsymbol{x},\boldsymbol{u},t)\}=\min\limits_{\boldsymbol{u}\in\boldsymbol{\Omega}_U}\max\limits_{\boldsymbol{v}\in\boldsymbol{\Omega}_V}H(\boldsymbol{x},\boldsymbol{u},\boldsymbol{v},\nabla V)\\ V(\boldsymbol{x}(t_f))=K(\boldsymbol{x}(t_f),t_f)\end{cases}\tag{8-3-13}$$

特别地，当微分对策问题是定常的，则 $V_t=0$，此时 HJI 方程就变为：

$$H(\boldsymbol{x},\boldsymbol{u}^*,\boldsymbol{v}^*,\Delta V)=0\tag{8-3-14}$$

8.4 应用实例

本节通过两个例子来说明双方极值原理的应用。

例 8.4.1 飞机的空战问题。

为了简明，首先做如下假设。

① 设飞机进行空战范围不大，因而从局部来看，地球可被视为是平坦的。

② 设每架飞机的推力大小是常值，并且推力与飞行路线相切。

③ 设每架飞机的重量是一常量，即假定在空战过程中燃料和弹药的消耗比飞机本身重量小得多。

④ 设升力与飞行路线垂直，阻力与飞行线路相切。

如果用(x,y,z)表示飞机的重心相对于一个惯性坐标系的坐标。v是飞机飞行的速度，γ是飞行路线角，θ是飞机的航向角，T是推力，D是阻力，w是飞机的重量，L是升力，u是飞机环绕其飞行速度矢量的滚动角。则飞机的动力学方程可写为：

$$
\begin{cases}
\dot{x}=v\cos\gamma\cos\theta \\
\dot{y}=v\cos\gamma\sin\theta \\
\dot{z}=v\sin\gamma \\
\dot{v}=\dfrac{g}{w}[T-D-w\sin\gamma] \\
\dot{\gamma}=\dfrac{g}{wv}[L\cos u-w\cos\gamma] \\
\dot{\theta}=\dfrac{g}{vw\cos\gamma}L\sin u
\end{cases}
\tag{8-4-1}
$$

其中升力和阻力可表达为：

$$
D=\frac{1}{2}\rho v^2 AC_{\mathrm{D}},\quad L=\frac{1}{2}\rho v^2 AC_{\mathrm{L}} \tag{8-4-2}
$$

其中ρ是空气密度，A是飞机的参考面积，C_{D}是阻力系数，C_{L}是升力系数。由于已假定空域（空战范围）比较小，因而空气密度ρ可以看作常数。从空气动力学知道，C_{D}与C_{L}之间有下列近似关系：

$$
C_{\mathrm{D}}=k_0+k_1C_{\mathrm{L}}^2 \tag{8-4-3}
$$

这里k_0叫作零升力的阻力系数，k_1叫作导出的阻力因子。

设每架飞机驾驶员所能操纵的控制量为滚动角u和升力系数C_{L}，即系统的控制变量，而且它们满足如下约束：

$$
-\frac{\pi}{2}\leqslant u\leqslant\frac{\pi}{2} \tag{8-4-4}
$$

$$
\underline{C}_{\mathrm{L}}\leqslant C_{\mathrm{L}}\leqslant\overline{C}_{\mathrm{L}} \tag{8-4-5}
$$

其中$\underline{C}_{\mathrm{L}}$，$\overline{C}_{\mathrm{L}}$皆为常数，不妨设

$$
\underline{C}_{\mathrm{L}}=-\overline{C}_{\mathrm{L}} \tag{8-4-6}
$$

于是式(8-4-5)变成

$$
-\overline{C}_{\mathrm{L}}\leqslant C_{\mathrm{L}}\leqslant\overline{C}_{\mathrm{L}} \tag{8-4-7}
$$

记

$$
k_{\mathrm{T}}=\frac{Tg}{w},\quad k_{\mathrm{D}}=\frac{\rho Ag}{2w} \tag{8-4-8}
$$

则式(8-4-1)能改写为：

$$
\begin{cases}
\dot{x}=v\cos\gamma\cos\theta \\
\dot{y}=v\cos\gamma\sin\theta \\
\dot{z}=v\sin\gamma \\
\dot{v}=k_{\mathrm{T}}-k_{\mathrm{D}}(k_0+k_1C_{\mathrm{L}}^2)v^2-g\sin\gamma \\
\dot{\gamma}=k_{\mathrm{D}}vC_{\mathrm{L}}\cos u-\dfrac{g\cos\gamma}{v} \\
\dot{\theta}=\dfrac{k_{\mathrm{D}}vC_{\mathrm{L}}\sin u}{\cos\gamma}
\end{cases}
\tag{8-4-9}
$$

在空战中，有两架飞机，我们分别把有关量附上下标 z 和 d，z 表示追方，d 表示躲方。于是获得如下两组方程组：

$$\begin{cases}\dot{x}_z=v_z\cos\gamma_z\cos\theta_z\\ \dot{y}_z=v_z\cos\gamma_z\sin\theta_z\\ \dot{z}_z=v_z\sin\gamma_z\\ \dot{v}_z=k_{Tz}-k_{Dz}(k_{0z}+k_{1z}C_{Lz}^2)v_z^2-g\sin\gamma_z\\ \dot{\gamma}_z=k_{Dz}v_zC_{Lz}\cos u_z-\dfrac{g\cos\gamma_z}{v_z}\\ \dot{\theta}_z=\dfrac{k_{Dz}v_zC_{Lz}\sin u_z}{\cos\gamma_z}\end{cases}\tag{8-4-10}$$

$$\begin{cases}\dot{x}_d=v_d\cos\gamma_d\cos z_d\\ \dot{y}_d=v_d\cos\gamma_d\sin z_d\\ \dot{z}_d=v_d\sin\gamma_d\\ \dot{v}_d=k_{Td}-k_{Dd}(k_{0d}+k_{1d}C_{Ld}^2)v_d^2-g\sin\gamma_d\\ \dot{\gamma}_d=k_{Dd}v_dC_{Ld}\cos u_d-\dfrac{g\cos\gamma_d}{v_d}\\ \dot{\theta}_d=\dfrac{k_{Dd}v_dC_{Ld}\sin u_d}{\cos\gamma_d}\end{cases}\tag{8-4-11}$$

要求在结束时刻追击机和目标最终达到一定的相对距离(在目标集，武器的有效射击范围之内)：

$$g=[(x_z-x_d)^2+(y_z-y_d)^2+(z_z-z_d)^2]|_{t=t_f}-R^2=0\tag{8-4-12}$$

其中 R 是事先给定的正数。

双方控制的约束条件为：

$$\begin{cases}|C_{Lz}|\leqslant\overline{C}_{Lz}\\ |C_{Ld}|\leqslant\overline{C}_{Ld}\end{cases}\tag{8-4-13}$$

$$\begin{cases}|u_z|\leqslant\dfrac{\pi}{2}\\ |u_d|\leqslant\dfrac{\pi}{2}\end{cases}\tag{8-4-14}$$

追方施加控制，力求在最短的时间内达到所要求的相对距离；而躲方施加控制，力求尽量推迟达到要求的相对距离的时间。为此，取性能指标 J 为时间最小

$$J(C_{Lz},u_z,C_{Ld},u_d)=\int_{t_0}^{t_f}\mathrm{d}t\tag{8-4-15}$$

求解该微分对策问题。

解：利用双方极值原理，我们可以构造出哈密顿函数。

由于 $L=1$，该系统的哈密顿函数为：

$$\begin{aligned}H=&1+\lambda_{xz}v_z\cos\gamma_z\cos\theta_z+\lambda_{yz}v_z\cos\gamma_z\sin\theta_z\\&+\lambda_{zz}v_z\sin\gamma_z+\lambda_{vz}[k_{Tz}-k_{Dz}(k_{0z}+k_{1z}C_{Lz}^2)V_z^2-g\sin\gamma_z]\\&+\lambda_{\gamma z}[k_{Dz}V_zC_{Lz}\cos u_z-g\cos\gamma_z/V_z]\\&+\lambda_{zz}k_{Dz}v_zC_{Lz}\sin u_z/\cos\gamma_z+\lambda_{xd}v_d\cos\gamma_d\cos\theta_d\\&+\lambda_{yd}v_d\cos\gamma_d\sin\theta_d+\lambda_{zd}v_d\sin\gamma_d+\lambda_{vd}[k_{Td}-k_{Dd}(k_{0d}+k_{1d}C_{Ld}^2)v_d^2-g\sin\gamma_d]\end{aligned}$$

$$+\lambda_{\gamma d}[k_{Dd}v_d C_{Ld}\cos u_d - g\cos\gamma_d/v_d] + \lambda_{zd}k_{Dd}v_d C_{Ld}\sin u_d/\cos\gamma_d \tag{8-4-16}$$

根据双方极值原理构造哈密顿函数，按追方的控制 C_{Lz}、u_z 应当使哈密顿函数取极小，而按躲方的控制 C_{Ld}、u_d 应使得哈密顿函数取极大。因此在 C_{Lz}、u_z 的容许范围内部必有

$$\begin{cases} H_{C_{Lz}} = 0 \\ H_{C_{Lz}C_{Lz}} \leqslant 0 \end{cases} \tag{8-4-17}$$

$$\begin{cases} H_{u_z} = 0 \\ H_{u_z u_z} \leqslant 0 \end{cases} \tag{8-4-18}$$

利用上述条件，从式(8-4-16)直接得

$$H_{C_{Lz}} = \frac{\partial H}{\partial C_{Lz}} = -2\lambda_{vz}k_{Dz}k_{1z}C_{Lz}v_z^2 + \lambda_{\gamma z}k_{Dz}v_z\cos u_z + \lambda_{zz}k_{Dz}v_z\sin u_z/\cos\gamma_z = 0 \tag{8-4-19}$$

$$H_{C_{Lz}C_{Lz}} = \frac{\partial^2 H}{\partial C_{Lz}^2} = -2\lambda_{vz}k_{Dz}k_{1z}v_z^2 \leqslant 0 \tag{8-4-20}$$

$$H_{u_z} = -\lambda_{\gamma z}k_{Dz}v_z C_{Lz}\sin u_z + \lambda_{zz}k_{Dz}v_z C_{Lz}\cos u_z/\cos\gamma_z = 0 \tag{8-4-21}$$

$$H_{u_z u_z} = -\lambda_{\gamma z}k_{Dz}v_z C_{Lz}\cos u_z - \lambda_{zz}k_{Dz}v_z C_{Lz}\sin u_z/\cos\gamma_z \leqslant 0 \tag{8-4-22}$$

从式(8-4-19)直接得

$$\bar{C}_{Lz} = \frac{\lambda_{\gamma z}\cos u_z\cos\gamma_z + \lambda_{zz}\sin u_z}{2\lambda_{vz}k_{1z}v_z\cos\gamma_z} \tag{8-4-23}$$

从式(8-4-20)且注意到 k_{Dz}、k_{1z}、v_z^2 皆为正，得知

$$\lambda_{vz} \geqslant 0 \tag{8-4-24}$$

使 H 达极小的容许控制 C_{Lz}^* 为：

$$C_{Lz}^* = \begin{cases} \bar{C}_{Lz}, & \text{当} |\bar{C}_{Lz}| \leqslant C_{Lz\max} \text{且} \lambda_{vz} \geqslant 0 \\ \pm C_{Lz\max}, & \text{当} |\bar{C}_{Lz}| > C_{Lz\max} \end{cases} \tag{8-4-25}$$

式(8-4-25)中"±"的选取，要视如何选使 H 达极小而定。

从式(8-4-20)和式(8-4-21)直接得知当：$C_{Lz}=0$，任何 u_z 都是其解。然而这样的 u_z 是没有任何物理意义的。我们不考虑这种平凡情况。不妨设 $C_{Lz}\neq 0$，使 H 达极小的 u_z^* 为：

$$\begin{cases} \sin u_z^* = \dfrac{\lambda_{\theta z}\,\mathrm{sign}(C_{Lz}\cos\gamma_z)}{\sqrt{\lambda_{\theta z}^2 + \lambda_{\gamma z}^2\cos^2\gamma_z}} \\ \cos u_z^* = \dfrac{\lambda_{\gamma z}\cos\gamma_z\,\mathrm{sign}(C_{Lz}\cos\gamma_z)}{\sqrt{\lambda_{\theta z}^2 + \lambda_{\gamma z}^2\cos^2\gamma_z}} \end{cases} \tag{8-4-26}$$

如果追方控制 C_{Lz} 和 u_z 在其容许集合的内部，那么 C_{Lz}，u_z 除满足式(8-4-21)和式(8-4-23)外，还应当满足

$$\begin{pmatrix} H_{C_{Lz}C_{Lz}} & H_{C_{Lz}u_z} \\ H_{u_z C_{Lz}} & H_{u_z u_z} \end{pmatrix} \leqslant \mathbf{0} \tag{8-4-27}$$

但从式(8-4-19)和式(8-4-21)易知：

$$H_{C_{Lz}u_z} = H_{u_z C_{Lz}} = -\lambda_{\gamma z}k_{Dz}v_z\sin u_z + \lambda_{\theta z}k_{Dz}v_z\cos u_z/\cos\gamma_z = \frac{1}{C_{Lz}}H_{u_z}$$

从式(8-4-21)知 $H_{u_z}=0$，因此有

$$H_{C_{Lz}u_z} = H_{u_z C_{Lz}} = 0$$

上述讨论说明，关于 C_{Lz} 和 u_z 的各自的必要条件的满足〔即式(8-4-19)-(8-4-22)成立〕已保证了(8-4-27)的成立。

同理，对于躲方，使得 H 达到极大的容许控制 C_{Ld}^* 为：

$$C_{\mathrm{Ld}}^*=\begin{cases}\overline{C}_{\mathrm{Ld}}\text{，当 }|\overline{C}_{\mathrm{Ld}}|\leqslant C_{\mathrm{Ldmax}}\text{ 时}\\ \pm\overline{C}_{\mathrm{Ldmax}}\text{，当 }|\overline{C}_{\mathrm{Ld}}|>C_{\mathrm{Ldmax}}\text{ 时}\end{cases} \tag{8-4-28}$$

其中

$$\overline{C}_{\mathrm{Ld}}=[\lambda_{\gamma\mathrm{d}}\cos u_{\mathrm{d}}\cos\gamma_{\mathrm{d}}+\lambda_{\theta\mathrm{d}}\sin u_{\mathrm{d}}]/2\lambda_{v\mathrm{d}}k_{1\mathrm{d}}v_{\mathrm{d}}\cos\gamma_{\mathrm{d}} \tag{8-4-29}$$

式(8-4-28)中关于“±”的选取，由 H 达到极大而定。而使 H 达到极大的容许控制 u 为：

$$\begin{cases}\sin u_{\mathrm{d}}^*=\dfrac{-\lambda_{\theta\mathrm{d}}\operatorname{sign}(C_{\mathrm{Ld}}\cos\gamma_{\mathrm{d}})}{\sqrt{\lambda_{\theta\mathrm{d}}^2+\lambda_{\gamma\mathrm{d}}^2\cos^2\gamma_{\mathrm{d}}}}\\ \cos u_{\mathrm{d}}^*=\dfrac{-\lambda_{r\mathrm{d}}\cos\gamma_{\mathrm{d}}\operatorname{sign}(C_{\mathrm{Ld}}\cos\gamma_{\mathrm{d}})}{\sqrt{\lambda_{\theta\mathrm{d}}^2+\lambda_{\gamma\mathrm{d}}^2\cos^2\gamma_{\mathrm{d}}}}\end{cases} \tag{8-4-30}$$

并且，当 $\lambda_{\gamma\mathrm{d}}\leqslant 0$ 且式(8-4-30)成立时，矩阵

$$\begin{pmatrix}H_{C_{\mathrm{Ld}}C_{\mathrm{Ld}}} & H_{C_{\mathrm{Ld}}u_{\mathrm{d}}}\\ H_{u_{\mathrm{z}}C_{\mathrm{Ld}}} & H_{u_{\mathrm{d}}u_{\mathrm{d}}}\end{pmatrix}\geqslant\mathbf{0} \tag{8-4-31}$$

下面讨论共轭方程和横截条件，由式(8-6-16)易知共轭方程为：

$$\begin{cases}\dot{\lambda}_{x\mathrm{z}}=-H_{x_{\mathrm{z}}}=0\\ \dot{\lambda}_{y\mathrm{z}}=-H_{y_{\mathrm{z}}}=0\\ \lambda_{z\mathrm{z}}=-H_{z_{\mathrm{z}}}=0\\ \dot{\lambda}_{v\mathrm{z}}=-H_{v_{\mathrm{z}}}=-\lambda_{x\mathrm{z}}\cos\gamma_{\mathrm{z}}\cos z_{\mathrm{z}}-\lambda_{y\mathrm{z}}\cos\gamma_{\mathrm{z}}\sin\theta_{\mathrm{z}}-\lambda_{z\mathrm{z}}\sin\gamma_{\mathrm{z}}+2\lambda_{v\mathrm{z}}k_{\mathrm{Dz}}(k_{0\mathrm{z}}+k_{1\mathrm{z}}C_{\mathrm{Lz}}^2)v_{\mathrm{z}}\\ \qquad-\lambda_{r\mathrm{z}}g\cos\gamma_{\mathrm{z}}/v_{\mathrm{z}}^2-\lambda_{\theta\mathrm{z}}k_{\mathrm{Dz}}C_{\mathrm{Lz}}\sin u_{\mathrm{z}}/\cos\gamma_{\mathrm{z}}-\lambda_{r\mathrm{z}}k_{\mathrm{Dz}}C_{\mathrm{Lz}}\cos u_{\mathrm{z}}\\ \dot{\lambda}_{\gamma\mathrm{z}}=-H_{\gamma_{\mathrm{z}}}=-\lambda_{x\mathrm{z}}v_{\mathrm{z}}\sin\gamma_{\mathrm{z}}\cos\theta_{\mathrm{z}}+\lambda_{y\mathrm{z}}v_{\mathrm{z}}\sin\gamma_{\mathrm{z}}\sin\theta_{\mathrm{z}}-\lambda_{z\mathrm{z}}v_{\mathrm{z}}\cos\gamma_{\mathrm{z}}+\lambda_{v\mathrm{z}}g\cos\gamma_{\mathrm{z}}\\ \qquad-\lambda_{\gamma\mathrm{z}}g\sin\gamma_{\mathrm{z}}/v_{\mathrm{z}}-\lambda_{\theta\mathrm{z}}k_{\mathrm{Dz}}v_{\mathrm{z}}C_{\mathrm{Lz}}\sin u_{\mathrm{z}}\sin\gamma_{\mathrm{z}}/\cos^2\gamma_{\mathrm{z}}\\ \dot{\lambda}_{\theta\mathrm{z}}=-H_{\theta_{\mathrm{z}}}=\lambda_{x\mathrm{z}}v_{\mathrm{z}}\cos\gamma_{\mathrm{z}}\sin\theta_{\mathrm{z}}-\lambda_{y\mathrm{z}}v_{\mathrm{z}}\cos\gamma_{\mathrm{z}}\cos\theta_{\mathrm{z}}\\ \dot{\lambda}_{x\mathrm{d}}=-H_{x_{\mathrm{d}}}=0\\ \dot{\lambda}_{y\mathrm{d}}=-H_{y_{\mathrm{d}}}=0\\ \dot{\lambda}_{v\mathrm{d}}=-H_{v_{\mathrm{d}}}=-\lambda_{x\mathrm{d}}\cos\gamma_{\mathrm{d}}\cos\theta_{\mathrm{d}}-\lambda_{y\mathrm{d}}\cos\gamma_{\mathrm{d}}\sin\theta_{\mathrm{d}}-\lambda_{z\mathrm{d}}\sin\gamma_{\mathrm{d}}+2\lambda_{v\mathrm{d}}k_{\mathrm{Dd}}(k_{0\mathrm{d}}+k_{1\mathrm{d}}C_{\mathrm{Ld}}^2)v_{\mathrm{d}}\\ \qquad-\lambda_{\gamma\mathrm{d}}g\cos\gamma_{\mathrm{d}}/v_{\mathrm{d}}^2-\lambda_{\gamma\mathrm{d}}k_{D\mathrm{d}}C_{\mathrm{Ld}}\cos u_{\mathrm{d}}-\lambda_{\theta\mathrm{d}}k_{D\mathrm{d}}C_{\mathrm{Ld}}\sin u_{\mathrm{d}}/\cos\gamma_{\mathrm{d}}\\ \dot{\lambda}_{\gamma\mathrm{d}}=-H_{\gamma_{\mathrm{d}}}=\lambda_{x\mathrm{d}}v_{\mathrm{d}}\sin\gamma_{\mathrm{d}}\cos\theta_{\mathrm{d}}+\lambda_{y\mathrm{d}}v_{\mathrm{d}}\sin\gamma_{\mathrm{d}}\sin\theta_{\mathrm{d}}-\lambda_{z\mathrm{d}}v_{\mathrm{d}}\cos\gamma_{\mathrm{d}}+\lambda_{v\mathrm{d}}g\cos\gamma_{\mathrm{d}}\\ \qquad-\lambda_{\gamma\mathrm{d}}g\sin\gamma_{\mathrm{d}}/v_{\mathrm{d}}-\lambda_{\theta\mathrm{d}}k_{D\mathrm{d}}v_{\mathrm{d}}C_{\mathrm{Ld}}\sin u_{\mathrm{d}}\sin\gamma_{\mathrm{d}}/\cos^2\gamma_{\mathrm{d}}\\ \dot{\lambda}_{\theta\mathrm{d}}=-H_{\theta_{\mathrm{d}}}=\lambda_{x\mathrm{d}}v_{\mathrm{d}}\cos\gamma_{\mathrm{d}}\sin\theta_{\mathrm{d}}-\lambda_{y\mathrm{d}}v_{\mathrm{d}}\cos\gamma_{\mathrm{d}}\cos\theta_{\mathrm{d}}\end{cases} \tag{8-4-32}$$

伴随矢量终端条件为：

$$\begin{cases}\lambda_{x\mathrm{z}}(t_f)=-\mu g_{x_{\mathrm{z}}}\big|_{t=t_f}=-2\mu(x_{\mathrm{z}}(t_f)-x_{\mathrm{d}}(t_f))=\mu g_{x_{\mathrm{d}}}\big|_{t=t_f}=-\lambda_{x\mathrm{d}}(t_f)\\ \lambda_{y\mathrm{z}}(t_f)=-\mu g_{y_{\mathrm{z}}}\big|_{t=t_f}=-2\mu(y_{\mathrm{z}}(t_f)-y_{\mathrm{d}}(t_f))=\mu g_{y_{\mathrm{d}}}\big|_{t=t_f}=-\lambda_{y\mathrm{d}}(t_f)\\ \lambda_{z\mathrm{z}}(t_f)=-\mu g_{z_{\mathrm{z}}}\big|_{t=t_f}=-2\mu(z_{\mathrm{z}}(t_f)-z_{\mathrm{d}}(t_f))=\mu g_{z_{\mathrm{d}}}\big|_{t=t_f}=-\lambda_{z\mathrm{d}}(t_f)\\ \lambda_{v\mathrm{z}}(t_f)=\lambda_{v\mathrm{d}}(t_f)=\lambda_{\gamma\mathrm{z}}(t_f)=\lambda_{\gamma\mathrm{d}}=\lambda_{\theta\mathrm{z}}(t_f)=\lambda_{\theta\mathrm{d}}(t_f)=0\end{cases} \tag{8-4-33}$$

其中 μ 是待定常数。

为了求待定常数 μ，将状态和伴随矢量的终端值（8-4-33）代入哈密顿函数中，并利用 $H(t_f)=0$ 且注意到运动方程（8-4-10）和（8-4-11），得

$$\begin{aligned}H(t_f)=&-1-2\mu[(x_z-x_d)v_z\cos\gamma_z\cos\theta_z]|_{t=t_f}-2\mu[(y_z-y_d)v_z\cos\gamma_z\sin\theta_z]|_{t=t_f}\\&-2\mu[(z_z-z_d)v_z\sin\gamma_z]|_{t=t_f}+2\mu[(x_z-x_d)v_d\cos\gamma_d\cos\theta_d]|_{t=t_f}\\&+2\mu[(y_z-y_d)v_d\cos\gamma_d\sin\theta_d]|_{t=t_f}+2\mu[(z_z-z_d)v_d\sin\gamma_d]|_{t=t_f}\\=&-1-2\mu[(x_z-x_d)(\dot{x}_z-\dot{x}_d)]|_{t=t_f}-2\mu[(y_z-y_d)(\dot{y}_z-\dot{y}_d)]|_{t=t_f}\\&-2\mu[(z_z-z_d)(\dot{z}_z-\dot{z}_d)]|_{t=t_f}\\=&-1-2\mu[(x_z-x_d)(\dot{x}_z-\dot{x}_d)+(y_z-y_d)(\dot{y}_z-\dot{y}_d)\\&+(z_z-z_d)(\dot{z}_z-\dot{z}_d))]|_{t=t_f}=0\end{aligned}\tag{8-4-34}$$

由式（8-4-34）直接得

$$-\frac{1}{2\mu}=[(x_z-x_d)(\dot{x}_z-\dot{x}_d)+(y_z-y_d)(\dot{y}_z-\dot{y}_d)+(z_z-z_z)(\dot{z}_z-\dot{z}_d))]|_{t=t_f}=0\tag{8-4-35}$$

从式（8-4-23）至（8-4-25）看出，为了确定追方 z 的最优控制，必须求伴随方程（8-4-32）和（8-4-33）。而伴随方程中又含有状态变量，从而必须将伴随方程（8-4-32）和（8-4-33）以及状态方程联立求解，由于状态方程给定的是初始状态，而伴随方程给定的是终端状态，这就是求解双方极值控制的两点边界值问题。当然对于躲方 d，这亦导致解两点边界值问题。由假设条件，追躲双方独立操作，因此追方 z 和躲方 d 的两个两点边界值问题可分别求解。显然求不到其解析解，因此只能借助于计算机求其数值解。

为了获得该问题的解析解，必须对该问题进行进一步简化。

① 设两架飞机上单位质量上受到的引力作用相同，这样在建立相对运动方程时，将不出现引力项。

② 假设两架飞机上只受一个大小为常数的全向（360°诸方向）操纵力外，其他诸力均处于平衡状态。

因此两架飞机的相对运动方程为：

$$\begin{cases}\dot{\boldsymbol{x}}=\boldsymbol{v}\\\dot{\boldsymbol{v}}=\alpha_z\boldsymbol{u}_z-\alpha_d\boldsymbol{u}_d\end{cases}\tag{8-4-36}$$

$$x(t_0)=x_0,\quad v(t_0)=v_0\tag{8-4-37}$$

其中 $\boldsymbol{x}=\boldsymbol{x}_z-\boldsymbol{x}_d=[(x_z-x_d),(y_z-y_d),(z_z-z_d)]^{\mathrm{T}}$，$\dot{\boldsymbol{x}}=\dot{\boldsymbol{x}}_z-\dot{\boldsymbol{x}}_d=[(\dot{x}_z-\dot{x}_d),(\dot{y}_z-\dot{y}_d),(\dot{z}_z-\dot{z}_d)]^{\mathrm{T}}$，$\alpha_z$，$\alpha_d$ 是作用在 z 方、d 方上的全向操纵力的大小，而 $\boldsymbol{u}_z$ 和 $\boldsymbol{u}_d$ 是操纵力的方向。z 方的控制量为 $\boldsymbol{u}_z$，d 方的控制量为 $\boldsymbol{u}_d$。$\boldsymbol{x}_0$ 是双方的初始相对位置矢量。$\boldsymbol{v}_0$ 是初始相对速度矢量。控制约束为 $\|\boldsymbol{u}_z\|=1$，$\|\boldsymbol{u}_d\|=1$。

此时取性能指标为：

$$J(\boldsymbol{u}_z,\boldsymbol{u}_d)=\frac{1}{2}\boldsymbol{x}^{\mathrm{T}}(t_f)\boldsymbol{x}(t_f)+\int_{t_0}^{t_f}\mathrm{d}t\tag{8-4-38}$$

则该系统的哈密顿函数为：

$$H(\boldsymbol{x},\boldsymbol{v},\boldsymbol{\lambda}_1,\boldsymbol{\lambda}_2,\boldsymbol{u}_z,\boldsymbol{u}_d)=1+\boldsymbol{\lambda}_1^{\mathrm{T}}\boldsymbol{v}+\boldsymbol{\lambda}_2^{\mathrm{T}}(\alpha_z\boldsymbol{u}_z-\alpha_d\boldsymbol{u}_d)\tag{8-4-39}$$

它的伴随方程为：

$$\begin{cases}\dot{\boldsymbol{\lambda}}_1=-H_{\boldsymbol{x}}=\boldsymbol{0}\\ \dot{\boldsymbol{\lambda}}_2=-H_{\boldsymbol{v}}=-\boldsymbol{\lambda}_1(t)\end{cases} \tag{8-4-40}$$

其横截条件为：

$$\boldsymbol{\lambda}_1(t_f)=\boldsymbol{x}(t_f),\quad \boldsymbol{\lambda}_2(t_f)=\boldsymbol{0} \tag{8-4-41}$$

从式(8-4-39)易知，使 H 取极小极大的 $\boldsymbol{u}_{\mathrm{z}}$ 和 $\boldsymbol{u}_{\mathrm{d}}$ 为：

$$\begin{cases}\boldsymbol{u}_{\mathrm{z}}^*(t)=-\dfrac{\boldsymbol{\lambda}_2(t)}{\|\boldsymbol{\lambda}_2(t)\|}\\ \boldsymbol{u}_{\mathrm{d}}^*(t)=-\dfrac{\boldsymbol{\lambda}_2(t)}{\|\boldsymbol{\lambda}_2(t)\|}\end{cases} \tag{8-4-42}$$

当 $\|\boldsymbol{\lambda}_2(t)\|\neq 0$ 时，积分伴随方程(8-4-40)并利用横截条件(8-4-41)，可得

$$\begin{cases}\boldsymbol{\lambda}_1(t)=\boldsymbol{\lambda}_1(t_f)=\boldsymbol{x}(t_f)\\ \boldsymbol{\lambda}_2(t)=\boldsymbol{x}(t_f)(t_f-t)\end{cases} \tag{8-4-43}$$

易知 $\boldsymbol{x}(t_f)\neq 0$（否则，$\boldsymbol{\lambda}_1(t)=\boldsymbol{\lambda}_2(t)=0$ 与 $H(t_f)\neq 0$ 矛盾）。因此有

$$\begin{cases}u_{\mathrm{z}}^*(t)=-\dfrac{\boldsymbol{x}(t_f)}{\|\boldsymbol{x}(t_f)\|}\\ u_{\mathrm{d}}^*(t)=-\dfrac{\boldsymbol{x}(t_f)}{\|\boldsymbol{x}(t_f)\|}\end{cases} \tag{8-4-44}$$

从式(8-4-44)知道，z 方和 d 方的最优控制方向为常方向。将式(8-4-44)代入式(8-4-36)并积分得

$$\begin{cases}\boldsymbol{x}(t)=\boldsymbol{x}_0+\boldsymbol{v}_0(t-t_0)-\dfrac{(\alpha_{\mathrm{z}}-\alpha_{\mathrm{d}})}{2}\dfrac{\boldsymbol{x}(t_f)}{\|\boldsymbol{x}(t_f)\|}(t-t_0)^2\\ \boldsymbol{v}(t)=\boldsymbol{v}_0-(\alpha_{\mathrm{z}}-\alpha_{\mathrm{d}})\dfrac{\boldsymbol{x}(t_f)}{\|\boldsymbol{x}(t_f)\|}(t-t_0)\end{cases} \tag{8-4-45}$$

当 $t=t_f$ 时得

$$\begin{cases}\boldsymbol{x}(t_f)=\boldsymbol{x}_0+\boldsymbol{v}_0(t_f-t_0)-\dfrac{(\alpha_{\mathrm{z}}-\alpha_{\mathrm{d}})}{2}\dfrac{\boldsymbol{x}(t_f)}{\|\boldsymbol{x}(t_f)\|}(t_f-t_0)^2\\ \boldsymbol{v}(t_f)=\boldsymbol{v}_0-(\alpha_{\mathrm{z}}-\alpha_{\mathrm{d}})\dfrac{\boldsymbol{x}(t_f)}{\|\boldsymbol{x}(t_f)\|}(t_f-t_0)\end{cases} \tag{8-4-46}$$

记 $\boldsymbol{x}^0(t_f,t_0)=\boldsymbol{x}_0+\boldsymbol{v}_0(t_f-t_0)$，$\boldsymbol{x}^0(t_f,t_0)$ 是两架飞机在 t_f 时刻的零控脱靶。

当 $\alpha_{\mathrm{z}}-\alpha_{\mathrm{d}}>0$ 时，从式(8-4-46)解得

$$\frac{\boldsymbol{x}(t_f)}{\|\boldsymbol{x}(t_f)\|}=\frac{\boldsymbol{x}^0(t_f,t_0)|}{\|\boldsymbol{x}(t_f)\|+\dfrac{\alpha_{\mathrm{z}}-\alpha_{\mathrm{d}}}{2}(t_f-t_0)^2} \tag{8-4-47}$$

由此得知

$$\|\boldsymbol{x}(t_f)\|+\frac{\alpha_{\mathrm{z}}-\alpha_d}{2}(t_f-t_0)^2=\|\boldsymbol{x}^0(t_f,t_0)\| \tag{8-4-48}$$

且 $\|\boldsymbol{x}(t_f)\|\leqslant\|\boldsymbol{x}^0(t_f,t_0)\|$，当 $\alpha_{\mathrm{z}}-\alpha_{\mathrm{d}}>0$ 时。

所以有

$$\frac{\boldsymbol{x}(t_f)}{\|\boldsymbol{x}(t_f)\|}=\frac{\boldsymbol{x}^0(t_f,t_0)}{\|\boldsymbol{x}^0(t_f,t_0)\|} \tag{8-4-49}$$

于是最优策略为：

$$\begin{cases} \boldsymbol{u}_z^* = -\dfrac{\boldsymbol{x}^0(t_f,t_0)}{\|\boldsymbol{x}^0(t_f,t_0)\|} \\ \boldsymbol{u}_d^* = -\dfrac{\boldsymbol{x}^0(t_f,t_0)}{\|\boldsymbol{x}^0(t_f,t_0)\|} \end{cases} \tag{8-4-50}$$

在式(8-4-50)中,将 t_0 换成 t,$\boldsymbol{x}_0$,$\boldsymbol{v}_0$ 换成 $\boldsymbol{x}(t)$,$\boldsymbol{v}(t)$后得一般时刻的最优策略为:

$$\begin{cases} \boldsymbol{u}_z^*(\boldsymbol{x},t) = -\dfrac{\boldsymbol{x}^0(t_f,t)}{\|\boldsymbol{x}^0(t_f,t)\|} \\ \boldsymbol{u}_d^*(\boldsymbol{x},t) = -\dfrac{\boldsymbol{x}^0(t_f,t)}{\|\boldsymbol{x}^0(t_f,t)\|} \end{cases} \tag{8-4-51}$$

其中 $\boldsymbol{x}(t_f,t)=\boldsymbol{x}(t)+\boldsymbol{v}(t)(t_f-t)$。

为了确定最优对策结束时刻 t_f,再一次利用哈密顿 H 在 t_f 时刻应满足

$$H(\boldsymbol{x}^*(t_f),\boldsymbol{v}^*(t_f),\boldsymbol{u}_z^*(t_f),\boldsymbol{u}_d^*(t_f),\boldsymbol{\lambda}_1(t_f),\boldsymbol{\lambda}_2(t_f))=0 \tag{8-4-52}$$

将式(8-4-40)和式(8-4-42)代入式(8-4-52)得

$$1+\boldsymbol{x}^{\mathrm{T}}(t_f)\boldsymbol{v}(t_f)=0 \tag{8-4-53}$$

把式(8-4-46)代入式(8-4-53)且注意式(8-4-47)和式(8-4-48),整理后得

$$\|\boldsymbol{x}(t_f)\| = \frac{-\|\boldsymbol{x}^0(t_f,t_0)\|}{\boldsymbol{x}^{0\mathrm{T}}(t_f,t_0)\boldsymbol{v}_0-(\alpha_z-\alpha_d)(t_f-t_0)\|\boldsymbol{x}^0(t_f,t_0)\|} \tag{8-4-54}$$

将式(8-4-48)代入式(8-4-54)得

$$\|\boldsymbol{x}^0(t_f,t_0)\| = \frac{-\|\boldsymbol{x}^0(t_f,t_0)\|}{\boldsymbol{x}^{0\mathrm{T}}(t_f,t_0)\boldsymbol{v}_0-(\alpha_z-\alpha_d)(t_f-t_0)\|\boldsymbol{x}^0(t_f,t_0)\|}+\frac{\alpha_z-\alpha_d}{2}(t_f-t_0)^2 \tag{8-4-55}$$

关系式(8-4-55)是求解 t_f 的方程。显然它是 t_f 的一个隐式方程,只能通过数值解求解。

例 8.4.2 机动导弹的拦截。

今用 $\boldsymbol{x}$、$\boldsymbol{v}$ 分别表示飞行器的位置矢量和速度矢量。$\boldsymbol{F}$ 表示作用在飞行器的单位质量上的外力,$\boldsymbol{a}$ 表示飞行器的控制加速度。如果用下标 L 和 M 分别表示拦截一方与目标一方,则双方的动力学方程为:

$$\begin{cases} \dot{\boldsymbol{x}} = \boldsymbol{v}_L \\ \dot{\boldsymbol{v}}_L = \boldsymbol{F}_L + \boldsymbol{a}_L \end{cases} \tag{8-4-56}$$

从而由作用在飞行器的引力和气动力组成的外力之差 $\boldsymbol{F}_L-\boldsymbol{F}_M$ 可以忽略。值得注意的是,如果拦截发生在高空,则这主要是作用于两枚导弹上的地心引力差;如果拦截发生在低空,则除引力差别,还有作用于两枚导弹上的空气动力差。如果取性能指标为既包括最终脱靶距离,又包括反映双方燃料的消耗,则可写成

$$J = \frac{\alpha^2}{2}[\boldsymbol{x}_L(t_f)-\boldsymbol{x}_M(t_f)]^{\mathrm{T}}[\boldsymbol{x}_L(t_f)-\boldsymbol{x}_M(t_f)]+\frac{1}{2}\int_0^{t_f}[c_L\,\boldsymbol{a}_L^{\mathrm{T}}\,\boldsymbol{a}_L-c_M\,\boldsymbol{a}_M^{\mathrm{T}}\,\boldsymbol{a}_M]\mathrm{d}t \tag{8-4-57}$$

其中 α,c_L,c_M 为加权正常数。拦截一方要选择控制加速度$\boldsymbol{a}_L$ 使 J 尽可能小,而躲避一方要选择控制加速度$\boldsymbol{a}_M$ 使 J 尽可能大。这里假定运动方程(8-4-56)和(8-4-57)的初值是给定的。如果假定控制加速度的 3 个分量可以独立地任意选取,问题转化成带二次性能指标的线性问题。要求用微分对策方法求解该问题。

解: 设$\boldsymbol{F}_L=\boldsymbol{F}_M$,记

$$\begin{cases} \boldsymbol{x} = \boldsymbol{x}_L - \boldsymbol{x}_M \\ \boldsymbol{v} = \dot{\boldsymbol{x}}_L - \dot{\boldsymbol{x}}_M \end{cases}$$

则式(8-4-56)变为：

$$\begin{cases} \dot{\boldsymbol{x}}(t) = \boldsymbol{v}(t) \\ \dot{\boldsymbol{v}}(t) = \boldsymbol{a}_L - \boldsymbol{a}_M \end{cases} \tag{8-4-58}$$

$$\begin{cases} \boldsymbol{x}(t_0) = \boldsymbol{x}_0 \\ \boldsymbol{v}(t_0) = \boldsymbol{v}_0 \end{cases} \tag{8-4-59}$$

此时，性能指标(8-4-57)变为：

$$J(\boldsymbol{a}_L, \boldsymbol{a}_M) = \frac{\alpha^2}{2}\boldsymbol{x}^T(t_f)\boldsymbol{x}(t_f) + \frac{1}{2}\int_{t_0}^{t_f}[c_L\, \boldsymbol{a}_L^T\, \boldsymbol{a}_L - c_M\, \boldsymbol{a}_M^T\, \boldsymbol{a}_M]\mathrm{d}t \tag{8-4-60}$$

其中 t_f 是固定的，$\boldsymbol{a}_L$ 和 $\boldsymbol{a}_M$ 皆是无约束的。

该系统的哈密顿函数置为：

$$H = -\frac{c_L}{2}\boldsymbol{a}_L^T\, \boldsymbol{a}_L + \frac{c_M}{2}\boldsymbol{a}_M^T\, \boldsymbol{a}_M + \boldsymbol{\lambda}_1^T\boldsymbol{v} + \boldsymbol{\lambda}_2^T(\boldsymbol{a}_L - \boldsymbol{a}_M) \tag{8-4-61}$$

显然，当 $\boldsymbol{a}_L^* = \frac{1}{c_L}\boldsymbol{\lambda}_2(t)$ 时，H 达到极大，而当 $\boldsymbol{a}_M^* = \frac{1}{c_M}\boldsymbol{\lambda}_2(t)$，$H$ 达到极小。因此，该系统的最优策略为：

$$\begin{cases} \boldsymbol{a}_L^* = \dfrac{1}{c_L}\boldsymbol{\lambda}_2(t) \\ \boldsymbol{a}_M^* = \dfrac{1}{c_M}\boldsymbol{\lambda}_2(t) \end{cases} \tag{8-4-62}$$

由双方极值原理知道该系统的伴随方向和横截条件为：

$$\begin{cases} \dot{\boldsymbol{\lambda}}_1 = -H_{\boldsymbol{x}} = \boldsymbol{0} \\ \dot{\boldsymbol{\lambda}}_2 = -H_{\boldsymbol{v}} = -\boldsymbol{\lambda}_1(t) \end{cases} \tag{8-4-63}$$

$$\begin{cases} \boldsymbol{\lambda}_1(t_f) = -\alpha^2\boldsymbol{x}(t_f) \\ \boldsymbol{\lambda}_2(t_f) = \boldsymbol{0} \end{cases} \tag{8-4-64}$$

积分式(8-4-64)得

$$\begin{cases} \boldsymbol{\lambda}_1(t) = \boldsymbol{\lambda}_1(t_f) = -\alpha^2\boldsymbol{x}(t_f) \\ \boldsymbol{\lambda}_2(t) = -\alpha^2\boldsymbol{x}(t_f)(t_f - t) \end{cases} \tag{8-4-65}$$

将式(8-4-65)代入式(8-4-62)中得到最优策略为：

$$\begin{cases} \boldsymbol{a}_L^* = -\dfrac{\alpha^2}{c_L}\boldsymbol{x}(t_f)(t_f - t) \\ \boldsymbol{a}_M^* = -\dfrac{\alpha^2}{c_M}\boldsymbol{x}(t_f)(t_f - t) \end{cases} \tag{8-4-66}$$

将最优策略(8-4-66)代入式(8-4-58)中并积分，令 $t = t_f$，得

$$\boldsymbol{x}(t_f) = \frac{\boldsymbol{x}_0 + \boldsymbol{v}_0(t_f - t_0)}{1 + \dfrac{\alpha^2(c_M - c_L)}{3c_M c_L}(t_f - t_0)^3} \tag{8-4-67}$$

将式(8-4-67)代入(8-4-66)中得

$$\begin{cases} \boldsymbol{a}_{\mathrm{L}}^{*}(t_0)=-\dfrac{1}{c_{\mathrm{L}}}\dfrac{[\boldsymbol{x}_0+\boldsymbol{v}_0(t_f-t_0)](t_f-t_0)}{\dfrac{1}{\alpha^2}+\dfrac{(c_{\mathrm{M}}-c_{\mathrm{L}})}{3c_{\mathrm{L}}c_{\mathrm{M}}}(t_f-t_0)^3} \\ \boldsymbol{a}_{\mathrm{M}}^{*}(t_0)=-\dfrac{1}{c_{\mathrm{M}}}\dfrac{[\boldsymbol{x}_0+\boldsymbol{v}_0(t_f-t_0)](t_f-t_0)}{\dfrac{1}{\alpha^2}+\dfrac{(c_{\mathrm{M}}-c_{\mathrm{L}})}{3c_{\mathrm{L}}c_{\mathrm{M}}}(t_f-t_0)^3} \end{cases} \tag{8-4-68}$$

式(8-4-68)是该系统的最优策略,即鞍点。

下面主要讨论$\boldsymbol{a}_{\mathrm{L}}^{*}(t)$的形式。当 $\alpha^2\to\infty$(相当于要求 $\boldsymbol{x}(t_f)=\boldsymbol{0}$)时,由式(8-4-68)得

$$\boldsymbol{a}_{\mathrm{L}}^{*}(t_0)=-3\frac{\boldsymbol{x}_0+\boldsymbol{v}_0(t_f-t_0)}{(1-\dfrac{c_{\mathrm{L}}}{c_{\mathrm{M}}})(t_f-t_0)^2} \tag{8-4-69}$$

下面来选择 t_f,如果选取 t_f-t_0 为:

$$t_f-t_0=\frac{\langle \boldsymbol{x}_0,\boldsymbol{v}_0\rangle}{\langle \boldsymbol{x}_0,\boldsymbol{x}_0\rangle} \tag{8-4-70}$$

则式(8-4-69)变为:

$$\boldsymbol{a}_{\mathrm{L}}^{*}(t_0)=\frac{3}{(1-\dfrac{c_{\mathrm{L}}}{c_{\mathrm{M}}})}\frac{\langle \boldsymbol{x}_0,\boldsymbol{v}_0\rangle}{\langle \boldsymbol{x}_0,\boldsymbol{x}_0\rangle}\boldsymbol{w}_0\times\boldsymbol{x}_0 \tag{8-4-71}$$

其中$\langle\cdot,\cdot\rangle$表示两矢量的内积,而$\boldsymbol{w}_0\times\boldsymbol{x}_0$ 是矢量$\boldsymbol{w}_0$ 和矢量 $\boldsymbol{x}_0$ 的矢量积。其中

$$\boldsymbol{w}_0=\frac{\boldsymbol{x}_0\times\boldsymbol{v}_0}{\langle \boldsymbol{x}_0,\boldsymbol{x}_0\rangle} \tag{8-4-72}$$

如果取

$$t_f-t_0=-\frac{\langle \boldsymbol{x}_0,\boldsymbol{x}_0\rangle}{\langle \boldsymbol{x}_0,\boldsymbol{v}_0\rangle} \tag{8-4-73}$$

则式(8-4-71)变为:

$$\boldsymbol{a}_{\mathrm{L}}^{*}(t_0)=\frac{3}{\left(1-\dfrac{c_{\mathrm{L}}}{c_{\mathrm{M}}}\right)}\frac{\|\boldsymbol{x}_0\|^2\|\boldsymbol{v}_0\|^2}{\langle \boldsymbol{x}_0,\boldsymbol{v}_0\rangle^2}\boldsymbol{w}_0\times\boldsymbol{v}_0 \tag{8-4-74}$$

称为视线角速度。

当 $c_{\mathrm{M}}\to\infty$时,即性能指标中不考虑 a_{M} 的影响,或者说目标的机动能力为零,即 $a_{\mathrm{M}}=\boldsymbol{0}$,此时式(8-4-71)和式(8-4-74)变成

$$\boldsymbol{a}_{\mathrm{L}}^{*}(t_0)=\frac{3\langle \boldsymbol{x}_0,\boldsymbol{v}_0\rangle}{\langle \boldsymbol{x}_0,\boldsymbol{x}_0\rangle}\boldsymbol{w}_0\times\boldsymbol{x}_0 \tag{8-4-75}$$

$$\boldsymbol{a}_{\mathrm{L}}^{*}(t_0)=\frac{3\|\boldsymbol{x}_0\|^2\|\boldsymbol{v}_0\|^2}{\langle \boldsymbol{x}_0,\boldsymbol{v}_0\rangle^2}\boldsymbol{w}_0\times\boldsymbol{v}_0 \tag{8-4-76}$$

其中式(8-4-75)称为变系数的真正比例导航,式(8-4-76)称为变系数的纯比例导航。由于 t_0 是任意的,所以式(8-4-68)、式(8-4-69)、式(8-4-71)、式(8-4-74)都是综合式的最优拦截制导律。式(8-4-71)和式(8-4-74)表明,从微分对策点出发,对付机动目标的最优拦截制导律仍是比例导航,其不同之处是导航系数是时变的。

8.5 无穷时域二次型双人零和微分对策

本节讨论无穷时域上的二次型指标双人零和微分对策问题。对于二次型指标,可以得到

鞍点的表达式，在一定的条件下，可证明闭环系统的稳定性，该方法可应用于 H_∞ 控制的推导。

8.5.1 耗散系统

考虑如下一个定常非线性动力系统：

$$\dot{\boldsymbol{x}}=\boldsymbol{f}(\boldsymbol{x},\boldsymbol{u}) \tag{8-5-1}$$

$$\boldsymbol{y}=\boldsymbol{h}(\boldsymbol{x},\boldsymbol{u}) \tag{8-5-2}$$

其中 $\boldsymbol{x}(t_0)=\boldsymbol{x}_0,\boldsymbol{x}\in\mathbb{R}^n,\boldsymbol{u}\in\boldsymbol{\Omega}_U\subset\mathbb{R}^m,\boldsymbol{y}\in\mathbb{R}^p,\boldsymbol{f}(\boldsymbol{x},\boldsymbol{u}),\boldsymbol{h}(\boldsymbol{x},\boldsymbol{u})$ 关于变量 $\boldsymbol{x},\boldsymbol{u}$ 连续并且可求偏导数，并且 $\boldsymbol{f}$ 对 $\boldsymbol{x}$ 是满足李普希茨条件的。

定义如下一个映射：

$$s(\boldsymbol{u},\boldsymbol{y})\ :\boldsymbol{U}\times\boldsymbol{Y}\rightarrow\mathbb{R} \tag{8-5-3}$$

称 $s(\boldsymbol{u},\boldsymbol{y})$ 为一个供应率函数。

定义 8.5.1 如果存在一个正函数 $V(\boldsymbol{x})$（称为存储函数），使得对于 $\forall\,\boldsymbol{x}_0,t\geqslant t_0$，以及任意输入 $\boldsymbol{u}$ 都有

$$V(\boldsymbol{x}(t))\leqslant\int_{t_0}^{t}s(\boldsymbol{u},\boldsymbol{y})\mathrm{d}t+V(\boldsymbol{x}_0) \tag{8-5-4}$$

则称系统(8-5-1)与(8-5-2)关于供应率函数 $s(\boldsymbol{u},\boldsymbol{y})$ 是耗散的。

命题 8.5.1 对于供应率函数 $s(\boldsymbol{u},\boldsymbol{y})$ 及所定义的存储函数 $V(x)$，如果

$$\dot{V}\leqslant s(\boldsymbol{u},\boldsymbol{y}) \tag{8-5-5}$$

则称系统(8-5-1)与(8-5-2)是一个关于供应率 $s(\boldsymbol{u},\boldsymbol{y})$ 的耗散系统，其中 $\boldsymbol{u},\boldsymbol{y}$ 分别为系统外部的输入与输出，$\boldsymbol{x}$ 为方程(8-5-1)的解。

记 ∇V 表示 V 对 $\boldsymbol{x}$ 的梯度，是行向量，则不等式(8-5-5)称为系统(8-5-1)的耗散不等式，等价于

$$\dot{V}=\nabla V\cdot\boldsymbol{f}(\boldsymbol{x},\boldsymbol{u})\leqslant s(\boldsymbol{u},\boldsymbol{y}) \tag{8-5-6}$$

如果等号成立，则称系统是一个守恒系统。

供应率函数可以看成与 $\boldsymbol{u},\boldsymbol{y}$ 相关的向外部传输出的能量速率，$V(\boldsymbol{x})$ 可以视为系统内部储存的总能量。系统的耗散性意味着系统内部能量积累的变化率小于系统向外传输的能量速率，即存在一个正定函数 $V(\boldsymbol{x})$，使得式(8-5-6)成立，此时 $V(\boldsymbol{x})$ 就是我们熟知的李雅普诺夫函数。

对式(8-5-6)两边从 t_0 到 t 积分（$t\geqslant t_0$），则有

$$V(\boldsymbol{x}(t))-V(\boldsymbol{x}(t_0))\leqslant\int_{t_0}^{t}s(\boldsymbol{u},\boldsymbol{y})\mathrm{d}t \tag{8-5-7}$$

当 $t\rightarrow\infty$ 时，$\boldsymbol{x}(\infty)=0$，且 $V(\boldsymbol{x}(\infty))=0$。则式(8-5-7)变成

$$V(\boldsymbol{x}(t_0))\geqslant-\int_{t_0}^{\infty}s(\boldsymbol{u},\boldsymbol{y})\mathrm{d}t \tag{8-5-8}$$

于是我们有如下结论。

定理 8.5.1 考虑系统(8-5-1)与(8-5-2)及一个供应率 $s(\boldsymbol{u},\boldsymbol{y})$，定义

$$V(\boldsymbol{x}(t))=\sup_{\boldsymbol{u}}-\int_{t}^{\infty}s(\boldsymbol{u},\boldsymbol{y})\mathrm{d}t \tag{8-5-9}$$

如果系统是耗散的，则式(8-5-9)是一个存储函数。

证明可以参考文献[91]。

考虑如下一个特例，令

$$s(\boldsymbol{x},\boldsymbol{y})=\frac{1}{2}(\gamma^2\|\boldsymbol{u}\|^2-\|\boldsymbol{y}\|^2),\gamma>0 \tag{8-5-10}$$

若系统关于式(8-5-10)是耗散的，则存在 $V\geqslant\mathbf{0}$，使得对所有的 $t\geqslant0,\boldsymbol{x}_0$ 以及 $\boldsymbol{u}(t)$，有

$$0\leqslant V(\boldsymbol{x})\leqslant\frac{1}{2}\int_{t_0}^{t}(\gamma^2\|\boldsymbol{u}\|^2-\|\boldsymbol{y}\|^2)\mathrm{d}t+V(\boldsymbol{x}_0)$$

特别地，如果 $\boldsymbol{x}_0=\mathbf{0},V(\boldsymbol{x}_0)=0$，则

$$\int_{t_0}^{t}\|\boldsymbol{y}\|^2\mathrm{d}t\leqslant\gamma^2\int_{t_0}^{t}\|\boldsymbol{u}\|^2\mathrm{d}t \tag{8-5-11}$$

定义 8.5.2 如果系统(8-5-1)与(8-5-2)是一个关于供应率

$$s(\boldsymbol{x},\boldsymbol{y})=\frac{1}{2}(\gamma^2\|\boldsymbol{u}\|^2-\|\boldsymbol{y}\|^2),\quad \gamma>0 \tag{8-5-12}$$

的耗散系统，则式(8-5-11)表明式(8-5-1)与式(8-5-2)的 L_2 增益小于或等于 γ。而对于所有的容许 γ，令 $\gamma^*=\inf\{\gamma\}$，则 γ^* 称为系统(8-5-1)与系统(8-5-2)的 L_2 增益。

定义 8.5.3 如下一个非线性控制系统

$$\dot{\boldsymbol{x}}=\boldsymbol{f}(\boldsymbol{x})+\boldsymbol{g}(\boldsymbol{x})\boldsymbol{u}(\boldsymbol{x}) \tag{8-5-13}$$

$$\boldsymbol{y}=\boldsymbol{h}(\boldsymbol{x}) \tag{8-5-14}$$

称为是零状态可检测的，如果当 $\boldsymbol{u}(t)=\mathbf{0},\boldsymbol{y}=\mathbf{0}$ 时，只有 $\boldsymbol{x}=\mathbf{0}$。

8.5.2 二次型指标双人零和微分对策

考虑如下仿射非线性控制系统：

$$\dot{x}=\boldsymbol{f}(\boldsymbol{x})+\boldsymbol{g}_1(\boldsymbol{x})\boldsymbol{v}+\boldsymbol{g}_2(\boldsymbol{x})\boldsymbol{u} \tag{8-5-15}$$

$$\boldsymbol{z}=\boldsymbol{h}(\boldsymbol{x}) \tag{8-5-16}$$

其中 $\boldsymbol{x}\in\mathbb{R}^n$ 是状态变量，$\boldsymbol{u}\in\mathbb{R}^m$，$\boldsymbol{v}\in\mathbb{R}^d$ 是双方博弈者对应的控制变量，$\boldsymbol{z}\in\mathbb{R}^r$ 是被调节的输出变量，$\boldsymbol{f}(\boldsymbol{x}),\boldsymbol{g}_1(\boldsymbol{x}),\boldsymbol{g}_2(\boldsymbol{x}),\boldsymbol{h}(\boldsymbol{x})$ 等皆是相应维数的连续非线性矢量函数，且可以对变量求偏导数。假设 $\boldsymbol{x}=\mathbf{0}$ 为系统的一个局部平衡点，满足 $\boldsymbol{h}(\boldsymbol{x})=\mathbf{0}$，且系统是零状态可检测的。

构造一个如下的供给率函数：

$$s(\boldsymbol{u},\boldsymbol{v})=-\frac{1}{2}[\boldsymbol{h}^{\mathrm{T}}(\boldsymbol{x})\boldsymbol{h}(\boldsymbol{x})+\boldsymbol{u}^{\mathrm{T}}\boldsymbol{R}_2\boldsymbol{u}-\boldsymbol{v}^{\mathrm{T}}\boldsymbol{R}_1\boldsymbol{v}] \tag{8-5-17}$$

其中 $\boldsymbol{R}_1>\mathbf{0},\boldsymbol{R}_2>\mathbf{0}$ 是正定矩阵。

由定理 8.5.1，目标泛函为：

$$J(\boldsymbol{u}^*,\boldsymbol{v}^*)=\min_{\boldsymbol{u}}\max_{\boldsymbol{v}}\frac{1}{2}\int_{t_0}^{\infty}[\boldsymbol{h}^{\mathrm{T}}(\boldsymbol{x})\boldsymbol{h}(\boldsymbol{x})+\boldsymbol{u}^{\mathrm{T}}\boldsymbol{R}_2\boldsymbol{u}-\boldsymbol{v}^{\mathrm{T}}\boldsymbol{R}_1\boldsymbol{v}]\mathrm{d}\tau \tag{8-5-18}$$

由式(8-5-9)，采用动态规划法，令

$$V(\boldsymbol{x}(t))=\min_{\boldsymbol{u}}\max_{\boldsymbol{v}}\left\{\frac{1}{2}\int_{t}^{\infty}(\boldsymbol{h}^{\mathrm{T}}(\boldsymbol{x})\boldsymbol{h}(\boldsymbol{x})+\boldsymbol{u}^{\mathrm{T}}\boldsymbol{R}_2\boldsymbol{u}-\boldsymbol{v}^{\mathrm{T}}\boldsymbol{R}_1\boldsymbol{v})\mathrm{d}\tau\right\} \tag{8-5-19}$$

$V(\boldsymbol{x}(t))$ 称为微分对策问题在 t 时刻的值函数，由于对策问题是定常的，所以值函数只与当前状态 $\boldsymbol{x}(t)$ 相关。可以验证，该微分对策问题是可分的。

按照纳什均衡定义，如果博弈双方达到均衡。那么任何一方都没有单方面改变决策的意愿。因此求解问题(8-5-19)实际上就是要计算它的鞍点 $\boldsymbol{u}^*,\boldsymbol{v}^*$。在鞍点处微分对策问题达

到纳什均衡。

根据式(8-3-11)，则得到如下公式：

$$\min_{u}\max_{v}\left\{\nabla V(\boldsymbol{f}+\boldsymbol{g}_2\boldsymbol{u}+\boldsymbol{g}_1\boldsymbol{v})+\frac{1}{2}(\boldsymbol{H}^{\mathrm{T}}(\boldsymbol{x})\boldsymbol{h}(\boldsymbol{x})+\boldsymbol{u}^{\mathrm{T}}\boldsymbol{R}_2\boldsymbol{u}-\boldsymbol{v}^{\mathrm{T}}\boldsymbol{R}_1\boldsymbol{v})\right\}=0 \tag{8-5-20}$$

定义哈密顿函数：

$$H(\boldsymbol{x},\nabla V,\boldsymbol{u},\boldsymbol{v})\triangleq\nabla V(\boldsymbol{f}+\boldsymbol{g}_2\boldsymbol{u}+\boldsymbol{g}_1\boldsymbol{v})+\frac{1}{2}(\boldsymbol{H}^{\mathrm{T}}(\boldsymbol{x})\boldsymbol{h}(\boldsymbol{x})+\boldsymbol{u}^{\mathrm{T}}\boldsymbol{R}_2\boldsymbol{u}-\boldsymbol{v}^{\mathrm{T}}\boldsymbol{R}_1\boldsymbol{v}) \tag{8-5-21}$$

则式(8-5-20)可以简写成：

$$\min_{u}\max_{v}H(\boldsymbol{x},\nabla V,\boldsymbol{u},\boldsymbol{v})=0 \tag{8-5-22}$$

对于给定的 $\boldsymbol{u},\boldsymbol{v}$，式(8-5-22)是一个偏微分方程，并且满足 $V(\boldsymbol{x})\geqslant 0, V(\boldsymbol{0})=0$。

由双人零和的必要条件，需满足如下等式：

$$\min_{u}\max_{v}H(\boldsymbol{x},\nabla V,\boldsymbol{u},\boldsymbol{v})=\max_{v}\min_{u}H(\boldsymbol{x},\nabla V,\boldsymbol{u},\boldsymbol{v}) \tag{8-5-23}$$

其等价于

$$H(\boldsymbol{x},\nabla V,\boldsymbol{u}^*,\boldsymbol{v})\leqslant H(\boldsymbol{x},\nabla V,\boldsymbol{u}^*,\boldsymbol{v}^*)\leqslant H(\boldsymbol{x},\nabla V,\boldsymbol{u},\boldsymbol{v}^*) \tag{8-5-24}$$

由于 $\boldsymbol{u},\boldsymbol{v}$ 不受限及微分对策的可分性，因此由极值存在的必要条件，在鞍点处，应满足

$$H_{\boldsymbol{u}}=\boldsymbol{0},\quad H_{\boldsymbol{v}}=\boldsymbol{0} \tag{8-5-25}$$

代入式(8-5-20)，可以解出：

$$\boldsymbol{u}^*(\boldsymbol{x})=-\boldsymbol{R}_2^{-1}\boldsymbol{g}_2^{\mathrm{T}}(\boldsymbol{x})(\nabla V)^{\mathrm{T}} \tag{8-5-26}$$

$$\boldsymbol{v}^*(\boldsymbol{x})=\boldsymbol{R}_1^{-1}\boldsymbol{g}_1^{\mathrm{T}}(\boldsymbol{x})(\nabla V)^{\mathrm{T}} \tag{8-5-27}$$

易验证：

$$H_{\boldsymbol{uu}}=\boldsymbol{R}_2>\boldsymbol{0},\quad H_{\boldsymbol{vv}}=-\boldsymbol{R}_1<\boldsymbol{0} \tag{8-5-28}$$

所以哈密顿函数在 $\boldsymbol{u}^*$ 处达到极小，而在 $\boldsymbol{v}^*$ 处达到极大，所以 $(\boldsymbol{u}^*,\boldsymbol{v}^*)$ 是一个微分对策的鞍点。

将式(8-5-26)与式(8-5-27)代入方程(8-5-20)，可以获得如下的一个偏微分方程：

$$\begin{cases}\nabla V\cdot\boldsymbol{f}(\boldsymbol{x})+\dfrac{1}{2}\nabla V\left[\boldsymbol{g}_1^{\mathrm{T}}(\boldsymbol{x})\boldsymbol{R}_1^{-1}\,\boldsymbol{g}_1(\boldsymbol{x})-\boldsymbol{g}_2^{\mathrm{T}}(\boldsymbol{x})\boldsymbol{R}_2^{-1}\,\boldsymbol{g}_2(\boldsymbol{x})\right](\nabla V)^{\mathrm{T}}+\dfrac{1}{2}\boldsymbol{h}_1^{\mathrm{T}}(\boldsymbol{x})\boldsymbol{h}_1(\boldsymbol{x})=0\\ V(\boldsymbol{0})=0\end{cases} \tag{8-5-29}$$

我们称式(8-5-29)为 HJI 方程。

如果 HJI 方程(8-5-29)存在半正定解 $V(\boldsymbol{x})$，则 $\boldsymbol{u}^*,\boldsymbol{v}^*$ 就是双人零和问题的最优解。

引理 8.5.1 若 $\boldsymbol{u}^*(x),\boldsymbol{v}^*(x)$ 如式(8-5-27)与式(8-5-28)所定义，则对于任意的一组可以使得值函数 $V(\boldsymbol{x})$ 取有限的策略 $\boldsymbol{u}(\boldsymbol{x}),\boldsymbol{v}(\boldsymbol{x})$，且 $V(\boldsymbol{x})$ 是满足 HJI 方程的半正定解，则

$$H(\boldsymbol{x},\nabla V,\boldsymbol{u},\boldsymbol{v})=H(\boldsymbol{x},\nabla V,\boldsymbol{u}^*,\boldsymbol{v}^*)+\frac{1}{2}(\boldsymbol{u}-\boldsymbol{u}^*)^{\mathrm{T}}\boldsymbol{R}_2(\boldsymbol{u}-\boldsymbol{u}^*)-\frac{1}{2}(\boldsymbol{v}-\boldsymbol{v}^*)^{\mathrm{T}}\boldsymbol{R}_1(\boldsymbol{v}-\boldsymbol{v}^*) \tag{8-5-30}$$

其中 $H(\boldsymbol{x}\ \nabla V,\boldsymbol{u},\boldsymbol{v})$ 如式(8-5-21)所定义。

证明： 通过对式(8-5-20)配平方，可以很容易得到结论，这个证明留作习题。

由此表明

$$H(\boldsymbol{x},\nabla V,\boldsymbol{u}^*,\boldsymbol{v}^*)=0 \tag{8-5-31}$$

推论 8.5.1 对于满足 HJI 方程的一个 $V(x)$，将其代入(8-5-30)，对于任意 $\boldsymbol{u},\boldsymbol{v}$，可得

$$H(\boldsymbol{x},\nabla V,\boldsymbol{u},\boldsymbol{v})=\frac{1}{2}(\boldsymbol{u}-\boldsymbol{u}^*)^{\mathrm{T}}\boldsymbol{R}_2(\boldsymbol{u}-\boldsymbol{u}^*)-\frac{1}{2}(\boldsymbol{v}-\boldsymbol{v}^*)^{\mathrm{T}}\boldsymbol{R}_1(\boldsymbol{v}-\boldsymbol{v}^*) \tag{8-5-32}$$

综合上面的推导,可以总结出如下结论。

定理 8.5.1 假定 $\boldsymbol{x}=\boldsymbol{0}$ 是系统的一个局部平衡点,且系统(8-5-15)与(8-5-16)是零状态可检测的,$V^*(\boldsymbol{x})$是满足式(8-5-29)的一个有穷的半正定连续函数并可对所有变量求偏导数,由式(8-5-27)与式(8-5-28)所确定的$\boldsymbol{u}^*$,$\boldsymbol{v}^*$在$[t,\infty]$上是平方可积的,且闭环系统

$$\dot{\boldsymbol{x}}=\boldsymbol{f}(\boldsymbol{x})+\boldsymbol{g}_1(\boldsymbol{x})\boldsymbol{v}^*+\boldsymbol{g}_2(\boldsymbol{x})\boldsymbol{u}^*=\boldsymbol{f}(\boldsymbol{x})+\boldsymbol{g}_1(\boldsymbol{x})\boldsymbol{R}_1^{-1}\boldsymbol{g}_1^{\mathrm{T}}(\nabla V)-\boldsymbol{g}_2(\boldsymbol{x})\boldsymbol{R}_2^{-1}\boldsymbol{g}_2^{\mathrm{T}}(\boldsymbol{x})(\nabla V)^{\mathrm{T}} \tag{8-5-33}$$

是渐近稳定的。那么,双人零和问题就达到了纳什均衡,均衡点就是鞍点$\boldsymbol{u}^*$,$\boldsymbol{v}^*$。

证明:对于任意一个连续可微的正函数$V(\boldsymbol{x})$,指标泛函

$$\begin{aligned}J(\boldsymbol{u},\boldsymbol{v},t_f)&=\frac{1}{2}\int_{t_0}^{t_f}(\boldsymbol{h}_1^{\mathrm{T}}(x)\boldsymbol{h}_1(x)+\boldsymbol{u}^{\mathrm{T}}\boldsymbol{R}_2\boldsymbol{u}-\boldsymbol{v}^{\mathrm{T}}\boldsymbol{R}_1\boldsymbol{v})\mathrm{d}t\\&=\frac{1}{2}\int_{t_0}^{t_f}(\boldsymbol{h}_1^{\mathrm{T}}(x)\boldsymbol{h}_1(x)+\boldsymbol{u}^{\mathrm{T}}\boldsymbol{R}_2\boldsymbol{u}-\boldsymbol{v}^{\mathrm{T}}\boldsymbol{R}_1\boldsymbol{v})\mathrm{d}t+\int_{t_0}^{t_f}\dot{V}\mathrm{d}t-V(\boldsymbol{x}(t_f))+V(\boldsymbol{x}(t_0))\\&=\frac{1}{2}\int_{t_0}^{t_f}(\boldsymbol{h}_1^{\mathrm{T}}(x)\boldsymbol{h}_1(x)+\boldsymbol{u}^{\mathrm{T}}\boldsymbol{R}_2\boldsymbol{u}-\boldsymbol{v}^{\mathrm{T}}\boldsymbol{R}_1\boldsymbol{v})\mathrm{d}t+\int_{t_0}^{t_f}\nabla V(\boldsymbol{f}+\boldsymbol{g}_1\boldsymbol{v}+\boldsymbol{g}_2\boldsymbol{u})\mathrm{d}t\\&\quad-V(\boldsymbol{x}(t_f))+V(\boldsymbol{x}(t_0))\\&=\frac{1}{2}\int_{t_0}^{t_f}H(\boldsymbol{x},\nabla V,\boldsymbol{u},\boldsymbol{v})\mathrm{d}t-V(\boldsymbol{x}(t_f))+V(\boldsymbol{x}(t_0))\end{aligned}$$

假定$V^*(\boldsymbol{x})$是 HJI 方程(8-5-29)的一个解,利用式(8-5-32),可得

$$J(\boldsymbol{u},\boldsymbol{v},t_f)=\frac{1}{2}\int_{t_0}^{t_f}((\boldsymbol{u}-\boldsymbol{u}^*)^{\mathrm{T}}\boldsymbol{R}_2(\boldsymbol{u}-\boldsymbol{u}^*)-(\boldsymbol{v}-\boldsymbol{v}^*)^{\mathrm{T}}\boldsymbol{R}_1(\boldsymbol{v}-\boldsymbol{v}^*))\mathrm{d}t-V(\boldsymbol{x}(t_f))+V(\boldsymbol{x}(t_0))$$

因为$\boldsymbol{u},\boldsymbol{v}\in \mathrm{L}_2[t_0,\infty]$,并且当$t_f\to\infty$时有一个有限的值函数,这表明$\boldsymbol{x}(t)\in \mathrm{L}_2[t_0,\infty]$。

由于式(8-5-33)局部渐近稳定,意味着$\lim\limits_{t_f\to\infty}\boldsymbol{x}(t_f)=0$,由 HJI 方程的初始条件,

$$V(\boldsymbol{0})=0\Rightarrow V(\boldsymbol{x}(\infty))=0$$

于是

$$J(\boldsymbol{u},\boldsymbol{v})=\frac{1}{2}\int_{t_0}^{\infty}((\boldsymbol{u}-\boldsymbol{u}^*)^{\mathrm{T}}\boldsymbol{R}_2(\boldsymbol{u}-\boldsymbol{u}^*)-(\boldsymbol{v}-\boldsymbol{v}^*)^{\mathrm{T}}\boldsymbol{R}_1(\boldsymbol{v}-\boldsymbol{v}^*))\mathrm{d}t+V(\boldsymbol{x}(t_0))$$

明显可以看出,$\boldsymbol{u}^*$,$\boldsymbol{v}^*$是鞍点,即

$$J(\boldsymbol{u}^*,\boldsymbol{v}^*)=V^*(\boldsymbol{x}(t_0))$$

从而对策问题的最优解是$\boldsymbol{u}^*$,$\boldsymbol{v}^*$,最优值函数为$V^*(\boldsymbol{x}(t_0))$。

证毕!

8.6 非线性 H_∞ 控制

8.6.1 全状态信息下的非线性 H_∞ 控制

考虑如下仿射非线性控制系统:

$$\dot{\boldsymbol{x}}=\boldsymbol{f}(\boldsymbol{x})+\boldsymbol{g}_1(\boldsymbol{x})\boldsymbol{\omega}+\boldsymbol{g}_2(\boldsymbol{x})\boldsymbol{u} \tag{8-6-1}$$

$$z=\begin{pmatrix} h_1(x) \\ D_1 u \end{pmatrix} \tag{8-6-2}$$

$$y=h_2(x)+D_2(x)\omega \tag{8-6-3}$$

其中 $x\in\mathbb{R}^n$ 是状态变量，$u\in\mathbb{R}^m$ 是控制变量，$y\in\mathbb{R}^s$ 是量测输出变量，$z\in\mathbb{R}^r$ 是被调节的输出变量，$\omega\in\mathbb{R}^d$ 是外部信号或干扰信号，$f(x)$，$g_1(x)$，$g_2(x)$，$h_1(x)$，$h_2(x)$，$D_1(x)$，$D_2(x)$ 等皆是相应维数的连续可微的非线性矢量函数。令 $R=D_1^{\mathrm{T}}D_1>0$。

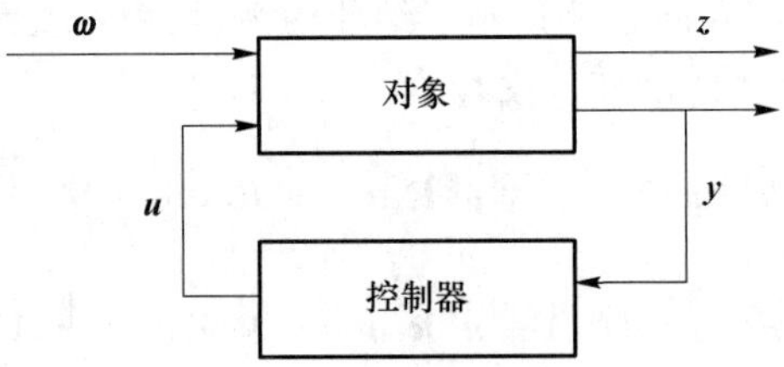

图 8.6.1　H∞ 控制方框图

假设 $x=0$ 是系统的一个局部平衡点，即 $f(0)=0$，并且满足 $h_1(x)=0$，$h_2(x)=0$。假定系统是零状态可检测的。

定义 8.6.1　如果 $\omega,z\in L_2[t_0,t_f]$，则称

$$\frac{\left(\int_{t_0}^{t_f}\|z(t)\|^2\mathrm{d}t\right)^{\frac{1}{2}}}{\left(\int_{t_0}^{t_f}\|\omega(t)\|^2\mathrm{d}t\right)^{\frac{1}{2}}}$$

为输入 ω 到调节输出 z 的 L_2 增益。

非线性 H∞ 控制的宗旨是设计控制函数 $u(x)$，使得

① 当 $\omega=0$ 时，闭环系统在 $x=0$ 处是局部渐近稳定的；

② 对于预先设定正数 γ，当初始条件 $x(t_0)=0$ 时，闭环系统对所有外部干扰 $\omega\in L_2[t_0,t_f]$，对调节输出 z 的响应满足如下关系：

$$\frac{\int_{t_0}^{t_f}\|z(t)\|^2\mathrm{d}t}{\int_{t_0}^{t_f}\|\omega(t)\|^2\mathrm{d}t}\leqslant\gamma^2 \tag{8-6-4}$$

即从干扰到输出调节变量的 L_2 增益小于或等于 γ。

注 8.6.1　一个标准的 H∞ 最优控制问题，是要找到一个最小的 $\gamma^*>0$，使得

$$\int_{t_0}^{t_f}(\|z(t)\|^2-\gamma^{*2}\|\omega(t)\|^2)\mathrm{d}t\leqslant 0 \tag{8-6-5}$$

并且对于任意的 $\gamma>\gamma^*$ 时，式(8-6-5)所表述的 L_2 增益问题都应当是可解的，即设计出的 $u(x)$ 使得干扰对调节输出的影响尽可能达到最小值 γ^*。这类问题一般称为最优 L_2 增益问题或 H∞ 最优控制问题。如果不知道或求不出最小的 γ^*，我们可以预先设定一个较大的 γ(假定此时 $\gamma>\gamma^*$)。然后设计控制器只要满足式(8-6-4)即可，我们称这类问题为 H∞ 次优控制问题。

注 8.6.2　与微分对策问题(8-5-17)、(8-5-18)与(8-5-19)相比，本节的非线性 H∞ 控制有一些的不同。问题(8-5-17)、(8-5-18)与(8-5-19)的积分时域为无穷大，且初始值可以是任意的，因此必须考虑闭环稳定性问题，即要求 $\lim\limits_{t\to\infty}x(t)=0$，所以 HJI 方程的终端条件为

$V(\mathbf{0})=0$，等价于 $V(\boldsymbol{x}(\infty))=0$，但这本质上反映的是终端时刻条件。而尽管本节的非线性 H_∞ 控制也可以转化为双人零和微分对策问题，但是其积分时域是有限的，且由于初始时刻 $x(t_0)=\mathbf{0}$，所以尽管 HJI 方程的条件也是 $V(\mathbf{0})=0$，但这针对的是初始时刻条件。

我们采用双人零和的微分对策方法来解决上述非线性 H_∞ 次优控制问题。将控制 $\boldsymbol{u}$ 看作一个博弈者，而干扰 $\boldsymbol{\omega}$ 为另一方的博弈者，选择储存率函数为：

$$s(\boldsymbol{u},\boldsymbol{\omega})=-\frac{1}{2}(\|\boldsymbol{z}(t)\|^2-\gamma^2\|\boldsymbol{\omega}\|^2) \tag{8-6-6}$$

选择微分对策问题的目标泛函为：

$$J(\boldsymbol{u},\boldsymbol{v})=\min_{\boldsymbol{u}\in\boldsymbol{\Omega}_U}\max_{\boldsymbol{\omega}\in\boldsymbol{\Omega}_\omega}\frac{1}{2}\left\{\left(\int_{t_0}^{t_f}(\|\boldsymbol{z}(t)\|^2-\gamma^2\|\boldsymbol{\omega}\|^2)\mathrm{d}t\right)\right\} \tag{8-6-7}$$

定义值函数为：

$$V(\boldsymbol{x}(t))=\min_{\boldsymbol{u}\in\boldsymbol{\Omega}_U}\max_{\boldsymbol{\omega}\in\boldsymbol{\Omega}_\omega}\frac{1}{2}\left\{\left(\int_{t}^{t_f}(\|\boldsymbol{z}(t)\|^2-\gamma^2\|\boldsymbol{\omega}\|^2)\mathrm{d}t\right)\right\} \tag{8-6-8}$$

则由定理 8.3.1 及式(8-3-14)得

$$\min_{\boldsymbol{u}\in\boldsymbol{\Omega}_U}\max_{\boldsymbol{\omega}\in\boldsymbol{\Omega}_\omega}\left\{\nabla V[\boldsymbol{f}(\boldsymbol{x})+\boldsymbol{g}_1(\boldsymbol{x})\boldsymbol{\omega}+\boldsymbol{g}_2(\boldsymbol{x})\boldsymbol{u}]+\frac{1}{2}[\boldsymbol{h}_1^{\mathrm{T}}(\boldsymbol{x})\boldsymbol{h}_1(\boldsymbol{x})+\boldsymbol{u}^{\mathrm{T}}\boldsymbol{R}\boldsymbol{u}-\gamma^2\|\boldsymbol{\omega}\|^2]\right\}=0 \tag{8-6-9}$$

对式(8-6-10)两边分别对 $\boldsymbol{u},\boldsymbol{\omega}$ 求偏导，并令两个偏导数等于零，解得

$$\boldsymbol{u}^*(x)=-\boldsymbol{R}^{-1}\boldsymbol{g}_2^{\mathrm{T}}(\boldsymbol{x})(\nabla V)^{\mathrm{T}} \tag{8-6-10}$$

$$\boldsymbol{\omega}^*(x)=\frac{1}{\gamma^2}\boldsymbol{g}_1^{\mathrm{T}}(\boldsymbol{x})(\nabla V)^{\mathrm{T}} \tag{8-6-11}$$

其中 $V(\boldsymbol{x})$ 是满足如下 HJI 方程的正定解：

$$\begin{cases}\nabla V\cdot\boldsymbol{f}(\boldsymbol{x})+\dfrac{1}{2}\nabla V[\dfrac{1}{\gamma^2}\boldsymbol{g}_1^{\mathrm{T}}(\boldsymbol{x})\boldsymbol{g}_1(\boldsymbol{x})-\boldsymbol{g}_2^{\mathrm{T}}(\boldsymbol{x})\boldsymbol{R}^{-1}\boldsymbol{g}_2(\boldsymbol{x})](\nabla V)^{\mathrm{T}}+\dfrac{1}{2}\boldsymbol{h}_1^{\mathrm{T}}(\boldsymbol{x})\boldsymbol{h}_1(\boldsymbol{x})=0\\ V(\mathbf{0})=0\end{cases} \tag{8-6-12}$$

定理 8.6.1(有界 L_2 增益问题的解) 对于系统(8.6.1)～(8.6.3)，假定干扰 $\boldsymbol{\omega}=\mathbf{0}$，且 $\boldsymbol{x}=\mathbf{0}$ 是输出可检测的，假定 $V(\boldsymbol{x})>0$ 是方程(8-6-12)一个连续可微的函数，则闭环系统

$$\dot{\boldsymbol{x}}=\boldsymbol{f}(\boldsymbol{x})-\boldsymbol{g}_2(\boldsymbol{x})\boldsymbol{R}^{-1}\boldsymbol{g}_2^{\mathrm{T}}(\boldsymbol{x})\frac{\partial V}{\partial\boldsymbol{x}} \tag{8-6-13}$$

在原点处是局部渐近稳定的。

证明：对于连续可微 $V(\boldsymbol{x})$，沿着系统轨线对时间求导

$$\dot{V}=\nabla V\cdot\dot{\boldsymbol{x}}=\nabla V[\boldsymbol{f}(\boldsymbol{x})+\boldsymbol{g}_1(\boldsymbol{x})\boldsymbol{\omega}+\boldsymbol{g}_2(\boldsymbol{x})\boldsymbol{R}^{-1}\boldsymbol{g}_2^{\mathrm{T}}(\boldsymbol{x})] \tag{8-6-14}$$

式(8-6-14)两端同时加上 $\frac{1}{2}[\boldsymbol{h}_1^{\mathrm{T}}(x)\boldsymbol{h}_1(x)+\boldsymbol{u}^{*\mathrm{T}}\boldsymbol{R}\boldsymbol{u}^*-\gamma^2\|\boldsymbol{\omega}\|^2]$，由哈密顿函数〔式(6-6-14)〕的定义，

$$\dot{V}+\frac{1}{2}(\boldsymbol{h}_1^{\mathrm{T}}(x)\boldsymbol{h}_1(\boldsymbol{x})+\boldsymbol{u}^{*\mathrm{T}}\boldsymbol{R}\boldsymbol{u}^*-\gamma^2\|\boldsymbol{\omega}\|^2)=H(\boldsymbol{x},\nabla V,\boldsymbol{u}^*,\boldsymbol{\omega}) \tag{8-6-15}$$

由于

$$H(\boldsymbol{x},\nabla V,\boldsymbol{u}^*,\boldsymbol{\omega})=H(\boldsymbol{x},\nabla V,\boldsymbol{u}^*,\boldsymbol{\omega}^*)-\frac{1}{2}\gamma^2\|\boldsymbol{\omega}-\boldsymbol{\omega}^*\|^2 \tag{8-6-16}$$

且由式(6-6-15)，$H(\boldsymbol{x},\nabla V,\boldsymbol{u}^*,\boldsymbol{\omega}^*)=0$，因此式(8-6-16)变为：

$$\dot{V}+\frac{1}{2}(\boldsymbol{h}_1^{\mathrm{T}}(\boldsymbol{x})\boldsymbol{h}_1(\boldsymbol{x})+\boldsymbol{u}^{*\mathrm{T}}\boldsymbol{R}\boldsymbol{u}^*)-\frac{1}{2}\gamma^2\|\boldsymbol{\omega}\|^2=-\frac{1}{2}\gamma^2\|\boldsymbol{\omega}-\boldsymbol{\omega}^*\|^2 \tag{8-6-17}$$

令干扰 $\boldsymbol{\omega}=\mathbf{0}$ 推出

$$\dot{V}=-\frac{1}{2}\gamma^2\|\boldsymbol{\omega}^*\|^2-\frac{1}{2}(\boldsymbol{h}_1^{\mathrm{T}}(\boldsymbol{x})\boldsymbol{h}_1(\boldsymbol{x})+\boldsymbol{u}^{*\mathrm{T}}\boldsymbol{R}\boldsymbol{u}^*)\leqslant-\frac{1}{2}\boldsymbol{h}_1^{\mathrm{T}}(\boldsymbol{x})\boldsymbol{h}_1(\boldsymbol{x})\leqslant 0 \tag{8-6-18}$$

由零状态可检测性假设，如果 $h_1(\mathbf{0})=\mathbf{0}$，只有 $\boldsymbol{x}=\mathbf{0}$ 这一个解，即除了 $\boldsymbol{x}=\mathbf{0}$，任何非零的系统轨线都将使得 $-\boldsymbol{h}_1^{\mathrm{T}}(\boldsymbol{x})\boldsymbol{h}_1(\boldsymbol{x})$ 都严格小于零（负定）。因此证明了闭环系统是李雅普诺夫意义下（局部）渐近稳定的。

事实上，在式(8-6-17)中，令 $\boldsymbol{\omega}=\boldsymbol{\omega}^*$，然后两边积分，有

$$V(\boldsymbol{x}(t_f))-V(\boldsymbol{x}(t_0))=-\frac{1}{2}\int_{t_0}^{t_f}[(\boldsymbol{h}_1^{\mathrm{T}}(\boldsymbol{x})\boldsymbol{h}_1(\boldsymbol{x})+\boldsymbol{u}^{*\mathrm{T}}\boldsymbol{R}\boldsymbol{u}^*)-\gamma^2\|\boldsymbol{\omega}^*\|^2]\mathrm{d}t \tag{8-6-19}$$

由于 V 是半正定的，并且假定系统初始值 $\boldsymbol{x}(t_0)=\mathbf{0}$，且 $V(\boldsymbol{x}(t_0))=V(\mathbf{0})=0$，因此

$$\frac{1}{2}\int_{t_0}^{t_f}[((\boldsymbol{h}_1^{\mathrm{T}}(\boldsymbol{x})\boldsymbol{h}_1(\boldsymbol{x})+\boldsymbol{u}^{*\mathrm{T}}\boldsymbol{R}\boldsymbol{u}^*))-\gamma^2\|\boldsymbol{\omega}^*\|^2]\mathrm{d}t=-V(\boldsymbol{x}(t_f))\leqslant 0$$

从而

$$\int_{t_0}^{t_f}\|\boldsymbol{z}(t)\|^2\mathrm{d}t\leqslant\int_{t_0}^{t_f}\gamma^2\|\boldsymbol{\omega}^*\|^2\mathrm{d}t$$

这表明闭环系统的 L_2 增益为 γ，而 $\boldsymbol{\omega}^*$ 则被称为最差干扰。

证毕！

注 8.6.3 若双方策略与最优轨线使得闭环系统具有 L_2 增益 γ，则

$$\begin{aligned}
&\int_{t_0}^{t}[(\boldsymbol{h}_1^{\mathrm{T}}(\boldsymbol{x})\boldsymbol{h}_1(\boldsymbol{x})+\boldsymbol{u}^{*\mathrm{T}}\boldsymbol{R}\boldsymbol{u}^*)-\gamma^2\|\boldsymbol{\omega}^*\|^2]\mathrm{d}t\\
=&\int_{t_0}^{t}[(\boldsymbol{h}_1^{\mathrm{T}}(\boldsymbol{x})\boldsymbol{h}_1(\boldsymbol{x})+\boldsymbol{u}^{*\mathrm{T}}\boldsymbol{R}\boldsymbol{u}^*)-\gamma^2\|\boldsymbol{\omega}^*\|^2]\mathrm{d}t+\int_{t_0}^{t}\dot{V}\mathrm{d}t-[V(\boldsymbol{x}(t))-V(\boldsymbol{x}(t_0))]\\
=&\int^{t}t_0[(\boldsymbol{h}_1^{\mathrm{T}}(\boldsymbol{x})\boldsymbol{h}_1(x)+\boldsymbol{u}^{*\mathrm{T}}\boldsymbol{R}\boldsymbol{u}^*)-\gamma^2\|\boldsymbol{\omega}^*\|^2]\mathrm{d}t+\int_{t_0}^{t}\nabla V(\boldsymbol{f}+\boldsymbol{g}_1\boldsymbol{\omega}^*+\boldsymbol{g}_2\boldsymbol{u}^*)\mathrm{d}t\\
&-[V(\boldsymbol{x}(t))-V(\boldsymbol{x}(t_0))]\\
=&\int_{t_0}^{t}H(\boldsymbol{x},\nabla V,\boldsymbol{u}^*,\boldsymbol{\omega}^*)\mathrm{d}t-V(\boldsymbol{x}(t))+V(\boldsymbol{x}(t_0))\leqslant 0
\end{aligned}$$

由于 $V(\boldsymbol{x}(t_0))=V(\mathbf{0})=0$，$H(\boldsymbol{x},\nabla V,\boldsymbol{u}^*,\boldsymbol{\omega}^*)=0$，所以 $V(\boldsymbol{x}(t))\geqslant 0$。

注 8.6.4 若考虑最优闭环系统的耗散性，那么式(8-6-8)就是存储函数。利用命题 8.5.1，$V(\boldsymbol{x})$满足下列不等式：

$$\dot{V}\leqslant\frac{1}{2}(\gamma^2\|\boldsymbol{\omega}\|^2-\|\boldsymbol{z}(t)\|^2) \tag{8-6-20}$$

即

$$\nabla V(\boldsymbol{f}(\boldsymbol{x})+\boldsymbol{g}_1(\boldsymbol{x})\boldsymbol{\omega}+\boldsymbol{g}_2(\boldsymbol{x}))+\frac{1}{2}(\|\boldsymbol{z}(t)\|^2-\gamma^2\|\boldsymbol{\omega}\|^2)\leqslant 0 \tag{8-6-21}$$

在最优博弈策略上，式(8-6-21)也要满足，即

$$\min_{\boldsymbol{u}\in\boldsymbol{\Omega}_U}\max_{\boldsymbol{\omega}\in\boldsymbol{\Omega}_{\boldsymbol{\omega}}}\left[\nabla V(\boldsymbol{f}(\boldsymbol{x})+\boldsymbol{g}_1(\boldsymbol{x})\boldsymbol{\omega}+\boldsymbol{g}_2(\boldsymbol{x}))+\frac{1}{2}(\|\boldsymbol{z}(t)\|^2-\gamma^2\|\boldsymbol{\omega}\|^2)\right]\leqslant 0 \tag{8-6-22}$$

或者 $\min\limits_{\boldsymbol{u}}\max\limits_{\boldsymbol{v}}H(\boldsymbol{x},\nabla V,\boldsymbol{u},\boldsymbol{v})\leqslant 0$。

将式(8-6-10)与式(8-6-11)代入式(8-6-22)，得到

$$\begin{cases}\nabla V\cdot \boldsymbol{f}(\boldsymbol{x})+\dfrac{1}{2}\nabla V\left[\dfrac{1}{\gamma^2}\boldsymbol{g}_1^{\mathrm{T}}(\boldsymbol{x})\boldsymbol{g}_1(\boldsymbol{x})-\boldsymbol{g}_2^{\mathrm{T}}(\boldsymbol{x})\boldsymbol{R}^{-1}\boldsymbol{g}_2(\boldsymbol{x})\right](\nabla V)^{\mathrm{T}}+\dfrac{1}{2}\boldsymbol{h}_1^{\mathrm{T}}(\boldsymbol{x})\boldsymbol{h}_1(\boldsymbol{x})\leqslant 0\\ V(\boldsymbol{0})=0\end{cases}\tag{8-6-23}$$

式(8-6-23)被称为 HJI 不等式,是个偏微分不等式。

注 8.6.5 考虑如下线性定常系统的 H_∞ 控制问题:

$$\begin{cases}\dot{\boldsymbol{x}}=\boldsymbol{A}\boldsymbol{x}+\boldsymbol{B}_1\boldsymbol{\omega}+\boldsymbol{B}_2\boldsymbol{u}\\ \boldsymbol{z}=\boldsymbol{C}\boldsymbol{x}+\boldsymbol{D}\boldsymbol{u}\end{cases}\tag{8-6-24}$$

假定 $\boldsymbol{C}^{\mathrm{T}}\boldsymbol{D}=\boldsymbol{0},\boldsymbol{D}^{\mathrm{T}}\boldsymbol{D}=\boldsymbol{I}$。令存储函数为 $V(\boldsymbol{x})=\frac{1}{2}\boldsymbol{x}^{\mathrm{T}}\boldsymbol{P}\boldsymbol{x}$,$\boldsymbol{P}$ 对称、正定或半正定,则很容易推出相应的 HJI 方程(或者不等式)为:

$$\boldsymbol{A}^{\mathrm{T}}\boldsymbol{P}+\boldsymbol{P}\boldsymbol{A}-\boldsymbol{P}(\boldsymbol{B}_2\boldsymbol{B}_2^{\mathrm{T}}-\gamma^2\boldsymbol{B}_1\boldsymbol{B}_1^{\mathrm{T}})\boldsymbol{P}+\boldsymbol{C}^{\mathrm{T}}\boldsymbol{C}=(\leqslant)\boldsymbol{0}\tag{8-6-25}$$

如果上述黎卡提方程(或者不等式)的半正定解是存在并可解的,则 H_∞ 最优控制为:

$$\boldsymbol{u}^*(t)=-\boldsymbol{B}_2^{\mathrm{T}}\boldsymbol{P}\boldsymbol{x}(t)\tag{8-6-26}$$

而最坏情形下的干扰为:

$$\boldsymbol{w}^*=\frac{1}{\gamma^2}\boldsymbol{B}_1^{\mathrm{T}}\boldsymbol{P}\boldsymbol{x}(t)\tag{8-6-27}$$

例 8.6.1 考虑系统

$$\dot{x}=u+(\arctan x)d$$

其中 d 为干扰变量,而调节变量为:

$$z=\begin{pmatrix}x\\u\end{pmatrix}$$

试设计非线性 H_∞ 控制器。

解:HJI 方程为:

$$\left(\frac{\mathrm{d}V}{\mathrm{d}x}\right)^2\left(1-\frac{\arctan^2 x}{\gamma^2}\right)=x^2$$

对于所有满足

$$|\arctan x|<\gamma,\quad \forall x\in\mathbb{R}$$

的 γ 有解 $V(x)\geqslant 0$。即对于 $\forall\gamma>\frac{\pi}{2}$,得

$$\frac{\mathrm{d}V}{\mathrm{d}x}=x\sqrt{\frac{\gamma^2}{\gamma^2-\arctan^2 x}}$$

从而得到一个非线性 H_∞ 控制为:

$$u=-x\sqrt{\frac{\gamma^2}{\gamma^2-\arctan^2 x}}$$

8.6.2 输出动态反馈非线性 H_∞ 控制

在很多情形下,系统的内部状态并不能直接获得,只能靠借助于输出信息来实现闭环控制,称为输出动态反馈控制器。例如,在线性系统中利用输出构造系统的状态观测器,可以实现对状态的在线估计,利用观测器的状态取代状态反馈中的状态,也可以保证闭环系统的渐近

稳定。

考虑如下非线性系统：

$$\begin{cases}\dot{\boldsymbol{x}}=\boldsymbol{f}(\boldsymbol{x},\boldsymbol{u},\boldsymbol{\omega})\\ \boldsymbol{y}=\boldsymbol{g}(\boldsymbol{x},\boldsymbol{u},\boldsymbol{\omega})\\ \boldsymbol{z}=\boldsymbol{h}(\boldsymbol{x},\boldsymbol{u},\boldsymbol{\omega})\end{cases} \tag{8-6-28}$$

其中 $\boldsymbol{x}\in\mathbb{R}^n,\boldsymbol{u}\in\mathbb{R}^m,\boldsymbol{\omega}\in\mathbb{R}^r,\boldsymbol{y}\in\mathbb{R}^p,\boldsymbol{z}\in\mathbb{R}^s$。

我们假设有如下一个输出动态反馈控制器：

$$\begin{aligned}\dot{\boldsymbol{\xi}}&=\bar{\boldsymbol{f}}(\boldsymbol{\xi},\boldsymbol{y})\\ \boldsymbol{u}&=\boldsymbol{\alpha}(\boldsymbol{\xi})\end{aligned} \tag{8-6-29}$$

对于增广的系统

$$\begin{pmatrix}\dot{\boldsymbol{x}}\\ \dot{\boldsymbol{\xi}}\end{pmatrix}=\begin{pmatrix}\boldsymbol{f}(\boldsymbol{x},\boldsymbol{\alpha}(\boldsymbol{\xi}),\boldsymbol{\omega}\\ \bar{\boldsymbol{f}}(\boldsymbol{\xi},\boldsymbol{g}(\boldsymbol{x},\boldsymbol{\alpha}(\boldsymbol{\xi}),\boldsymbol{\omega}))\end{pmatrix} \tag{8-6-30}$$

$$\boldsymbol{z}=\boldsymbol{h}(\boldsymbol{x},\boldsymbol{\alpha}(\boldsymbol{\xi}),\boldsymbol{\omega}) \tag{8-6-31}$$

该控制器使得系统(8-6-30)在闭环情形下从 $\boldsymbol{\omega}$ 到 $\boldsymbol{z}$ 的 L_2 增益小于或等于 γ。

限于篇幅，这里不讨论如何设计控制器(8-6-29)的问题。有兴趣的读者可以参考文献[1]、[91]。而在第 9 章中，对于线性定常系统，我们将详细地介绍基于输出反馈的 H_∞ 控制器设计。

本章小结

本章系统性地介绍了微分对策的基本原理，尤其详细阐述了双人零和微分对策问题，主要介绍了双人极值原理，由动态规划法推出了 HJI 方程，阐述了二次型指标微分对策问题以及在非线性 H_∞ 控制应用等。如同最优控制问题一样，双人极值原理的难点在于求解两点边值问题，此时若采用动态规划，则面临 HJI 方程的求解问题，这是非常难的数值计算问题。

本章仅论述了连续情形下的微分对策问题，离散情形下的微分对策也有相对应的成果。对于非零和微分对策，除了纳什均衡问题，还有帕雷托最优、主从最优以及组队最优等问题，感兴趣的读者可以阅读相关文献[7]、[32]、[81]、[95]、[113]等。近年来随着人工智能技术的发展，微分对策又成为研究热点之一，在军事、经济、金融等领域都有广泛的应用。

习　题

1. 如题图 8.1 所示，假设有两个在平面上运动的机器人 A 和 B，分别用半径为 r 的圆来表示它们的形状，假定两个机器人都为单位质量，A 的圆心坐标为 (x_a, y_a)，B 的圆心坐标为 (x_b, y_b)，机器人 A 在一个大小恒定的推进力 F_1 的作用下，希望在最短的时间内拦截到机器 B，而机器人 B 则在一个大小恒定的推进力 F_2 作用下希望躲开机器人 A 的拦截，拦截成功的条件：两个圆心之间的距离小于或等于 $2r$。以机器人 A 的方向角 u、机器人 B 的方向角 v 为控制变量，假设两个机器人的原点的初始位置已知。要求：

(1) 建立微分对策模型并给出两点边值条件；

(2) 计算最优策略。

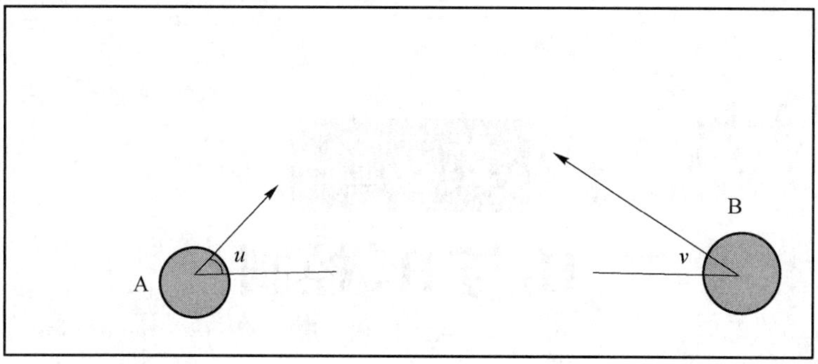

题图 8.1 运动的机器人 A 和 B

2. 如题图 8.2 所示，假定习题 1 的条件都满足，此时在平面上增加两个固定不动障碍物，它们分别用如下方程表示：

$$\frac{(x-c_{i1})^2}{a_i^2}+\frac{(b-c_{i2})^2}{b_i^2}=1,\quad i=1,2$$

假定两个障碍物没有相交部分且相隔最近距离大于 $2r$，要求建立微分对策模型并给出双方极值原理。

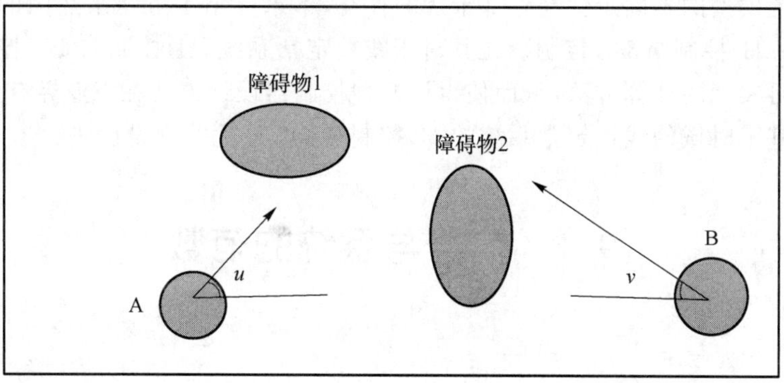

题图 8.2 两个固定不动障碍物示意图

3. 考虑系统

$$\dot{x}=(1+x^2)u+d$$

调节变量为：

$$z=\begin{pmatrix}x\\u\end{pmatrix}$$

试设计非线性 H_∞ 控制器。

4. 证明引理 8.5.1。

第 9 章

H_2 与 H_∞ 控制

自动控制系统设计的目标一是要保证闭环系统的内部稳定性，二是要保证闭环系统具有良好的控制精度(如稳态误差趋于零等)，三是要能减弱外部干扰对系统的闭环性能的影响，即保证闭环系统具有良好的鲁棒性。经典的调节理论一般在频率域上采用奈奎斯特-伯德图法，通过试凑法设计控制器。根轨迹法或者极点配置法可以将闭环系统的极点配置在特定区域，最优控制 LQR 可以使得闭环系统达到期望的性能，但是它们都需要依赖精确的系统动力学模型，而在一般情况下，模型可能带有不确定性。

考虑到系统模型的不确定性与外部干扰的存在，本章介绍了近年来热门的两种最优控制器设计方法——H_2控制与 H_∞ 控制。尤其对于线性定常系统，H_2控制与 H_∞ 控制有着非常完美的结论以及可实现的计算方法，从而使得该两种控制器设计方法在工业界有着广泛的应用。这里主要介绍基于时域的线性定常系统的 H_2控制与 H_∞ 最优控制设计法。

9.1 信号与系统的范数

9.1.1 信号的范数

我们称一个从$[0,\infty)\to\mathbb{R}$ 的映射 $v(t)$为一个标量信号。

定义 9.1.1(L_2 范数) 如果一个标量函数 $v(t)\in L_2[0,\infty)$，是平方可积的，那么它的 L_2 范数遵从如下定义：

$$\|v\|_2=\left(\int_0^\infty v^2\,\mathrm{d}t\right)^{\frac{1}{2}} \tag{9-1-1}$$

它的物理意义是如果把信号看作电压或者电流，L_2 范数就是单位电阻上的总能量。

如果 $v(t)$可以进行拉普拉斯变换，

$$V(s)=\int_0^\infty v(t)\mathrm{e}^{-st}\,\mathrm{d}t \tag{9-1-2}$$

那么也可以在频率域上(虚轴上)定义它的 L_2 范数：

$$\|V(s)\|_2=\left(\frac{1}{2\pi}\int_{-\infty}^\infty |V(\mathrm{j}\omega)|^2\mathrm{d}\omega\right)^{\frac{1}{2}} \tag{9-1-3}$$

由帕赛瓦尔定理，时域与频域上的两个范数是相等的，即

$$\|v\|_2=\|V(s)\|_2 \tag{9-1-4}$$

如果 $\boldsymbol{v}(t)\in\{L_2[0,\infty)\}^n$ 是一个矢量，则其 L_2 范数定义为：

$$\|\boldsymbol{v}\|_2=\left(\int_0^\infty \boldsymbol{v}^T\boldsymbol{v}dt\right)^{\frac{1}{2}}=\left(\int_0^\infty\sum_{i=1}^n \boldsymbol{v}_i^2dt\right)^{\frac{1}{2}} \tag{9-1-5}$$

同样，假定 $\boldsymbol{v}(t)$ 存在拉普拉斯变换 $\boldsymbol{V}(s)=\{V_1(s),\cdots,V_n(s)\}^T$，则其在频域上的 L_2 范数为：

$$\|\boldsymbol{V}(s)\|_2=\left(\frac{1}{2\pi}\int_{-\infty}^\infty|\boldsymbol{V}(j\omega)|^2d\omega\right)^{\frac{1}{2}}=\left(\frac{1}{2\pi}\int_{-\infty}^\infty\boldsymbol{V}^T(-j\omega)\boldsymbol{V}(j\omega)d\omega\right)^{\frac{1}{2}} \tag{9-1-6}$$

定义 9.1.2（L_p 范数） 一个标量 $v(t)\in L_p[0,\infty)$，那么它的 L_p 范数遵从如下定义：

$$\|v\|_p=\left(\int_0^\infty v^pdt\right)^{\frac{1}{p}},\quad p\geqslant 1 \tag{9-1-7}$$

注 9.1.1 这里的积分是勒贝格积分。

定义 9.1.3（∞-范数） 当 $p\to\infty$ 时，就产生了 L_∞ 范数，简称∞-范数，定义如下：

$$\|v\|_\infty=\max_t|v(t)| \tag{9-1-8}$$

注 9.1.2 式(9-1-8)依赖极值的存在。如果极值不存在，我们可用上确界来定义∞-范数：

$$\|v\|_\infty=\sup_t|v(t)| \tag{9-1-9}$$

9.1.2 系统的范数

1. 系统的 H_2 范数

对于一个单输入单输出传递函数是 $G(s)$ 的系统来说，其 H_2 范数的定义如下：

$$\|G\|_2=\left(\frac{1}{2\pi}\int_{-\infty}^\infty|G(j\omega)|^2d\omega\right)^{\frac{1}{2}} \tag{9-1-10}$$

而对于多变量系统，有如下定义。

定义 9.1.4 假设传递函数矩阵为 $\boldsymbol{G}(s)=(g_{ij}(s))$，则 H_2 范数定义如下：

$$\begin{aligned}\|\boldsymbol{G}\|_2&=\left(\sum_{ij}\|g_{ij}\|_2^2\right)^{\frac{1}{2}}=\left(\frac{1}{2\pi}\int_{-\infty}^\infty\sum_{ij}|g_{ij}(j\omega)|^2d\omega\right)^{\frac{1}{2}}\\&=\left(\frac{1}{2\pi}\int_{-\infty}^\infty\sum_{ij}g_{ij}(-j\omega)g_{ij}(j\omega)d\omega\right)^{\frac{1}{2}}\\&=\left(\frac{1}{2\pi}\int_{-\infty}^\infty \mathrm{tr}[\boldsymbol{G}^T(-j\omega)\boldsymbol{G}(j\omega)]d\omega\right)^{\frac{1}{2}}\end{aligned} \tag{9-1-11}$$

现在考虑一个 H_2 范数如何在时域上描述，对于如下定常线性系统

$$\begin{aligned}\dot{\boldsymbol{x}}&=\boldsymbol{Ax}+\boldsymbol{Bu}\\\boldsymbol{y}&=\boldsymbol{Cx}\end{aligned} \tag{9-1-12}$$

其中 $\boldsymbol{x}\in\mathbb{R}^n,\boldsymbol{u}\in\mathbb{R}^m,\boldsymbol{y}\in\mathbb{R}^p$，其传递函数为：

$$\boldsymbol{G}(s)=\boldsymbol{C}(s\boldsymbol{I}-\boldsymbol{A})^{-1}\boldsymbol{B} \tag{9-1-13}$$

在时域上输出表达式为：

$$\boldsymbol{y}(t)=\boldsymbol{C}\mathrm{e}^{\boldsymbol{A}(t-t_0)}\boldsymbol{x}_0+\int_{t_0}^{t}\boldsymbol{H}(t-\tau)\boldsymbol{u}(\tau)\mathrm{d}\tau \tag{9-1-14}$$

其中 $\boldsymbol{H}(t)$ 为当输入是单位脉冲函数 $\delta(t_0)$，且初始状态 $\boldsymbol{x}_0=\boldsymbol{0}$ 时的输出，即

$$\boldsymbol{H}(t)=\boldsymbol{C}\mathrm{e}^{\boldsymbol{A}t}\boldsymbol{B} \tag{9-1-15}$$

事实上，对式(9-1-15)两边同取拉普拉斯变换：

$$\boldsymbol{G}(s)=\int_{t_0}^{\infty}\boldsymbol{H}(\tau)\mathrm{e}^{-s\tau}\mathrm{d}\tau \tag{9-1-16}$$

由帕赛瓦尔定理，

$$\|\boldsymbol{G}(s)\|_2=\|\boldsymbol{H}\|_2 \tag{9-1-17}$$

其中

$$\|\boldsymbol{H}\|_2=\left(\int_{t_0}^{\infty}\sum_{ij}h_{ij}^2\mathrm{d}t\right)^{\frac{1}{2}}=\left(\int_{-\infty}^{\infty}\mathrm{tr}[\boldsymbol{H}^{\mathrm{T}}(t)\boldsymbol{H}(t)]\mathrm{d}t\right)^{\frac{1}{2}} \tag{9-1-18}$$

可以看出，如果矩阵 $\boldsymbol{A}$ 的特征根都为负实部，即系统是稳定的，则式(9-1-15)是有限的。

由式(9-1-18)，我们可以在时域上直接计算 H_2 范数：

$$\|\boldsymbol{G}(s)\|_2=\|\boldsymbol{H}\|_2=\mathrm{tr}\left(\boldsymbol{C}\int_{t_0}^{\infty}\mathrm{e}^{\boldsymbol{A}t}\boldsymbol{B}\boldsymbol{B}^{\mathrm{T}}\mathrm{e}^{\boldsymbol{A}^{\mathrm{T}}t}\mathrm{d}t\,\boldsymbol{C}^{\mathrm{T}}\right) \tag{9-1-19}$$

定义矩阵 $\boldsymbol{P}$ 如下：

$$\boldsymbol{P}=\int_{t_0}^{\infty}\mathrm{e}^{\boldsymbol{A}t}\boldsymbol{B}\boldsymbol{B}^{\mathrm{T}}\mathrm{e}^{\boldsymbol{A}^{\mathrm{T}}t}\mathrm{d}t \tag{9-1-20}$$

则系统(9-1-12)的 H_2 范数为：

$$\|\boldsymbol{H}\|_2=\mathrm{tr}(\boldsymbol{C}\boldsymbol{P}\boldsymbol{C}^{\mathrm{T}}) \tag{9-1-21}$$

而容易验证若 $\boldsymbol{A}$ 稳定，则 $\boldsymbol{P}$ 是下列矩阵方程的唯一解(留作习题)：

$$\boldsymbol{P}\boldsymbol{A}+\boldsymbol{A}^{\mathrm{T}}\boldsymbol{P}=-\boldsymbol{B}\boldsymbol{B}^{\mathrm{T}} \tag{9-1-22}$$

式(9-1-22)也被称为矩阵李雅普诺夫方程。

我们从信号角度解释 H_2 范数，当初始值为零时，传递函数为：

$$\hat{\boldsymbol{y}}(s)=\boldsymbol{G}(s)\hat{\boldsymbol{u}}(s) \tag{9-1-23}$$

对于单输入单输出情形，若 $u(s)=1$，则

$$\|\hat{y}(s)\|_2=\|G\|_2=\left(\frac{1}{2\pi}\int_{-\infty}^{\infty}|G(\mathrm{j}\omega)|^2\mathrm{d}\omega\right)^{\frac{1}{2}}=\|G(s)\|_2 \tag{9-1-24}$$

因此 H_2 范数可以看作在整个频率域上得到的一个平均系统增益。

2. 系统的 H_∞ 范数

对于单输入单输出情形，若其传递函数为 $G(s)$，则其 H_∞ 范数定义如下：

$$\|G\|_\infty=\max_{\omega}|G(\mathrm{j}\omega)| \tag{9-1-25}$$

如果极大值不能取到，则可以用上确界来代替：

$$\|G\|_\infty=\sup_{\omega}|G(\mathrm{j}\omega)| \tag{9-1-26}$$

回顾自控原理，$|G(\mathrm{j}\omega)|$ 就是当输入是以 ω 为频率的正弦信号时，对输入幅值的放大倍数。如果输入是 $\sin\omega t$，则输出的幅值就是 $|G(\mathrm{j}\omega)|$。

命题 9.1.1 如果系统的输出信号可以取拉普拉斯变换并存在 L_2 范数，输入信号也可以取拉普拉斯变换并存在 L_2 范数，则 $\|G(s)\|_\infty$ 的另一个解释是

$$\|G\|_\infty=\sup_{\omega}\left\{\frac{\|G\hat{u}\|_2}{\|\hat{u}\|_2},\|\hat{u}\|\neq 0\right\} \tag{9-1-27}$$

证明：

$$\|G\hat{u}\|_2=\left(\frac{1}{2\pi}\int_{-\infty}^{\infty}|G(\mathrm{j}\omega)\hat{u}(\mathrm{j}\omega)|^2\mathrm{d}\omega\right)^{\frac{1}{2}}$$
$$=\left(\frac{1}{2\pi}\int_{-\infty}^{\infty}|G(\mathrm{j}\omega)|^2|\hat{u}(\mathrm{j}\omega)|^2\mathrm{d}\omega\right)^{\frac{1}{2}}$$
$$\leqslant\sup_{\omega}|G|\left(\frac{1}{2\pi}\int_{-\infty}^{\infty}|\hat{u}(\mathrm{j}\omega)|^2\mathrm{d}\omega\right)^{\frac{1}{2}}=\|G\|_\infty\|\hat{u}\|_2$$

因此

$$\|G\|_\infty\geqslant\frac{\|G\hat{u}\|_2}{\|\hat{u}\|_2},\quad \|\hat{u}\|\neq 0$$

事实上，确实有输入信号使得$\|G(s)\|_\infty$达到或者接近上界。因此

$$\|G\|_\infty=\sup_{\omega}\left\{\frac{\|G\hat{u}\|_2}{\|\hat{u}\|_2},\quad \|\hat{u}\|\neq 0\right\}\tag{9-1-28}$$

可以看为系统的增益。由于输入是信号的 L_2 范数，输出是信号的 L_2 范数，因此$\|G(s)\|_\infty$也称为系统的 L_2 增益。

对于一个多输入多输出(MIMO)系统，其传递函数矩阵为 $G(s)$，也可以定义 $G(s)$的 H_∞ 范数。

令一个复数矢量

$$\boldsymbol{v}=\begin{pmatrix}v_1\\v_2\\\vdots\\v_l\end{pmatrix},\quad v_i\in\mathbb{C},\quad i=1,\cdots,l$$

则$\|\boldsymbol{v}\|=(|x_1|^2+|x_2|^2+\cdots+|x_l|^2)^{\frac{1}{2}}$，$\|\cdot\|$表示复数的模。

$G(s)$在频率 ω 下的最大增益为：

$$\|G\|=\max_{\omega}\left[\frac{\|G(\mathrm{j}\omega)u\|}{\|u\|}\right]=\max_{\omega}\{\|G(\mathrm{j}\omega)u\|,\|u\|=1\}\tag{9-1-29}$$

而矩阵的范数$\|G\|$可以定义为$\sqrt{\lambda_{\max}(G(-\mathrm{j}\omega)G^{\mathrm{T}}(\mathrm{j}\omega))}$，其中 $\lambda_{\max}(\cdot)$表示矩阵最大的特征根。

定义 9.1.5　一个多输入多输出系统 $\boldsymbol{G}(s)$的 H_∞ 范数定义为：

$$\|\boldsymbol{G}(s)\|_\infty=\sup_{\omega}[\|\boldsymbol{G}\|]=\sup_{\omega}\sqrt{\lambda_{\max}(\boldsymbol{G}(-\mathrm{j}\omega)\boldsymbol{G}^{\mathrm{T}}(\mathrm{j}\omega))}\tag{9-1-30}$$

对于 MIMO 情形来说，若系统的输出信号可以取拉普拉斯变换并存在 L_2 范数，输入信号也可以取拉普拉斯变换并存在 L_2 范数，则

$$\|\boldsymbol{G}\hat{\boldsymbol{u}}\|_2=\left(\frac{1}{2\pi}\int_{-\infty}^{\infty}\hat{\boldsymbol{u}}^{\mathrm{T}}(-\mathrm{j}\omega)\boldsymbol{G}^{\mathrm{T}}(-\mathrm{j}\omega)\boldsymbol{G}(\mathrm{j}\omega)\hat{\boldsymbol{u}}(\mathrm{j}\omega)\mathrm{d}\omega\right)^{\frac{1}{2}}$$
$$=\left(\frac{1}{2\pi}\int_{-\infty}^{\infty}\|\boldsymbol{G}(\mathrm{j}\omega)\hat{\boldsymbol{u}}(\mathrm{j}\omega)\|^2\mathrm{d}\omega\right)^{\frac{1}{2}}$$
$$\leqslant\left(\frac{1}{2\pi}\int_{-\infty}^{\infty}\|\boldsymbol{G}(\mathrm{j}\omega)\|\|\hat{\boldsymbol{u}}(\mathrm{j}\omega)\|^2\mathrm{d}\omega\right)^{\frac{1}{2}}\leqslant\sup_{\omega}\|\boldsymbol{G}\|\left(\frac{1}{2\pi}\int_{-\infty}^{\infty}\|\hat{\boldsymbol{u}}(\mathrm{j}\omega)\|^2\mathrm{d}\omega\right)^{\frac{1}{2}}$$
$$=\|\boldsymbol{G}\|_\infty\|\hat{\boldsymbol{u}}\|_2\tag{9-1-31}$$

跟 SISO 情形一样，在式(9-1-31)中总有频率使得上确界达到或者接近。因此 $G(s)$的无穷大范数可以由信号的 L_2 范数诱导得出：

$$\|G\|_\infty = \sup_\omega \left\{ \frac{\|G\hat{u}\|_2}{\|\hat{u}\|_2}, \quad \|\hat{u}\| \neq 0 \right\} = \sup_{\|\hat{u}\|=1} \|G\hat{u}\|_2 \tag{9-1-32}$$

现在我们讨论在时域中如何表示一个 H_∞ 范数。对于如下线性定常系统

$$\begin{aligned} \dot{x} &= Ax + Bw \\ z &= Cx + Dw \end{aligned} \tag{9-1-33}$$

其中 $x\in\mathbb{R}^n, w\in\mathbb{R}^d, z\in\mathbb{R}^q$，则从 w 到 z 的传递函数为：

$$G(s) = C(sI - A)^{-1}B + D \tag{9-1-34}$$

由帕斯瓦尔定理，时域的无穷大范数的定义为：

$$\|G\|_\infty = \sup_w \left\{ \frac{\|z\|_2}{\|w\|_2}, \|w\| \neq 0 \right\} \tag{9-1-35}$$

若定义

$$J_\infty(G, w) \triangleq \max_w (\|z\|_2^2 - \gamma^2 \|w\|_2^2) \tag{9-1-36}$$

则式(9-1-35)表明，对于 $\forall \gamma > 0, \|G\| < \gamma$ 当且仅当

$$J_\infty(G, w) \triangleq \max_w (\|z\|_2^2 - \gamma^2 \|w\|_2^2) = \max_w \left\{ \int_{t_0}^{\infty} [z^T z - \gamma^2 w^T w] dt \right\} < 0 \tag{9-1-37}$$

为了求解式(9-1-37)的极值问题，可以令

$$s(z, w) = -\frac{1}{2} (\|z\|^2 - \gamma^{*2} \|w\|^2) \tag{9-1-38}$$

为一个储存率函数。用待定矩阵法，假设存在一个正定函数 $V(x)$ 满足 $2V(x) = x^T X x$，下一步就是确定 X 所满足的条件。

引理 9.1.1(有界实引理) 若传递函数 $G(s)$ 的状态空间描述为式(9-1-33)且 A 是稳定的，给定 $\gamma > 0$，且 $\gamma^2 I - D^T D > 0$，则 $\|G\|_\infty < \gamma$ 的充分必要条件为下列黎卡提不等式

$$A^T X + XA + (XB + C^T D)(\gamma^2 I - D^T D)^{-1}(B^T X + D^T C) + C^T C \leqslant 0 \tag{9-1-39}$$

有正定解或半正定解 X。

证明：必要性：令

$$s(z, w) = -\frac{1}{2} (\|z\|^2 - \gamma^2 \|w\|^2) \tag{9-1-40}$$

为一个储存率函数，假设存在一个正定函数

$$V(x) = \frac{1}{2} x^T X x = \max_w \left\{ -\int_t^\infty s(z, w) dt \right\} \tag{9-1-41}$$

则由式(8-5-5)有 $\dot{V} \leqslant s(z, w)$，从而推出

$$\max_w \{ \nabla V(Ax + Bw) + \frac{1}{2} (\|z\|^2 - \gamma^2 \|w\|^2) \} \leqslant 0 \tag{9-1-42}$$

即

$$\max_w \{ x^T X(Ax + Bw) + \frac{1}{2} (x^T C^T + w^T D^T)(Cx + Dw) - \gamma^2 \|w\|^2 \} \leqslant 0 \tag{9-1-43}$$

通过对式(9-1-43)左边对 w 的偏导并令偏导等于零，得

$$w^* = (\gamma^2 I - D^T D)^{-1}(B^T X + D^T C)x \tag{9-1-44}$$

将式(9-1-44)代入到式(9-1-43)得出如下黎卡提不等式(留作习题)：

$$A^T X + XA + (XB + C^T D)(\gamma^2 I - D^T D)^{-1}(B^T X + D^T C) + C^T C \leqslant \mathbf{0} \tag{9-1-45}$$

令

$$K=(\gamma^2 I-D^{T}D)^{-1}(B^{T}X+D^{T}C)x \tag{9-1-46}$$

则式(9-1-45)可以写成

$$(A+BK)^{T}X+X(A+BK)-XB(\gamma^2 I-D^{T}D)^{-1}B^{T}X+C^{T}D(\gamma^2 I-D^{T}D)^{-1}D^{T}C+C^{T}C\leqslant 0 \tag{9-1-47}$$

特别,当 $D=0$ 时,式(9-1-45)为:

$$A^{T}X+XA+\frac{1}{\gamma^2}XBB^{T}X+C^{T}C\leqslant 0 \tag{9-1-48}$$

充分性:可从式(9-1-47)倒推,可验证 $\|G\|_\infty<\gamma$。

证毕!

推论 9.1.1 令 $Y=\gamma^2X^{-1}$,X 是式(9-1-48)的解,则 Y 是满足如下黎卡提不等式的正定或半正定解:

$$YA^{T}+AY+\frac{1}{\gamma^2}YC^{T}CY+B^{T}B\leqslant 0 \tag{9-1-49}$$

证明: 在式(9-1-48)两边,同时左乘 γ^2X^{-1} 与右乘 γ^2X^{-1},然后两边同除以 γ^2,就得到方程(9-1-49)。

证毕!

推论 9.1.1 在设计观测器、最优估计器等过程中会用到。

9.1.3 代数黎卡提方程的性质

在式(9-1-45)与式(9-1-49)中,出现了类似如下黎卡提代数方程:

$$A^{T}X+XA+XRX+Q=0,\quad R=R^{T},\quad Q=Q^{T} \tag{9-1-50}$$

相关的哈密顿矩阵为:

$$H=\begin{pmatrix} A & R \\ -Q & -A^{T}\end{pmatrix} \tag{9-1-51}$$

由 4.7 节可知,如果 λ 是 H 的特征根,则 $-\lambda$ 也是 H 的特征根。所以特征根就平均分成两部分,即 H_- 与 H_+,它们分别表示非正实部与非负实部的若当块矩阵。因此,利用特征向量的性质,可将 H 写成

$$\begin{pmatrix} A & R \\ -Q & -A^{T}\end{pmatrix}\begin{pmatrix} X_1 & * \\ X_2 & *\end{pmatrix}=\begin{pmatrix} X_1 & * \\ X_2 & *\end{pmatrix}\begin{pmatrix} H_- & 0 \\ 0 & H_+\end{pmatrix} \tag{9-1-52}$$

定理 9.1.1 对于哈密顿矩阵 H,矩阵 X_1,X_2 如式(9-1-52)所定义,令

$$X_-(H)=\operatorname{span}\begin{pmatrix} X_1 \\ X_2\end{pmatrix} \tag{9-1-53}$$

表示由稳定的特征根所对应的特征向量张成的子空间,如果 X_1 非奇异,记 $X=X_2X_1^{-1}$,则 X 是黎卡提代数方程(9-1-50)的解,并且矩阵 $A+RX$ 与 H_- 有相同的特征根。

证明: 由

$$\begin{pmatrix} A & R \\ -Q & -A^{T}\end{pmatrix}\begin{pmatrix} X_1 & * \\ X_2 & *\end{pmatrix}=\begin{pmatrix} X_1 & * \\ X_2 & *\end{pmatrix}\begin{pmatrix} H_- & 0 \\ 0 & H_+\end{pmatrix} \tag{9-1-54}$$

可推出

$$\boldsymbol{A}\boldsymbol{X}_1+\boldsymbol{R}\boldsymbol{X}_2=\boldsymbol{X}_1\boldsymbol{H}_- \tag{9-1-55}$$

$$-\boldsymbol{Q}\boldsymbol{X}_1-\boldsymbol{A}^{\mathrm{T}}\boldsymbol{X}_2=\boldsymbol{X}_2\boldsymbol{H}_- \tag{9-1-56}$$

在式(9-1-55)两端左乘 $\boldsymbol{X}_2\boldsymbol{X}_1^{-1}$，然后在两端右乘 $\boldsymbol{X}^{-1}$，得

$$(\boldsymbol{X}_2\boldsymbol{X}_1^{-1})\boldsymbol{A}+(\boldsymbol{X}_2\boldsymbol{X}_1^{-1})\boldsymbol{R}(\boldsymbol{X}_2\boldsymbol{X}_1^{-1})=\boldsymbol{X}_2\boldsymbol{H}_-\boldsymbol{X}_1^{-1} \tag{9-1-57}$$

在式(9-1-56)两端右乘 $\boldsymbol{X}^{-1}$，得

$$-\boldsymbol{Q}-\boldsymbol{A}^{\mathrm{T}}\boldsymbol{X}_2\boldsymbol{X}_1^{-1}=\boldsymbol{X}_2\boldsymbol{H}_-\boldsymbol{X}_1^{-1} \tag{9-1-58}$$

因为式(9-1-57)与式(9-1-58)的右端相等，所以

$$(\boldsymbol{X}_2\boldsymbol{X}_1^{-1})\boldsymbol{A}+\boldsymbol{A}^{\mathrm{T}}(\boldsymbol{X}_2\boldsymbol{X}_1^{-1})+(\boldsymbol{X}_2\boldsymbol{X}_1^{-1})\boldsymbol{R}(\boldsymbol{X}_2\boldsymbol{X}_1^{-1})+\boldsymbol{Q}=\boldsymbol{0} \tag{9-1-59}$$

于是 $\boldsymbol{X}$ 是黎卡提代数方程(9-1-50)的解。

将式(9-1-55)两端同乘以 $\boldsymbol{X}^{-1}$，可以得出

$$\boldsymbol{A}+\boldsymbol{R}\boldsymbol{X}=\boldsymbol{X}_1\boldsymbol{H}_-\boldsymbol{X}_1^{-1}\sim\boldsymbol{H}_- \tag{9-1-60}$$

所以 $\boldsymbol{A}+\boldsymbol{R}\boldsymbol{X}$ 与 $\boldsymbol{H}_-$ 相似，矩阵 $\boldsymbol{A}+\boldsymbol{R}\boldsymbol{X}$ 与 $\boldsymbol{H}_-$ 有相同的特征根。

证毕！

定理 9.1.2(唯一性) 对于哈密顿矩阵 $\boldsymbol{H}$，假定有另外一组矩阵 $\tilde{\boldsymbol{X}}_1$，$\tilde{\boldsymbol{X}}_2$ 也如式(9-1-54)所定义，那么如果 $\boldsymbol{X}_1$ 非奇异，则 $\tilde{\boldsymbol{X}}_1$ 也非奇异，并且 $\boldsymbol{X}=\boldsymbol{X}_2\boldsymbol{X}_1^{-1}=\tilde{\boldsymbol{X}}_2\tilde{\boldsymbol{X}}_1^{-1}$。

证明：因为特征空间只有一个，因此

$$\boldsymbol{X}_-(\boldsymbol{H})=\mathrm{span}\begin{pmatrix}\boldsymbol{X}_1\\\boldsymbol{X}_2\end{pmatrix}=\mathrm{span}\begin{pmatrix}\tilde{\boldsymbol{X}}_1\\\tilde{\boldsymbol{X}}_2\end{pmatrix} \tag{9-1-61}$$

则存在一个非奇异矩阵 $\boldsymbol{K}$ 使得

$$\begin{pmatrix}\boldsymbol{X}_1\\\boldsymbol{X}_2\end{pmatrix}=\begin{pmatrix}\tilde{\boldsymbol{X}}_1\\\tilde{\boldsymbol{X}}_2\end{pmatrix}\boldsymbol{K} \tag{9-1-62}$$

显然，如果 $\boldsymbol{X}_1$ 非奇异，则 $\tilde{\boldsymbol{X}}_1$ 也一定非奇异，且 $\boldsymbol{X}_1=\tilde{\boldsymbol{X}}_1\boldsymbol{K}$。

$$\boldsymbol{X}=\boldsymbol{X}_2\boldsymbol{X}_1^{-1}=(\tilde{\boldsymbol{X}}_2\boldsymbol{K})(\tilde{\boldsymbol{X}}_1\boldsymbol{K})^{-1}=\tilde{\boldsymbol{X}}_2\tilde{\boldsymbol{X}}_1^{-1} \tag{9-1-63}$$

证毕！

定理 9.1.3(对称性) 如果 $\boldsymbol{H}$ 在虚轴上没有特征根，矩阵 $\boldsymbol{X}_1$，$\boldsymbol{X}_2$ 如式(9-1-54)所定义，则 $\boldsymbol{X}_1^{\mathrm{T}}\boldsymbol{X}_2$ 是对称的，而且 $\boldsymbol{X}=\boldsymbol{X}_2\boldsymbol{X}_1^{-1}$ 也是对称的。

证明：由定义

$$\boldsymbol{H}\begin{pmatrix}\boldsymbol{X}_1\\\boldsymbol{X}_2\end{pmatrix}=\begin{pmatrix}\boldsymbol{X}_1\\\boldsymbol{X}_2\end{pmatrix}\boldsymbol{H}_-$$

上式两端左乘 $(\boldsymbol{X}_1^{\mathrm{T}},\boldsymbol{X}_2^{\mathrm{T}})\boldsymbol{J}$，其中

$$\boldsymbol{J}=\begin{pmatrix}\boldsymbol{0}&-\boldsymbol{I}\\\boldsymbol{I}&\boldsymbol{0}\end{pmatrix} \tag{9-1-64}$$

得

$$(\boldsymbol{X}_1^{\mathrm{T}},\boldsymbol{X}_2^{\mathrm{T}})\boldsymbol{J}\boldsymbol{H}\begin{pmatrix}\boldsymbol{X}_1\\\boldsymbol{X}_2\end{pmatrix}=(\boldsymbol{X}_1^{\mathrm{T}},\boldsymbol{X}_2^{\mathrm{T}})\boldsymbol{J}\begin{pmatrix}\boldsymbol{X}_1\\\boldsymbol{X}_2\end{pmatrix}\boldsymbol{H}_-=(-\boldsymbol{X}_1^{\mathrm{T}}\boldsymbol{X}_2+\boldsymbol{X}_2^{\mathrm{T}}\boldsymbol{X}_1)\boldsymbol{H}_- \tag{9-1-65}$$

可以验证 $\boldsymbol{JH}$ 对称，所以

$$(-\boldsymbol{X}_1^{\mathrm{T}}\boldsymbol{X}_2+\boldsymbol{X}_2^{\mathrm{T}}\boldsymbol{X}_1)\boldsymbol{H}_-=\boldsymbol{H}_-^{\mathrm{T}}(-\boldsymbol{X}_1^{\mathrm{T}}\boldsymbol{X}_2+\boldsymbol{X}_2^{\mathrm{T}}\boldsymbol{X}_1)^{\mathrm{T}}=-\boldsymbol{H}_-^{\mathrm{T}}(-\boldsymbol{X}_1^{\mathrm{T}}\boldsymbol{X}_2+\boldsymbol{X}_2^{\mathrm{T}}\boldsymbol{X}_1) \tag{9-1-66}$$

这是一个矩阵代数方程，由于 $\boldsymbol{H}_-$ 是稳定的，参照附录 A 中的定理 A4 的结论，所以只有唯一零解

$$-\boldsymbol{X}_1^{\mathrm{T}}\boldsymbol{X}_2+\boldsymbol{X}_2^{\mathrm{T}}\boldsymbol{X}_1=\boldsymbol{0} \tag{9-1-67}$$

从而 $\boldsymbol{X}_1^{\mathrm{T}}\boldsymbol{X}_2$ 是对称的，则

$$(\boldsymbol{X}_1^{-1})^{\mathrm{T}}(\boldsymbol{X}_1^{\mathrm{T}}\boldsymbol{X}_2)\boldsymbol{X}_1^{-1}=\boldsymbol{X}_2\boldsymbol{X}_1^{-1}$$

也是对称的。

证毕！

命题 9.1.2 如果 $\boldsymbol{H}$ 在虚轴上没有特征根，则 $\boldsymbol{H}$ 有 n 个特征根在开复左半平面，有 n 个特征根在开复右半平面。

定义 9.1.2 令$\mathrm{dom}_s(\mathrm{Ric})\subset\mathbb{R}^{2n\times 2n}$表示所有在虚轴上没有特征根的实矩阵 $\boldsymbol{H}$ 的全体。对于如式(9-1-51)所示的哈密顿矩阵，如果没有特征根在虚轴上，矩阵 $\boldsymbol{X}_1$，$\boldsymbol{X}_2$ 如式(9-1-54)定义，且 $\boldsymbol{X}_1$ 非奇异，则称 $\boldsymbol{H}\in\mathrm{dom}_s(\mathrm{Ric})\subset\mathbb{R}^{2n\times 2n}$，而定义 $\boldsymbol{X}_2\boldsymbol{X}_1^{-1}\triangleq\mathrm{Ric}_s(\boldsymbol{H})$，其中$\mathrm{Ric}_s(\boldsymbol{H})$表示式(9-1-50)的解。

定理 9.1.4 假设 $\boldsymbol{H}$ 没有特征根在虚轴上，且 $\boldsymbol{R}\geqslant\boldsymbol{0}$，则$(\boldsymbol{A},\boldsymbol{R})$能稳定的充分必要条件是 $\boldsymbol{H}\in\mathrm{dom}_s(\mathrm{Ric})$。

证明：充分性：显然若 $\boldsymbol{H}\in\mathrm{dom}_s(\mathrm{Ric})$，则 $\boldsymbol{A}+\boldsymbol{R}\boldsymbol{X}$ 是稳定的，即$(\boldsymbol{A},\boldsymbol{R})$是能稳的。

必要性：由于

$$\begin{pmatrix}\boldsymbol{A} & \boldsymbol{R}\\ -\boldsymbol{Q} & -\boldsymbol{A}^{\mathrm{T}}\end{pmatrix}\begin{pmatrix}\boldsymbol{X}_1\\ \boldsymbol{X}_2\end{pmatrix}=\begin{pmatrix}\boldsymbol{X}_1\\ \boldsymbol{X}_2\end{pmatrix}\boldsymbol{H}_- \tag{9-1-68}$$

只需要证明 $\boldsymbol{X}_1$ 可逆即可。

用反证法，已知$(\boldsymbol{A},\boldsymbol{B})$能稳，但 $\boldsymbol{H}\notin\mathrm{dom}_s(\mathrm{Ric})$。假设 $\boldsymbol{X}_1$ 是奇异的，则 $\boldsymbol{X}_1\boldsymbol{x}=0$ 存在非零解 $\hat{\boldsymbol{x}}\neq\boldsymbol{0}$，下面证明 $\boldsymbol{X}_1\boldsymbol{H}_-\hat{\boldsymbol{x}}=0$。

在式(9-1-68)两边左乘$(\boldsymbol{I}\quad\boldsymbol{0})$，得

$$\boldsymbol{A}\boldsymbol{X}_1+\boldsymbol{R}\boldsymbol{X}_2=\boldsymbol{X}_1\boldsymbol{H}_- \tag{9-1-69}$$

在式(9-1-69)两端右乘 $\hat{\boldsymbol{x}}$，得

$$\boldsymbol{R}\boldsymbol{X}_2\hat{\boldsymbol{x}}=\boldsymbol{X}_1\boldsymbol{H}_-\hat{\boldsymbol{x}} \tag{9-1-70}$$

在式(9-1-70)两端左乘$\hat{\boldsymbol{x}}^{\mathrm{T}}\boldsymbol{X}_2$，得

$$\|\boldsymbol{R}^{\frac{1}{2}}\boldsymbol{X}_2\hat{\boldsymbol{x}}\|^2=\hat{\boldsymbol{x}}^{\mathrm{T}}\boldsymbol{X}_2^{\mathrm{T}}\boldsymbol{R}\boldsymbol{X}_2\hat{\boldsymbol{x}}=\hat{\boldsymbol{x}}^{\mathrm{T}}\boldsymbol{X}_2^{\mathrm{T}}\boldsymbol{X}_1\boldsymbol{H}_-\hat{\boldsymbol{x}}=\hat{\boldsymbol{x}}^{\mathrm{T}}\boldsymbol{X}_1^{\mathrm{T}}\boldsymbol{X}_2\boldsymbol{H}_-\hat{\boldsymbol{x}}=0 \tag{9-1-71}$$

所以

$$\boldsymbol{R}^{\frac{1}{2}}\boldsymbol{X}_2\hat{\boldsymbol{x}}=\boldsymbol{0}\Rightarrow\boldsymbol{R}\boldsymbol{X}_2\hat{\boldsymbol{x}}=\boldsymbol{X}_1\boldsymbol{H}_-\hat{\boldsymbol{x}}=\boldsymbol{0} \tag{9-1-72}$$

令 $\boldsymbol{X}_1^{\perp}$ 表示 $\boldsymbol{X}_1$ 的正交补，$\mathrm{span}(\boldsymbol{X}_1^{\perp})$表示由 $\boldsymbol{X}_1^{\perp}$ 的列张成的子空间。由式(9-1-72)，若 $\hat{\boldsymbol{x}}\in\mathrm{span}(\boldsymbol{X}_1^{\perp})$，则 $\boldsymbol{H}_-\hat{\boldsymbol{x}}\in\mathrm{span}(\boldsymbol{X}_1^{\perp})$。因此，$\mathrm{span}(\boldsymbol{X}_1^{\perp})$是 $\boldsymbol{H}_-$ 的一个不变子空间。假设 $\boldsymbol{X}_1^{\perp}\neq\boldsymbol{0}$，那么 $\boldsymbol{H}_-$ 在 $\mathrm{span}(\boldsymbol{X}_1^{\perp})$上有某个特征值 λ 对应的特征向量(参看注 9.1.3)，即

$$\boldsymbol{H}_-\hat{\boldsymbol{x}}=\lambda\hat{\boldsymbol{x}} \tag{9-1-73}$$

由于 $\boldsymbol{H}_-$ 对应于哈密顿函数的负实部的部分特征根，所以 λ 也具有负实部，且 $\hat{\boldsymbol{x}}\neq\boldsymbol{0}$。

再回到式(9-1-68)，

$$-QX_1-A^{\mathrm{T}}X_2=X_2H_- \tag{9-1-74}$$

在式(9-1-74)两端右乘特征向量 $\hat{x}$，得

$$(A^{\mathrm{T}}+\lambda I)X_2\hat{x}=0 \tag{9-1-75}$$

回顾 $RX_2\hat{x}=0$，因此，

$$\hat{x}^{\mathrm{T}}X_2^{\mathrm{T}}(A+\lambda I\quad R)=0 \tag{9-1-76}$$

由于(A,R) 能稳，所以

$$\mathrm{rank}(A+\lambda I\quad R)=n,\quad \forall\lambda\in\mathbb{C} \tag{9-1-77}$$

所以由式(9-1-76)得出

$$X_2\hat{x}=0 \tag{9-1-78}$$

于是

$$\begin{pmatrix}X_1\\X_2\end{pmatrix}\hat{x}=0 \tag{9-1-79}$$

由于$(X_1\quad X_2)^{\mathrm{T}}$ 列满秩，所以 $\hat{x}=0$。这与 $\hat{x}$ 是非零特征向量相矛盾。所以 X_1 只能是非奇异。

注 9.1.3 令 $\mathrm{rank}(X_1^{\perp})=s$，$V_1=\{v_1,v_2,\cdots,v_s\}$是 $\mathrm{span}(X_1^{\perp})$中的一组基，构造一组线性无关组 $V_2=\{v_{s+1},v_{s+2},\cdots,v_n\}$且使得 $v_1,v_2,\cdots,v_s,v_{s+1},v_{s+2},\cdots,v_n$ 构成$\mathbb{R}^n$空间中的一组基。记 $V=(v_1,v_2,\cdots,v_s,v_{s+1},v_{s+2},\cdots,v_n)=(V_1,V_2)$，因 V_1 是 H_-不变的，所以

$$H_-(V_1\quad V_2)=(V_1\quad V_2)\begin{pmatrix}M_{s\times s} & N\\ 0 & L_{(n-s)\times(n-s)}\end{pmatrix} \tag{9-1-80}$$

将矩阵 $M_{s\times s}$若当块化，存在非奇异变换矩阵 P，使得 $M=P\Lambda P^{-1}$，其中 Λ 是由 M 的特征根构成的若当块矩阵。则

$$H_-(V_1\quad V_2)=(V_1\quad V_2)\begin{pmatrix}P & 0\\ 0 & I\end{pmatrix}\begin{pmatrix}\Lambda & \bar{N}\\ 0 & L_{(n-s)\times(n-s)}\end{pmatrix}\begin{pmatrix}P^{-1} & 0\\ 0 & I\end{pmatrix} \tag{9-1-81}$$

在式(9-1-81)两端右乘$\begin{pmatrix}P & 0\\ 0 & I\end{pmatrix}$，得

$$H_-(V_1P\quad V_2)=(V_1P\quad V_2)\begin{pmatrix}\Lambda & N\\ 0 & L_{(n-s)\times(n-s)}\end{pmatrix} \tag{9-1-82}$$

由于 $V_1\subset\mathrm{span}(X_1^{\perp})$，则 $V_1P\subset X_1^{\perp}$，又由于 V_1 对 H_- 的不变性，则 $H_-V_1P\subset X_1^{\perp}$。

令 λ_1 是 Λ 的第一行第一列的元素，$\bar{v}_1$ 是 V_1P 的第一列，则 $H_-\bar{v}_1=\lambda_1\bar{v}_1$，即在 H_- 不变子空间中，存在某个特征值 λ_1 所对应的特征向量 $\bar{v}_1$，且 $\bar{v}_1\neq 0$。

定理 9.1.5 假设 (A,B)能控，(A,C)能观测，定义

$$H=\begin{pmatrix}A & -BB^{\mathrm{T}}\\ -C^{\mathrm{T}}C & -A^{\mathrm{T}}\end{pmatrix} \tag{9-1-83}$$

那么 $H\in\mathrm{dom}_s(\mathrm{Ric})$，且 $0<X=\mathrm{Ric}_s(H)$满足如下黎卡提方程：

$$XA+A^{\mathrm{T}}X-XBB^{\mathrm{T}}X+C^{\mathrm{T}}C=0 \tag{9-1-84}$$

并使得$(A-BB^{\mathrm{T}}X)$是渐近稳定的。

证明：首先证明 H 没有特征根在虚轴上。用反证法，假设 H 有特征根在虚轴上，则存在非

零 $\boldsymbol{v}_1, \boldsymbol{v}_2$ 及 $\omega \neq 0$ 使得

$$\begin{pmatrix} \boldsymbol{A} & -\boldsymbol{B}\boldsymbol{B}^{\mathrm{T}} \\ -\boldsymbol{C}^{\mathrm{T}}\boldsymbol{C} & -\boldsymbol{A}^{\mathrm{T}} \end{pmatrix} \begin{pmatrix} \boldsymbol{v}_1 \\ \boldsymbol{v}_2 \end{pmatrix} = \mathrm{j}\omega \begin{pmatrix} \boldsymbol{v}_1 \\ \boldsymbol{v}_2 \end{pmatrix} \tag{9-1-85}$$

即

$$(\boldsymbol{A} - j\omega \boldsymbol{I} \quad -\boldsymbol{B}\boldsymbol{B}^{\mathrm{T}}) \begin{pmatrix} \boldsymbol{v}_1 \\ \boldsymbol{v}_2 \end{pmatrix} = \boldsymbol{0} \tag{9-1-86}$$

$$(\boldsymbol{v}_1^{\mathrm{T}} \quad \boldsymbol{v}_2^{\mathrm{T}}) \begin{pmatrix} \boldsymbol{C}^{\mathrm{T}}\boldsymbol{C} \\ j\omega \boldsymbol{I} + \boldsymbol{A} \end{pmatrix} = \boldsymbol{0} \tag{9-1-87}$$

将式(9-1-86)两端左乘 $\boldsymbol{v}_2^{\mathrm{T}}$ 的共轭 $\bar{\boldsymbol{v}}_2^{\mathrm{T}}$,得

$$\bar{\boldsymbol{v}}_2^{\mathrm{T}}(\boldsymbol{A} - \mathrm{j}\omega \boldsymbol{I})\boldsymbol{v}_1 - \bar{\boldsymbol{v}}_2^{\mathrm{T}}\boldsymbol{B}\boldsymbol{B}^{\mathrm{T}}\boldsymbol{v}_2 = 0 \tag{9-1-88}$$

然后两端再取共轭,得

$$\boldsymbol{v}_2^{\mathrm{T}}(\boldsymbol{A} + \mathrm{j}\omega \boldsymbol{I})\bar{\boldsymbol{v}}_1 - \boldsymbol{v}_2^{\mathrm{T}}\boldsymbol{B}\boldsymbol{B}^{\mathrm{T}}\bar{\boldsymbol{v}}_2 = 0 \tag{9-1-89}$$

对式(9-1-87)两端右乘 $\boldsymbol{v}_1$ 的共轭 $\bar{\boldsymbol{v}}_1$,得

$$\boldsymbol{v}_1^{\mathrm{T}}\boldsymbol{C}^{\mathrm{T}}\boldsymbol{C}\bar{\boldsymbol{v}}_1 + \boldsymbol{v}_2^{\mathrm{T}}(\mathrm{j}\omega \boldsymbol{I} + \boldsymbol{A})\bar{\boldsymbol{v}}_1 = 0 \tag{9-1-90}$$

将式(9-1-89)与式(9-1-90)相减得

$$\bar{\boldsymbol{v}}_2\boldsymbol{B}\boldsymbol{B}^{\mathrm{T}}v_2 + \boldsymbol{v}_1^{\mathrm{T}}\boldsymbol{C}^{\mathrm{T}}\boldsymbol{C}\bar{\boldsymbol{v}}_1 = 0 \Rightarrow |\boldsymbol{B}^{\mathrm{T}}\boldsymbol{v}_2|^2 + |\boldsymbol{v}_1^{\mathrm{T}}\boldsymbol{C}^{\mathrm{T}}|^2 = 0 \tag{9-1-91}$$

其中 $|\cdot|$ 表示复数的模,从而有

$$\boldsymbol{B}^{\mathrm{T}}\boldsymbol{v}_2 = \boldsymbol{0}, \quad \boldsymbol{C}\boldsymbol{v}_1 = \boldsymbol{0} \tag{9-1-92}$$

由 $\boldsymbol{B}^{\mathrm{T}}\boldsymbol{v}_2 = \boldsymbol{0}$,所以式(9-1-86)变为 $(\boldsymbol{A} - \mathrm{j}\omega \boldsymbol{I})\boldsymbol{v}_1 = \boldsymbol{0}$,从而

$$\begin{pmatrix} \boldsymbol{C} \\ \boldsymbol{A} - \mathrm{j}\omega \boldsymbol{I} \end{pmatrix} \boldsymbol{v}_1 = \boldsymbol{0} \tag{9-1-93}$$

由于$[\boldsymbol{A}, \boldsymbol{C}]$能观测,$\begin{pmatrix} \boldsymbol{C} \\ \boldsymbol{A} - \mathrm{j}\omega \boldsymbol{I} \end{pmatrix}$列满秩,所以只有 $\boldsymbol{v}_1 = \boldsymbol{0}$。

同理,由 $\boldsymbol{v}_1^{\mathrm{T}}\boldsymbol{C}^{\mathrm{T}} = \boldsymbol{0}$,式(9-1-87)变为:

$$\boldsymbol{v}_2^{\mathrm{T}}(\mathrm{j}\omega \boldsymbol{I} + \boldsymbol{A}) = \boldsymbol{0} \tag{9-1-95}$$

从而有

$$\boldsymbol{v}_2^{\mathrm{T}}(\mathrm{j}\omega \boldsymbol{I} + \boldsymbol{A}, \boldsymbol{B}) = \boldsymbol{0} \tag{9-1-95}$$

由于$(\boldsymbol{A}, \boldsymbol{B})$能控,$(\mathrm{j}\omega \boldsymbol{I} + \boldsymbol{A}, \boldsymbol{B})$行满秩,所以又可推出 $\boldsymbol{v}_1 = \boldsymbol{0}$,这与假设 $\boldsymbol{v}_1, \boldsymbol{v}_2$ 非零相矛盾,这说明式(9-1-83)没有特征根在虚轴上。

再利用定理 9.1.1 以及命题 9.1.2,可知$(\boldsymbol{A} - \boldsymbol{B}\boldsymbol{B}^{\mathrm{T}}\boldsymbol{X})$是稳定的。

证毕!

注 9.1.4 若将黎卡提方程改写成如下形式:

$$\boldsymbol{X}(\boldsymbol{A} - \boldsymbol{B}\boldsymbol{B}^{\mathrm{T}}\boldsymbol{X}) + (\boldsymbol{A} - \boldsymbol{B}\boldsymbol{B}^{\mathrm{T}}\boldsymbol{X})^{\mathrm{T}}\boldsymbol{X} + \boldsymbol{X}\boldsymbol{B}\boldsymbol{B}^{\mathrm{T}}\boldsymbol{X} + \boldsymbol{C}^{\mathrm{T}}\boldsymbol{C} = \boldsymbol{0} \tag{9-1-96}$$

参阅 4.5 节,定义李雅普诺夫函数为 $V(\boldsymbol{x}) = \frac{1}{2}\boldsymbol{x}^{\mathrm{T}}\boldsymbol{X}\boldsymbol{x}$,取最优控制 $\boldsymbol{u} = -\boldsymbol{B}^{\mathrm{T}}\boldsymbol{X}\boldsymbol{x}$,则在$(\boldsymbol{A}, \boldsymbol{B})$能控,$(\boldsymbol{A}, \boldsymbol{C})$能观测的假设下,闭环系统$(\boldsymbol{A} - \boldsymbol{B}\boldsymbol{B}^{\mathrm{T}}\boldsymbol{X})$是渐近稳定的。

注 9.1.5 定理 9.1.4 的假设条件可放宽至$(\boldsymbol{A}, \boldsymbol{B})$能稳定,$(\boldsymbol{A}, \boldsymbol{C})$能检测。

9.2 线性矩阵不等式

定义 9.2.1 一个线性矩阵不等式(Linear Matrix Inequality,LMI)是如下不等式：

$$\boldsymbol{F}(\boldsymbol{x}) \triangleq \boldsymbol{F}_0 + x_1 \boldsymbol{F}_1 + \cdots + x_n \boldsymbol{F}_n < \boldsymbol{0}(\text{或者} \leqslant \boldsymbol{0}) \tag{9-2-1}$$

其中 $\boldsymbol{x}^{\mathrm{T}}=(x_1,\cdots,x_n)$ 是决策变量，$\boldsymbol{F}_i=\boldsymbol{F}_i^{\mathrm{T}}, i=0,1,\cdots,n$。不等式小于零或者小于或等于零，代表矩阵是负定或者是半负定的。或者等价地，最大特征根 $\lambda_{\max}(\boldsymbol{F}(\boldsymbol{x}))<\boldsymbol{0}$。

注 9.2.1 $\boldsymbol{F}(\boldsymbol{x})$也可以看为一个仿射变换，将有限维空间变量 $\boldsymbol{x}$，映射到实对称空间或者复厄米特空间。

注 9.2.2 若 $\boldsymbol{F}(\boldsymbol{x})<\boldsymbol{G}(\boldsymbol{x})$，则 $\boldsymbol{F}(\boldsymbol{x})-\boldsymbol{G}(\boldsymbol{x})<\boldsymbol{0}$。

易证，线性矩阵不等式的可行解集是一个凸集。如果 $\bar{\boldsymbol{x}},\hat{\boldsymbol{x}}$ 是两个可行解，则对于 $\alpha\in(0,1)$，有

$$\boldsymbol{F}(\alpha\bar{\boldsymbol{x}}+(1-\alpha)\hat{\boldsymbol{x}})=\alpha\boldsymbol{F}(\bar{\boldsymbol{x}})+(1-\alpha)\boldsymbol{F}(\hat{\boldsymbol{x}})<\boldsymbol{0} \tag{9-2-2}$$

命题 9.2.1〔舒尔(Schur)补定理〕 令 $\boldsymbol{F}(\boldsymbol{x})$如式(9-2-1)所定义，并且将其分解成如下形式：

$$\boldsymbol{F}(\boldsymbol{x})=\begin{pmatrix}\boldsymbol{F}_{11}(\boldsymbol{x}) & \boldsymbol{F}_{12}(\boldsymbol{x})\\ \boldsymbol{F}_{12}^{\mathrm{T}}(\boldsymbol{x}) & \boldsymbol{F}_{22}(\boldsymbol{x})\end{pmatrix} \tag{9-2-3}$$

假设$\boldsymbol{F}_{11}\in\mathbb{R}^{n_1\times n_1}$，$\boldsymbol{F}_{22}\in\mathbb{R}^{n_2\times n_2}$，$\boldsymbol{F}_{12}\in\mathbb{R}^{n_1\times n_2}$，则下面 3 个结论是等价的。

① 结论 1：

$$\boldsymbol{F}(\boldsymbol{x})<\boldsymbol{0} \tag{9-2-4}$$

② 结论 2：

$$\boldsymbol{F}_{11}<0, \boldsymbol{F}_{22}-\boldsymbol{F}_{12}^{\mathrm{T}}\boldsymbol{F}_{11}^{-1}\boldsymbol{F}_{12}<\boldsymbol{0} \tag{9-2-5}$$

③ 结论 3：

$$\boldsymbol{F}_{22}<0, \boldsymbol{F}_{11}-\boldsymbol{F}_{12}\boldsymbol{F}_{22}^{-1}\boldsymbol{F}_{12}^{\mathrm{T}}<\boldsymbol{0} \tag{9-2-6}$$

证明：从结论 1 推导结论 2。

令

$$\boldsymbol{T}=\begin{pmatrix}\boldsymbol{I} & \boldsymbol{0}\\ -\boldsymbol{F}_{12}^{\mathrm{T}}\boldsymbol{F}_{11}^{-1} & \boldsymbol{I}\end{pmatrix} \tag{9-2-7}$$

则

$$\begin{pmatrix}\boldsymbol{I} & \boldsymbol{0}\\ -\boldsymbol{F}_{12}^{\mathrm{T}}\boldsymbol{F}_{11}^{-1} & \boldsymbol{I}\end{pmatrix}\begin{pmatrix}\boldsymbol{F}_{11} & \boldsymbol{F}_{12}\\ \boldsymbol{F}_{12}^{\mathrm{T}} & \boldsymbol{F}_{22}\end{pmatrix}\begin{pmatrix}\boldsymbol{I} & -\boldsymbol{F}_{11}^{-1}\boldsymbol{F}_{12}\\ \boldsymbol{0} & \boldsymbol{I}\end{pmatrix}=\begin{pmatrix}\boldsymbol{F}_{11} & \boldsymbol{0}\\ \boldsymbol{0} & \boldsymbol{F}_{22}-\boldsymbol{F}_{12}^{\mathrm{T}}\boldsymbol{F}_{11}^{-1}\boldsymbol{F}_{12}\end{pmatrix} \tag{9-2-8}$$

由于 $\boldsymbol{T}$ 非奇异，显然结论 2 成立。

从结论 1 推导结论 3，只要令

$$\boldsymbol{T}=\begin{pmatrix}\boldsymbol{I} & -\boldsymbol{F}_{12}^{\mathrm{T}}\boldsymbol{F}_{22}^{-1}\\ \boldsymbol{0} & \boldsymbol{I}\end{pmatrix} \tag{9-2-9}$$

读者可以自己验证。

证毕！

很容易联想到与线性矩阵不等式相关的两个问题：可行性问题与最优化问题。

① 可行性问题：是否存在一个可行解 x，使得 $\boldsymbol{F}(\boldsymbol{x})<\boldsymbol{0}$。

② 最优化问题：对于如下优化问题，如何寻找最优解问题。

$$\begin{aligned}&\min_{x} J(\boldsymbol{x})\\ &\text{s.t.}\quad \boldsymbol{F}(\boldsymbol{x})<\boldsymbol{0}\end{aligned} \tag{9-2-10}$$

例 9.2.1 考虑系统

$$\dot{\boldsymbol{x}}=\boldsymbol{A}\boldsymbol{x} \tag{9-2-11}$$

的稳定性问题。

由李雅普诺夫稳定性定理，如果系统稳定，存在正定矩阵 $\boldsymbol{X}$，使得

$$\boldsymbol{A}\boldsymbol{X}+\boldsymbol{X}^{\mathrm{T}}\boldsymbol{A}<\boldsymbol{0} \tag{9-2-12}$$

写成 LMI 的形式就是

$$\begin{pmatrix}-\boldsymbol{X} & \boldsymbol{0}\\ \boldsymbol{0} & \boldsymbol{A}^{\mathrm{T}}\boldsymbol{X}+\boldsymbol{X}\boldsymbol{A}\end{pmatrix}<\boldsymbol{0} \tag{9-2-13}$$

例 9.2.2 μ-分析。

在 μ-分析中，要确定一个对角矩阵 $\boldsymbol{D}$ 使得 $\|\boldsymbol{D}\boldsymbol{M}\boldsymbol{D}^{-1}\|<1$，其中 $\boldsymbol{M}$ 是已知矩阵。则等价于

$$(\boldsymbol{D}\boldsymbol{M}\boldsymbol{D}^{-1})^{\mathrm{T}}\boldsymbol{D}\boldsymbol{M}\boldsymbol{D}^{-1}<\boldsymbol{I} \tag{9-2-14}$$

可推出$\boldsymbol{M}^{\mathrm{T}}\boldsymbol{D}^{\mathrm{T}}\boldsymbol{D}\boldsymbol{M}<\boldsymbol{D}^{\mathrm{T}}\boldsymbol{D}$，令 $\boldsymbol{X}=\boldsymbol{D}^{\mathrm{T}}\boldsymbol{D}$，等价于

$$\boldsymbol{M}^{\mathrm{T}}\boldsymbol{X}\boldsymbol{M}<\boldsymbol{X} \tag{9-2-15}$$

例 9.2.3 最小奇异值问题。

考虑如下优化问题：

$$\min_{x} f(\boldsymbol{x})\triangleq\lambda_{\max}(\boldsymbol{F}(\boldsymbol{x})) \tag{9-2-16}$$

设最小奇异值为 γ，则 $f(x)<\gamma$ 等价于

$$\lambda_{\max}(\boldsymbol{F}^{\mathrm{T}}(\boldsymbol{x})\boldsymbol{F}(\boldsymbol{x}))<\gamma^2 \tag{9-2-17}$$

即$\boldsymbol{F}^{\mathrm{T}}(x)\boldsymbol{F}(\boldsymbol{x})<\gamma^2\boldsymbol{I}$，利用舒尔补定理，可知

$$\begin{pmatrix}-\gamma\boldsymbol{I} & -\boldsymbol{F}(\boldsymbol{x})\\ -\boldsymbol{F}^{\mathrm{T}}(\boldsymbol{x}) & -\gamma\boldsymbol{I}\end{pmatrix}<\boldsymbol{0} \tag{9-2-18}$$

例 9.2.4 同时镇定问题。

考虑 m 个子系统：

$$\dot{\boldsymbol{x}}=\boldsymbol{A}_i\boldsymbol{x}+\boldsymbol{B}_i\boldsymbol{u},\quad i=1,\cdots,k \tag{9-2-19}$$

其中 $\boldsymbol{A}_i\in\mathbb{R}^{n\times n}$，$\boldsymbol{B}_i\in\mathbb{R}^{n\times m}$。同时镇定问题是要求寻找一个控制 $\boldsymbol{u}=\boldsymbol{F}\boldsymbol{x}$，$\boldsymbol{F}\in\mathbb{R}^{n\times m}$使得每个子系统

$$\dot{\boldsymbol{x}}=(\boldsymbol{A}_i+\boldsymbol{B}_i\boldsymbol{F})\boldsymbol{x},\quad i=1,\cdots,k \tag{9-2-20}$$

是指数衰减稳定的。利用例 9.2.1，这个问题是要寻找矩阵 $\boldsymbol{F}$ 和$\boldsymbol{X}_i$使得

$$\begin{cases}\boldsymbol{X}_i>\boldsymbol{0}\\ \boldsymbol{X}_i(\boldsymbol{A}_i+\boldsymbol{B}_i\boldsymbol{F})+(\boldsymbol{A}_i+\boldsymbol{B}_i\boldsymbol{F})^{\mathrm{T}}\boldsymbol{X}_i<\boldsymbol{0}\end{cases} \tag{9-2-21}$$

但是式(9-2-21)并不是 LMI，因为存在未知变量 $\boldsymbol{X}_i$ 与 $\boldsymbol{F}$ 的乘积。为了克服这个障碍，以及书写简洁，我们令 $\boldsymbol{X}_i\triangleq\boldsymbol{X}=\boldsymbol{Y}^{-1}$，且令 $\boldsymbol{F}=\boldsymbol{K}\boldsymbol{Y}^{-1}$，则式(9-2-21)可转化为：

$$\begin{cases}\boldsymbol{Y}>0\\ \boldsymbol{A}_i\boldsymbol{Y}+\boldsymbol{Y}\boldsymbol{A}_i^{\mathrm{T}}+\boldsymbol{B}_i\boldsymbol{K}+(\boldsymbol{B}_i\boldsymbol{K})^{\mathrm{T}}<\boldsymbol{0}\end{cases} \tag{9-2-22}$$

定理 9.2.1(有界实定理) 若传递函数 $\boldsymbol{G}(s)$ 的状态空间描述为式(9-1-13)，给定 $\gamma>0$，则 $\|\boldsymbol{G}\|_\infty<\gamma$ 的充分必要条件为 $\gamma^2\boldsymbol{I}-\boldsymbol{D}^{\mathrm{T}}\boldsymbol{D}>\boldsymbol{0}$，下列 LMI

$$\begin{pmatrix}\boldsymbol{A}^{\mathrm{T}}\boldsymbol{X}+\boldsymbol{X}\boldsymbol{A} & \boldsymbol{X}\boldsymbol{B} & \boldsymbol{C}^{\mathrm{T}}\\ \boldsymbol{B}^{\mathrm{T}}\boldsymbol{X} & -\gamma\boldsymbol{I} & \boldsymbol{D}^{\mathrm{T}}\\ \boldsymbol{C} & \boldsymbol{D} & -\gamma\boldsymbol{I}\end{pmatrix}\leqslant\boldsymbol{0} \tag{9-2-23}$$

有正定解或半正定解 $\boldsymbol{X}$，且使得系统 $\boldsymbol{A}+\boldsymbol{B}(\gamma^2\boldsymbol{I}-\boldsymbol{D}^{\mathrm{T}}\boldsymbol{D})^{-1}(\boldsymbol{B}^{\mathrm{T}}\boldsymbol{X}+\boldsymbol{D}^{\mathrm{T}}\boldsymbol{C})$ 是渐近稳定的。

证明： 由式(9-1-44)

$$\boldsymbol{A}^{\mathrm{T}}\boldsymbol{P}+\boldsymbol{P}\boldsymbol{A}+(\boldsymbol{P}\boldsymbol{B}+\boldsymbol{C}^{\mathrm{T}}\boldsymbol{D})(\gamma^2\boldsymbol{I}-\boldsymbol{D}^{\mathrm{T}}\boldsymbol{D})^{-1}(\boldsymbol{B}^{\mathrm{T}}\boldsymbol{P}+\boldsymbol{D}^{\mathrm{T}}\boldsymbol{C})+\boldsymbol{C}^{\mathrm{T}}\boldsymbol{C}\leqslant\boldsymbol{0} \tag{9-2-24}$$

利用舒尔补定理，式(9-2-24)对应如下线性矩阵不等式

$$\begin{pmatrix}\boldsymbol{A}^{\mathrm{T}}\boldsymbol{P}+\boldsymbol{P}\boldsymbol{A}+\boldsymbol{C}^{\mathrm{T}}\boldsymbol{C} & \boldsymbol{P}\boldsymbol{B}+\boldsymbol{C}^{\mathrm{T}}\boldsymbol{D}\\ \boldsymbol{B}^{\mathrm{T}}\boldsymbol{P}+\boldsymbol{D}^{\mathrm{T}}\boldsymbol{C} & \boldsymbol{D}^{\mathrm{T}}\boldsymbol{D}-\gamma^2\boldsymbol{I}\end{pmatrix}\leqslant\boldsymbol{0} \tag{9-2-25}$$

等价于

$$\begin{pmatrix}\boldsymbol{A}^{\mathrm{T}}\boldsymbol{P}+\boldsymbol{P}\boldsymbol{A} & \boldsymbol{P}\boldsymbol{B}\\ \boldsymbol{B}^{\mathrm{T}}\boldsymbol{P} & -\gamma^2\boldsymbol{I}\end{pmatrix}+\begin{pmatrix}\boldsymbol{C}^{\mathrm{T}}\\ \boldsymbol{D}^{\mathrm{T}}\end{pmatrix}(\boldsymbol{C}\quad\boldsymbol{D})\leqslant\boldsymbol{0} \tag{9-2-26}$$

将式(9-2-26)两边同时除以 γ，

$$\begin{pmatrix}\gamma^{-1}\boldsymbol{A}^{\mathrm{T}}\boldsymbol{P}+\gamma^{-1}\boldsymbol{P}\boldsymbol{A} & \gamma^{-1}\boldsymbol{P}\boldsymbol{B}\\ \gamma^{-1}\boldsymbol{B}^{\mathrm{T}}\boldsymbol{P} & -\gamma\boldsymbol{I}\end{pmatrix}+\begin{pmatrix}\boldsymbol{C}^{\mathrm{T}}\\ \boldsymbol{D}^{\mathrm{T}}\end{pmatrix}\gamma^{-1}(\boldsymbol{C}\quad\boldsymbol{D})\leqslant\boldsymbol{0} \tag{9-2-27}$$

令 $\boldsymbol{X}=\gamma^{-1}\boldsymbol{P}$，再利用一次舒尔补定理，就得到了式(9-2-23)。

渐近稳定性可参阅 9.1.3 节的证明。

证毕！

推论 9.2.1 在式(9-2-6)中，如果 $\boldsymbol{D}=\boldsymbol{0}$，则式(9-1-47)对应的线性矩阵不等式为：

$$\begin{pmatrix}\boldsymbol{A}^{\mathrm{T}}\boldsymbol{X}+\boldsymbol{X}\boldsymbol{A} & \boldsymbol{X}\boldsymbol{B} & \boldsymbol{C}^{\mathrm{T}}\\ \boldsymbol{B}^{\mathrm{T}}\boldsymbol{X} & -\gamma\boldsymbol{I} & \boldsymbol{0}\\ \boldsymbol{C} & \boldsymbol{0} & -\gamma\boldsymbol{I}\end{pmatrix}\leqslant\boldsymbol{0} \tag{9-2-28}$$

且矩阵 $\boldsymbol{A}+\dfrac{1}{\gamma^2}\boldsymbol{B}\boldsymbol{B}^{\mathrm{T}}\boldsymbol{X}$ 是稳定的。

推论 9.2.2 推论 9.1.1 的矩阵不等式(9-1-49)对应的线性矩阵不等式为：

$$\begin{pmatrix}\boldsymbol{Y}\boldsymbol{A}^{\mathrm{T}}+\boldsymbol{A}\boldsymbol{Y} & \boldsymbol{Y}\boldsymbol{C}^{\mathrm{T}} & \boldsymbol{B}\\ \boldsymbol{C}\boldsymbol{Y} & -\gamma\boldsymbol{I} & \boldsymbol{0}\\ \boldsymbol{B}^{\mathrm{T}} & \boldsymbol{0} & -\gamma\boldsymbol{I}\end{pmatrix}\leqslant\boldsymbol{0} \tag{9-2-29}$$

且矩阵 $\boldsymbol{A}+\dfrac{1}{\gamma^2}\boldsymbol{Y}\boldsymbol{C}^{\mathrm{T}}\boldsymbol{C}$ 是稳定的。

9.3 H_2最优控制

考虑如下状态空间描述的线性定常系统：

$$
\begin{cases}
\dot{\boldsymbol{x}}=\boldsymbol{A}\boldsymbol{x}+\boldsymbol{B}_1\boldsymbol{\omega}+\boldsymbol{B}_2\boldsymbol{u} \\
\bar{\boldsymbol{z}}=\boldsymbol{C}_1\boldsymbol{x}+\boldsymbol{D}_{12}\boldsymbol{u} \\
\boldsymbol{y}=\boldsymbol{C}_2\boldsymbol{x}+\boldsymbol{D}_{21}\boldsymbol{\omega}
\end{cases} \tag{9-3-1}
$$

其中 $\boldsymbol{x}\in\mathbb{R}^n,\boldsymbol{u}\in\mathbb{R}^m,\boldsymbol{\omega}\in\mathbb{R}^d,\boldsymbol{z}\in\mathbb{R}^q,\boldsymbol{y}\in\mathbb{R}^p,\boldsymbol{x}(t_0)=\boldsymbol{0}$。

在设计控制器之前，需要如下一系列假设。

A1：$(\boldsymbol{A},\boldsymbol{B}_2)$是可稳定的。

A2：$\boldsymbol{D}_{12}^{\mathrm{T}}\boldsymbol{D}_{12}$是可逆的。

A3：$\boldsymbol{D}_{12}^{\mathrm{T}}\boldsymbol{C}_1=\boldsymbol{0}$。

A4：$(\boldsymbol{A},\boldsymbol{C}_1)$能观测。

B1：$(\boldsymbol{A},\boldsymbol{C}_2)$是可检测的。

B2：$\boldsymbol{D}_{21}\boldsymbol{D}_{21}^{\mathrm{T}}$可逆。

B3：$\boldsymbol{D}_{21}\boldsymbol{B}_1^{\mathrm{T}}=\boldsymbol{0}$。

B4：$(\boldsymbol{A},\boldsymbol{B}_1)$能控。

注 9.3.1 为了书写简便，由传递函数 $\boldsymbol{C}(s\boldsymbol{I}-\boldsymbol{A})^{-1}\boldsymbol{B}+\boldsymbol{D}$ 描述的系统，一般写成如下紧凑形式：

$$
\left(\begin{array}{c|c}\boldsymbol{A} & \boldsymbol{B} \\ \hline \boldsymbol{C} & \boldsymbol{D}\end{array}\right) \tag{9-3-2}
$$

所以系统(9-3-1)可以写成

$$
\left[\begin{array}{c|cc}\boldsymbol{A} & \boldsymbol{B}_1 & \boldsymbol{B}_2 \\ \hline \boldsymbol{C}_1 & \boldsymbol{0} & \boldsymbol{D}_{12} \\ \boldsymbol{C}_2 & \boldsymbol{D}_{21} & \boldsymbol{0}\end{array}\right] \tag{9-3-3}
$$

注 9.3.2 假设 A1～A4 与存在全信息状态反馈有关，而假设 B1～B4 则与设计动态输出反馈控制器有关。

在时域分析中，性能指标设为：

$$
J(\boldsymbol{u},\boldsymbol{\omega})=\sum_{i=1}^{m}\int_{t_0}^{\infty}[\boldsymbol{z}^{\mathrm{T}}\boldsymbol{z}\mathrm{d}t:\boldsymbol{\omega}=\boldsymbol{e}_k\delta_k(t)] \tag{9-3-4}
$$

之所以采用式(9-3-4)，是因为可以更方便地推出控制器的表达式。

注 9.3.3 在 LQR 中，目标泛函通常定义为：

$$
J(\boldsymbol{u})=\frac{1}{2}\sum_{i=1}^{m}\left[\int_{t_0}^{\infty}(\boldsymbol{x}^{\mathrm{T}}\boldsymbol{Q}\boldsymbol{x}+\boldsymbol{u}^{\mathrm{T}}\boldsymbol{R}^{-1}\boldsymbol{u})\mathrm{d}t:\boldsymbol{\omega}=\boldsymbol{e}_k\delta_k(t)\right] \tag{9-3-5}
$$

其中 $\boldsymbol{Q}\geqslant\boldsymbol{0},\boldsymbol{R}>\boldsymbol{0}$。如果定义

$$
\boldsymbol{C}_1\triangleq\begin{pmatrix}\boldsymbol{Q}^{\frac{1}{2}} \\ \boldsymbol{0}\end{pmatrix},\quad \boldsymbol{D}_{12}\triangleq\begin{pmatrix}\boldsymbol{0} \\ \boldsymbol{R}^{\frac{1}{2}}\end{pmatrix} \tag{9-3-6}
$$

则

$$
\boldsymbol{z}^{\mathrm{T}}\boldsymbol{z}=(\boldsymbol{C}_1\boldsymbol{x}+\boldsymbol{D}_{12}\boldsymbol{u})^{\mathrm{T}}(\boldsymbol{C}_1\boldsymbol{x}+\boldsymbol{D}_{12}\boldsymbol{u})=\boldsymbol{x}^{\mathrm{T}}\boldsymbol{Q}\boldsymbol{x}+\boldsymbol{u}^{\mathrm{T}}\boldsymbol{R}^{-1}\boldsymbol{u} \tag{9-3-7}
$$

注意对于式(9-3-7)，利用了假设 A3。

9.3.1 H_2 最优状态反馈

考虑状态方程(9-3-1)与指标(9-3-4)，我们直接给出如下结论。

定理 9.3.1 对于式(9-3-1),假设 A1～A4 成立,假定可以用控制信号 $\boldsymbol{\omega}$ 表示状态 $\boldsymbol{x}$ 过去与现在时刻的值 $\boldsymbol{x}(\tau),\tau\leqslant t$,则可以通过极小化目标函数(9-3-4),来获得状态反馈控制器的表示：

$$\boldsymbol{u}^0=\boldsymbol{K}_{\text{opt}}\boldsymbol{x} \tag{9-3-8}$$

其中

$$\boldsymbol{K}_{\text{opt}}=-(\boldsymbol{D}_{12}^{\text{T}}\boldsymbol{D}_{12})^{-1}\boldsymbol{B}_2^{\text{T}}\boldsymbol{P} \tag{9-3-9}$$

且 $\boldsymbol{P}>\boldsymbol{0}$ 是如下代数黎卡提方程的唯一解

$$\boldsymbol{A}^{\text{T}}\boldsymbol{P}+\boldsymbol{PA}+\boldsymbol{PB}_2(\boldsymbol{D}_{12}^{\text{T}}\boldsymbol{D}_{12})^{-1}\boldsymbol{B}_2^{\text{T}}\boldsymbol{P}+\boldsymbol{C}_1^{\text{T}}\boldsymbol{C}_1=\boldsymbol{0} \tag{9-3-10}$$

且使得

$$\boldsymbol{A}+\boldsymbol{B}_2\boldsymbol{K}_{\text{opt}} \tag{9-3-11}$$

是稳定的,即式(9-3-11)的所有特征根具有负实部。而且,在控制律(9-3-8)下,所获得的最优目标值为：

$$J(\boldsymbol{u}^*)=\text{tr}(\boldsymbol{B}_1^{\text{T}}\boldsymbol{PB}_1) \tag{9-3-12}$$

证明： 由黎卡提方程的特点,以及假设条件 A1～A4,式(9-3-10)有一个正定(半正定)解 $\boldsymbol{P}$,使得式(9-3-11)是稳定的。考虑性能指标(9-3-4)中的积分,它可以写成

$$\int_{t_0}^{\infty}\boldsymbol{z}^{\text{T}}\boldsymbol{z}\text{d}t=\int_{t_0}^{t_0^+}\boldsymbol{z}^{\text{T}}\boldsymbol{z}\text{d}t+\int_{t_0^+}^{\infty}\boldsymbol{z}^{\text{T}}\boldsymbol{z}\text{d}t \tag{9-3-13}$$

其中 t_0^+ 表示 t_0 时刻产生一个脉冲之后 $t>t_0$ 的瞬间,$\boldsymbol{u}(t_0)=\boldsymbol{0},\boldsymbol{\omega}(t)=\boldsymbol{e}_k\delta(t)$,则

$$\boldsymbol{x}(t_0^+)=\int_{t_0}^{t_0^+}\text{e}^{\boldsymbol{A}(t_0^+-\tau)}[\boldsymbol{B}_1\boldsymbol{e}_k\delta+\boldsymbol{B}_2\boldsymbol{u}(\tau)]\text{d}\tau=\boldsymbol{B}_1\boldsymbol{e}_k \tag{9-3-14}$$

因此可以推出式(9-3-13)等号右边第一项积分为零,而等号右边第二项积分为：

$$\begin{aligned}\int_{t_0^+}^{\infty}\boldsymbol{z}^{\text{T}}\boldsymbol{z}\text{d}t&=\int_{t_0^+}^{\infty}(\boldsymbol{C}_1\boldsymbol{x}+\boldsymbol{D}_{12}\boldsymbol{u})^{\text{T}}(\boldsymbol{C}_1\boldsymbol{x}+\boldsymbol{D}_{12}\boldsymbol{u})\text{d}t\\&=\int_{t_0^+}^{\infty}\Big[(\boldsymbol{C}_1\boldsymbol{x}+\boldsymbol{D}_{12}\boldsymbol{u})^{\text{T}}(\boldsymbol{C}_1\boldsymbol{x}+\boldsymbol{D}_{12}\boldsymbol{u})+\frac{\text{d}(\boldsymbol{x}^{\text{T}}\boldsymbol{Px})}{\text{d}t}\Big]\text{d}t-\boldsymbol{x}^{\text{T}}(\infty)\boldsymbol{Px}(\infty)+\boldsymbol{x}(t_0^+)\boldsymbol{Px}(t_0^+)\\&=\int_{t_0^+}^{\infty}[\boldsymbol{u}(t)-\boldsymbol{u}^0(t)]^{\text{T}}\boldsymbol{D}_{12}^{\text{T}}\boldsymbol{D}_{12}[\boldsymbol{u}(t)-\boldsymbol{u}^0(t)]\text{d}t+\boldsymbol{x}^{\text{T}}(t_0^+)\boldsymbol{Px}(t_0^+)\end{aligned} \tag{9-3-15}$$

$\boldsymbol{x}(t_0^+)$如式(9-3-14)所示,又根据闭环稳定性,令 $\boldsymbol{x}(\infty)=\boldsymbol{0}$,则推出最优控制为：

$$\boldsymbol{u}^0=\boldsymbol{K}_{\text{opt}}\boldsymbol{x}$$

其中在推导过程中用到了式(9-3-10),$\boldsymbol{P}>\boldsymbol{0}$ 且满足式(9-3-10)。

将式(9-3-14)代入性能指标,则得

$$\begin{aligned}J(\boldsymbol{u})&=\sum_{i=1}^{m}\Big[\int_{t_0^+}^{\infty}\boldsymbol{z}^{\text{T}}\boldsymbol{z}\text{d}t:\boldsymbol{\omega}(t)=\boldsymbol{e}_k\delta(t)\Big]\text{d}t\\&=\sum_{i=1}^{m}\Big[\int_{t_0^+}^{\infty}[\boldsymbol{u}(t)-\boldsymbol{u}^0(t)]^{\text{T}}\boldsymbol{D}_{12}^{\text{T}}\boldsymbol{D}_{12}[\boldsymbol{u}(t)-\boldsymbol{u}^0(t)]+\boldsymbol{x}^{\text{T}}(t_0^+)\boldsymbol{Px}(t_0^+)\text{d}t:\boldsymbol{\omega}(t)=\boldsymbol{e}_k\delta(t)\Big]\text{d}t\\&=\sum_{i=1}^{m}\Big[\int_{t_0^+}^{\infty}[\boldsymbol{u}(t)-\boldsymbol{u}^0(t)]^{\text{T}}\boldsymbol{D}_{12}^{\text{T}}\boldsymbol{D}_{12}[\boldsymbol{u}(t)-\boldsymbol{u}^0(t)]\text{d}t+\boldsymbol{e}_k^{\text{T}}\boldsymbol{B}_1^{\text{T}}\boldsymbol{PB}_1\boldsymbol{e}_k:\boldsymbol{\omega}(t)=\boldsymbol{e}_k\delta(t)\Big]\end{aligned} \tag{9-3-16}$$

其中

$$\sum_{i=1}^{m}\boldsymbol{e}_k^{\text{T}}\boldsymbol{B}_1^{\text{T}}\boldsymbol{PB}_1\boldsymbol{e}_k=\sum_{i=1}^{m}\text{tr}(\boldsymbol{B}_1^{\text{T}}\boldsymbol{PB}_1\boldsymbol{e}_k\boldsymbol{e}_k^{\text{T}})=\text{tr}\Big[\boldsymbol{B}_1^{\text{T}}\boldsymbol{PB}_1\sum_{i=1}^{m}(\boldsymbol{e}_k\boldsymbol{e}_k^{\text{T}})\Big]=\text{tr}(\boldsymbol{B}_1^{\text{T}}\boldsymbol{PB}_1) \tag{9-3-17}$$

在式(9-3-15)中,令 $\boldsymbol{u}=\boldsymbol{u}^0$ 则得最优性能指标为:

$$J(\boldsymbol{u})=\mathrm{tr}(\boldsymbol{B}_1^{\mathrm{T}}\boldsymbol{P}\boldsymbol{B}_1)$$

因此定理得证。

证毕!

注 9.3.4 在最优反馈控制中并没有用到干扰信号 $\boldsymbol{\omega}$,只是在性能指标中才出现干扰输入增益矩阵 $\boldsymbol{B}_1$。

在式(9-3-4)中,我们假设所有状态都可以获得,但是在许多情况下,状态不能直接测量,只能设计状态估计器,令 $\hat{\boldsymbol{x}}$ 是对 $\boldsymbol{x}$ 的估计,此时若令 $\boldsymbol{u}=\boldsymbol{K}\hat{\boldsymbol{x}}$,则积分

$$\sum_{i=1}^{m}\left[\int_{t_0^+}^{\infty}[\boldsymbol{u}(t)-\boldsymbol{u}^0(t)]^{\mathrm{T}}\boldsymbol{D}_{12}^{\mathrm{T}}\boldsymbol{D}_{12}[\boldsymbol{u}(t)-\boldsymbol{u}^0(t)]\mathrm{d}t\right]$$

就不会是零。因此一个重要的指标就是所设计的状态估计器要使得如下指标尽可能小:

$$J_2[\boldsymbol{u}]=\sum_{i=1}^{m}\left[\int_{t_0^+}^{\infty}[\boldsymbol{u}(t)-\boldsymbol{u}^0(t)]^{\mathrm{T}}\boldsymbol{D}_{12}^{\mathrm{T}}\boldsymbol{D}_{12}[\boldsymbol{u}(t)-\boldsymbol{u}^0(t)]\mathrm{d}t\right]+\mathrm{tr}(\boldsymbol{B}_1^{\mathrm{T}}\boldsymbol{P}\boldsymbol{B}_1) \tag{9-3-18}$$

9.3.2 H_2 最优观测器设计

考虑系统(9-3-1)。本节问题是如何利用输出 g,设计一个 H_2 最优状态观测器,使得如下指标达到极小:

$$J_e(\boldsymbol{L})=\sum_{i=1}^{m}\left[\int_{t_0^+}^{\infty}[(\boldsymbol{x}(t)-\hat{\boldsymbol{x}}(t)]^{\mathrm{T}}\boldsymbol{C}_1^{\mathrm{T}}\boldsymbol{C}_1[\boldsymbol{x}(t)-\hat{\boldsymbol{x}}(t)]\mathrm{d}t:\boldsymbol{\omega}=\boldsymbol{e}_k\delta(t)\right] \tag{9-3-19}$$

其中 $\hat{\boldsymbol{x}}$ 为 $\boldsymbol{x}$ 的状态估计。

定理 9.3.2 考虑系统(9-3-1)与性能指标(9-3-19),假设条件 B1~B4 满足,则最优观测器具有如下表达形式:

$$\dot{\hat{\boldsymbol{x}}}=\boldsymbol{A}\hat{\boldsymbol{x}}+\boldsymbol{L}[\boldsymbol{y}(t)-\boldsymbol{C}_2\hat{\boldsymbol{x}}]+\boldsymbol{B}_2\boldsymbol{u} \tag{9-3-20}$$

且

$$\boldsymbol{L}=\hat{\boldsymbol{P}}\boldsymbol{C}_2^{\mathrm{T}}(\boldsymbol{D}_{21}\boldsymbol{D}_{21}^{\mathrm{T}})^{-1} \tag{9-3-21}$$

其中$\hat{\boldsymbol{P}}$是满足如下代数黎卡提方程的正定或半正定解,

$$\hat{\boldsymbol{P}}\boldsymbol{A}^{\mathrm{T}}+\boldsymbol{A}\hat{\boldsymbol{P}}-\hat{\boldsymbol{P}}\boldsymbol{C}_2^{\mathrm{T}}(\boldsymbol{D}_{21}\boldsymbol{D}_{21}^{\mathrm{T}})^{-1}\boldsymbol{C}_2\hat{\boldsymbol{P}}+\boldsymbol{B}_1^{\mathrm{T}}\boldsymbol{B}_1=\boldsymbol{0} \tag{9-3-22}$$

使得

$$\boldsymbol{A}-\boldsymbol{L}\boldsymbol{C}_2 \tag{9-3-23}$$

是稳定的(所有特征根都有负实部),而且该最优观测器达到的最优观测指标为:

$$\min_{\boldsymbol{L}} J_e(\boldsymbol{L})=\mathrm{tr}(\boldsymbol{C}_1\hat{\boldsymbol{P}}\boldsymbol{C}_1^{\mathrm{T}})$$

证明: 一个最简单的想法就是将式(9-3-1)与式(9-3-19)的最优观测器的设计问题,转化为如下对偶系统的最优调节器设计,

$$\boldsymbol{A}\rightarrow\boldsymbol{A}^{\mathrm{T}}$$
$$\boldsymbol{C}_1\rightarrow\boldsymbol{B}_1^{\mathrm{T}}$$
$$\boldsymbol{C}_2\rightarrow\boldsymbol{B}_2^{\mathrm{T}}$$
$$\boldsymbol{D}_{12}\rightarrow\boldsymbol{D}_{21}^{\mathrm{T}}$$

且在目标泛函里,将 $\boldsymbol{B}_1\rightarrow\boldsymbol{C}_1$。

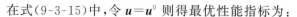

令估计误差为：

$$\tilde{x}=x-\hat{x} \tag{9-3-24}$$

那么估计误差动力学方程为：

$$\begin{aligned}\dot{\tilde{x}}&=(A-LC_2)\tilde{x}+(B_1-LD_{21})\omega\\ \Delta z&=C_1x-C_1\hat{x}=C_1\tilde{x}\end{aligned} \tag{9-3-25}$$

观测器的设计目标应当使得如下性能条件最小：

$$J_e(L)=\sum_{i=1}^{m}\left[\int_{t_0^+}^{\infty}[\tilde{x}(t)^{\mathrm T}C_1^{\mathrm T}C_1\tilde{x}(t)]\mathrm{d}t:\omega=e_k\delta(t)\right] \tag{9-3-26}$$

将观测器设计问题转变成为对偶系统最优调节器设计问题，以式(9-3-26)为目标泛函，

$$\begin{aligned}\dot{\tilde{x}}_d&=(A^{\mathrm T}-C_2^{\mathrm T}L^{\mathrm T})\tilde{x}_d+C_1^{\mathrm T}u\\ \Delta z_d&=(B_1-LD_{21})^{\mathrm T}\tilde{x}_d\end{aligned} \tag{9-3-27}$$

假定设计的 L 使得系统达到了 H_2 性能，于是有

$$(A-LC_2)\hat{P}+\hat{P}(A-LC_2)^{\mathrm T}=-(B_1-LD_{21})(B_1-LD_{21})^{\mathrm T} \tag{9-3-28}$$

再利用假设 B3，得

$$A\hat{P}+\hat{P}A^{\mathrm T}-LC_2\hat{P}-\hat{P}C_2^{\mathrm T}L^{\mathrm T}+B_1B_1^{\mathrm T}+LD_{21}D_{21}^{\mathrm T}L^{\mathrm T}=0 \tag{9-3-29}$$

对式(9-3-29)等号左边配方

$$A\hat{P}+\hat{P}A^{\mathrm T}-\hat{P}C_2^{\mathrm T}(D_{21}D_{21}^{\mathrm T})^{-1}C_2\hat{P}+B_1B_1^{\mathrm T}+[L^{\mathrm T}-(D_{21}D_{21}^{\mathrm T})^{-1}C_2\hat{P}]^{\mathrm T}(D_{21}D_{21}^{\mathrm T})[L^{\mathrm T}-(D_{21}D_{21}^{\mathrm T})^{-1}C_2\hat{P}]=0 \tag{9-3-30}$$

所以当

$$L=\hat{P}C_2^{\mathrm T}(D_{21}D_{21}^{\mathrm T})^{-1} \tag{9-3-31}$$

时，则式(9-3-30)等号左边将达到极小。

此时

$$A\hat{P}+\hat{P}A^{\mathrm T}-\hat{P}C_2^{\mathrm T}(D_{21}D_{21}^{\mathrm T})^{-1}C_2\hat{P}+B_1B_1^{\mathrm T}=0$$

由最优调节器理论，及假设条件 B1 与 B4，$A-LC_2$ 将具有负实部。

由对偶性及定理 9.3.1，最优性能指标为：

$$\min_L J_e(L)=\mathrm{tr}(C_1\hat{P}C_1^{\mathrm T})$$

将 $L=\hat{P}C_2^{\mathrm T}(D_{21}D_{21}^{\mathrm T})^{-1}$ 代入观测器，得 H_2 最优观测器：

$$\dot{\hat{x}}=[A-\hat{P}C_2^{\mathrm T}(D_{21}D_{21}^{\mathrm T})^{-1}C_2]\hat{x}+\hat{P}C_2^{\mathrm T}(D_{21}D_{21}^{\mathrm T})^{-1}y(t)+B_2u \tag{9-3-32}$$

证毕！

注 9.3.5 H_2 最优观测器设计与 C_1 无关，只是在性能指标中才出现 C_1。

9.3.3 输出动态反馈 H_2 最优控制器

当采用估计状态作为控制器状态时，应当使得如下指标达到最小：

$$J_2[u]=\sum_{i=1}^{m}\left[\int_{t_0^+}^{\infty}[u(t)-u^0(t)]^{\mathrm T}D_{12}^{\mathrm T}D_{12}[u(t)-u^0(t)]\mathrm{d}t\right]+\mathrm{tr}(B_1^{\mathrm T}PB_1)$$

即

$$J_2[u]=\sum_{i=1}^{m}\left[\int_{t_0^+}^{\infty}[\hat{\boldsymbol{x}}-\boldsymbol{x}]^{\mathrm{T}}\boldsymbol{F}_{\mathrm{opt}}^{\mathrm{T}}\boldsymbol{D}_{12}^{\mathrm{T}}\boldsymbol{D}_{12}\boldsymbol{F}_{\mathrm{opt}}^{\mathrm{T}}[\hat{\boldsymbol{x}}-\boldsymbol{x}]\mathrm{d}t\right]+\mathrm{tr}(\boldsymbol{B}_1^{\mathrm{T}}\boldsymbol{P}\boldsymbol{B}_1) \tag{9-3-33}$$

定理 9.3.3 考虑系统(9-3-1),假定假设 A1～A4 与 B1～B4 满足，则 H_2最优输出动态反馈控制器由以下方程给出：

$$\begin{aligned}\dot{\hat{\boldsymbol{x}}}&=(\boldsymbol{A}+\boldsymbol{B}_2\boldsymbol{K}_{\mathrm{opt}})\hat{\boldsymbol{x}}+\boldsymbol{L}[\boldsymbol{y}(t)-\boldsymbol{C}_2\hat{\boldsymbol{x}}]\\ \boldsymbol{u}&=\boldsymbol{K}_{\mathrm{opt}}\hat{\boldsymbol{x}}\end{aligned} \tag{9-3-34}$$

其中

$$\boldsymbol{K}_{\mathrm{opt}}=-(\boldsymbol{D}_{12}^{\mathrm{T}}\boldsymbol{D}_{12})^{-1}\boldsymbol{B}_2^{\mathrm{T}}\boldsymbol{P},\quad \boldsymbol{L}=\hat{\boldsymbol{P}}\boldsymbol{C}_2^{\mathrm{T}}(\boldsymbol{D}_{21}\boldsymbol{D}_{21}^{\mathrm{T}})^{-1}$$

并且 $\boldsymbol{P},\hat{\boldsymbol{P}}$分别是满足方程(9-3-10)与(9-3-22)的正定(半正定)矩阵。而且采用式(9-3-34)的控制律所得到的性能指标的最小值为：

$$J_2(\boldsymbol{u})=\min_{\boldsymbol{u}}\{\mathrm{tr}(\boldsymbol{D}_{12}\boldsymbol{K}_{\mathrm{opt}}\hat{\boldsymbol{P}}\boldsymbol{K}_{\mathrm{opt}}^{\mathrm{T}}\boldsymbol{D}_{12}^{\mathrm{T}})+\mathrm{tr}(\boldsymbol{B}_1^{\mathrm{T}}\boldsymbol{D}\boldsymbol{B}_1)\} \tag{9-3-35}$$

证明： 控制器(9-3-34)将使得闭环系统渐近稳定。定义估计误差 $\tilde{\boldsymbol{x}}=\boldsymbol{x}-\hat{\boldsymbol{x}}$,控制误差为 $\tilde{\boldsymbol{u}}(t)\triangleq\boldsymbol{K}_{\mathrm{opt}}(\boldsymbol{x}-\hat{\boldsymbol{x}})=\boldsymbol{K}_{\mathrm{opt}}\tilde{\boldsymbol{x}}$,则闭环系统为：

$$\begin{aligned}\begin{pmatrix}\dot{\boldsymbol{x}}\\ \dot{\tilde{\boldsymbol{x}}}\end{pmatrix}&=\begin{pmatrix}\boldsymbol{A}+\boldsymbol{B}_2\boldsymbol{K}_{\mathrm{opt}} & -\boldsymbol{B}_2\boldsymbol{K}_{\mathrm{opt}}\\ \boldsymbol{0} & \boldsymbol{A}-\boldsymbol{L}\boldsymbol{C}_2\end{pmatrix}\begin{pmatrix}\boldsymbol{x}\\ \tilde{\boldsymbol{x}}\end{pmatrix}+\begin{pmatrix}\boldsymbol{B}_1\\ \boldsymbol{B}_1-\boldsymbol{L}\boldsymbol{D}_{21}\end{pmatrix}\boldsymbol{w}\\ \boldsymbol{z}&=(\boldsymbol{C}_1\quad \boldsymbol{D}_{12}\boldsymbol{K}_{\mathrm{opt}}^{\mathrm{T}})\begin{pmatrix}\boldsymbol{x}\\ \tilde{\boldsymbol{x}}\end{pmatrix}\end{aligned} \tag{9-3-36}$$

由于 $\boldsymbol{A}+\boldsymbol{B}_2\boldsymbol{K}_{\mathrm{opt}}$与 $\boldsymbol{A}-\boldsymbol{L}\boldsymbol{C}_2$ 都有负实部特征根,所以闭环系统是渐近稳定的。性能指标为：

$$\begin{aligned}J_2[\boldsymbol{u}]&=\sum_{i=1}^{m}\left[\int_{t_0^+}^{\infty}[\boldsymbol{x}^{\mathrm{T}}\boldsymbol{C}_1^{\mathrm{T}}\boldsymbol{C}_1\boldsymbol{x}+\tilde{\boldsymbol{u}}^{\mathrm{T}}(\boldsymbol{D}_{12}^{\mathrm{T}}\boldsymbol{D}_{12})^{-1}\tilde{\boldsymbol{u}}\,\mathrm{d}t]:\boldsymbol{w}=\boldsymbol{e}_k\delta_k\right]\\ &=\sum_{i=1}^{m}\left[\int_{t_0^+}^{\infty}[\boldsymbol{x}^{\mathrm{T}}\boldsymbol{C}_1^{\mathrm{T}}\boldsymbol{C}_1\boldsymbol{x}+\tilde{\boldsymbol{x}}^{\mathrm{T}}\boldsymbol{K}_{\mathrm{opt}}^{\mathrm{T}}\boldsymbol{D}_{12}^{\mathrm{T}}\boldsymbol{D}_{12}\boldsymbol{K}_{\mathrm{opt}}\tilde{\boldsymbol{x}}\,\mathrm{d}t]:\boldsymbol{w}=\boldsymbol{e}_k\delta_k\right]\\ &=\sum_{i=1}^{m}\left[\int_{t_0^+}^{\infty}\boldsymbol{x}^{\mathrm{T}}\boldsymbol{C}_1^{\mathrm{T}}\boldsymbol{C}_1\boldsymbol{x}\mathrm{d}t:\boldsymbol{w}=\boldsymbol{e}_k\delta_k\right]+\sum_{i=1}^{m}\left[\int_{t_0^+}^{\infty}\tilde{\boldsymbol{x}}^{\mathrm{T}}\boldsymbol{K}_{\mathrm{opt}}^{\mathrm{T}}\boldsymbol{D}_{12}^{\mathrm{T}}\boldsymbol{D}_{12}\boldsymbol{K}_{\mathrm{opt}}\tilde{\boldsymbol{x}}\,\mathrm{d}t:\boldsymbol{w}=\boldsymbol{e}_k\delta_k\right]\\ &=\mathrm{tr}(\boldsymbol{B}_1^{\mathrm{T}}\boldsymbol{P}\boldsymbol{B}_1)+\mathrm{tr}(\boldsymbol{D}_{12}\boldsymbol{K}_{\mathrm{opt}}\hat{\boldsymbol{P}}\boldsymbol{K}_{\mathrm{opt}}^{\mathrm{T}}\boldsymbol{D}_{12}^{\mathrm{T}})\end{aligned} \tag{9-3-37}$$

即

$$J_2(\boldsymbol{u})=\min_{\boldsymbol{u}}\{\mathrm{tr}(\boldsymbol{D}_{12}\boldsymbol{K}_{\mathrm{opt}}\hat{\boldsymbol{P}}\boldsymbol{K}_{\mathrm{opt}}^{\mathrm{T}}\boldsymbol{D}_{12}^{\mathrm{T}})+\mathrm{tr}(\boldsymbol{B}_1^{\mathrm{T}}\boldsymbol{P}\boldsymbol{B}_1)\} \tag{9-3-38}$$

证毕!

注 9.3.5 在 H_2最优输出动态反馈控制器中,包括一个 H_2最优状态估计器与最优状态反馈控制器(状态用估计值代替)。观测器与控制器可以分开单独设计,这称为线性系统的分离原理。

注 9.3.6 如果系统存在输入噪声以及观测噪声,则 H_2最优状态估计器就是卡尔曼滤波器,而最优控制则可以采用 LQR,这个组合就是将在第 10 章介绍的线性二次型高斯(Linear Quadratic Gaussian,LQG)控制器。

9.4 H∞最优控制器设计

9.4.1 全信息状态下的H∞最优控制

考虑线性定常系统的 H_∞ 控制问题。

$$\begin{cases}\dot{\boldsymbol{x}}=\boldsymbol{A}\boldsymbol{x}+\boldsymbol{B}_1\boldsymbol{\omega}+\boldsymbol{B}_2\boldsymbol{u}\\ \boldsymbol{z}=\boldsymbol{C}_1\boldsymbol{x}+\boldsymbol{D}_{12}\boldsymbol{u}\\ \boldsymbol{y}=\boldsymbol{C}_2\boldsymbol{x}+\boldsymbol{D}_{21}\boldsymbol{\omega}\end{cases} \tag{9-4-1}$$

其中 $\boldsymbol{x}\in\mathbb{R}^n,\boldsymbol{u}\in\mathbb{R}^m,\boldsymbol{\omega}\in\mathbb{R}^d,\boldsymbol{y}\in\mathbb{R}^p,\boldsymbol{z}\in\mathbb{R}^q$,假设初始状态 $\boldsymbol{x}_0=\boldsymbol{0}$。

一个标准的 H_∞ 最优控制问题是设计闭环控制器 $\boldsymbol{u}=\boldsymbol{K}\boldsymbol{x}$ 使得闭环系统

$$\begin{cases}\dot{\boldsymbol{x}}=(\boldsymbol{A}+\boldsymbol{B}_2\boldsymbol{K})\boldsymbol{x}+\boldsymbol{B}_1\boldsymbol{\omega}\\ \boldsymbol{z}=(\boldsymbol{C}_1+\boldsymbol{D}_{12}\boldsymbol{K})\boldsymbol{x}\\ \boldsymbol{y}=\boldsymbol{C}_2\boldsymbol{x}+\boldsymbol{D}_{21}\boldsymbol{\omega}\end{cases} \tag{9-4-2}$$

是渐近稳定的,且要寻找最小的 $\gamma^*\geqslant 0$,使得在闭环控制下 $\boldsymbol{\omega}$ 到 $\boldsymbol{z}$ 的 L_2 增益小于或等于 γ^*。

在一般情况下,如果不苛求最小的 γ,我们可以考虑 H_∞ 次优控制问题:考虑系统(9-4-1),所谓次优控制,就是预先指定一个正数 $\gamma>0$,设计一个闭环控制器,使得在闭环控制下 $\boldsymbol{\omega}$ 到 $\boldsymbol{z}$ 的 L_2 增益小于或等于 γ,即

$$\int_{t_0}^{\infty}\|\boldsymbol{z}\|^2\mathrm{d}t\leqslant\gamma^2\int_{t_0}^{\infty}\|\boldsymbol{\omega}\|^2\mathrm{d}t \tag{9-4-3}$$

在讨论可解性问题之前,首先做如下假设。

A1:$(\boldsymbol{A},\boldsymbol{B}_2)$是可稳定的。

A2:$\boldsymbol{D}_{12}^{\mathrm{T}}\boldsymbol{D}_{12}=I$ 是可逆的。

A3:$\boldsymbol{D}_{12}^{\mathrm{T}}\boldsymbol{C}_1=\boldsymbol{0}$。

A4:$(\boldsymbol{A},\boldsymbol{C}_1)$能观测。

B1:$(\boldsymbol{A},\boldsymbol{C}_2)$是可检测的。

B2:$\boldsymbol{D}_{21}\boldsymbol{D}_{21}^{\mathrm{T}}=\boldsymbol{I}$。

B3:$\boldsymbol{D}_{21}\boldsymbol{B}_1^{\mathrm{T}}=\boldsymbol{0}$。

B4:$(\boldsymbol{A},\boldsymbol{B}_1)$在虚轴上没有不可控的模态。

采用如下供给率函数

$$s(\boldsymbol{u},\boldsymbol{\omega})=-\frac{1}{2}(\|\boldsymbol{z}\|^2-\gamma^2\|\boldsymbol{\omega}\|^2) \tag{9-4-4}$$

则 H_∞ 控制器的设计问题可以转化为微分对策问题来处理。

定理 9.4.1(H_∞最优控制的解) 考虑系统(9-4-3),及其假设 A1～A4,假设 $x(\tau),\tau\leqslant t$,即系统的现在与过去的状态都能获得,那么在 $\boldsymbol{x}(t_0)=\boldsymbol{0}$ 时,寻找一个最小的正数 γ^*,设计闭环控制器使得 $\boldsymbol{\omega}$ 到 $\boldsymbol{z}$ 的 L_2 增益小于或等于 γ^* 的一个充分必要条件是存在正定或者半正定矩阵 $\boldsymbol{X}$,满足如下黎卡提不等式:

$$\boldsymbol{A}^{\mathrm{T}}\boldsymbol{X}_\infty+\boldsymbol{X}_\infty\boldsymbol{A}+\frac{1}{\gamma^{*2}}\boldsymbol{X}_\infty\boldsymbol{B}_1\boldsymbol{B}_1^{\mathrm{T}}\boldsymbol{X}_\infty-\boldsymbol{X}_\infty\boldsymbol{B}_2\boldsymbol{B}_2^{\mathrm{T}}\boldsymbol{X}_\infty+\boldsymbol{C}_1^{\mathrm{T}}\boldsymbol{C}_1\leqslant\boldsymbol{0} \tag{9-4-5}$$

使得矩阵

$$A+\frac{1}{\gamma^{*2}}B_1B_1^{\mathrm{T}}X_\infty-B_2B_2^{\mathrm{T}}X_\infty \tag{9-4-6}$$

是稳定的，而且 H_∞ 控制的表达式为：

$$u=K_\infty x=-B_2^{\mathrm{T}}X_\infty x \tag{9-4-7}$$

证明：有如下两种证明方法。

方法一：假设存在一个 H_∞ 控制，$u=K_\infty x$，并使得闭环系统满足 H_∞ 性能。利用有界实定理，由于假设 $C_1^{\mathrm{T}}D_{12}=0$，$D_{12}^{\mathrm{T}}D_{12}=I$，

$$(A+B_2K_\infty)^{\mathrm{T}}X_\infty+X_\infty(A+B_2K_\infty)+\frac{1}{\gamma^{*2}}X_\infty B_1B_1^{\mathrm{T}}X_\infty+(C_1+D_{12}K_\infty)^{\mathrm{T}}(C_1+D_{12}K_\infty)\leqslant 0$$

$$\Rightarrow(A+B_2K_\infty)^{\mathrm{T}}X_\infty+X_\infty(A+B_2K_\infty)+\frac{1}{\gamma^{*2}}X_\infty B_1B_1^{\mathrm{T}}X_\infty+C_1^{\mathrm{T}}C_1+K_\infty^{\mathrm{T}}K_\infty\leqslant 0 \tag{9-4-8}$$

配方得

$$A^{\mathrm{T}}X_\infty+X_\infty A+\frac{1}{\gamma^{*2}}X_\infty B_1B_1^{\mathrm{T}}X_\infty-X_\infty B_2B_2^{\mathrm{T}}X_\infty+C_1^{\mathrm{T}}C_1+(K_\infty+B_2^{\mathrm{T}}X_\infty)^{\mathrm{T}}(K_\infty+B_2^{\mathrm{T}}X_\infty)\leqslant 0 \tag{9-4-9}$$

显然当

$$K_\infty=-B_2^{\mathrm{T}}X_\infty$$

时，式(9-4-9)等号左边将达到极小。将式(9-4-7)代入式(9-4-9)就得到了式(9-4-5)。

方法二：假定 γ^* 是闭环系统具有 H_∞ 性能的最小的 L_2 增益，即在 $x_0=0$ 时，最优闭环系统具有的 H_∞ 性能满足

$$\int_{t_0}^{\infty}\|z\|^2\mathrm{d}t\leqslant\gamma^2\int_{t_0}^{\infty}\|\omega\|^2\mathrm{d}t$$

则若以 $s(u,\omega)=-\frac{1}{2}(\|z\|^2-\gamma^2\|\omega\|^2)$ 为供给率函数，存在一个正的存储函数 $V(x)$，满足如下不等式

$$\min_u\max_\omega\{H(\nabla V,x,u,\omega)\}\leqslant 0 \tag{9-4-10}$$

其中哈密顿函数为：

$$H(\nabla V,x,u,\omega)=\nabla V^{\mathrm{T}}(Ax+B_1\omega+B_2u)-\frac{1}{2}[\|z\|^2-\gamma^{*2}\|\omega\|^2] \tag{9-4-11}$$

令 $V^*(x)=\frac{1}{2}x^{\mathrm{T}}X_\infty x$，则不等式变为：

$$\min_u\max_\omega\left\{x^{\mathrm{T}}X_\infty(Ax+B_1\omega+B_2u)+(Ax+B_1\omega+B_2u)^{\mathrm{T}}X_\infty x+\frac{1}{2}[x^{\mathrm{T}}C_1^{\mathrm{T}}C_1x+u^{\mathrm{T}}u-\gamma^2\|\omega\|^2]\right\}\leqslant 0 \tag{9-4-12}$$

式(9-4-12)等号左边分别对 u 与 ω 求偏导，然后分别令偏导数等于零，可解得鞍点为：

$$u^*=-B_2^{\mathrm{T}}X_\infty x,\quad \omega^*=\frac{1}{\gamma^{*2}}B_1^{\mathrm{T}}X_\infty x \tag{9-4-13}$$

将鞍点代入式(9-4-12)，就得到式(9-4-5)，即

$$A^{\mathrm{T}}X_\infty+X_\infty A+\frac{1}{\gamma^{*2}}X_\infty B_1B_1^{\mathrm{T}}X_\infty-X_\infty B_2B_2^{\mathrm{T}}X_\infty+C_1^{\mathrm{T}}C_1\leqslant 0$$

式(9-4-6)的稳定性证明参考定理 9.1.5。本定理的充分性可从上式倒推完成。

证毕！

推论 9.4.1(H_∞次优控制的解) 考虑系统(9-4-3),及其假设 A1～A4,假设 $\boldsymbol{x}(\tau),\tau\leqslant t$,即系统的现在与过去的状态都能获得,那么在 $\boldsymbol{x}(t_0)=\boldsymbol{0}$ 时,对于一个预先指定的正数 γ,设计闭环控制器使得 $\boldsymbol{\omega}$ 到 $\boldsymbol{z}$ 的 L_2 增益小于 γ 的一个充分必要条件是存在正定或者半正定矩阵 $\boldsymbol{X}_\infty$,满足如下黎卡提方程

$$\boldsymbol{A}^{\mathrm{T}}\boldsymbol{X}_\infty+\boldsymbol{X}_\infty\boldsymbol{A}+\frac{1}{\gamma^2}\boldsymbol{X}_\infty\boldsymbol{B}_1\boldsymbol{B}_1^{\mathrm{T}}\boldsymbol{X}_\infty-\boldsymbol{X}_\infty\boldsymbol{B}_2\boldsymbol{B}_2^{\mathrm{T}}\boldsymbol{X}_\infty+\boldsymbol{C}_1^{\mathrm{T}}\boldsymbol{C}_1<\boldsymbol{0} \tag{9-4-14}$$

使得矩阵

$$\boldsymbol{A}+\frac{1}{\gamma^2}\boldsymbol{B}_1\boldsymbol{B}_1^{\mathrm{T}}\boldsymbol{X}_\infty-\boldsymbol{B}_2\boldsymbol{B}_2^{\mathrm{T}}\boldsymbol{X}_\infty \tag{9-4-15}$$

是稳定的,而且 H_∞ 控制的表达式为:

$$\boldsymbol{u}=\boldsymbol{K}_\infty\boldsymbol{x}=-\boldsymbol{B}_2^{\mathrm{T}}\boldsymbol{X}_\infty\boldsymbol{x} \tag{9-4-16}$$

证明过程类似于定理 9.4.1,这里省略。

H_∞ 最优控制的可解性问题转化为一个优化问题的可行解的存在性问题。

定理 9.4.2(H_∞最优控制的解的 LMI 形式) 对于式(9-4-3)所示的 H_∞ 最优控制问题可解的充分必要条件为如下优化问题:

$$\begin{aligned}&\min\gamma\\&\text{s.t.}\quad \gamma>0,\quad \boldsymbol{P}>\boldsymbol{0}\\&\begin{pmatrix}(\boldsymbol{AP}+\boldsymbol{B}_2\boldsymbol{W})+(\boldsymbol{AP}+\boldsymbol{B}_2\boldsymbol{W})^{\mathrm{T}} & \boldsymbol{B}_1 & \boldsymbol{PC}_1^{\mathrm{T}}+\boldsymbol{W}^{\mathrm{T}}\boldsymbol{D}_{12}^{\mathrm{T}}\\ \boldsymbol{B}_1^{\mathrm{T}} & -\gamma\boldsymbol{I} & \boldsymbol{0}\\ \boldsymbol{C}_1\boldsymbol{P}+\boldsymbol{D}_{12}\boldsymbol{W} & \boldsymbol{0} & -\gamma\boldsymbol{I}\end{pmatrix}\leqslant\boldsymbol{0}\end{aligned} \tag{9-4-17}$$

存在可行正定解 $\boldsymbol{P}>\boldsymbol{0}$ 以及矩阵 $\boldsymbol{W}$,其中 $\boldsymbol{W}=\boldsymbol{K}_\infty\boldsymbol{P}$,$H_\infty$ 最优控制律为:

$$\boldsymbol{u}=\boldsymbol{K}_\infty\boldsymbol{x}=\boldsymbol{WP}^{-1}\boldsymbol{x}$$

证明:对式(9-4-3),假设 $\boldsymbol{u}=\boldsymbol{K}_\infty\boldsymbol{x}$ 使得闭环系统稳定并满足干扰 $\boldsymbol{\omega}$ 到 $\boldsymbol{z}$ 的 L_2 增益小于或等于指定的正数 γ。

由式(9-4-8),

$$(\boldsymbol{A}+\boldsymbol{B}_2\boldsymbol{K}_\infty)^{\mathrm{T}}\boldsymbol{X}_\infty+\boldsymbol{X}_\infty(\boldsymbol{A}+\boldsymbol{B}_2\boldsymbol{K}_\infty)+\frac{1}{\gamma^2}\boldsymbol{X}_\infty\boldsymbol{B}_1\boldsymbol{B}_1^{\mathrm{T}}\boldsymbol{X}_\infty+(\boldsymbol{C}_1+\boldsymbol{D}_{12}\boldsymbol{K}_\infty)^{\mathrm{T}}(\boldsymbol{C}_1+\boldsymbol{D}_{12}\boldsymbol{K}_\infty)=\boldsymbol{0}$$

则由定理 9.2.1,H_∞ 次优控制将对应于如下线性矩阵不等式的可解性:

$$\begin{pmatrix}(\boldsymbol{A}+\boldsymbol{B}_2\boldsymbol{K}_\infty)^{\mathrm{T}}\boldsymbol{X}_\infty+\boldsymbol{X}_\infty(\boldsymbol{A}+\boldsymbol{B}_2\boldsymbol{K}_\infty) & \boldsymbol{X}_\infty\boldsymbol{B}_1 & \boldsymbol{C}_1^{\mathrm{T}}+\boldsymbol{K}_\infty^{\mathrm{T}}\boldsymbol{D}_{12}^{\mathrm{T}}\\ \boldsymbol{B}_1^{\mathrm{T}}\boldsymbol{X}_\infty & -\gamma\boldsymbol{I} & \boldsymbol{0}\\ \boldsymbol{C}_1+\boldsymbol{D}_{12}\boldsymbol{K}_\infty & \boldsymbol{0} & -\gamma\boldsymbol{I}\end{pmatrix}<\boldsymbol{0} \tag{9-4-18}$$

在式(9-4-18)中,未知变量为 $\boldsymbol{X}_\infty>0$ 与 $\boldsymbol{K}_\infty$,仍存在二者的乘积问题。为将式(9-4-18)变成线性矩阵不等式,对式(9-4-18)矩阵左右两边同时乘以矩阵

$$\boldsymbol{T}=\begin{pmatrix}\boldsymbol{X}_\infty^{-1} & \boldsymbol{0} & \boldsymbol{0}\\ \boldsymbol{0} & \boldsymbol{I} & \boldsymbol{0}\\ \boldsymbol{0} & \boldsymbol{0} & \boldsymbol{I}\end{pmatrix} \tag{9-4-19}$$

定义 $\boldsymbol{X}_\infty^{-1}=\boldsymbol{P}$,$\boldsymbol{K}_\infty\boldsymbol{X}_\infty^{-1}=\boldsymbol{W}$ 则式(9-4-18)变为:

$$\begin{pmatrix}(\boldsymbol{AP}+\boldsymbol{B}_2\boldsymbol{W})+(\boldsymbol{AP}+\boldsymbol{B}_2\boldsymbol{W})^{\mathrm{T}} & \boldsymbol{B}_1 & \boldsymbol{PC}_1^{\mathrm{T}}+\boldsymbol{W}^{\mathrm{T}}\boldsymbol{D}_{12}^{\mathrm{T}}\\ \boldsymbol{B}^{\mathrm{T}} & -\gamma\boldsymbol{I} & \boldsymbol{0}\\ \boldsymbol{C}_1\boldsymbol{P}+\boldsymbol{D}_{12}\boldsymbol{W} & \boldsymbol{0} & -\gamma\boldsymbol{I}\end{pmatrix}\leqslant\boldsymbol{0} \tag{9-4-20}$$

如果最优化问题(9-4-17)存在可行解 $\boldsymbol{P},\boldsymbol{W}$,则最优控制为:

$$\boldsymbol{u}=\boldsymbol{K}_\infty\boldsymbol{x}=\boldsymbol{W}\boldsymbol{P}^{-1}\boldsymbol{x}$$

证毕!

推论 9.4.2(H_∞次优控制的 LMI 形式) 对于式(9-4-3)所示的 H_∞ 次优控制,问题可解的充分必要条件为存在正定解 $\boldsymbol{P}>0$ 以及矩阵 $\boldsymbol{W}$,使得如下线性矩阵不等式成立:

$$\begin{pmatrix} (\boldsymbol{AP}+\boldsymbol{B}_2\boldsymbol{W})+(\boldsymbol{AP}+\boldsymbol{B}_2\boldsymbol{W})^{\mathrm{T}} & \boldsymbol{B}_1 & \boldsymbol{PC}_1^{\mathrm{T}}+\boldsymbol{W}^{\mathrm{T}}\boldsymbol{D}_{12}^{\mathrm{T}} \\ \boldsymbol{B}^{\mathrm{T}} & -\gamma\boldsymbol{I} & \boldsymbol{0} \\ \boldsymbol{C}_1\boldsymbol{P}+\boldsymbol{D}_{12}\boldsymbol{W} & \boldsymbol{0} & -\gamma\boldsymbol{I} \end{pmatrix}<\boldsymbol{0} \tag{9-4-21}$$

则 H_∞ 次优控制律为 $\boldsymbol{u}=\boldsymbol{K}_\infty\boldsymbol{x}=\boldsymbol{W}\boldsymbol{P}^{-1}\boldsymbol{x}$。

证明:与证明定理 9.4.2 类似,这里省略。

我们再来分析一下 H_∞ 性能指标。由式(9-4-10)与式(9-4-11)知

$$H(\nabla V,\boldsymbol{x},\boldsymbol{u}^*,\boldsymbol{\omega}^*)=0 \tag{9-4-22}$$

由于 $\boldsymbol{D}_{12}^{\mathrm{T}}\boldsymbol{D}_{12}=\boldsymbol{I}$,由引理 8.5.1,可以推出

$$\begin{aligned} H(\nabla V,\boldsymbol{x},\boldsymbol{u},\boldsymbol{\omega}) &= H(\nabla V,\boldsymbol{x},\boldsymbol{u}^*,\boldsymbol{\omega}^*)+\frac{1}{2}(\|\boldsymbol{u}-\boldsymbol{u}^*\|^2-\gamma^2\|\boldsymbol{\omega}-\boldsymbol{\omega}^*\|^2) \\ &= \frac{1}{2}(\|\boldsymbol{u}-\boldsymbol{u}^*\|^2-\gamma^2\|\boldsymbol{\omega}-\boldsymbol{\omega}^*\|^2) \end{aligned} \tag{9-4-23}$$

由于假定系统是定常的,则存储函数 V 不显含 t,由哈密顿函数的定义

$$\dot{V}(\boldsymbol{x})+\frac{1}{2}(\|\boldsymbol{z}\|^2-\gamma^2\|\boldsymbol{\omega}\|^2)=H(\nabla V,\boldsymbol{x},\boldsymbol{u},\boldsymbol{\omega})=\frac{1}{2}(\|\boldsymbol{u}-\boldsymbol{u}^*\|-\gamma^2\|\boldsymbol{\omega}-\boldsymbol{\omega}^*\|^2 \tag{9-4-24}$$

由于初始状态为零,所以 $V(\boldsymbol{x}(t_0))=V(0)=0$,若系统耗散,则 $\boldsymbol{x}(\infty)=0$,对式(9-4-24)两边从 t_0 到∞积分,得

$$V[\boldsymbol{x}(\infty)]-V[\boldsymbol{x}(t_0)]+\frac{1}{2}\int_{t_0}^{\infty}(\|\boldsymbol{z}\|^2-\gamma^2\|\boldsymbol{\omega}\|^2)\mathrm{d}t=\frac{1}{2}\int_{t_0}^{\infty}(\|\Delta\boldsymbol{u}\|^2-\gamma^2\|\Delta\boldsymbol{\omega}\|^2)\mathrm{d}t \tag{9-4-25}$$

即

$$\int_{t_0}^{\infty}(\|\boldsymbol{z}\|^2-\gamma^2\|\boldsymbol{\omega}\|^2)\mathrm{d}t=\int_{t_0}^{\infty}(\|\Delta\boldsymbol{u}\|^2-\gamma^2\|\Delta\boldsymbol{\omega}\|^2)\mathrm{d}t \tag{9-4-26}$$

其中 $\Delta\boldsymbol{u}=\boldsymbol{u}-\boldsymbol{u}^*$,$\Delta\boldsymbol{\omega}=\boldsymbol{\omega}-\boldsymbol{\omega}^*$,在假设 A2~A3 下,可以推出

$$\|\Delta\boldsymbol{z}\|^2=\|\boldsymbol{z}-\boldsymbol{z}^*\|^2=\|\Delta\boldsymbol{u}^{\mathrm{T}}\boldsymbol{D}_{12}^{\mathrm{T}}\boldsymbol{D}_{12}\Delta\boldsymbol{u}\|=\|\Delta\boldsymbol{u}\|^2 \tag{9-4-27}$$

则式(9-4-26)即

$$\int_{t_0}^{\infty}(\|\boldsymbol{z}\|^2-\gamma^2\|\boldsymbol{\omega}\|^2)\mathrm{d}t=\int_{t_0}^{\infty}(\|\Delta\boldsymbol{z}\|^2-\gamma^2\|\Delta\boldsymbol{\omega}\|^2)\mathrm{d}t \tag{9-4-28}$$

因此可以将原系统的 L_2 增益问题转换成增量系统的 L_2 增益问题。

在式(9-4-26)中出现了 $\Delta\boldsymbol{\omega}$,$\Delta\boldsymbol{u}$,因此我们可以将式(9-4-13)代入系统,将模型改造成为输入为 $\Delta\boldsymbol{\omega}$,调节变量为 $\Delta\boldsymbol{z}$。将最坏干扰代入系统后,得到一个如下系统:

$$\begin{cases} \dot{\boldsymbol{x}}=\tilde{\boldsymbol{A}}\boldsymbol{x}+\tilde{\boldsymbol{B}}_1\Delta\boldsymbol{\omega}+\tilde{\boldsymbol{B}}_2\boldsymbol{u},\boldsymbol{x}(t_0)=\boldsymbol{0} \\ \Delta\boldsymbol{z}=\Delta\boldsymbol{u}=\boldsymbol{u}-\boldsymbol{u}^*=-\boldsymbol{K}_\infty\boldsymbol{x}+\boldsymbol{u}=\tilde{\boldsymbol{C}}_1\boldsymbol{x}+\boldsymbol{u} \\ \boldsymbol{y}=\tilde{\boldsymbol{C}}_2\boldsymbol{x}+\tilde{\boldsymbol{D}}_{21}\Delta\boldsymbol{\omega} \end{cases} \tag{9-4-29}$$

其中

$$\begin{cases} \widetilde{A}=A+\dfrac{1}{\gamma^2}B_1B_1^{\mathrm{T}}X_\infty \\ \widetilde{B}_1=B_1 \\ \widetilde{B}_2=B_2 \\ \widetilde{C}_1=-K_\infty=B_2^{\mathrm{T}}X_\infty \\ \widetilde{D}_{12}=I \\ \widetilde{C}_2=C_2+\dfrac{1}{\gamma^2}D_{21}B_1^{\mathrm{T}}X_\infty=C_2 \\ \widetilde{D}_{21}=D_{21} \end{cases} \tag{9-4-30}$$

而由于假设 $D_{21}B_1^{\mathrm{T}}=0$，所以$\widetilde{C}_2=C_2$。

因此 H_∞控制问题可转化为以式(9-4-28)为最优性能指标，以式(9-4-30)为动力学方程的 H_∞最优控制问题，我们将在后面的章节用到这种描述。

9.4.2 H_∞最优观测器(滤波器)

当状态不能直接测量时，有时需要利用输出变量，构造状态观测器，对系统的状态进行在线估计。线性系统中给出的最常用观测器就是龙伯格全阶状态观测器。这里给出一种采用 H_∞性能所设计的状态观测器。

考虑系统

$$\begin{cases} \dot{x}=Ax+B_1\omega \\ z=C_1x \\ y=C_2x+D_{21}\omega \end{cases} \tag{9-4-31}$$

设计如下形式的一个观测器

$$\begin{cases} \dot{\hat{x}}=A\hat{x}+L(y-C_2\hat{x}) \\ \hat{z}=C_1\hat{x} \\ \hat{y}=C_2\hat{x} \end{cases} \tag{9-4-32}$$

使得观测器具有 H_∞性能，即对足够小的 $\gamma>0$，设计最优 L 使得

$$\int_{t_0}^{\infty}[\|C_1(x-\hat{x})\|^2-\gamma^2\|\omega\|^2]\mathrm{d}t\leqslant 0 \tag{9-4-33}$$

定理 9.4.3 考虑系统(9-4-31)，假定假设 B1～B4 满足，那么存在 H_∞最优观测器的充分必要条件是：存在一个小的正数 γ，使得如下黎卡提代数不等式

$$Y_\infty A^{\mathrm{T}}+AY_\infty+\frac{1}{\gamma^2}Y_\infty C_1^{\mathrm{T}}C_1Y_\infty-Y_\infty C_2^{\mathrm{T}}C_2Y_\infty+B_1B\leqslant 0 \tag{9-4-34}$$

存在一个正定或者半正定矩阵 Y_∞，并且矩阵

$$A+\frac{1}{\gamma^2}Y_\infty C_1^{\mathrm{T}}C_1-Y_\infty C_2^{\mathrm{T}}C_2 \tag{9-4-35}$$

是稳定的，而且 H_∞最优状态观测器为：

$$\begin{cases} \dot{\hat{x}}=A\hat{x}+L[y-C_2\hat{x})] \\ L=Y_\infty C_2^{\mathrm{T}} \\ y=C_2x+D_{21}\omega \end{cases} \tag{9-4-36}$$

证明：定义观测误差 $\tilde{x}=x-\hat{x}$，则误差动力学方程为：

$$\begin{cases}\dot{\tilde{x}}=(A-LC_2)\tilde{x}+(B_1-LD_{21})\omega \\ \tilde{z}=C_1\tilde{x} \\ y=C_2x+D_{21}\omega\end{cases} \tag{9-4-37}$$

对于设计目标(9-4-33)，将最优观测器设计问题转化为对偶系统的最优调节器设计问题，对偶系统为：

$$\begin{cases}\dot{\tilde{x}}_d=(A-LC_2)^{\mathrm{T}}\ \tilde{x}_d+C_1^{\mathrm{T}}\omega \\ \Delta z_d=(B_1-LD_{21})^{\mathrm{T}}\ \tilde{x}_d\end{cases} \tag{9-4-38}$$

使得

$$\frac{1}{2}\int_{t_0}^{\infty}(\|\Delta z_d\|^2-\gamma^2\|\omega\|^2)\mathrm{d}t\leqslant 0 \tag{9-4-39}$$

若系统(9-4-39)具有 H_∞ 性能指标，则由有界实引理，存在 H_∞ 最优观测器的充分必要条件为存在正定或者半正定矩阵 Y_∞，满足如下黎卡提不等式

$$(A-LC_2)Y_\infty+Y_\infty(A-LC_2)^{\mathrm{T}}+\frac{1}{\gamma^2}Y_\infty C_1^{\mathrm{T}}C_1Y_\infty+(B_1-LD_{21})(B_1-LD_{21})^{\mathrm{T}}\leqslant 0 \tag{9-4-40}$$

配方得

$$Y_\infty A^{\mathrm{T}}+AY_\infty+\frac{1}{\gamma^2}Y_\infty C_1^{\mathrm{T}}C_1Y_\infty-Y_\infty C_2^{\mathrm{T}}C_2Y_\infty+B_1B_1^{\mathrm{T}}+(L-Y_\infty C_2^{\mathrm{T}})(L-Y_\infty C_2^{\mathrm{T}})^{\mathrm{T}}\leqslant 0 \tag{9-4-41}$$

显然当 $L=Y_\infty C_2^{\mathrm{T}}$ 时，式(9-4-41)等号左边最小。则 Y_∞ 满足如下黎卡提方程：

$$Y_\infty A^{\mathrm{T}}+AY_\infty+\frac{1}{\gamma^2}Y_\infty C_1^{\mathrm{T}}C_1Y_\infty-Y_\infty C_2^{\mathrm{T}}C_2Y_\infty+B_1B_1^{\mathrm{T}}\leqslant 0 \tag{9-4-42}$$

则最优观测器为式(9-4-36)，即

$$\begin{aligned}\dot{\hat{x}}&=A\hat{x}+Y_\infty C_2^{\mathrm{T}}[y-C_2\hat{x}] \\ y&=C_2x+D_{21}\omega\end{aligned}$$

且矩阵

$$A+\frac{1}{\gamma^2}Y_\infty C_1^{\mathrm{T}}C_1-Y_\infty C_2^{\mathrm{T}}C_2 \tag{9-4-43}$$

的特征根具有负实部。

证毕！

推论 9.4.3(最优观测器的 LMI 方法) 考虑系统(9-4-29)，假定假设 B1～B4 满足，那么存在输出 H_∞ 最优观测器的充分必要条件是如下优化问题存在可行解，

$$\begin{aligned}&\min\ \gamma \\ &\text{s.t.}\quad P>0,\quad \gamma\geqslant 0 \\ &\begin{pmatrix}A^{\mathrm{T}}P-C_2^{\mathrm{T}}W^{\mathrm{T}}+PA-WC_2 & C_1^{\mathrm{T}} & PB_1-WD_{21} \\ C_1 & -\gamma I & 0 \\ B_1^{\mathrm{T}}P-D_{21}^{\mathrm{T}}W^{\mathrm{T}} & 0 & -\gamma I\end{pmatrix}\leqslant 0\end{aligned} \tag{9-4-44}$$

其中$Y_\infty^{-1}\triangleq P$，$PL\triangleq W$。

证明：由式(9-4-40)，

$$(\boldsymbol{A}-\boldsymbol{L}\boldsymbol{C}_2)\boldsymbol{Y}_\infty+\boldsymbol{Y}_\infty(\boldsymbol{A}-\boldsymbol{L}\boldsymbol{C}_2)^{\mathrm{T}}+\frac{1}{\gamma^2}\boldsymbol{Y}_\infty\boldsymbol{C}_1^{\mathrm{T}}\boldsymbol{C}_1\boldsymbol{Y}_\infty+(\boldsymbol{B}_1-\boldsymbol{L}\boldsymbol{D}_{21})(\boldsymbol{B}_1-\boldsymbol{L}\boldsymbol{D}_{21})^{\mathrm{T}}\leqslant\boldsymbol{0}$$

对应的线性矩阵不等式为：

$$\begin{pmatrix}\boldsymbol{Y}_\infty(\boldsymbol{A}-\boldsymbol{L}\boldsymbol{C}_2)^{\mathrm{T}}+(\boldsymbol{A}-\boldsymbol{L}\boldsymbol{C}_2)\boldsymbol{Y}_\infty & \boldsymbol{Y}_\infty\boldsymbol{C}_1^{\mathrm{T}} & \boldsymbol{B}_1-\boldsymbol{L}\boldsymbol{D}_{21}\\ \boldsymbol{C}_1\boldsymbol{Y}_\infty & -\gamma\boldsymbol{I} & \boldsymbol{0}\\ \boldsymbol{B}_1^{\mathrm{T}}-\boldsymbol{D}_{21}^{\mathrm{T}}\boldsymbol{L} & \boldsymbol{0} & -\gamma\boldsymbol{I}\end{pmatrix}\leqslant\boldsymbol{0} \tag{9-4-45}$$

在式(9-4-37)中，未知变量为$\boldsymbol{Y}>\boldsymbol{0}$与$L$。

对式(9-4-37)左边矩阵两边同时乘以矩阵

$$\boldsymbol{T}=\begin{pmatrix}\boldsymbol{Y}_\infty^{-1} & \boldsymbol{0} & \boldsymbol{0}\\ \boldsymbol{0} & \boldsymbol{I} & \boldsymbol{0}\\ \boldsymbol{0} & \boldsymbol{0} & \boldsymbol{I}\end{pmatrix} \tag{9-4-46}$$

并令$\boldsymbol{Y}_\infty^{-1}\triangleq\boldsymbol{P}$，$\boldsymbol{PL}=\boldsymbol{W}$，则式(9-4-37)变为式(9-4-44)。

如果式(9-4-44)存在可行解$\boldsymbol{P},\boldsymbol{W}$，则最优观测器增益为

$$\boldsymbol{L}=\boldsymbol{P}^{-1}\boldsymbol{W}=\boldsymbol{Y}_\infty\boldsymbol{W} \tag{9-4-47}$$

证毕！

推论 9.4.4(H_∞次优观测器的 LMI 方法) 考虑系统(9-4-31)，假定假设 B1～B4 满足，那么存在 H_∞ 次优观测器的充分必要条件是：对于给定的正数γ，存在正定或者半正定矩阵Y_∞使得如下线性矩阵不等式成立：

$$\begin{pmatrix}\boldsymbol{A}^{\mathrm{T}}\boldsymbol{P}-\boldsymbol{C}_2^{\mathrm{T}}\boldsymbol{W}^{\mathrm{T}}+\boldsymbol{PA}-\boldsymbol{W}\boldsymbol{C}_2 & \boldsymbol{C}_1^{\mathrm{T}} & \boldsymbol{P}\boldsymbol{B}_1-\boldsymbol{W}\boldsymbol{D}_{21}\\ \boldsymbol{C}_1 & -\gamma\boldsymbol{I} & \boldsymbol{0}\\ \boldsymbol{B}_1^{\mathrm{T}}\boldsymbol{P}-\boldsymbol{D}_{21}^{\mathrm{T}}\boldsymbol{W}^{\mathrm{T}} & \boldsymbol{0} & -\gamma\boldsymbol{I}\end{pmatrix}<\boldsymbol{0} \tag{9-4-48}$$

$$Y>\boldsymbol{0}$$

其中$\boldsymbol{Y}_\infty^{-1}\triangleq\boldsymbol{P}$，$\boldsymbol{PL}\triangleq\boldsymbol{W}$。

9.4.3 输出动态反馈 H_∞ 控制

当状态不能直接测量时，必须利用输出变量，构造输出动态反馈控制。而控制律的状态采用估计状态。

定理 9.4.4 考虑系统(9-4-3)的 H_∞ 控制问题，假定假设 A1～A4 与 B1～B4 满足，且$\boldsymbol{D}_{12}^{\mathrm{T}}\boldsymbol{D}_{12}=\boldsymbol{I}$，系统的初始状态为零，则可设计输出反馈 H_∞ 控制使得闭环系统具有 H_∞ 性能的充分必要条件如下。

① 存在正定矩阵$\boldsymbol{X}_\infty>\boldsymbol{0}$，使得

$$\boldsymbol{A}^{\mathrm{T}}\boldsymbol{X}_\infty+\boldsymbol{X}_\infty\boldsymbol{A}+\frac{1}{\gamma^{*2}}\boldsymbol{X}_\infty\boldsymbol{B}_1\boldsymbol{B}_1^{\mathrm{T}}\boldsymbol{X}_\infty-\boldsymbol{X}_\infty\boldsymbol{B}_2\boldsymbol{B}_2^{\mathrm{T}}\boldsymbol{X}_\infty+\boldsymbol{C}_1^{\mathrm{T}}\boldsymbol{C}_1\leqslant\boldsymbol{0} \tag{9-4-49}$$

并且

$$\boldsymbol{A}+\frac{1}{\gamma^2}\boldsymbol{B}_1\boldsymbol{B}_1^{\mathrm{T}}\boldsymbol{X}_\infty-\boldsymbol{B}_2\boldsymbol{B}_2^{\mathrm{T}}\boldsymbol{X}_\infty \tag{9-4-50}$$

是稳定的。

② 存在正定矩阵$\boldsymbol{Y}_\infty>\boldsymbol{0}$，满足

$$Y_\infty A^{\mathrm T}+AY_\infty+\frac{1}{\gamma^2}Y_\infty C_1^{\mathrm T}C_1Y_\infty-Y_\infty C_2^{\mathrm T}C_2\mathrm{Y}_\infty+B_1B_1^{\mathrm T}\leqslant 0 \tag{9-4-51}$$

并且矩阵

$$A+\frac{1}{\gamma^2}Y_\infty C_1^{\mathrm T}C_1-Y_\infty C_2^{\mathrm T}C_2 \tag{9-4-52}$$

是稳定的。

③ $\rho(X_\infty Y_\infty)<\gamma^2$,其中 $\rho(\cdot)$表示矩阵的最大特征根。

则输出反馈 H_∞ 控制器可以表示为 $u=k\hat{x}$,状态估计器满足

$$\begin{aligned}\dot{\hat{x}}&=\hat{A}_\infty\hat{x}+Z_\infty L_\infty y\\ u&=K\hat{x}\end{aligned} \tag{9-4-53}$$

其中

$$\begin{aligned}\hat{A}_\infty&\triangleq A+\gamma^{-2}B_1B_1^{\mathrm T}X_\infty+B_2K_\infty+Z_\infty L_\infty C_2\\ K_\infty&\triangleq -B_2^{\mathrm T}X_\infty\\ L_\infty&\triangleq Y_\infty C_2^{\mathrm T}\\ Z_\infty&\triangleq Y_\infty(I-\gamma^{-2}Y_\infty X_\infty)^{-1}\end{aligned}$$

证明:第一步:设计全信息线性 H_∞ 反馈控制。条件 1 是显然的,即系统可以进行输出动态反馈控制的前提是一定可以进行全状态信息反馈控制。由定理 9.4.1,即存在线性 H_∞ 控制 $u=K_\infty x$ 使得闭环系统

$$\begin{cases}\dot{x}=(A+B_2K)x+B_1\omega\\ z=(C_1+D_{12}K)x\end{cases} \tag{9-4-54}$$

稳定且 ω 到 z 的 L_2 增益小于或等于 γ 的可解性对应于如下黎卡提不等式的正定或半正定解的可解性问题:

$$A^{\mathrm T}X_\infty+X_\infty A+\frac{1}{\gamma^{*2}}X_\infty B_1B_1^{\mathrm T}X_\infty-X_\infty B_2B_2^{\mathrm T}X_\infty+C_1^{\mathrm T}C_1\leqslant 0 \tag{9-4-55}$$

如果存在 $X_\infty>0$,则

$$u=K_\infty x=-B_2^{\mathrm T}X_\infty x \tag{9-4-56}$$

式(9-4-40)还可以写成

$$\left(A+\frac{1}{\gamma^2}B_1B_1^{\mathrm T}X_\infty\right)^{\mathrm T}X_\infty+X_\infty\left(A+\frac{1}{\gamma^2}B_1B_1^{\mathrm T}X_\infty\right)-X_\infty\left(\frac{1}{\gamma^2}B_1B_1^{\mathrm T}+B_2B_2^{\mathrm T}\right)X_\infty+C_1^{\mathrm T}C_1\leqslant 0 \tag{9-4-57}$$

第二步:设计 H_∞ 状态估计器。将最坏干扰ω^* 代入状态方程,得系统如下:

$$\begin{cases}\dot{x}=\left(A+\frac{1}{\gamma^2}B_1B_1^{\mathrm T}X_\infty\right)x+B_1\Delta\omega+B_2u\\ \Delta u=u-K_\infty x\\ y=\left(C_2+\frac{1}{\gamma^2}D_{21}B_1^{\mathrm T}X\right)x+D_{21}\Delta\omega=C_2x+D_{21}\Delta\omega\end{cases} \tag{9-4-58}$$

对系统(9-4-58)构造如下形式的观测器:

$$\dot{\hat{x}}=\left(A+\frac{1}{\gamma^2}B_1B_1^{\mathrm T}X_\infty\right)\hat{x}+B_2u+L(y-C_2\hat{x}) \tag{9-4-59}$$

其中 L 为要设计的观测器增益。

定义观测误差为：

$$e = x - \hat{x} \tag{9-4-60}$$

那么观测误差动力学方程为：

$$\begin{aligned} \dot{e} &= \left(A + \frac{1}{\gamma^2}B_1B_1^{\mathrm{T}}X_\infty - LC_2\right)e + (B_1 - LD_{21})\Delta\omega \\ \Delta u &= K_\infty\hat{x} - K_\infty x = -K_\infty e \end{aligned} \tag{9-4-61}$$

其中 $\Delta u = u - u^*$，$\Delta\omega = \omega - \omega^*$，$u^* = K_\infty x = -B_2^{\mathrm{T}}X_\infty x$，$\omega^* = \frac{1}{\gamma^2}B_1^{\mathrm{T}}X_\infty x$。

由式(9-4-26)可知，观测器的设计原则应当满足性能条件

$$\int_{t_0}^{\infty}(\|\Delta u\|^2 - \gamma^2\|\Delta\omega\|^2)\mathrm{d}t \leqslant 0 \tag{9-4-62}$$

即保证误差系统从输入 $\Delta\omega$ 到输出 Δu 的 L_2 增益也要小于或等于 γ。

因此存在 $Y_\infty > 0$ 使得

$$\begin{aligned} &Y\left(A + \frac{1}{\gamma^2}B_1B_1^{\mathrm{T}}X_\infty - LC_2\right)^{\mathrm{T}} + \left(A + \frac{1}{\gamma^2}B_1B_1^{\mathrm{T}}X_\infty - LC_2\right)Y + \frac{1}{\gamma^2}YK_\infty^{\mathrm{T}}K_\infty Y \\ &\quad + (B_1 - LD_{21})(B_1 - LD_{21})^{\mathrm{T}} \leqslant 0 \end{aligned} \tag{9-4-63}$$

配方得

$$\begin{aligned} &Y\left(A + \frac{1}{\gamma^2}B_1B_1^{\mathrm{T}}X_\infty\right)^{\mathrm{T}} + \left(A + \frac{1}{\gamma^2}B_1B_1^{\mathrm{T}}X_\infty\right)Y_\infty + \frac{1}{\gamma^2}Y\tilde{C}_1^{\mathrm{T}}\tilde{C}_1Y + B_1B_1^{\mathrm{T}} \\ &\quad - YC_2^{\mathrm{T}}C_2Y + (L - YC_2^{\mathrm{T}})(L - YC_2^{\mathrm{T}})^{\mathrm{T}} \leqslant 0 \end{aligned} \tag{9-4-64}$$

其中 $\tilde{C}_1 = -K_\infty = B_2^{\mathrm{T}}X_\infty$，$L$ 是需要设计的矩阵，要求使得式(9-4-64)左边最小，因此令

$$L - YC_2^{\mathrm{T}} = 0 \Rightarrow L = YC_2^{\mathrm{T}} \tag{9-4-65}$$

这样我们就得到了方程

$$Y\left(A + \frac{1}{\gamma^2}B_1B_1^{\mathrm{T}}X_\infty\right)^{\mathrm{T}} + \left(A + \frac{1}{\gamma^2}B_1B_1^{\mathrm{T}}X_\infty\right)Y + \frac{1}{\gamma^2}Y\tilde{C}_1^{\mathrm{T}}\tilde{C}_1Y + B_1B_1^{\mathrm{T}} - YC_2^{\mathrm{T}}C_2Y \leqslant 0 \tag{9-4-66}$$

令 Y_∞ 是式(9-4-51)的解，构造

$$Y = Y_\infty\left(I - \frac{1}{\gamma^2}Y_\infty X_\infty\right)^{-1} \tag{9-4-67}$$

可以验证，由式(9-4-67)所确定的 Y 是式(9-4-64)的解。

第三步：由于 $Y > 0$，所以 $I - \gamma^{-2}Y_\infty X_\infty > 0$，于是 $\rho(X_\infty Y_\infty) < \gamma^2$。另外，由于 $Y = Y_\infty(I - \gamma^{-2}Y_\infty X_\infty)^{-1}$，所以 $Y_\infty = Y(I + \gamma^{-2}X_\infty Y)^{-1}$。于是可以通过式(9-4-49)与式(9-4-64)来验证 Y_∞ 满足式(9-4-51)。

还可以从下面角度来进行证明：

$$\rho(X_\infty Y_\infty) = \rho[X_\infty Y(I + \gamma^{-2}X_\infty Y)^{-1}] = \gamma^2\rho[X_\infty Y(\gamma^2 I + X_\infty Y)^{-1}] = \frac{\gamma^2\rho(X_\infty Y)}{\gamma^2 + \rho(X_\infty Y)} < \gamma^2$$

证毕！

9.5 动态反馈 H_∞ 控制的进一步讨论

输出反馈 H_∞ 控制环节的阶次不一定非要与系统同阶，也有可能比系统的阶次低。下面从矩阵不等式的角度进一步对输出反馈的可解性进行分析。

定理 9.5.1 假设 X, Y 是两个 $n \times n$ 对称正定矩阵，令 $r > 0$ 为正整数，那么存在矩阵 $X_{12} \in R^{n\times r}$，$X_2 = X_2^{\mathrm{T}} \in \mathbb{R}^{r\times r}$ 使得

$$\begin{pmatrix} \boldsymbol{X} & \boldsymbol{X}_{12} \\ \boldsymbol{X}_{12}^{\mathrm{T}} & \boldsymbol{X}_2 \end{pmatrix} > 0, \quad \begin{pmatrix} \boldsymbol{X} & \boldsymbol{X}_{12} \\ \boldsymbol{X}_{12}^{\mathrm{T}} & \boldsymbol{X}_2 \end{pmatrix}^{-1} = \begin{pmatrix} \boldsymbol{Y} & * \\ * & * \end{pmatrix} \tag{9-5-1}$$

的充分必要条件是

$$\begin{pmatrix} \boldsymbol{X} & \boldsymbol{I} \\ \boldsymbol{I} & \boldsymbol{Y} \end{pmatrix} \geqslant 0, \quad 且\ \mathrm{rank}\begin{pmatrix} \boldsymbol{X} & \boldsymbol{I} \\ \boldsymbol{I} & \boldsymbol{Y} \end{pmatrix} \leqslant n+r \tag{9-5-2}$$

证明：充分性：由$\begin{pmatrix} \boldsymbol{X} & \boldsymbol{I} \\ \boldsymbol{I} & \boldsymbol{Y} \end{pmatrix} \geqslant 0$，可推出

$$\begin{pmatrix} \boldsymbol{I} & -\boldsymbol{Y}^{-1} \\ \boldsymbol{0} & \boldsymbol{I} \end{pmatrix}\begin{pmatrix} \boldsymbol{X} & \boldsymbol{I} \\ \boldsymbol{I} & \boldsymbol{Y} \end{pmatrix}\begin{pmatrix} \boldsymbol{I} & \boldsymbol{0} \\ -\boldsymbol{Y}^{-1} & \boldsymbol{I} \end{pmatrix} = \begin{pmatrix} \boldsymbol{X}-\boldsymbol{Y}^{-1} & \boldsymbol{0} \\ \boldsymbol{0} & \boldsymbol{Y} \end{pmatrix} \geqslant \boldsymbol{0}$$

所以 $\boldsymbol{X}-\boldsymbol{Y}^{-1} \geqslant \boldsymbol{0}$。因此存在矩阵 $\boldsymbol{X}_{12} \in \mathbb{R}^{n\times r}$，使得 $\boldsymbol{X}-\boldsymbol{Y}^{-1} = \boldsymbol{X}_{12}\boldsymbol{X}_{12}^{\mathrm{T}}$，然后只要令 $\boldsymbol{X}_2 = \boldsymbol{I}_{r\times r}$，就完成了矩阵构造。

必要性：利用舒尔补定理，

$$\boldsymbol{Y} = \boldsymbol{X}^{-1} + \boldsymbol{X}^{-1}\boldsymbol{X}_{12}(\boldsymbol{X}_2 - \boldsymbol{X}_{12}^{\mathrm{T}}\boldsymbol{X}^{-1}\boldsymbol{X}_{12})^{-1}\boldsymbol{X}_{12}^{\mathrm{T}}\boldsymbol{X}^{-1} \tag{9-5-3}$$

对式(9-5-3)求逆：

$$\boldsymbol{Y}^{-1} = \boldsymbol{X} - \boldsymbol{X}_{12}\boldsymbol{X}_2^{-1}\boldsymbol{X}_{12}^{\mathrm{T}} \tag{9-5-4}$$

因此

$$\mathrm{rank}(\boldsymbol{X}-\boldsymbol{Y}^{-1}) = \mathrm{rank}(\boldsymbol{X}_{12}\boldsymbol{X}_2^{-1}\boldsymbol{X}_{12}^{\mathrm{T}}) \leqslant r \tag{9-5-5}$$

定理 9.5.2 如果存在一个 r 阶输出动态反馈控制器，则使得闭环系统具有 H_∞ 性能的充分必要条件如下。

① 存在 $\boldsymbol{X}_1 > \boldsymbol{0}$，满足

$$\boldsymbol{A}^{\mathrm{T}}\boldsymbol{X}_1 + \boldsymbol{X}_1\boldsymbol{A} + \frac{1}{\gamma^2}\boldsymbol{X}_1\boldsymbol{B}_1\boldsymbol{B}_1^{\mathrm{T}}\boldsymbol{X}_1 - \gamma^2\boldsymbol{C}_2^{\mathrm{T}}\boldsymbol{C}_2 + \boldsymbol{C}_1^{\mathrm{T}}\boldsymbol{C}_1 < \boldsymbol{0} \tag{9-5-6}$$

② 存在 $\boldsymbol{Y}_1 > \boldsymbol{0}$，满足

$$\boldsymbol{Y}_1\boldsymbol{A}^{\mathrm{T}} + \boldsymbol{A}\boldsymbol{Y}_1 + \frac{1}{\gamma^2}\boldsymbol{Y}_1\boldsymbol{C}_1^{\mathrm{T}}\boldsymbol{C}_1\boldsymbol{Y}_1 - \gamma^2\boldsymbol{B}_2\boldsymbol{B}_2^{\mathrm{T}} + \boldsymbol{B}_1\boldsymbol{B}_1^{\mathrm{T}} < \boldsymbol{0} \tag{9-5-7}$$

③ $\boldsymbol{X}_1$，$\boldsymbol{Y}_1$ 满足

$$\begin{pmatrix} \gamma^{-1}\boldsymbol{X}_1 & \boldsymbol{I}_{n\times n} \\ \boldsymbol{I}_{n\times n} & \gamma^{-1}\boldsymbol{Y}_1 \end{pmatrix} \geqslant 0, \quad 0 \leqslant \mathrm{rank}\begin{pmatrix} \gamma^{-1}\boldsymbol{X}_1 & \boldsymbol{I}_{n\times n} \\ \boldsymbol{I}_{n\times n} & \gamma^{-1}\boldsymbol{Y}_1 \end{pmatrix} \leqslant n+r \tag{9-5-8}$$

证明：假定输出反馈控制器为：

$$\begin{aligned} \dot{\boldsymbol{\xi}} &= \hat{\boldsymbol{A}}\boldsymbol{\xi} + \hat{\boldsymbol{B}}\boldsymbol{y} \\ \boldsymbol{u} &= \hat{\boldsymbol{C}}\boldsymbol{\xi} + \hat{\boldsymbol{D}}\boldsymbol{y} \end{aligned} \tag{9-5-9}$$

考虑增广系统

$$\begin{pmatrix} \dot{\boldsymbol{x}} \\ \dot{\boldsymbol{\xi}} \end{pmatrix} = \begin{pmatrix} \boldsymbol{A}+\boldsymbol{B}_2\hat{\boldsymbol{D}}\boldsymbol{C}_2 & \boldsymbol{B}_2\hat{\boldsymbol{C}} \\ \hat{\boldsymbol{B}}\boldsymbol{C}_2 & \hat{\boldsymbol{A}} \end{pmatrix}\begin{pmatrix} \boldsymbol{x} \\ \boldsymbol{\xi} \end{pmatrix} + \begin{pmatrix} \boldsymbol{B}_1 + \boldsymbol{B}_2\hat{\boldsymbol{D}}\boldsymbol{D}_{21} \\ \hat{\boldsymbol{B}}\boldsymbol{D}_{21} \end{pmatrix}\boldsymbol{\omega} \tag{9-5-10}$$

$$\boldsymbol{z} = \begin{pmatrix} \boldsymbol{C}_1 + \boldsymbol{D}_{12}\hat{\boldsymbol{D}}\boldsymbol{C}_2 & \boldsymbol{D}_{12}\hat{\boldsymbol{C}} \end{pmatrix}\begin{pmatrix} \boldsymbol{x} \\ \boldsymbol{\xi} \end{pmatrix} + \boldsymbol{D}_{12}\hat{\boldsymbol{D}}\boldsymbol{D}_{21}\boldsymbol{\omega}$$

假定控制器(9-5-9)使得系统(9-5-10)具有了闭环 H_∞ 性能，记

$$\begin{aligned} \boldsymbol{R} &= \gamma^2\boldsymbol{I} - (\boldsymbol{D}_{12}\hat{\boldsymbol{D}}\boldsymbol{D}_{21})^{\mathrm{T}}(\boldsymbol{D}_{12}\hat{\boldsymbol{D}}\boldsymbol{D}_{21}) = \gamma^2\boldsymbol{I} - \boldsymbol{D}_{21}\hat{\boldsymbol{D}}^{\mathrm{T}}\hat{\boldsymbol{D}}\boldsymbol{D}_{21} \\ \widetilde{\boldsymbol{R}} &= \gamma^2\boldsymbol{I} - (\boldsymbol{D}_{12}\hat{\boldsymbol{D}}\boldsymbol{D}_{21})(\boldsymbol{D}_{12}\hat{\boldsymbol{D}}\boldsymbol{D}_{21})^{\mathrm{T}} = \gamma^2\boldsymbol{I} - \boldsymbol{D}_{12}\hat{\boldsymbol{D}}\hat{\boldsymbol{D}}^{\mathrm{T}}\boldsymbol{D}_{12}^{\mathrm{T}} \end{aligned} \tag{9-5-11}$$

由有界实定理,存在矩阵

$$\begin{pmatrix} \boldsymbol{X}_1 & \boldsymbol{X}_{12} \\ \boldsymbol{X}_{12}^{\mathrm{T}} & \boldsymbol{X}_2 \end{pmatrix} > \boldsymbol{0} \tag{9-5-12}$$

使得

$$\begin{pmatrix} \boldsymbol{X}_1 & \boldsymbol{X}_{12} \\ \boldsymbol{X}_{12}^{\mathrm{T}} & \boldsymbol{X}_2 \end{pmatrix}\begin{pmatrix} \boldsymbol{A}+\boldsymbol{B}_2\hat{\boldsymbol{D}}\boldsymbol{C}_2 & \boldsymbol{B}_2\hat{\boldsymbol{C}} \\ \hat{\boldsymbol{B}}\boldsymbol{C}_2 & \hat{\boldsymbol{A}} \end{pmatrix}+\begin{pmatrix} \boldsymbol{A}+\boldsymbol{B}_2\hat{\boldsymbol{D}}\boldsymbol{C}_2 & \boldsymbol{B}_2\hat{\boldsymbol{C}} \\ \hat{\boldsymbol{B}}\boldsymbol{C}_2 & \hat{\boldsymbol{A}} \end{pmatrix}^{\mathrm{T}}\begin{pmatrix} \boldsymbol{X}_1 & \boldsymbol{X}_{12} \\ \boldsymbol{X}_{12}^{\mathrm{T}} & \boldsymbol{X}_2 \end{pmatrix}$$

$$+\begin{pmatrix} \boldsymbol{X}_1 & \boldsymbol{X}_{12} \\ \boldsymbol{X}_{12}^{\mathrm{T}} & \boldsymbol{X}_2 \end{pmatrix}\begin{pmatrix} \boldsymbol{B}_1+\boldsymbol{B}_2\hat{\boldsymbol{D}}\boldsymbol{D}_{21} \\ \hat{\boldsymbol{B}}\boldsymbol{D}_{21} \end{pmatrix}\boldsymbol{R}^{-1}\begin{pmatrix} \boldsymbol{B}_1+\boldsymbol{B}_2\hat{\boldsymbol{D}}\boldsymbol{D}_{21} \\ \hat{\boldsymbol{B}}\boldsymbol{D}_{21} \end{pmatrix}^{\mathrm{T}}\begin{pmatrix} \boldsymbol{X}_1 & \boldsymbol{X}_{12} \\ \boldsymbol{X}_{12}^{\mathrm{T}} & \boldsymbol{X}_2 \end{pmatrix}$$

$$+\begin{pmatrix} \boldsymbol{C}_1+\boldsymbol{D}_{12}\hat{\boldsymbol{D}}\boldsymbol{C}_2 & \boldsymbol{D}_{12}\hat{\boldsymbol{C}} \end{pmatrix}^{\mathrm{T}}\tilde{\boldsymbol{R}}^{-1}\begin{pmatrix} \boldsymbol{C}_1+\boldsymbol{D}_{12}\hat{\boldsymbol{D}}\boldsymbol{C}_2 & \boldsymbol{D}_{12}\hat{\boldsymbol{C}} \end{pmatrix} < \boldsymbol{0} \tag{9-5-13}$$

将式(9-5-13)展开,合并运算之后得

$$\boldsymbol{A}^{\mathrm{T}}\boldsymbol{X}_1+\boldsymbol{X}_1\boldsymbol{A}+\frac{1}{\gamma^2}\boldsymbol{X}_1\boldsymbol{B}_1\boldsymbol{B}_1^{\mathrm{T}}\boldsymbol{X}_1-\gamma^2\boldsymbol{C}_2^{\mathrm{T}}\boldsymbol{C}_2+\boldsymbol{C}_1^{\mathrm{T}}\boldsymbol{C}_1$$

$$+(\boldsymbol{X}_1\boldsymbol{B}_1\hat{\boldsymbol{D}}+\boldsymbol{X}_{12}\hat{\boldsymbol{B}}+\gamma^2\boldsymbol{C}_2^{\mathrm{T}})(\gamma^2\boldsymbol{I}-\hat{\boldsymbol{D}}^{\mathrm{T}}\hat{\boldsymbol{D}})^{-1}(\boldsymbol{X}_1\boldsymbol{B}_1\hat{\boldsymbol{D}}+\boldsymbol{X}_{12}\hat{\boldsymbol{B}}+\gamma^2\boldsymbol{C}_2^{\mathrm{T}})^{\mathrm{T}} < \boldsymbol{0} \tag{9-5-14}$$

这意味着式(9-5-6)成立:

$$\boldsymbol{A}^{\mathrm{T}}\boldsymbol{X}_1+\boldsymbol{X}_1\boldsymbol{A}+\frac{1}{\gamma^2}\boldsymbol{X}_1\boldsymbol{B}_1\boldsymbol{B}_1^{\mathrm{T}}\boldsymbol{X}_1-\gamma^2\boldsymbol{C}_2^{\mathrm{T}}\boldsymbol{C}_2+\boldsymbol{C}_1^{\mathrm{T}}\boldsymbol{C}_1 \leqslant \boldsymbol{0}$$

令

$$\begin{pmatrix} \boldsymbol{Y}_1 & \boldsymbol{Y}_{12} \\ \boldsymbol{Y}_{12}^{\mathrm{T}} & \boldsymbol{Y}_2 \end{pmatrix}=\gamma^2\begin{pmatrix} \boldsymbol{X}_1 & \boldsymbol{X}_{12} \\ \boldsymbol{X}_{12}^{\mathrm{T}} & \boldsymbol{X}_2 \end{pmatrix}^{-1} \tag{9-5-15}$$

利用能观有界实引理,

$$\begin{pmatrix} \boldsymbol{A}+\boldsymbol{B}_2\hat{\boldsymbol{D}}\boldsymbol{C}_2 & \boldsymbol{B}_2\hat{\boldsymbol{C}} \\ \hat{\boldsymbol{B}}\boldsymbol{C}_2 & \hat{\boldsymbol{A}} \end{pmatrix}\begin{pmatrix} \boldsymbol{Y}_1 & \boldsymbol{Y}_{12} \\ \boldsymbol{Y}_{12}^{\mathrm{T}} & \boldsymbol{Y}_2 \end{pmatrix}+\begin{pmatrix} \boldsymbol{Y}_1 & \boldsymbol{Y}_{12} \\ \boldsymbol{Y}_{12}^{\mathrm{T}} & \boldsymbol{Y}_2 \end{pmatrix}\begin{pmatrix} \boldsymbol{A}+\boldsymbol{B}_2\hat{\boldsymbol{D}}\boldsymbol{C}_2 & \boldsymbol{B}_2\hat{\boldsymbol{C}} \\ \hat{\boldsymbol{B}}\boldsymbol{C}_2 & \hat{\boldsymbol{A}} \end{pmatrix}^{\mathrm{T}}$$

$$+\begin{pmatrix} \boldsymbol{B}_1+\boldsymbol{B}_2\hat{\boldsymbol{D}}\boldsymbol{D}_{21} \\ \hat{\boldsymbol{B}}\boldsymbol{D}_{21} \end{pmatrix}\boldsymbol{R}^{-1}\begin{pmatrix} \boldsymbol{B}_1+\boldsymbol{B}_2\hat{\boldsymbol{D}}\boldsymbol{D}_{21} \\ \hat{\boldsymbol{B}}\boldsymbol{D}_{21} \end{pmatrix}^{\mathrm{T}}$$

$$+\begin{pmatrix} \boldsymbol{Y}_1 & \boldsymbol{Y}_{12} \\ \boldsymbol{Y}_{12}^{\mathrm{T}} & \boldsymbol{Y}_2 \end{pmatrix}\begin{pmatrix} \boldsymbol{C}_1+\boldsymbol{D}_{12}\hat{\boldsymbol{D}}\boldsymbol{C}_2 & \boldsymbol{D}_{12}\hat{\boldsymbol{C}} \end{pmatrix}^{\mathrm{T}}\tilde{\boldsymbol{R}}^{-1}\begin{pmatrix} \boldsymbol{C}_1+\boldsymbol{D}_{12}\hat{\boldsymbol{D}}\boldsymbol{C}_2 & \boldsymbol{D}_{12}\hat{\boldsymbol{C}} \end{pmatrix}\begin{pmatrix} \boldsymbol{Y}_1 & \boldsymbol{Y}_1 \\ \boldsymbol{Y}_{12}^{\mathrm{T}} & \boldsymbol{Y}_2 \end{pmatrix} < \boldsymbol{0} \tag{9-5-16}$$

展开运算得

$$\boldsymbol{Y}_1\boldsymbol{A}^{\mathrm{T}}+\boldsymbol{A}\boldsymbol{Y}_1+\frac{1}{\gamma^2}\boldsymbol{Y}_1\boldsymbol{C}_1^{\mathrm{T}}\boldsymbol{C}_1\boldsymbol{Y}_1-\gamma^2\boldsymbol{B}_2\boldsymbol{B}_2^{\mathrm{T}}+\boldsymbol{B}_1\boldsymbol{B}_1^{\mathrm{T}}$$

$$+(\boldsymbol{Y}_1\boldsymbol{C}_1^{\mathrm{T}}\hat{\boldsymbol{D}}^{\mathrm{T}}+\boldsymbol{Y}_{12}\hat{\boldsymbol{C}}^{\mathrm{T}}+\gamma^2\boldsymbol{B}_2)\tilde{\boldsymbol{R}}^{-1}(\boldsymbol{Y}_1\boldsymbol{C}_1^{\mathrm{T}}\hat{\boldsymbol{D}}^{\mathrm{T}}+\boldsymbol{Y}_{12}\hat{\boldsymbol{C}}^{\mathrm{T}}+\gamma^2\boldsymbol{B}_2)^{\mathrm{T}} < \boldsymbol{0} \tag{9-5-17}$$

这也意味着式(9-5-7)成立。

由前面的矩阵关系定理,给定 $\boldsymbol{X}>\boldsymbol{0}$,$\boldsymbol{Y}>\boldsymbol{0}$,存在 $\boldsymbol{X}_{12}$,$\boldsymbol{X}_2$,使得

$$\begin{pmatrix} \boldsymbol{Y}_1 & \boldsymbol{Y}_{12} \\ \boldsymbol{Y}_{12}^{\mathrm{T}} & \boldsymbol{Y}_2 \end{pmatrix}=\gamma^2\begin{pmatrix} \boldsymbol{X}_1 & \boldsymbol{X}_{12} \\ \boldsymbol{X}_{12}^{\mathrm{T}} & \boldsymbol{X}_2 \end{pmatrix}^{-1} \tag{9-5-18}$$

式(9-5-18)两边同除以 γ,

$$\begin{pmatrix} \gamma^{-1}\boldsymbol{Y}_1 & \gamma^{-1}\boldsymbol{Y}_{12} \\ \gamma^{-1}\boldsymbol{Y}_{12}^{\mathrm{T}} & \gamma^{-1}\boldsymbol{Y}_2 \end{pmatrix} = \begin{pmatrix} \gamma^{-1}\boldsymbol{X}_1 & \gamma^{-1}\boldsymbol{X}_{12} \\ \gamma^{-1}\boldsymbol{X}_{12}^{\mathrm{T}} & \gamma^{-1}\boldsymbol{X}_2 \end{pmatrix}^{-1} \tag{9-5-19}$$

利用定理 9.5.1,可推出

$$\begin{pmatrix} \gamma^{-1}\boldsymbol{X}_1 & \boldsymbol{I}_{n\times n} \\ \boldsymbol{I}_{n\times n} & \gamma^{-1}\boldsymbol{Y}_1 \end{pmatrix} \geqslant \boldsymbol{0}$$

并且

$$0 \leqslant \mathrm{rank}\begin{pmatrix} \gamma^{-1}\boldsymbol{X}_1 & \boldsymbol{I}_{n\times n} \\ \boldsymbol{I}_{n\times n} & \gamma^{-1}\boldsymbol{Y}_1 \end{pmatrix} \leqslant n+r$$

对比定理 9.4.4 与定理 9.5.2,可以得出 $\boldsymbol{X}_1,\boldsymbol{Y}_1$ 与 $\boldsymbol{X}_\infty,\boldsymbol{Y}_\infty$ 的关系,显然这时:

$$\boldsymbol{X}_1 = \gamma^2 \boldsymbol{Y}_\infty^{-1}, \quad \boldsymbol{Y}_1 = \gamma^2 \boldsymbol{X}_\infty^{-1} \tag{9-5-20}$$

注 9.5.1 与输出反馈 H_2 控制不一样的是,输出 H_∞ 控制尽管也由状态反馈设计与最优状态估计两部分构成,但是二者存在耦合,即要满足式(9-4-55)的约束条件。

9.6 LMI 工具箱的使用说明

线性矩阵不等式(Linear Matrix Inequality,LMI)工具箱是求解一般线性矩阵不等式问题的一个高性能软件包。线性矩阵不等式的问题一旦确定,就可以通过调用适当的线性矩阵不等式求解器来对这个问题进行数值求解。

LMI Lab 中有 3 种求解器(Solver):feasp、mincx 和 gevp。每个求解器针对不同的问题。

feasp:解决可行性问题(Feasibility Problem),如 $A(x)\leqslant B(x)$。

mincx:在线性矩阵不等式的限制下解决最小化问题,如在限制条件 $A(x)\leqslant B(x)$ 下最小化 $c'x$。

gevp:解决广义特征值最小化问题,如在限制条件 $0\leqslant B(x)$,$a(\mathrm{x})\leqslant \mathrm{lambda}(\mathrm{x})$ 下最小化 lambda。

相关的几个 MATLAB 命令如表 9.1 所示。

表 9.1 MATLAB 命令

命令名	描述
setlmis	初始化 LMI 系统
lmivar	申明 LMI 矩阵变量
lmiterm	添加术语到 LMI 中
getlmis	获得 LMI 系统描述

求解器 feasp 的一般表达式如下:

```
[tmin,xfeas] = feasp(lmisys,options,target)
```

求解线性矩阵不等式系统 lmisys 的可行性问题时,输入变量 target 为 tmin 设置了目标值,使得只要 tmin≤target,优化迭代过程就结束了。target-0 是 feasp 的默认值。

mincx 求解器的一般表达式如下:

```
[copt,xopt] = mincx(lmisys,c,options,xinit,target)
```

问题中的线性矩阵不等式系统由 lmisys 表示，向量 $\boldsymbol{c}$ 和决策变量向量 $\boldsymbol{x}$ 有相同的维数。对于由矩阵变量表示的线性目标函数，可以应用函数 defcx 来得到适当的向量 $\boldsymbol{c}$。函数 mincx 返回到目标函数的全局最优值 copt 和决策变量的最优解 xopt，相应的矩阵变量的最优解可以应用函数 dec2mat 从 xopt 得到。

函数 mincx 的输入量中除了 lmisys 和 $\boldsymbol{c}$ 以外，其他的输入都是可选择的。xinit 是最优解 xopt 的一个初始猜测（可以从矩阵变量 $x_1 \cdots x_k$ 的给定值，通过使用 mat2dec 来导出 xinit）。当输入的 xinit 不是一个可行解时，它将被忽略；否则，它有可能加快问题求解的过程。

求解器 gevp 的一般表达式如下：

```
[lopt,xopt] = gevp(lmisys,nlfc,options,linit,xinit,target)
```

如果问题的线性矩阵不等式约束是可行的，则 gevp 给出了优化问题的全局最小值 lopt 和决策向量 $\boldsymbol{x}$ 的最优解 xopt。

例 9.6.1 考虑如下系统：

$$\begin{cases} \dot{\boldsymbol{x}} = \boldsymbol{A}\boldsymbol{x} + \boldsymbol{B}_1\omega + \boldsymbol{B}_2 u \\ \boldsymbol{z} = \boldsymbol{C}_1\boldsymbol{x} + \boldsymbol{D}_{11}\omega + \boldsymbol{D}_{12} u \\ \boldsymbol{y} = \boldsymbol{C}_2\boldsymbol{x} + \boldsymbol{D}_{21}\omega + \boldsymbol{D}_{22} u \end{cases}$$

其中 ω 为控制输入扰动，u 为系统的控制量，$\boldsymbol{z}$ 为控制系统性能评价信号，取

$$\boldsymbol{A} = \begin{pmatrix} 0 & 0 & 1 & 0 \\ 0 & 0 & 0 & 1 \\ -3.6 & 333 & -34 & 33 \\ 50 & -50 & 5 & -5 \end{pmatrix}$$

$$\boldsymbol{B}_1 = \begin{pmatrix} 1 \\ 0 \\ 0 \end{pmatrix}, \quad \boldsymbol{B}_2 = \begin{pmatrix} 0 \\ 0 \\ 1 \end{pmatrix}$$

$$\boldsymbol{C}_1 = \begin{pmatrix} 1 & 0 & 0 & 0 \\ 0 & 0 & 0 & 0 \\ 50 & -50 & 5 & 5 \\ -1 & 1 & 0 & 0 \end{pmatrix}, \quad \boldsymbol{C}_2 = \begin{pmatrix} 50 & -50 & 5 & -5 \\ -1 & 1 & 0 & 0 \end{pmatrix}$$

$$\boldsymbol{D}_{12} = \begin{pmatrix} -1 & 0 \\ 0 & 1 \\ 5.6 & 1 \\ 0 & 0 \end{pmatrix}, \quad \boldsymbol{D}_{21} = \begin{pmatrix} 5.67 & 1 \\ 0 & 0 \end{pmatrix}$$

使用 LMI 对系统进行 H_∞ 控制，并绘制其状态响应。

(1) 设计次优 H_∞ 控制器

```
A= [0 0 1 0;0 0 01;-3.6 33 -34 33;50 -50 5 -5];
B = [1.13 0;0 0;3.29 -6.6;5.6 1];
C1 = [1 0 0 0;0 0 0 0; 50 -50 55;-1 1 0 0];
D1 = [-1 0;0 1;5.6 1;0 0];
```

```
C2 = [50 -50 5 -5; -1 1 0 0];
D2 = [5.67 1;0 0];
sysG = ltisys(A, B,[C1;C2],[D1;D2]);
sys10 = ltisys('tf',[0.01],[0.4 1]);
sys11 sys12 sys13 sys14 sys15 定义
syswz = sdiag(sys11,sys12,sys13,sys14,sys15,sys15);、
syswq = sdiag(syswq0,syswz5);
sys = smult(syswq,sysG,syswz);
[gamma,K] = hinflmi(sys,[2 1],1)
[Ak,Bk,Ck,Dk] = ltiss(K);
sysq0z = slft(sysG,K,1,2);
subsys1 = ssub(sysq0z,1,1);
subsys2 = ssub(sysq0z,1,4);
subsys3 = ssub(sysq0z,1,3);
subsys4 = ssub(sysq0z,1,2);

figure(1);splot(subsys1,'st');
figure(2);splot(subsys2,'st');
figure(3);splot(subsys3,'st');
figure(4);splot(subsys4,'st');
```

系统状态 x_1～x_4 的响应曲线分别如图 9.6.1～9.6.4 所示。

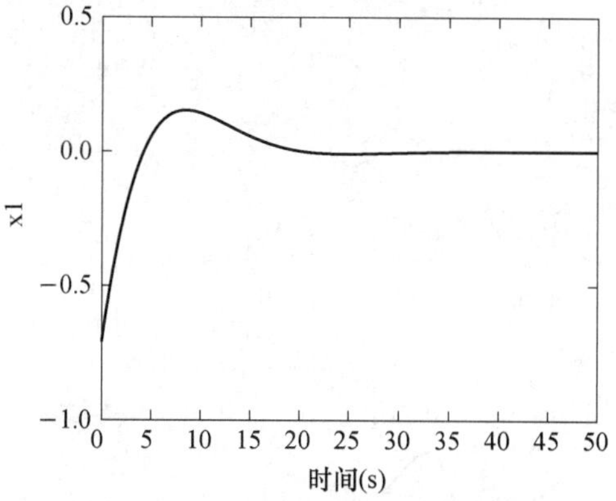

图 9.6.1　系统状态 x_1 的响应曲线

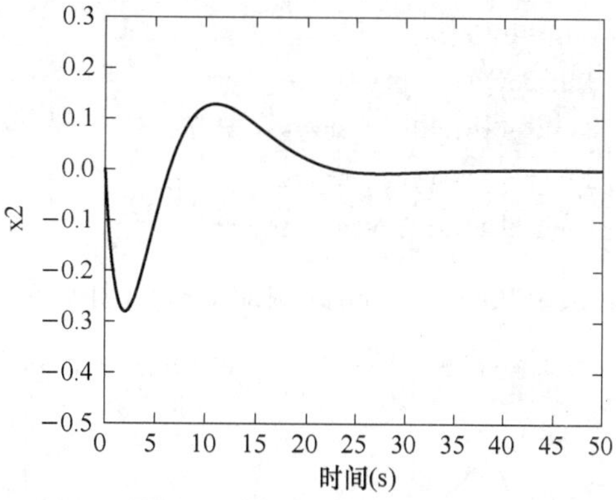

图 9.6.2　系统状态 x_2 的响应曲线

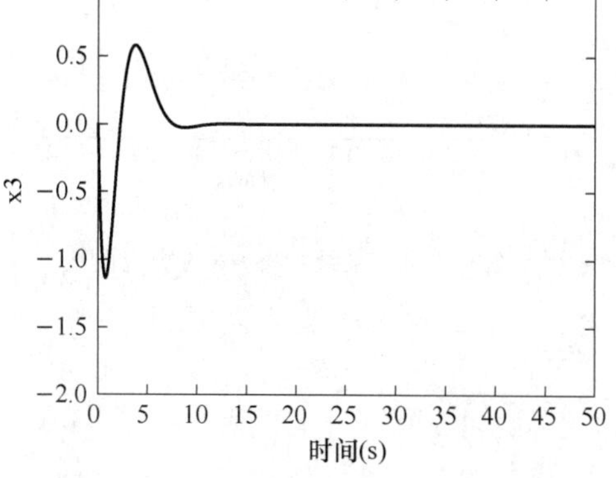

图 9.6.3　系统状态 x_3 的响应曲线

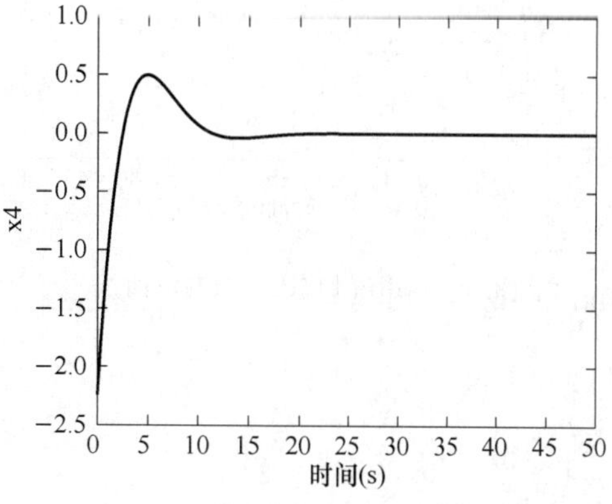

图 9.6.4　系统状态 x_4 的响应曲线

(2) 设计最优 H_∞ 控制器

```
A= [0 0 1 0;0 0 01;-3.6 33 -34 33;50 -50 5 -5];
B = [1.13 0;0 0;3.29 -6.6;5.6 1];
C1 = [1 0 0 0;0 0 0 0; 50 -50 55;-1 1 0 0];
D1 = [-1 0;0 1;5.6 1;0 0];
C2 = [50 -50 5 -5; -1 1 0 0];
D2 = [5.67 1;0 0];
sysG = ltisys(A, B,[C1;C2],[D1;D2]);
sys10 =ltisys('tf',[0.01],[0.4 1]);
sys11 sys12 sys13 sys14 sys15 定义
syswz = sdiag(sys11,sys12,sys13,sys14,sys15,sys15);、
syswq = sdiag(syswq0,syswz5);
sys = smult(syswq,sysG,syswz);
[gamma,K] = hinflmi(sys,[2 1])
[Ak,Bk,Ck,Dk] = ltiss(K);
sysq0z = slft(sysG,K,1,2);
subsys1 = ssub(sysq0z,1,1);
subsys2 = ssub(sysq0z,1,4);
subsys3 = ssub(sysq0z,1,3);
subsys4 = ssub(sysq0z,1,2);

figure(1);splot(subsys1,'st');
figure(2);splot(subsys2,'st');
figure(3);splot(subsys3,'st');
figure(4);splot(subsys4,'st');
```

系统状态 x_1～x_4 的响应曲线如图 9.6.5～9.6.8 所示。

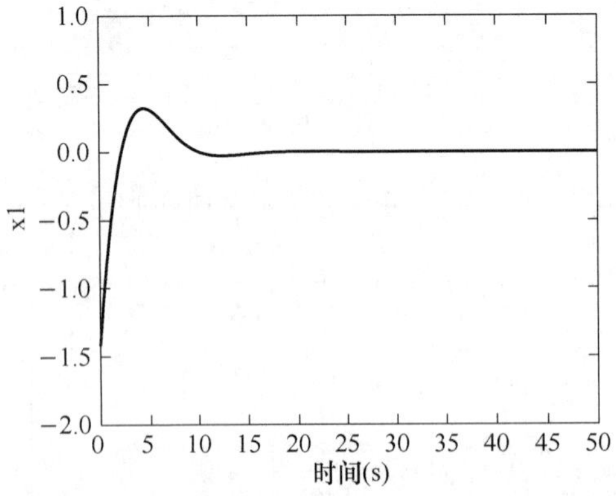

图 9.6.5 系统状态 x_1 的响应曲线

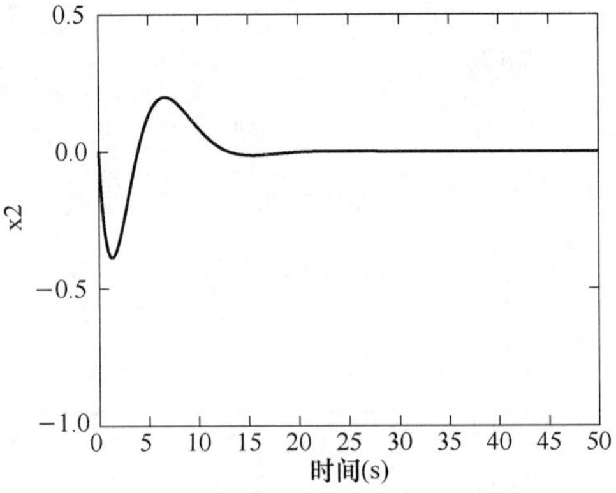

图 9.6.6 系统状态 x_2 的响应曲线

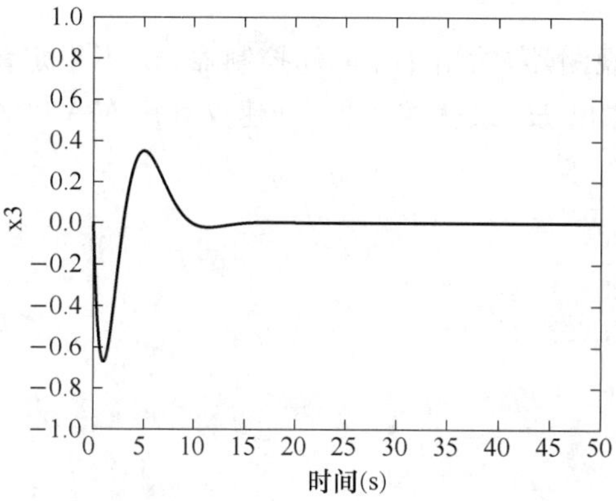

图 9.6.7 系统状态 x_3 的响应曲线

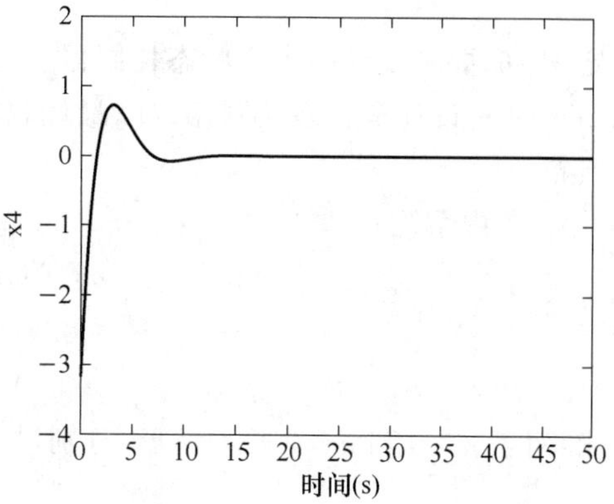

图 9.6.8 系统状态 x_4 的响应曲线

本章小结

本章简要介绍了 H_2控制与 H_∞控制两种最优控制方法。本章首先介绍了信号与系统的 H_2范数与 H_∞范数，并证明了有界实定理；然后阐述了 H_2状态反馈控制、H_2状态估计器、输出 H_2最优控制、H_2状态反馈控制、H_∞状态估计器与输出 H_∞最优控制等。输出 H_2最优控制中，可以采用分离原理分别对控制器与状态观测器进行设计。而在输出反馈 H_∞最优控制中，控制器与观测器的设计存在耦合关系。读者如果想更深入地学习更多有关 H_2与 H_∞控制方面的知识，可参阅文献[1]、[4]、[18]、[25]、[39]、[62]、[68]、[69]、[78]等。

习　　题

1. 已知传递函数

$$G(s)=\frac{1}{s^2+3s+2}$$

要求用时域法与频域法计算$\|G\|_2$，$\|G\|_\infty$。

2. 已知一个线性系统如下：

$$\begin{pmatrix}\dot{x}_1\\ \dot{x}_2\end{pmatrix}=\begin{pmatrix}0 & 1\\ -1 & -1\end{pmatrix}\begin{pmatrix}x_1\\ x_2\end{pmatrix}+\begin{pmatrix}1\\ 1\end{pmatrix}\omega+\begin{pmatrix}0\\ 1\end{pmatrix}u$$

$$z=2x_1$$

$$y=4x_1+2\omega$$

要求设计一个 H_2 最优观测器，输出 H_2 最优控制器。

3. 已知一个线性系统如下：

$$\begin{pmatrix}\dot{x}_1\\ \dot{x}_2\end{pmatrix}=\begin{pmatrix}0 & 1\\ 1 & -1\end{pmatrix}\begin{pmatrix}x_1\\ x_2\end{pmatrix}+\begin{pmatrix}0\\ 2\end{pmatrix}\omega+\begin{pmatrix}0\\ 1\end{pmatrix}u$$

$$z=x_1$$

$$y=4x_1+\omega$$

给定 $\gamma=6$,要求设计一个全状态控制器、H_∞ 最优观测器,输出 H_∞ 最优控制器。r 不指定,要求最小的 r,设计全状态控制器、H_∞ 最优观测器,输出 H_∞ 最优控制器。(建议利用 MATLAB 工具箱。)

4. 考虑系统

$$\dot{x}=ax+b_1\omega+b_2u,\quad x(0)=0$$

$$\begin{pmatrix} z_1 \\ z_2 \end{pmatrix}=\begin{pmatrix} x \\ u \end{pmatrix}$$

要求:对于 $a>0$ 与 $a<0$ 两种情形,分别讨论当

$$\frac{b_1^2}{b_2^2}>\gamma^2,\quad \frac{b_1^2}{b_2^2}<\gamma^2,\quad \frac{b_1^2}{b_2^2}=\gamma^2$$

时的 $\gamma_{\min}$。验证即使在某种情形下,黎卡提方程有两个正定解,也只有一个正定解使得系统是稳定的。

5. 证明:矩阵 $\boldsymbol{A},\boldsymbol{B}$ 为相关维数矩阵,证明:$\boldsymbol{A}(\boldsymbol{I}+\boldsymbol{BA})^{-1}=(\boldsymbol{I}+\boldsymbol{AB})^{-1}\boldsymbol{A}$。

6. 证明:定理 9.4.4 中,令

$$Y=Y_\infty(I-\gamma^{-2}Y_\infty X_\infty)^{-1}$$

求证 Y 是方程(9-4-54)的解。

第 10 章

随机系统的最优滤波与控制

自动驾驶中，车辆需要借助于传感器不断地获得周围环境信息，利用外部信息来反推计算出系统内部对应的信息，从而对车辆下一步的动作做出正确的决策。在实践中，传感器所获得的信息可能被噪声污染。噪声可能来自传感器的测量精度，也可能是外界的颠簸通过机械机构传递到系统的执行机构所产生的，还可能是系统的机械结构或控制结构本身有损坏或者磨损所导致的，等等。因此必须研究带有系统噪声与观测噪声下的内部状态的最优估计问题。

本章论述了随机线性系统的状态最优估计问题与最优控制问题，首先介绍了线性最小方差估计及其几何性质，然后阐述了连续随机线性系统的卡尔曼(Kalman)滤波方法、离散随机线性系统的卡尔曼滤波、限定记忆滤波、离散卡尔曼滤波的稳定性等，最后介绍了随机线性系统二次型高斯最优控制。

读者在学习本章时将用到概率论与随机过程的相关知识，可以参看附录 C 和文献[100]。关于随机最优控制与估计方面，读者可参阅文献[11]、[24]、[59]等。

10.1 线性最小方差估计

10.1.1 线性最小方差估计推导

假设有一个观测模型

$$\boldsymbol{y}=\boldsymbol{H}\boldsymbol{x}+\boldsymbol{v} \tag{10-1-1}$$

其中 $\boldsymbol{x}\in\mathbb{R}^n$ 为待估计的随机向量，$\boldsymbol{y}\in\mathbb{R}^m$ 为观测矢量，$\boldsymbol{v}\in\mathbb{R}^m$ 为噪声矢量。

令 $E\{\cdot\}$ 表示数学期望算子，假设

① $E\{v_i\}=\boldsymbol{0},i=1,\cdots,m,E\{\boldsymbol{v}\boldsymbol{v}^{\mathrm{T}}\}=\boldsymbol{R}>\boldsymbol{0}$；

② $E\{x\}=\boldsymbol{\mu}_x,E\{(\boldsymbol{x}-\boldsymbol{\mu}_x)(\boldsymbol{x}-\boldsymbol{\mu}_x)^{\mathrm{T}}\}=\boldsymbol{P}_x,E\{\boldsymbol{y}\}=\boldsymbol{\mu}_y,E\{(\boldsymbol{y}-\boldsymbol{\mu}_y)(\boldsymbol{y}-\boldsymbol{\mu}_y)^{\mathrm{T}}\}=\boldsymbol{P}_y>\boldsymbol{0}$，其中 $\boldsymbol{\mu}_x,\boldsymbol{P}_x,\boldsymbol{P}_y$ 均是已知的；

③ $E\{(\boldsymbol{x}-\boldsymbol{u}_x)\boldsymbol{v}^{\mathrm{T}}\}=\boldsymbol{0}$。

令 $\hat{\boldsymbol{x}}$ 为 $\boldsymbol{x}$ 的估计值，求使

$$J=E\{(\boldsymbol{x}-\hat{\boldsymbol{x}})(\boldsymbol{x}-\hat{\boldsymbol{x}})^{\mathrm{T}}\} \tag{10-1-2}$$

达到最小的 $\boldsymbol{x}$ 的估计值$\hat{\boldsymbol{x}}$，如果$\hat{\boldsymbol{x}}$存在，则称 $\hat{\boldsymbol{x}}$ 为 $\boldsymbol{x}$ 的最小方差估计，记之为 $\hat{\boldsymbol{x}}_V$。

这里我们主要考虑 $\boldsymbol{x}$ 的线性最小方差估计问题，即 $\hat{\boldsymbol{x}}$ 为 $\boldsymbol{y}$ 的线性函数，并且使式(10-1-2)达到极小。这样的 $\hat{\boldsymbol{x}}$ 如果存在，则记为$\hat{\boldsymbol{x}}_{LV}$。

为此，令

$$\hat{\boldsymbol{x}}_{LV}=\boldsymbol{a}+\boldsymbol{B}\boldsymbol{y},\quad \boldsymbol{a}\in\mathbb{R}^n,\boldsymbol{B}\in\mathbb{R}^{n\times m} \tag{10-1-3}$$

将$\hat{\boldsymbol{x}}_{LV}$代入式(10-1-2)，得如下的优化问题：

$$J=\min_{\boldsymbol{a},\boldsymbol{B}}\{E[(\boldsymbol{x}-\boldsymbol{a}-\boldsymbol{B}\boldsymbol{y})(\boldsymbol{x}-\boldsymbol{a}-\boldsymbol{B}\boldsymbol{y})^{\mathrm{T}}]\} \tag{10-1-4}$$

通过求解$\partial J/\partial \boldsymbol{a}=\boldsymbol{0}$ 与$\partial J/\partial \boldsymbol{B}=\boldsymbol{0}$，

$$\frac{\partial J}{\partial \boldsymbol{a}}=-2E\{(\boldsymbol{x}-\boldsymbol{a}-\boldsymbol{B}\boldsymbol{y})\}=-2\boldsymbol{\mu}_x+2\boldsymbol{a}+2\boldsymbol{B}\boldsymbol{\mu}_y=\boldsymbol{0} \tag{10-1-5}$$

$$\frac{\partial J}{\partial \boldsymbol{B}}=-2E\{(\boldsymbol{x}-\boldsymbol{a}-\boldsymbol{B}\boldsymbol{y})\boldsymbol{y}^{\mathrm{T}}\}=-2E\{\boldsymbol{x}\boldsymbol{y}^{\mathrm{T}}\}+2\boldsymbol{a}E\{\boldsymbol{y}^{\mathrm{T}}\}+2\boldsymbol{B}E\{\boldsymbol{y}\boldsymbol{y}^{\mathrm{T}}\}=\boldsymbol{0} \tag{10-1-6}$$

联立式(10-1-5)与式(10-1-6)，得

$$\begin{cases}-\boldsymbol{\mu}_x+\boldsymbol{a}+\boldsymbol{B}\boldsymbol{\mu}_y=\boldsymbol{0}\\ -E\{\boldsymbol{x}\boldsymbol{y}^{\mathrm{T}}\}+\boldsymbol{a}E\{\boldsymbol{y}^{\mathrm{T}}\}+\boldsymbol{B}E\{\boldsymbol{y}\boldsymbol{y}^{\mathrm{T}}\}=\boldsymbol{0}\end{cases} \tag{10-1-7}$$

所以

$$\boldsymbol{a}=\boldsymbol{\mu}_x-\boldsymbol{B}\boldsymbol{\mu}_y \tag{10-1-8}$$

记

$$\begin{aligned}\operatorname{cov}\{\boldsymbol{x}\boldsymbol{y}\}&=E\{(\boldsymbol{x}-\boldsymbol{\mu}_x)(\boldsymbol{y}-\boldsymbol{\mu}_y)^{\mathrm{T}}\}\\&=E\{(\boldsymbol{x}-\boldsymbol{\mu}_x)\boldsymbol{y}^{\mathrm{T}}\}-E\{(\boldsymbol{x}-\boldsymbol{\mu}_x)\boldsymbol{\mu}_y^{\mathrm{T}}\}\\&=E\{\boldsymbol{x}\boldsymbol{y}^{\mathrm{T}}\}-\boldsymbol{\mu}_x\boldsymbol{\mu}_y^{\mathrm{T}}\end{aligned} \tag{10-1-9}$$

称其为随机向量 $\boldsymbol{x},\boldsymbol{y}$ 的协方差矩阵。所以

$$E\{\boldsymbol{x}\boldsymbol{y}^{\mathrm{T}}\}=\boldsymbol{\mu}_x\boldsymbol{\mu}_y^{\mathrm{T}}+\operatorname{cov}\{\boldsymbol{x}\boldsymbol{y}\} \tag{10-1-10}$$

同样可计算得

$$\boldsymbol{P}_y=E\{(\boldsymbol{y}-\boldsymbol{\mu}_y)(\boldsymbol{y}-\boldsymbol{\mu}_y)^{\mathrm{T}}\}=E\{\boldsymbol{y}\boldsymbol{y}^{\mathrm{T}}\}-\boldsymbol{\mu}_y\boldsymbol{\mu}_y^{\mathrm{T}} \tag{10-1-11}$$

将式(10-1-8)～(10-1-11)代入式(10-1-7)，可得

$$\boldsymbol{B}=\operatorname{cov}\{\boldsymbol{x}\boldsymbol{y}\}\boldsymbol{P}_y^{-1}$$

因此

$$\begin{aligned}\hat{\boldsymbol{x}}_{LV}&=\boldsymbol{\mu}_x-\operatorname{cov}\{\boldsymbol{x}\boldsymbol{y}\}\boldsymbol{P}_y^{-1}\boldsymbol{\mu}_y+\operatorname{cov}\{\boldsymbol{x}\boldsymbol{y}\}\boldsymbol{P}_y^{-1}\boldsymbol{y}\\&=\boldsymbol{\mu}_x+\operatorname{cov}\{\boldsymbol{x}\boldsymbol{y}\}\boldsymbol{P}_y^{-1}(\boldsymbol{y}-\boldsymbol{\mu}_y)\end{aligned} \tag{10-1-12}$$

记 $\tilde{\boldsymbol{x}}_{LV}=\boldsymbol{x}-\hat{\boldsymbol{x}}_{LV}$，$\boldsymbol{P}_{\tilde{x}_{LV}}=E\{\tilde{\boldsymbol{x}}_{LV}\tilde{\boldsymbol{x}}_{LV}^{\mathrm{T}}\}$，则

$$\begin{aligned}\boldsymbol{P}_{\tilde{x}_{LV}}&=E\{[\boldsymbol{x}-\boldsymbol{\mu}_x-\operatorname{cov}\{\boldsymbol{x}\boldsymbol{y}\}\boldsymbol{P}_y^{-1}(\boldsymbol{y}-\boldsymbol{\mu}_y)][\boldsymbol{x}-\boldsymbol{\mu}_x-\operatorname{cov}\{\boldsymbol{x}\boldsymbol{y}\}\boldsymbol{P}_y^{-1}(\boldsymbol{y}-\boldsymbol{\mu}_y)]^{\mathrm{T}}\}\\&=\boldsymbol{P}_x-\operatorname{cov}\{\boldsymbol{x}\boldsymbol{y}\}\boldsymbol{P}_y^{-1}\operatorname{cov}\{\boldsymbol{x}\boldsymbol{y}\}\end{aligned} \tag{10-1-13}$$

式(10-1-12)就是 $\boldsymbol{x}$ 的线性最小方差估计的表达式$\hat{\boldsymbol{x}}_{LV}$。$\hat{\boldsymbol{x}}_{LV}$还有如下的性质。

① 无偏性：$E\{\boldsymbol{x}\}=E\{\hat{\boldsymbol{x}}_{LV}\}$，将式(10-1-12)两边求数学期望，得 $E\{\boldsymbol{x}\}=E\{\hat{\boldsymbol{x}}_{LV}\}=\boldsymbol{\mu}_x$。

② 唯一性：假设$\hat{\boldsymbol{x}}_L=\boldsymbol{z}+\boldsymbol{A}\boldsymbol{y}$ 为 $\boldsymbol{x}$ 的任意一个线性估计，记

$$\tilde{\boldsymbol{x}}_L=\boldsymbol{x}-\hat{\boldsymbol{x}}_L \tag{10-1-14}$$

$$P_{\tilde{x}_L}=E\{\tilde{x}_L\tilde{x}_L^{\mathrm{T}}\}=E\{(x-z-Ay)(x-z-Ay)^{\mathrm{T}}\} \tag{10-1-15}$$

令

$$b=z-\mu_x+A\mu_y \tag{10-1-16}$$

则

$$\begin{aligned}P_{\tilde{x}_L}&=E\{[x-\mu_x-b-A(y-\mu_y)][x-\mu_x-b-A(y-\mu_y)]^{\mathrm{T}}\}\\&=P_x-E\{(x-\mu_x)\}b^{\mathrm{T}}-E\{(x-\mu_x)(y-\mu_y)^{\mathrm{T}}\}A^{\mathrm{T}}\\&\quad-bE\{(x-\mu_x)^{\mathrm{T}}\}+bb^{\mathrm{T}}+bE\{(y-\mu_y)^{\mathrm{T}}\}A^{\mathrm{T}}\\&\quad-AE\{(y-\mu_y)(x-\mu_x)^{\mathrm{T}}\}+E\{(y-\mu_y)\}b^{\mathrm{T}}\\&\quad+AE\{(y-\mu_y)(y-\mu_y)^{\mathrm{T}}\}A^{\mathrm{T}}\\&=P_x-\mathrm{cov}\{xy\}A^{\mathrm{T}}+bb^{\mathrm{T}}-A\mathrm{cov}\{yx\}+AP_yA^{\mathrm{T}}\\&=bb^{\mathrm{T}}+[A-\mathrm{cov}\{xy\}P_y^{-1}]P_y[A-\mathrm{cov}\{xy\}P_y^{-1}]^{\mathrm{T}}\\&\quad+P_x-\mathrm{cov}\{xy\}P_y^{-1}\mathrm{cov}\{xy\}\geqslant P_{\tilde{x}_{LV}}\end{aligned} \tag{10-1-17}$$

因此$\hat{x}_{LV}$是 x 的线性最小方差估计，且是唯一的。

现在考虑观测方程(10-1-1)，可以验证

$$\begin{aligned}\mathrm{cov}(xy)&=E\{(x-\mu_x)(y-\mu_y)^{\mathrm{T}}\}\\&=E\{(x-\mu_x)(Hx+v-H\mu_x)^{\mathrm{T}}\}=P_xH^{\mathrm{T}}\end{aligned} \tag{10-1-18}$$

$$\begin{aligned}P_y&=E\{(y-\mu_y)(y-\mu_y)^{\mathrm{T}}\}\\&=E\{(Hx+v-H\mu_x)(Hx+v-H\mu_x)^{\mathrm{T}}\}\\&=HP_xH^{\mathrm{T}}+R\end{aligned} \tag{10-1-19}$$

定理 10.1.1 已知观测模型(10-1-1)满足假设 1～3，x 与 v 统计独立，则 x 的线性最小方差估计为：

$$\begin{cases}\hat{x}_{LV}=\mu_x+K(y-\mu_y)\\K=P_xH^{\mathrm{T}}(HP_xH^{\mathrm{T}}+R)^{-1}\\P_{\tilde{x}_{LV}}=(I-KH)P_x\end{cases} \tag{10-1-20}$$

10.1.2 线性最小方差估计的几何性质

定义一个线性赋范空间 X，它是由方差有穷的 n 维随机矢量的全体构成的，在 X 上定义范数：

$$\|x\|=\{E[(x-\mu_x)^{\mathrm{T}}(x-\mu_x)]\}^{\frac{1}{2}},\quad x\in X \tag{10-1-21}$$

可以证明按照这个范数，X 构成一个线性赋范空间，由此定义内积：

$$\langle x,y\rangle=E\{(x-\mu_x)^{\mathrm{T}}(y-\mu_y)\},\quad \forall x\in X,y\in X \tag{10-1-22}$$

易证这是一个希尔伯特空间，如果$\langle x,y\rangle=0$，则记为 $x\perp y$。

定义 $Y=\{a+By\,|\,a\in\mathbb{R}^n,B\in\mathbb{R}^{n\times m}\}$，其中 y 为方差有穷的随机矢量。因此$Y\subset X$ 称为由 y 张成的 X 的线性子空间。特别地，$\hat{x}_{LV}\in Y$。

引理 10.1.2 $x-\hat{x}_{LV}\perp Y$，即 $\forall z\in Y$，都有 $x-\hat{x}_{LV}\perp z$。

证明：取 $z=a+By\in Y$，由于$\hat{x}_{LV}$为无偏估计，因此 $E\{(x-\hat{x}_{LV})a^{\mathrm{T}}\}=0$。计算

$$
\begin{aligned}
E\{(\boldsymbol{x}-\hat{\boldsymbol{x}}_{LV})(\boldsymbol{y}-\boldsymbol{u}_y)^{\mathrm{T}}\} &= E\{(\boldsymbol{x}-\hat{\boldsymbol{x}}_{LV})\boldsymbol{y}^{\mathrm{T}}\} \\
&= E\{\boldsymbol{x}\boldsymbol{y}^{\mathrm{T}}\}-E\{\hat{\boldsymbol{x}}_{LV}\boldsymbol{y}^{\mathrm{T}}\} \\
&= E\{\boldsymbol{x}\boldsymbol{y}^{\mathrm{T}}\}-E\{[\boldsymbol{\mu}_x+\mathrm{cov}\{\boldsymbol{x}\boldsymbol{y}\}\boldsymbol{P}_y^{-1}(\boldsymbol{y}-\boldsymbol{\mu}_y)]\boldsymbol{y}^{\mathrm{T}}\} \\
&= E\{\boldsymbol{x}\boldsymbol{y}^{\mathrm{T}}\}-\boldsymbol{\mu}_x\boldsymbol{\mu}_y^{\mathrm{T}}-\mathrm{cov}\{\boldsymbol{x}\boldsymbol{y}\}\boldsymbol{P}_y^{-1}E\{(\boldsymbol{y}-\boldsymbol{\mu}_y)\boldsymbol{y}^{\mathrm{T}}\} \\
&= E\{\boldsymbol{x}\boldsymbol{y}^{\mathrm{T}}\}-\boldsymbol{\mu}_x\boldsymbol{\mu}_y^{\mathrm{T}}-\mathrm{cov}\{\boldsymbol{x}\boldsymbol{y}\}\boldsymbol{P}_y^{-1}E\{\boldsymbol{y}\boldsymbol{y}^{\mathrm{T}}\}+\mathrm{cov}\{\boldsymbol{x}\boldsymbol{y}\}\boldsymbol{P}_y^{-1}\boldsymbol{\mu}_y\boldsymbol{\mu}_y^{\mathrm{T}} \\
&= E\{(\boldsymbol{x}-\boldsymbol{\mu}_x)\boldsymbol{y}^{\mathrm{T}}\}-\mathrm{cov}\{\boldsymbol{x}\boldsymbol{y}\}\boldsymbol{P}_y^{-1}E\{(\boldsymbol{y}-\boldsymbol{\mu}_y)\boldsymbol{y}^{\mathrm{T}}\} \\
&= E\{(\boldsymbol{x}-\boldsymbol{\mu}_x)(\boldsymbol{y}-\boldsymbol{\mu}_y)^{\mathrm{T}}\}-\boldsymbol{P}_y^{-1}E\{(\boldsymbol{y}-\boldsymbol{\mu}_y)(\boldsymbol{y}-\boldsymbol{\mu}_y)^{\mathrm{T}}\} \\
&= \mathrm{cov}\{\boldsymbol{x}\boldsymbol{y}\}-\mathrm{cov}\{\boldsymbol{x}\boldsymbol{y}\}\boldsymbol{P}_y^{-1}\boldsymbol{P}_y \\
&= \boldsymbol{0}
\end{aligned}
$$

由此得出

$$E\{(\boldsymbol{x}-\hat{\boldsymbol{x}}_{LV})(\boldsymbol{z}-\boldsymbol{\mu}_z)^{\mathrm{T}}\}=\boldsymbol{0}$$

所以

$$\boldsymbol{x}-\hat{\boldsymbol{x}}_{LV}\perp \boldsymbol{z}\Rightarrow \boldsymbol{x}-\hat{\boldsymbol{x}}_{LV}\perp \boldsymbol{Y} \tag{10-1-23}$$

记$\tilde{\boldsymbol{x}}_{LV}=\boldsymbol{x}-\hat{\boldsymbol{x}}_{LV}$，则$\boldsymbol{x}=\tilde{\boldsymbol{x}}_{LV}+\hat{\boldsymbol{x}}_{LV}$，其中$\hat{\boldsymbol{x}}_{LV}\in\boldsymbol{Y}$，$\tilde{\boldsymbol{x}}_{LV}\in\boldsymbol{Y}^{\perp}$，通常称$\hat{\boldsymbol{x}}_{LV}$为$\boldsymbol{x}$在$\boldsymbol{Y}$上的正交投影，因此我们说给定$\boldsymbol{y}$之后，关于$\boldsymbol{x}$的线性最小方差估计是$\boldsymbol{x}$在由$\boldsymbol{y}$所张成的测量空间$\boldsymbol{Y}$上的投影，记为：

$$\hat{\boldsymbol{x}}_{LV}=\hat{E}\{\boldsymbol{x}|\boldsymbol{Y}\} \tag{10-1-24}$$

参考附录C，根据统计原理，给定$\boldsymbol{y}$后，关于$\boldsymbol{x}$的最小方差估计为$\hat{\boldsymbol{x}}_V=E\{\boldsymbol{x}|\boldsymbol{y}\}$，即$\boldsymbol{x}$关于$\boldsymbol{y}$的条件数学期望，特别地，当$\boldsymbol{x},\boldsymbol{y},\boldsymbol{v}$都是高斯正态分布，并且它们的联合分布也是高斯分布时，则条件数学期望$\hat{\boldsymbol{x}}_V=E\{\boldsymbol{x}|\boldsymbol{y}\}$是$\boldsymbol{y}$的线性函数，从而$E\{\boldsymbol{x}|\boldsymbol{y}\}$就是$\boldsymbol{x}$的线性最小方差估计，即$E\{\boldsymbol{x}|\boldsymbol{y}\}=\hat{E}\{\boldsymbol{x}|\boldsymbol{Y}\}$，并且

$$E\{\boldsymbol{x}|\boldsymbol{y}\}=\boldsymbol{\mu}_x+\mathrm{cov}\{\boldsymbol{x}\boldsymbol{y}\}\boldsymbol{P}_y^{-1}(\boldsymbol{y}-\boldsymbol{\mu}_y)=\hat{\boldsymbol{x}}_{LV} \tag{10-1-25}$$

10.1.3 随机线性微分方程

首先考虑

$$\begin{cases}\dot{\boldsymbol{x}}(t)=\boldsymbol{A}(t)\boldsymbol{x}(t)+\boldsymbol{w}(t)\\ \boldsymbol{x}(t_0)=\boldsymbol{x}_0\end{cases} \tag{10-1-26}$$

其中$\boldsymbol{x}(t)$为n维随机矢量，$\boldsymbol{w}(t)$为n维模型噪声，$\boldsymbol{A}(t)\in\mathbb{R}^{n\times n}$，$a_{ij}(t)$对$t$是分段连续的。

假设：

① 所有的随机变量都是正态分布的，它们的联合分布也是正态分布的。

② $E\{\boldsymbol{w}(t)\}=\boldsymbol{0}$，$E\{\boldsymbol{w}(t)\boldsymbol{w}^{\mathrm{T}}(\tau)\}=\boldsymbol{Q}(t)\delta(t-\tau)$，其中

$$\boldsymbol{Q}(t)\geqslant 0,\quad \delta(t-\tau)=\begin{cases}1, & t=\tau\\ 0, & t\neq\tau\end{cases}$$

③ $E\{\boldsymbol{x}(t_0)\boldsymbol{w}^{\mathrm{T}}(t)\}=\boldsymbol{0}$， $\forall t\geqslant t_0$，

④ 令$E\{\boldsymbol{x}(t_0)\}=\boldsymbol{\mu}_{x_0}$， $\boldsymbol{P}_{x_0}=E\{(\boldsymbol{x}_0-\boldsymbol{\mu}_{x_0})(\boldsymbol{x}_0-\boldsymbol{\mu}_{x_0})^{\mathrm{T}}\}$。

由线性系统解的表达式，可知式(10-1-26)的解为：

$$\boldsymbol{x}(t)=\boldsymbol{\Phi}(t,t_0)\boldsymbol{x}_0+\int_{t_0}^{t}\boldsymbol{\Phi}(t,\tau)\boldsymbol{w}(\tau)\mathrm{d}\tau \tag{10-1-27}$$

其中 $\boldsymbol{\Phi}(t,\tau)$为 $\boldsymbol{A}(t)$的状态转移矩阵。

我们可以验证下列关系成立。

命题 10.1.1

$$\frac{\mathrm{d}}{\mathrm{d}t}E[\boldsymbol{x}(t)]=\boldsymbol{A}(t)E[\boldsymbol{x}(t)] \tag{10-1-28}$$

证明:对式(10-1-27)两边取数学期望,利用 $\mathrm{E}\{\boldsymbol{w}(t)\}=\mathbf{0}$,得

$$E\{\boldsymbol{x}(t)\}=E\{\boldsymbol{\Phi}(t,t_0)\boldsymbol{x}_0+\int_{t_0}^{t}\boldsymbol{\Phi}(t,\tau)\boldsymbol{w}(\tau)\mathrm{d}\tau\}=\boldsymbol{\Phi}(t,t_0)E\{\boldsymbol{x}_0\}=\boldsymbol{\Phi}(t,t_0)\boldsymbol{\mu}_{x_0}$$

上式两端对时间求导数,得

$$\frac{\mathrm{d}}{\mathrm{d}t}E\{\boldsymbol{x}(t)\}=\dot{\boldsymbol{\Phi}}(t,t_0)\boldsymbol{\mu}_{x_0}=\boldsymbol{A}(t)\boldsymbol{\Phi}(t,t_0)\boldsymbol{\mu}_{x_0}=\boldsymbol{A}(t)E\{\boldsymbol{x}(t)\}$$

证毕!

命题 10.1.2 令

$$\boldsymbol{P}_x(t)=E\{[\boldsymbol{x}(t)-\boldsymbol{\mu}_x][\boldsymbol{x}(t)-\boldsymbol{\mu}_x]^{\mathrm{T}}\} \tag{10-1-29}$$

$$\dot{\boldsymbol{\mu}}_x=\frac{\mathrm{d}}{\mathrm{d}t}E\{\boldsymbol{x}\}=\boldsymbol{A}(t)\boldsymbol{\mu}_x \tag{10-1-30}$$

则

$$\dot{\boldsymbol{P}}_x=\boldsymbol{A}(t)\boldsymbol{P}_x(t)+\boldsymbol{P}_x\boldsymbol{A}^{\mathrm{T}}+\boldsymbol{Q}(t),\quad \boldsymbol{P}_x(t_0)=\boldsymbol{P}_{x_0} \tag{10-1-31}$$

证明:因为 $\boldsymbol{P}_x(t)=E\{[\boldsymbol{x}(t)-\boldsymbol{\mu}_x][\boldsymbol{x}(t)-\boldsymbol{\mu}_x]^{\mathrm{T}}\}=E\{\boldsymbol{x}\boldsymbol{x}^{\mathrm{T}}\}-\boldsymbol{\mu}_x\boldsymbol{\mu}_x^{\mathrm{T}}$,所以

$$\dot{\boldsymbol{P}}_x(t)=E\{\dot{\boldsymbol{x}}\boldsymbol{x}^{\mathrm{T}}\}+E\{\boldsymbol{x}\dot{\boldsymbol{x}}^{\mathrm{T}}\}-\dot{\boldsymbol{\mu}}_x\boldsymbol{\mu}_x^{\mathrm{T}}-\boldsymbol{\mu}_x\dot{\boldsymbol{\mu}}_x^{\mathrm{T}} \tag{10-1-32}$$

将式(10-1-26)与式(10-1-30)代入式(10-1-32),得

$$\begin{aligned}
\dot{\boldsymbol{P}}_x(t)&=E\{\dot{\boldsymbol{x}}\boldsymbol{x}^{\mathrm{T}}\}+E\{\boldsymbol{x}\dot{\boldsymbol{x}}^{\mathrm{T}}\}-\dot{\boldsymbol{\mu}}_x\boldsymbol{\mu}_x^{\mathrm{T}}-\boldsymbol{\mu}_x\dot{\boldsymbol{\mu}}_x^{\mathrm{T}}\\
&=\boldsymbol{A}(t)E\{\boldsymbol{x}\boldsymbol{x}^{\mathrm{T}}\}+E\{\boldsymbol{x}\boldsymbol{x}^{\mathrm{T}}\}\boldsymbol{A}^{\mathrm{T}}(t)+E\{\boldsymbol{w}\boldsymbol{x}^{\mathrm{T}}\}+E\{\boldsymbol{x}\boldsymbol{w}^{\mathrm{T}}\}-\boldsymbol{A}(t)\boldsymbol{\mu}_x\boldsymbol{\mu}_x^{\mathrm{T}}-\boldsymbol{\mu}_x\boldsymbol{\mu}_x^{\mathrm{T}}\boldsymbol{A}^{\mathrm{T}}\\
&=\boldsymbol{A}(t)[E\{\boldsymbol{x}\boldsymbol{x}^{\mathrm{T}}\}-\boldsymbol{\mu}_x\boldsymbol{\mu}_x^{\mathrm{T}}]+[E\{\boldsymbol{x}\boldsymbol{x}^{\mathrm{T}}\}-\boldsymbol{\mu}_x\boldsymbol{\mu}_x^{\mathrm{T}}]\boldsymbol{A}^{\mathrm{T}}(t)\\
&\quad+E\left\{\boldsymbol{w}[\boldsymbol{\Phi}(t,t_0)\boldsymbol{x}_0+\int_{t_0}^{t}\boldsymbol{\Phi}(t,\tau)\boldsymbol{w}(\tau)\mathrm{d}\tau]\mathrm{T}\right\}+E\left\{[\boldsymbol{\Phi}(t,t_0)\boldsymbol{x}_0+\int_{t_0}^{t}\boldsymbol{\Phi}(t,\tau)\boldsymbol{w}(\tau)\mathrm{d}\tau]\boldsymbol{w}^{\mathrm{T}}\right\}\\
&=\boldsymbol{A}(t)\boldsymbol{P}_x(t)+\boldsymbol{P}_x\boldsymbol{A}^{\mathrm{T}}(t)+E\left\{\int_{t_0}^{t}\boldsymbol{w}(t)\boldsymbol{w}^{\mathrm{T}}(\tau)\boldsymbol{\Phi}^{\mathrm{T}}(t,\tau)\mathrm{d}\tau\right\}+E\left\{\int_{t_0}^{t}\boldsymbol{\Phi}(t,\tau)\boldsymbol{w}(\tau)\boldsymbol{w}^{\mathrm{T}}(t)\mathrm{d}\tau\right\}\\
&=\boldsymbol{A}(t)\boldsymbol{P}_x(t)+\boldsymbol{P}_x\boldsymbol{A}^{\mathrm{T}}(t)+\frac{1}{2}\boldsymbol{Q}(t)+\frac{1}{2}\boldsymbol{Q}(t)\\
&=\boldsymbol{A}(t)\boldsymbol{P}_x(t)+\boldsymbol{P}_x\boldsymbol{A}^{\mathrm{T}}(t)+\boldsymbol{Q}(t)
\end{aligned}$$

证毕!

命题 10.1.3

$$\boldsymbol{P}_x(t,t_0)=\boldsymbol{\Phi}(t,t_0)\boldsymbol{P}_{x_0} \tag{10-1-33}$$

$$\boldsymbol{P}_x(t_0,t)=\boldsymbol{P}_{x_0}\boldsymbol{\Phi}^{\mathrm{T}}(t,t_0) \tag{10-1-34}$$

其中 $\boldsymbol{\Phi}(t+\tau,t)$为 $\boldsymbol{A}(t)$的状态转移矩阵。

证明:对式(10-1-33)两边求导,得

$$\dot{\boldsymbol{P}}_x(t,t_0)=\dot{\boldsymbol{\Phi}}(t,t_0)\boldsymbol{P}_{x_0}=\boldsymbol{A}(t)\boldsymbol{\Phi}(t,t_0)\boldsymbol{P}_{x_0}=\boldsymbol{A}(t)\boldsymbol{P}_x(t,t_0)$$

所以 $$\boldsymbol{P}_x(t,t_0)=\boldsymbol{\Phi}(t,t_0)\boldsymbol{P}_x(t_0,t_0)=\boldsymbol{\Phi}(t,t_0)\boldsymbol{P}_{x_0}$$

式(10-1-34)可以很容易验证,留作习题。

证毕!

命题 10.1.4 $\boldsymbol{x}(t)$与$\boldsymbol{w}(t)$的协方差为:

$$\boldsymbol{P}_{xw}(t)=\frac{1}{2}\boldsymbol{Q}^*(t) \tag{10-1-35}$$

证明:

$$\begin{aligned}\boldsymbol{P}_{xw}(t) &= E\{\boldsymbol{x}(t)\boldsymbol{w}^{\mathrm{T}}(t)\}\\ &= E\left\{[\boldsymbol{\Phi}(t,t_0)\boldsymbol{x}(t_0)+\int_{t_0}^{t}\boldsymbol{\Phi}(t,s)\boldsymbol{w}(s)\mathrm{d}s]\boldsymbol{w}^{\mathrm{T}}(t)\right\}\\ &= E\{[\boldsymbol{\Phi}(t,t_0)\boldsymbol{x}(t_0)\boldsymbol{w}^{\mathrm{T}}(t)]\}+E\left\{\int_{t_0}^{t}\boldsymbol{\Phi}(t,s)\boldsymbol{w}(s)\boldsymbol{w}^{\mathrm{T}}(t)\mathrm{d}s]\right\}\\ &= \frac{1}{2}\boldsymbol{Q}(t)\end{aligned}$$

证毕!

注 10.1.1 在命题 10.1.2 与 10.1.4 的证明中,用到了脉冲函数的如下性质。将$\delta(t)$在t处近似为图 10.1.3 所示的函数,则图 10.1.3 所对应的三角形面积为 1。而图 10.1.4 则表示的是脉冲函数从$\tau<t$逼近t时的半个脉冲函数图形。显然,此时三角形面积为 0.5,即

$$\int_{t_0}^{t}\delta(t-\tau)\mathrm{d}\tau=\frac{1}{2}$$

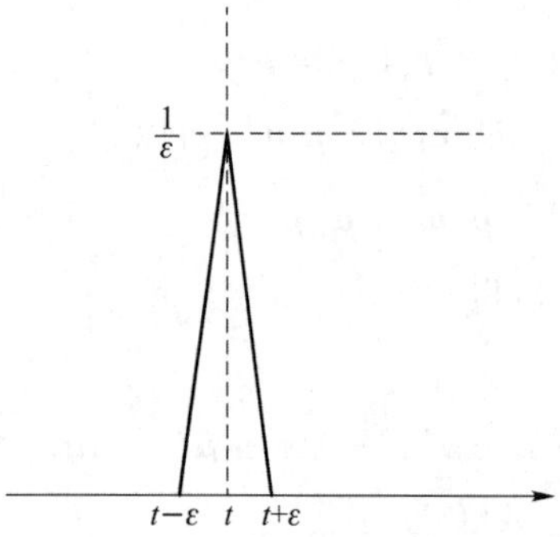

图 10.1.3 t时刻的脉冲函数

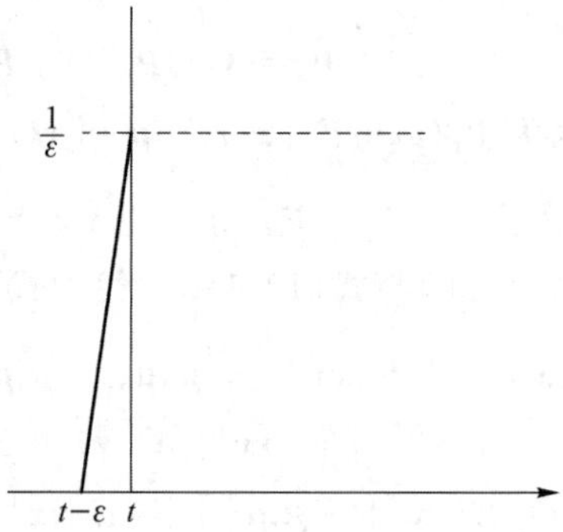

图 10.1.4 $\tau<t$时的半个脉冲函数

推论 10.1.1 若系统是定常随机线性的,即

$$\begin{aligned}\dot{\boldsymbol{x}}&=\boldsymbol{A}\boldsymbol{x}+\boldsymbol{w}\\ \boldsymbol{x}(t_0)&=\boldsymbol{x}_0\end{aligned} \tag{10-1-36}$$

其中$\boldsymbol{w}$为n维均值为零,方差为$\boldsymbol{Q}$白噪声。若$\lim\limits_{t_0\to-\infty}\boldsymbol{P}_x(t_0)=\hat{\boldsymbol{P}}$,则$\hat{\boldsymbol{P}}$对称半正定且满足如下矩阵代数方程:

$$\boldsymbol{A}\hat{\boldsymbol{P}}+\hat{\boldsymbol{P}}\boldsymbol{A}^{\mathrm{T}}+\boldsymbol{Q}=\boldsymbol{0} \tag{10-1-37}$$

10.2 连续线性系统的卡尔曼滤波

在线性系统中,如果系统满足可观测性条件,那么理论上我们可以设计该系统的状态观测

器。本节介绍一种随机线性系统的最优状态估计器，其中系统方程动态与输出分别受到系统噪声与测量噪声的污染。最优估计是指在最小状态估计方差意义下所设计的一个状态估计器，它可以在线对实际状态进行最优估计。这种最小估计方差意义下的状态估计器最早由卡尔曼所提出，所以也称为卡尔曼滤波器。

10.2.1 卡尔曼滤波器的推导

考虑如下一个随机线性系统：

$$\dot{\boldsymbol{x}}(t)=\boldsymbol{A}(t)\boldsymbol{x}(t)+\boldsymbol{w}(t) \tag{10-2-1}$$

$$\boldsymbol{y}(t)=\boldsymbol{C}(t)\boldsymbol{x}(t)+\boldsymbol{v}(t) \tag{10-2-2}$$

其中，$\boldsymbol{x}(t)$是 n 维随机矢量，$\boldsymbol{y}(t)$是 m 维量测输出；$\boldsymbol{w}(t)$为 n 维模型噪声，$\boldsymbol{v}(t)$为 m 维量测噪声；$\boldsymbol{A}(t)\in\mathbb{R}^{n\times n}$，$a_{ij}(t)$对 t 是分段连续的；$\boldsymbol{C}(t)\in\mathbb{R}^{m\times n}$，$c_{ij}(t)$对 t 是分段连续的。

令

$$\delta(t-\tau)=\begin{cases}1, & t=\tau\\ 0, & t\neq\tau\end{cases}$$

假设：

① 所有的随机变量都是正态分布，令 $E\{\cdot\}$表示数学期望算子；

② $\{\boldsymbol{w}(t)\}$为均值为零的白噪声序列，且

$$E\{\boldsymbol{w}(t)\boldsymbol{w}^{\mathrm{T}}(\tau)\}=\boldsymbol{Q}(t)\delta(t-\tau) \tag{10-2-3}$$

其中 $\boldsymbol{Q}(t)\geqslant\boldsymbol{0},\forall t$；

③ $\{\boldsymbol{v}(t)\}$为均值为零的白噪声序列，且

$$E\{\boldsymbol{v}(t)\boldsymbol{v}^{\mathrm{T}}(\tau)\}=\boldsymbol{R}(t)\delta(t-\tau) \tag{10-2-4}$$

其中 $\boldsymbol{R}(t)>\boldsymbol{0},\forall t$；

④ $E\{\boldsymbol{w}(t)\boldsymbol{v}^{\mathrm{T}}(\tau)\}=\boldsymbol{0},\forall t,\tau$，即系统噪声与量测噪声相互独立；

⑤ $E\{\boldsymbol{x}(t_0)\boldsymbol{w}^{\mathrm{T}}(t)\}=\boldsymbol{0},\forall t\geqslant t_0$，初始值与量测噪声无关，从而 $E\{\boldsymbol{x}(t)\boldsymbol{v}^{\mathrm{T}}(\tau)\}=\boldsymbol{0},\forall t,\tau$；

初始条件：令 $E\{\boldsymbol{x}(t_0)\}=\boldsymbol{\mu}_{x_0}$，$\boldsymbol{P}_0=E\{(\boldsymbol{x}_0-\boldsymbol{\mu}_{x_0})(\boldsymbol{x}_0-\boldsymbol{\mu}_{x_0})^{\mathrm{T}}\}$。

问题：给定在$[0,T]$上的测量数据$\{\boldsymbol{y}(t)\}$，求出 $\boldsymbol{x}(t)$的线性最小方差估计 $\hat{\boldsymbol{x}}(t|T)$，使得指标 $E\{[\boldsymbol{x}-\hat{\boldsymbol{x}}(t|T)(\boldsymbol{x}-\hat{\boldsymbol{x}}(t|T)]^{\mathrm{T}}\}$达到最小。

按 t 与 T 的大小关系，$\boldsymbol{x}(t)$的线性最小方差估计 $\hat{\boldsymbol{x}}(t|T)$可分成如下 3 种估计类型：

① 当 $t=T$ 时，$\hat{\boldsymbol{x}}(t|t)$称为 $\boldsymbol{x}(t)$的最优线性滤波；

② 当 $t>T$ 时，$\hat{\boldsymbol{x}}(t|T)$称为 $\boldsymbol{x}(t)$的最优线性预报；

③ 当 $t<T$ 时，$\hat{\boldsymbol{x}}(t|T)$称为 $\boldsymbol{x}(t)$的最优线性平滑。

如果 $E\{\boldsymbol{x}(t)\}=E\{\hat{\boldsymbol{x}}(t|T)\}$，则称 $\hat{\boldsymbol{x}}(t|T)$为 $\boldsymbol{x}(t)$的无偏估计。

问题的解：假设由量测数据$\{\boldsymbol{y}(t),0\leqslant t\leqslant T\}$，已经获得 $\boldsymbol{x}(t)$的无偏线性最小方差 $\hat{\boldsymbol{x}}(t|t)$。由

$$\boldsymbol{x}(t)=\boldsymbol{\Phi}(t,t_0)\boldsymbol{x}_0+\int_{t_0}^{t}\boldsymbol{\Phi}(t,\tau)\boldsymbol{w}(\tau)\mathrm{d}\tau \tag{10-2-5}$$

其中 $\boldsymbol{\Phi}(t,t_0)$是相应于 $A(t)$的状态转移矩阵，由于 $\boldsymbol{w}(t)$是均值为零的白噪声，不可预测，这时状态的估计解为：

$$\hat{\boldsymbol{x}}(\tau|t)=\boldsymbol{\Phi}(\tau,t)\hat{\boldsymbol{x}}(t|t),\quad \forall\tau\geqslant t \tag{10-2-6}$$

同时，在 t 时刻量测估计值为：

$$\hat{\boldsymbol{y}}(t|t)=\boldsymbol{C}(t)\hat{\boldsymbol{x}}(t|t)\quad (v(t)\text{不可预测}) \tag{10-2-7}$$

因此当 t 时刻获得量测数据 $y(t)$ 时，应该有量测残差：

$$\tilde{\boldsymbol{y}}(t|t)=\boldsymbol{y}(t)-\boldsymbol{C}(t)\hat{\boldsymbol{x}}(t|t) \tag{10-2-8}$$

由式(10-2-6)，预报值也满足状态方程：

$$\dot{\hat{\boldsymbol{x}}}(\tau|t)=\boldsymbol{A}(\tau)\hat{\boldsymbol{x}}(\tau|t)$$

其中以 $\hat{\boldsymbol{x}}(t|t)$ 为初始条件。

用量测残差来修正预报值，这样就可得到滤波方程：

$$\dot{\hat{\boldsymbol{x}}}(t|t)=\boldsymbol{A}(t)\hat{\boldsymbol{x}}(t|t)+\boldsymbol{K}(t)(\boldsymbol{y}(t)-\boldsymbol{C}(t)\hat{\boldsymbol{x}}(t|t)) \tag{10-2-9}$$

其中 $\boldsymbol{K}(t)$ 是待定增益阵，它使得指标 $E\{(\boldsymbol{x}-\hat{\boldsymbol{x}}(t|t))(\boldsymbol{x}-\hat{\boldsymbol{x}}(t|t))^{\mathrm{T}}\}$ 达到极小。

如果能找到 $\boldsymbol{K}(t)$ 的表达式，就能找到问题的解，方程(10-2-9)就称为式(10-2-1)与式(10-2-2)的卡尔曼滤波器。

令

$$\tilde{\boldsymbol{x}}(t|t)=\boldsymbol{x}(t)-\hat{\boldsymbol{x}}(t|t) \tag{10-2-10}$$

则

$$\begin{aligned}\dot{\tilde{\boldsymbol{x}}}(t|t)&=\boldsymbol{A}(t)\boldsymbol{x}(t)+\boldsymbol{w}(t)-\boldsymbol{A}(t)\hat{\boldsymbol{x}}(t|t)-\boldsymbol{K}(t)[\boldsymbol{y}(t)-\boldsymbol{C}(t)\hat{\boldsymbol{x}}(t|t)]\\&=\boldsymbol{A}(t)\tilde{\boldsymbol{x}}(t|t)+\boldsymbol{w}(t)-\boldsymbol{K}(t)\boldsymbol{C}(t)\tilde{\boldsymbol{x}}(t|t)-\boldsymbol{K}(t)\boldsymbol{v}(t)\\&=(\boldsymbol{A}(t)-\boldsymbol{K}(t)\boldsymbol{C}(t))\tilde{\boldsymbol{x}}(t|t)+\boldsymbol{w}(t)-\boldsymbol{K}(t)\boldsymbol{v}(t)\end{aligned} \tag{10-2-11}$$

令

$$\boldsymbol{P}(t)=E\{\tilde{\boldsymbol{x}}(t|t)\tilde{\boldsymbol{x}}(t|t)^{\mathrm{T}}\} \tag{10-2-12}$$

则

$$\begin{aligned}\dot{\boldsymbol{P}}(t)&=E\{\dot{\tilde{\boldsymbol{x}}}(t|t)\tilde{\boldsymbol{x}}(t|t)\mathrm{T}\}+E\{\tilde{\boldsymbol{x}}(t|t)\dot{\tilde{\boldsymbol{x}}}(t|t)^{\mathrm{T}}\}\\&=[\boldsymbol{A}(t)-\boldsymbol{K}(t)\boldsymbol{C}(t)]E\{\tilde{\boldsymbol{x}}(t|t)\tilde{\boldsymbol{x}}(t|t)^{\mathrm{T}}\}+E\{[\boldsymbol{w}(t)-\boldsymbol{K}(t)\boldsymbol{v}(t)]\tilde{\boldsymbol{x}}(t|t)^{\mathrm{T}}\}\\&\quad+E\{\tilde{\boldsymbol{x}}(t|t)\tilde{\boldsymbol{x}}(t|t)^{\mathrm{T}}\}[\boldsymbol{A}(t)-\boldsymbol{K}(t)\boldsymbol{C}(t)]^{\mathrm{T}}+E\{\tilde{\boldsymbol{x}}(t|t)[\boldsymbol{w}(t)-\boldsymbol{K}(t)\boldsymbol{v}(t)]^{\mathrm{T}}\}\\&=[\boldsymbol{A}(t)-\boldsymbol{K}(t)\boldsymbol{C}(t)]\boldsymbol{P}(t)+\boldsymbol{P}(t)[\boldsymbol{A}(t)-\boldsymbol{K}(t)\boldsymbol{C}(t)]^{\mathrm{T}}+E\{\boldsymbol{w}(t)\tilde{\boldsymbol{x}}(t|t)^{\mathrm{T}}\}\\&\quad+E\{\tilde{\boldsymbol{x}}(t|t)\boldsymbol{w}^{\mathrm{T}}(t)\}-\boldsymbol{K}(t)E\{\boldsymbol{v}(t)\tilde{\boldsymbol{x}}^{\mathrm{T}}(t|t)\}-E\{\tilde{\boldsymbol{x}}(t|t)\boldsymbol{v}^{\mathrm{T}}(t)\}\boldsymbol{K}^{\mathrm{T}}(t)\end{aligned} \tag{10-2-13}$$

令 $\boldsymbol{\Psi}(t,t_0)$ 为对应于 $\hat{\boldsymbol{A}}(t)\triangleq\boldsymbol{A}(t)-\boldsymbol{K}(t)\boldsymbol{C}(t)$ 的状态转移矩阵，则由式(10-2-11)得

$$\tilde{\boldsymbol{x}}(t|t)=\boldsymbol{\Psi}(t,t_0)\tilde{\boldsymbol{x}}(t_0|t_0)+\int_{t_0}^{t}\boldsymbol{\Psi}(t,\tau)\boldsymbol{w}(\tau)\mathrm{d}\tau-\int_{t_0}^{t}\boldsymbol{\Psi}(t,\tau)\boldsymbol{K}(\tau)\boldsymbol{v}(\tau)\mathrm{d}\tau \tag{10-2-14}$$

取 $\hat{\boldsymbol{x}}(t_0|t_0)=\boldsymbol{\mu}_{x_0}$，则对式(10-2-14)两边取数学期望，可以验证

$$E\{\tilde{\boldsymbol{x}}(t|t)\}=\boldsymbol{0} \tag{10-2-15}$$

因此 $\hat{\boldsymbol{x}}(t|t)$ 是无偏估计。

现在研究

$$
\begin{aligned}
E\{\boldsymbol{w}(t)\tilde{\boldsymbol{x}}^{\mathrm{T}}(t|t)\} &= E\{\boldsymbol{w}(t)\tilde{\boldsymbol{x}}^{\mathrm{T}}(t_0|t_0)\boldsymbol{\Psi}^{\mathrm{T}}(t,t_0)\}\\
&\quad + E\{\int_{t_0}^{t}\boldsymbol{w}(t)\boldsymbol{w}^{\mathrm{T}}(\tau)\boldsymbol{\Psi}^{\mathrm{T}}(t,\tau)\mathrm{d}\tau\} - E\{\int_{t_0}^{t}\boldsymbol{w}(t)\boldsymbol{v}(\tau)^{\mathrm{T}}\boldsymbol{K}(\tau)^{\mathrm{T}}\boldsymbol{\Psi}^{\mathrm{T}}(t,\tau)\mathrm{d}\tau\}\\
&= \int_{t_0}^{t}E\{\boldsymbol{w}(t)\boldsymbol{w}^{\mathrm{T}}(\tau)\}\boldsymbol{\Psi}^{\mathrm{T}}(t,\tau)\mathrm{d}\tau\\
&= \int_{t_0}^{t}\boldsymbol{Q}(t)\delta(t-\tau)\boldsymbol{\Psi}^{\mathrm{T}}(t,\tau)\mathrm{d}\tau\\
&= \frac{1}{2}\boldsymbol{Q}(t)
\end{aligned} \tag{10-2-16}
$$

$$
\begin{aligned}
E\{\boldsymbol{v}(t)\tilde{\boldsymbol{x}}^{\mathrm{T}}(t|t)\} &= E\{\boldsymbol{v}(t)\tilde{\boldsymbol{x}}^{\mathrm{T}}(t_0|t_0)\boldsymbol{\Psi}^{\mathrm{T}}(t,t_0)\}\\
&\quad + E\{\int_{t_0}^{t}\boldsymbol{v}(t)\boldsymbol{w}^{\mathrm{T}}(\tau)\boldsymbol{\Psi}^{\mathrm{T}}(t,\tau)\mathrm{d}\tau\} - E\{\int_{t_0}^{t}\boldsymbol{v}(t)\boldsymbol{v}^{\mathrm{T}}(\tau)\boldsymbol{K}^{\mathrm{T}}(\tau)\boldsymbol{\Psi}^{\mathrm{T}}(t,\tau)\mathrm{d}\tau\}\\
&= -\int_{t_0}^{t}\boldsymbol{R}(t)\delta(t-\tau)\boldsymbol{K}^{\mathrm{T}}(\tau)\boldsymbol{\Psi}^{\mathrm{T}}(t,\tau)\mathrm{d}\tau\\
&= -\frac{1}{2}\boldsymbol{R}(t)\boldsymbol{K}^{\mathrm{T}}(t)
\end{aligned} \tag{10-2-17}
$$

式(10-2-16)与式(10-2-17)的推导过程中用到了假设 1～5，所以

$$
\dot{\boldsymbol{P}}(t)=[\boldsymbol{A}(t)-\boldsymbol{K}(t)\boldsymbol{C}(t)]\boldsymbol{P}(t)+\boldsymbol{P}(t)[\boldsymbol{A}(t)-\boldsymbol{K}(t)\boldsymbol{C}(t)]^{\mathrm{T}}+\boldsymbol{Q}(t)+\boldsymbol{K}(t)\boldsymbol{R}(t)\boldsymbol{K}^{\mathrm{T}}(t) \tag{10-2-18}
$$

展开式(10-2-18)等号右边有

$$
\begin{aligned}
\dot{\boldsymbol{P}}(t)=&\boldsymbol{A}(t)\boldsymbol{P}(t)+\boldsymbol{P}(t)\boldsymbol{A}^{\mathrm{T}}(t)+\boldsymbol{Q}(t)-\boldsymbol{K}(t)\boldsymbol{C}(t)\boldsymbol{P}(t)\\
&-\boldsymbol{P}(t)\boldsymbol{C}^{\mathrm{T}}(t)\boldsymbol{K}^{\mathrm{T}}(t)+\boldsymbol{K}(t)\boldsymbol{R}(t)\boldsymbol{K}^{\mathrm{T}}(t)
\end{aligned} \tag{10-2-19}
$$

因为 $\boldsymbol{R}(t)>0,\forall t$，因此存在 $m\times m$ 维矩阵 $\boldsymbol{S}(t)$，使 $\boldsymbol{R}(t)=\boldsymbol{S}(t)\boldsymbol{S}^{\mathrm{T}}(t)$。

对式(10-2-19)配方可得

$$
\dot{\boldsymbol{P}}(t)=\boldsymbol{A}(t)\boldsymbol{P}(t)+\boldsymbol{P}(t)\boldsymbol{A}^{\mathrm{T}}(t)+\boldsymbol{Q}(t)+[\boldsymbol{K}(t)\boldsymbol{S}(t)-\boldsymbol{F}(t)][\boldsymbol{K}(t)\boldsymbol{S}(t)-\boldsymbol{F}(t)]^{\mathrm{T}}-\boldsymbol{F}(t)\boldsymbol{F}^{\mathrm{T}}(t)
$$

其中

$$
\boldsymbol{F}(t)=\boldsymbol{P}(t)\boldsymbol{C}^{\mathrm{T}}(t)\boldsymbol{S}^{-\mathrm{T}}(t) \tag{10-2-20}
$$

两边积分有

$$
\boldsymbol{P}(t)=\int_{t_0}^{t}\{\boldsymbol{AP}+\boldsymbol{PA}^{\mathrm{T}}+\boldsymbol{Q}+[\boldsymbol{KS}-\boldsymbol{F}][\boldsymbol{KS}-\boldsymbol{F}]^{\mathrm{T}}-\boldsymbol{FF}^{\mathrm{T}}\}\mathrm{d}\tau+\boldsymbol{P}(t_0) \tag{10-2-21}
$$

为使 $\boldsymbol{P}(t)-E\{\tilde{\boldsymbol{x}}(t|t)\tilde{\boldsymbol{x}}^{\mathrm{T}}(t|t)\}$ 达到极小，只需令

$$
\boldsymbol{K}(t)\boldsymbol{S}(t)-\boldsymbol{F}(t)=\boldsymbol{0} \tag{10-2-22}
$$

因此，

$$
\boldsymbol{K}(t)=\boldsymbol{F}(t)\boldsymbol{S}^{-1}(t)=\boldsymbol{P}(t)\boldsymbol{C}(t)\boldsymbol{R}^{-1}(t) \tag{10-2-23}
$$

这时 $\boldsymbol{P}(t)$ 应满足黎卡提方程：

$$
\dot{\boldsymbol{P}}(t)=\boldsymbol{A}(t)\boldsymbol{P}(t)+\boldsymbol{P}(t)\boldsymbol{A}^{\mathrm{T}}(t)-\boldsymbol{P}(t)\boldsymbol{C}^{\mathrm{T}}(t)\boldsymbol{R}^{-1}(t)\boldsymbol{C}(t)\boldsymbol{P}(t)+\boldsymbol{Q}(t) \tag{10-2-24}
$$

$$
\boldsymbol{P}_0=\boldsymbol{P}(t_0)=E\{(\boldsymbol{x}_0-\boldsymbol{\mu}_{x_0})(\boldsymbol{x}_0-\boldsymbol{\mu}_{x_0})^{\mathrm{T}}\} \tag{10-2-25}
$$

定理 10.1.1 已知式(10-2-1)与式(10-2-2)，假设 1～5 成立，则给定量测数据 $\{y(t),0\leqslant t\leqslant T\}$ 后，关于 $\boldsymbol{x}(t)$ 的线性无偏最小方差估计 $\hat{\boldsymbol{x}}(t|t)$ 满足下列微分方程：

$$\dot{\hat{\boldsymbol{x}}}(t|t)=(\boldsymbol{A}(t)-\boldsymbol{K}(t)\boldsymbol{C}(t))\hat{\boldsymbol{x}}(t|t)+\boldsymbol{K}(t)y(t)=\hat{\boldsymbol{A}}(t)\hat{\boldsymbol{x}}(t|t)+\boldsymbol{K}(t)\boldsymbol{y}(t) \tag{10-2-26}$$

$$\hat{\boldsymbol{x}}(t_0|t_0)=E\{\boldsymbol{x}(t_0)\}=\boldsymbol{\mu}_{x_0} \tag{10-2-27}$$

$$\boldsymbol{K}(t)=\boldsymbol{P}(t)\boldsymbol{C}(t)\boldsymbol{R}^{-1}(t) \tag{10-2-28}$$

其中 $\boldsymbol{P}(t)$满足式(10-2-24)与式(10-2-25)。

在定常情形下,$\boldsymbol{A},\boldsymbol{B},\boldsymbol{Q},\boldsymbol{R}$ 都是常数。假定$[\boldsymbol{A},\boldsymbol{Q}^{\frac{1}{2}}]$能控,$[\boldsymbol{A},\boldsymbol{C}]$能观测,利用系统的对偶性可得 $\boldsymbol{P}(t)$为常数矩阵,满足如下代数黎卡提方程:

$$\boldsymbol{AP}+\boldsymbol{PA}^{\mathrm{T}}-\boldsymbol{PC}^{\mathrm{T}}\boldsymbol{R}^{-1}\boldsymbol{CP}+\boldsymbol{Q}=\boldsymbol{0} \tag{10-2-29}$$

卡尔曼滤波器增益为:

$$\boldsymbol{K}=\boldsymbol{PC}^{\mathrm{T}}\boldsymbol{R}^{-1} \tag{10-2-30}$$

在一般情况下,$\hat{\boldsymbol{x}}(t|t)$可简写为 $\hat{\boldsymbol{x}}(t)$,卡尔曼滤波表达式(10-2-26)可以写为:

$$\dot{\hat{\boldsymbol{x}}}(t)=(\boldsymbol{A}(t)-\boldsymbol{K}(t)\boldsymbol{C}(t))\hat{\boldsymbol{x}}(t)+\boldsymbol{K}(t)\boldsymbol{y}(t) \tag{10-2-31}$$

10.2.2 连续系统卡尔曼滤波的稳定性

这里只叙述结论。

定理 10.1.2 假设式(10-1-1)与式(10-1-2)是一致完全能控的,即存在正常数 α_1,β_1 以及 $\delta>0$,使得对 $t\geqslant 0$,有

$$\alpha_1\boldsymbol{I}\leqslant\int_t^{t+\delta}\boldsymbol{\Phi}(t,\tau)\boldsymbol{Q}(\tau)\boldsymbol{\Phi}^{\mathrm{T}}(t,\tau)\mathrm{d}\tau\leqslant\beta_1\boldsymbol{I} \tag{10-2-32}$$

同时,假定系统是一致完全能观的,即有正常数 α_2,β_2 和 $\delta>0$,使得对 $t\geqslant 0$,有

$$\alpha_2\boldsymbol{I}\leqslant\int_t^{t+\delta}\boldsymbol{\Phi}(t,\tau)\boldsymbol{C}^{\mathrm{T}}(\tau)\boldsymbol{R}^{-1}(t)\boldsymbol{C}(\tau)\boldsymbol{\Phi}(\tau,t)\mathrm{d}\tau\leqslant\beta_2\boldsymbol{I} \tag{10-2-33}$$

并且 $\boldsymbol{A}(t),\boldsymbol{C}(t)$一致有界,即存在常数 k_1,k_2 使得

$$\|\boldsymbol{A}(t)\|\leqslant k_1,\quad \|\boldsymbol{C}(t)\|\leqslant k_2,\ \forall t>0 \tag{10-2-34}$$

同时存在正常数 $\delta_1,\delta_2,\delta_3,\delta_4$ 使得

$$\delta_1\boldsymbol{I}\leqslant\boldsymbol{R}(t)\leqslant\delta_2\boldsymbol{I},\quad \delta_3\boldsymbol{I}\leqslant\boldsymbol{Q}(t)\leqslant\delta_4\boldsymbol{I} \tag{10-2-35}$$

则卡尔曼滤波器有如下性质:

① 对于任意给定的 t_0 时刻及 $\boldsymbol{P}(t_0)$,如下黎卡提方程

$$\dot{\boldsymbol{P}}(t)=\boldsymbol{A}(t)\boldsymbol{P}(t)+\boldsymbol{P}(t)\boldsymbol{A}^{\mathrm{T}}(t)+\boldsymbol{Q}(t)-\boldsymbol{P}(t)\boldsymbol{C}^{\mathrm{T}}(t)\boldsymbol{R}^{-1}(t)\boldsymbol{C}(t)\boldsymbol{P}(t) \tag{10-2-36}$$

有唯一对称非负定解 $\boldsymbol{P}(t_0,\boldsymbol{P}(t_0),t)$,且 $t\geqslant 0$ 时,$\boldsymbol{P}(t_0,\boldsymbol{P}(t_0),t)$是正定的。

② 对任意给定的 $\boldsymbol{P}(t)$,当 $t\geqslant 0$ 时,$\boldsymbol{P}(t)$总是一致有界的,即存在 $c_1>0,c_2>0$ 使得

$$c_1\boldsymbol{I}\leqslant\boldsymbol{P}(t_0,\boldsymbol{P}(t_0),t)\leqslant c_2\boldsymbol{I} \tag{10-2-37}$$

且对任意的 $\boldsymbol{P}(t_0)\geqslant\boldsymbol{0}$,$\lim\limits_{t_0\to-\infty}\boldsymbol{P}(t_0,\boldsymbol{P}(t_0),t)=\hat{\boldsymbol{P}}(t)$。

③ 系统的卡尔曼滤波器是指数衰减的,即有 $c_3>0,c_4>0$ 使得

$$\|\boldsymbol{\Psi}(t,\tau)\|\leqslant c_3\mathrm{e}^{-c_4(t-\tau)} \tag{10-2-38}$$

推论 10.1.1(定常情形) 如果式(10-1-1)和式(10-1-2)是定常的,并且噪声是平稳的,即 $\boldsymbol{R}(t)=\boldsymbol{R},\boldsymbol{Q}(t)=\boldsymbol{Q}$,如果 $\boldsymbol{Q}=\boldsymbol{BB}^{\mathrm{T}}$,并且$(\boldsymbol{A},\boldsymbol{B})$能控,$(\boldsymbol{A},\boldsymbol{C})$能观,则黎卡提代数方程

$$\boldsymbol{AP}+\boldsymbol{PA}^{\mathrm{T}}-\boldsymbol{PC}^{\mathrm{T}}\boldsymbol{R}^{-1}\boldsymbol{CP}+\boldsymbol{Q}=\boldsymbol{0} \tag{10-2-39}$$

有唯一正定解，且 $\boldsymbol{A}-\boldsymbol{KC}$ 的特征根都具有负实部，

$$\boldsymbol{K}=\boldsymbol{PC}^{\mathrm{T}}\boldsymbol{R}^{-1}$$

则卡尔曼滤波器 $\dot{\hat{\boldsymbol{x}}}(t)=(\boldsymbol{A}-\boldsymbol{KC})\hat{\boldsymbol{x}}(t)+\boldsymbol{Ky}(t)$ 是指数衰减的。

10.2.3 闭环系统的卡尔曼滤波

如图 10.2.1 所示，考虑带有噪声的受控线性系统

$$\dot{\boldsymbol{x}}(t)=\boldsymbol{A}(t)\boldsymbol{x}(t)+\boldsymbol{B}(t)\boldsymbol{u}(t)+\boldsymbol{w}(t) \tag{10-2-40}$$

$$\boldsymbol{y}(t)=\boldsymbol{C}(t)\boldsymbol{x}(t)+\boldsymbol{v}(t) \tag{10-2-41}$$

其中，$\boldsymbol{x}(t)$ 为 n 维随机矢量，$\boldsymbol{u}(t)$ 为 k 维控制变量，$\boldsymbol{y}(t)$ 为 m 维量测输出；$\boldsymbol{w}(t)$ 为 n 维模型噪声，$\boldsymbol{v}(t)$ 为 m 维量测噪声；$\boldsymbol{A}(t)\in\mathbb{R}^{n\times n}$，$a_{ij}(t)$ 对 t 是分段连续的；$\boldsymbol{B}(t)\in\mathbb{R}^{n\times k}$，$b_{ij}(t)$ 对 t 是分段连续的；$\boldsymbol{C}(t)\in\mathbb{R}^{m\times n}$，$c_{ij}(t)$ 对 t 是分段连续的。并且 10.2.1 节中的假设 1～6 仍然满足。

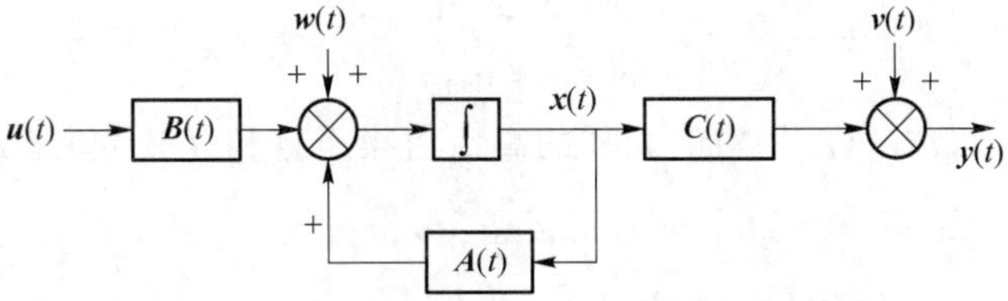

图 10.2.1 有噪声的线性系统框图

由于闭环控制 $\boldsymbol{u}$ 一般设计为关于输出 $\boldsymbol{y}(t)$ 滤波后的确定性函数，滤波设计与 $\boldsymbol{u}(t)$ 无关，因此闭环系统的滤波方程如下：

$$\dot{\hat{\boldsymbol{x}}}(t)=\boldsymbol{A}(t)\hat{\boldsymbol{x}}(t)+\boldsymbol{B}(t)\boldsymbol{u}(t)+\boldsymbol{K}(t)(\boldsymbol{y}(t)-\boldsymbol{C}(t)\hat{\boldsymbol{x}}(t)) \tag{10-2-42}$$

如同 10.2.1 节的推导，我们得到如下结论。

定理 10.2.3 已知式(10-2-40)与式(10-2-41)，10.2.1 节中的假设 1～6 成立，则给定量测数据 $\{\boldsymbol{y}(t),0\leqslant t\leqslant T\}$ 后，关于 $\boldsymbol{x}(t)$ 的最优滤波(也称为卡尔曼滤波)为：

$$\begin{cases}\dot{\hat{\boldsymbol{x}}}(t)=\hat{\boldsymbol{A}}(t)\hat{\boldsymbol{x}}(t)+\boldsymbol{B}(t)\boldsymbol{u}(t)+\boldsymbol{K}(t)\boldsymbol{y}(t)\\ \hat{\boldsymbol{A}}(t)=\boldsymbol{A}(t)-\boldsymbol{K}(t)\boldsymbol{C}(t)\\ \boldsymbol{K}(t)=\boldsymbol{P}(t)\boldsymbol{C}^{\mathrm{T}}(t)\boldsymbol{R}^{-1}(t)\\ \dot{\boldsymbol{P}}(t)=\boldsymbol{A}(t)\boldsymbol{P}(t)+\boldsymbol{P}(t)\boldsymbol{A}^{\mathrm{T}}(t)-\boldsymbol{P}(t)\boldsymbol{C}^{\mathrm{T}}(t)\boldsymbol{R}^{-1}(t)\boldsymbol{C}(t)\boldsymbol{P}(t)+\boldsymbol{Q}(t)\\ \hat{\boldsymbol{x}}(t_0)=E\{\boldsymbol{x}(t_0)\}=\boldsymbol{\mu}_{x_0}\\ \boldsymbol{P}(t_0)=E\{(\boldsymbol{x}_0-\boldsymbol{\mu}_{x_0})(\boldsymbol{x}_0-\boldsymbol{\mu}_{x_0})^{\mathrm{T}}\}\end{cases} \tag{10-2-43}$$

在线性系统中，控制器设计与观测器设计可以独立进行，这就是所谓的分离性原理。从上面的结论可以看出，在带有随机噪声的线性系统中，卡尔曼滤波器的设计可以在不考虑控制的情况下先行设计。

一个卡尔曼滤波器的实现过程如图 10.2.2 所示。

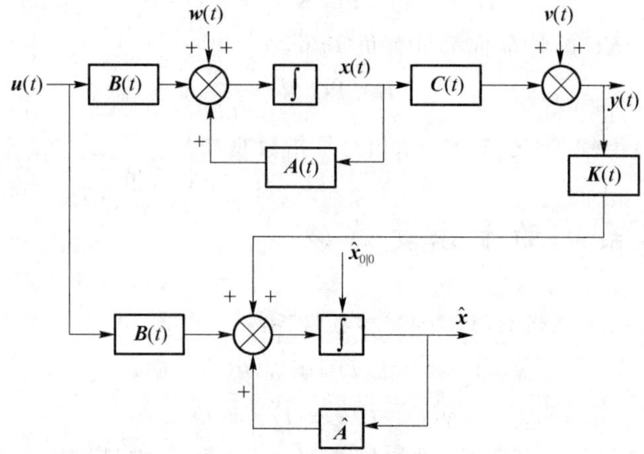

图 10.2.2 卡尔曼滤波器的实现过程框图

例 10.2.1 给定如下系统:

$$\begin{cases}\dot{x}=-x+u+w\\ y=x+v\end{cases}$$

给定 $x(0)=1$,假设 $w(t),v(t)$是均值为零的高斯白噪声且相互独立,即 $E\{w(t)v^{\mathrm{T}}(\tau)\}=0$,$\forall\, t,\tau$ 且

$$E\{w(t)w(\tau)\}=\delta(t-\tau),\quad E\{v(t)v(\tau)\}=2\delta(t-\tau)$$

初始状态协方差 $P_0=0$,试设计卡尔曼滤波器。

解:可得出黎卡提微分方程为:

$$\dot{P}=-2P-\frac{1}{2}P^2+1$$

利用分离变量法,积分得

$$\int_0^P \frac{\mathrm{d}P}{P^2+4P-2}=-\frac{1}{2}\int_0^t \mathrm{d}t$$

得

$$\left|\frac{1}{2\sqrt{6}}\ln\frac{P+2-\sqrt{6}}{P+2+\sqrt{6}}\right|_0^P=-\frac{1}{2}$$

化简得

$$P(t)=\frac{2(1-\mathrm{e}^{-\sqrt{6}t})}{\sqrt{6}+2+(\sqrt{6}-2)(1-\mathrm{e}^{-\sqrt{6}t})}$$

从而得出卡尔曼滤波器的增益为:

$$K(t)=\frac{1}{2}P(t)=\frac{(1-\mathrm{e}^{-\sqrt{6}t})}{\sqrt{6}+2+(\sqrt{6}-2)(1-\mathrm{e}^{-\sqrt{6}t})}$$

得出卡尔曼滤波器为:

$$\dot{\hat{x}}(t|t)=\left[-1-\frac{(1-\mathrm{e}^{-\sqrt{6}t})}{\sqrt{6}+2+(\sqrt{6}-2)(1-\mathrm{e}^{-\sqrt{6}t})}\right]\hat{x}(t|t)+u(t)+\frac{(1-\mathrm{e}^{-\sqrt{6}t})}{\sqrt{6}+2+(\sqrt{6}-2)(1-\mathrm{e}^{-\sqrt{6}t})}y(t)$$

10.3 离散随机线性系统的卡尔曼滤波

10.3.1 离散卡尔曼滤波器

考虑下列离散随机线性系统

$$\boldsymbol{x}_k=\boldsymbol{\Phi}_{k,k-1}\boldsymbol{x}_{k-1}+\boldsymbol{w}_{k-1} \tag{10-3-1}$$

$$\boldsymbol{y}_k=\boldsymbol{H}_k\boldsymbol{x}_k+\boldsymbol{v}_k \tag{10-3-2}$$

其中：$\boldsymbol{x}_k$ 表示第 k 次采样时刻 t_k 的 n 维状态变量；$\boldsymbol{w}_k$ 表示第 k 次采样时刻 t_k 的 n 维干扰噪声；$\boldsymbol{y}_k$ 表示第 k 次采样时刻 t_k 的 m 维量测矢量；$\boldsymbol{v}_k$ 表示第 k 次采样时刻 t_k 的 m 维量测噪声；$\boldsymbol{\Phi}_{k,k-1}$ 为 $n\times n$ 的状态转移矩阵。式(10-3-1)称为状态方程，式(10-3-2)称为量测方程。

令

$$\delta_{kj}=\begin{cases}1, & k=j\\ 0, & k\neq j\end{cases}$$

假设：

①$\{\boldsymbol{w}_k\}$是一个均值为 $\boldsymbol{0}$ 的白噪声序列，

$$E\{\boldsymbol{w}_k\}=\boldsymbol{0},\quad E\{\boldsymbol{w}_k\boldsymbol{w}_j^{\mathrm{T}}\}=\delta_{kj}\boldsymbol{Q}_k \tag{10-3-3}$$

其中 $\boldsymbol{Q}_k$ 对称半正定；

② $\{\boldsymbol{v}_k\}$是一个均值为 $\boldsymbol{0}$ 的白噪声序列，

$$E\{\boldsymbol{v}_k\}=\boldsymbol{0},E\{\boldsymbol{v}_k\boldsymbol{v}_j^{\mathrm{T}}\}=\delta_{kj}\boldsymbol{R}_k \tag{10-3-4}$$

其中 $\boldsymbol{R}_k$ 是对称正定矩阵；

③ $\boldsymbol{v}_k$ 与$\boldsymbol{w}_j$ 相互独立，

$$E\{\boldsymbol{v}_k\boldsymbol{w}_j^{\mathrm{T}}\}=\boldsymbol{0},\forall k,j; \tag{10-3-5}$$

④ $E\{\boldsymbol{x}_k\boldsymbol{v}_j^{\mathrm{T}}\}=\boldsymbol{0},\forall k,j;$ (10-3-6)

⑤ $E\{\boldsymbol{x}_0\boldsymbol{w}_k^{\mathrm{T}}\}=\boldsymbol{0},\forall k=0,1,2,\cdots;$ (10-3-7)

令

$$\boldsymbol{\mu}_{x_0}=E\{\boldsymbol{x}_0\},\boldsymbol{P}_{x_0}=E\{(\boldsymbol{x}_0-\boldsymbol{\mu}_{x_0})(\boldsymbol{x}_0-\boldsymbol{\mu}_{x_0})^{\mathrm{T}}\} \tag{10-3-8}$$

最优状态估计的问题：在已知量测 $\boldsymbol{y}_1,\cdots,\boldsymbol{y}_k$ 的基础上，求 $\boldsymbol{x}_j$ 的估计值$\hat{\boldsymbol{x}}_{j|k}$，使得如下指标

$$J=E\{(\boldsymbol{x}-\hat{\boldsymbol{x}}_{j|k})(\boldsymbol{x}-\hat{\boldsymbol{x}}_{j|k})^{\mathrm{T}}\} \tag{10-3-9}$$

达到极小。

① 如果 $j<k$，则称$\hat{\boldsymbol{x}}_{j|k}$为 $\boldsymbol{x}_j$ 的最优平滑；

② 如果 $j=k$，则称$\hat{\boldsymbol{x}}_{j|k}$为 $\boldsymbol{x}_k$ 的最优滤波；

③ 如果 $j>k$，则称$\hat{\boldsymbol{x}}_{j|k}$为 $\boldsymbol{x}_j$ 的最优预报。

下面介绍滤波公式的推导过程。

假设已知 $\boldsymbol{y}_1,\cdots,\boldsymbol{y}_{k-1}$后，已经得到了 $\boldsymbol{x}_{k-1}$的估计$\hat{\boldsymbol{x}}_{k-1|k-1}$，当还没有获得新量测数据时，对系统(10-3-1)和(10-3-2)的 $\boldsymbol{x}_k$ 可做出怎样的估计呢？

由于$\boldsymbol{w}_k$ 为均值为 $\boldsymbol{0}$ 的白噪声，不可预见，因此对 $\boldsymbol{x}_k$ 最好的预测应该是

$$\hat{\boldsymbol{x}}_{k|k-1}=\boldsymbol{\Phi}_{k,k-1}\hat{\boldsymbol{x}}_{k-1|k-1} \tag{10-3-10}$$

则在 k 时刻 $\boldsymbol{y}_k$ 的估计值应为：

$$\boldsymbol{y}_{k|k-1}=\boldsymbol{H}_k\boldsymbol{x}_{k|k-1} \tag{10-3-11}$$

现在如果已获得 k 时刻的量测 $\boldsymbol{y}_k$，则显然 $\boldsymbol{y}_k$ 与 $\boldsymbol{y}_{k|k-1}$ 之间存在着预报误差。

我们将 $\boldsymbol{y}_k-\boldsymbol{y}_{k|k-1}=\boldsymbol{y}_k-\boldsymbol{H}_k\hat{\boldsymbol{x}}_{k|k-1}$ 称为测量残差，也称为新息。因此在 k 时刻，用 $\boldsymbol{y}_1,\cdots,\boldsymbol{y}_k$ 对 $\boldsymbol{x}_k$ 估计值 $\hat{\boldsymbol{x}}_{k|k}$ 可以用量测残差来修正：

$$\hat{\boldsymbol{x}}_{k|k}=\hat{\boldsymbol{x}}_{k|k-1}+\boldsymbol{K}_k(\boldsymbol{y}_k-\boldsymbol{H}_k\hat{\boldsymbol{x}}_{k|k-1}) \tag{10-3-12}$$

其中 $\boldsymbol{K}_k$ 是一个 $n\times m$ 的矩阵，称为增益矩阵，待定。要确定 $\boldsymbol{K}_k$ 必须使得 $\hat{\boldsymbol{x}}_{k|k}$ 为 $\boldsymbol{x}_k$ 的最优滤波，剩下的问题就是通过极小化 J 求 $\boldsymbol{K}_k$。

考虑：

$$\begin{aligned}
\boldsymbol{x}_k-\hat{\boldsymbol{x}}_{k|k}&=\boldsymbol{\Phi}_{k,k-1}\boldsymbol{x}_{k-1}+\boldsymbol{w}_{k-1}-\hat{\boldsymbol{x}}_{k|k-1}-\boldsymbol{K}_k(\boldsymbol{y}_k-\boldsymbol{H}_k\hat{\boldsymbol{x}}_{k|k-1})\\
&=\boldsymbol{\Phi}_{k,k-1}\boldsymbol{x}_{k-1}+\boldsymbol{w}_{k-1}-\hat{\boldsymbol{x}}_{k|k-1}-\boldsymbol{K}_k(\boldsymbol{H}_k\boldsymbol{x}_k+\boldsymbol{v}_k-\boldsymbol{H}_k\hat{\boldsymbol{x}}_{k|k-1})\\
&=\boldsymbol{\Phi}_{k,k-1}\boldsymbol{x}_{k-1}+\boldsymbol{w}_{k-1}-\boldsymbol{\Phi}_{k,k-1}\hat{\boldsymbol{x}}_{k-1|k-1}-\boldsymbol{K}_k[\boldsymbol{H}_k\boldsymbol{\Phi}_{k,k-1}\boldsymbol{x}_{k-1}+\boldsymbol{H}_k\boldsymbol{w}_{k-1}+\boldsymbol{v}_k-\boldsymbol{H}_k\boldsymbol{\Phi}_{k,k-1}\hat{\boldsymbol{x}}_{k-1|k-1}]\\
&=\boldsymbol{\Phi}_{k,k-1}(\boldsymbol{x}_{k-1}-\hat{\boldsymbol{x}}_{k-1|k-1})-\boldsymbol{K}_k\boldsymbol{H}_k\boldsymbol{\Phi}_{k,k-1}(\boldsymbol{x}_{k-1}-\hat{\boldsymbol{x}}_{k-1|k-1})+\boldsymbol{w}_{k-1}-\boldsymbol{K}_k\boldsymbol{H}_k\boldsymbol{w}_{k-1}-\boldsymbol{K}_k\boldsymbol{v}_k\\
&=(\boldsymbol{I}-\boldsymbol{K}_k\boldsymbol{H}_k)\boldsymbol{\Phi}_{k,k-1}(\boldsymbol{x}_{k-1}-\hat{\boldsymbol{x}}_{k-1|k-1})+(\boldsymbol{I}-\boldsymbol{K}_k\boldsymbol{H}_k)\boldsymbol{w}_{k-1}-\boldsymbol{K}_k\boldsymbol{v}_k
\end{aligned} \tag{10-3-13}$$

令

$$\tilde{\boldsymbol{x}}_{k|k}=\boldsymbol{x}_k-\hat{\boldsymbol{x}}_{k|k}$$

$$\tilde{\boldsymbol{x}}_{k|k-1}=\boldsymbol{x}_k-\hat{\boldsymbol{x}}_{k|k-1}$$

则有

$$\tilde{\boldsymbol{x}}_{k|k}=(\boldsymbol{I}-\boldsymbol{K}_k\boldsymbol{H}_k)\boldsymbol{\Phi}_{k,k-1}\tilde{\boldsymbol{x}}_{k-1|k-1}+(\boldsymbol{I}-\boldsymbol{K}_k\boldsymbol{H}_k)\boldsymbol{w}_{k-1}-\boldsymbol{K}_k\boldsymbol{v}_k \tag{10-3-14}$$

令 $\boldsymbol{P}_{k|k}=E\{\tilde{\boldsymbol{x}}_{k|k}\tilde{\boldsymbol{x}}_{k|k}^{\mathrm{T}}\}$ 称为最优滤波的估计误差的协方差阵，$\boldsymbol{P}_{k|k-1}=E\{\tilde{\boldsymbol{x}}_{k|k-1}\tilde{\boldsymbol{x}}_{k|k-1}^{\mathrm{T}}\}$ 称为最优预报估计误差的协方差阵，由假设

$$E\{\tilde{\boldsymbol{x}}_{k-1|k-1}\boldsymbol{w}_{k-1}^{\mathrm{T}}\}=0,E\{\tilde{\boldsymbol{x}}_{k-1|k-1}\boldsymbol{v}_k^{\mathrm{T}}\}=\boldsymbol{0}$$

又由假设

$$E\{\boldsymbol{w}_{k-1}\boldsymbol{v}_k^{\mathrm{T}}\}=\boldsymbol{0}$$

因此

$$\begin{aligned}
\tilde{\boldsymbol{x}}_{k|k-1}&=\boldsymbol{x}_k-\hat{\boldsymbol{x}}_{k|k-1}=\boldsymbol{\Phi}_{k,k-1}\boldsymbol{x}_{k-1}+\boldsymbol{w}_{k-1}-\boldsymbol{\Phi}_{k,k-1}\hat{\boldsymbol{x}}_{k-1|k-1}\\
&=\boldsymbol{\Phi}_{k,k-1}\tilde{\boldsymbol{x}}_{k-1|k-1}+\boldsymbol{w}_{k-1}
\end{aligned} \tag{10-3-15}$$

$$\boldsymbol{P}_{k|k-1}=E\{\tilde{\boldsymbol{x}}_{k|k-1}\tilde{\boldsymbol{x}}_{k|k-1}^{\mathrm{T}}\}=\boldsymbol{\Phi}_{k,k-1}\boldsymbol{P}_{k-1|k-1}\boldsymbol{\Phi}_{k,k-1}^{\mathrm{T}}+\boldsymbol{Q}_{k-1} \tag{10-3-16}$$

$$\begin{aligned}
\boldsymbol{P}_{k|k}=E\{\tilde{\boldsymbol{x}}_{k|k}\tilde{\boldsymbol{x}}_{k|k}^{\mathrm{T}}\}&=(\boldsymbol{I}-\boldsymbol{K}_k\boldsymbol{H}_k)\boldsymbol{\Phi}_{k,k-1}\boldsymbol{P}_{k-1|k-1}\boldsymbol{\Phi}_{k,k-1}(\boldsymbol{I}-\boldsymbol{K}_k\boldsymbol{H}_k)^{\mathrm{T}}\\
&\quad+(\boldsymbol{I}-\boldsymbol{K}_k\boldsymbol{H}_k)\boldsymbol{Q}_{k-1}(\boldsymbol{I}-\boldsymbol{K}_k\boldsymbol{H}_k)^{\mathrm{T}}+\boldsymbol{K}_k\boldsymbol{R}_k\boldsymbol{K}_k^{\mathrm{T}}\\
&=(\boldsymbol{I}-\boldsymbol{K}_k\boldsymbol{H}_k)\boldsymbol{P}_{k|k-1}(\boldsymbol{I}-\boldsymbol{K}_k\boldsymbol{H}_k)^{\mathrm{T}}+\boldsymbol{K}_k\boldsymbol{R}_k\boldsymbol{K}_k^{\mathrm{T}}
\end{aligned} \tag{10-3-17}$$

为了确定 $\boldsymbol{K}_k$，将式(10-3-17)展开：

$$\begin{aligned}
\boldsymbol{P}_{k|k}&=\boldsymbol{P}_{k|k-1}-\boldsymbol{K}_k\boldsymbol{H}_k\boldsymbol{P}_{k|k-1}-\boldsymbol{P}_{k|k-1}\boldsymbol{H}_k^{\mathrm{T}}\boldsymbol{K}_k^{\mathrm{T}}+\boldsymbol{K}_k\boldsymbol{H}_k\boldsymbol{P}_{k|k-1}\boldsymbol{H}_k^{\mathrm{T}}\boldsymbol{K}_k^{\mathrm{T}}+\boldsymbol{K}_k\boldsymbol{R}_k\boldsymbol{K}_k^{\mathrm{T}}\\
&=\boldsymbol{P}_{k|k-1}-\boldsymbol{K}_k\boldsymbol{H}_k\boldsymbol{P}_{k|k-1}-\boldsymbol{P}_{k|k-1}\boldsymbol{H}_k^{\mathrm{T}}\boldsymbol{K}_k^{\mathrm{T}}+\boldsymbol{K}_k(\boldsymbol{H}_k\boldsymbol{P}_{k|k-1}\boldsymbol{H}_k^{\mathrm{T}}+\boldsymbol{R}_k)\boldsymbol{K}_k^{\mathrm{T}}
\end{aligned} \tag{10-3-18}$$

显然，$\boldsymbol{P}_{k|k}$ 为 $\boldsymbol{K}_k$ 的二次函数。

由于 $\boldsymbol{R}_k$ 为正定，$\boldsymbol{H}_k\boldsymbol{P}_{k|k-1}\boldsymbol{H}_k^{\mathrm{T}}+\boldsymbol{R}_k$ 也为对称正定矩阵，因此存在非奇异矩阵 $\boldsymbol{S}_k$ 使得

$$\boldsymbol{H}_k\boldsymbol{P}_{k|k-1}\boldsymbol{H}_k^{\mathrm{T}}+\boldsymbol{R}_k=\boldsymbol{S}_k\boldsymbol{S}_k^{\mathrm{T}} \tag{10-3-19}$$

因此

$$\boldsymbol{P}_{k|k}=\boldsymbol{P}_{k|k-1}-\boldsymbol{K}_k\boldsymbol{H}_k\boldsymbol{P}_{k|k-1}-\boldsymbol{P}_{k|k-1}\boldsymbol{H}_k^{\mathrm{T}}\boldsymbol{K}_k^{\mathrm{T}}+\boldsymbol{K}_k\boldsymbol{S}_k\boldsymbol{S}_k^{\mathrm{T}}\boldsymbol{K}_k^{\mathrm{T}} \tag{10-3-20}$$

配方可得

$$\boldsymbol{P}_{k|k}=\boldsymbol{P}_{k|k-1}+[\boldsymbol{K}_k\boldsymbol{S}_k-\boldsymbol{D}_k][\boldsymbol{K}_k\boldsymbol{S}_k-\boldsymbol{D}_k]^{\mathrm{T}}-\boldsymbol{D}_k\boldsymbol{D}_k^{\mathrm{T}} \tag{10-3-21}$$

其中

$$\boldsymbol{D}_k=\boldsymbol{P}_{k|k-1}\boldsymbol{H}_k^{\mathrm{T}}\boldsymbol{S}_k^{-\mathrm{T}} \tag{10-3-22}$$

由于 $\boldsymbol{P}_{k|k-1}$，$\boldsymbol{D}_k\boldsymbol{D}_k^{\mathrm{T}}$ 与 $\boldsymbol{K}_k$ 无关，所以当 $\boldsymbol{K}_k=\boldsymbol{D}_k\boldsymbol{S}_k^{-1}$ 时，$\boldsymbol{P}_{k|k}$ 最小。利用式(10-3-19)得

$$\boldsymbol{K}_k=\boldsymbol{P}_{k|k-1}\boldsymbol{H}_k^{\mathrm{T}}(\boldsymbol{H}_k\boldsymbol{P}_{k|k-1}\boldsymbol{H}_k^{\mathrm{T}}+\boldsymbol{R}_k)^{-1} \tag{10-3-23}$$

为了保证 $\hat{\boldsymbol{x}}_{k|k}$ 是 $\boldsymbol{x}_k$ 的无偏估计，取

$$\hat{\boldsymbol{x}}_{0|0}=\boldsymbol{\mu}_{\boldsymbol{x}_0},\quad \boldsymbol{P}_{0|0}=E\{(\boldsymbol{x}_0-\boldsymbol{\mu}_{\boldsymbol{x}_0})(\boldsymbol{x}_0-\boldsymbol{\mu}_{\boldsymbol{x}_0})^{\mathrm{T}}\}=\boldsymbol{P}_{\boldsymbol{x}_0} \tag{10-3-24}$$

定理 10.3.1 已知离散随机线性系统(10-3-1)和(10-3-2)，假设 1～5 成立，则该系统的最优滤波递推算法为：

$$\hat{\boldsymbol{x}}_{k|k}=\hat{\boldsymbol{x}}_{k|k-1}+\boldsymbol{K}_k(\boldsymbol{y}_k-\boldsymbol{H}_k\hat{\boldsymbol{x}}_{k|k-1})$$
$$\hat{\boldsymbol{x}}_{k|k-1}=\boldsymbol{\Phi}_{k,k-1}\hat{\boldsymbol{x}}_{k-1|k-1}$$
$$\boldsymbol{K}_k=\boldsymbol{P}_{k|k-1}\boldsymbol{H}_k^{\mathrm{T}}(\boldsymbol{H}_k\boldsymbol{P}_{k|k-1}\boldsymbol{H}_k^{\mathrm{T}}+\boldsymbol{R}_k)^{-1}$$
$$\boldsymbol{P}_{k|k-1}=\boldsymbol{\Phi}_{k,k-1}\boldsymbol{P}_{k-1|k-1}\boldsymbol{\Phi}_{k,k-1}^{\mathrm{T}}+\boldsymbol{Q}_{k-1}$$
$$\boldsymbol{P}_{k|k}=(\boldsymbol{I}-\boldsymbol{K}_k\boldsymbol{H}_k)\boldsymbol{P}_{k|k-1}$$
$$\hat{\boldsymbol{x}}_{0|0}=\boldsymbol{\mu}_{\boldsymbol{x}_0}$$
$$\boldsymbol{P}_{0|0}=E\{(\boldsymbol{x}_0-\boldsymbol{\mu}_{\boldsymbol{x}_0})(\boldsymbol{x}_0-\boldsymbol{\mu}_{\boldsymbol{x}_0})^{\mathrm{T}}\}=\boldsymbol{P}_{\boldsymbol{x}_0}$$

通常称这个递推算法为卡尔曼滤波器。

10.3.2 离散卡尔曼滤波的稳定性

定理 10.3.2 已知离散线性系统(10-3-1)和(10-3-2)以及它的卡尔曼滤波器，假设：

① 系统(10-3-1)和(10-3-2)是一致完全能控的，即存在 $0<\alpha<\beta$，及正整数 N，使得对一切 k 有

$$\alpha\boldsymbol{I}\leqslant\sum_{j=k-N}^{k-1}\boldsymbol{\Phi}_{k,j+1}\boldsymbol{Q}_{k,j+1}\boldsymbol{\Phi}_{k,j+1}^{\mathrm{T}}\leqslant\beta\boldsymbol{I} \tag{10-3-25}$$

② 系统(10-3-1)和(10-3-2)是一致完全能观测的，即存在 $0<\gamma<u$ 及正整数 N，使得

$$\gamma\boldsymbol{I}\leqslant\sum_{j=k-N}^{k}\boldsymbol{\Phi}_{j,k}^{\mathrm{T}}\boldsymbol{H}_j^{\mathrm{T}}\boldsymbol{R}_j^{-1}\boldsymbol{H}_j\boldsymbol{\Phi}_{j,k}\leqslant\mu\boldsymbol{I} \tag{10-3-26}$$

则卡尔曼滤波器具有如下性质：

① 对任意的初始时刻 t_0，给定的 $\boldsymbol{P}_{0|0}$，矩阵黎卡提方程：

$$\begin{cases}\boldsymbol{P}_{k|k}=(\boldsymbol{I}-\boldsymbol{K}_k\boldsymbol{H}_k)\boldsymbol{P}_{k|k-1}\\ \boldsymbol{P}_{k|k-1}=\boldsymbol{\Phi}_{k,k-1}\boldsymbol{P}_{k-1|k-1}\boldsymbol{\Phi}_{k,k-1}^{\mathrm{T}}+\boldsymbol{Q}_{k-1}\\ \boldsymbol{K}_k=\boldsymbol{P}_{k|k-1}\boldsymbol{H}_k^{\mathrm{T}}(\boldsymbol{H}_k\boldsymbol{P}_{k|k-1}\boldsymbol{H}_k^{\mathrm{T}}+\boldsymbol{R}_k)^{-1}\end{cases} \tag{10-3-27}$$

总有唯一对称的非负定解 $\boldsymbol{P}_{k|k}(t_0,\boldsymbol{P}_{0|0})$，而且当 $k\geqslant N$ 时，$\boldsymbol{P}_{k|k}(t_0,\boldsymbol{P}_{0|0})>\boldsymbol{0}$。

② 对任意 t_0，$\boldsymbol{P}_{0|0}\geqslant\boldsymbol{0}$，当 $k\geqslant N$ 时，$\boldsymbol{P}_{k|k}(t_0,\boldsymbol{P}_{0|0})$ 一致有界，即

$$\delta_1\boldsymbol{I}\leqslant\boldsymbol{P}_{k|k}(t_0,\boldsymbol{P}_{0|0})\leqslant\delta_2\boldsymbol{I},\quad 0<\delta_1<\delta_2 \tag{10-3-28}$$

③ 对 $\forall t_0$ 及 $\boldsymbol{P}_{0|0}\geqslant\boldsymbol{0}$，都有

$$\lim_{t_0\to-\infty}\boldsymbol{P}_{k|k}(t_0,\boldsymbol{P}_{0|0})=\boldsymbol{P}_{k|k}>\boldsymbol{0} \tag{10-3-29}$$

④ 卡尔曼滤波器是指数衰减稳定的，即存在两个常数 $c_1>0$，$c_2>0$，使得对 $k>j$ 有

$$\|\boldsymbol{\Psi}_{k,j}\|\leqslant c_1\mathrm{e}^{-c_2(k-j)} \tag{10-3-30}$$

其中，$\boldsymbol{\Psi}_{k,j}=\boldsymbol{\Psi}_{k,k-1}\boldsymbol{\Psi}_{k-1,k-2}\cdots\boldsymbol{\Psi}_{j+1,j}$，而 $\boldsymbol{\Psi}_{k,k-1}=(\boldsymbol{I}-\boldsymbol{K}_k\boldsymbol{H}_k)\boldsymbol{\Phi}_{k,k-1}$ 为卡尔曼滤波器状态转移矩阵。

如果系统是定常的，即 $\boldsymbol{\Phi}_{k,k-1}=\boldsymbol{\Phi},\boldsymbol{H}_k=\boldsymbol{H},\boldsymbol{Q}_k=\boldsymbol{Q}\geqslant\boldsymbol{0},\boldsymbol{R}_k=\boldsymbol{R}>\boldsymbol{0}$ 都为定常阵，则有如下结论。

定理 10.3.3 假设连续线性系统(10-3-1)与(10-3-2)是定常的，并且存在 $\boldsymbol{\Gamma}$，使得 $\boldsymbol{Q}=\boldsymbol{\Gamma}\boldsymbol{\Gamma}^{\mathrm{T}}$，如果$(\boldsymbol{\Phi},\boldsymbol{\Gamma})$是能控的，$(\boldsymbol{\Phi},\boldsymbol{H})$是能观的，则黎卡提方程

$$\boldsymbol{P}=(\boldsymbol{I}-\boldsymbol{P}\boldsymbol{H}^{\mathrm{T}}\boldsymbol{R}^{-1}\boldsymbol{H})(\boldsymbol{\Phi}\boldsymbol{P}\boldsymbol{\Phi}^{\mathrm{T}}+\boldsymbol{Q}) \tag{10-3-31}$$

有唯一正定解，若令 $\boldsymbol{K}=\boldsymbol{P}\boldsymbol{H}^{\mathrm{T}}\boldsymbol{R}^{-1}$，则滤波方程

$$\hat{\boldsymbol{x}}_{k|k}=(\boldsymbol{I}-\boldsymbol{K}\boldsymbol{H})\boldsymbol{\Phi}\hat{\boldsymbol{x}}_{k-1|k-1}+\boldsymbol{K}\boldsymbol{y}_k \tag{10-3-32}$$

是渐近稳定的，即$(\boldsymbol{I}-\boldsymbol{K}\boldsymbol{H})\boldsymbol{\Phi}$ 的特征根都在复平面的单位圆内。

10.3.3 限定记忆滤波

上面关于 $\boldsymbol{x}_k$ 的滤波器推导用到了全部历史观测量的值。当 k 增大时，其用到的测量数据也变多。一个直观的想法就是，“最新的”量测数据肯定比“过老的”量测数据更能反映真实的情况，因此应当弱化“过老的”数据在滤波中的作用。限定记忆的滤波就是一种只利用离 k 时刻最近的前 N 个量测数据，即 $\boldsymbol{y}_{k-N+1},\cdots,\boldsymbol{y}_k$，而把其他量测数据完全甩掉的滤波方法。这里的 N 根据具体系统情况而定。

考虑有系统噪声的动态系统

$$\boldsymbol{x}_k=\boldsymbol{\Phi}_{k,k-1}\boldsymbol{x}_{k-1}+\boldsymbol{w}_{k-1} \tag{10-3-33}$$

其中 $\boldsymbol{x}\in\mathbb{R}^n$，$\{\boldsymbol{w}\}$为与 $\boldsymbol{x}_0$ 不相关的零均值白噪声序列，初始向量为随机向量 $\boldsymbol{x}_0$，$E\{\boldsymbol{w}_i\boldsymbol{w}_j^{\mathrm{T}}\}=\boldsymbol{Q}_i\delta_{ij}$。而量测系统仍为：

$$\boldsymbol{y}_k=\boldsymbol{H}_k\boldsymbol{x}_k+\boldsymbol{v}_k \tag{10-3-34}$$

其中$\{\boldsymbol{v}_k\}$为与 $\boldsymbol{x}_0$ 不相关的零均值白噪声序列，且 $E\{\boldsymbol{v}_i\boldsymbol{v}_j^{\mathrm{T}}\}=\boldsymbol{R}_i\delta_{ij}$。

对于 $l<k$，令

$$\boldsymbol{Y}_l^k=\{\boldsymbol{y}_l,\cdots,\boldsymbol{y}_k\} \tag{10-3-35}$$

对于任意的 j，x_j 在$\boldsymbol{Y}_l^k$ 的线性最小方差估计与估计误差分别记为：

$$\hat{\boldsymbol{x}}_{k-l+1}(j|k)=\hat{E}(\boldsymbol{x}|\boldsymbol{Y}_l^k) \tag{10-3-36}$$

$$\tilde{\boldsymbol{x}}_{k-l+1}(j|k)=\boldsymbol{x}_j-\hat{E}(\boldsymbol{x}|\boldsymbol{Y}_l^k) \tag{10-3-37}$$

其中 $\hat{E}(\boldsymbol{x}|\boldsymbol{Y}_l^k)$表示 $\boldsymbol{x}$ 在 $\boldsymbol{Y}_l^k$ 上的投影。

对于 k 大于记忆长度 N 时，令 $d=k-N$，分别记观测数据

$$\boldsymbol{Y}_{d+1}^k=\{\boldsymbol{y}_{k-N+1},\cdots,\boldsymbol{y}_k\}=\{\boldsymbol{y}_{d+1},\cdots,\boldsymbol{y}_{d+N}\} \tag{10-3-38}$$

$$\boldsymbol{Y}_d^k=\{\boldsymbol{y}_{k-N},\cdots,\boldsymbol{y}_k\}=\{\boldsymbol{y}_d,\cdots,\boldsymbol{y}_{d+N}\} \tag{10-3-39}$$

则 $\boldsymbol{x}_k$ 在观测数据$\boldsymbol{Y}_{d+1}^k$上的滤波称为限定记忆的滤波，滤波与误差分别记为：

$$\hat{\boldsymbol{x}}_N(k)\triangleq\hat{\boldsymbol{x}}_N(k|k)=\hat{E}(\boldsymbol{x}_k|\boldsymbol{Y}_{d+1}^k) \tag{10-3-40}$$

$$\tilde{\boldsymbol{x}}_N(k) \triangleq \tilde{\boldsymbol{x}}_N(k|k) = x_N(k) - \hat{E}(\boldsymbol{x}_k|\boldsymbol{Y}_{d+1}^k) \tag{10-3-41}$$

定理 10.3.3 对于系统(10-3-33)与(10-3-34),记忆长度为 N 的限定记忆的滤波为式(10-3-40),当 $k>N$ 时,最优滤波算法如下:

$$\hat{\boldsymbol{x}}_N(k) = \boldsymbol{\Phi}_{k,k-1}\hat{\boldsymbol{x}}_N(k-1) + \boldsymbol{K}_k(\boldsymbol{y}_k - \boldsymbol{H}_k\boldsymbol{\Phi}_{k,k-1}\hat{\boldsymbol{x}}_N(k-1)) - \overline{\boldsymbol{K}}_k(\boldsymbol{z}_d - \boldsymbol{H}_d\boldsymbol{\Phi}_{d,d-1}\hat{\boldsymbol{x}}_N(k-1)) \tag{10-3-42}$$

其中

$$\boldsymbol{K}_k = \boldsymbol{P}_N(k)\boldsymbol{H}_k^{\mathrm{T}}\boldsymbol{R}_k^{-1} \tag{10-3-43}$$

$$\overline{\boldsymbol{K}}_k = \boldsymbol{P}_N(k)\boldsymbol{\Phi}_{dk}^{\mathrm{T}}\boldsymbol{H}_d^{\mathrm{T}}\boldsymbol{R}_d^{-1} \tag{10-3-44}$$

$$\boldsymbol{P}_N(k) = E\{\tilde{\boldsymbol{x}}_N(k)\tilde{\boldsymbol{x}}_N^{\mathrm{T}}(k)\} = (\boldsymbol{P}_N^{-1}(k|k-1) + \boldsymbol{H}_k^{\mathrm{T}}\boldsymbol{R}_k^{-1}\boldsymbol{H}_k - \boldsymbol{\Phi}_{dk}^{\mathrm{T}}\boldsymbol{H}_d^{\mathrm{T}}\boldsymbol{R}_d^{-1}\boldsymbol{\Phi}_{dk}\boldsymbol{H}_d)^{-1} \tag{10-3-45}$$

$$\boldsymbol{P}_N(k|k-1) = E\{\tilde{\boldsymbol{x}}_N(k|k-1)\tilde{\boldsymbol{x}}_N^{\mathrm{T}}(k|k-1)\} = \boldsymbol{\Phi}_{k,k-1}\boldsymbol{P}_N(k-1)\boldsymbol{\Phi}_{k,k-1}^{\mathrm{T}} + \boldsymbol{Q}_{k-1} \tag{10-3-46}$$

另外 $\boldsymbol{P}_N(k)$ 可以通过如下式计算(矩阵求逆的维数降低):

$$\boldsymbol{P}_N(k) = \boldsymbol{D}_k - \boldsymbol{D}_k\boldsymbol{H}_k^{\mathrm{T}}(\boldsymbol{R}_k + \boldsymbol{H}_k\boldsymbol{D}_k\boldsymbol{H}_k^{\mathrm{T}})^{-1}\boldsymbol{H}_k\boldsymbol{D}_k, \tag{10-3-47}$$

$$\boldsymbol{D}_k = \boldsymbol{P}_N(k|k-1) + \boldsymbol{P}_N(k|k-1)\boldsymbol{\Phi}_{dk}^{\mathrm{T}}H_d^{\mathrm{T}}[(\boldsymbol{R}_d - \boldsymbol{H}_d\boldsymbol{\Phi}_{dk}\boldsymbol{P}_N(k|k-1)\boldsymbol{\Phi}_{dk}^{\mathrm{T}}\boldsymbol{H}_d^{\mathrm{T}}]^{-1}\boldsymbol{H}_d\boldsymbol{\Phi}_{dk}\boldsymbol{P}_N(k|k-1) \tag{10-3-48}$$

若 $k<N$,此时令 $\boldsymbol{H}_d=\boldsymbol{0}$,并取初值

$$\hat{\boldsymbol{x}}(0) = \boldsymbol{\mu}_0, \quad \boldsymbol{P}(0) = E\{(\boldsymbol{x}_N(0)-\boldsymbol{\mu}_0)(\boldsymbol{x}_N(0)-\boldsymbol{\mu}_0)^{\mathrm{T}}\} \tag{10-3-49}$$

这时 $\hat{\boldsymbol{x}}_N(k)=\hat{\boldsymbol{x}}_k$,$\boldsymbol{P}_N(k)=\boldsymbol{P}_k$,但是对于作为进入限定记忆滤波的初值,$k=N$ 时,初值的 $\hat{\boldsymbol{x}}_N(N)$ 及滤波方差阵 $\boldsymbol{P}_N(N)$ 需做如下修正:

$$\boldsymbol{P}_N(N) = (\boldsymbol{P}_N^{-1} - \boldsymbol{\Phi}_{0N}^{\mathrm{T}}\boldsymbol{P}_0^{-1}\boldsymbol{\Phi}_{0N})^{-1} \tag{10-3-50}$$

$$\hat{\boldsymbol{x}}_N(N) = \boldsymbol{P}_N(N)(\boldsymbol{P}_N^{-1}\hat{\boldsymbol{x}}_N - \boldsymbol{\Phi}_{0N}^{\mathrm{T}}\boldsymbol{P}_0^{-1}\boldsymbol{\mu}_0) \tag{10-3-51}$$

从定理的表述来看,在实行限定记忆滤波时,须同时存储 N 个量测数据。当 $k>N$ 时,限定记忆滤波 $\hat{\boldsymbol{x}}_N(k)$ 是 $\boldsymbol{x}_k$ 基于 N 个量测 $\boldsymbol{Y}_{d+1}^k$ 时的最优线性滤波;当 $k<N$ 时,$\hat{\boldsymbol{x}}_N(k)$ 是 $\boldsymbol{x}_k$ 的卡尔曼滤波 $\hat{\boldsymbol{x}}_k$,直到 $k=N$ 时,才采用式(10-3-50)与式(10-3-51)作为进入限定记忆滤波的初值。这使得从 $k=N+1$ 起,往后的每次限定记忆滤波的初值都受到初值 $\boldsymbol{\mu}_0$,$\boldsymbol{P}_0$ 的影响,这显然不是我们所希望的。为此,我们修正 $\hat{\boldsymbol{x}}_N(N)$,令 $\boldsymbol{P}_0^{-1}=\varepsilon\boldsymbol{I}\to\boldsymbol{0}$,则式(10-3-50)与式(10-3-51)蜕变为:

$$\boldsymbol{P}_N(N) = \boldsymbol{P}_N \tag{10-3-52}$$

$$\hat{\boldsymbol{x}}_N(N) = \hat{\boldsymbol{x}}_N \tag{10-3-53}$$

证明:关于定理 10.3.3 的证明可以参阅文献[33]。

10.4 扩展卡尔曼滤波

10.4.1 扩展卡尔曼滤波公式推导

当动力学系统是非线性时,是否仍可以采用卡尔曼滤波的方法设计最优状态估计器呢?如果非线性系统可以利用泰勒级数展开成线性近似,则它也可以被设计成最优滤波器,称为扩

展卡尔曼滤波器(Extended-Kalman-Filter,EKF)。

考虑如下非线性系统：

$$\boldsymbol{x}_{k+1}=\boldsymbol{f}(\boldsymbol{x}_k)+\boldsymbol{w}_k \tag{10-4-1}$$

$$\boldsymbol{y}=\boldsymbol{h}(\boldsymbol{x}_k)+\boldsymbol{v}_k \tag{10-4-2}$$

其中,$\boldsymbol{x}_k$ 为系统的 n 维状态矢量,表示 t_k 时刻的采样值,$\boldsymbol{y}_k$ 为系统 t_k 时刻的 m 维量测矢量,$\boldsymbol{w}_k$ 为 n 维系统噪声,$\boldsymbol{v}_k$ 为 m 维量测噪声,$\boldsymbol{f}$ 为 $\boldsymbol{x}_k$ 的 n 维矢量函数,$\boldsymbol{h}$ 为 $\boldsymbol{x}_k$ 的 m 维矢量函数,并且对 $\boldsymbol{x}$ 的每个变元的导数都存在,同时满足 10.2.1 节中的假设 1～5。

本节的问题为给定 $\boldsymbol{y}_1,\boldsymbol{y}_2,\cdots,\boldsymbol{y}_k$ 之后求 $\boldsymbol{x}_k$ 的一种最小方差估计。

假设给定了量测数据 $\boldsymbol{y}_1,\boldsymbol{y}_2,\cdots,\boldsymbol{y}_k$ 及 $\boldsymbol{x}_k$ 的估计 $\hat{\boldsymbol{x}}_{k|k}$,由方程(10-4-1)可以预测 $\boldsymbol{x}_{k+1}$ 的估计 $\hat{\boldsymbol{x}}_{k+1|k}$。

此时对式(10-4-1)两边进行积分：

$$\boldsymbol{x}_{k+1}=\boldsymbol{x}_k+\int_{t_k}^{t_{k+1}}\boldsymbol{f}(\boldsymbol{x})\mathrm{d}t+\int_{t_k}^{t_{k+1}}\boldsymbol{w}(t)\mathrm{d}t \tag{10-4-3}$$

利用一阶近似,式(10-4-3)可改写为：

$$\boldsymbol{x}_{k+1}=\boldsymbol{x}_k+\boldsymbol{f}(\boldsymbol{x}_k)\Delta t+\int_{t_k}^{t_{k+1}}\boldsymbol{w}(t)\mathrm{d}t,\quad \Delta t=t_{k+1}-t_k \tag{10-4-4}$$

其中,Δt 为采样周期。由于 $\boldsymbol{w}(t)$ 是一个白噪声过程,因此状态预测方程为：

$$\hat{\boldsymbol{x}}_{k+1|k}=\hat{\boldsymbol{x}}_k+\boldsymbol{f}(\hat{\boldsymbol{x}}_{k|k})\Delta t \tag{10-4-5}$$

再由方程(10-4-4)和(10-4-5)定义预测估计误差

$$\tilde{\boldsymbol{x}}_{k+1|k}=\boldsymbol{x}_{k+1}-\hat{\boldsymbol{x}}_{k+1|k} \tag{10-4-6}$$

满足方程

$$\tilde{\boldsymbol{x}}_{k+1|k}=\tilde{\boldsymbol{x}}_{k|k}+[\boldsymbol{f}(\boldsymbol{x}_k)-\boldsymbol{f}(\hat{\boldsymbol{x}}_{k|k})]\mathrm{d}t+\int_{t_k}^{t_{k+1}}\boldsymbol{w}(t)\mathrm{d}t \tag{10-4-7}$$

其中,$\tilde{\boldsymbol{x}}_{k|k}=\boldsymbol{x}_k-\hat{\boldsymbol{x}}_{k|k}$。

对 $\boldsymbol{f}(\boldsymbol{x}_k)$ 在 $\hat{\boldsymbol{x}}_{k|k}$ 附近展开,一阶近似有

$$\boldsymbol{f}(\boldsymbol{x}_k)\cong\boldsymbol{f}(\hat{\boldsymbol{x}}_{k|k})+\boldsymbol{F}_{k+1,k}(\boldsymbol{x}_k-\hat{\boldsymbol{x}}_{k|k}) \tag{10-4-8}$$

其中,

$$\boldsymbol{F}_{k+1,k}=\left.\frac{\partial\boldsymbol{f}(\boldsymbol{x}_k)}{\partial\boldsymbol{x}_k}\right|_{x_k=\hat{x}_{k|k}}=\begin{bmatrix}\dfrac{\partial f_1}{\partial x_k^1} & \cdots & \dfrac{\partial f_1}{\partial x_k^n}\\ \vdots & & \vdots\\ \dfrac{\partial f_n}{\partial x_k^1} & \cdots & \dfrac{\partial f_n}{\partial x_k^n}\end{bmatrix} \tag{10-4-9}$$

于是式(10-4-7)可写成

$$\tilde{\boldsymbol{x}}_{k+1|k}=\tilde{\boldsymbol{x}}_{k|k}+\boldsymbol{F}_{k+1,k}\tilde{\boldsymbol{x}}_{k|k}\Delta t+\int_{t_k}^{t_{k+1}}\boldsymbol{w}(t)\mathrm{d}t \tag{10-4-10}$$

令

$$\boldsymbol{\Phi}_{k+1,k}=\boldsymbol{I}+\boldsymbol{F}_{k+1,k}\Delta t \tag{10-4-11}$$

则式(10-4-10)可写成

$$\tilde{\boldsymbol{x}}_{k+1|k}=\boldsymbol{\Phi}_{k+1,k}\tilde{\boldsymbol{x}}_{k|k}+\int_{t_k}^{t_{k+1}}\boldsymbol{w}(t)\mathrm{d}t \tag{10-4-12}$$

再令

$$\boldsymbol{P}_{k+1|k}=E\{\tilde{\boldsymbol{x}}_{k+1|k}\tilde{\boldsymbol{x}}_{k+1|k}^{\mathrm{T}}\} \tag{10-4-13}$$

$$\boldsymbol{P}_{k|k}=E\{\tilde{\boldsymbol{x}}_{k|k}\tilde{\boldsymbol{x}}_{k|k}^{\mathrm{T}}\} \tag{10-4-14}$$

则对式(10-4-12)两边取协方差，由 10.2.1 节中的假设 1～5：

$$\boldsymbol{P}_{k+1|k}=\boldsymbol{\Phi}_{k+1,k}\boldsymbol{P}_{k|k}\boldsymbol{\Phi}_{k+1,k}^{\mathrm{T}}+\int_{t_k}^{t_{k+1}}\int_{t_k}^{t_{k+1}}E\{\boldsymbol{w}(t)\,\boldsymbol{w}^{\mathrm{T}}(t)\}\mathrm{d}t\mathrm{d}t=\boldsymbol{\Phi}_{k+1,k}\boldsymbol{P}_{k|k}\boldsymbol{\Phi}_{k+1,k}^{\mathrm{T}}+\boldsymbol{Q}_k\Delta t \tag{10-4-15}$$

当 t_{k+1} 时刻获得新的量测数据运行后，自然有量测残差 $\boldsymbol{y}_{k+1}-\boldsymbol{h}(\hat{\boldsymbol{x}}_{k+1|k})$。利用这个量测残差去修正预报值 $\hat{\boldsymbol{x}}_{k+1|k}$，得

$$\hat{\boldsymbol{x}}_{k+1|k+1}=\hat{\boldsymbol{x}}_{k+1|k}+\boldsymbol{K}_{k+1}[\boldsymbol{y}_{k+1}-\boldsymbol{h}(\hat{\boldsymbol{x}}_{k+1|k})] \tag{10-4-16}$$

其中 $\boldsymbol{K}_{k+1}$ 是残差修正矩阵，剩下的问题就是如何决定 $\boldsymbol{K}_{k+1}$。

为此对 $\boldsymbol{h}(x)$ 在 $\hat{\boldsymbol{x}}_{k+1|k}$ 处展开，$\boldsymbol{h}(\boldsymbol{x}_{k+1})\cong\boldsymbol{h}(\hat{\boldsymbol{x}}_{k+1|k})+\boldsymbol{H}_{k+1}(\boldsymbol{x}_{k+1}-\boldsymbol{x}_{k+1|k})$，其中

$$\boldsymbol{H}_{k+1}=\left.\frac{\partial\boldsymbol{h}}{\partial\boldsymbol{x}}\right|_{\boldsymbol{x}_{k+1}=\hat{\boldsymbol{x}}_{k+1|k}}\triangleq\begin{pmatrix}\dfrac{\partial h_1}{\partial x_{k+1}^1} & \cdots & \dfrac{\partial h_1}{\partial x_{k+1}^n}\\ \vdots & & \vdots\\ \dfrac{\partial h_m}{\partial x_{k+1}^1} & \cdots & \dfrac{\partial h_m}{\partial x_{k+1}^n}\end{pmatrix} \tag{10-4-17}$$

于是

$$\boldsymbol{y}_{k+1}-\boldsymbol{h}(\hat{\boldsymbol{x}}_{k+1|k})=\boldsymbol{h}(\boldsymbol{x}_{k+1})-\boldsymbol{h}(\hat{\boldsymbol{x}}_{k+1|k})+\boldsymbol{v}_{k+1}=\boldsymbol{H}_{k+1}\tilde{\boldsymbol{x}}_{k+1|k}+\boldsymbol{v}_{k+1} \tag{10-4-18}$$

则有

$$\tilde{\boldsymbol{x}}_{k+1|k+1}=[\boldsymbol{I}-\boldsymbol{K}_{k+1}\boldsymbol{H}_{k+1}]\tilde{\boldsymbol{x}}_{k+1|k}+\boldsymbol{K}_{k+1}\boldsymbol{v}_{k+1} \tag{10-4-19}$$

$$\boldsymbol{P}_{k+1|k+1}=[\boldsymbol{I}-\boldsymbol{K}_{k+1}\boldsymbol{H}_{k+1}]\boldsymbol{P}_{k+1|k}[\boldsymbol{I}-\boldsymbol{K}_{k+1}\boldsymbol{H}_{k+1}]^{\mathrm{T}}+\boldsymbol{K}_{k+1}\boldsymbol{R}_{k+1}\boldsymbol{K}_{k+1}^{\mathrm{T}} \tag{10-4-20}$$

展开式(10-4-20)，并通过求 $\dfrac{\partial\boldsymbol{P}_{k+1|k+1}}{\partial\boldsymbol{K}_{k+1}}=0$，得到 $\boldsymbol{K}_{k+1}$ 及最小 $\boldsymbol{P}_{k+1|k+1}$ 为：

$$\boldsymbol{K}_{k+1}=\boldsymbol{P}_{k+1|k}\boldsymbol{H}_{k+1}^{\mathrm{T}}[\boldsymbol{H}_{k+1}\boldsymbol{P}_{k+1|k}\boldsymbol{H}_{k+1}^{\mathrm{T}}+\boldsymbol{R}_{k+1}]^{-1} \tag{10-4-21}$$

$$\boldsymbol{P}_{k+1|k+1}=(\boldsymbol{I}-\boldsymbol{K}_{k+1}\boldsymbol{H}_{k+1})\boldsymbol{P}_{k+1|k} \tag{10-4-22}$$

定理 10.4.1 已知系统(10-4-1)与(10-4-2)并满足 10.2.1 节中的假设 1～5 且 $\boldsymbol{f}(\boldsymbol{x})$，$\boldsymbol{h}(\boldsymbol{x})$ 对 $\boldsymbol{x}$ 的每个变元的导数都存在，则该系统的卡尔曼滤波器为：

$$\begin{cases}\hat{\boldsymbol{x}}_{k+1|k}=\hat{\boldsymbol{x}}_{k|k}+\boldsymbol{f}(\hat{\boldsymbol{x}}_{k|k})\Delta t\\ \hat{\boldsymbol{x}}_{k+1|k+1}=\hat{\boldsymbol{x}}_{k+1|k}+\boldsymbol{K}_k[\boldsymbol{y}_k-\boldsymbol{h}(\hat{\boldsymbol{x}}_{k+1|k})]\\ \boldsymbol{K}_{k+1}=\boldsymbol{P}_{k+1|k}\boldsymbol{H}_{k+1}^{\mathrm{T}}[\boldsymbol{H}_{k+1}\boldsymbol{P}_{k+1|k}\boldsymbol{H}_{k+1}^{\mathrm{T}}+\boldsymbol{R}_{k+1}]^{\mathrm{T}}\\ \boldsymbol{P}_{k+1|k}=\boldsymbol{\Phi}_{k+1,k}\boldsymbol{P}_{k|k}\boldsymbol{\Phi}_{k+1,k}+\boldsymbol{Q}_k\Delta t\\ \boldsymbol{P}_{k+1|k+1}=[\boldsymbol{I}-\boldsymbol{K}_{k+1}\boldsymbol{H}_{k+1}]\boldsymbol{P}_{k+1|k}\\ \boldsymbol{\Phi}_{k+1,k}=\boldsymbol{I}+\boldsymbol{F}_{k+1,k}\Delta t\\ \boldsymbol{Q}_k=\boldsymbol{Q}(t_k)\\ \hat{\boldsymbol{x}}_{0|0}=E\{\boldsymbol{x}(t_0)\}=\boldsymbol{\mu}_{\boldsymbol{x}_0}\\ \boldsymbol{P}_{0|0}=E\{[\boldsymbol{x}(t_0)-\boldsymbol{\mu}_{\boldsymbol{x}0}][\boldsymbol{x}(t_0)-\boldsymbol{\mu}_{\boldsymbol{x}0}]^{\mathrm{T}}\}\\ \boldsymbol{F}_{k+1,k}=\left.\dfrac{\partial\boldsymbol{f}}{\partial\boldsymbol{x}}\right|_{\boldsymbol{x}_k=\hat{\boldsymbol{x}}_{k|k}}\\ \boldsymbol{H}_{k+1}=\left.\dfrac{\partial\boldsymbol{h}}{\partial\boldsymbol{x}}\right|_{\boldsymbol{x}_{k+1}=\hat{\boldsymbol{x}}_{k+1|k}}\end{cases} \tag{10-4-23}$$

下面介绍 EKF 的另外一种推导形式。

已知系统：

$$\boldsymbol{x}_{k+1}=\boldsymbol{f}(\boldsymbol{x}_k)+\boldsymbol{w}_k \tag{10-4-24}$$

$$\boldsymbol{y}_k=\boldsymbol{h}(x_k)+\boldsymbol{v}_k \tag{10-4-25}$$

其中所有符号意义同式(10-4-1)与式(10-4-2)一样，假设条件也一样。

问题：给定 $\boldsymbol{y}_1,\cdots,\boldsymbol{y}_k$ 后，如何求$\hat{\boldsymbol{x}}_{k|k}$。

为解决该问题，对式(10-4-24)做线性展开得

$$\boldsymbol{x}_{k+1}=\boldsymbol{f}(\hat{\boldsymbol{x}}_{k|k})+\left.\frac{\partial \boldsymbol{f}}{\partial \boldsymbol{x}}\right|_{\boldsymbol{x}_k=\hat{\boldsymbol{x}}_{k|k}}(\boldsymbol{x}_k-\hat{\boldsymbol{x}}_{k|k})+\boldsymbol{w}_k \tag{10-4-26}$$

令

$$\boldsymbol{\Psi}_k=\boldsymbol{f}(\hat{\boldsymbol{x}}_{k|k})-\left.\frac{\partial \boldsymbol{f}}{\partial \boldsymbol{x}}\right|_{\boldsymbol{x}_k=\hat{\boldsymbol{x}}_{k|k}}\hat{\boldsymbol{x}}_{k|k} \tag{10-4-27}$$

则

$$\boldsymbol{x}_{k+1}=\boldsymbol{F}_{k+1,k}\boldsymbol{x}_k+\boldsymbol{\omega}_k+\boldsymbol{\Psi}_k \tag{10-4-28}$$

然后对测量方程(10-4-25)也做线性展开，得

$$\boldsymbol{y}_{k+1}=\boldsymbol{h}(\hat{\boldsymbol{x}}_{k+1|k})+\left.\frac{\partial \boldsymbol{h}}{\partial \boldsymbol{x}}\right|_{\boldsymbol{x}_{k+1}=\hat{\boldsymbol{x}}_{k+1|k}}(\boldsymbol{x}_{k+1}-\hat{\boldsymbol{x}}_{k+1|k}) \tag{10-4-29}$$

令

$$\boldsymbol{H}_{k+1}=\left.\frac{\partial \boldsymbol{h}}{\partial \boldsymbol{x}}\right|_{\boldsymbol{x}_{k+1}=\hat{\boldsymbol{x}}_{k+1|k}}$$

$$\boldsymbol{\mu}_{k+1}=\boldsymbol{h}(\hat{\boldsymbol{x}}_{k+1,k})-\boldsymbol{H}_{k+1}\hat{\boldsymbol{x}}_{k+1|k} \tag{10-4-30}$$

得

$$\boldsymbol{y}_{k+1}=\boldsymbol{H}_{k+1}\boldsymbol{x}_{k+1}+\boldsymbol{v}_{k+1}+\boldsymbol{\mu}_{k+1} \tag{10-4-31}$$

采用与上一节类似的推导，可以得到 EKF 的递推形式：

$$\begin{cases}\hat{\boldsymbol{x}}_{k+1|k+1}=\hat{\boldsymbol{x}}_{k+1|k}+\boldsymbol{K}_{k+1}(\boldsymbol{y}_{k+1}-\boldsymbol{\mu}_{k+1}-\boldsymbol{H}_{k+1}\hat{\boldsymbol{x}}_{k+1|k})\\ \boldsymbol{y}_{k+1}=\boldsymbol{H}_{k+1}\boldsymbol{x}_{k+1}+\boldsymbol{v}_{k+1}+\boldsymbol{\mu}_{k+1}\\ \hat{\boldsymbol{x}}_{k+1|k}=\boldsymbol{F}_{k+1,k}\hat{\boldsymbol{x}}_{k|k}+\boldsymbol{\Psi}_k\\ \boldsymbol{K}_{k+1}=\boldsymbol{P}_{k+1|k}\boldsymbol{H}_{k+1}^{\mathrm{T}}(\boldsymbol{H}_{k+1}\boldsymbol{P}_{k+1|k}\boldsymbol{H}_{k+1}^{\mathrm{T}}+\boldsymbol{R}_{k+1})^{-1}\\ \boldsymbol{P}_{k+1|k}=\boldsymbol{F}_{k+1,k}\boldsymbol{P}_{k|k}\boldsymbol{F}_{k+1,k+1}^{\mathrm{T}}+\boldsymbol{Q}_k\\ \boldsymbol{P}_{k+1|k+1}=(\boldsymbol{I}-\boldsymbol{K}_{k+1}\boldsymbol{H}_{k+1})\boldsymbol{P}_{k+1|k}\\ \hat{\boldsymbol{x}}_{0|0}=E\{\boldsymbol{x}(t_0)\}=\boldsymbol{\mu}_{x0}\\ \boldsymbol{P}_{0|0}=E\{[\boldsymbol{x}(t_0)-\boldsymbol{\mu}_{x0}][\boldsymbol{x}(t_0)-\boldsymbol{\mu}_{x0}]^{\mathrm{T}}\}\end{cases} \tag{10-4-32}$$

注 10.4.1 若系统含有控制 $\boldsymbol{x}_{k+1}=\boldsymbol{f}(\boldsymbol{x}_k,\boldsymbol{u}_k)+w_k$，则控制项对扩展卡尔曼滤波器的设计参数没有影响。因此在设计 EKF 时可以令 $\boldsymbol{u}_k=\boldsymbol{0}$。

10.4.2 EKF 应用：同时定位与地图创建

1. SLAM 的描述

一个自主机器人需要在自身位置信息不确定的条件下，在完全未知的环境中创建地图，同时根据生成的地图进行自主定位与导航，这就是机器人同步定位与地图创建(Simultaneous

Localization and Mapping,SLAM)。SLAM 的信息来自机器人自身携带的局部传感器(如超声波、里程计、视觉、激光等),如图 10.4 所示。

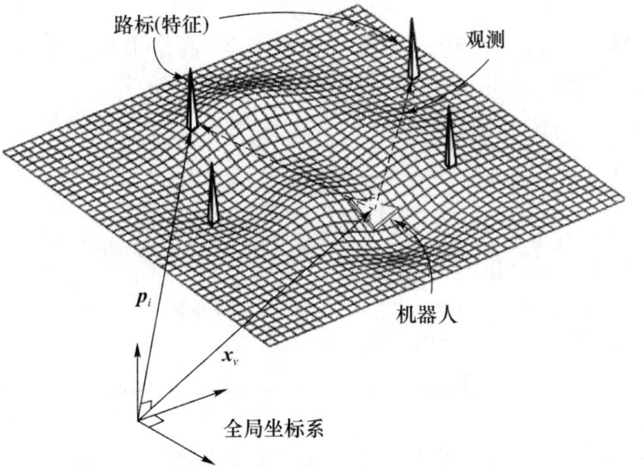

图 10.4.1 一个 SLAM 场景图

设 $\boldsymbol{X}_r=(x(k),y(k),\theta(k))^{\mathrm{T}}$ 表示机器人在 k 时刻的位置姿态,$k=1,2,\cdots$表示离散时间。

$$\hat{\boldsymbol{X}}(k)=\begin{bmatrix}\boldsymbol{X}_1(k)\\\boldsymbol{X}_2(k)\\\vdots\\\boldsymbol{X}_m(k)\end{bmatrix} \tag{10-4-33}$$

表示需要观测的 m 个路标的位置。我们假设是平面地图,因此每个 $\boldsymbol{X}_i=(x_i,y_i)^{\mathrm{T}}$。

SLAM 中所用到的系统状态 $X(k)$是由移动机器人的位姿以及所有路标的位置组成的,可以表示为:

$$\boldsymbol{X}(k)=\begin{pmatrix}\boldsymbol{X}_r(k)\\\hat{\boldsymbol{X}}(k)\end{pmatrix} \tag{10-4-34}$$

SLAM 技术就是要根据系统在 k 时刻的观测值 $\boldsymbol{Z}(k)$、k 时刻的状态 $\boldsymbol{X}(k)$以及机器人系统的数学模型来推测出 $\boldsymbol{X}(k+1)$,从而得到对机器人位姿和路标的估计,在实现机器人的定位的同时也得到了路标的地图。为了实现移动机器人的同步定位与地图构建,需要解决如下的几个关键问题:

① 环境地图的表示方法,即如何描述环境的地图;

② 特征提取方法,即如何使用传感器获得的数据来提取相应的环境特征,并尽可能有效地描述当前环境的状况;

③ 不确定性信息的处理方法,即如何处理噪声和外界的不确定性干扰以及如何处理动态环境;

④ 数据关联问题,即如何实现观测到的路标和地图中已有路标的匹配;

⑤ 移动机器人的路径规划问题,即如何规划移动机器人的运行轨迹以尽可能高效地创建环境地图。

2. 系统模型的建立

在移动机器人 SLAM 中,根据参考点选择的不同,存在 3 个不同的坐标系:

① 世界坐标系 X_WOY_W，以地面为参考点，通常使用笛卡儿坐标的形式；

② 机器人坐标系 $X_RO_RY_R$，以移动机器人的中心为参考点，通常也是使用笛卡儿坐标的形式；

③ 传感器坐标系 $X_SO_SY_S$，以传感器自身为参考点，通常采用极坐标的形式。这 3 者之间的相互关系如图 10.4.2 所示。

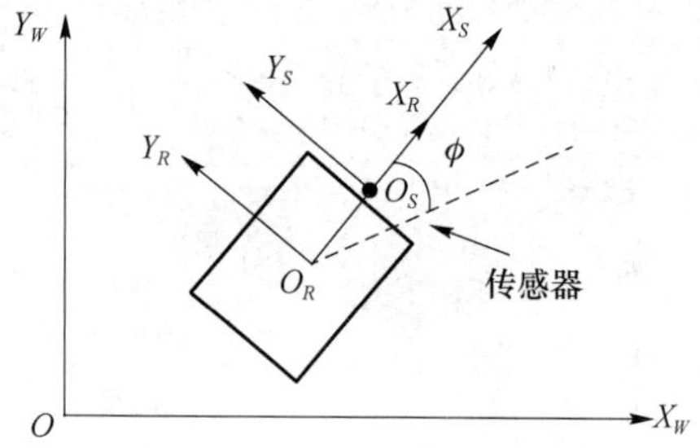

图 10.4.2　3 种坐标系系统

为了便于观测数据的处理，一般需要将传感器坐标映射到机器人坐标系上，这样观测得到的数据就是环境特征相对于机器人的位置；而在构建全局地图的时候又需要将机器人坐标映射到世界坐标系上，从而得到对机器人和环境特征的全局定位。

这里进行传感器观测的时候采用机器人坐标系，而在机器人定位和地图构建时均采用全局坐标系。

(1) 系统的运动学方程

我们考虑一个图 10.4.3 所示的四轮移动机器人。可以得到四轮移动机器人的运动学模型为：

$$\begin{pmatrix} x(k+1) \\ y(k+1) \\ \phi(k+1) \end{pmatrix} = \begin{pmatrix} x(k)+\Delta T v_c \cos\phi(k) - \Delta T \dfrac{v_c}{L}\tan\alpha(a\sin\phi(k)+b\cos\phi(k)) \\ y(k)+\Delta T v_c \sin\phi(k) + \Delta T \dfrac{v_c}{L}\tan\alpha(a\cos\phi(k)-b\sin\phi(k)) \\ \phi(k)+\Delta T \dfrac{v_c}{L}\tan\alpha \end{pmatrix} + \begin{pmatrix} w_1(k) \\ w_2(k) \\ w_3(k) \end{pmatrix} \tag{10-4-35}$$

其中，L 为前后两轴之间的距离，v_c 为机器人的前向速度，α 为机器人的前轮偏角，ΔT 为采样时间，w_1，w_2，w_3 代表系统的噪声项。

(2) 传感器的观测模型

移动机器人 SLAM 中所使用的传感器可以分为两类，即内部传感器和外部传感器。内部传感器主要用来观测移动机器人自身的状态，包括里程计、陀螺仪、方向传感器和加速度传感器等；而外部传感器则用来获取移动机器人相对于外部环境的距离和姿态等信息，包括超声波传感器、激光传感器、摄像头、红外传感器、罗盘等。使用红外、激光、声纳等传感器，可以提取环境的点、线段、曲线等简单几何特征，但只能用于简单结构环境中，而无法描述复杂的环境。视觉传感器可以采集更全面的信息，目前，已经出现了很多基于视觉的 SLAM 算法。

传感器的观测模型描述了传感器对某个或某些环境路标的观测量与机器人当前位置的相对关系。一般使用极坐标的方式来描述观测到的路标与机器人当前位姿的相对距离 z_r 和相对方向 z_β，即

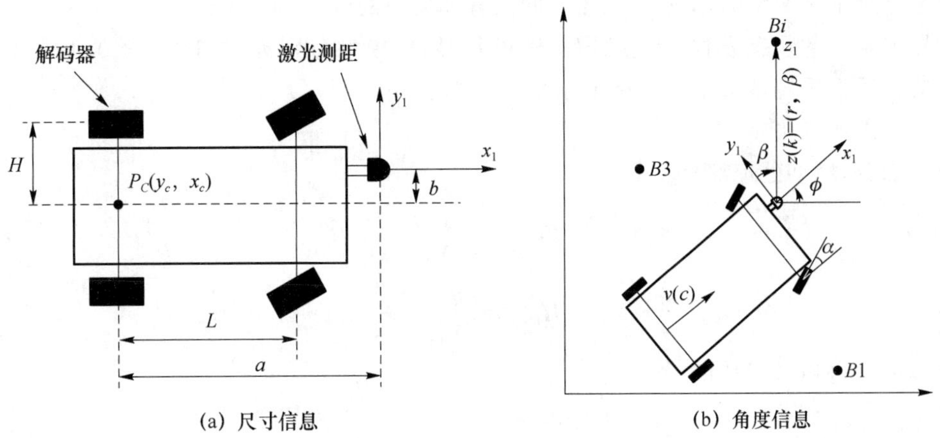

图 10.4.3 四轮移动机器人模型

$$z=\begin{pmatrix} z_r \\ z_\beta \end{pmatrix}=\boldsymbol{h}(\boldsymbol{X}(k))+\boldsymbol{v}(k) \tag{10-4-36}$$

其中，$\boldsymbol{h}(\cdot)$为观测函数，$\boldsymbol{v}(k)$为观测噪声。

这里基于超声波传感器，则其观测模型为：

$$\begin{pmatrix} z_r \\ z_\beta \end{pmatrix}=\begin{pmatrix} \sqrt{[x_i-x(k)]^2+[y_i-y(k)]^2} \\ \tan^{-1}\left[\dfrac{y_i-y(k)}{x_i-x(k)}\right]-\phi(k)+\dfrac{\pi}{2} \end{pmatrix}+\begin{pmatrix} v_r \\ v_\beta \end{pmatrix} \tag{10-4-37}$$

其中，(x_i, y_i)为第 i 个物体的坐标。

(3) 噪声模型

假设机器人控制系统的噪声矢量 $\boldsymbol{w}$ 与观测噪声矢量 $\boldsymbol{v}$ 都是高斯白噪声，$\{\boldsymbol{w}(t)\}$为均值为零的白噪声序列，且

$$E\{\boldsymbol{w}(t)\boldsymbol{w}^{\mathrm{T}}(\tau)\}=\boldsymbol{Q}(t)\delta(t-\tau), \quad \boldsymbol{Q}(t)\geqslant\boldsymbol{0}, \forall t$$

$\{\boldsymbol{v}(t)\}$为均值为零的白噪声序列，且

$$E\{\boldsymbol{v}(t)\boldsymbol{v}^{\mathrm{T}}(\tau)\}=\boldsymbol{R}(t)\delta(t-\tau), \quad \boldsymbol{R}(t)>\boldsymbol{0}, \forall t$$

其中，$\delta(t-\tau)=\begin{cases}1, & t=\tau \\ 0, & t\neq\tau\end{cases}$。

(4) 环境特征模型

这里使用平面上的点来表示环境中的路标，即用坐标(x_i, y_i)来表示路标。这里假定环境路标是静止的，即

$$\boldsymbol{X}_i(k+1)=\boldsymbol{X}_i(k), \quad i=1,\cdots,m \tag{10-4-38}$$

(5) 地图模型

常见的地图描述方法可以分为二维地图和三维地图两种。三维地图主要用于空中飞行机器人、水下机器人和空间机器人等，而二维地图则用于地面机器人。这里只讨论二维地图的描述方法。采用平面点状特征来描述环境信息，故而直接使用这些特征点来构成环境的几何地图。

3. 基于扩展卡尔曼滤波的 SLAM 算法

在移动机器人的 SLAM 问题中，系统状态是 $2N+3$ 维的，其中 N 表示路标的个数，$2N$

表示每个路标都是两维的，3 表示机器人的位置和姿态的维数。

机器人系统的状态方程、传感器观测方程及路标模型分别为式(10-4-35)、(10-4-37)和(10-4-38)，我们采用本节中的扩展卡尔曼滤波算法。

(1) SLAM 算法

第一部分：模型处理部分。

$$\boldsymbol{F}_{k+1,k}=\left.\frac{\partial \boldsymbol{f}}{\partial \boldsymbol{x}}\right|_{x_k=\hat{x}_{k|k}} \qquad \boldsymbol{H}_{k+1}=\left.\frac{\partial \boldsymbol{h}}{\partial \boldsymbol{x}}\right|_{x_{k+1}=\hat{x}_{k+1|k}} \tag{10-4-39}$$

第二部分：初始化初值部分。

$$\hat{\boldsymbol{x}}_0=E\{\boldsymbol{x}_0\} \qquad \boldsymbol{P}_{0|0}=E\{(\boldsymbol{x}(t_0)-\boldsymbol{\mu}_{x0})(\boldsymbol{x}(t_0)-\boldsymbol{\mu}_{x0})^{\mathrm{T}}\} \tag{10-4-40}$$

第三部分：预报部分，即下标 $k+1|k$ 部分。

$$\begin{cases}\hat{\boldsymbol{x}}_{k+1|k}=\hat{\boldsymbol{x}}_{k|k}+\boldsymbol{f}(\hat{\boldsymbol{x}}_{k|k})\Delta t\\ \boldsymbol{\Phi}_{k+1,k}=\boldsymbol{I}+\boldsymbol{F}_{k+1,k}\Delta t\\ \boldsymbol{P}_{k+1|k}=\boldsymbol{\Phi}_{k+1,k}\boldsymbol{P}_{k|k}\boldsymbol{\Phi}_{k+1,k}+\boldsymbol{Q}_k\Delta t\end{cases} \tag{10-4-41}$$

第四部分：修正部分。

$$\begin{cases}\hat{\boldsymbol{x}}_{k+1|k+1}=\hat{\boldsymbol{x}}_{k+1|k}+\boldsymbol{K}_k[\boldsymbol{y}_k-\boldsymbol{h}(\hat{\boldsymbol{x}}_{k+1|k})]\\ \boldsymbol{K}_{k+1}=\boldsymbol{P}_{k+1|k}\boldsymbol{H}_{k+1}^{\mathrm{T}}[\boldsymbol{H}_{k+1}\boldsymbol{P}_{k+1|k}\boldsymbol{H}_{k+1}^{\mathrm{T}}+\boldsymbol{R}_{k+1}]^{-1}\\ \boldsymbol{P}_{k+1|k+1}=[\boldsymbol{I}-\boldsymbol{K}_{k+1}\boldsymbol{H}_{k+1}]\boldsymbol{P}_{k+1|k}\end{cases} \tag{10-4-42}$$

在上述算法的时间更新过程中，由于环境中的路标假设是静止的，故而可对协方差矩阵的更新进行简化，即将机器人位姿的更新与环境路标的更新进行分别考虑。简化后的计算方程为：

$$\boldsymbol{P}(k)=\begin{pmatrix}\boldsymbol{P}_{rr}(k) & \boldsymbol{P}_{rl}(k)\\ \boldsymbol{P}_{rl}(k) & \boldsymbol{P}_{ll}(k)\end{pmatrix}=\begin{pmatrix}\nabla\boldsymbol{f}_r\boldsymbol{P}_{rr}(k-1)\nabla\boldsymbol{f}_r^{\mathrm{T}}+\boldsymbol{Q}_{rr}(k) & \nabla\boldsymbol{f}_r\boldsymbol{P}_{rl}(k-1)\\ [\nabla\boldsymbol{f}_r\boldsymbol{P}_{rl}(k-1)]^{\mathrm{T}} & \boldsymbol{P}_{ll}(k-1)\end{pmatrix} \tag{10-4-43}$$

其中，$\boldsymbol{P}_{rr}(k)$为移动机器人位置及姿态的协方差矩阵，$\boldsymbol{P}_{rl}(k)$为机器人位置及姿态与环境路标之间的互协方差矩阵，$\boldsymbol{P}_{ll}$为所有环境路标之间的协方差。

注 10.4.2 EKF 的指标是最小化估计协方差。算法在 $\mathrm{tr}\{\boldsymbol{P}_{k+1|k+1}\}$达到一定迭代精度时停止，否则继续迭代算法。

(2) 数据关联

数据关联也就是确定当前观测到的路标是否已在地图中出现，如果已经出现，那么需要确定它对应于地图中的哪一个路标；如果没有出现，那么需要将该路标添加到地图中去。在 EKF-SLAM 算法中，通常使用最大似然估计(Maximum Likelihood Estimator，ML 估计)和最近邻(Nearest Neighbor，NN)方法来进行数据关联。

(3) 算法分析

在基于 EKF 滤波的 SLAM 算法中，系统状态是 $2N+3$ 维的，而其协方差矩阵则是$(2N+3)^2$维的(其中 N 是环境地图中路标的个数)。也就是说，基于 EKF 滤波的 SLAM 算法的计算复杂度是 $O(N^2)$，这与地图中路标个数的平方成正比。随着地图的增大，地图中的路标数目也迅速增多，故而该算法只能适用于路标数目不太多的环境。

(4) 算法测试

采用 MATLAB 建立仿真环境，设计图 10.4.4 所示的机器人运行轨迹和环境路标建模的 UI 工具。根据该工具设计机器人的运行轨迹和环境路标来进行算法的仿真。图 10.4.4 中，“ * ”表示路标，实线表示机器人的运动轨迹，而“○”表示机器人在该处发生姿态的改变（即改变了机器人前进的方向）。

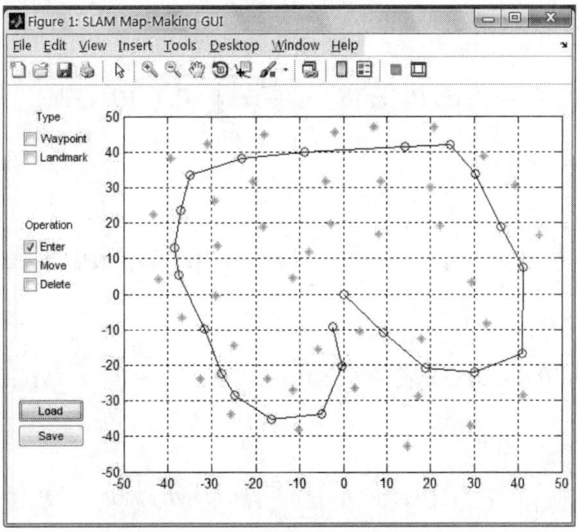

图 10.4.4　仿真环境建立示意图

仿真中采用的机器人运动学模型以及传感器的观测模型分别使用式(10-4-35)和式(10-4-37)的定义。仿真参数设置 $L=2m$，$v_c=2m/s$，$\Delta T=0.025s$，状态噪声 $w(k)$ 和观测噪声 $v(k)$ 都是高斯白噪声，其协方差矩阵分别被设置为：

$$\boldsymbol{Q}=\begin{pmatrix}0.01 & & \\ & 0.01 & \\ & & 0.01\end{pmatrix},\quad \boldsymbol{R}=\begin{pmatrix}0.01 & 0 \\ 0 & \left(\frac{\pi}{180}\right)^2\end{pmatrix}$$

10.5　随机线性系统二次型高斯最优控制

考虑如下系统：

$$\begin{cases}\dot{\boldsymbol{x}}(t)=\boldsymbol{A}(t)\boldsymbol{x}(t)+\boldsymbol{w}(t)\\ \boldsymbol{x}(t_0)=\boldsymbol{x}_0\end{cases}\tag{10-5-1}$$

其中 $\boldsymbol{A}(t)\in\mathbb{R}^{n\times n}$，$a_{ij}(t)$ 对 t 是分段连续的，$\boldsymbol{w}(t)$ 为 n 维模型噪声。假设：

① 所有的随机变量都是正态分布的；

② $E\{\boldsymbol{w}(t)\}=\boldsymbol{0}$，$\mathrm{cov}[\boldsymbol{w}(t)\boldsymbol{w}(\tau)]=E\{\boldsymbol{w}(t)\boldsymbol{w}^{\mathrm{T}}(\tau)\}=\boldsymbol{Q}(t)\delta(t-\tau)$ 其中 $\boldsymbol{Q}(t)\geqslant\boldsymbol{0}$；

③ $E\{\boldsymbol{x}(t_0)\boldsymbol{w}^{\mathrm{T}}(t)\}=\boldsymbol{0}$，$\forall t\geqslant t_0$；

④ $E\{\boldsymbol{x}(t_0)\}=\boldsymbol{\mu}_{x_0}$，$\boldsymbol{P}_{x_0}=E\{(\boldsymbol{x}_0-\boldsymbol{\mu}_{x_0})(\boldsymbol{x}_0-\boldsymbol{\mu}_{x_0})^{\mathrm{T}}\}$。

若将式(10-5-1)看成一个受噪声 $\boldsymbol{w}(t)$ 驱动的系统，并考虑使得如下性能指标达到极小：

$$J = E\left\{\frac{1}{2}\boldsymbol{x}^{\mathrm{T}}(t_f)\boldsymbol{S}\boldsymbol{x}(t_f) + \frac{1}{2}\int_{t_0}^{t_f}\boldsymbol{x}^{\mathrm{T}}(t)\overline{\boldsymbol{Q}}(t)\boldsymbol{x}(t)\mathrm{d}t\right\} \tag{10-5-2}$$

假设 $S \geqslant \mathbf{0}, \overline{\boldsymbol{Q}}(t) \geqslant \mathbf{0}$，并且

$$E\{\boldsymbol{x}(t_0)\} = \boldsymbol{\mu}_0 = \mathbf{0}, \quad \boldsymbol{P}_{x_0} \triangleq \boldsymbol{P}_x(t_0) = E\{\boldsymbol{x}_0\boldsymbol{x}_0^{\mathrm{T}}\} \tag{10-5-3}$$

根据矩阵迹的性质

$$\boldsymbol{x}_0^{\mathrm{T}}\boldsymbol{x}_0 = \mathrm{tr}(\boldsymbol{x}_0\boldsymbol{x}_0^{\mathrm{T}}) \tag{10-5-4}$$

所以性能指标可以改写为：

$$J = \frac{1}{2}\mathrm{tr}[\boldsymbol{P}_x(t_f)\boldsymbol{S}] + \frac{1}{2}\mathrm{tr}\left[\int_{t_0}^{t_f}\boldsymbol{P}_x(t)\overline{\boldsymbol{Q}}(t)\mathrm{d}t\right] \tag{10-5-5}$$

其中 $\boldsymbol{P}_x(t)$ 满足式(10-1-31)。

因为

$$\frac{1}{2}\int_{t_0}^{t_f}\frac{\mathrm{d}}{\mathrm{d}t}[\boldsymbol{P}_x(t)\boldsymbol{M}(t)]\mathrm{d}t = \frac{1}{2}[\boldsymbol{P}_x(t_f)\boldsymbol{M}(t_f) - \boldsymbol{P}_x(t_0)\boldsymbol{M}(t_0)] \tag{10-5-6}$$

将式(10-5-5)等号右边加上

$$\frac{1}{2}\int_{t_0}^{t_f}\frac{\mathrm{d}}{\mathrm{d}t}[\boldsymbol{P}_x(t)\boldsymbol{M}(t)]\mathrm{d}t - \frac{1}{2}[\boldsymbol{P}_x(t_f)\boldsymbol{M}(t_f) - \boldsymbol{P}_x(t_0)\boldsymbol{M}(t_0)] = \mathbf{0} \tag{10-5-7}$$

则

$$\begin{aligned} J &= \frac{1}{2}\mathrm{tr}\left\{[\boldsymbol{P}_x(t_f)\boldsymbol{M}(t_f)] + \left[\int_{t_0}^{t_f}\boldsymbol{P}_x(t)\overline{\boldsymbol{Q}}(t)\mathrm{d}t\right] + \int_{t_0}^{t_f}\frac{\mathrm{d}}{\mathrm{d}t}[\boldsymbol{P}_x(t)\boldsymbol{M}(t)]\mathrm{d}t - [\boldsymbol{P}_x(t_f)\boldsymbol{M}(t_f) - \boldsymbol{P}_x(t_0)\boldsymbol{M}(t_0)]\right\} \\ &= \frac{1}{2}\mathrm{tr}\left\{\boldsymbol{P}_x(t_0)\boldsymbol{M}(t_0) + \left[\int_{t_0}^{t_f}\boldsymbol{P}_x(t)\overline{\boldsymbol{Q}}(t) + \dot{\boldsymbol{P}}_x\boldsymbol{M} + \boldsymbol{P}_x\dot{\boldsymbol{M}}\right]\mathrm{d}t\right\} \end{aligned} \tag{10-5-8}$$

令

$$\dot{\boldsymbol{M}}(t) + \boldsymbol{M}(t)\boldsymbol{A}(t) + \boldsymbol{A}^{\mathrm{T}}(t)\boldsymbol{M}(t) + \overline{\boldsymbol{Q}}(t) = \mathbf{0}, \quad \boldsymbol{M}(t_f) = \boldsymbol{S} \tag{10-5-9}$$

经过化简，则性能指标为：

$$J = \frac{1}{2}\mathrm{tr}\left\{\boldsymbol{P}_x(t_0)\boldsymbol{M}(t_0) + \int_{t_0}^{t_f}\boldsymbol{Q}(t)\boldsymbol{M}(t)\mathrm{d}t\right\} \tag{10-5-10}$$

可以看出式(10-5-10)为当 $E\{\boldsymbol{x}(t_0)\} = \boldsymbol{\mu}_0 = \mathbf{0}$ 时，自治系统

$$\dot{\boldsymbol{x}} = \boldsymbol{A}(t)\boldsymbol{x}, \quad \boldsymbol{x}(t_0) = \boldsymbol{x}_0 \tag{10-5-11}$$

的最优目标。

当 $E\{\boldsymbol{x}(t_0)\} = \boldsymbol{\mu}_0 \neq \mathbf{0}$，则

$$\boldsymbol{P}_x(t_0) = E\{[\boldsymbol{x}_0 - \boldsymbol{\mu}_0][\boldsymbol{x}_0 - \boldsymbol{\mu}_0]^{\mathrm{T}}\} = E\{\boldsymbol{x}_0\boldsymbol{x}_0^{\mathrm{T}}\} - \boldsymbol{\mu}_0\boldsymbol{\mu}_0^{\mathrm{T}} \tag{10-5-12}$$

$$E\{\boldsymbol{x}_0\boldsymbol{x}_0^{\mathrm{T}}\} = \boldsymbol{P}_x(t_0) + \boldsymbol{\mu}_0\boldsymbol{\mu}_0^{\mathrm{T}} \tag{10-5-13}$$

于是随机最优性能指标为：

$$\begin{aligned} J &= \frac{1}{2}\mathrm{tr}\left\{E\{\boldsymbol{x}_0\boldsymbol{x}_0^{\mathrm{T}}\}\boldsymbol{M}(t_0) + \int_{t_0}^{t_f}\boldsymbol{Q}(t)\boldsymbol{M}(t)\mathrm{d}t\right\} \\ &= \frac{1}{2}\mathrm{tr}\left\{[\boldsymbol{P}_x(t_0) + \boldsymbol{\mu}_0\boldsymbol{\mu}_0^{\mathrm{T}}]\boldsymbol{M}(t_0) + \int_{t_0}^{t_f}\boldsymbol{Q}(t)\boldsymbol{M}(t)\mathrm{d}t\right\} \\ &= \frac{1}{2}\boldsymbol{\mu}_0^{\mathrm{T}}\boldsymbol{M}(t_0)\boldsymbol{\mu}_0 + \frac{1}{2}\mathrm{tr}\left\{\boldsymbol{P}_x(t_0)\boldsymbol{M}(t_0) + \int_{t_0}^{t_f}\boldsymbol{Q}(t)\boldsymbol{M}(t)\mathrm{d}t\right\} \end{aligned} \tag{10-5-14}$$

综合上面推导，有如下定理。

定理 10.5.1 对于系统(10-5-1)，若以噪声 $\boldsymbol{w}(t)$ 作为驱动信号，对于给定的性能指标

(10-5-2),假定 $E\{\boldsymbol{x}(t_0)\}=\boldsymbol{\mu}_0$,$\boldsymbol{P}_{x_0}\triangleq\boldsymbol{P}_x(t_0)=E\{(\boldsymbol{x}_0-\boldsymbol{\mu}_{x0})(\boldsymbol{x}_0-\boldsymbol{\mu}_{x0})^{\mathrm{T}}\}$,则性能指标的值为：

$$J=\frac{1}{2}\boldsymbol{\mu}_0^{\mathrm{T}}\boldsymbol{M}(t_0)\boldsymbol{\mu}_0+\frac{1}{2}\mathrm{tr}\left\{\boldsymbol{P}_x(t_0)\boldsymbol{M}(t_0)+\int_{t_0}^{t_f}\boldsymbol{Q}(t)\boldsymbol{M}(t)\mathrm{d}t\right\} \tag{10-5-15}$$

其中 $\boldsymbol{M}(t)$满足式(10-5-9),$\boldsymbol{P}_x(t)$满足式(10-1-31)。

对比第 4 章确定性的情形,我们看到式(10-5-15)中性能指标多出了后面两项,其中等号右边倒数第一项为外部噪声产生的代价,倒数第二项则是初始状态的随机性产生的代价。总之,随机系统的最优性能指标比确定性情形下的最优指标要大。

10.5.1 随机线性系统二次型指标最优控制

考虑带有噪声的受控线性系统

$$\dot{\boldsymbol{x}}(t)=\boldsymbol{A}(t)\boldsymbol{x}(t)+\boldsymbol{B}(t)\boldsymbol{u}(t)+\boldsymbol{w}(t),\quad \boldsymbol{x}(t_0)=\boldsymbol{x}_0 \tag{10-5-16}$$

其中 $\boldsymbol{x}\in\mathbb{R}^n,\boldsymbol{u}\in\mathbb{R}^m,\boldsymbol{w}\in\mathbb{R}^n$, 并且满足 10.5 节中的假设 1～4,要求设计最优控制器使得如下指标最小：

$$J=E\left\{\frac{1}{2}\boldsymbol{x}^{\mathrm{T}}(t_f)\boldsymbol{S}\boldsymbol{x}(t_f)+\frac{1}{2}\int_{t_0}^{t_f}[\boldsymbol{x}^{\mathrm{T}}(t)\overline{\boldsymbol{Q}}(t)\boldsymbol{x}(t)\mathrm{d}t+\boldsymbol{u}^{\mathrm{T}}(t)\overline{\boldsymbol{R}}(t)\boldsymbol{u}(t)]\mathrm{d}t\right\} \tag{10-5-17}$$

其中 $\boldsymbol{S}\geqslant\boldsymbol{0},\overline{\boldsymbol{Q}}(t)\geqslant\boldsymbol{0},\overline{\boldsymbol{R}}(t)>\boldsymbol{0}$。

由于 $\boldsymbol{w}(t)$是零均值的高斯白噪声,而噪声又是不可预知的。因此一个直观的想法就是首先设计如下确定系统的最优控制：

$$\dot{\boldsymbol{x}}(t)=\boldsymbol{A}(t)\boldsymbol{x}(t)+\boldsymbol{B}(t)\boldsymbol{u}(t),\quad \boldsymbol{x}(t_0)=\boldsymbol{x}_0 \tag{10-5-18}$$

$$J=\frac{1}{2}\boldsymbol{x}^{\mathrm{T}}(t_f)\boldsymbol{S}\boldsymbol{x}(t_f)+\frac{1}{2}\int_{t_0}^{t_f}[\boldsymbol{x}^{\mathrm{T}}(t)\overline{\boldsymbol{Q}}(t)\boldsymbol{x}(t)\mathrm{d}t+\boldsymbol{u}^{\mathrm{T}}(t)\overline{\boldsymbol{R}}(t)\boldsymbol{u}(t)]\mathrm{d}t \tag{10-5-19}$$

由第 4 章的结论,得到系统(10-5-18)与系统(10-5-19)的最优控制为：

$$\boldsymbol{u}^*(t)=-\overline{\boldsymbol{R}}^{-1}(t)\boldsymbol{B}^{\mathrm{T}}(t)\boldsymbol{M}(t)\boldsymbol{x} \tag{10-5-20}$$

其中 $\boldsymbol{M}(t)$满足

$$\begin{cases}-\dot{\boldsymbol{M}}(t)=\boldsymbol{M}(t)\boldsymbol{A}(t)+\boldsymbol{A}^{\mathrm{T}}(t)\boldsymbol{M}(t)-\boldsymbol{M}(t)\boldsymbol{B}(t)\overline{\boldsymbol{R}}^{-1}(t)\boldsymbol{B}^{\mathrm{T}}(t)\boldsymbol{M}(t)+\overline{\boldsymbol{Q}}(t)\\ \boldsymbol{M}(t_f)=\boldsymbol{S}\end{cases} \tag{10-5-21}$$

系统(10-5-19)的最优性能指标为 $J=\dfrac{1}{2}\boldsymbol{x}_0^{\mathrm{T}}\boldsymbol{M}(t_0)\boldsymbol{x}_0$。

接下来分析,如果对系统(10-5-16)采用控制律(10-5-20),将得到什么样的性能指标。此时闭环方程为：

$$\dot{\boldsymbol{x}}(t)=[\boldsymbol{A}(t)-\boldsymbol{B}(t)\overline{\boldsymbol{R}}^{-1}(t)\boldsymbol{B}^{\mathrm{T}}(t)\boldsymbol{M}(t)]\boldsymbol{x}(t)+\boldsymbol{w}(t),\quad \boldsymbol{x}(t_0)=\boldsymbol{x}_0 \tag{10-5-22}$$

其对应的性能指标为：

$$J=E\left\{\frac{1}{2}\boldsymbol{x}^{\mathrm{T}}(t_f)\boldsymbol{S}\boldsymbol{x}(t_f)+\frac{1}{2}\int_{t_0}^{t_f}\boldsymbol{x}^{\mathrm{T}}(t)[\overline{\boldsymbol{Q}}(t)+\boldsymbol{M}(t)\boldsymbol{B}(t)\boldsymbol{R}^{-1}(t)\boldsymbol{B}^{\mathrm{T}}(t)\boldsymbol{M}(t)]\boldsymbol{x}\mathrm{d}t\right\} \tag{10-5-23}$$

利用定理 10.5.1,可得此时最优性能指标为：

$$J=\frac{1}{2}\boldsymbol{\mu}_0^{\mathrm{T}}\boldsymbol{M}(t_0)\boldsymbol{\mu}_0+\frac{1}{2}\mathrm{tr}\left\{\boldsymbol{P}_x(t_0)\boldsymbol{M}(t_0)+\int_{t_0}^{t_f}\boldsymbol{Q}(t)\boldsymbol{M}(t)\mathrm{d}t\right\} \tag{10-5-24}$$

其中 $\boldsymbol{P}_x$ 是式(10-1-31)的解,$\boldsymbol{M}(t)$满足式(10-5-21)或者可写成如下式：

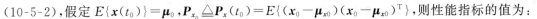

$$\dot{\boldsymbol{M}}(t)+\boldsymbol{M}(t)[\boldsymbol{A}(t)-\boldsymbol{B}(t)\overline{\boldsymbol{R}}^{-1}(t)\boldsymbol{B}^{\mathrm{T}}(t)\boldsymbol{M}(t)]+[\boldsymbol{A}(t)-\boldsymbol{B}(t)\overline{\boldsymbol{R}}^{-1}(t)\boldsymbol{B}^{\mathrm{T}}(t)\boldsymbol{M}(t)]^{\mathrm{T}}\boldsymbol{M}(t)$$
$$+\boldsymbol{M}(t)\boldsymbol{B}(t)\overline{\boldsymbol{R}}^{-1}(t)\boldsymbol{B}^{\mathrm{T}}(t)\boldsymbol{M}(t)+\overline{\boldsymbol{Q}}(t)=0$$
$$\boldsymbol{M}(t_f)=\boldsymbol{S}$$

因此随机 LQR 的控制器可以按照确定性系统的最优控制来设计，最优控制表达式为 $\boldsymbol{u}(t)=-\overline{\boldsymbol{R}}^{-1}(t)\boldsymbol{B}^{\mathrm{T}}(t)\boldsymbol{M}(t)\boldsymbol{x}$。

10.5.2 随机线性系统二次型高斯控制器

在 LQR 中，得到了一个全状态反馈控制器。但在现实世界中，除了控制系统的输出，很多状态变量不能实时在线测量。如何克服这个困难呢？一个想法就是通过建立系统的状态观测器，对系统状态进行在线估计，并采用估计状态代替全状态反馈中不能实际测量的状态。

如果系统动力学方程与测量方程中带有噪声，那么在文章介绍的连续系统的卡尔曼滤波器正好可以充当状态估计器的角色。

考虑如下线性定常系统：

$$\begin{cases}\dot{\boldsymbol{x}}=\boldsymbol{A}(t)\boldsymbol{x}+\boldsymbol{B}(t)\boldsymbol{u}+\boldsymbol{\omega}\\ \boldsymbol{y}=\boldsymbol{C}(t)\boldsymbol{x}+\boldsymbol{v}\end{cases}\tag{10-5-25}$$

满足 10.2.1 节中的假设 1～5。

令性能指标为：

$$J=E\left\{\frac{1}{2}\boldsymbol{x}^{\mathrm{T}}(t_f)\boldsymbol{S}\boldsymbol{x}(t_f)+\frac{1}{2}\int_{t_0}^{t_f}[\boldsymbol{x}^{\mathrm{T}}(t)\overline{\boldsymbol{Q}}(t)\boldsymbol{x}(t)\mathrm{d}t+\boldsymbol{u}^{\mathrm{T}}(t)\overline{\boldsymbol{R}}(t)\boldsymbol{u}(t)]\mathrm{d}t\right\}\tag{10-5-26}$$

其中假定$[\boldsymbol{A}(t),\boldsymbol{B}(t)]$是一致完全能控的，$[\boldsymbol{A}(t),\boldsymbol{C}(t)]$是一致完全能观的，并且 $\boldsymbol{S}\geqslant\boldsymbol{0}$，$\overline{\boldsymbol{Q}}(t)\geqslant\boldsymbol{0}$，$\overline{\boldsymbol{R}}(t)>\boldsymbol{0}$。

控制系统的设计目标是只利用系统的输出变量，设计动态反馈控制器，使得闭环系统稳定，且使得性能指标(10-5-26)最小。

由于这是线性定常系统，因此我们先用分离原理来设计控制输出动态反馈控制器，再证明设计的可分离性及闭环稳定性。

第一步：设计 LQR 控制律。

按照确定性系统设计最优控制律，考虑

$$\dot{\boldsymbol{x}}=\boldsymbol{A}(t)\boldsymbol{x}+\boldsymbol{B}(t)\boldsymbol{u}\tag{10-5-27}$$

及性能指标

$$\begin{cases}J=\dfrac{1}{2}\boldsymbol{x}^{\mathrm{T}}(t_f)\boldsymbol{S}\boldsymbol{x}(t_f)+\dfrac{1}{2}\displaystyle\int_{t_0}^{t_f}[\boldsymbol{x}^{\mathrm{T}}(t)\overline{\boldsymbol{Q}}(t)\boldsymbol{x}(t)\mathrm{d}t+\boldsymbol{u}^{\mathrm{T}}(t)\overline{\boldsymbol{R}}(t)\boldsymbol{u}(t)]\mathrm{d}t\\ \overline{\boldsymbol{Q}}\geqslant 0,\overline{\boldsymbol{R}}>0\end{cases}\tag{10-5-28}$$

则由第 4 章的结论知，最优控制表达式为：

$$\boldsymbol{u}=\boldsymbol{K}(t)\boldsymbol{x}=-\overline{\boldsymbol{R}}^{-1}(t)\boldsymbol{B}^{\mathrm{T}}(t)\boldsymbol{M}(t)\boldsymbol{x}\tag{10-5-29}$$

其中 $\boldsymbol{M}>\boldsymbol{0}$ 满足如下黎卡提方程：

$$\begin{cases}-\dot{\boldsymbol{M}}(t)=\boldsymbol{M}(t)\boldsymbol{A}(t)+\boldsymbol{A}^{\mathrm{T}}(t)\boldsymbol{M}(t)-\boldsymbol{M}(t)\boldsymbol{B}(t)\overline{\boldsymbol{R}}^{-1}(t)\boldsymbol{B}^{\mathrm{T}}(t)\boldsymbol{M}(t)+\overline{\boldsymbol{Q}}(t)\\ \boldsymbol{M}(t_f)=\boldsymbol{S}\end{cases}\tag{10-5-30}$$

第二步:设计卡尔曼滤波器。

参照 10.2.2 节,一个带控制的卡尔曼滤波器为:

$$\begin{cases}\dot{\hat{\boldsymbol{x}}}=\boldsymbol{A}(t)\hat{\boldsymbol{x}}+\boldsymbol{B}(t)\boldsymbol{u}+\boldsymbol{L}(t)(\boldsymbol{y}-\boldsymbol{C}(t)\hat{\boldsymbol{x}})\\ \hat{\boldsymbol{y}}=\boldsymbol{C}(t)\hat{\boldsymbol{x}}\end{cases}\tag{10-5-31}$$

其中

$$\boldsymbol{L}(t)=\boldsymbol{N}(t)\boldsymbol{C}^{\mathrm{T}}(t)\boldsymbol{R}^{-1}(t)\tag{10-5-32}$$

而 $\boldsymbol{N}(t)=E\{(\boldsymbol{x}-\hat{\boldsymbol{x}})(\boldsymbol{x}-\hat{\boldsymbol{x}})^{\mathrm{T}}\}>\boldsymbol{0}$ 满足如下黎卡提方程:

$$\begin{cases}\dot{\boldsymbol{N}}(t)=\boldsymbol{A}(t)\boldsymbol{N}(t)+\boldsymbol{N}(t)\boldsymbol{A}^{\mathrm{T}}(t)-\boldsymbol{N}(t)\boldsymbol{C}^{\mathrm{T}}(t)\boldsymbol{R}^{-1}(t)\boldsymbol{C}(t)\boldsymbol{N}(t)+\boldsymbol{Q}(t)\\ \boldsymbol{N}(t_0)=\boldsymbol{P}_{x0}\end{cases}\tag{10-5-33}$$

其中

$$E\{\boldsymbol{w}(t)\boldsymbol{w}^{\mathrm{T}}(\tau)\}=\boldsymbol{Q}(t)\delta(t-\tau)$$
$$E\{\boldsymbol{v}(t)\boldsymbol{v}^{\mathrm{T}}(\tau)\}=\boldsymbol{R}(t)\delta(t-\tau)$$

第三步:证明设计的分离性及闭环稳定性。

这里仅考虑系统是定常的情形,输出动态反馈的控制律为:

$$\boldsymbol{u}=\boldsymbol{K}\hat{\boldsymbol{x}}=-\bar{\boldsymbol{R}}^{-1}\boldsymbol{B}^{\mathrm{T}}\boldsymbol{M}\hat{\boldsymbol{x}}\tag{10-5-34}$$

LQG 闭环系统如图 10.5.1 所示。

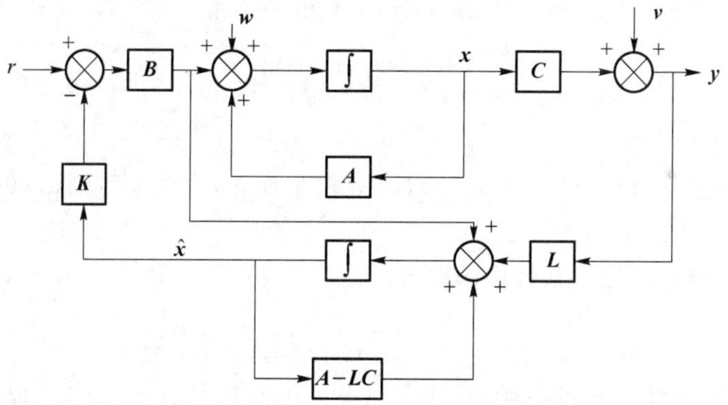

图 10.5.1 LQG 闭环系统框图

定义观测误差为:

$$\boldsymbol{e}=\boldsymbol{x}-\hat{\boldsymbol{x}}\tag{10-5-35}$$

则

$$\dot{\boldsymbol{e}}=\dot{\boldsymbol{x}}-\dot{\hat{\boldsymbol{x}}}=\boldsymbol{A}\boldsymbol{x}+\boldsymbol{\omega}-\boldsymbol{A}\hat{\boldsymbol{x}}-\boldsymbol{L}(\boldsymbol{y}-\boldsymbol{C}\hat{\boldsymbol{x}})=(\boldsymbol{A}-\boldsymbol{L}\boldsymbol{C})\boldsymbol{e}+\boldsymbol{\omega}-\boldsymbol{L}\boldsymbol{v}\tag{10-5-36}$$

将 $\boldsymbol{u}=\boldsymbol{K}\hat{\boldsymbol{x}}=-\bar{\boldsymbol{R}}^{-1}\boldsymbol{B}^{\mathrm{T}}\boldsymbol{M}\hat{\boldsymbol{x}}$ 代入状态方程(10-5-25),并考虑增广系统

$$\begin{cases}\begin{pmatrix}\dot{\boldsymbol{x}}\\ \dot{\boldsymbol{e}}\end{pmatrix}=\begin{pmatrix}\boldsymbol{A}-\boldsymbol{B}\boldsymbol{K} & \boldsymbol{B}\boldsymbol{K}\\ \boldsymbol{0} & \boldsymbol{A}-\boldsymbol{L}\boldsymbol{C}\end{pmatrix}\begin{pmatrix}\boldsymbol{x}\\ \boldsymbol{e}\end{pmatrix}+\begin{pmatrix}\boldsymbol{I} & \boldsymbol{0}\\ \boldsymbol{I} & -\boldsymbol{L}\end{pmatrix}\begin{pmatrix}\boldsymbol{w}\\ \boldsymbol{v}\end{pmatrix}\\ \boldsymbol{y}=(\boldsymbol{C}\quad \boldsymbol{0})\begin{pmatrix}\boldsymbol{x}\\ \boldsymbol{e}\end{pmatrix}+(\boldsymbol{0}\quad \boldsymbol{I})\begin{pmatrix}\boldsymbol{\omega}\\ \boldsymbol{v}\end{pmatrix}\end{cases}\tag{10-5-37}$$

如果 $t_f=\infty$,且系统是线性定常的,则式(10-5-37)的闭环特征根集合$=\lambda(\boldsymbol{A}-\boldsymbol{B}\bar{\boldsymbol{R}}^{-1}\boldsymbol{B}^{\mathrm{T}}\boldsymbol{M})\cup\lambda(\boldsymbol{A}-\boldsymbol{N}\boldsymbol{C}\boldsymbol{R}^{-1}\boldsymbol{C})$,其中 $\lambda(\cdot)$表示特征根集合。因此控制器设计与滤波器设计是满足分离原

理的。

若 $t_f=\infty$,则在满足$[\boldsymbol{A},\boldsymbol{B}]$能控、$[\boldsymbol{A},\overline{\boldsymbol{Q}}^{\frac{1}{2}}]$能观测的条件下,$\lambda\{\boldsymbol{A}-\boldsymbol{B}\overline{\boldsymbol{R}}^{-1}\boldsymbol{B}^{\mathrm{T}}\boldsymbol{M}\}$具有负实部;而在满足$[\boldsymbol{A},\boldsymbol{Q}^{\frac{1}{2}}]$能控、$[\boldsymbol{A},\boldsymbol{C}]$能观测的条件下,$\lambda\{\boldsymbol{A}-\boldsymbol{N}\boldsymbol{C}\boldsymbol{R}^{-1}\boldsymbol{C}\}$也具有负实部。因此上述整个闭环系统是渐近稳定的。

本章小结

本章简明论述了随机系统的最优滤波与随机最优控制,介绍了连续与离散两种情形下的卡尔曼滤波方法、限定记忆卡尔曼滤波等,并在此基础上介绍了线性二次型高斯最优控制器的设计,详细介绍了扩展卡尔曼滤波的两种推导方法,并介绍了扩展卡尔曼滤波在 SLAM 中的应用。SLAM 至今仍是一个火热的研究课题,如基于粒子滤波、无迹卡尔曼滤波、平方根卡尔曼滤波、H_∞ 滤波的 SLAM 技术等,可参考文献[13]、[15]、[34]、[35]、[42]、[43]、[44]、[49]等。

习　题

1. 考虑系统

$$\dot{x}=x+\omega$$
$$y=x+v$$

且 $E\{w(t)w(\tau)\}=E\{v(t)v(\tau)\}=\delta(t-\tau)$,$w$,$v$ 相互独立,设在零时刻,$x(0)=0$,设计一个卡尔曼滤波器。

2. 假设有一个控制对象,其传递函数为:

$$G(s)=\frac{1}{s(s+1)}$$

其输入是协方差为 $16\delta(t-\tau)$的白噪声,还存在一个协方差为 $1\delta(t-\tau)$,假设初始状态为零,输入噪声与输出噪声相互独立,试设计一个卡尔曼滤波器。

3. 已知如下离散线性系统:

$$x_{k+1}=0.5x_k+w_k$$
$$y_k=2x_k+v_k$$

假设:$\{w_k\}$是一个均值为 0 的白噪声序列,$E\{w_k\}=0$,$E\{w_kw_j\}=2\sigma_{kj}$;$\{v_k\}$是一个均值为 0 的白噪声序列,$E\{v_k\}=0$,$E\{v_kv_j\}=4\sigma_{kj}$;v_k 与 w_j 相互独立;$E\{x_kv_j\}=0$,$\forall k,j$;$E\{x_0w_k\}=0$,$\forall k=0,1,2\cdots$;$\mu_{x0}=E\{x_0\}$,$P_{x0}=E\{(x_0-\mu_{x0})^2\}$。令 $P_{0|0}=P_{x0}=1$,$x_{0|0}=u_{x0}=0$,测得输出结果为 $y_1=0.8$,$y_2=0.5$,$y_3=-0.1$,要求计算 3 步的卡尔曼滤波结果。

4. 已知一个车辆在某(X-Y)平面上运动。在设定好坐标系后,用变量 x_1 表示在 X 方向的位移,x_2 表示在 X 方向的速度,假设在 X 方向的加速度 a_x 为已知常数(非随机),且有一个系统噪声 w_1 叠加在 a_x 上。用变量 x_3 表示在 Y 方向的位移,用变量 x_4 表示在 Y 方向的速度,且在 Y 方向有一为已知常数(非随机)的加速度 a_y,有一个系统噪声 w_2 叠加在 a_y 上。系统有 2 个测量输出:一个为在 X 方向的位移,但有一个叠加的测量噪声 v_1;另一个为在 Y 方向的测量位移，也有一个叠加的测量噪声 v_2。要求：写出带有噪声的该系统的状态方程、输出方程，假设采样周期为 1s，利用欧拉法，将系统离散化，写出设计卡尔曼滤波器的递推算法。

5. (用 MATLAB 工具箱做)已知系统的状态空间表达式为：

$$\begin{cases} \dot{\boldsymbol{x}}=\begin{pmatrix}0 & 1 & 0\\ 0 & 0 & 1\\ 0 & -2 & -3\end{pmatrix}\boldsymbol{x}+\begin{pmatrix}0\\0\\1\end{pmatrix}u+\begin{pmatrix}0\\0\\2\end{pmatrix}w \\ \boldsymbol{y}=(1 \quad 0 \quad 0)\boldsymbol{x}+v \end{cases}$$

其中，噪声 w 是均值为零的白噪声，方差 $q=1$，v 是均值为零的白噪声，方差 $r=2$，要求：设计输出动态反馈控制器，使得使性能指标

$$J=\min_u E\left\{\int_0^{\infty}(\boldsymbol{x}^{\mathrm{T}}\boldsymbol{Q}\boldsymbol{x}+u^{\mathrm{T}}Ru)\mathrm{d}t\right\}$$

为最小，其中

$$\boldsymbol{Q}=\begin{pmatrix}100 & 0 & 0\\ 0 & 1 & 0\\ 0 & 0 & 1\end{pmatrix},\quad R=1$$

并画出闭环曲线。

6. 利用 MATLAB 编制一个基于 EKF 的 SLAM 算法，并作出平面地图，地图上不少于 3 个目标点。

参考文献

[1] Aliyu M D S. Nonlinear H_∞ control, Hamilton system and Hamilton-Jacobi-Bellman equations[M]. CRC Press, Taylor & Francis Group, 2017.

[2] Anderson B D O , Moore J B. Linear optimal control [M]. Prentice-Hall, Englewood Cliffs, NJ, 1971.

[3] Balakrishnan A. A computational approach to the maximum principle[J]. Journal of Computer and System Sciences, 1971, 5(2): 163-191.

[4] Basar T, Bernhard P. H_∞ control and related minimax design problems, a dynamic game approach[M]. Boston :Birkhäuser, 1995.

[5] Bellman R E, Kalaba R E. Quasilinearization and nonlinear boundary value problems [M]. New York:American Elsevier, 1965.

[6] Bellman R. Dynamic programming[M]. Princeton University Press, 1957.

[7] Bertsekas D. Dynamic programming and optimal control: volume I[M]. 2nd ed. Athena Scientific, 1995.

[8] Betts J T. Practical methods for optimal control using nonlinear programming [M]. SIAM, 2001.

[9] Betts J T. A Direct approach to solving optimal control problems [J]. Computational in Science and Engineering, 1999 (14):179-201.

[10] Bock H G, Plitt K J. A multiple shooting algorithm for direct solution of optimal control Problems [C]//Budapest:IFAC 9th World Congress, 1984: 1603-1608.

[11] Bryson A E, Ho Y. Applied optimal control: optimization, estimation and control [M]. Hemisphere Publishing Corporation, 1975.

[12] Chen P, Sardar M N. Optimal control in finance, a new computational approach[M]. Springer-Verlag, 2005.

[13] Davison A J, Reid L D, Molton N D, et al. MonoSLAM: real-time single camera SLAM[J]. IEEE Transactions On Pattern Analysis and Machine Intelligence, 2007, 29(6): 1052-1067.

[14] Dickmanns E D, Well K H. Approximate solution of optimal control problems using third order Herminie polynomial functions [J]. Lecture Notes in Computational Science, 1975, 27: 158-166.

[15] Dissanayake M W M G. , Newman P, Clark S, et al. A Solution to the simultaneous localization and map building (SLAM) problem[J]. IEEE Transactions On Robotics

and Automation, 2001, 17(3): 229-241.

[16] Dorato P, Abdallah C, Cerone V. Linear quadratic control: an introduction[M]. Prentice-Hall, 1995.

[17] Doyle J C, Francis B A, Tannenbaum A. R. Feedback control theory [M]. Macmillan, 1992.

[18] Doyle J C, Glover K, Khargonekar P, et al. State-space solutions to standard H_2 and H_∞ control problems[J]. IEEE Trans. Autom. Control, 1989(34):831-847.

[19] Elnagar G, Kazemi M, Razzaghi M. The pseudospectral Legendre method for discretizing optimal control problems [J]. IEEE Transactions on Automatic Control, 1995,40(10): 1793-1796.

[20] Elnagar G, Kazemi M. Pseudospectral Chebyshev optimal control of constrained nonlinear dynamical systems [J]. Computational Optimization and Applications, 1998, 11:195-217.

[21] Enright P J, Conway B A. Discrete approximations to optimal trajectories using direct transcription and nonlinear programming [J]. Journal of Guidance, Control, and Dynamics, 1992,15(4): 994-1002.

[22] Fahroo F, Ross M. Costate estimation by a Legendre pseudospectral method [J]. Journal of Guidance, Control, and Dynamics, 2001, 24(2): 270-277.

[23] Fahroo F, Ross M. Direct trajectory optimization by a Chebyshev pseudospectral method [J]. Journal of Guidance, Control, and Dynamics, 2002, 25(1):160-166.

[24] Fleming W H, Rishel R W. Deterministic and stochastic control [M]. Springer-Verlag, 1975.

[25] Francis B A. A course on H_∞ control theory[M]. New York:Sprenger-Verlag, 1987.

[26] Garcia-Luna-Aceves J. Loop-free routing using diffusing computations [J]. IEEE/ACM Transactions on Networking, 1993, 1(1):130-141.

[27] Ge Y L, Li S R, Chang P. An approximate dynamic programming method for the optimal control of Alkai-Surfactant-Polymer flooding [J]. Journal of Process Control, 2018, 64: 15-26.

[28] Hamalainen P, Halme A. Solution of nonlinear TPBVP's occurring in optimal control [J]. Automatica, 1976, 12(5): 403-415.

[29] Hager W W. Runge-Kutta methods in optimal control and the transformed adjoin system [J]. Numer. Math. , 2000, 87:247-282.

[30] Hargraves C R, Paris S W. Direct trajectory optimization using nonlinear programming and collocation [J]. Journal of Guidance, Control, and Dynamics. 1987, 10(4):338-342.

[31] Hocking L. Optimal control: an introduction to the theory with applications [M]. Clarendon Press Oxford, 1991.

[32] Isaacs R. Differential games[M]. New York :Dover Publication INC, 1965.

[33] Jazwinski A H. Limited memery optimal filtering [J]. IEEE Trans. on Automatic Control,1968,13:558-563.

[34] Julier S J, Uhlmann J K, Unscented filtering and nonlinear estimation [J]. Proceedings of the IEEE, 2004, 92(3): 401-422.

[35] Kaminski P, Bryson A, Schmidt S. Discrete square root filtering: a survey of current technique[J]. IEEE Transactions On Automatic Control, 1971, 16(6): 727-736.

[36] Keller H B. A numerical methods for two-point boundary value problems [M]. New York: Blains Dell, 1968.

[37] Kirk D E. Optimal control theory: an introduction [M]. Prentice-Hall, 1970.

[38] Lee E, Markus L. Foundations of optimal control[M]. Wile, 1967.

[39] Lewis F, Syrmos V. Optimal control[M]. John Wiley & Sons, Inc. , 1995.

[40] Lewis F, Vrabie D. Reinforcement learning and adaptive dynamic programming for feedback control [J]. IEEE Circuits & Systems Magazine, 2009, 9(3):32-50.

[41] Lewis F L, Vrabie D, Syrmos V L. Optimal control [M]. 3rd ed. John Wiley & Sons Inc. ,2012.

[42] Li H, Xu D, Zhang F, et al. Consistency analysis of EKF-based SLAM by measurement noise and observation times[J]. Acta Automatica Sinica, 2009, 35(9): 1177-1184.

[43] Li S R, Ni P F. Square-root unscented Kalman filter based simultaneous localization and mapping [C]//Proceedings of the 2010 IEEE International Conference on Information and Automation. Harbin:IEEE, 2010: 2384-2388.

[44] Li S R, Ni P F. H_∞ filter based simultaneous localization and mapping[C]//The 5th International Conference on Automation. New Zealand: Robotics and Applications (ICARA 2011),2011.

[45] Liberzon D. Calculus of variations and optimal control theory [M]. Princeton University Press, 2012.

[46] Liu Z, Li S R, Guo L L, et al. Integrated spatiotemporal modeling and mixed-integer approximate dynamic programming for ASP flooding [J]. Journal of Process Control, 2021, 105: 179-203.

[47] Luus R. Iterative dynamic programming[M]. Chapman & Hall, 2000.

[48] Marchal C. Chattering arcs and chattering control [J]. Journal of Optimization Theory and Applications. 1973,11(5): 441-468.

[49] Martinelli A, Nguyen W, Tomatis N, et al. A relative map approach to SLAM based on shift and rotationinvariants[J]. Robotics and Autonomous Systems. 2007, 55(1): 50-61.

[50] Meier E B, Ryson A E. Efficient algorithm for time optimal control of a two-link manipulator[J]. Journal of Guidance, Control, and Dynamics, 1990, 13: 859-866.

[51] Powell W B. Approximate dynamic programming[M]. Wiley-Interscience,2007.

[52] Prajna S, Parrilo P A, Rantzer A. Nonlinear control synthesis by convex optimization [J]. IEEE Transactions on Automatic Control, 2004, 49(2): 310-314.

[53] Press W H, Flannery B P, Teukolsky S A, et al. Two point boundary value problems [M]. New York:Numerical Recipes, Cambridge Univ. Press, 1986.

[54] Pytlak R. Numerical methods for optimal control with state constraints [M]. Springer, 1999.

[55] Reddy J N. Applied functional analysis and variational methods in engineering [M]. Mcgraw-Hill, Inc. , 1986.

[56] Seywald H, Kumar R R. Method for automatic costate calculation[J]. Journal of Guidance, Control, and Dynamics, 1996, 19(6):1252-1261.

[57] Schwartz A. Theory and implementation of numerical methods based on Runge-Kutta integration for solving optimal control problems [D]. U. C. Berkeley, 1996.

[58] Sontag E. Mathematical control theory: deterministic finite dimensional systems[M]. 2nd ed. Springer, 1998.

[59] Stryk O, Bulirsch R. Direct and indirect methods for trajectory optimization [J]. Annals of Operations Research, 1992,37:357-373.

[60] Stengel R F. Optimal control and estimation[M]. New York: Dover Publications Inc. ,1994.

[61] Teo K L, Li B, Yu Ch G, et al. Applied and computational optimal control: a control parametrization approach[M]. Springer. 2022.

[62] Toivonen H T. Robust control methods[M]. Finland: Lecture Notes. Abo Academi University, 1998.

[63] Vlassenbroeck J, Van Doreen R. A Chebyshev technique for solving nonlinear optimal control problems [J]. IEEE Trans. Automat. Cont. , 1988, 33(4): 333-340.

[64] Vinter R. Optimal control[M]. Birkhauser, 2010.

[65] Werbos P J. Approximate dynamic programming for real-time control and neural modeling [M]. Handbook of Intelligent Control Neural Fuzzy & Adaptive Approaches, 1992.

[66] Wiberg D. Notes for a course in in optimal control system[M]. Class Lecture Notes, UCLA, 1976.

[67] Wouk A. A course of applied functional analysis[M]. Wiley-interscience, 1979.

[68] Zhou K, Doyle J C. Essentials of robust control[M]. Prentice-Hall, 1998.

[69] Zhou K, Doyle J C, Glover K. Robust control and optimal control[M]. Prentice-Hall, 1996.

[70] 博塞克斯. 动态规划与最优控制——近似动态规划[M]. 北京:清华大学出版社,2021.

[71] 程兆林，马树萍. 线性系统理论[M]. 北京:科学出版社,2006.

[72] 杜玉林. 基于最优控制的金融衍生品定价模型研究[M]. 北京:复旦大学出版社,2011.

[73] 宫锡芳. 最优控制问题的计算方法[M]. 北京:科学出版社出版,1979.

[74] 李广民,刘三阳. 应用泛函分析原理[M]. 西安:电子科技大学出版社,2003.

[75] 傅英定. 最优化理论与方法[M]. 北京:国防工业出版社,2008.

[76] 郭兰磊. 聚合物驱方案动态优化设计[M]. 青岛:中国石油大学出版社,2012.

[77] 胡寿松,王执铨,胡维礼. 最优控制理论与系统[M]. 北京:科学出版社,2010.

[78] 贾英民. 鲁棒 H_∞ 控制[M]. 北京:科学出版社,2007.

[79] 雷阳. 高温高盐油藏聚合物驱最优控制方法研究[D]. 青岛:中国石油大学(华

东),2013.
[80] 李传江,马广富.最优控制[M]. 北京:科学出版社,2011.
[81] 李登峰. 微分对策及应用[M]. 北京:国防工业出版社,2000.
[82] 李海涛, 邓樱. MATLAB 6.1 基础及应用技巧[M]. 北京: 国防工业出版社,2002.
[83] 李恒年.航天测控最优估计方法[M]. 北京:国防工业出版社,2015.
[84] 李树荣,倪朋飞. 基于平方根 UKF 的移动机器人同步定位与地图构建[J]. 计算机工程与应用,2011(22):209-212.
[85] 李树荣,张晓东. 聚合物驱提高原油采收率的最优控制方法[M]. 北京:中国石油大学出版社,2013.
[86] 李树荣,葛玉磊. 三元复合驱最优控制[M]. 北京:科学出版社,2019.
[87] 李献,骆志伟,于晋臣. MATLAB/Simulink 系统仿真[M]. 北京:清华大学出版社,2017.
[88] 刘德荣,李宏亮,王鼎. 基于数据的自学习优化控制:研究进展与展望[J]. 自动化学报, 2013, 39(11): 1857-187.
[89] 卢强,王仲鸿,韩英铎. 输电系统最优控制[M]. 北京:科学出版社,1982.
[90] 卢向华,侯定丕,魏权龄. 运筹学教程[M]. 北京:高等教育出版社,1991.
[91] 拉贾马尼. 车辆动力学及控制[M]. 王国业,江发潮,译,北京:机械工业出版社,2010.
[92] 潘正君,等. 演化计算[M].北京:清华大学出版社,1998.
[93] 庞特里亚金, 等.最佳过程的数学理论[M]. 陈祖浩,等译. 上海:上海科学技术出版社,1965.
[94] 邵惠鹤. 化工过程最优控制[M]. 北京:化学工业出版社,1990.
[95] 沙夫特. 非线性控制中的 L_2 增益和无源化方法[M]. 孙元章,等译. 北京:清华大学出版社,2002.
[96] 谭拂晓,刘德荣,关新平,等. 基于微分对策理论的非线性控制回顾与展望[J]. 自动化学报, 2014, 40(1): 1-15.
[97] 唐国金. 航天器轨迹优化理论、方法及应用[M]. 北京:科学出版社,2012.
[98] 滕宇. 动态规划原理及应用[M]. 成都:西南交通大学出版社,2011.
[99] 王朝珠,秦化淑. 最优控制理论[M]. 北京:科学出版社,2003.
[100] 王青,陈宇. 最优控制: 理论.方法与应用[M]. 北京:高等教育出版社,2011.
[101] 汪荣鑫. 随机过程[M]. 西安:西安交通大学出版社,1987.
[102] 吴受章. 应用最优控制[M]. 西安:西安交通大学出版社,1988.
[103] 吴文江,袁仪方. 实用数学规划[M]. 北京:机械工业出版社, 1993.
[104] 吴德隆. 航天器气动力辅助变轨动力学与最优控制[M]. 北京:中国宇航出版社,2006.
[105] 魏庆来,宋睿卓,孙秋野.迭代自适应动态规划理论及应用[M]. 北京:科学出版社,2015.
[106] 魏巍. MATLAB 6.1 MATLAB 控制工程工具箱技术手册[M]. 北京: 国防工业出版社, 2004.
[107] 解学书. 最优控制理论与应用[M].北京:清华大学出版社,1986.
[108] 徐昕. 增强学习与近似动态规划[M]. 北京:科学出版社,2010.

[109] 杨乐平. 航天器相对运动轨迹规划与控制[M]. 北京:国防工业出版社,2015.
[110] 袁亚湘,孙文瑜. 最优化理论与方法[M]. 北京:科学出版社, 1997.
[111] 张杰,王飞跃. 最优控制:数学理论与智能方法(上册)[M]. 北京:清华大学出版社,2017.
[112] 张强. 基于最优控制的数控系统轨迹规划方法研究[D]. 青岛:中国石油大学(华东),2014.
[113] 张嗣瀛. 微分对策[M]. 北京:科学出版社,1987.
[114] 赵凤治,尉继英. 约束最优化计算方法[M]. 北京:科学出版社,1991.
[115] 钟宜生. 最优控制[M]. 北京:清华大学出版社,2015.

附 录

附录 A 矩阵知识

A1 概念与基本性质

令 $\mathbf{A}$ 是一个定义在实数域$\mathbb{R}$或复数域$\mathbb{C}$上的 m 行 n 列矩阵:

$$\mathbf{A}=\begin{pmatrix} a_{11} & a_{12} & \cdots & a_{1n} \\ a_{21} & a_{22} & \cdots & a_{2n} \\ \vdots & \vdots & & \vdots \\ a_{m1} & a_{m2} & \cdots & a_{mn} \end{pmatrix} \tag{A-1}$$

其可简写为 $\mathbf{A}=(a_{ij})$。

用 $\mathbf{A}^{\mathrm{T}}$ 表示对矩阵 $\mathbf{A}$ 的转置,即

$$\mathbf{A}^{\mathrm{T}}=\begin{pmatrix} a_{11} & a_{21} & \cdots & a_{m1} \\ a_{12} & a_{22} & \cdots & a_{m2} \\ \vdots & \vdots & & \vdots \\ a_{1n} & a_{2n} & \cdots & a_{mn} \end{pmatrix} \tag{A-2}$$

对于方阵 $\mathbf{A}\in\mathbb{R}^{n\times n}$,如果 $\mathbf{A}$ 可逆,则用 $\mathbf{A}^{-1}$ 表示矩阵的逆。若 $\mathbf{A}$,$\boldsymbol{B}$ 同维且都可逆,则

$$(\boldsymbol{AB})^{-1}=\boldsymbol{B}^{-1}\mathbf{A}^{-1} \tag{A-3}$$

$$(\mathbf{A}^{\mathrm{T}})^{-1}=(\mathbf{A}^{-1})^{\mathrm{T}}=\mathbf{A}^{-\mathrm{T}} \tag{A-4}$$

用 $\mathrm{tr}(\mathbf{A})$ 表示一个方阵的迹:$\mathrm{tr}(\mathbf{A}) = \sum_{i=1}^{n} a_{ii}$。

$$\mathrm{tr}(\mathbf{AB})=\mathrm{tr}(\mathbf{BA}) \tag{A-5}$$

且还有如下两个性质

$$\frac{\partial}{\partial \mathbf{A}}\mathrm{tr}(\boldsymbol{AB}^{\mathrm{T}})=\boldsymbol{B} \tag{A-6}$$

$$\frac{\partial}{\partial \mathbf{A}}\mathrm{tr}(\boldsymbol{BAA}^{\mathrm{T}})=(\boldsymbol{B}+\boldsymbol{B}^{\mathrm{T}})\mathbf{A} \tag{A-7}$$

所以对于 $\boldsymbol{x}\in\mathbb{R}^{n}$,$\mathbf{A}\in\mathbb{R}^{n\times n}$,

$$\frac{\partial}{\partial \boldsymbol{x}}(\boldsymbol{x}^{\mathrm{T}}\boldsymbol{A}\boldsymbol{x})=\frac{\partial}{\partial \boldsymbol{x}}\mathrm{tr}(\boldsymbol{A}\boldsymbol{x}\boldsymbol{x}^{\mathrm{T}})=(\boldsymbol{A}+\boldsymbol{A}^{\mathrm{T}})\boldsymbol{x} \tag{A-8}$$

用 $\det \boldsymbol{A}$ 表示一个方矩阵 $\boldsymbol{A}$ 的行列式。如果 $\boldsymbol{A},\boldsymbol{B}$ 是两个同阶方阵,则有

$$\det(\boldsymbol{AB})=\det(\boldsymbol{BA})=\det \boldsymbol{A}\det \boldsymbol{B} \tag{A-9}$$

对于一个方阵 $\boldsymbol{A}$,$\det(s\boldsymbol{I}-\boldsymbol{A})$称为 $\boldsymbol{A}$ 的特征多项式。

满足 $\det(s\boldsymbol{I}-\boldsymbol{A})=0$ 的 s,称为 $\boldsymbol{A}$ 的特征根,显然 $n\times n$ 的矩阵有 n 个特征根。

对于 $\boldsymbol{A}$ 的一个特征根 λ_i,则总存在至少一个非零向量 $\boldsymbol{x}$ 满足关系

$$\boldsymbol{A}\boldsymbol{x}=\lambda_i\boldsymbol{x} \tag{A-10}$$

则该向量 $\boldsymbol{x}$ 称为 $\boldsymbol{A}$ 的特征向量。

凯莱-哈密顿定理 设方阵 $\boldsymbol{A}$ 的特征多项式为:

$$\det(s\boldsymbol{I}-\boldsymbol{A})=s^n+a_1s^{n-1}+\cdots+a_n \tag{A-11}$$

则

$$\boldsymbol{A}^n+a_1\boldsymbol{A}^{n-1}+\cdots+a_n\boldsymbol{I}=\boldsymbol{0} \tag{A-12}$$

即 $\boldsymbol{A}^n$ 可以由 $\boldsymbol{I},\boldsymbol{A},\cdots,\boldsymbol{A}^{n-1}$线性表示。

矩阵的相似:两个相同维数的方阵 $\boldsymbol{A},\boldsymbol{B}$ 是相似的,如果存在一个非奇异变换矩阵 $\boldsymbol{T}$,使得 $\boldsymbol{B}=\boldsymbol{T}^{-1}\boldsymbol{AT}$。

约当标准型:对于一个方阵 $\boldsymbol{A}$,总可以通过相似变换将 $\boldsymbol{A}$ 变成如下约当标准型:

$$\boldsymbol{T}^{-1}\boldsymbol{AT}=\begin{pmatrix}\boldsymbol{J}_1 & & & \\ & \boldsymbol{J}_2 & & \\ & & \ddots & \\ & & & \boldsymbol{J}_k\end{pmatrix} \tag{A-13}$$

其中每个$\boldsymbol{J}_i$,$i=1,\cdots,k$ 具有如下形状:

$$\boldsymbol{J}_k=\begin{pmatrix}\lambda_i & 1 & & \\ & \lambda_i & \ddots & \\ & & \ddots & 1 \\ & & & \lambda_i\end{pmatrix} \tag{A-14}$$

A2 正定与非负定矩阵

如果 $\boldsymbol{A}=\boldsymbol{A}^{\mathrm{T}}$,则 $\boldsymbol{A}$ 是对称矩阵。

若 $\boldsymbol{A}\boldsymbol{A}^{\mathrm{T}}=\boldsymbol{A}^{\mathrm{T}}\boldsymbol{A}=\boldsymbol{I}$,则称 $\boldsymbol{A}$ 为正交矩阵。

若 $\boldsymbol{A}$ 定义在复数域上,用 $\overline{\boldsymbol{A}}$ 表示 $\boldsymbol{A}$ 的共轭。若 $\boldsymbol{A}^{\mathrm{T}}=\overline{\boldsymbol{A}}$,则称 $\boldsymbol{A}$ 为厄米特(Hermite)阵。

若 $\boldsymbol{A}\overline{\boldsymbol{A}}=\overline{\boldsymbol{A}}\boldsymbol{A}=\boldsymbol{I}$,则称 $\boldsymbol{A}$ 为酉矩阵。若 $\boldsymbol{A}\overline{\boldsymbol{A}}=\overline{\boldsymbol{A}}\boldsymbol{A}$,则称 $\boldsymbol{A}$ 为正规矩阵。

对于实对称矩阵 $\boldsymbol{A}$;如果对于任意非零的向量 $\boldsymbol{x}$,都有 $\boldsymbol{x}^{\mathrm{T}}\boldsymbol{A}\boldsymbol{x}>0$,则称矩阵 $\boldsymbol{A}$ 为正定矩阵,简记为 $\boldsymbol{A}>\boldsymbol{0}$,如果对于任意非零的向量 $\boldsymbol{x}$,都有 $\boldsymbol{x}^{\mathrm{T}}\boldsymbol{A}\boldsymbol{x}\geqslant 0$,则称矩阵 $\boldsymbol{A}$ 为半正定矩阵,简记为 $\boldsymbol{A}\geqslant\boldsymbol{0}$。类似地,可以定义一个矩阵是负定或半负定的。

正定矩阵的特征根都是正数;而半正定矩阵的特征根大于或等于零。

如果矩阵 $\boldsymbol{A}>\boldsymbol{0}$,则存在一个非奇异矩阵 $\boldsymbol{B}$,使得 $\boldsymbol{A}=\boldsymbol{B}^{\mathrm{T}}\boldsymbol{B}$,则记 $\boldsymbol{B}=(\boldsymbol{A})^{\frac{1}{2}}$。如果 $n\times n$ 矩阵 $\boldsymbol{A}\geqslant\boldsymbol{0}$,$\mathrm{rank}(\boldsymbol{A})=r$ 则存在一个 $r\times n$ 阶矩阵 $\boldsymbol{C}$,$\mathrm{rank}(\boldsymbol{C})=r$,使得 $\boldsymbol{A}=\boldsymbol{C}^{\mathrm{T}}\boldsymbol{C}$,记

$$\boldsymbol{C}=(\boldsymbol{A})^{\frac{1}{2}} \tag{A-15}$$

如果 $\boldsymbol{A}$ 是一个对称实矩阵，则 $\lambda_{\max \boldsymbol{A}}\boldsymbol{I}-\boldsymbol{A}$ 是非负定矩阵。

A3 矩阵微分方程

考虑一个时变线性齐次方程

$$\dot{\boldsymbol{x}}(t)=\boldsymbol{A}(t)\boldsymbol{x}(t), \quad \boldsymbol{x}(t_0)=\boldsymbol{x}_0 \tag{A-16}$$

其中 $\boldsymbol{x}\in\mathbb{R}^n$，令 $\boldsymbol{\Phi}(t,t_0)$ 是相应于 $\boldsymbol{A}(t)$ 的状态转移矩阵，满足如下特性：

$$\boldsymbol{\Phi}(t,t)=\boldsymbol{I}$$

$$\boldsymbol{\Phi}(t_1,t_2)\boldsymbol{\Phi}(t_2,t_3)=\boldsymbol{\Phi}(t_1,t_3)$$

$$\boldsymbol{\Phi}^{-1}(t_1,t_2)=\boldsymbol{\Phi}(t_2,t_1)$$

$$\dot{\boldsymbol{\Phi}}(t,t_0)=\boldsymbol{A}\boldsymbol{\Phi}(t,t_0)$$

如果给定初始状态 $\boldsymbol{x}(t_0)=\boldsymbol{x}_0$，则微分方程的解为：

$$\boldsymbol{x}(t)=\boldsymbol{\Phi}(t,t_0)\boldsymbol{x}_0 \tag{A-17}$$

特别地，如果 $\boldsymbol{A}(t)$ 为定常矩阵，即 $\boldsymbol{A}$ 为常数矩阵，则

$$\boldsymbol{\Phi}(t,t_0)=\mathrm{e}^{\boldsymbol{A}(t-t_0)} \tag{A-18}$$

$$\boldsymbol{x}(t)=\mathrm{e}^{\boldsymbol{A}(t-t_0)}\boldsymbol{x}_0 \tag{A-19}$$

其中 $\mathrm{e}^{\boldsymbol{A}t}=\boldsymbol{I}+\boldsymbol{A}t+\frac{1}{2!}\boldsymbol{A}^2t^2+\cdots$ 。

考虑如下一个受控的线性系统：

$$\dot{\boldsymbol{x}}(t)=\boldsymbol{A}(t)\boldsymbol{x}(t)+\boldsymbol{B}(t)\boldsymbol{u}(t), \boldsymbol{x}(t_0)=\boldsymbol{x}_0 \tag{A-20}$$

其中 $\boldsymbol{x}\in\mathbb{R}^n$，$\boldsymbol{u}\in\mathbb{R}^m$，$\boldsymbol{\Phi}(t,t_0)$ 是相应于 $\boldsymbol{A}(t)$ 的状态转移矩阵，则

$$\boldsymbol{x}(t)=\boldsymbol{\Phi}(t,t_0)\boldsymbol{x}_0+\int_{t_0}^{t}\boldsymbol{\Phi}(t,\tau)\boldsymbol{B}(\tau)u(\tau)\mathrm{d}\tau \tag{A-21}$$

若 $\boldsymbol{A}$,$\boldsymbol{B}$ 都是常数矩阵，则

$$\boldsymbol{x}(t)=\mathrm{e}^{\boldsymbol{A}(t-t_0)}\boldsymbol{x}_0+\int_{t_0}^{t}\mathrm{e}^{\boldsymbol{A}(t-\tau)}\boldsymbol{B}(\tau)\boldsymbol{u}(\tau)\mathrm{d}\tau \tag{A-22}$$

考虑如下矩阵微分方程：

$$\dot{\boldsymbol{X}}=\boldsymbol{A}\boldsymbol{X}+\boldsymbol{X}\boldsymbol{B}+\boldsymbol{C}, \quad \boldsymbol{X}(t_0)=\boldsymbol{X}_0, \boldsymbol{X}\in\mathbb{R}^{n\times n} \tag{A-23}$$

则方程的解为

$$\boldsymbol{X}(t)=\mathrm{e}^{\boldsymbol{A}(t-t_0)}\boldsymbol{X}_0\mathrm{e}^{\boldsymbol{B}(t-t_0)}+\int_{t_0}^{t}\mathrm{e}^{\boldsymbol{A}(t-\tau)}\boldsymbol{C}(\tau)\mathrm{e}^{\boldsymbol{B}(t-\tau)}\mathrm{d}\tau \tag{A-24}$$

A4 矩阵的克罗内克积

令 $\boldsymbol{A}$ 是一个 $m\times n$ 的矩阵，而 $\boldsymbol{B}$ 是一个 $p\times q$ 的矩阵，则 $\boldsymbol{A}$ 与 $\boldsymbol{B}$ 的克罗内克积是一个 $mp\times nq$ 的分块矩阵。

$$\boldsymbol{A}\otimes\boldsymbol{B}=\begin{pmatrix} a_{11}\boldsymbol{B} & a_{12}\boldsymbol{B} & \cdots & a_{1n}\boldsymbol{B} \\ a_{21}\boldsymbol{B} & a_{22}\boldsymbol{B} & \cdots & a_{2n}\boldsymbol{B} \\ \vdots & \vdots & & \vdots \\ a_{m1}\boldsymbol{B} & a_{m2}\boldsymbol{B} & \cdots & a_{mn}\boldsymbol{B} \end{pmatrix}$$

克罗内克积是张量积的特殊形式，因此满足双线性与结合律：

① $\boldsymbol{A}\otimes(\boldsymbol{B}+\boldsymbol{C})=\boldsymbol{A}\otimes\boldsymbol{B}+\boldsymbol{A}\otimes\boldsymbol{C}$；

② $(\boldsymbol{A}+\boldsymbol{B})\otimes\boldsymbol{C}=\boldsymbol{A}\otimes\boldsymbol{C}+\boldsymbol{B}\otimes\boldsymbol{C}$ ；

③ $(k\boldsymbol{A})\otimes\boldsymbol{C}=\boldsymbol{A}\otimes(k\boldsymbol{C})=k(\boldsymbol{A}\otimes\boldsymbol{B})$；

④ $(\boldsymbol{A}\otimes\boldsymbol{B})\otimes\boldsymbol{C}=\boldsymbol{A}\otimes(\boldsymbol{B}\otimes\boldsymbol{C})=\boldsymbol{A}\otimes\boldsymbol{B}\otimes\boldsymbol{C}$。

其中 $\boldsymbol{A},\boldsymbol{B}$ 与 $\boldsymbol{C}$ 是矩阵，而 k 是常数。

克罗内克积不符合交换律，即

$$\boldsymbol{A}\otimes\boldsymbol{B}\neq\boldsymbol{B}\otimes\boldsymbol{A}$$

如果 $\boldsymbol{A},\boldsymbol{B},\boldsymbol{C},\boldsymbol{D}$ 是 4 个矩阵，且矩阵乘积 $\boldsymbol{AC}$ 和 $\boldsymbol{BD}$ 是存在的，那么

$$(\boldsymbol{A}\otimes\boldsymbol{B})(\boldsymbol{C}\otimes\boldsymbol{D})=\boldsymbol{AC}\otimes\boldsymbol{BD}\tag{A-25}$$

这个性质称为混合乘积性质，因为它混合了通常的矩阵乘积和克罗内克积。于是可以推出，$\boldsymbol{A}\otimes\boldsymbol{B}$ 是可逆的当且仅当 $\boldsymbol{A}$ 和 $\boldsymbol{B}$ 是可逆的。其逆矩阵为：

$$(\boldsymbol{A}\otimes\boldsymbol{B})^{-1}=\boldsymbol{A}^{-1}\otimes\boldsymbol{B}^{-1}\tag{A-26}$$

若 $\boldsymbol{A}\in\mathbb{R}^{n\times n},\boldsymbol{B}\in\mathbb{R}^{m\times m}$，则 $\boldsymbol{A}\otimes\boldsymbol{B}$ 相似于 $\boldsymbol{B}\otimes\boldsymbol{A}$。

定义 A1 若 $\boldsymbol{A}\in\mathbb{R}^{n\times m}$，记

$$\underbrace{\boldsymbol{A}\otimes\boldsymbol{A}\otimes\cdots\otimes\boldsymbol{A}}_{k\text{个}}=\boldsymbol{A}^{(k)}\tag{A-27}$$

是一个 $n^k m^k$ 阶矩阵。

定理 A1 若 $\boldsymbol{A}\in\mathbb{R}^{n\times m},\boldsymbol{B}\in\mathbb{R}^{m\times p}$，则

$$(\boldsymbol{AB})^{(k)}=\boldsymbol{A}^{(k)}\boldsymbol{B}^{(k)}\tag{A-28}$$

证明： 用归纳法，当 $k=1$ 时显然成立，假设当 $k-1$ 时也成立，则

$$\begin{aligned}(\boldsymbol{AB})^{k}&=(\boldsymbol{AB})\otimes(\boldsymbol{AB})^{k-1}=(\boldsymbol{AB})\otimes(\boldsymbol{A}^{k-1}\boldsymbol{B}^{k-1})\\&=(\boldsymbol{A}\otimes\boldsymbol{A}^{k-1})(\boldsymbol{B}\otimes\boldsymbol{B}^{k-1})=\boldsymbol{A}^{(k)}\boldsymbol{B}^{(k)}\end{aligned}$$

定理 A2 设

$$f(x,y)=\sum_{i,j=0}^{p}a_{ij}x^{i}y^{j}\tag{A-29}$$

是变量 x,y 的复系数多项式。若 $\boldsymbol{A}\in\mathbb{R}^{n\times n},\boldsymbol{B}\in\mathbb{R}^{m\times m}$，定义

$$f(\boldsymbol{A},\boldsymbol{B})=\sum_{i,j=0}^{p}a_{ij}\boldsymbol{A}^{i}\otimes\boldsymbol{B}^{j}\tag{A-30}$$

如果 $\boldsymbol{A},\boldsymbol{B}$ 的特征根分别是 $\lambda_1,\lambda_2,\cdots,\lambda_n$ 与 $\mu_1,\mu_2,\cdots,\mu_m$，它们对应的特征向量分别为 $\boldsymbol{x}_1,\boldsymbol{x}_2,\cdots,\boldsymbol{x}_n$ 与 $\boldsymbol{y}_1,\boldsymbol{y}_2,\cdots,\boldsymbol{y}_m$，则 $f(\boldsymbol{A},\boldsymbol{B})$ 的特征根为 $f(\lambda_s,\mu_t)$，其对应的特征向量为 $\boldsymbol{x}_s\otimes\boldsymbol{y}_t(s=1,2,\cdots,n,t=1,2,\cdots,m)$。

证明： 由于

$$\boldsymbol{Ax}_s=\lambda_s\boldsymbol{x}_s\Rightarrow\boldsymbol{A}^{i}\boldsymbol{x}_s=\lambda_s^{i}\boldsymbol{x}_s$$

$$\boldsymbol{By}_t=\mu_t\boldsymbol{y}_t\Rightarrow\boldsymbol{B}^{j}\boldsymbol{y}_t=\mu_t^{j}\boldsymbol{y}_t$$

所以

$$\begin{aligned}f(\boldsymbol{A},\boldsymbol{B})\boldsymbol{x}_s\otimes\boldsymbol{y}_t&=\sum_{i,j=0}^{p}(a_{ij}\boldsymbol{A}^{i}\otimes\boldsymbol{B}^{j})(\boldsymbol{x}_s\otimes\boldsymbol{y}_t)=\sum_{i,j=0}^{p}a_{ij}(\boldsymbol{A}^{i}\otimes\boldsymbol{B}^{j})(\boldsymbol{x}_s\otimes\boldsymbol{y}_t)\\&=\sum_{i,j=0}^{p}a_{ij}(\boldsymbol{A}^{i}x_s\otimes\boldsymbol{B}^{j}y_t)=\sum_{i,j=0}^{p}a_{ij}(\lambda_s^{i}\mu_t^{j}\boldsymbol{x}_s\otimes y_t)=f(\lambda_s,\mu_t)\boldsymbol{x}_s\otimes\boldsymbol{y}_t\end{aligned}$$

推论 A1 $\boldsymbol{A}\otimes\boldsymbol{B}$ 的特征值为 $\lambda_s+\mu_t(s=1,2,\cdots,n,t=1,2,\cdots,m)$，特征向量为 $\boldsymbol{x}_s\otimes\boldsymbol{y}_t$。

证明： 若取 $f(x,y)=x+y$，即 $f(x,y)=xy^0+x^0y$，则

$$f(\boldsymbol{A},\boldsymbol{B})=\boldsymbol{A}\otimes\boldsymbol{I}_m+\boldsymbol{I}_n\otimes\boldsymbol{B} \tag{A-31}$$

应用定理 A2,可得以下推论。

推论 A2 $\boldsymbol{A}\otimes\boldsymbol{I}_m+\boldsymbol{I}_n\otimes\boldsymbol{B}$ 的特征值为 $\lambda_s+\mu_t(s=1,2,\cdots,n,t=1,2,\cdots,m)$,特征向量为:

$$\boldsymbol{x}_s\otimes\boldsymbol{y}_t \tag{A-32}$$

矩阵 $\boldsymbol{A}\otimes\boldsymbol{I}_m+\boldsymbol{I}_n\otimes\boldsymbol{B}$ 称为 $\boldsymbol{A},\boldsymbol{B}$ 的克罗尼克和,记为 $\boldsymbol{A}\oplus\boldsymbol{B}$。

定义 A2 设 $\boldsymbol{A}\in\mathbb{R}^{n\times m}$,将 $\boldsymbol{A}$ 的各行依次按列纵排得到 nm 维列向量,这种运算称为 $\boldsymbol{A}$ 的拉直,记为 $\mathrm{Vec}(\boldsymbol{A})$,即

$$\mathrm{Vec}(\boldsymbol{A})=(a_{11},a_{12},\cdots,a_{1m},a_{21},a_{22},\cdots,a_{2m},\cdots,a_{n1},a_{n2},\cdots,a_{nm})^{\mathrm{T}} \tag{A-33}$$

命题 A1 拉直算子是线性的,

① $\mathrm{Vec}(\boldsymbol{A}+\boldsymbol{B})=\mathrm{Vec}(\boldsymbol{A})+\mathrm{Vec}(\boldsymbol{B})$;

② $\mathrm{Vec}(k\boldsymbol{A})=k\mathrm{Vec}(\boldsymbol{A})$。

命题 A2 对于矢量 $\boldsymbol{x},\boldsymbol{y}$ 及矩阵 $\boldsymbol{A}$,下列关系式成立:

① $\mathrm{Vec}(\boldsymbol{x}\boldsymbol{y}^{\mathrm{T}})=\boldsymbol{x}\otimes\boldsymbol{y}$;

② $\mathrm{Vec}(\boldsymbol{E}_{ij})=\boldsymbol{e}_i\otimes\boldsymbol{e}_j$,其中 $\boldsymbol{e}_i$ 表示第 i 个元素为 1,其他元素都是 0 的列向量;

③ $\mathrm{Vec}(\boldsymbol{A}\boldsymbol{e}_i)=\boldsymbol{A}\boldsymbol{e}_i=(a_{1i},a_{2i},\cdots,a_{ni})^{\mathrm{T}}$;

④ $\mathrm{Vec}(\boldsymbol{e}_j\boldsymbol{A})=(a_{j1},a_{j2},\cdots,a_{jm})^{\mathrm{T}}$。

定理 A3 令 $\boldsymbol{A}\in\mathbb{R}^{n\times p},\boldsymbol{X}\in\mathbb{R}^{p\times q},\boldsymbol{B}\in\mathbb{R}^{q\times m}$,则

$$\mathrm{Vec}(\boldsymbol{AXB})=\mathrm{Vec}(\boldsymbol{A}\otimes\boldsymbol{B}^{\mathrm{T}})\mathrm{Vec}(\boldsymbol{X})=\mathrm{Vec}(\boldsymbol{C}) \tag{A-34}$$

证明: 第一步先证明

$$\begin{aligned}\mathrm{Vec}(\boldsymbol{A}\boldsymbol{E}_{ij}\boldsymbol{B})&=\mathrm{Vec}(\boldsymbol{A}\boldsymbol{e}_i\boldsymbol{e}_j^{\mathrm{T}}\boldsymbol{B})=\mathrm{Vec}[\boldsymbol{A}\boldsymbol{e}_i(\boldsymbol{B}^{\mathrm{T}}\boldsymbol{e}_j)^{\mathrm{T}}]\\&=\boldsymbol{A}\,\boldsymbol{e}_i\otimes\boldsymbol{B}^{\mathrm{T}}\boldsymbol{e}_j=(\boldsymbol{A}\otimes\boldsymbol{B}^{\mathrm{T}})(\boldsymbol{e}_i\otimes\boldsymbol{e}_j)=(\boldsymbol{A}\otimes\boldsymbol{B}^{\mathrm{T}})\mathrm{Vec}(\boldsymbol{E}_{ij})\end{aligned}$$

其次,由于

$$\boldsymbol{B}=(b_{ij})=\sum_{i=1}^{q}\sum_{j=1}^{m}b_{ij}\boldsymbol{E}_{ij}$$

所以

$$\begin{aligned}\mathrm{Vec}(\boldsymbol{AXB})&=\mathrm{Vec}(\boldsymbol{A}\sum_{i=1}^{q}\sum_{j=1}^{m}x_{ij}\boldsymbol{E}_{ij}\boldsymbol{B}^{T})=\mathrm{Vec}(\sum_{i=1}^{q}\sum_{j=1}^{m}x_{ij}(\boldsymbol{A}\boldsymbol{E}_{ij}\boldsymbol{B}^{\mathrm{T}}))\\&=(\sum_{i=1}^{q}\sum_{j=1}^{m}x_{ij}(\boldsymbol{A}\otimes\boldsymbol{B}^{\mathrm{T}})\mathrm{Vec}(\boldsymbol{E}_{ij}))\\&=(\boldsymbol{A}\otimes\boldsymbol{B}^{\mathrm{T}})\sum_{i=1}^{q}\sum_{j=1}^{m}x_{ij}\mathrm{Vec}(\boldsymbol{E}_{ij})=(\boldsymbol{A}\otimes\boldsymbol{B}^{\mathrm{T}})\mathrm{Vec}(\boldsymbol{X})\end{aligned}$$

如果把 $\boldsymbol{X}$ 的列按顺序堆积起来,形成列向量 $\boldsymbol{x}$,则方程 $\boldsymbol{AXB}=\boldsymbol{C}$ 可以写为

$$\mathrm{Vec}(\boldsymbol{B}^{\mathrm{T}}\otimes\boldsymbol{A})\mathrm{Vec}(\boldsymbol{X})=\mathrm{Vec}(\boldsymbol{C}) \tag{A-35}$$

推论 A3 若 $\boldsymbol{A}\in\mathbb{R}^{n\times n},\boldsymbol{X}\in\mathbb{R}^{n\times m},\boldsymbol{B}\in\mathbb{R}^{m\times m}$,则

① $\mathrm{Vec}(\boldsymbol{AX})=(\boldsymbol{A}\otimes\boldsymbol{I}_m)\mathrm{Vec}(\boldsymbol{X})$;

② $\mathrm{Vec}(\boldsymbol{XB})=(\boldsymbol{I}_n\otimes\boldsymbol{B}^{\mathrm{T}})\mathrm{Vec}(\boldsymbol{X})$;

③ $\mathrm{Vec}(\boldsymbol{AX}+\boldsymbol{XB})=(\boldsymbol{A}\otimes\boldsymbol{I}_m+\boldsymbol{I}_n\otimes\boldsymbol{B}^{\mathrm{T}})\mathrm{Vec}(\boldsymbol{X})$。

考虑如下一类矩阵方程:

$$\boldsymbol{AX}+\boldsymbol{XB}=\boldsymbol{C} \tag{A-36}$$

其中 $\boldsymbol{A}\in\mathbb{R}^{n\times n},\boldsymbol{B}\in\mathbb{R}^{m\times m},\boldsymbol{C}\in\mathbb{R}^{n\times m}$ 是已知矩阵,矩阵 $\boldsymbol{X}\in\mathbb{R}^{n\times m}$ 为未知变量。

定理 A4　矩阵方程 $\boldsymbol{AX}+\boldsymbol{XB}=\boldsymbol{C}$ 有唯一解的充分必要条件是 $\boldsymbol{A}$ 与 $-\boldsymbol{B}$ 没有相同的特征根,即

$$\lambda_s+\mu_t\neq 0(s=1,2,\cdots,n,t=1,2,\cdots,m) \tag{A-37}$$

证明:利用推论 A3,式(A-36)等价于

$$(\boldsymbol{A}\otimes\boldsymbol{I}_m+\boldsymbol{I}_n\otimes\boldsymbol{B}^{\mathrm{T}})\mathrm{Vec}(\boldsymbol{X})=\mathrm{Vec}(\boldsymbol{C})$$

其有唯一解的分必要条件为$(\boldsymbol{A}\otimes\boldsymbol{I}_m+\boldsymbol{I}_n\otimes\boldsymbol{B}^{\mathrm{T}})$非奇异。而$(\boldsymbol{A}\otimes\boldsymbol{I}_m+\boldsymbol{I}_n\otimes\boldsymbol{B}^{\mathrm{T}})$的特征根为 $\lambda_s+\mu_t(s=1,2,\cdots,n,t=1,2,\cdots,m)$,因此$(\boldsymbol{A}\otimes\boldsymbol{I}_m+\boldsymbol{I}_n\otimes\boldsymbol{B}^{\mathrm{T}})$若非奇异当且仅当 $\lambda_s+\mu_t\neq 0(s=1,2,\cdots,n,t=1,2,\cdots,m)$。

证毕!

这个定理也间接证明了第 4 章中的引理 4.5.1。

定理 A5　考虑方程

$$\boldsymbol{X}+\boldsymbol{AXB}=\boldsymbol{C} \tag{A-37}$$

其中 $\boldsymbol{A}\in\mathbb{R}^{n\times n}$,$\boldsymbol{B}\in\mathbb{R}^{m\times m}$,$\boldsymbol{C}\in\mathbb{R}^{n\times m}$是已知矩阵,$\boldsymbol{A}$,$\boldsymbol{B}$ 的特征根分别是$\lambda_1,\lambda_2,\cdots,\lambda_n$ 与 $\mu_1,\mu_2,\cdots,\mu_n$,$\boldsymbol{X}\in\mathbb{R}^{n\times m}$为未知变量,则方程(A-37)有唯一解的充分必要条件为:

$$\lambda_s\mu_t\neq -1(s=1,2,\cdots,n,t=1,2,\cdots,m)。 \tag{A-38}$$

证明:我们有

$$\begin{aligned}&\mathrm{Vec}(\boldsymbol{X}+\boldsymbol{AXB})=\mathrm{Vec}(\boldsymbol{C})\\&\Rightarrow\mathrm{Vec}(\boldsymbol{I}_n\boldsymbol{X}\boldsymbol{I}_m+\boldsymbol{AXB})=\mathrm{Vec}(\boldsymbol{C})\\&\Rightarrow(\boldsymbol{I}_n\otimes\boldsymbol{I}_m+\boldsymbol{A}\otimes\boldsymbol{B}^{\mathrm{T}})\mathrm{Vec}(\boldsymbol{X})=\mathrm{Vec}(\boldsymbol{C})\end{aligned}$$

显然式(A-38)有解的充分必要条件为$(\boldsymbol{I}_n\otimes\boldsymbol{I}_m+\boldsymbol{A}\otimes\boldsymbol{B}^{\mathrm{T}})$是非奇异的,即$(\boldsymbol{I}_n\otimes\boldsymbol{I}_m+\boldsymbol{A}\otimes\boldsymbol{B}^{\mathrm{T}})$中不可能有零特征值。$(\boldsymbol{I}_n\otimes\boldsymbol{I}_m+\boldsymbol{A}\otimes\boldsymbol{B}^{\mathrm{T}})$的特征根为 $1+\lambda_s\mu_t$,即 $\lambda_s\mu_t\neq -1(s=1,2,\cdots,n,t=1,2,\cdots,m)$。

证毕!

附录 B　线性系统的能控性与能观性

能控性和能观性是由卡尔曼在 1960 年首次提出来的,是现代控制理论中两个基本的概念。

B1　时变系统的能控性

考虑时变系统的状态方程为:

$$\dot{\boldsymbol{x}}=\boldsymbol{A}(t)\boldsymbol{x}+\boldsymbol{B}(t)\boldsymbol{u} \tag{B-1}$$

假定初始时刻为 t_0,初始状态为 $\boldsymbol{x}_0\neq\boldsymbol{0}$,如果存在一个分段连续的输入 $\boldsymbol{u}$,能在有限时间区间$[t_0,t_f]$内,使系统由初始状态 $\boldsymbol{x}(t_0)$转移到坐标原点,则称此状态是 $\boldsymbol{x}(t_0)$是能控的。若系统的所有状态都是能控的,则称此系统是能控的。

对于线性时变系统来说,讨论能控性判据需要如下条件。

① 对于定义中的允许控制 $\boldsymbol{u}$,在数学上要求其元在$[t_0,t_f]$区间是绝对平方可积的,即

$$\int_{t_0}^{t_f} |u_j|^2 \mathrm{d}t < +\infty, j = 1,2,\cdots,r$$

这个限制条件是为了保证系统状态方程的解存在且唯一。事实上，任何一个分段连续的时间函数都是绝对平方可积的，上述对 $\boldsymbol{u}$ 的要求在工程上是容易保证的。

② 定义中的 t_f 是系统在允许控制作用下，由初始状态 $\boldsymbol{x}(t_0)$ 转移到目标状态（原点）的时刻。由于时变系统的状态转移与初始时刻 t_0 有关，所以对时变系统来说，t_f 和初始时刻 t_0 的选取有关。

③ 根据能控性定义，可以导出能控状态和控制作用之间的关系式。

设状态空间中的某一个非零点 $\boldsymbol{x}(t_0)$ 是能控状态，那么根据能控状态的定义必有

$$\boldsymbol{x}(t_f) = \boldsymbol{\Phi}(t_f, t_0)\boldsymbol{x}_0 + \int_{t_0}^{t_f} \boldsymbol{\Phi}(t_f, \tau)\boldsymbol{B}(\tau)\boldsymbol{u}(\tau)\mathrm{d}\tau = \boldsymbol{0}$$

即

$$\boldsymbol{x}_0 = -\boldsymbol{\Phi}^{-1}(t_f, t_0)\int_{t_0}^{t_f} \boldsymbol{\Phi}(t_f, \tau)\boldsymbol{B}(\tau)\boldsymbol{u}(\tau)\mathrm{d}\tau = -\int_{t_0}^{t_f} \boldsymbol{\Phi}(t_0, \tau)\boldsymbol{B}(\tau)\boldsymbol{u}(\tau)\mathrm{d}\tau \tag{B-2}$$

由上述关系式说明，如果系统在 t_0 时刻是能控的，则对于某个任意指定的非零状态 $\boldsymbol{x}(t_0)$，满足式(B-2)的 $\boldsymbol{u}$ 是存在的。

很容易验证，所有系统的能控状态构成一个子空间。

线性连续时变系统的能控性判据：若时变系统的状态方程如式(B-1)所示，则系统在 $[t_0, t_f]$ 上状态完全能控的充分必要条件是格拉姆矩阵

$$\boldsymbol{W}_c(t_0, t_f) = \int_{t_0}^{t_f} \boldsymbol{\Phi}(t_0, t)\boldsymbol{B}(t)\boldsymbol{B}^{\mathrm{T}}(t)\boldsymbol{\Phi}^{\mathrm{T}}(t_0, t)\mathrm{d}t \tag{B-3}$$

为正定非奇异的。

例 B1 试判别下列系统的能控性：

$$\begin{pmatrix} \dot{x}_1 \\ \dot{x}_2 \end{pmatrix} = \begin{pmatrix} 0 & t \\ 0 & 0 \end{pmatrix}\begin{pmatrix} x_1 \\ x_2 \end{pmatrix} + \begin{pmatrix} 0 \\ 1 \end{pmatrix}u$$

解： ① 首先求系统的状态转移矩阵，考虑到该系统的系统矩阵 $\boldsymbol{A}(t)$ 满足

$$\boldsymbol{A}(t_1)\boldsymbol{A}(t_2) = \boldsymbol{A}(t_2)\boldsymbol{A}(t_1)$$

故状态转移矩阵 $\boldsymbol{\Phi}(0, t)$ 可写成封闭形式：

$$\boldsymbol{\Phi}(0,t) = 1 + \int_t^0 \begin{pmatrix} 0 & \tau \\ 0 & 0 \end{pmatrix}\mathrm{d}\tau + \frac{1}{2!}\left\{\int_{t_0}^{t_f} \begin{pmatrix} 0 & \tau \\ 0 & 0 \end{pmatrix}\mathrm{d}\tau\right\}^2 + \cdots = \begin{pmatrix} 1 & -\frac{1}{2}t^2 \\ 0 & 1 \end{pmatrix}$$

② 计算能控性判别阵 $\boldsymbol{W}_c(0, t_f)$：

$$\boldsymbol{W}_c(0, t_f) = \int_0^{t_f} \begin{pmatrix} 1 & -\frac{1}{2}t^2 \\ 0 & 1 \end{pmatrix}\begin{pmatrix} 0 \\ 1 \end{pmatrix}(0 \quad 1)\begin{pmatrix} 1 & 0 \\ -\frac{1}{2}t^2 & 1 \end{pmatrix}\mathrm{d}t$$

$$= \begin{pmatrix} \frac{1}{20}t_f^5 & -\frac{1}{6}t_f^3 \\ -\frac{1}{6}t_f^3 & t_f \end{pmatrix}\mathrm{d}t$$

③ 判别 $\boldsymbol{W}_c(0, t_f)$ 是不是非奇异：

$$\det \boldsymbol{W}_c(0, t_f) = \frac{1}{20}t_f^6 - \frac{1}{36}t_f^6 = \frac{1}{45}t_f^6$$

当 $t_f>0$ 时，$\det \boldsymbol{W}_c(0,t_f)>0$，所以系统在$[0,t_f]$上是能控的。

上面介绍的方法要计算状态转移矩阵，但是时变系统的状态转移矩阵非常难求，因此上述方法就难实现。下面介绍一种较为实用的判别准则，该准则只需利用 $\boldsymbol{A}(t)$和 $\boldsymbol{B}(t)$阵的信息就可判别能控性。

设系统的状态方程为：

$$\dot{\boldsymbol{x}}=\boldsymbol{A}(t)x+\boldsymbol{B}(t)\boldsymbol{u}$$

$\boldsymbol{A}(t)$和 $\boldsymbol{B}(t)$的元对时间分别是$(n-2)$和$(n-1)$次连续可微的，记为：

$$\boldsymbol{B}_1(t)=\boldsymbol{B}(t)$$

$$\boldsymbol{B}_i(t)=-\boldsymbol{A}(t)\boldsymbol{B}_{i-1}(t)+\dot{\boldsymbol{B}}_{i-1}(t)\quad i=2,3,\cdots,n$$

令

$$\boldsymbol{Q}_c(t)\equiv[\boldsymbol{B}_1(t),\boldsymbol{B}_2(t),\cdots,\boldsymbol{B}_n(t)]$$

如果存在某个时刻 $t_f>0$，使得

$$\operatorname{rank}[\boldsymbol{Q}_c(t_f)]=n$$

则该系统在$[0,t_f]$上是状态完全能控的。必须注意，这是一个充分条件，即不满足这个条件的系统，并不一定是不能控的。

例 B2 判别例 B1 系统的能控性。

解： 可知

$$\boldsymbol{B}_1=\boldsymbol{B}=\begin{pmatrix}0\\1\end{pmatrix}$$

$$\boldsymbol{B}_2=-\boldsymbol{A}(t)\boldsymbol{B}_1(t)+\dot{\boldsymbol{B}}_1(t)=\begin{pmatrix}0 & t\\0 & 0\end{pmatrix}\begin{pmatrix}0\\1\end{pmatrix}=\begin{pmatrix}-t\\0\end{pmatrix}$$

$$\boldsymbol{Q}_c(t)=(\boldsymbol{B}_1(t)\quad \boldsymbol{B}_2(t))=\begin{pmatrix}0 & -t\\1 & 0\end{pmatrix}$$

求得 $\operatorname{rank}[\boldsymbol{Q}_c(t)]=t$。

显然，$t\neq0$，$\operatorname{rank}[\boldsymbol{Q}_c(t)]=n=2$，所以系统在时间区间$[0,t]$上是状态完全能控的。

B2 线性定常系统的能控性及其判据

定常系统是时变系统的特殊情况。但是定常系统的能控性具有比时变情形更好的特点：能控性不依赖初始时刻，有更易于验证的方法。以下直接写出为定常系统的能控性判据。

判据 B1 对多输入系统，其状态方程为：

$$\dot{\boldsymbol{x}}=\boldsymbol{A}\boldsymbol{x}+\boldsymbol{B}\boldsymbol{u}\tag{B-4}$$

其中，$\boldsymbol{B}$ 为 $n\times r$ 阶矩阵，$\boldsymbol{u}$ 为 r 维列矢量。

系统能控的充分必要条件是

$$\operatorname{rank}(\boldsymbol{B}\quad \boldsymbol{A}\boldsymbol{B}\quad \boldsymbol{A}^2\boldsymbol{B}\quad \cdots\quad \boldsymbol{A}^{n-1}\boldsymbol{B})=n\tag{B-5}$$

判据 B2(Popov-Belevitch-Hautus 判据，PBH 判据) 定常线性系统(B-4)完全能控的充分必要条件是

$$\operatorname{rank}(\lambda\boldsymbol{I}-\boldsymbol{A},\boldsymbol{B})=n,\ \forall\lambda\in\{\boldsymbol{A}\text{ 的特征根集合}\}\tag{B-6}$$

B3 时变线性系统的能观性

能观性所表示的是输出 $\boldsymbol{y}(t)$ 反映状态矢量 $\boldsymbol{x}(t)$ 的能力，与控制作用没有直接关系，所以分析能观性问题时，只需从齐次状态方程和输出方程出发，即

$$\begin{cases}\dot{\boldsymbol{x}}=\boldsymbol{A}(t)\boldsymbol{x}, \quad \boldsymbol{x}(t_0)=\boldsymbol{x}_0 \\ \boldsymbol{y}=\boldsymbol{C}(t)\boldsymbol{x}\end{cases} \tag{B-7}$$

其中 $\boldsymbol{A}(t)\in\mathbb{R}^{n\times n}$，$\boldsymbol{C}(t)\in\mathbb{R}^{p}$。如果在有限观测时间 $[t_0,t_f]$，使得根据期间的输出 $\boldsymbol{y}(t)$ 能唯一地确定系统在初始时刻的状态 $\boldsymbol{x}(t_0)$，则称状态 $\boldsymbol{x}(t_0)$ 是能观测的。若系统的每一个状态都是能观测的，则称系统是状态完全能观测的，或简称是能观的。对于时变系统来说，能观性与初始时刻 t_0 的选择有关。

系统的一个状态 $\boldsymbol{x}(t_0)$ 是不能观测的，如果

$$\boldsymbol{C}(t)\boldsymbol{\Phi}(t,t_0)\boldsymbol{x}(t_0)\equiv\boldsymbol{0}, \quad t\in[t_0,t_f] \tag{B-8}$$

可以验证，若对系统作线性非奇异变换，不改变其能观测性。而且系统的不能观状态可构成一个子空间。

时变系统

$$\begin{cases}\dot{\boldsymbol{x}}=\boldsymbol{A}(t)\boldsymbol{x} \\ \boldsymbol{y}=\boldsymbol{C}(t)\boldsymbol{x}\end{cases} \tag{B-9}$$

在 $[t_0,t_f]$ 上状态完全能观测的充分必要条件是格拉姆矩阵

$$\boldsymbol{W}_0(t_0,t_f)=\int_{t_0}^{t_f}\boldsymbol{\Phi}^{\mathrm{T}}(t,t_0)\boldsymbol{C}^{\mathrm{T}}(t)\boldsymbol{C}(t)\boldsymbol{\Phi}(t,t_0)\,\mathrm{d}t \tag{B-10}$$

是非奇异的。

例 B3 系统(B-7)中 $\boldsymbol{A}(t)$ 阵和 $\boldsymbol{C}(t)$ 阵分别为：

$$\boldsymbol{A}(t)=\begin{pmatrix}t & 1 & 0\\ 0 & t & 0\\ 0 & 0 & t^2\end{pmatrix}, \quad \boldsymbol{C}(t)=(1 \quad 0 \quad 1)$$

试判别其能观性。

解：

$$\boldsymbol{C}_1=\boldsymbol{C}=(1 \quad 0 \quad 1)$$

$$\boldsymbol{C}_2=\boldsymbol{C}_1\boldsymbol{A}(t)+\dot{\boldsymbol{C}}_1=(t \quad 1 \quad t^2)$$

$$\boldsymbol{C}_3=\boldsymbol{C}_2\boldsymbol{A}(t)+\dot{\boldsymbol{C}}_2=(t^2+1 \quad 2t \quad t^4+2t)$$

$$R(t)\equiv\begin{pmatrix}C_1\\ C_2\\ C_3\end{pmatrix}=\begin{pmatrix}1 & 0 & 1\\ t & 1 & t^2\\ t^2+1 & 2t & t^4+2t\end{pmatrix}$$

容易判别 $t>0$，$\mathrm{rank}\,\boldsymbol{R}(t)=3=n$，所以该系统在 $t>0$ 时间区间上是状态完全能观测的。

必须注意，该方法只是一个充分条件，若系统不满足所述条件，并不能得出该系统是不能观测的结论。

B4 线性定常系统的能观性判据

考虑如下线性定常系统：

$$\begin{cases}\dot{\boldsymbol{x}}=\boldsymbol{A}\boldsymbol{x}\\ \boldsymbol{y}=\boldsymbol{C}\boldsymbol{x}\end{cases}\tag{B-11}$$

其中 $\boldsymbol{A}(t)\in\mathbb{R}^{n\times n}$,$\boldsymbol{C}(t)\in\mathbb{R}^{p}$ 是常数矩阵。除了能观格兰姆矩阵非奇异的判据外,还有如下能观性判据。

判据 B3 对多输入多输出系统(B-11)系统能观的充分必要条件是

$$\operatorname{rank}\begin{bmatrix}\boldsymbol{C}\\ \boldsymbol{CA}\\ \vdots\\ \boldsymbol{CA}^{n-1}\end{bmatrix}=n\tag{B-12}$$

判据 B2(PBH 判据) 定常线性系统(B-11)完全能观测的充分必要条件是

$$\operatorname{rank}\begin{pmatrix}\boldsymbol{C}\\ \lambda\boldsymbol{I}-\boldsymbol{A}\end{pmatrix}=n,\quad \forall\lambda\in\{\boldsymbol{A}\text{ 的特征根}\}\tag{B-13}$$

B5 单输入单输出控制系统的实现

这里只给出单输入单输出系统的能控与能观标准型实现。对于多输入多输出定常线性系统的状态空间实现问题,有兴趣的读者可以参看文献[70]。

给定如下传递函数

$$G(s)=\frac{b_{n-1}s^{n-1}+b_{n-2}s^{n-2}+\cdots+b_0}{s^n+a_{n-1}s^{n-1}+\cdots+a_0}\tag{B-14}$$

则能控标准型为:

$$\begin{aligned}\dot{\boldsymbol{x}}&=\boldsymbol{A}_c\boldsymbol{x}+\boldsymbol{b}_c\boldsymbol{u}\\ \boldsymbol{y}&=\boldsymbol{c}_c\boldsymbol{x}\end{aligned}\tag{B-15}$$

其中

$$\boldsymbol{A}_c=\begin{bmatrix}0&1&0&\cdots&0\\0&0&1&\cdots&0\\0&0&0&\cdots&0\\ \vdots&\vdots&\vdots&&\vdots\\-a_0&-a_1&-a_2&\cdots&-a_{n-1}\end{bmatrix},\quad \boldsymbol{b}_c=\begin{bmatrix}0\\0\\0\\ \vdots\\1\end{bmatrix},\quad \boldsymbol{c}_c=(b_0\quad b_1\quad b_2\quad\cdots\quad b_{n-1})\tag{B-16}$$

能观标准型为:

$$\begin{cases}\dot{\boldsymbol{x}}=\boldsymbol{A}_0\boldsymbol{x}+\boldsymbol{b}_0\boldsymbol{u}\\ \boldsymbol{y}=\boldsymbol{c}_0\boldsymbol{x}\end{cases}\tag{B-17}$$

其中

$$\boldsymbol{A}_o=\begin{bmatrix}0&0&0&\cdots&-a_1\\1&0&0&\cdots&-a_2\\0&1&0&\cdots&-a_3\\ \vdots&\vdots&\vdots&&\vdots\\0&0&0&\cdots&-a_{n-1}\end{bmatrix},\quad \boldsymbol{b}_o=\begin{bmatrix}b_0\\b_1\\b_2\\ \vdots\\b_{n-1}\end{bmatrix},\quad \boldsymbol{c}_0=(0\quad 0\quad 0\quad\cdots\quad 1)\tag{B-18}$$

如果传递函数的分子与分母没有公因式,则能控标准型也是能观测的,能观标准型也是能控的。

附录C　概率论与随机过程

设有任一随机试验，它的基本事件空间为 $\boldsymbol{\Omega}=(\omega)$，如果对每一 $\omega\in\boldsymbol{\Omega}$，有一实数 $\xi(\omega)$ 和它对应，我们就得到一个定义在 $\boldsymbol{\Omega}=(\omega)$ 上的实值函数 $\xi(\omega)$。

考虑对集合 $\boldsymbol{\Omega}=(\omega)$ 的随机实验结果。$\boldsymbol{\Omega}=(\omega)$ 的任何子集 $\boldsymbol{A}_i$ 都被称为一个事件。令 $\boldsymbol{\Sigma}=\{A_i\}$ 是 $\boldsymbol{\Omega}$ 中所有事件的集合。对于每个事件 $\boldsymbol{A}$，我们可以定义事件的补，记为 $\boldsymbol{A}^{\mathrm{C}}\in\boldsymbol{\Sigma}$，则 $(\boldsymbol{A}^{\mathrm{C}})^{\mathrm{C}}=\boldsymbol{A}$，$\boldsymbol{\Omega}^{\mathrm{C}}=\boldsymbol{\Theta}$，$\boldsymbol{\Theta}^{\mathrm{C}}=\boldsymbol{\Omega}$，$\boldsymbol{\Theta}$ 为空集。

对每一对 $\boldsymbol{A},\boldsymbol{B}\in\boldsymbol{\Sigma}$，如果 $\boldsymbol{A}\cap\boldsymbol{B}=\boldsymbol{\Theta}$，则 $\boldsymbol{A},\boldsymbol{B}\in\boldsymbol{\Sigma}$ 不相交。$\{\boldsymbol{F},\cup,\cap\}$ 构成一个代数域。当 $\boldsymbol{\Sigma}$ 有可数无限序列时，对于所有事件 $\{\boldsymbol{A}_{\mathrm{i}}\}$，若 $\cap_I\boldsymbol{A}_i\in\boldsymbol{\Sigma}$，$\cup_I\boldsymbol{A}_i\in\boldsymbol{\Sigma}$，则 $\boldsymbol{\Sigma}$ 被称为波莱尔域。

定义 C1　如果 $\boldsymbol{\Sigma}$ 是一个波莱尔域，那么映射 $P:\boldsymbol{\Sigma}\to\mathbb{R}$ 被称为一个概率测度当且仅当

① $0\leqslant P(\boldsymbol{A})\leqslant 1,\ \forall\boldsymbol{A}\in\boldsymbol{\Sigma}$；

② $P(\boldsymbol{\Omega})=1$；

③ 对于所有两两不相交事件的集合 $\{\boldsymbol{A}_{\mathrm{i}}\}$，$\mathrm{Pr}(\cup_I\boldsymbol{A}_i)=\sum\limits_i P(\boldsymbol{A}_i)$；　(C-1)

④ 如果每一个 $n\geqslant 1$ 事件的结果满足 $\boldsymbol{A}_n\subset\boldsymbol{A}_{n-1}\subset\cdots\subset\boldsymbol{A}_2\subset\boldsymbol{A}_1$，$\cap_I\boldsymbol{A}_i=\boldsymbol{\Theta}$，那么 $\lim\limits_{n\to\infty}P(\boldsymbol{A}_n)=0$。

如果 $P(\boldsymbol{A})$ 的值可确定，那么称集合 $\boldsymbol{A}$ 可测。如果 $\boldsymbol{A}_1\subset\boldsymbol{A}_2$，则 $P(\boldsymbol{A}_1)\leqslant P(\boldsymbol{A}_2)$。我们也可以表示为

$$P(\boldsymbol{A}_1)+P(\boldsymbol{A}_2)=P(\boldsymbol{A}_1\cup\boldsymbol{A}_2)+P(\boldsymbol{A}_1\cap\boldsymbol{A}_2)$$

最后，我们可以得到可加性性质。对任一集合 $\{\boldsymbol{A}_i\}$ 满足 $P(\cup_I\boldsymbol{A}_i)\leqslant\sum\limits_i P(\boldsymbol{A}_i)$。特别地，若 $\{\boldsymbol{A}_i\}$ 两两不相交则 $P(\cup_I\boldsymbol{A}_i)=\sum\limits_i P(\boldsymbol{A}_i)$。

定义 C2　令 $\boldsymbol{\Omega}=(\omega)$ 为随机实验结果，$\boldsymbol{\Sigma}$ 为 $\boldsymbol{\Omega}=(\omega)$ 上一个波莱尔域，Pr 为 $\boldsymbol{\Omega}=(\omega)$ 上的概率测度，那么 $(\boldsymbol{\Omega},\boldsymbol{\Sigma},\mathrm{Pr})$ 是一个概率空间。

令 $\xi:\boldsymbol{\Omega}\to\mathbb{R}$ 是定义在 $\boldsymbol{\Omega}$ 上的实函数，如果存在一个概率测度 P，使所有的 x 和任意的 $\omega\in\boldsymbol{\Omega}$，$P(\xi(\omega)\leqslant x)$ 都可以被定义，那么 ξ 是一个随机变量。

随机变量 $\xi(\omega)$ 并不是自变量，它是 ω 的函数，自变量是 ω。在没有必要强调 ω 时，常省去 ω，而记 $\xi(\omega)$ 为 ξ，$(\xi(\omega)\leqslant x)$ 为 $(\xi\leqslant x)$ 等。

函数 $F(x)=P(\xi(\omega)\leqslant x)$ 称为 ξ 的分布函数。如果 $P(\xi(\omega)\leqslant x)$ 对所有 x 有定义，则 F 是可测的。分布函数单调非递减，右连续。它可以表示为 $\lim\limits_{x\to-\infty}F(x)=0$，$\lim\limits_{x\to\infty}F(x)=1$。

定义 C3　如果 $F(x)=\int_{-\infty}^{x}f(\lambda)\mathrm{d}\lambda$ 存在，则称 $F(x)$ 为 ξ 的分布函数，f 称为 ξ 的概率密度函数。

如果 $\xi_1,\xi_2,\cdots,\xi_n$ 是多个实随机变量，且属于同一 $(\boldsymbol{\Omega},\boldsymbol{\Sigma},P)$，那么函数

$$F(x_1,x_2,\cdots,x_n)=P(\xi_j\leqslant x_j,j=1,\cdots,n)=\int_{-\infty}^{x_1}\cdots\int_{-\infty}^{x_n}f(\lambda_1,\cdots,\lambda_n)\mathrm{d}\lambda_1\cdots\mathrm{d}\lambda_n \quad \text{(C-2)}$$

称为 $\xi_1,\xi_2,\cdots,\xi_n$ 的多元分布函数或称联合分布函数，$f(x_1,x_2,\cdots,x_n)$ 称为多元分布密度函数或联合分布密度函数。

正态分布：n 维随机变量 $\xi_1,\xi_2,\cdots,\xi_n$ 服从一个正态分布，如果它们的联合分布密度函数满足

$$f(x_1,\cdots,x_n)=\frac{1}{(2\pi)^{\frac{n}{2}}\ |\boldsymbol{B}|^{\frac{1}{2}}}\mathrm{e}^{-\frac{1}{2}\sum\limits_{j,k=1}^{n}r_{jk}(x_j-a_j)(x_k-a_k)}$$

$$=\frac{1}{(2\pi)^{\frac{n}{2}}\ |\boldsymbol{B}|^{\frac{1}{2}}}\mathrm{e}^{-\frac{1}{2}(x-a)^{\mathrm{T}}B^{-1}(x-a)}\quad(\boldsymbol{x}\in\mathbb{R}^n)\tag{C-3}$$

其中 $\boldsymbol{B}\in\mathbb{R}^{n\times n}$ 是正定矩阵，$|\boldsymbol{B}|$ 表示 $\boldsymbol{B}$ 的行列式。简记分布为 $N(\boldsymbol{a},\boldsymbol{B})$。

定理 C1 对 $\boldsymbol{\xi}=(\xi_1,\xi_2,\cdots,\xi_n)^{\mathrm{T}}$ 服从于正态分布 $N(\boldsymbol{a},\boldsymbol{B})$，则存在一个 $n\times n$ 正交矩阵 $\boldsymbol{U}$，$\boldsymbol{U}^{-1}=\boldsymbol{U}^{\mathrm{T}}$，令

$$\boldsymbol{\eta}=\boldsymbol{U}(\boldsymbol{\xi}-\boldsymbol{a})\tag{C-4}$$

则 $\boldsymbol{\eta}$ 服从正态分布 $N(0,\boldsymbol{D})$，其中 $\boldsymbol{D}=\mathrm{diag}(\sqrt{d_1},\cdots,\sqrt{d_n})$，$d_i>0$。

证明： 在式(C-3)中，由于 $\boldsymbol{B}$ 是正定的，所以存在正交矩阵 $\boldsymbol{U}$，使得

$$\boldsymbol{UB}\,\boldsymbol{U}^{\mathrm{T}}=\boldsymbol{D}=\mathrm{diag}(d_1,\cdots,d_n)$$

代入式(C-3)，可以推得由 $\boldsymbol{\eta}$ 所定义的密度函数为：

$$f_\eta(y_1,\cdots,y_n)=\frac{1}{(2\pi)^{\frac{n}{2}}\ |\boldsymbol{D}|^{\frac{1}{2}}}\mathrm{e}^{-\frac{1}{2}(\boldsymbol{x}-\boldsymbol{a})^{\mathrm{T}}\boldsymbol{B}^{-1}(\boldsymbol{x}-\boldsymbol{a})}=\prod\nolimits_{j=1}^{n}\frac{1}{\sqrt{2\pi d_{\mathrm{j}}}}\mathrm{e}^{-\frac{y_j^2}{2d_j}}\tag{C-5}$$

由此推出 η_j 的密度函数为$\frac{1}{\sqrt{2\pi d_{\mathrm{j}}}}\mathrm{e}^{-\frac{y_j^2}{2d_j}}$，因此

$$f_{\boldsymbol{\eta}}(y_1,\cdots,y_n)==\prod\nolimits_{j=1}^{n}F_{\eta_j}(y_j)\tag{C-6}$$

从而得出了 $\boldsymbol{\xi}=(\xi_1,\xi_2,\cdots,\xi_n)^{\mathrm{T}}$ 的独立性。

如果 $P(\xi\leqslant x_j,j=1,\cdots,n)=\prod_{i=1}^{n}\Pr(\xi\leqslant x_j)$，则实随机变量集合 $\xi_1,\xi_2,\cdots,\xi_n$ 是统计独立的。换句话说，如果我们能将多元分布函数表示为 $F(x_1,x_2,\cdots,x_n)=\prod_{i=1}^{n}F(x_i)$，那么随机变量就是统计独立的。

对于 $\boldsymbol{A},\boldsymbol{B}\in\boldsymbol{\Sigma}$，可以定义当 $\boldsymbol{B}$ 发生时，$\boldsymbol{A}$ 的条件概率如下：

$$P(\boldsymbol{A}|\boldsymbol{B})=\frac{P(\boldsymbol{AB})}{P(\boldsymbol{B})},\quad P(\boldsymbol{B})>0\tag{C-7}$$

设 $\boldsymbol{\xi}=(\xi_1,\cdots\xi_n)^{\mathrm{T}}$，$\boldsymbol{\eta}=(\eta_1,\cdots\eta_m)^{\mathrm{T}}$ 为两个随机矢量，假如 $P(\boldsymbol{\xi}\in\boldsymbol{C})>0$，则可以定义条件分布函数如下：

$$P(\eta_1\leqslant y_1,\cdots,\eta_m\leqslant y_m|\boldsymbol{\xi}=\boldsymbol{C})=\frac{P(\boldsymbol{\eta}\leqslant\boldsymbol{y},\boldsymbol{\xi}=\boldsymbol{C})}{P(\boldsymbol{\xi}=\boldsymbol{C})}\tag{C-8}$$

假设 $f(\boldsymbol{x},\boldsymbol{y})$ 表示 $\boldsymbol{\xi},\boldsymbol{\eta}$ 的联合分布密度函数 如果 $\boldsymbol{C}$ 是单点集，则条件分布函数可以写成

$$F(\boldsymbol{y}\mid\boldsymbol{x})=P(\eta_1\leqslant y_1,\cdots,\eta_m\leqslant y_m\mid\xi_1=x_1,\cdots,\xi_n=x_n)$$

$$=\frac{\int_{-\infty}^{y_1}\cdots\int_{-\infty}^{y_m}f(\boldsymbol{x},z_1,\cdots,z_n)\mathrm{d}z_1\cdots\mathrm{d}z_n}{\int_{-\infty}^{\infty}\cdots\int_{-\infty}^{\infty}f(\boldsymbol{x},z_1,\cdots,z_n)\mathrm{d}z_1\cdots\mathrm{d}z_n}\tag{C-9}$$

所以条件概率密度函数为：

$$f(\boldsymbol{y}\mid\boldsymbol{x})=\frac{f(\boldsymbol{x},z_1,\cdots,z_n)}{\int_{-\infty}^{\infty}\cdots\int_{-\infty}^{\infty}f(\boldsymbol{x},z_1,\cdots,z_n)\mathrm{d}z_1\cdots\mathrm{d}z_n}\tag{C-10}$$

特别地，当两组随机变量都是正态分布，并且它们的联合分布也是正态分布时，则它们的条件分布也是正态分布，如例 C1 所示。

例 C1 设 $\boldsymbol{x}^{\mathrm{T}}=(\boldsymbol{x}_1^{\mathrm{T}},\boldsymbol{x}_2^{\mathrm{T}})$，$\boldsymbol{x}_1$ 为 n_1 维正态随机向量，$\boldsymbol{x}_2$ 为 n_2 维正态随机向量，$n_1+n_2=n$，

$\boldsymbol{x}$ 的联合概率密度函数为：

$$f(\boldsymbol{x}_1,\boldsymbol{x}_2)=\frac{1}{(2\pi)^{\frac{n}{2}}\left|\boldsymbol{B}\right|^{\frac{1}{2}}}\mathrm{e}^{-\frac{1}{2}((\boldsymbol{x}_1-\boldsymbol{\mu}_1)^{\mathrm{T}},(\boldsymbol{x}_2-\boldsymbol{\mu}_2)^{\mathrm{T}})\boldsymbol{B}^{-1}\begin{pmatrix}\boldsymbol{x}_1-\boldsymbol{\mu}_1\\ \boldsymbol{x}_2-\boldsymbol{\mu}_2\end{pmatrix}} \tag{C-11}$$

求 $f(\boldsymbol{x}_1|\boldsymbol{x}_2)$。

解：记

$$\boldsymbol{B}=\begin{pmatrix}\boldsymbol{B}_{11} & \boldsymbol{B}_{12}\\ \boldsymbol{B}_{12}^{\mathrm{T}} & \boldsymbol{B}_{22}\end{pmatrix},\quad \det\boldsymbol{B}_{22}>0$$

则 $\boldsymbol{x}_2$ 的概率密度函数为：

$$f(\boldsymbol{x}_2)==\frac{1}{(2\pi)^{\frac{n_2}{2}}\left|\boldsymbol{B}_{22}\right|^{\frac{1}{2}}}\mathrm{e}^{-\frac{1}{2}(\boldsymbol{x}_2-\boldsymbol{\mu}_2)^{\mathrm{T}}\boldsymbol{B}_{22}^{-1}(\boldsymbol{x}_2-\boldsymbol{\mu}_2)} \tag{C-12}$$

由于

$$\begin{pmatrix}\boldsymbol{I}_{n_1} & -\boldsymbol{B}_{12}\boldsymbol{B}_{22}^{-1}\\ \boldsymbol{0} & \boldsymbol{I}_{n_2}\end{pmatrix}\begin{pmatrix}\boldsymbol{B}_{11} & \boldsymbol{B}_{12}\\ \boldsymbol{B}_{12}^{\mathrm{T}} & \boldsymbol{B}_{22}\end{pmatrix}\begin{pmatrix}\boldsymbol{I}_{n_1} & \boldsymbol{0}\\ -\boldsymbol{B}_{22}^{-1}\boldsymbol{B}_{12}^{\mathrm{T}} & \boldsymbol{I}_{n_2}\end{pmatrix}=\begin{pmatrix}\boldsymbol{B}_{11}-\boldsymbol{B}_{12}\boldsymbol{B}_{22}^{-1}\boldsymbol{B}_{12}^{\mathrm{T}} & \boldsymbol{0}\\ \boldsymbol{0} & \boldsymbol{B}_{22}\end{pmatrix}$$

$$\begin{pmatrix}\boldsymbol{B}_{11} & \boldsymbol{B}_{12}\\ \boldsymbol{B}_{12}^{\mathrm{T}} & \boldsymbol{B}_{22}\end{pmatrix}=\begin{pmatrix}\boldsymbol{I}_{n_1} & -\boldsymbol{B}_{12}\boldsymbol{B}_{22}^{-1}\\ \boldsymbol{0} & \boldsymbol{I}_{n_2}\end{pmatrix}^{-1}\begin{pmatrix}\boldsymbol{B}_{11}-\boldsymbol{B}_{12}\boldsymbol{B}_{22}^{-1}\boldsymbol{B}_{12}^{\mathrm{T}} & \boldsymbol{0}\\ \boldsymbol{0} & \boldsymbol{B}_{22}\end{pmatrix}\begin{pmatrix}\boldsymbol{I}_{n_1} & \boldsymbol{0}\\ -\boldsymbol{B}_{22}^{-1}\boldsymbol{B}_{12}^{\mathrm{T}} & \boldsymbol{I}_{n_2}\end{pmatrix}^{-1} \tag{C-13}$$

$$\begin{pmatrix}\boldsymbol{B}_{11} & \boldsymbol{B}_{12}\\ \boldsymbol{B}_{12}^{\mathrm{T}} & \boldsymbol{B}_{22}\end{pmatrix}^{-1}=\begin{pmatrix}\boldsymbol{I}_{n_1} & \boldsymbol{0}\\ -\boldsymbol{B}_{22}^{-1}\boldsymbol{B}_{12}^{\mathrm{T}} & \boldsymbol{I}_{n_2}\end{pmatrix}\begin{pmatrix}(\boldsymbol{B}_{11}-\boldsymbol{B}_{12}\boldsymbol{B}_{22}^{-1}\boldsymbol{B}_{12}^{\mathrm{T}})^{-1} & \boldsymbol{0}\\ \boldsymbol{0} & \boldsymbol{B}_{22}^{-1}\end{pmatrix}\begin{pmatrix}\boldsymbol{I}_{n_1} & -\boldsymbol{B}_{12}\boldsymbol{B}_{22}^{-1}\\ \boldsymbol{0} & \boldsymbol{I}_{n_2}\end{pmatrix}$$

所以令$\overline{\boldsymbol{B}}_{11}=\boldsymbol{B}_{11}-\boldsymbol{B}_{12}\boldsymbol{B}_{22}^{-1}\boldsymbol{B}_{12}^{\mathrm{T}}$，

$$\det\boldsymbol{B}=\det\begin{pmatrix}\boldsymbol{B}_{11} & \boldsymbol{B}_{12}\\ \boldsymbol{B}_{12}^{\mathrm{T}} & \boldsymbol{B}_{22}\end{pmatrix}=\det(\boldsymbol{B}_{11}-\boldsymbol{B}_{12}\boldsymbol{B}_{22}^{-1}\boldsymbol{B}_{12}^{\mathrm{T}})\det\boldsymbol{B}_{22}=\det\overline{\boldsymbol{B}}_{11}\det\boldsymbol{B}_{22} \tag{C-14}$$

且

$$\begin{pmatrix}\boldsymbol{B}_{11} & \boldsymbol{B}_{12}\\ \boldsymbol{B}_{12}^{\mathrm{T}} & \boldsymbol{B}_{22}\end{pmatrix}^{-1}=\begin{pmatrix}\boldsymbol{I}_{n_1}\\ -\boldsymbol{B}_{22}^{-1}\boldsymbol{B}_{12}^{\mathrm{T}}\end{pmatrix}\overline{\boldsymbol{B}}_{11}^{-1}(\boldsymbol{I}_{n_1}\quad -\boldsymbol{B}_{12}\boldsymbol{B}_{22}^{-1})+\begin{pmatrix}\boldsymbol{0} & \boldsymbol{0}\\ \boldsymbol{0} & \boldsymbol{B}_{22}^{-1}\end{pmatrix} \tag{C-15}$$

将式(C-14)与式(C-15)代入式(C-11)，得

$$\begin{aligned}f(\boldsymbol{x}_1,\boldsymbol{x}_2)&=\frac{1}{(2\pi)^{\frac{n}{2}}\left|\boldsymbol{B}\right|^{\frac{1}{2}}}\mathrm{e}^{-\frac{1}{2}\left\{((\boldsymbol{x}_1-\boldsymbol{\mu}_1)^{\mathrm{T}},(\boldsymbol{x}_2-\boldsymbol{\mu}_2)^{\mathrm{T}})\boldsymbol{B}^{-1}\begin{pmatrix}\boldsymbol{x}_1-\boldsymbol{\mu}_1\\ \boldsymbol{x}_2-\boldsymbol{\mu}_2\end{pmatrix}\right\}}\\ &=\frac{1}{(2\pi)^{\frac{n_1}{2}}\left|\overline{\boldsymbol{B}}_{11}\right|^{\frac{1}{2}}}\mathrm{e}^{-\frac{1}{2}[\boldsymbol{x}_1-\boldsymbol{\mu}_1-\boldsymbol{B}_{12}\boldsymbol{B}_{22}^{-1}(\boldsymbol{x}_2-\boldsymbol{\mu}_2)]^{\mathrm{T}}\overline{\boldsymbol{B}}_{11}^{-1}[\boldsymbol{x}_1-\boldsymbol{\mu}_1-\boldsymbol{B}_{12}\boldsymbol{B}_{22}^{-1}(\boldsymbol{x}_2-\boldsymbol{\mu}_2)]}\cdot\\ &\quad\frac{1}{(2\pi)^{\frac{n_2}{2}}\left|\boldsymbol{B}_{22}\right|^{\frac{1}{2}}}\mathrm{e}^{-\frac{1}{2}(\boldsymbol{x}_2-\boldsymbol{\mu}_2)^{\mathrm{T}}\boldsymbol{B}_{22}^{-1}(\boldsymbol{x}_2-\boldsymbol{\mu}_2)}\end{aligned} \tag{C-16}$$

因此

$$f(\boldsymbol{x}_1|\boldsymbol{x}_2)=\frac{f(\boldsymbol{x}_1,\boldsymbol{x}_2)}{f(\boldsymbol{x}_2)}=\frac{1}{(2\pi)^{\frac{n_1}{2}}\left|\overline{\boldsymbol{B}}_{11}\right|^{\frac{1}{2}}}\mathrm{e}^{-\frac{1}{2}[\boldsymbol{x}_1-\boldsymbol{\mu}_1-\boldsymbol{B}_{12}\boldsymbol{B}_{22}^{-1}(\boldsymbol{x}_2-\boldsymbol{\mu}_2)]^{\mathrm{T}}\overline{\boldsymbol{B}}_{11}^{-1}[\boldsymbol{x}_1-\boldsymbol{\mu}_1-\boldsymbol{B}_{12}\boldsymbol{B}_{22}^{-1}(\boldsymbol{x}_2-\boldsymbol{\mu}_2)]} \tag{C-17}$$

这说明 $f(\boldsymbol{x}_1|\boldsymbol{x}_2)$仍然是正态分布。

下面将给出数学期望、方差与协方差等的定义。

(1) 数学期望

一个 n 维随机变量 $\boldsymbol{\xi}$ 的数学期望定义为：

$$\boldsymbol{\mu}_\xi(t)=E(\boldsymbol{\xi})=\int_{-\infty}^{\infty}\cdots\int_{-\infty}^{\infty}\boldsymbol{x}\mathrm{d}F(\boldsymbol{x})=\int_{-\infty}^{\infty}\cdots\int_{-\infty}^{\infty}\boldsymbol{x}f(x)\mathrm{d}x_1\cdots\mathrm{d}x_n \tag{C-18}$$

(2) 方差

一个 n 维随机变量 $\boldsymbol{\xi}$ 的方差为：

$$\begin{aligned}\operatorname{var}\boldsymbol{\xi}(t)&=E\{(\boldsymbol{\xi}-\boldsymbol{\mu}_\xi)(\boldsymbol{\xi}-\boldsymbol{\mu}_\xi)^{\mathrm{T}}\}\\&=\int_{-\infty}^{\infty}\cdots\int_{-\infty}^{\infty}(\boldsymbol{x}-\boldsymbol{\mu}_\xi)(\boldsymbol{x}-\boldsymbol{\mu}_\xi)^{\mathrm{T}}\mathrm{d}F(\boldsymbol{x})\end{aligned}\tag{C-19}$$

(3) 协方差

设有一个 n 维随机变量 $\boldsymbol{\xi}$ 与一个 m 维随机变量 $\boldsymbol{\eta}$，其联合分布函数为 $F(x_1,\cdots x_n,y_1,\cdots y_n)=F(\boldsymbol{x},\boldsymbol{y})$，则它们的协方差矩阵是一个 $n\times m$ 阶矩阵，定义为：

$$\begin{aligned}\operatorname{cov}(\boldsymbol{\xi},\boldsymbol{\eta})&=E\{(\boldsymbol{\xi}-\boldsymbol{\mu}_\xi)(\boldsymbol{\eta}-\boldsymbol{\mu}_\eta)^{\mathrm{T}}\}\\&=\int_{-\infty}^{\infty}\cdots\int_{-\infty}^{\infty}(\boldsymbol{x}-\boldsymbol{\mu}_\xi)(\boldsymbol{y}-\boldsymbol{\mu}_\eta)^{\mathrm{T}}\mathrm{d}F(\boldsymbol{x},\boldsymbol{y})\end{aligned}\tag{C-20}$$

如果 $\boldsymbol{\xi}$ 和 $\boldsymbol{\eta}$ 相互独立，则 $\operatorname{cov}(\boldsymbol{\xi},\boldsymbol{\eta})=\mathbf{0}$，但是 $\operatorname{cov}(\boldsymbol{\xi},\boldsymbol{\eta})=\mathbf{0}$ 并不能推出 $\boldsymbol{\xi}$ 和 $\boldsymbol{\eta}$ 相互独立，只能称 $\boldsymbol{\xi}$ 和 $\boldsymbol{\eta}$ 不相关。但是如果 $\boldsymbol{\xi}\in\mathbb{R}^n$，$\boldsymbol{\eta}\in\mathbb{R}^m$ 的联合分布是正态分布，则可以推出 $\boldsymbol{\xi}$ 和 $\boldsymbol{\eta}$ 相互独立。

关于均值、方差与协方差，易验证还满足如下运算规则：设 $\boldsymbol{\xi}$ 和 $\boldsymbol{\eta}$ 分别为 n 维、m 维随机向量，$\boldsymbol{A}$，$\boldsymbol{B}$ 分别为 $r\times n$、$r\times m$ 常数矩阵，则

$$E(\boldsymbol{A\xi}+\boldsymbol{B\eta})=\boldsymbol{A}\cdot E(\boldsymbol{\xi})+\boldsymbol{B}\cdot E(\boldsymbol{\eta})$$
$$\operatorname{var}(\boldsymbol{A\xi})=\boldsymbol{A}(\operatorname{var}\boldsymbol{\xi})\boldsymbol{A}^{\mathrm{T}}$$
$$\operatorname{cov}(\boldsymbol{A\xi},\boldsymbol{B\eta})=\boldsymbol{A}\operatorname{cov}(\boldsymbol{\xi},\boldsymbol{\eta})\boldsymbol{B}^{\mathrm{T}}$$
$$E(\boldsymbol{\xi\eta}^{\mathrm{T}})=\operatorname{cov}(\boldsymbol{\xi},\boldsymbol{\eta})+(E\boldsymbol{\xi})(E\boldsymbol{\eta})^{\mathrm{T}}$$

(4) 条件期望与条件方差

设 $\boldsymbol{\xi}$ 和 $\boldsymbol{\eta}$ 分别为 n 维、m 维随机向量，则在 $\boldsymbol{\eta}=\boldsymbol{y}$ 下，$\boldsymbol{\xi}$ 的条件期望与条件方差分别定义为：

$$E(\boldsymbol{\xi}|\boldsymbol{y})=\int_{-\infty}^{\infty}\boldsymbol{x}\mathrm{d}F(\boldsymbol{x}|\boldsymbol{y})$$

$$\begin{aligned}\operatorname{var}(\boldsymbol{\xi}|\boldsymbol{y})&=E[(\boldsymbol{\xi}-E(\boldsymbol{\xi}|\boldsymbol{y})(\boldsymbol{\xi}-E(\boldsymbol{\xi}|\boldsymbol{y})^{\mathrm{T}}|\boldsymbol{y}]\\&=\int_{-\infty}^{\infty}(\boldsymbol{\xi}-E(\boldsymbol{\xi}|\boldsymbol{y})(\boldsymbol{\xi}-E(\boldsymbol{\xi}|\boldsymbol{y})^{\mathrm{T}}\mathrm{d}F(\boldsymbol{x}|\boldsymbol{y})\end{aligned}$$

对于例 C1，已经计算出条件概率密度为式(C-17)，因此在已知 $\boldsymbol{x}_2$ 的条件下，$\boldsymbol{x}_1$ 的条件期望为：

$$E(\boldsymbol{x}_1|\boldsymbol{x}_2)=\boldsymbol{\mu}_1+\boldsymbol{B}_{12}\boldsymbol{B}_{22}^{-1}(\boldsymbol{x}_2-\boldsymbol{\mu}_2)=E(\boldsymbol{x}_1)+\operatorname{cov}(\boldsymbol{x}_1,\boldsymbol{x}_2)(\operatorname{var}\boldsymbol{x}_2)^{-1}(\boldsymbol{x}_2-E(\boldsymbol{x}_2))$$

$$\operatorname{var}(\boldsymbol{x}_1|\boldsymbol{x}_2)=\overline{\boldsymbol{B}}_{11}=\boldsymbol{B}_{11}-\boldsymbol{B}_{12}\boldsymbol{B}_{22}^{-1}\boldsymbol{B}_{12}^{\mathrm{T}}=\operatorname{var}\boldsymbol{x}_1-\operatorname{cov}(\boldsymbol{x}_1,\boldsymbol{x}_2)(\operatorname{var}\boldsymbol{x}_2)^{-1}\operatorname{cov}(\boldsymbol{x}_2,\boldsymbol{x}_1)$$

(5) 随机过程

一个随机过程是由一个 n 维随机变量 $\boldsymbol{\xi}=(\xi_1,\xi_2,\cdots,\xi_n)^{\mathrm{T}}$ 按时间组成的一个数组。$t\in T$，如果 T 是一个离散集，那么 $\boldsymbol{\xi}_k(k=1,2,\cdots)$ 是一个离散时间随机过程。如果 T 是一个 $\mathbb{R}$ 的子集，那么我们说 $\boldsymbol{\xi}(t)$ 是一个连续时间随机过程。

随机过程 $\boldsymbol{\xi}$ 在每一个时间点 t 上都是一个随机变量，其概率密度函数 $f(x,t)$ 随时间变化。

(6) 平稳随机过程

如果一个随机过程在所有时间点上的概率分布都相同，即概率密度函数 $f(x)$ 不随时间变

化，则称该随机过程为平稳随机过程。

(7) 各态遍历平稳随机过程

从整个时间轴来看，各态遍历平稳随机过程指每个随机事件都会发生的平稳随机过程。其谱密度函数与概率密度函数类似。时间平均等于集合平均。

(8) 白噪声(White Noise)

如果随机序列$\{\boldsymbol{\xi}_k\}$是两两互不相关的，即

$$\mathrm{cov}(\boldsymbol{\xi}_i,\boldsymbol{\xi}_j)=\boldsymbol{R}_i\delta_{ij}$$

其中

$$\delta_{ij}=\begin{cases}1, & i=j\\0, & i\neq j\end{cases}$$

则称这个随机序列为白噪声序列，否则称其为有色白噪声序列。如果一个白噪声序列又是正态随机序列，则序列中随机向量的两两不相关性就是相互独立性，这时称这个序列为正态白噪声序列。